# 理论力学

姚林泉　沈纪苹　主编

清华大学出版社
北京

## 内 容 简 介

本书是根据教育部审订的非力学专业理论力学课程教学基本要求，总结长期教学实践经验，紧密结合当前力学教学改革的需求进行编写的。在本书的编写过程中，严格把握读者定位，精选和优化教学内容，力求概念清晰，论证严谨，叙述简要，精选例题和习题。

针对学生学习理论力学中普遍感到如何独立解题的困难，在各章节中选用了较多的有代表性的例题，例题编写由易到难，并适度增加了综合性练习。在习题中体现基本理论和方法的应用。本书各章后均有学习方法和要点提示，并配有思考题及习题，便于学生对基本知识点的掌握及提高分析问题的能力。

本书涵盖了理论力学的主要内容。第一篇静力学部分包括静力学分析基础、平面力系、空间力系和静力学专题。第二篇运动学部分包括点的运动学和刚体的简单运动、点的合成运动及刚体的平面运动。第三篇动力学部分包括质点动力学基本方程、动量定理、动量矩定理、动能定理、达朗贝尔原理、虚位移原理以及振动基础。静力学专题包括桁架、摩擦和重心，动力学中虚位移原理和振动基础两章可根据专业需要和学时的情况进行选学。

本书可以作为高等学校应用性工科专业理论力学课程的教学用书，适合于中等学时(54～72学时)，少学时可根据需要取舍。本书也可作为有关工程人员参考及自学教材。



**图书在版编目(CIP)数据**

理论力学/姚林泉，沈纪苹主编．—北京：清华大学出版社，2021.4 (2023.1重印)
ISBN 978-7-302-57857-4

Ⅰ.①理… Ⅱ.①姚… ②沈… Ⅲ.①理论力学—高等学校—教材 Ⅳ.①O31

中国版本图书馆CIP数据核字(2021)第056422号

**责任编辑**：许 龙
**封面设计**：傅瑞学
**责任校对**：赵丽敏
**责任印制**：刘海龙

**出版发行**：清华大学出版社
**网　　址**：http://www.tup.com.cn，http://www.wqbook.com
**地　　址**：北京清华大学学研大厦A座　　**邮　　编**：100084
**社 总 机**：010-83470000　　**邮　　购**：010-62786544
**投稿与读者服务**：010-62776969，c-service@tup.tsinghua.edu.cn
**质量反馈**：010-62772015，zhiliang@tup.tsinghua.edu.cn
**印 装 者**：三河市龙大印装有限公司
**经　　销**：全国新华书店
**开　　本**：185mm×260mm　　**印　　张**：19.5　　**字　　数**：470千字
**版　　次**：2021年6月第1版　　**印　　次**：2023年1月第2次印刷
**定　　价**：55.00元

产品编号：090803-01

FOREWORD

# 前言

理论力学是研究物体机械运动一般规律的学科，是高等理工科院校普遍开设的一门专业基础课，是后续力学课程和相关专业课程的基础。由于学校的层次和类型不断发生变化，不同学校和专业对理论力学课程提出了不同要求，课程的学时差别也很大，一般有所减少。为满足这些变化所产生的对教材新的需求，特编写了可作为高校机械、土建、水利、动力等专业学生的中偏少学时的理论力学教材。

本书是根据教育部审订的非力学专业理论力学课程教学基本要求，总结长期教学实践经验，紧密结合当前力学教学改革的需求进行编写的。在本书的编写过程中，严格把握读者定位，精选和优化教学内容，力求概念清晰，论证严谨，叙述简要，精选例题和习题。在阐明基本概念和理论基础的前提下，为便于学生学习和复习，在每章末有学习方法和要点提示。

针对学生学习理论力学中普遍感到如何独立解题的困难，在各章节中选用了较多的有代表性的例题，例题编写由易到难，并适度增加了综合性练习。在习题中体现基本理论和方法的应用。本书各章后均有思考题及习题，便于学生对基本知识点的掌握及提高分析问题的能力。

本书涵盖了理论力学的主要内容。静力学部分包括静力学分析基础、平面力系、空间力系和静力学专题，共4章；运动学部分包括点的运动学和刚体的简单运动、点的合成运动及刚体的平面运动，共3章；动力学部分包括质点动力学基本方程、动量定理、动量矩定理、动能定理、达朗贝尔原理、虚位移原理以及振动基础，共7章。将静力学中相对独立的三个问题(桁架、摩擦和重心)编为一章，以方便不同学时课程的选用。而达朗贝尔原理、虚位移原理以及振动基础可作为动力学专题，也可根据学时及专业需要选择讲授或自学参考。

本书的编写、出版得到了苏州城市学院教材建设基金和苏州大学本科教学团队立项建设项目的资助。在编写过程中作者借鉴和引用了已经出版的同类教材中的资料、图表、例题、思考题和习题，在此一并表示衷心的感谢。

本书编写人员长期担任理论力学的本科生教学工作，书中融入了多年的教学经验和体会。但由于水平有限，书中难免存在疏漏、缺点和不妥之处，敬请广大读者批评指正。

编　者

2020年10月

CONTENTS

# 目录

## 第二篇 运 动 学

# 第三篇 动 力 学

# 绪　论

## 一、理论力学的研究对象和任务

### 1. 理论力学的研究对象

运动是物质存在的形式，是物质的固有属性。自然界任何物质都以不同的形式不停地运动，从物体位置的变化到物质形态的改变，以至人类的思维活动都是运动的表现形式。物体在空间的位置随时间的改变，称为**机械运动**，它是人们日常生活和工程实际中最常见的运动。例如，汽车的行驶、机器的运转、水和空气的流动、建筑物的震动、宇宙飞船以至日月星球的运动都是机械运动，其他任何复杂的运动都与机械运动有着密切的联系。

**理论力学是研究物体机械运动一般规律的学科**。它研究的内容属于经典力学的范畴。经典力学是伽利略和牛顿在总结人类大量实践经验的基础上，经理论研究逐渐发展和完善，以牛顿三个基本定律为基础建立起来的。

随着近代科学技术的发展，逐渐发现经典力学存在一定的局限性：它的理论仅适用于速度远小于光速的宏观物体的机械运动。速度接近光速的物体运动和微观粒子的运动要分别用近代发展起来的相对论力学和量子力学研究。所谓经典力学就是相对于相对论力学和量子力学而言的。因此，理论力学属于经典力学的范畴，它只研究日常生活和工程实际中所遇到的宏观物体的常速运动。

由于工程技术所研究的对象一般都是宏观物体，且它们的速度都远小于光速，因而以经典力学为依据解决有关的力学问题是足够精确的。因此，经典力学在今天仍有很大的实用意义，并且还在不断地发展。

物体的任何运动都是相对的，理论力学所研究的机械运动，无特殊说明时一般都是指相对地球而言的。物体的平衡是指物体相对于地球处于静止或作匀速直线运动的状态，它是机械运动的特殊情况，因而也是理论力学研究的一部分内容。

### 2. 理论力学的任务

已经学过的物理课程是研究机械运动的基础，它的力学部分只是建立描述运动的物理概念；总结和推导从不同侧面揭示机械运动基本规律的物理定律、定理，借助于质点等力学模型，建立了表征机械运动的基本力学概念；奠定了研究机械运动的理论基础；而且完成了质点的力学分析、运动分析和动力学分析的基本任务。

然而，在自然界和工程技术问题中，能被看作质点的运动体毕竟只是一小部分，大量存在的是由若干质点构成的质点系、物体和物体系统的运动。物理学的基础理论知识不能直接解决这些运动。所以，全方位地系统分析研究任意质点系和物体系统的机械运动（包括平衡）是理论力学的基本任务。理论力学课程的教学目的是针对任意质点系（包括刚体和刚体系）的一般机械运动给出一个系统的、全方位的分析研究方法；给出满足工程实际问题力学分析计算所需的、求解任意质点系和物体系统一般机械运动的封闭性理论体系和力学方程。

## 二、理论力学的基本内容

在工程实际和日常生活中，各种物体都处于运动或静止状态，它们又都受各种力的作用。理论力学就是研究如何描述物体的机械运动，物体满足什么条件处于平衡状态，以及物体机械运动的变化与物体所受的力之间的关系。概括起来理论力学的研究内容主要包括静力学、运动学和动力学三部分。

(1) 静力学——研究受力物体的平衡规律，具体研究物体受力的分析方法，力系如何简化和受力物体平衡应满足的条件等。重点是利用平衡条件和平衡方程求解分析约束力。

(2) 运动学——研究机械运动的时空特征，即只从几何的角度来研究如何描述和分析物体的运动(如轨迹、速度和加速度等)，而不涉及引起物体运动变化的原因。重点是分析质点的复合运动和刚体的一般运动。

(3) 动力学——研究物体的机械运动与物体所受作用力之间的关系。重点是动力学普遍定理及其应用。

## 三、理论力学的研究模型

理论力学的研究对象往往比较复杂，在对其进行力学分析时，首先必须根据研究问题的性质，抓住其主要特征，忽略一些次要因素，对其进行合理的简化，科学地抽象出力学模型。

物体在受力后都要发生变形，但在大多数工程问题中这种变形是极其微小的。当分析物体的平衡和运动规律时，这种微小变形的影响很小，可略去不计，而认为物体不发生变形。这种在受力时保持形状、大小不变的力学模型称为**刚体**。由若干个刚体组成的系统称为**刚体系**。此外，在分析物体的运动规律时，如果物体的形状和尺寸对运动的影响很小，则可把物体抽象为**质点**。质点是指具有质量而形状、大小可忽略不计的力学模型。由有限个或无限个质点组成的系统，称为**质点系**。

一个物体究竟应该看作质点还是刚体，完全取决于所研究问题的性质，而不取决于物体本身的形状和尺寸。例如，一辆汽车行驶时，虽然它的尺寸不小，而且各部分的运动情况也各不相同，但若只研究汽车整体的速度、加速度等运动规律时，就可把它抽象为一个质点。又如，仪表的指针虽然尺寸不大，但在研究它的转动时，就必须将它看作刚体。即使是同一个物体，在不同的问题中，随问题性质的不同，有时要看作质点，有时要看作刚体。例如沿轨道滚动的火车车轮，在分析轮心运动的速度、加速度时，可以把它看作一个质点，而在分析轮子绕轴转动和轮子上各点的运动时，就必须把它看作一个刚体。

## 四、理论力学的研究方法

研究科学的过程，就是认识客观世界的过程，任何正确的科学研究方法，一定要符合辩证唯物主义的认识论。理论力学也必须遵循这个正确的认识规律进行研究和发展。

(1) 通过观察生活和生产实践中的各种现象，进行科学实验，经过分析、综合和归纳，总结出力学的最基本的规律。

远在古代，人们为了提水制造了辘轳；为了搬运重物使用了杠杆、斜面和滑轮；为了利用风力和水力制造了风车和水车；等等。制造和使用这些生活和生产工具，使人类对于机械运动有了初步的认识，并积累了大量的经验，经过分析、综合和归纳，逐渐形成了“力”和“力矩”等基本概念，以及如“二力平衡”“杠杆原理”“力的平行四边形规则”“万有引力定律”等力学的基本规律，并总结于科学著作中。

人们为了认识客观规律，不仅在生活和生产实践中进行观察和分析，还要主动地进行实验，定量地测定机械运动中各因素之间的关系，找出其内在规律性。例如伽利略（公元1564—1642年）对自由落体和物体在斜面上的运动作了多次实验，从而推翻了统治多年的错误观点，并引出“加速度”的概念。此外，如摩擦定律、动力学基本三定律等，都是建立在大量实验基础之上的。实验是形成理论的重要基础。

(2) 在对事物进行观察和实验的基础上，经过抽象化建立力学模型，形成概念，在基本规律的基础上，经过逻辑推理和数学演绎，建立理论体系。

客观事物都是具体的、复杂的，为找出其共同规律性，必须抓住主要因素，舍弃次要因素，建立抽象化的力学模型。例如，忽略一般物体的微小变形，建立在力作用下物体形状、大小均不改变的刚体模型；抓住不同物体间机械运动相互限制的主要方面，建立一些典型的理想约束模型；为分析复杂的振动现象，建立了弹簧质点的力学模型等。这种抽象化、理想化的方法，一方面简化了所研究的问题，另一方面也更深刻地反映出事物的本质。当然，任何抽象化的模型都是相对的。当条件改变时，必须再考虑到影响事物的新的因素，建立新的模型。例如，在研究物体受外力作用而平衡时，可以忽略物体形状的改变，采用刚体模型；但要分析物体内部的受力状态或解决一些复杂物体系的平衡问题时，必须考虑到物体的变形，建立弹性体的模型。

生产实践中的问题是复杂的，不是一些零散的感性知识所能解决的。理论力学成功地运用逻辑推理和数学演绎的方法，由少量最基本的规律出发，得到了从多方面揭示机械运动规律的定理、定律和公式，建立了严密而完整的理论体系。这对于理解、掌握以及应用理论力学都是极为有利的。数学方法在理论力学的发展中起了重大的作用。

(3) 将理论力学的理论用于实践，在解释世界、改造世界中不断得到验证和发展。

实践是检验真理的唯一标准，实践中所遇到的新问题又是促进理论发展的源泉。古典力学理论在现实生活和工程中，被大量实践验证为正确，并在不同领域的实践中得到发展，形成了许多分支，如刚体力学、弹塑性力学、流体力学、生物力学等。大到天体运动，小到基本粒子的运动，古典力学理论在实践中又都出现了矛盾，表现出真理的相对性。在新条件下，必须修正原有的理论，建立新的概念，才能正确指导实践，改造世界，并进一步地发展力学理论，形成新的力学分支。

## 五、学习理论力学的目的

理论力学是一门理论性较强的技术基础课。学习理论力学的目的是：

(1) 工程专业一般都要接触机械运动的问题。有些工程问题可以直接应用理论力学的基本理论去解决，有些比较复杂的问题，则需要用理论力学和其他专门知识共同来解决。所以学习理论力学是为解决工程问题打下一定的基础。

(2) 理论力学是研究力学中最普遍、最基本的规律。很多工程专业的课程，例如材料力学、机械原理、机械设计、结构力学、弹塑性力学、流体力学、飞行力学、振动理论、断裂力学以及许多专业课程等，都要以理论力学为基础，所以理论力学是学习一系列后续课程的重要基础。

(3) 理论力学的研究方法，与其他学科的研究方法有不少相同之处，因此充分理解理论力学的研究方法，不仅可以深入地掌握这门学科，而且有助于学习其他科学技术理论，有助于培养辩证唯物主义世界观，培养正确的分析问题和解决问题的能力，为今后解决生产实际问题，从事科学研究工作打下基础。

# 第一篇　静　力　学

静力学是研究物体在力系作用下平衡条件的学科。静力学不但在工程技术中有着广泛的应用，而且是许多后续力学课程的基础，更是本课程的基础。所以掌握静力学部分的分析方法是学习后续力学课程内容的保障和基石。

静力学主要研究以下三个方面的问题：

### 1. 物体的受力分析

分析物体受哪些力的作用，以及每个力的作用位置和方向。物体的受力分析不仅是静力学的基本问题，也是整个理论力学的基本问题。

### 2. 力系的简化

力系的简化就是用一个简单的力系等效地替换一个复杂的力系，从而抓住不同力系的共同本质，明确力系对物体作用的总效果。力系简化是分析力系平衡条件的一种简捷方法，其应用绝不仅限于静力学，在动力学中同样得到重要应用。

### 3. 力系的平衡条件及其应用

研究作用在物体上的各种力系所应满足的平衡条件，并应用这些平衡条件解决实际工程中的平衡问题，这是静力学的核心问题。

# 第1章 静力学分析基础

## 本章提要

**【要求】**

(1) 准确理解力、刚体、平衡、约束、力矩、力偶等基本概念和静力学基本公理；

(2) 掌握力矩、力偶的计算方法及性质；

(3) 掌握常见约束的特征及约束力的表示方法；

(4) 能正确地对单个物体和物体系进行受力分析并画出受力图；

(5) 能灵活运用二力杆件、三力平衡汇交公理画受力分析图。

**【重点】**

(1) 力矩的计算及力偶的性质；

(2) 约束和约束力的概念；

(3) 工程上几种常见约束的特征及其约束力的画法；

(4) 画出单个物体及物体系的受力图。

**【难点】**

(1) 约束与约束力的对应关系；

(2) 正确画出物体(刚体)系的受力图及进行受力分析。

## 1-1 力的基本概念

**力的定义** 力是物体间的相互机械作用，这种作用使物体的运动状态或形状发生改变。

**力的效应** 力对物体的作用效果称为力的效应。力使物体运动状态发生改变的效应称为**运动效应**或**外效应**；力使物体的形状发生改变的效应称为**变形效应**或**内效应**。

力的运动效应又分为移动效应和转动效应。例如，球拍作用于乒乓球上的力如果不通过球心，则球在向前运动的同时还绕球心转动。前者为移动效应，后者为转动效应。

理论力学中把物体都视为刚体，因而只研究力的运动效应。而材料力学则研究力的变形效应。

**力的三要素** 力对物体的作用效应取决于力的大小、方向和作用点，称为**力的三要素**。在国际单位制(SI)中，力的单位为 N(牛顿)或 kN(千牛顿)。

力的方向包含方位和指向。例如，力的方向“铅垂向下”，其中“铅垂”是说明力的方位，“向下”是说明力的指向。

力的作用点是指力在物体上作用的位置。实际上，力总是作用在一定的面积或体积范围内，是**分布力**。但当力作用的范围与物体相比很小以至可以忽略其大小时，就可近似地看成一个点。作用于一点上的力称为**集中力**。

当力分布在一定的体积内时，称为**体分布力**，简称**体力**，例如物体自身的重力。当力分布在一定面积上时，称为**面分布力**，简称**面力**，例如水对容器壁的压力；当力沿狭长面积或体积分布时，称为**线分布力**，例如细长梁的重力。分布力的大小用力的集度表示。体分布力集度的单位为 $N/m^3$ 或 $kN/m^3$；面分布力集度的单位为 $N/m^2$ 或 $kN/m^2$；线分布力集度的单位为 N/m 或 kN/m。

**力的表示**　力既有大小又有方向，因而力是矢量。对于集中力，可以用带有箭头的直线段表示(图 1-1)。该线段的长度按一定比例尺绘出表示力的大小；线段的箭头指向表示力的方向；线段的始端(图 1-1(a))或终端(图 1-1(b))表示力的作用点；矢量所沿的直线(图 1-1 中的虚线)称为力的作用线。规定用黑体字母 $\boldsymbol{F}$ 表示力，而用普通字母 $F$ 表示力的大小。

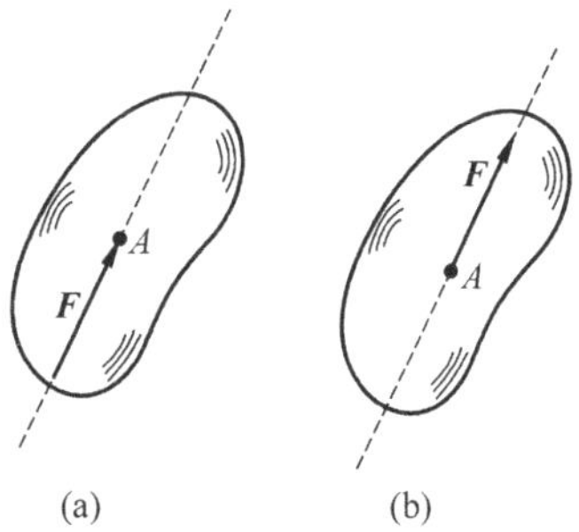


图　1-1

分布力的集度通常用 $q$ 表示。若 $q$ 为常量，则该分布力称为均布力；否则，就称为非均布力。图 1-2(a)表示作用于楼板上的向下的面分布力；图 1-2(b)表示搁置在墙上的梁沿其长度方向作用向下的线分布力，其集度 $q=2kN/m$。图 1-2(c)表示作用于挡土墙单位长度墙段上土的压力，是非均布的线分布力。

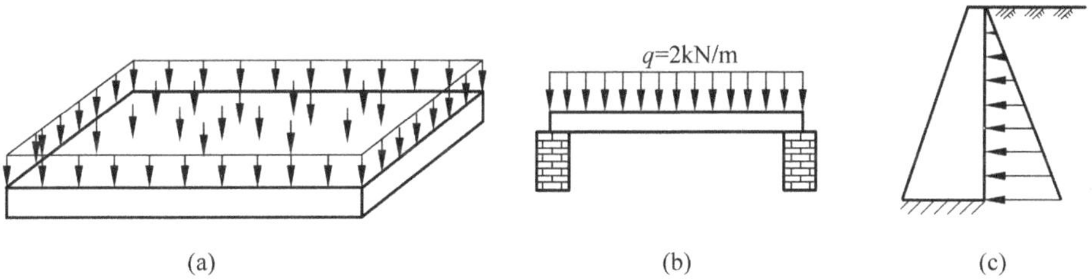


图　1-2

**力系、平衡力系、等效力系、合力的概念**　作用于一个物体上的若干个力称为**力系**。如果作用于物体上的力系使物体处于平衡状态，则称该力系为**平衡力系**。如果作用于物体上的力系可以用另一个力系代替，而不改变原力系对物体所产生的效应，则这两个力系互为**等效力系**。如果一个力与一个力系等效，则称这个力为该力系的**合力**，而该力系中的每一个力都称为合力的**分力**。

## 1-2　静力学公理

公理是人们在生活和生产实践中长期积累的经验总结，又经过实践反复检验，被确认是符合客观实际的最普遍、最一般的规律。

**公理 1　力的平行四边形法则**

作用在物体上同一点的两个力，可以合成为一个**合力**，合力的作用点也在该点，合力的大小和方向，由这两个力为边构成的平行四边形的对角线确定，如图 1-3(a)所示。或者说，

合力矢等于这两个力矢的几何和，即

$$\boldsymbol{F}_R=\boldsymbol{F}_1+\boldsymbol{F}_2$$

求合力时，也可只作出力三角形，又称**力的三角形法则**，即将两个力依次首尾相连构成一个不封闭的三角形，合力的大小和方向则由该三角形的封闭边矢量确定，如图 1-3(b)、(c)所示。

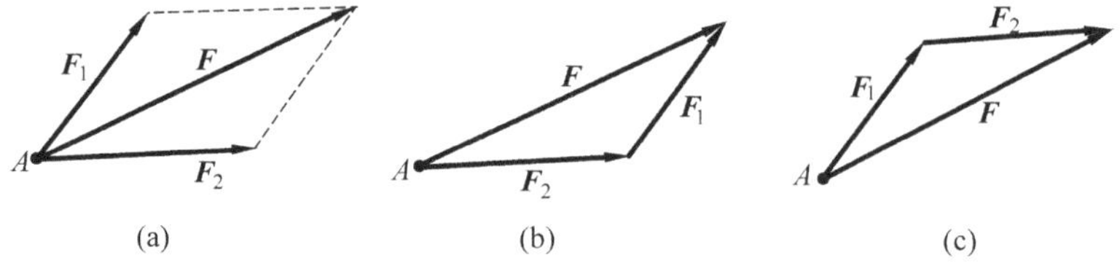


图 1-3

这个公理给出了最简单力系的简化规律，也是复杂力系简化的基础。同时，它也给出了一个力分解为两个力的依据。

**公理 2　二力平衡条件**

作用在同一刚体上的两个力，使刚体保持平衡的必要和充分条件是：这两个力的大小相等，方向相反，且作用在同一直线上。

这条公理表明了作用于刚体上最简单力系平衡时必须满足的条件。

**公理 3　加减平衡力系原理**

在任一原有力系上加上或减去任意的平衡力系，与原力系对刚体的作用效果等效。

这条公理是研究力系等效替换的重要依据。

根据上述公理可以导出下列两条推理：

**推理 1　力的可传性**

作用于刚体上某点的力，可以沿着它的作用线移到刚体内任意一点，并不改变该力对刚体的作用。

**证明**：在刚体上的点 $A$ 作用力 $\boldsymbol{F}$，如图 1-4(a)所示。根据加减平衡力系原理，可在力的作用线上任取一点 $B$，并加上两个相互平衡的力 $\boldsymbol{F}_1$ 和 $\boldsymbol{F}_2$，使 $\boldsymbol{F}=\boldsymbol{F}_2=-\boldsymbol{F}_1$，如图 1-4(b)所示。由于力 $\boldsymbol{F}$ 和 $\boldsymbol{F}_1$ 也是一个平衡力系，故可除去，这样只剩下一个力 $\boldsymbol{F}_2$，如图 1-4(c)所示，即原来的力 $\boldsymbol{F}$ 沿其作用线移到了点 $B$。

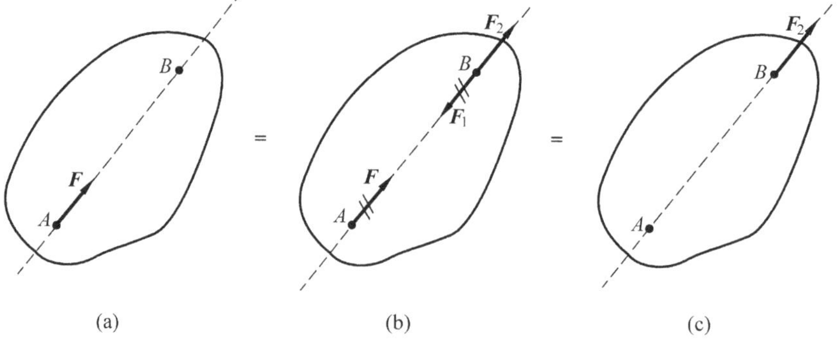


图 1-4

由此可见，对于刚体来说，力的作用点已由作用线所代替。因此，作用于刚体上的力的三要素是：力的大小、方向和作用线。

作用于刚体上的力可以沿着其作用线移动，称这种矢量为**滑动矢量**。

**推理 2　三力平衡汇交定理**

刚体在三个力作用下平衡，若其中两个力的作用线交于一点，则第三个力的作用线必通过此汇交点，且三个力位于同一平面内。

**证明**：如图 1-5 所示，在 $A$，$B$，$C$ 三点上分别作用三个力 $\boldsymbol{F}_1$，$\boldsymbol{F}_2$，$\boldsymbol{F}_3$，且刚体保持平衡，其中 $\boldsymbol{F}_1$ 和 $\boldsymbol{F}_2$ 两力的作用线交于点 $O$，根据力的可传性，把力 $\boldsymbol{F}_1$，$\boldsymbol{F}_2$ 移到汇交点 $O$，再根据力的平行四边形公理，得合力 $\boldsymbol{F}_{12}$。由二力平衡条件，力 $\boldsymbol{F}_3$，$\boldsymbol{F}_{12}$ 平衡。则力 $\boldsymbol{F}_3$，$\boldsymbol{F}_{12}$ 必共线，即力 $\boldsymbol{F}_3$ 必通过汇交点 $O$，且力 $\boldsymbol{F}_3$ 必位于力 $\boldsymbol{F}_1$，$\boldsymbol{F}_2$ 所在的平面内，三力共面。推理 2 得证。

**公理 4　作用力和反作用力定律**

作用力和反作用力总是同时存在，两个力的大小相等、方向相反，沿着同一条直线，分别作用在两个相互作用的物体上。

作用力和反作用力定律与二力平衡条件的描述有相同之处，两个力均是等值、反向、共线，但区别是，作用力和反作用力作用在相互作用的两个物体上，二力平衡条件中的二力作用于同一个刚体上。

**公理 5　刚化原理**

变形体在某一力系作用下处于平衡，如将此变形体刚化为刚体，其平衡状态保持不变。

这个公理提供了把变形体看作刚体模型的条件。如图 1-6 所示，绳索在等值、反向、共线的两个拉力作用下处于平衡，如将绳索刚化成刚体，其平衡状态保持不变。反之就不一定成立，如刚体在两个等值反向的压力作用下平衡，若将它换成绳索就不能平衡了。

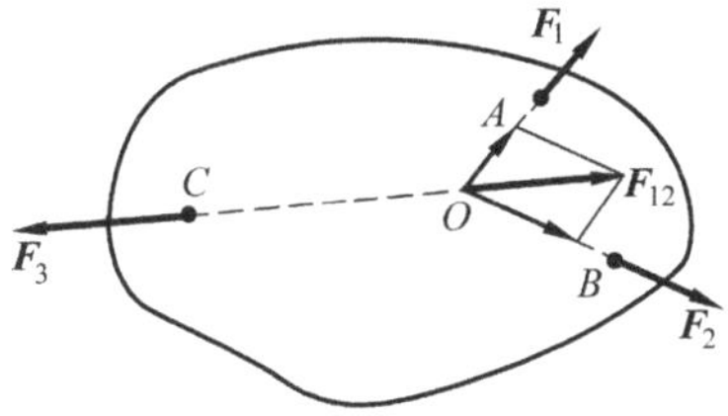

**图　1-5**

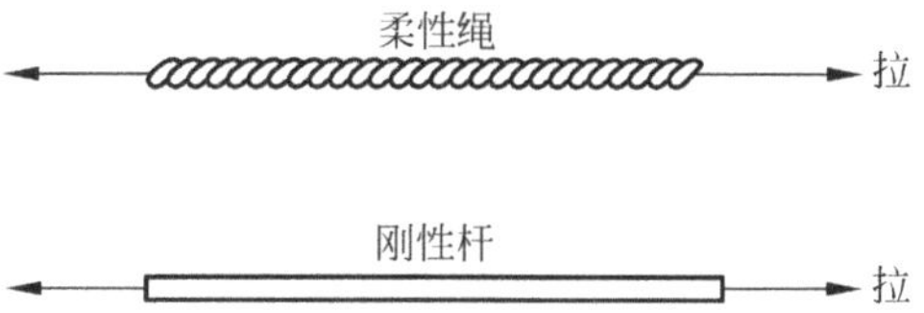

**图　1-6**

由此可见，刚体的平衡条件是变形体平衡的必要条件，而非充分条件。在刚体静力学的基础上，考虑变形体的特性，可进一步研究变形体的平衡问题。

静力学全部理论都可以由上述五个公理推证而得到，这既能保证理论体系的完整性和严密性，又可以培养读者的逻辑思维能力。

## 1-3　平面力矩及力偶概念

### 1. 力矩的概念

经验告诉我们，力使物体绕某点转动的效应，不仅与力的大小及方向有关，而且与此点

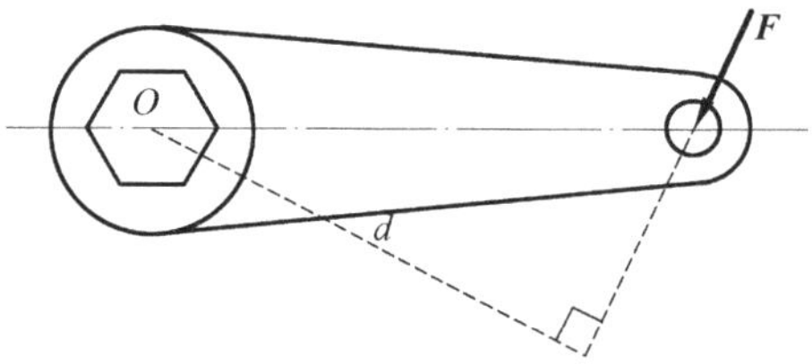


图 1-7

到该力的作用线的距离有关。例如,用扳手拧紧螺母时,扳手绕螺母中心 $O$ 转动(图 1-7),如果手握扳手柄端,并沿垂直于手柄的方向施力,则较省劲;如果手离螺母中心较近,或者所施的力不垂直于手柄,则较费劲。拧松螺母时,则要反向施力,扳手也反向转动。由此,我们引入平面力对点之矩(简称力矩)的概念,用以度量力使物体绕一点转动的效应。

**平面力 $\boldsymbol{F}$ 对 $O$ 点之矩是一个代数量,它的绝对值等于力的大小 $F$ 与 $O$ 点到力作用线的垂直距离 $d$ 的乘积**。$O$ 点称为**矩心**,矩心到力作用线的垂直距离 $d$ 称为**力臂**。力矩用正负号表示转向,通常规定当力使物体绕矩心逆时针方向转动时为正,反之为负。力 $\boldsymbol{F}$ 对 $O$ 点之矩用符号 $M_O(\boldsymbol{F})$表示(或在不致产生误解的情况下简写为 $M_O$),即

$$M_O(\boldsymbol{F}) = \pm Fd \tag{1-1}$$

由式(1-1)可知,当力等于零或力的作用线通过矩心时力矩为零。力矩的单位为 N·m 或 kN·m。

若在平面内某点作用有 $n$ 个力 $\boldsymbol{F}_1$、$\boldsymbol{F}_2$、…、$\boldsymbol{F}_n$,其合力为 $\boldsymbol{F}_R$,则有

$$M_O(\boldsymbol{F}_R) = M_O(\boldsymbol{F}_1) + M_O(\boldsymbol{F}_2) + \cdots + M_O(\boldsymbol{F}_n) = \sum M_O(\boldsymbol{F}) \tag{1-2}$$

即**合力对平面内任一点之矩等于各分力对同一点之矩的代数和**。这个关系称为**合力矩定理**。对于有合力的其他力系,合力矩定理同样成立。定理的证明请参见第 2 章。

因此,力矩的计算有以下两种方法:

(1) 按定义计算。利用式(1-1),找力臂、求乘积、定符号。

(2) 利用合力矩定理计算。将力分解为两个力臂已知或易于求出的分力,然后利用合力矩定理计算。在许多情况中,这种方法较为简便。

**【例 1-1】** 一齿轮受到与它啮合的另一齿轮的作用力 $F=1\text{kN}$ 的作用(图 1-8)。已知压力角 $\theta=20°$,节圆直径 $D=0.16\text{m}$,试求力 $\boldsymbol{F}$ 对齿轮轴心 $O$ 之矩。

**解**:用两种方法计算力 $\boldsymbol{F}$ 对 $O$ 点之矩。

**方法 1**:由力对点之矩的定义,得

$$M_O(\boldsymbol{F}) = -Fd = -F \times \frac{D}{2}\cos\theta = -75.2\text{N}\cdot\text{m}$$

负号表示力 $\boldsymbol{F}$ 使齿轮绕 $O$ 点作顺时针转动。

**方法 2**:将力 $\boldsymbol{F}$ 分解为圆周力 $F_t = F\cos\theta$ 和径向力 $F_r = F\sin\theta$。由合力矩定理,得

$$M_O(\boldsymbol{F}) = M_O(\boldsymbol{F}_t) + M_O(\boldsymbol{F}_r)$$

因力 $\boldsymbol{F}_r$ 通过矩心 $O$,故 $M_O(\boldsymbol{F}_r)=0$,于是

$$M_O(\boldsymbol{F}) = M_O(\boldsymbol{F}_t) = -F_t \times \frac{D}{2} = -(F\cos\theta) \times \frac{D}{2}$$

$$= -75.2\text{N}\cdot\text{m}$$

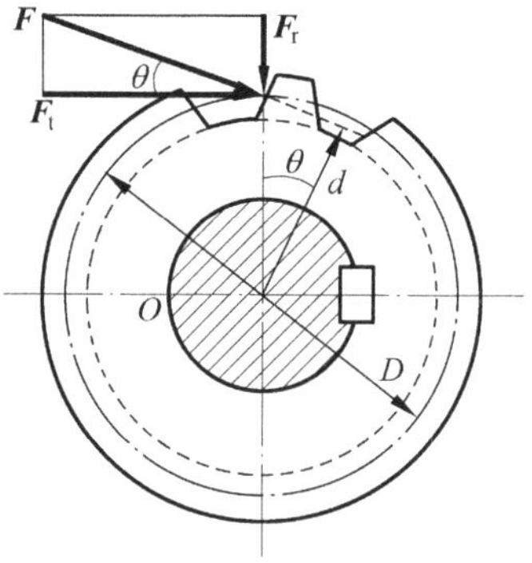


图 1-8

【例 1-2】　如图 1-9 所示挡土墙，重 $W_1=30\text{kN}$、$W_2=60\text{kN}$，所受土压力的合力 $F=40\text{kN}$。试问该挡土墙是否会绕 $A$ 点向左倾倒？

**解**：计算各力对 $A$ 点的力矩：

$$M_A(\boldsymbol{W}_1)=-W_1\times 0.2\text{m}=-30\text{kN}\times 0.2\text{m}=-6\text{kN}\cdot\text{m}$$

$$M_A(\boldsymbol{W}_2)=-W_2\times(0.4+0.533)\text{m}=-56\text{kN}\cdot\text{m}$$

$$\begin{aligned}M_A(\boldsymbol{F})&=M_A(\boldsymbol{F}_x)+M_A(\boldsymbol{F}_y)\\&=F\cos45^\circ\times 1.5\text{m}-F\sin45^\circ\times(2-1.5\cot70^\circ)\text{m}\\&=42.42\text{kN}\cdot\text{m}-41.12\text{kN}\cdot\text{m}=1.3\text{kN}\cdot\text{m}\end{aligned}$$

其中力 $\boldsymbol{F}$ 对 $A$ 点的力矩是利用合力矩定理计算的。各力对 $A$ 点力矩的代数和为

$$\begin{aligned}M_A&=M_A(\boldsymbol{W}_1)+M_A(\boldsymbol{W}_2)+M_A(\boldsymbol{F})\\&=-6\text{kN}\cdot\text{m}-56\text{kN}\cdot\text{m}+1.3\text{kN}\cdot\text{m}\\&=-60.7\text{kN}\cdot\text{m}\end{aligned}$$

负号表示各力使挡土墙绕 $A$ 点作顺时针转动，即挡土墙不会绕 $A$ 点向左倾倒。

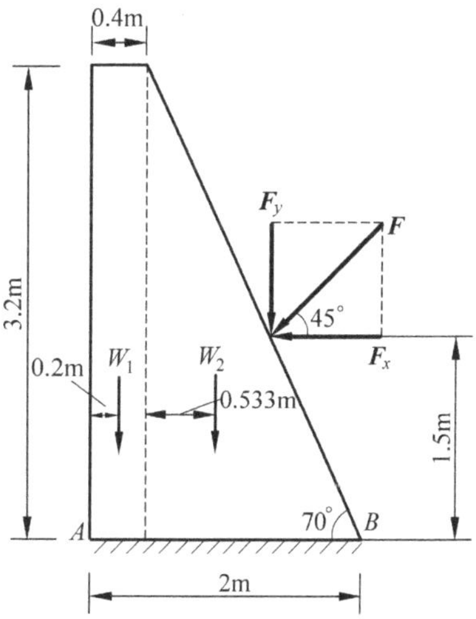

图　1-9

挡土墙的重力以及土压力的竖向分力对 $A$ 点的力矩是使墙体稳定的力矩，而土压力的水平分力对 $A$ 点的力矩是使墙体倾覆的力矩。

### 2. 力偶的概念

我们知道，汽车司机是用双手转动方向盘(图 1-10)，钳工用丝锥攻螺纹也是用双手扳动丝锥架(图 1-11)。在这两个例子中，汽车方向盘和丝锥架上都作用了两个等值、反向的平行力，它使物体只产生转动效应。这种由**大小相等、方向相反且彼此平行的两个力组成的力系称为力偶**，记为$(\boldsymbol{F},\boldsymbol{F}')$。

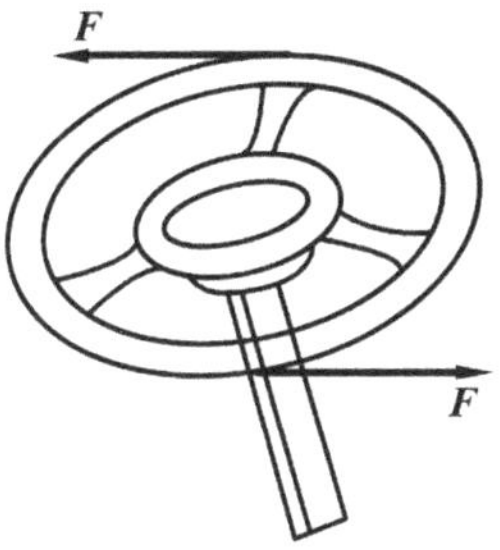

图　1-10

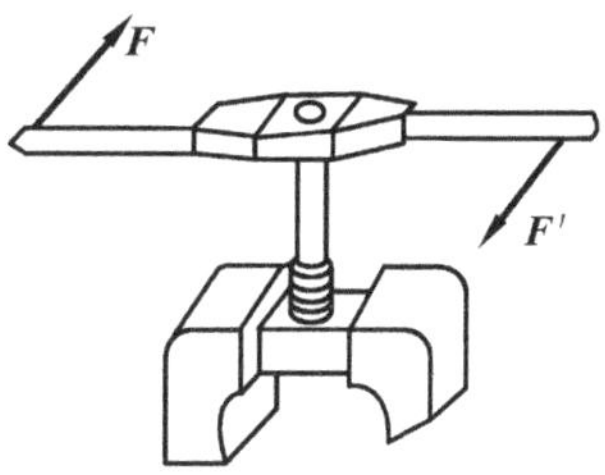

图　1-11

因为力偶对物体不产生移动效应，所以力偶没有合力。一个力偶既不能用一个力来代替，也不能和一个力平衡。因此，力偶是表示物体间相互机械作用的另一个基本量。

### 3. 力偶矩的计算

力偶是由两个力组成的特殊力系，它对物体只产生转动效应。这种转动效应如何度

量呢？

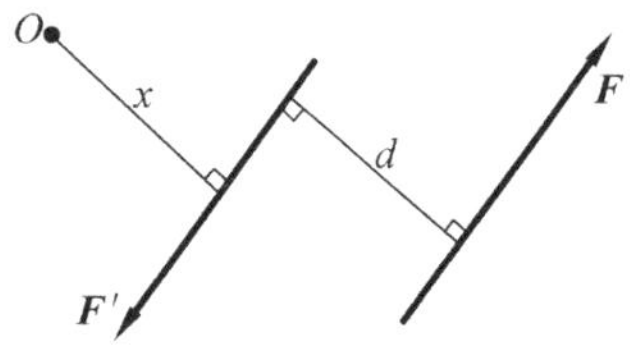

图 1-12

设有力偶($\boldsymbol{F},\boldsymbol{F}'$)，组成力偶的两力之间的垂直距离 $d$ 称为**力偶臂**(图 1-12)，力偶所在的平面称为力偶的**作用面**。力偶对平面内任意一点 $O$ 之矩等于力偶的两个力对点 $O$ 之矩的代数和，即

$$M_O(\boldsymbol{F},\boldsymbol{F}') = M_O(\boldsymbol{F}) + M_O(\boldsymbol{F}') = F(x+d) - F'x = Fd$$

由于矩心 $O$ 是任意选取的，可以看出，力偶的转动效应只取决于力的大小和力偶臂的长短，与矩心的位置无关。于是**用力偶的任一力的大小与力偶臂的乘积并冠以正负号作为力偶使物体转动效应的度量**，称为**力偶矩**，用 $M$ 表示。即

$$M = \pm Fd$$

式中的正负号表示力偶的转向，通常规定力偶使物体逆时针方向转动时为正，反之为负。

由于力偶使物体转动的效应完全由**力偶矩的大小、转向和力偶的作用平面决定**，所以这三者称为**力偶的三要素**。

力偶矩的单位与力矩的单位相同，即 N·m 或 kN·m。

**4. 力偶的性质**

**如果在同一平面内的两个力偶的力偶矩彼此相等，那么它们对刚体的转动效应完全相同**，即**两个力偶等效**。这就是**同一平面内力偶的等效定理**。依据该定理，可以看出力偶具有如下性质：

(1) 任一力偶可以在它的作用面内任意搬移，而不改变它对刚体的效应。

(2) 只要保持力偶矩的大小和力偶的转向不变，可以任意改变力偶中力的大小和力偶臂的长短，而不改变力偶对刚体的效应。

由上可见，力偶除可以用其力的大小和力偶臂的长短表示外(图 1-13(a))，也可以只用力偶矩表示(图 1-13(b)、(c))。图中箭头表示力偶矩的转向，$M$ 表示力偶矩的大小。

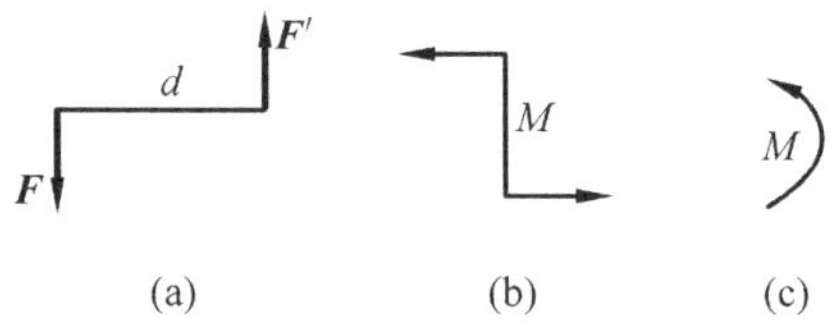

图 1-13

## 1-4 约束与约束力

根据运动情况，物体可分为两类：一类是位移不受限制的物体，称为自由体，如空中飞行的飞机、自由下落中的物体等；另一类是位移受限制的物体，称为非自由体或受约束体，如沿轨道行驶的火车、桌面上的茶杯、地面上滚动的小球等。

限制非自由体位移的周围物体称为**约束**，如限制火车位移的轨道、限制茶杯位移的桌面、限制小球位移的地面等。作用在被约束物体上限制物体位移的力称为**约束力**，又称为**约束反力**或**支反力**，约束力属于被动力。显然，约束力的方向总与该约束所限制的物体位移方向相反；约束力的作用点位于约束与被约束物体的相互接触处。

与约束力相反，作用于物体上的重力、风力等各种载荷，将促使物体运动或使物体产生

运动趋势，这类力属于主动力。一般来说，主动力是已知的，约束力是未知的。在平衡问题中，约束力的大小应根据主动力由平衡条件确定。

下面将工程中常见的约束进行分类，并根据各类约束的特性说明约束力的表达方式。

### 1. 柔性体约束

由绳索、链条和皮带等柔性体对物体构成的约束称为**柔性体约束**。这类约束的特点是绝对柔软，只能限制物体沿着柔性体伸长方向的位移。因此，柔性体的约束力，作用在连接点或假想截断处，方向沿着柔性体的轴线而背离被约束物体，恒为拉力，常用 $\boldsymbol{F}_{\mathrm{T}}$ 表示，如图 1-14 所示。

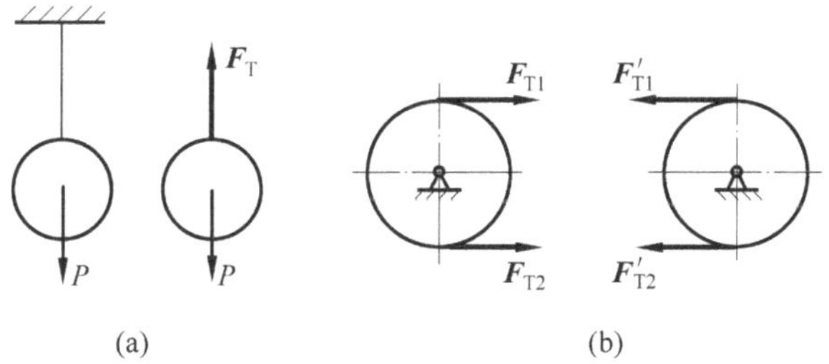


图　1-14

### 2. 光滑接触面约束

物体与约束相互接触，如果接触面是光滑的，其间的摩擦力可以忽略不计，这类约束称为**光滑接触面约束**。光滑接触面约束只能限制物体沿接触面的公法线而趋向于约束内部的位移。因此，光滑接触面对物体的约束力作用在接触点处，方向沿接触面的公法线而指向被约束物体。这种约束力称为**法向约束力**或**法向反力**，常用 $\boldsymbol{F}_{\mathrm{N}}$ 表示，如图 1-15 所示。地面对圆柱体的约束力 $F_{NA}$（图 5-15(a)），支撑点 $B$ 对杆 $AB$ 的约束力 $F_{NB}$（图 1-15(b)），齿轮间的约束力 $F_{NA}$（图 1-15(c)）。

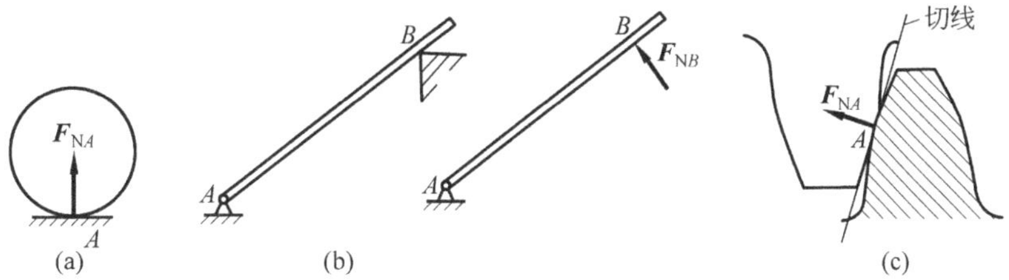


图　1-15

### 3. 光滑铰链约束

工程中常用的圆柱铰链、固定铰链支座、活动铰链支座、向心轴承、止推轴承、球形铰链等，都属于光滑铰链约束。它们的共同特点是只能限制物体的移动，而不能限制物体的转动。

(1) 圆柱铰链。圆柱铰链又称中间铰链，简称**铰链**，它是由圆柱销钉插入两构件的圆孔中而构成的（图 1-16(a)），其简图如图 1-16(b)所示。圆柱铰链只能限制物体沿销钉径向的位移，而不能限制物体沿销钉轴向的位移。因此，其约束力必然位于垂直于销钉轴线的平面内，作用在销钉与构件圆孔的接触点，方向沿接触面公法线通过圆孔中心。随着物体受力情况的不同，接触点的位置也不同。由于接触点不能预先确定，因而其约束力的方向也不能预先确定，通常用两个作用于圆孔中心的正交分力 $\boldsymbol{F}_{Ax}$、$\boldsymbol{F}_{Ay}$ 来表示，其中下标 $A$ 表示铰链位置，如图 1-16(c)所示。

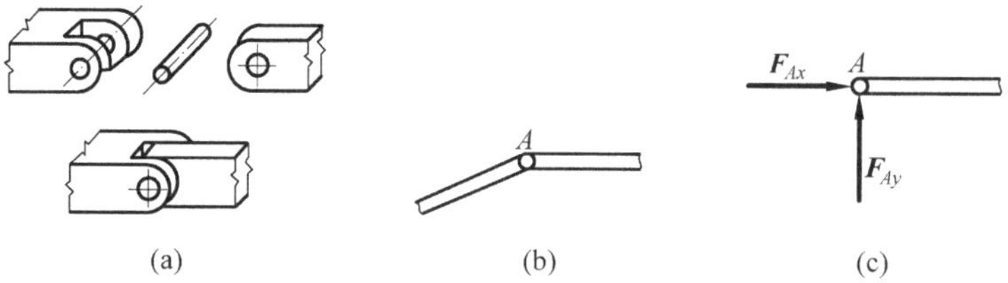


图 1-16

(2) 固定铰链支座。若铰链约束中有一个构件固定在地面或机架上作为支座，则称为**固定铰链支座**，简称**铰支座**(图 1-17(a))，其简图如图 1-17(b)所示。由于固定铰支座的构造和圆柱铰链相同，故其约束力通常也用两个作用于圆孔中心的正交分力来表示，如图 1-17(c)所示。

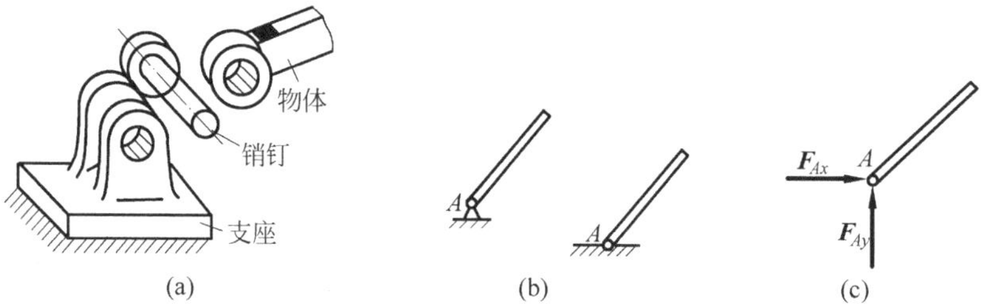


图 1-17

(3) 活动铰链支座。在铰支座下面用几个辊轴支撑在光滑平面上，就构成了活动铰链支座，也称为**辊轴支座**(图 1-18(a))，其简图如图 1-18(b)所示。活动铰链支座只能限制物体沿支撑面法线方向的位移，而不能限制物体沿支撑面切线方向的位移，故其约束力垂直于光滑支撑面，通常用 $\boldsymbol{F}_{\mathrm{N}}$ 表示，如图 1-18(c)所示。与光滑接触面不同，活动铰链支座通常为双面约束。

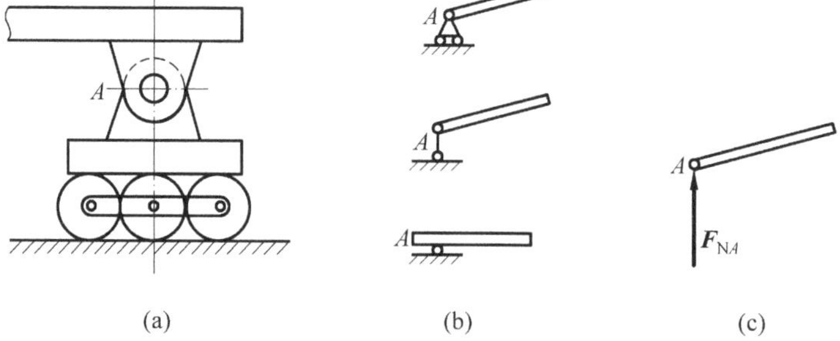


图 1-18

(4) 向心轴承。向心轴承又称**径向轴承**(图 1-19(a)),支撑在转轴的两端,其简图如图 1-19(b)或(c)所示。向心轴承只能限制转轴沿径向的位移,而不能限制转轴沿轴向的位移,其特点与固定铰支座相似。因此,向心轴承对转轴的约束力通常也用作用于轴心的两个正交分力来表示,如图 1-19(b)或(c)所示。

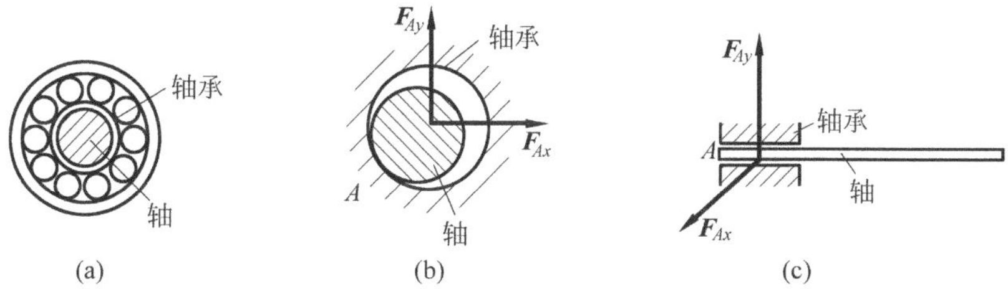


图　1-19

(5) 止推轴承。止推轴承(图 1-20(a)),其简图如图 1-20(b)所示。与向心轴承不同,它能同时限制转轴沿轴向和径向的位移,比向心轴承多一个沿轴向的约束力。因此,止推轴承的约束力常用三个正交分力 $\boldsymbol{F}_{Ax}$、$\boldsymbol{F}_{Ay}$、$\boldsymbol{F}_{Az}$ 来表示,如图 1-20(c)所示。

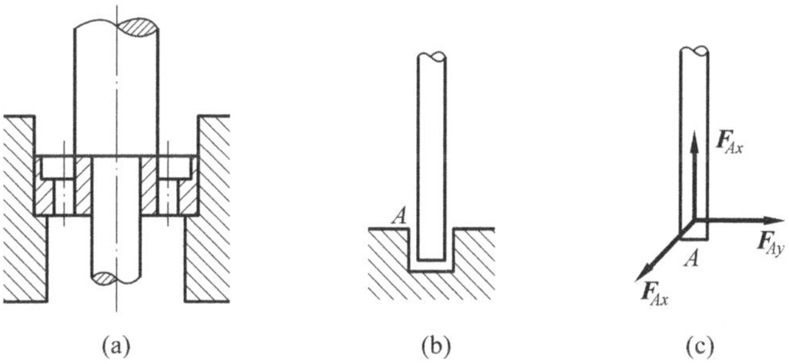


图　1-20

(6) 球形铰链。将固结于构件一端的球体置于球窝形的支座内,就形成了球形铰链,简称**球铰链**(图 1-21(a)),其简图如图 1-21(b)所示。球铰链限制构件端部球心的移动,但不能限制构件绕球心的转动。其约束力的作用线通过球心,但方向一般不能预先确定,通常用三个正交分力来表示,如图 1-21(c)所示。

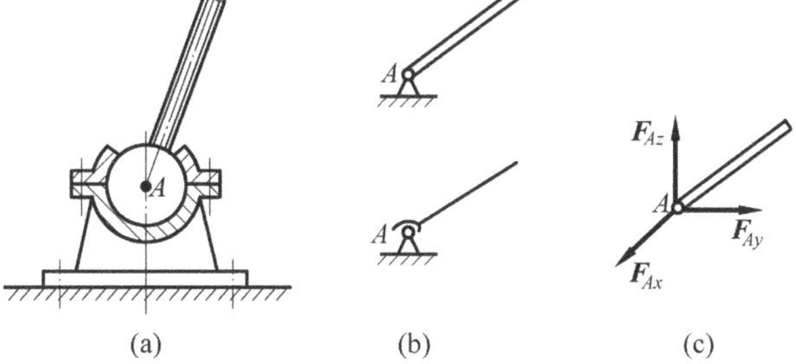


图　1-21

**4. 链杆约束(二力杆约束)**

两端用光滑铰链与其他构件连接且不计自重的刚性杆称为**链杆**,常被用来作为拉杆或撑杆构成链杆约束,如图1-22(a)所示。由于链杆为二力杆,静力学中所指物体都是刚体,其形状对计算结果没有影响,因此不论其形状如何,一般均简称**二力杆**。它所受的两个力必定沿两力作用点的连线,且等值、反向,指向一般不能预先确定,通常可假设为拉力,如图1-22(b)所示。二力杆在工程实际中经常遇到,有时也把它作为一种约束,称为**二力杆约束**。

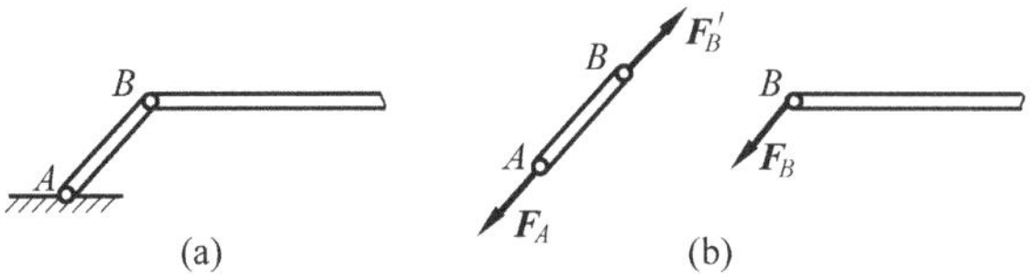


图 1-22

# 1-5 物体的受力分析与受力图

**1. 受力分析与受力图的概念**

在工程实际中,作用于物体上的主动力(载荷)一般是已知的,约束力是未知的。未知的约束力需根据已知力求出。为此,首先应分析物体受哪些主动力,周围有哪些约束,约束力的作用点、作用线的方位和指向如何确定等,这个分析物体受力的过程称为**物体的受力分析**。

为了清晰地表示物体的受力情况,需要将要研究的物体(通常称为研究对象或隔离体)从周围的物体中分离出来,单独画出它的简图,并把研究对象所受的主动力和约束力全部画到简图上,这样的图称为**物体的受力图**。

**2. 画物体受力图的步骤**

(1) 将研究对象从与其联系的周围物体中分离出来,单独画出其简图,约束不要画出来。

(2) 画出作用于研究对象上的全部主动力。

(3) 根据约束类型画出作用于研究对象上的全部约束力。

**3. 画物体受力图的注意事项**

(1) 研究对象一定要单独画出来(不含约束),并首先画出全部主动力,约束力的方向一定要根据约束类型去画,切不可凭主观想象画。

(2) 注意分析物体系统内有无二力构件(一般为不计自重、没有主动力作用、两端为铰链的构件)。对于二力构件,根据二力平衡公理,其两端的约束力应沿两铰链的连线,指向或为相对或为相背。

(3) 对于平面内受三个力作用并处于平衡状态的构件,若已知两个力的作用线汇交于一点,根据三力平衡汇交定理,可确定第三个力的作用线一定通过上述汇交点。

(4) 如果研究对象是几个物体组成的系统，则只画系统外的物体对它的作用力(称为外力)，而不画系统内各物体之间的相互作用力(称为内力)。但如果取系统内某一物体为研究对象时，系统内其他物体对它的作用力又成为外力，必须画在受力物体图上。

(5) 系统内各物体之间的相互作用力互为作用力与反作用力时，在受力图上要画为反向、共线。作用力的方向一经确定(或假定)，则反作用力的方向必与之相反，不能再随意假定。

(6) 无论是主动力还是约束力都应该用力的相应符号表示。

正确地画出物体的受力图，不仅是对物体进行静力分析的关键，而且在动力分析中也很重要，读者应熟练掌握。下面举例说明受力图的画法。

**【例 1-3】** 试画出图 1-23(a)中杆 $AB$ 的受力图，不计接触面的摩擦。

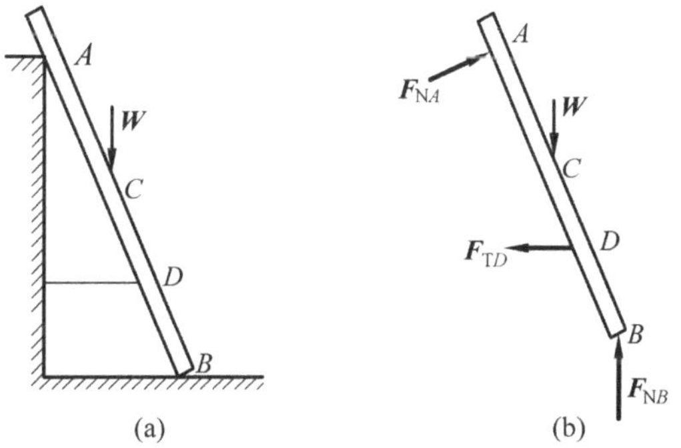


图　1-23

**解**：(1) 取杆 $AB$ 为研究对象，将其单独画出。

(2) 画主动力 $\boldsymbol{W}$。

(3) 画约束力。$D$ 处柔索的约束力 $\boldsymbol{F}_{\mathrm{TD}}$，沿绳的方向，背离杆 $AB$；$A$、$B$ 处为光滑接触面，其约束力 $\boldsymbol{F}_{\mathrm{NA}}$、$\boldsymbol{F}_{\mathrm{NB}}$ 沿接触面的公法线方向，指向杆 $AB$。

$AB$ 杆的受力图如图 1-23(b)所示。

**【例 1-4】** 屋架如图 1-24(a)所示，$A$ 处为固定铰支座，$B$ 处为活动铰支座。已知屋架自重 $\boldsymbol{W}$，在屋架的 $AC$ 边上作用有垂直于它的均匀分布的风力，集度为 $q$，试画出屋架的受力图。

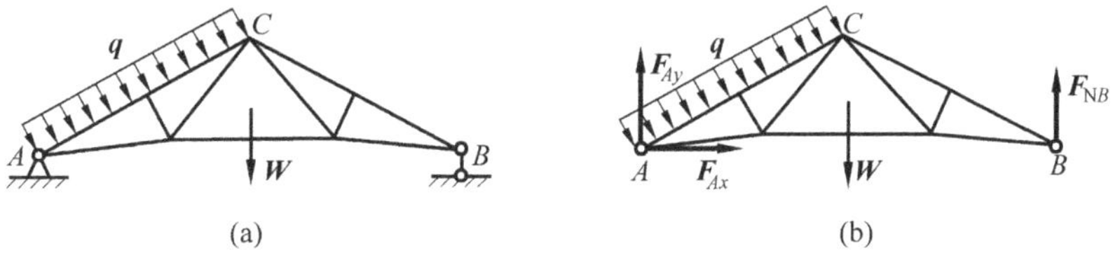


图　1-24

**解**：(1) 取屋架为研究对象，将其单独画出。

(2) 画主动力。作用于屋架上有重力 $\boldsymbol{W}$ 和均布的风力 $q$。

(3) 画约束力。屋架 $A$ 处为固定铰支座，其反力通过铰链中心，由于方向无法确定，用一对正交分力 $\boldsymbol{F}_{Ax}$ 和 $\boldsymbol{F}_{Ay}$ 表示。屋架 $B$ 处为活动铰支座，其反力 $\boldsymbol{F}_{NB}$ 垂直于支撑面。力 $\boldsymbol{F}_{Ax}$、$\boldsymbol{F}_{Ay}$ 和 $\boldsymbol{F}_{NB}$ 的指向均为假定。屋架的受力图如图 1-24(b)所示。

**【例 1-5】** 图 1-25(a)所示的三铰拱桥由 $AC$、$BC$ 两部分铰接而成，自重不计，在 $AC$ 上作用有力 $\boldsymbol{F}$，试分别画出 $AC$ 部分和 $BC$ 部分的受力图。

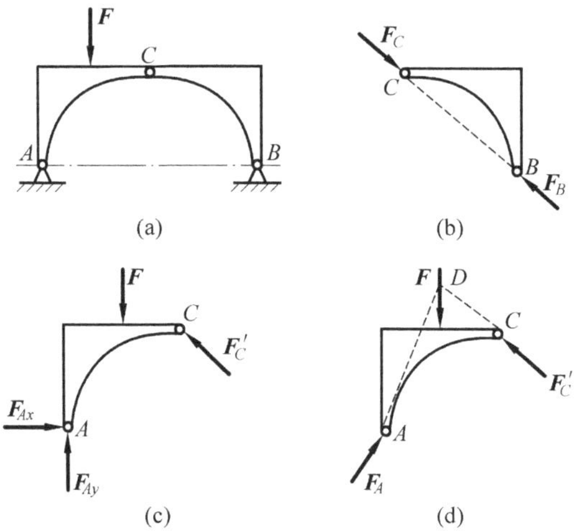


图 1-25

**解**：(1) 取 $BC$ 部分为研究对象，将其单独画出。由于 $BC$ 的自重不计，且只在两处受铰链的约束力，因此 $BC$ 是二力构件，$B$、$C$ 两端的约束力 $\boldsymbol{F}_B$、$\boldsymbol{F}_C$ 应沿 $B$、$C$ 的连线，方向相反，指向待定(假定为相对)。$BC$ 部分的受力图如图 1-25(b)所示。

(2) 取 $AC$ 部分为研究对象，将其单独画出。先画出所受主动力 $\boldsymbol{F}$。根据作用力与反作用力定律，在 $C$ 处所受的约束力与 $BC$ 部分受力图中的 $\boldsymbol{F}_C$ 大小相等、方向相反，是一对作用力与反作用力，用 $\boldsymbol{F}'_C$ 表示；在 $A$ 处所受固定铰支座的反力 $\boldsymbol{F}_A$，用一对正交分力 $\boldsymbol{F}_{Ax}$、$\boldsymbol{F}_{Ay}$ 表示。$AC$ 部分的受力图如图 1-25(c)所示。

进一步分析可知，由于 $AC$ 部分的自重不计，$AC$ 部分是在三个力作用下平衡的，力 $\boldsymbol{F}$ 和 $\boldsymbol{F}'_C$ 的作用线的交点为 $D$(图 1-25(d))，根据三力平衡汇交定理，反力 $\boldsymbol{F}_A$ 的作用线应过 $D$ 点，指向待定(假定指向斜上方)。这样，$AC$ 部分的受力图又可用图 1-25(d)表示。

**【例 1-6】** 如图 1-26(a)所示，水平梁 $AB$ 用斜杆 $CD$ 支撑，$A$,$C$,$D$ 三处均为光滑铰链连接。均质梁重 $\boldsymbol{P}_1$，其上放置一重为 $\boldsymbol{P}_2$ 的电动机。不计杆 $CD$ 的自重，分别画出杆 $CD$ 和梁 $AB$(包括电动机)的受力图。

**解**：(1) 先分析斜杆 $CD$ 的受力。由于斜杆的自重不计，此处杆 $CD$ 为二力杆，其受力图如图 1-26(b)所示。

(2) 取梁 $AB$(包括电动机)为研究对象。它受 $\boldsymbol{P}_1$,$\boldsymbol{P}_2$ 两个主动力的作用。梁在铰链 $D$ 处受二力杆 $CD$ 给它的反作用力 $\boldsymbol{F}'_D$ 的作用。梁在 $A$ 处受固定铰支座给它的约束力的作用，由于方向未知，可用两个未定的正交分力 $\boldsymbol{F}_{Ax}$ 和 $\boldsymbol{F}_{Ay}$ 表示。梁 $AB$ 的受力图如图 1-26(c)所示。

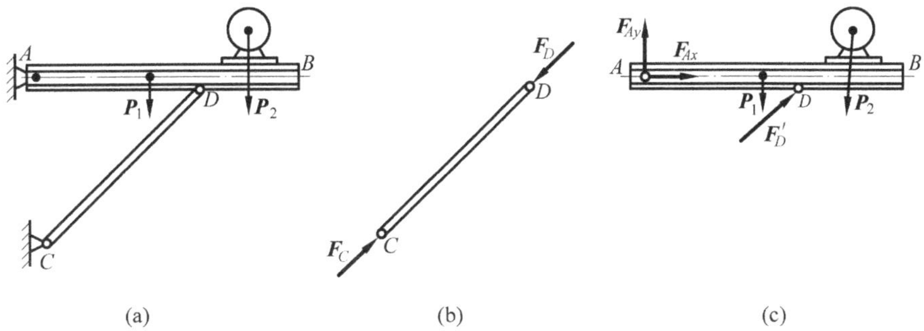


图　1-26

**【例 1-7】** 图 1-27(a)所示为一折叠梯子的示意图，梯子的 $AB$，$AC$ 两部分在点 $A$ 铰接，在 $D$，$E$ 两点用水平绳相连。梯子放在光滑水平地板上，自重忽略不计，点 $H$ 处站立一人，其重为 $\boldsymbol{P}$。要求分别画出绳子，以及梯子左、右两部分和梯子的整体受力图。

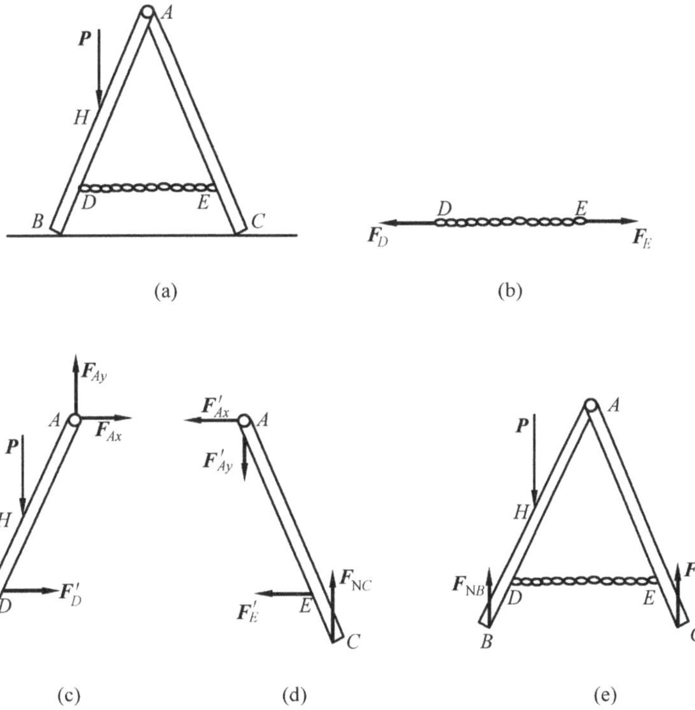


图　1-27

**解**：(1) 绳子为柔索约束，其受力图如图 1-27(b)所示。

(2) 先画梯子左边部分 $AB$ 的受力图。它在 $B$ 处受到光滑地板对它的法向约束力作用，以 $\boldsymbol{F}_{NB}$ 表示。在 $D$ 处受到绳子对它的拉力作用，以 $\boldsymbol{F}'_D$ 表示。在 $H$ 处受到主动力人重 $\boldsymbol{P}$ 的作用。在铰链 $A$ 处受到梯子右边部分对它的约束力，以 $\boldsymbol{F}_{Ax}$ 和 $\boldsymbol{F}_{Ay}$ 表示。梯子左侧的受力图如图 1-27(c)所示。

(3) 画梯子右边部分 $AC$ 的受力图。它在 $C$ 处受到光滑地板对它的法向约束力作用，以 $\boldsymbol{F}_{\mathrm{NB}}$ 表示。在 $E$ 处受到绳子对它的拉力作用，以 $\boldsymbol{F}'_E$ 表示。在铰链 $A$ 处，受到梯子左边部分对它的反作用力作用，以 $\boldsymbol{F}'_{Ax}$，$\boldsymbol{F}'_{Ay}$ 表示。梯子右边的受力图如图 1-27(d)所示。

(4) 画梯子整体的受力图。在画系统(梯子)的整体受力图时，$AB$ 与 $AC$ 两部分在 $A$ 处相互有力的作用，在点 $D$ 与点 $E$ 处绳子对它们也有力的作用，这些力是存在的，且成对地作用在系统内。系统内各物体之间相互作用的力称为内力，内力是成对出现的，对系统的作用效应相互抵消，因此在受力图上一般不画出。在受力图上只画出系统以外的物体对系统的作用力，称这种力为外力。这里，人重 $\boldsymbol{P}$ 和地板约束力 $\boldsymbol{F}_{\mathrm{NB}}$，$\boldsymbol{F}_{\mathrm{NC}}$ 是作用于系统上的外力，整个系统(梯子)的受力图如图 1-27(e)所示。

当然，内力与外力不是绝对的，例如，当把梯子两部分拆开时，$A$ 处的作用力和绳子的拉力即为外力，但取整体时，这些力又为内力。所以，内力与外力的区分只有相对某一确定的研究对象才有意义。

## 学习方法和要点提示

本章介绍的有关约束、约束反力、受力分析和受力图等内容，将贯穿到静力学和动力学所有各章，并不断丰富和深化，它们也是学习理论力学的重点和难点，应引起高度重视。

(1) 约束和约束反力是本章重点，要学会严格按照约束的类型和特征确定约束反力的方向。约束反力的方向永远与该约束所能阻碍的运动方向相反，约束反力的大小要由满足的力学方程确定。

(2) 正确画出物体或物体系的受力图，是解决力系问题的前提，也是本章的重点和难点。力是物体间相互的机械作用，因此对受力图上的每一个力都应该清楚是哪两个物体间相互的机械作用引起的。

(3) 画受力图应注意下列问题：

① 画受力图时一定要明确研究对象，画出分离体。研究对象可以是单个物体，也可以是几个物体的组合。研究对象不同，受力图也不同。

② 在分离体上只画所取研究对象的外力，不画内力。由于力是物体间相互的机械作用，因此应明确研究对象上所受的每一个力是由周围哪个物体施加的。

③ 判断约束类型，正确画出约束力。

④ 不要画错力的方向。除应根据不同约束正确画出约束反力外，在分析两物体之间的相互作用时，这些力的箭头应符合作用力与反作用力的关系，作用力的方向一经假设，则反作用力的方向必须与之相反，不能再次假设。

⑤ 正确确定研究对象的受力数目。除施加给物体的主动力外(包括重力、磁场力等非接触力)，一般的力都是由接触产生的。因此，必须清楚研究对象与周围哪些物体接触，在接触处必有相应的约束反力，不要多画、漏画、错画任何力。

⑥ 为了能够真实反映物体的受力状态，能够清楚知道每个力的作用点，在受力图上应将矢量线段的起点或终点画在该力的真实作用点处，不要利用力的可传性将力进行移动。

⑦ 要善于判断二力杆，并根据二力平衡条件或三力汇交定理简化受力图。

## 思　考　题

**1-1**　说明下列式子的意义。

(1) $\boldsymbol{F}_1=\boldsymbol{F}_2$；(2) $F_1=F_2$；(3) $\boldsymbol{F}_1=-\boldsymbol{F}_2$；(4) $\boldsymbol{F}_R=\boldsymbol{F}_1+\boldsymbol{F}_2$；(5) $\boldsymbol{F}_1+\boldsymbol{F}_2=\boldsymbol{0}$。

**1-2**　二力平衡的条件是二力等值、反向、共线，作用力与反作用力也是二力等值、反向、共线，请说明它们的不同之处。

**1-3**　为什么说二力平衡公理、加减平衡力系公理和力的可传性原理只适用于刚体？

**1-4**　什么是二力构件？构件两端用铰链连接的就是二力构件吗？二力构件的受力与构件的形状有无关系？

**1-5**　图 1-28 所示结构中，哪些构件是二力构件？哪些不是二力构件？假定构件的自重不计。

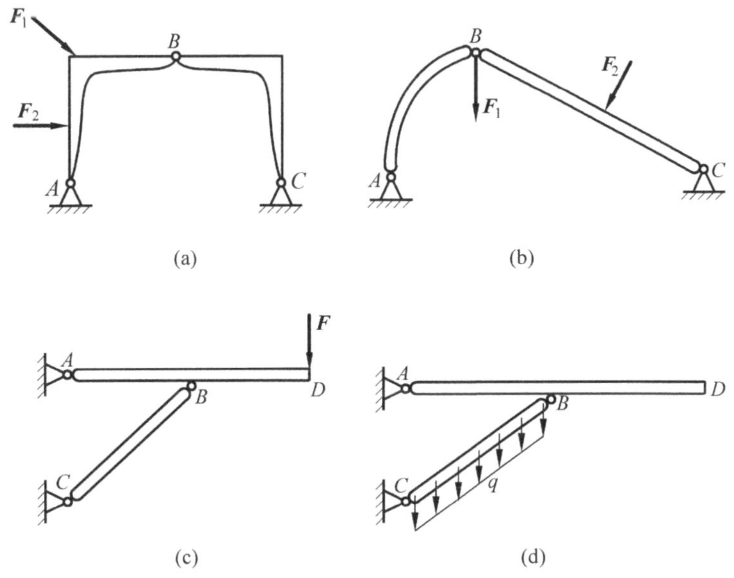


图　1-28

**1-6**　三力汇交于一点，但不共面，这三个力能平衡吗？若共面又如何？

**1-7**　合力是否一定比分力大？

**1-8**　在图 1-29 所示两个力三角形中，三个力的关系如何？

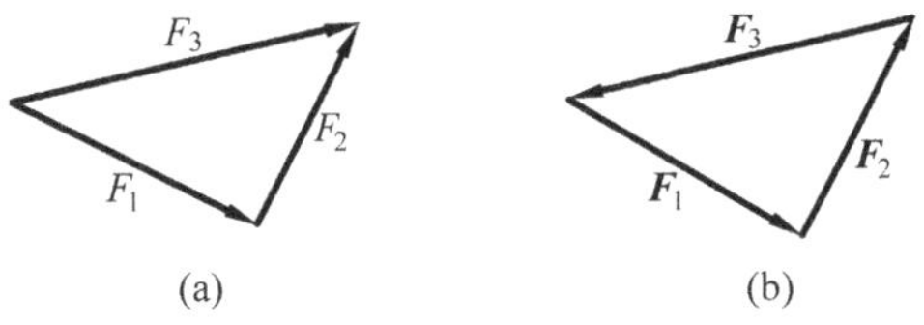


图　1-29

**1-9**　力矩与力偶矩二者有何不同？

**1-10**　图 1-30 中所示各物体的受力图是否有错误？若有，说明如何改正。假定所有接触面都是光滑的，图中未标出自重的物体，自重不计。

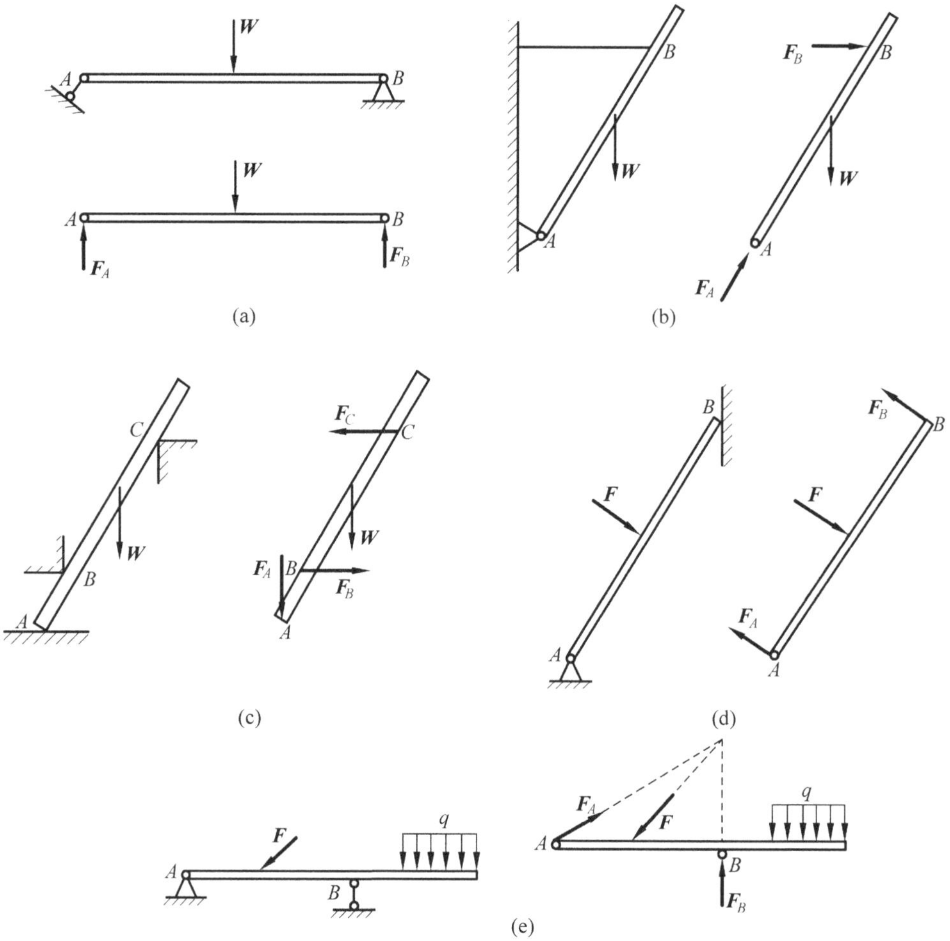


图 1-30

## 习 题

**1-1** 试计算图 1-31 中力 $\boldsymbol{F}$ 对点 $O$ 之矩。

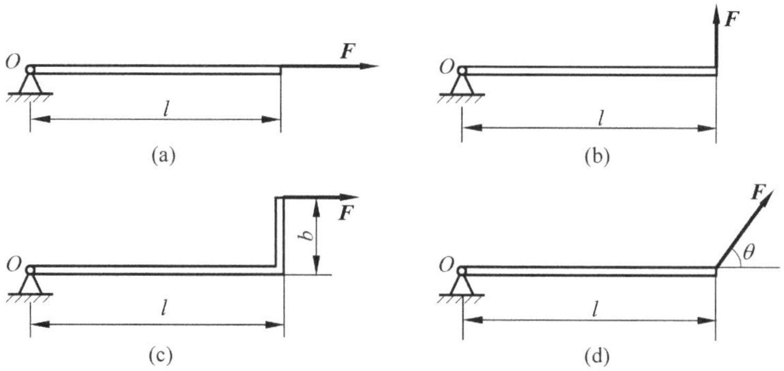


图 1-31

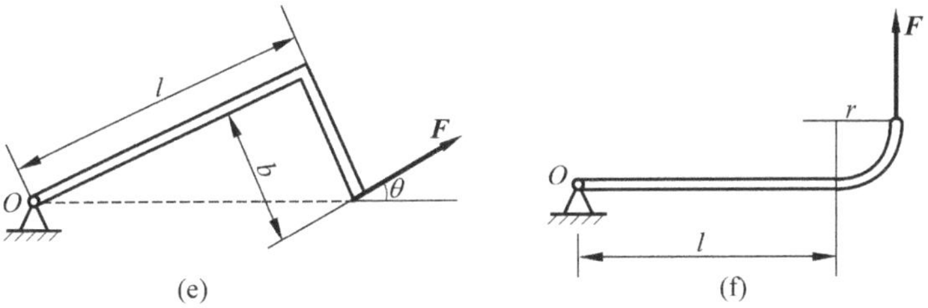


图　1-31(续)

**1-2**　画出图 1-32 中物体 $A$ 或 $AB$ 的受力图。图中未画重力的各物体的自重不计，所有接触处均为光滑接触。

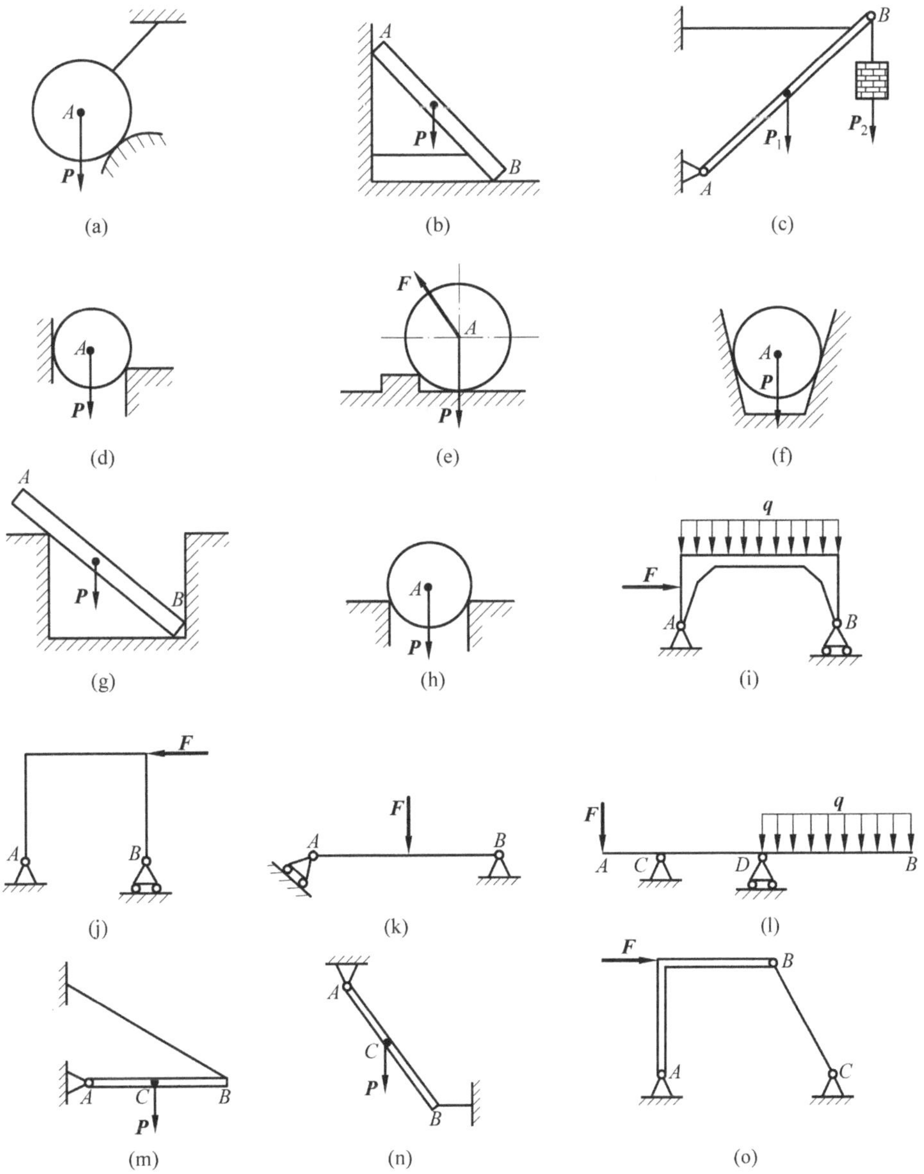


图　1-32

**1-3** 画出图 1-33 中各物体系统中指定物体的受力图，图中未画重力的物体的自重不计，所有接触处均为光滑接触。

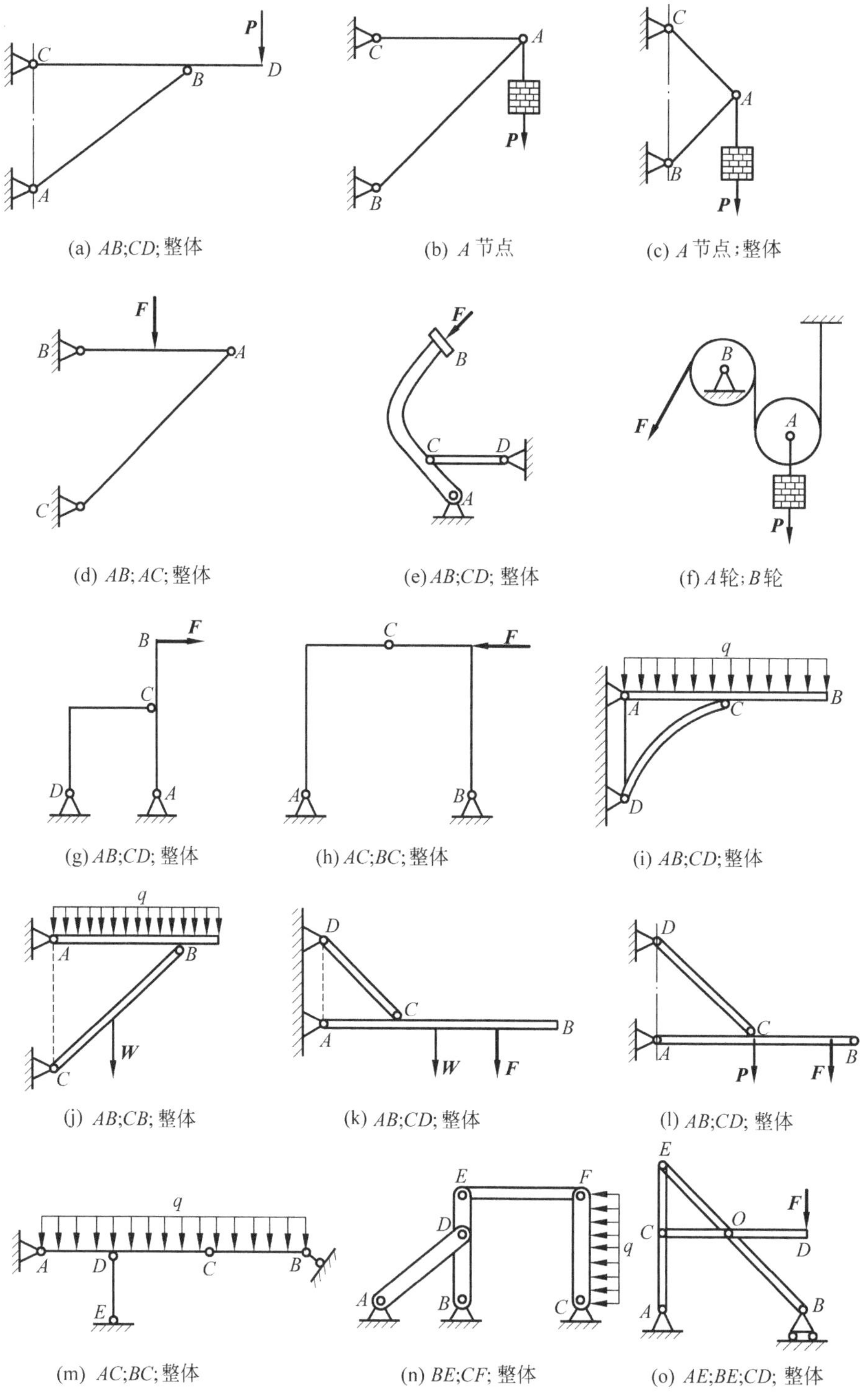

(a) *AB*;*CD*;整体　(b) *A* 节点　(c) *A* 节点;整体

(d) *AB*;*AC*;整体　(e) *AB*;*CD*;整体　(f) *A* 轮;*B* 轮

(g) *AB*;*CD*;整体　(h) *AC*;*BC*;整体　(i) *AB*;*CD*;整体

(j) *AB*;*CB*;整体　(k) *AB*;*CD*;整体　(l) *AB*;*CD*;整体

(m) *AC*;*BC*;整体　(n) *BE*;*CF*;整体　(o) *AE*;*BE*;*CD*;整体

图　1-33

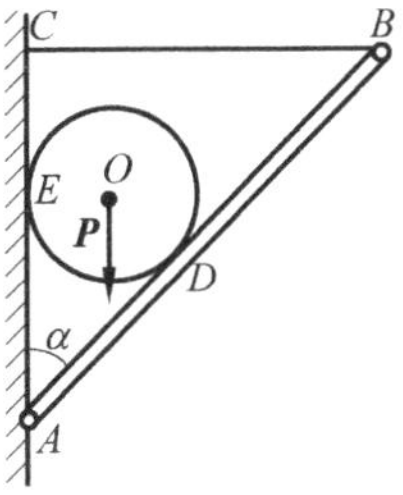


(p) $AB$; 圆轮$O$; $AB$ 连同轮$O$

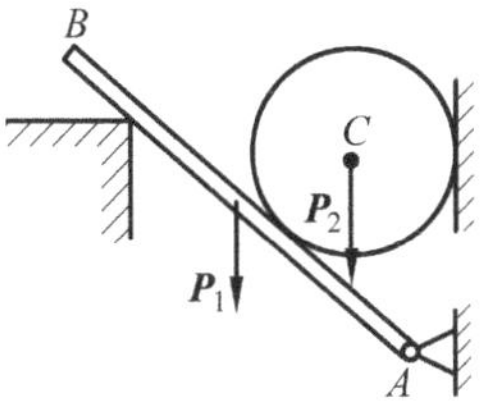


(q) $AB$; 圆轮$C$; 整体

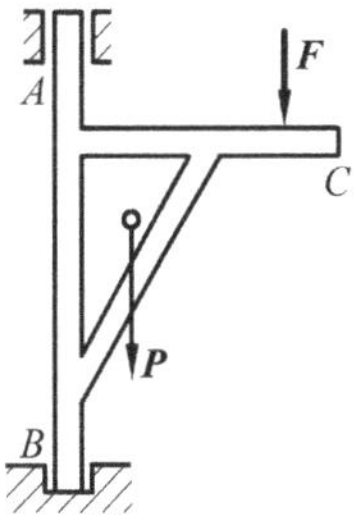


(r) 起重架 $ABC$

**图　1-33（续）**

# 第2章 平面力系

## 本章提要

**【要求】**

(1) 掌握平面汇交力系合成的几何法和解析法；

(2) 熟练计算力在坐标轴上的投影；

(3) 熟练应用平衡的几何条件和解析条件求解平面汇交力系的平衡问题；

(4) 能解决平面力偶系的合成与平衡问题；

(5) 掌握力线平移定理内容及其逆过程；

(6) 掌握力系的主矢、主矩的概念，平面任意力系的简化结果；

(7) 熟练应用平面任意力系的平衡方程求解物体的平衡问题。

**【重点】**

(1) 力在坐标轴上的投影；

(2) 平面汇交力系平衡方程的应用；

(3) 平面力偶的性质及平面力偶系的合成与平衡；

(4) 平面任意力系向作用面内任意一点的简化及最终结果；

(5) 平面任意力系平衡的充分必要条件，平衡方程的各种形式及适用条件；

(6) 求解物体(系)的平衡问题。

**【难点】**

(1) 求解平面汇交力系平衡问题的解析法与几何法；

(2) 力偶的性质及等效条件；

(3) 主矢和主矩的概念；

(4) 物体系统的平衡问题。

力系就是作用在物体上的一组力。按照力系中各力的作用线位置不同可以将力系分为各种不同的类型，如图 2-1 所示。各力作用线在同一平面内的力系称为**平面力系**；作用线不在同一平面内的力系称为**空间力系**。作用线汇交于一点的力系称为**汇交力系**；作用线互相平行的力系称为**平行力系**；由力偶组成的力系称为**力偶系**，否则称为**任意力系**。

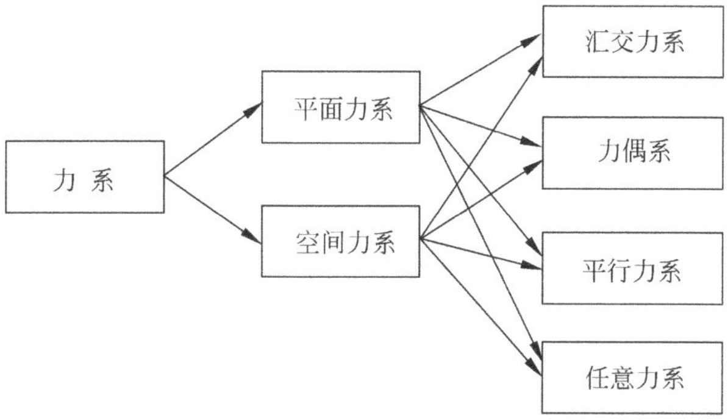


图　2-1

# 2-1　平面汇交力系的合成与平衡

## 1. 平面汇交力系合成与平衡的几何法

1）平面汇交力系合成的几何法

设刚体上作用一平面汇交力系 $\boldsymbol{F}_1$、$\boldsymbol{F}_2$、$\boldsymbol{F}_3$、$\boldsymbol{F}_4$，各力作用线汇交于点 $A$（图 2-2(a)），先由力的可传性，将各力的作用点沿着作用线移至汇交点 $A$；然后连续应用力的三角形法则将各力依次两两合成，具体过程如图 2-2(b)所示：首先将 $\boldsymbol{F}_1$ 与 $\boldsymbol{F}_2$ 首尾相连作力三角形，求出其合力 $\boldsymbol{F}_{R1}$；再作力三角形求出 $\boldsymbol{F}_{R1}$ 和 $\boldsymbol{F}_3$ 的合力 $\boldsymbol{F}_{R2}$；最后作力三角形合成 $\boldsymbol{F}_{R2}$ 与 $\boldsymbol{F}_4$，得到的 $\boldsymbol{F}_R$ 即为该力系的合力矢。由图 2-2(b)可知，在求合力矢 $\boldsymbol{F}_R$ 时，实际上不必画出 $\boldsymbol{F}_{R1}$、$\boldsymbol{F}_{R2}$，而只需将各分力矢 $\boldsymbol{F}_1$、$\boldsymbol{F}_2$、$\boldsymbol{F}_3$ 和 $\boldsymbol{F}_4$ 依次首尾相接，构成一个开口力多边形，由该开口力多边形的始点 $a$ 指向终点 $e$ 的封闭边矢量即为合力矢 $\boldsymbol{F}_R$。这种求合力矢的几何作图方法称为**力多边形法则**。比较图 2-2(b)与(c)可知，若改变各力的合成次序，力多边形的形状也将改变。但封闭边，即合力矢 $\boldsymbol{F}_R$ 则完全相同。

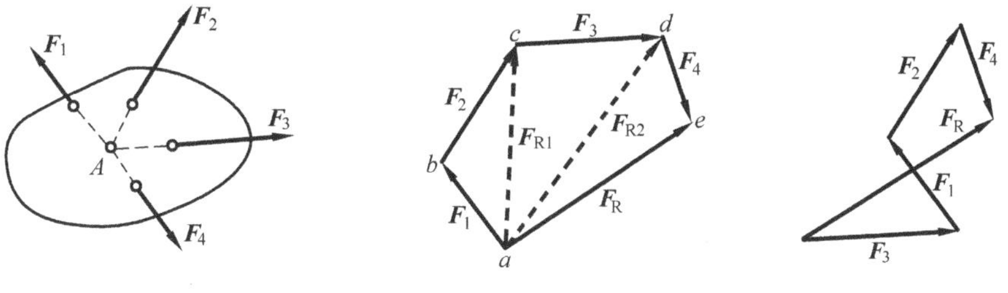


图　2-2

显然，上述方法可推广到由 $n$ 个力组成的任一平面汇交力系，故有结论：**平面汇交力系的合成结果为一个合力，合力的作用线通过汇交点，合力的大小和方向可由各分力依次首尾相连构成的力多边形的封闭边矢量确定**。它们的矢量关系式为

$$\boldsymbol{F}_R = \boldsymbol{F}_1 + \boldsymbol{F}_2 + \cdots + \boldsymbol{F}_n = \sum \boldsymbol{F}_i \tag{2-1}$$

**即合力矢 $\boldsymbol{F}_{\mathrm{R}}$ 等于各分力矢 $\boldsymbol{F}_i$ 的矢量和。**

2）平面汇交力系平衡的几何条件

由于平面汇交力系可以等效为一个合力，因此，**平面汇交力系平衡的必要且充分条件为其合力为零**，即

$$\boldsymbol{F}_{\mathrm{R}}=\sum \boldsymbol{F}_i=\boldsymbol{0} \tag{2-2}$$

根据力多边形法则，合力为零意味着力多边形封闭边长度为零，故有结论：**平面汇交力系平衡的必要且充分的几何条件为其力多边形自行封闭。**

利用上述平面汇交力系平衡的几何条件，可以通过几何作图的方法求解平面汇交力系的平衡问题。具体方法为：先按选定的比例尺将各分力依次首尾相连，画出封闭的力多边形；然后，按所选比例尺量得待求未知量，或根据图形的几何关系，利用三角公式算出待求未知量。由作图规则可知，待求的未知量不应超过两个。

**【例 2-1】** 如图 2-3(a)所示，圆柱 $O$ 重 $P=500\mathrm{N}$，放置在墙面与夹板之间。夹板与墙面夹角为 60°。若接触面是光滑的，试分别求出圆柱给墙面和夹板的压力。

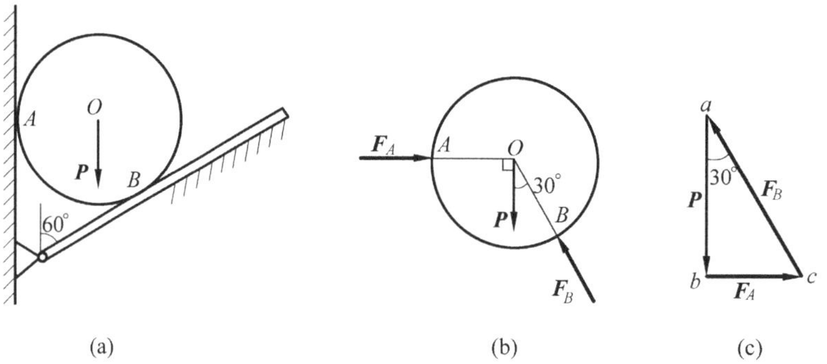


图 2-3

**解：**(1) 选取圆柱 $O$ 为研究对象。

(2) 画出圆柱 $O$ 的受力图。作用于圆柱 $O$ 上的主动力有重力 $\boldsymbol{P}$，约束力有墙面和夹板对圆柱的法向反力 $\boldsymbol{F}_A$ 和 $\boldsymbol{F}_B$。三力组成平面汇交力系，如图 2-3(b)所示。其中，只有两个未知量 $\boldsymbol{F}_A$ 与 $\boldsymbol{F}_B$ 的大小待求。

(3) 作封闭的力三角形。根据平面汇交力系平衡的几何条件，这三个力应组成一个封闭的力三角形。选择适当的比例尺，先从任一点 $a$ 画已知力矢 $\overrightarrow{ab}=\boldsymbol{P}$，接着从力矢 $\boldsymbol{P}$ 的末端 $b$ 作直线平行于 $\boldsymbol{F}_A$，过力矢 $\boldsymbol{P}$ 的始端 $a$ 作直线平行于 $\boldsymbol{F}_B$，二直线交于点 $c$，从而构成一封闭的力三角形 $abc$，如图 2-3(c)所示。

(4) 确定未知量。在力三角形 $abc$ 中，线段 $bc$ 和 $ca$ 的长度分别代表力 $\boldsymbol{F}_A$ 和 $\boldsymbol{F}_B$ 的大小，按选定的比例尺即可直接量得。或者利用三角函数，易得 $\boldsymbol{F}_A$ 和 $\boldsymbol{F}_B$ 的大小分别为

$$F_A=P\tan 30^\circ=500\mathrm{N}\times\tan 30^\circ=288.7\mathrm{N}$$

$$F_B=\frac{P}{\cos 30^\circ}=\frac{500\mathrm{N}}{\cos 30^\circ}=577.4\mathrm{N}$$

这里的 $\boldsymbol{F}_A$ 和 $\boldsymbol{F}_B$ 分别为墙面和夹板作用在圆柱上的约束力，根据作用力与反作用力的关系，圆柱给墙面和夹板的压力分别与 $\boldsymbol{F}_A$ 和 $\boldsymbol{F}_B$，大小相等，方向相反。

由上例可知，用几何法求解平面汇交力系平衡问题的步骤为：

(1) 根据题意，选取适当的平衡物体为研究对象。

(2) 对研究对象进行受力分析，画出受力图。

(3) 选择适当的比例尺，将研究对象上的各个力依次首尾相连，作出封闭的力多边形。作图时应从已知力开始，根据矢序规则和封闭特点，就可以确定未知力的方位与指向。

(4) 按选定的比例尺量取未知量，或者利用三角函数求出未知量。

**2. 平面汇交力系合成与平衡的解析法**

1) 力在直角坐标轴上的投影

如图 2-4 所示，在力 $\boldsymbol{F}$ 所在平面内建立直角坐标系 $Oxy$。由力矢 $\boldsymbol{F}$ 的始端 $A$ 和末端 $B$ 分别向 $x$ 轴、$y$ 轴作垂线，得垂足 $a_1$、$b_1$ 和 $a_2$、$b_2$，所得线段 $a_1b_1$ 和 $a_2b_2$ 分别称为力 $\boldsymbol{F}$ 在 $x$ 轴和 $y$ 轴上的投影，记作 $F_x$ 和 $F_y$。并规定：力矢 $\boldsymbol{F}$ 的始端垂足 $a_1(a_2)$ 至末端垂足 $b_1(b_2)$ 的指向与 $x(y)$ 轴指向一致时，投影 $F_x(F_y)$ 取正值；反之，取负值。

设力 $\boldsymbol{F}$ 与 $x$、$y$ 轴正方向之间的夹角分别为 $\alpha$、$\beta$(图 2-4)，则根据上述定义，力 $\boldsymbol{F}$ 在 $x$、$y$ 轴上的投影的表达式分别为

$$\left.\begin{aligned} F_x &= F\cos\alpha \\ F_y &= F\cos\beta \end{aligned}\right\} \tag{2-3}$$

即**力在某轴上的投影等于力的大小乘以力与该轴正向间夹角的余弦**。在实际运算中，通常可取力与坐标轴间的锐角来计算投影大小，而通过观察来直接判定投影的正负号。

反之，如果已知力 $\boldsymbol{F}$ 在 $x$、$y$ 轴上的投影 $F_x$、$F_y$，则该力的大小和方向余弦分别为

$$F = \sqrt{F_x^2 + F_y^2} \tag{2-4}$$

$$\cos\alpha = \frac{F_x}{F}, \quad \cos\beta = \frac{F_y}{F} \tag{2-5}$$

需要特别指出的是，力在坐标轴上的投影与分力是两个不同的概念，力在坐标轴上的投影是代数量，而分力则是矢量。在直角坐标系中，力在某轴上的投影与力沿该轴的分力的大小相等，投影的正负号则与该分力的指向对应，它们之间的关系可表达为

$$\boldsymbol{F} = \boldsymbol{F}_x + \boldsymbol{F}_y = F_x\boldsymbol{i} + F_y\boldsymbol{j} \tag{2-6}$$

式中，$\boldsymbol{i}$、$\boldsymbol{j}$ 分别为沿 $x$、$y$ 轴正向的单位矢量(图 2-4)。

**【例 2-2】** 已知平面内四个力，其中 $F_1 = F_2 = 6\text{kN}$，$F_3 = F_4 = 4\text{kN}$，各力的方向如图 2-5 所示，试分别求出各力在 $x$ 轴和 $y$ 轴上的投影。

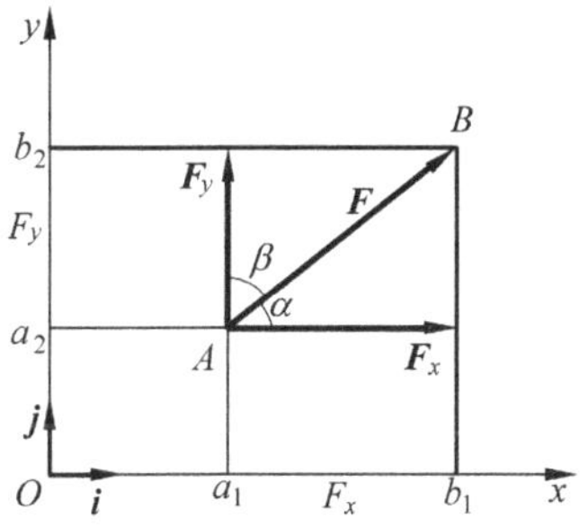


图　2-4

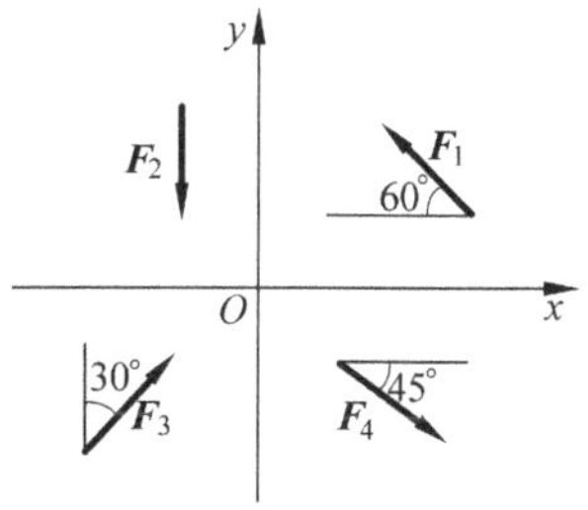


图　2-5

**解**：根据定义，各力在 $x$ 轴和 $y$ 轴上的投影分别为

$$F_{1x}=-F_1\cos60^\circ=-3\text{kN},\quad F_{1y}=F_1\sin60^\circ=5.20\text{kN}$$

$$F_{2x}=0,\quad F_{2y}=-F_2=-6\text{kN}$$

$$F_{3x}=F_3\sin30^\circ=2\text{kN},\quad F_{3y}=F_3\cos30^\circ=3.46\text{kN}$$

$$F_{4x}=F_4\cos45^\circ=2.83\text{kN},\quad F_{4y}=-F_4\sin45^\circ=-2.83\text{kN}$$

2）合力投影定理

由图 2-6 不难看出，合力在某一轴上的投影，等于它的各分力在同一轴上投影的代数和，即

$$\left.\begin{aligned}F_{Rx}&=\sum F_{ix}=\sum F_x\\F_{Ry}&=\sum F_{iy}=\sum F_y\end{aligned}\right\}\tag{2-7}$$

这称为**合力投影定理**。合力投影定理建立了合力投影与分力投影之间的关系。

3）平面汇交力系合成的解析法

利用合力投影定理，可以用解析法来求平面汇交力系的合力。具体方法为：先计算出各分力 $\boldsymbol{F}_i$ 在 $x$、$y$ 轴上的投影 $F_{ix}$、$F_{iy}$；然后根据合力投影定理计算出合力 $\boldsymbol{F}_R$ 在 $x$、$y$ 轴上的投影 $F_{Rx}$、$F_{Ry}$；最后由式(2-4)与式(2-5)分别确定合力的大小与方向余弦，即

$$F_R=\sqrt{F_{Rx}^2+F_{Ry}^2}=\sqrt{\left(\sum F_x\right)^2+\left(\sum F_y\right)^2}\tag{2-8}$$

$$\cos\alpha=\frac{F_{Rx}}{F_R}=\frac{\sum F_x}{F_R},\quad \cos\beta=\frac{F_{Ry}}{F_R}=\frac{\sum F_y}{F_R}\tag{2-9}$$

**【例 2-3】** 试求图 2-7 所示平面汇交力系的合力，已知 $F_1=200\text{N}$、$F_2=300\text{N}$、$F_3=100\text{N}$、$F_4=250\text{N}$，各力方向如图中所示。

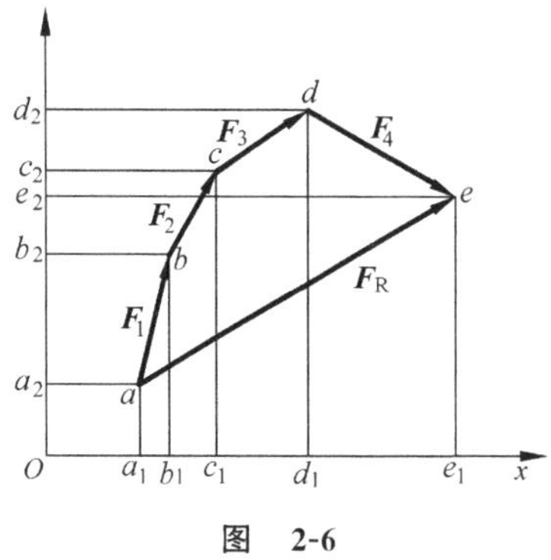


图 2-6

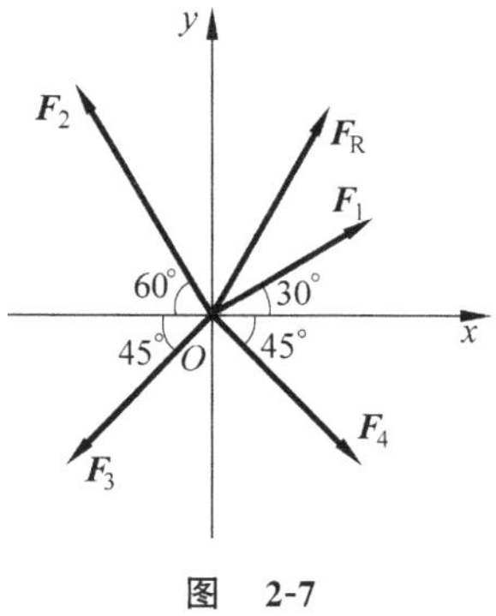


图 2-7

**解**：(1) 计算合力的投影。由合力投影定理，得合力的投影分别为

$$F_{Rx}=\sum F_x=F_1\cos30^\circ-F_2\cos60^\circ-F_3\cos45^\circ+F_4\cos45^\circ=129.3\text{N}$$

$$F_{Ry}=\sum F_y=F_1\sin30^\circ+F_2\sin60^\circ-F_3\sin45^\circ-F_4\sin45^\circ=112.3\text{N}$$

(2) 确定合力的大小和方向。根据式(2-8)和式(2-9)，得合力 $\boldsymbol{F}_R$ 的大小和方向余弦分别为

$$F_R=\sqrt{F_{Rx}^2+F_{Ry}^2}=\sqrt{\left(\sum F_x\right)^2+\left(\sum F_y\right)^2}=\sqrt{129.3^2+112.3^2}\text{ N}=171.3\text{N}$$

$$\cos\alpha=\frac{F_{Rx}}{F_R}=\frac{\sum F_x}{F_R}=\frac{129.3}{171.3}=0.755$$

$$\cos\beta=\frac{F_{Ry}}{F_R}=\frac{\sum F_y}{F_R}=\frac{112.3}{171.3}=0.656$$

由方向余弦即得合力 $\boldsymbol{F}_R$ 与 $x$、$y$ 轴的正方向之间的夹角分别为 $\alpha=41.0°$、$\beta=49.0°$。合力 $\boldsymbol{F}_R$ 的作用线通过力系的汇交点 $O$(图 2-7)。

4) 平面汇交力系平衡的解析条件和平衡方程

据前所述,平面汇交力系平衡的必要且充分条件为力系的合力等于零,根据式(2-8),有

$$F_R=\sqrt{\left(\sum F_x\right)^2+\left(\sum F_y\right)^2}=0$$

欲使上式成立,必须同时满足

$$\left.\begin{aligned}\sum F_x=0\\ \sum F_y=0\end{aligned}\right\}\qquad(2\text{-}10)$$

**即平面汇交力系平衡的必要且充分的解析条件为:力系中所有各力分别在两个坐标轴上投影的代数和同时等于零。**式(2-10)称为**平面汇交力系的平衡方程。**

显然,利用平面汇交力系的平衡方程可以求解两个未知量。在列平衡方程时,用于投影的坐标轴可任意选择,以方便投影为好,不一定要垂直,只要两投影轴不相互平行即可。

**【例 2-4】** 重 $P=5\text{kN}$ 的电动机放在水平梁 $AB$ 的中央,梁的 $A$ 端受固定铰支座的约束,$B$ 端以撑杆 $BC$ 支持,如图 2-8(a)所示。若不计梁与撑杆自重,试求撑杆 $BC$ 所受的力。

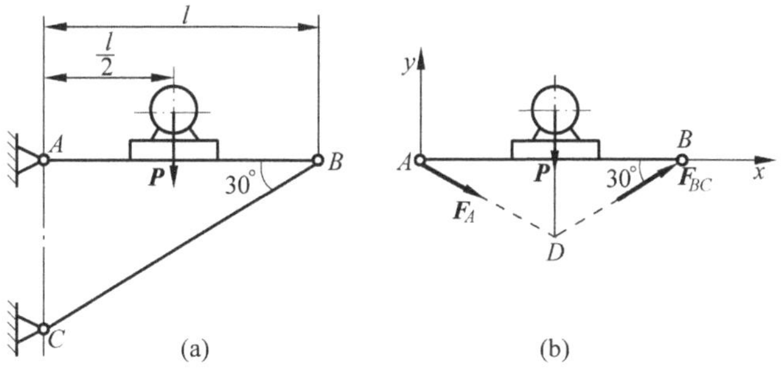


**图　2-8**

**解:**(1) 选取研究对象。选取 $AB$ 梁(包括电动机)为研究对象。

(2) 画受力图。作出 $AB$ 梁的受力图如图 2-8(b)所示,其中撑杆 $BC$ 为二力杆,它对 $AB$ 梁的约束力 $\boldsymbol{F}_{BC}$ 的指向按 $BC$ 杆受压确定;固定铰 $A$ 的约束力 $\boldsymbol{F}_A$ 的方位由三力平衡汇交定理确定,指向任意假设。$\boldsymbol{F}_{BC}$、$\boldsymbol{F}_A$ 与电动机重力 $\boldsymbol{P}$ 三力构成一平面汇交力系,其中只有 $\boldsymbol{F}_{BC}$ 与 $\boldsymbol{F}_A$ 的大小这两个要素未知。

(3) 列平衡方程。选取图示坐标系,注意到 $\boldsymbol{F}_A$ 与 $AB$ 的夹角也为 30°,建立平衡方程

$$\sum F_x = 0,\quad F_A\cos30^\circ + F_{BC}\cos30^\circ = 0$$

$$\sum F_y = 0,\quad -F_A\sin30^\circ + F_{BC}\sin30^\circ - P = 0$$

(4) 求解未知量。联立上述两平衡方程,解得

$$F_{BC} = -F_A = P = 5\text{kN}$$

所得 $F_{BC}$ 为正值,表示其假设方向与实际方向相同,即撑杆 $BC$ 受压;而 $F_A$ 为负值,则表明其假设方向与实际方向相反。

**【例 2-5】** 重 $P=20\text{kN}$ 的重物,用钢丝绳挂在铰车 $D$ 与滑轮 $B$ 上,如图 2-9(a)所示。$A$、$B$、$C$ 处均为光滑铰链连接。若钢丝绳、杆和滑轮的自重不计,并忽略滑轮尺寸,试求系统平衡时杆 $AB$ 和 $BC$ 所受的力。

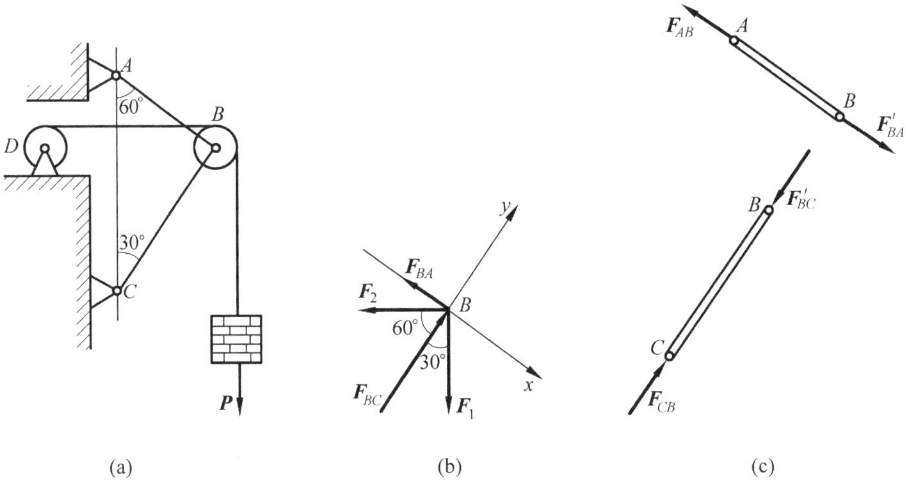


图 2-9

**解**:(1) 选取研究对象。由于 $AB$、$BC$ 两杆都是二力杆,它们所受的力与两杆对滑轮的约束力是作用力与反作用力的关系,因此,可选取滑轮 $B$ 为研究对象,只要求出两杆对滑轮的约束力即可。

(2) 画受力图。如图 2-9(b)所示,作用于滑轮上的力有钢丝绳的拉力 $\boldsymbol{F}_1$ 和 $\boldsymbol{F}_2$,其中 $F_1=F_2=P$;杆 $AB$ 和 $BC$ 对滑轮的约束力 $\boldsymbol{F}_{BA}$ 和 $\boldsymbol{F}_{BC}$,其中 $\boldsymbol{F}_{BA}$ 和 $\boldsymbol{F}_{BC}$ 的指向分别按照杆 $AB$ 受拉、杆 $BC$ 受压确定(图 2-9(c))。由于不计滑轮尺寸,故这些力构成的力系可视为平面汇交力系。

(3) 列平衡方程。选取图示坐标系,其中 $x$ 轴的方向垂直于未知力 $\boldsymbol{F}_{BC}$ 的作用线。这样,在每个平衡方程中只会出现一个未知量,从而避免了求解联立方程组。列出平衡方程如下:

$$\sum F_x = 0,\quad -F_{BA} + F_1\sin30^\circ - F_2\sin60^\circ = 0$$

$$\sum F_y = 0,\quad F_{BC} - F_1\cos30^\circ - F_2\cos60^\circ = 0$$

(4) 求解未知量。由平衡方程解得

$$F_{BA} = -0.366P = -7.3\text{kN},\quad F_{BC} = 1.366P = 27.3\text{kN}$$

所得 $F_{BA}$ 为负值，表示其假设方向与实际方向相反，即杆 $AB$ 受压；$F_{BC}$ 为正值，表示其假设方向与实际方向相同，即杆 $BC$ 也受压。

**【例 2-6】** 简易压榨机由两端铰接的杆 $AB$、$BC$ 和压板 $D$ 组成，如图 2-10(a)所示。已知 $AB=BC$，杆的倾角为 $\alpha$，$B$ 点所受铅垂压力为 $\boldsymbol{F}$。若不计各构件的自重与各处摩擦，试求水平压榨力的大小。

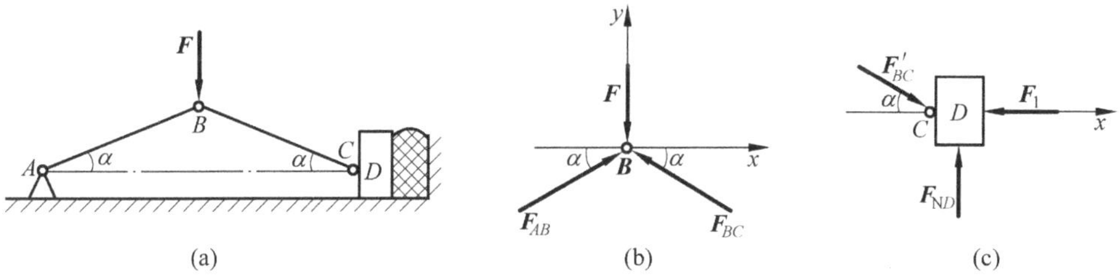


图　2-10

**解**：(1) 先选取销钉 $B$ 为研究对象，注意到杆 $AB$ 与 $BC$ 均为二力杆，其受力图如图 2-10(b)所示。建立图示坐标系，列平衡方程

$$\sum F_x=0,\quad F_{AB}\cos\alpha-F_{BC}\cos\alpha=0$$

$$\sum F_y=0,\quad F_{AB}\sin\alpha+F_{BC}\sin\alpha-F=0$$

解得

$$F_{BC}=F_{AB}=\frac{F}{2\sin\alpha}$$

(2) 再选取压板 $D$ 为研究对象，其受力图如图 2-10(c)所示。列出在图示 $x$ 轴上投影的平衡方程

$$\sum F_x=0,\quad F'_{BC}\cos\alpha-F_1=0$$

注意到 $F'_{BC}=F_{BC}=\dfrac{F}{2\sin\alpha}$，即得水平压榨力 $F_1$ 的大小为

$$F_1=\frac{F}{2}\cot\alpha$$

由此结果可知，要获取较大的压榨力可以通过调整杆的倾角来实现，角度越小压榨力越大。

利用平衡方程求解平衡问题的方法称为解析法，它是求解平衡问题的主要方法。由上述例题可知，利用解析法求解平衡问题的过程可归纳为下列四个步骤：

(1) 选取合适的研究对象。选取研究对象的一般原则为：所选取物体上既包含已知力又包含待求的未知力；先选受力情况较为简单的物体，再选受力情况相对复杂的物体；选取的研究对象上所包含的未知量的数目一般不要超过相应力系的独立平衡方程的数目。

(2) 画受力图。按照第 1 章介绍的方法，对所选取的研究对象进行受力分析，画出受力图。受力图是计算的基础，不容许出现任何差错。

(3) 列平衡方程。选取坐标轴，列平衡方程。在选取坐标轴时，应使尽可能多的未知力与坐标轴垂直，同时还要便于投影。

（4）求未知量。解方程，求出未知量。

## 2-2 平面力偶系的合成与平衡

作用面都位于同一平面内的若干个力偶，称为平面力偶系。例如，齿轮箱的两个外伸轴上各作用一力偶（图 2-11），为保持平衡，螺栓 $A$、$B$ 在铅垂方向的两个作用力也组成一力偶，这样齿轮箱受到三个在同一平面内的力偶的作用，这三个力偶组成一平面力偶系。

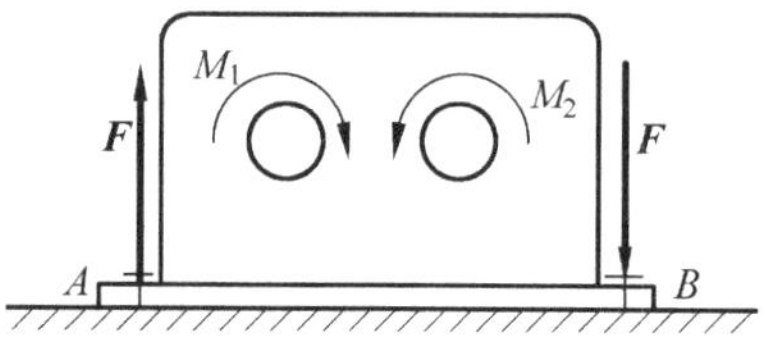


图 2-11

### 1. 平面力偶系的合成

设在刚体某一平面内作用有两个力偶 $M_1$、$M_2$（图 2-12(a)），根据力偶的等效性质，任取一线段 $AB=d$ 作为公共力偶臂，将力偶 $M_1$、$M_2$ 搬移，并把力偶中的力分别改变为（图 2-12(b)）

$$F_1=F'_1=\frac{M_1}{d},\quad F_2=F'_2=-\frac{M_2}{d}$$

于是，力偶 $M_1$ 与 $M_2$ 可合成为一个合力偶（图 2-12(c)），其矩为

$$M=F_R d=(F_1-F_2)d=M_1+M_2$$

上述结论可以推广到任意多个力偶合成的情形，即**平面力偶系可合成为一个合力偶，合力偶的矩等于力偶系中各力偶矩的代数和**，即

$$M=M_1+M_2+\cdots+M_n=\sum M \tag{2-11}$$

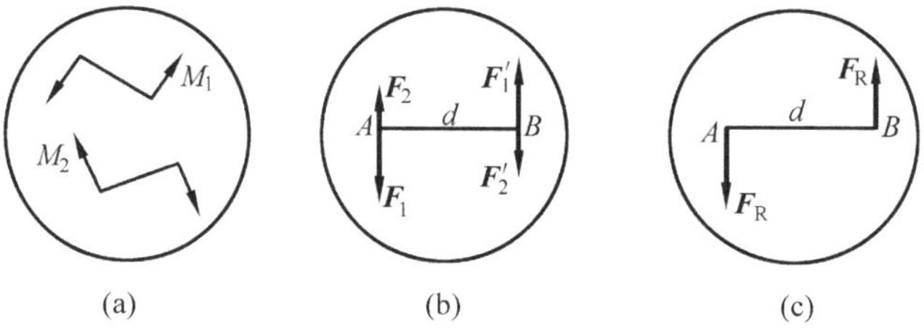


图 2-12

### 2. 平面力偶系的平衡

若平面力偶系的合力偶的矩为零，则刚体在该力偶系作用下将不转动而处于平衡；反之，若刚体在平面力偶系作用下处于平衡，则该力偶系的合力偶的矩为零。因此，**平面力偶系平衡的充要条件是合力偶的矩等于零**，即

$$\sum M=0 \tag{2-12}$$

式(2-12)称为**平面力偶系的平衡方程**。平面力偶系只有一个独立的平衡方程，只能求解一个未知量。力偶只能与力偶平衡，不能与力平衡。

【例 2-7】 如图 2-13(a)所示，梁 $AB$ 受一力偶的作用，力偶的矩 $M=20\text{kN}\cdot\text{m}$，梁的跨长 $l=5\text{m}$，倾角 $\alpha=30°$，试求支座 $A$、$B$ 处的反力。梁的自重不计。

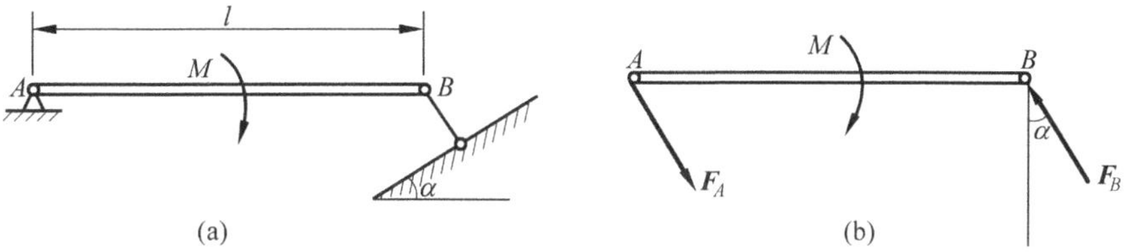


图 2-13

**解**：取梁 $AB$ 为研究对象。梁在力偶 $M$ 和 $A$、$B$ 两处支座反力 $\boldsymbol{F}_A$、$\boldsymbol{F}_B$ 的作用下处于平衡。因力偶只能与力偶平衡，故知 $\boldsymbol{F}_A$ 与 $\boldsymbol{F}_B$ 应构成一个力偶。又 $\boldsymbol{F}_B$ 垂直于支座 $B$ 的支撑面，因而梁的受力如图 2-13(b)所示。由力偶系的平衡方程式(2-12)，有

$$F_B l\cos\alpha - M = 0$$

得

$$F_B = \frac{M}{l\cos\alpha} = \frac{20\text{kN}\cdot\text{m}}{5\text{m}\times\cos30°} = 4.62\text{kN}$$

故

$$F_A = F_B = 4.62\text{kN}$$

# 2-3　平面任意力系的简化

## 1. 力的平移定理

**作用于刚体上的力可以等效地平行移动至刚体上任一指定点，但必须在该力与指定点所在平面内附加一力偶，该附加力偶的矩等于原力对指定点的矩**。此结论称为**力的平移定理**。力的平移定理是平面任意力系简化的理论基础。现证明如下：

如图 2-14(a)所示，力 $\boldsymbol{F}$ 作用于刚体上的点 $A$，在刚体上任取一点 $B$，在点 $B$ 加上等值反向的平衡二力 $\boldsymbol{F}'$ 和 $\boldsymbol{F}''$，并使 $\boldsymbol{F}'=\boldsymbol{F}=-\boldsymbol{F}''$(图 2-14(b))。根据加减平衡力系公理，三个力 $\boldsymbol{F}$、$\boldsymbol{F}'$、$\boldsymbol{F}''$ 组成的新力系与原来的一个力 $\boldsymbol{F}$ 等效。

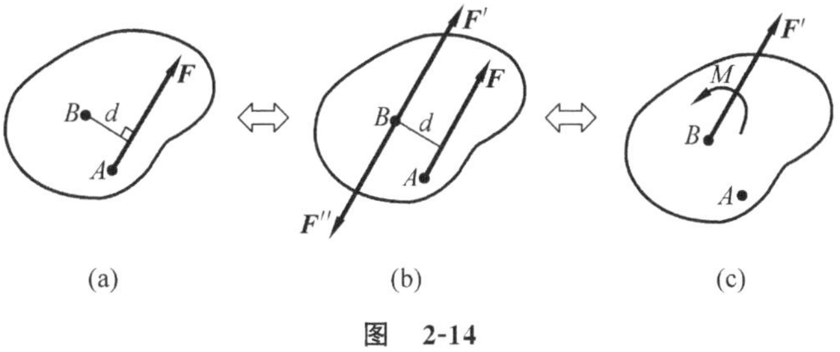


图 2-14

显然，这三个力可视为一个作用于点 $B$ 的力 $\boldsymbol{F}'$ 和一个力偶($\boldsymbol{F}$,$\boldsymbol{F}''$)。由于 $\boldsymbol{F}'=\boldsymbol{F}$，这样就将作用于点 $A$ 的力 $\boldsymbol{F}$ 平行移动至另一点 $B$，但同时附加了一个力偶(图 2-14(c))，该附加

力偶的矩为

$$M = Fd = M_B(\boldsymbol{F})$$

定理得证。

由力的平移定理的逆过程可知：位于同一平面内的一个力和一个力偶可以合成为一个力。例如，图 2-14(c)中位于同一平面内的作用于点 $B$ 的力 $\boldsymbol{F}'$ 与矩为 $M$ 的力偶可合成为一个作用于点 $A$ 的力 $\boldsymbol{F}$，其中 $\boldsymbol{F}=\boldsymbol{F}'$，$d=\dfrac{M}{F'}$。

力的平移定理是力系向一点简化的理论依据，也是分析力对物体作用效应的一个重要方法。例如，图 2-15 所示厂房柱子受偏心载荷 $\boldsymbol{F}$ 的作用，为分析力 $\boldsymbol{F}$ 的作用效应，可将力 $\boldsymbol{F}$ 平移至柱的轴线上成为力 $\boldsymbol{F}'$ 和附加力偶 $M$，轴向力 $\boldsymbol{F}'$ 使柱压缩，而附加力偶 $M$ 将使柱弯曲。再以削乒乓球为例(图 2-16)，为分析力 $\boldsymbol{F}$ 对球的作用效应，将力 $F$ 平移至球心，得到力 $\boldsymbol{F}'$ 与附加力偶 $M$，力 $\boldsymbol{F}'$ 使球移动，而附加力偶 $M$ 则使球旋转。

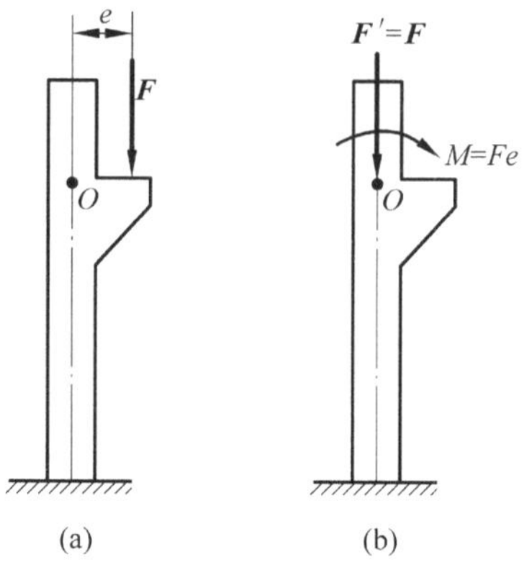

图 2-15

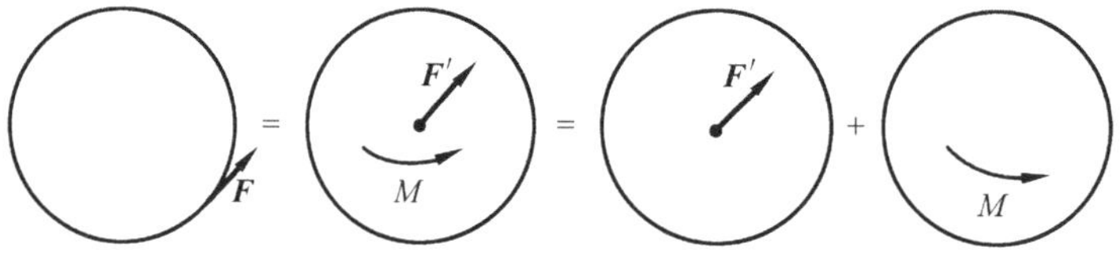

图 2-16

2. 平面任意力系向作用面内一点的简化

设平面任意力系 $\boldsymbol{F}_1$、$\boldsymbol{F}_2$、…、$\boldsymbol{F}_n$ 作用于一刚体上，如图 2-17(a)所示。在力系作用平面内任取一点 $O$，称为**简化中心**。应用力的平移定理，把各力都平移到点 $O$。这样，得到作用于点 $O$ 的力 $\boldsymbol{F}'_1$、$\boldsymbol{F}'_2$、…、$\boldsymbol{F}'_n$，以及相应的附加力偶，它们的矩分别为 $M_1$、$M_2$、…、$M_n$，如图 2-17(b)所示。显然，这些附加力偶作用在同一平面内，它们的矩分别等于原力 $\boldsymbol{F}_1$、$\boldsymbol{F}_2$、…、$\boldsymbol{F}_n$ 对简化中心 $O$ 的矩，即

$$M_i = M_O(\boldsymbol{F}_i) \quad (i=1,2,\cdots,n)$$

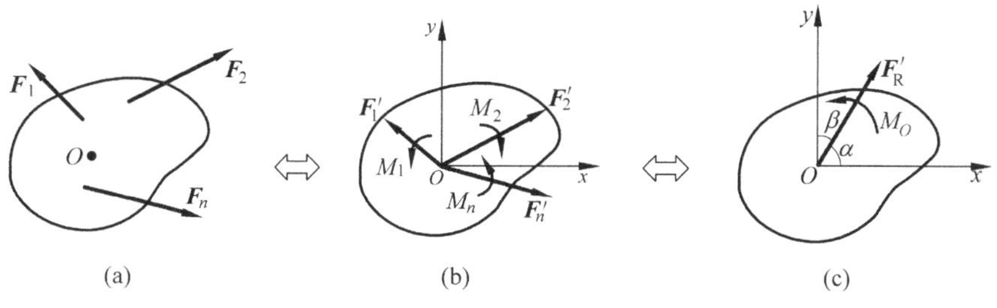

图 2-17

这样，平面任意力系等效为两个简单力系：平面汇交力系和平面力偶系。然后，再分别合成这两个简单力系。

平面汇交力系 $\boldsymbol{F}_1'$、$\boldsymbol{F}_2'$、…、$\boldsymbol{F}_n'$ 可合成为一个作用线通过简化中心 $O$ 的力 $\boldsymbol{F}_R'$，如图 2-17(c) 所示。因为各力矢 $\boldsymbol{F}_1'$、$\boldsymbol{F}_2'$、…、$\boldsymbol{F}_n'$ 分别与原力矢 $\boldsymbol{F}_1$、$\boldsymbol{F}_2$、…、$\boldsymbol{F}_n$ 相等，故有

$$\boldsymbol{F}_R' = \boldsymbol{F}_1' + \boldsymbol{F}_2' + \cdots + \boldsymbol{F}_n' = \boldsymbol{F}_1 + \boldsymbol{F}_2 + \cdots + \boldsymbol{F}_n = \sum \boldsymbol{F}_i \tag{2-13}$$

即力矢 $\boldsymbol{F}_R'$ 等于原力系中各力的矢量和，称为原力系的**主矢**。运用解析法可得主矢 $\boldsymbol{F}_R'$ 的大小与方向余弦分别为

$$F_R' = \sqrt{F_{Rx}'^2 + F_{Ry}'^2} = \sqrt{\left(\sum F_x\right)^2 + \left(\sum F_y\right)^2} \tag{2-14}$$

$$\cos\alpha = \frac{F_{Rx}'}{F_R'} = \frac{\sum F_x}{F_R'}, \quad \cos\beta = \frac{F_{Ry}'}{F_R'} = \frac{\sum F_y}{F_R'} \tag{2-15}$$

平面力偶系可合成为一个力偶，这个力偶的矩 $M_O$ 称为原力系对于简化中心 $O$ 的**主矩**，它等于各附加力偶矩 $M_i$ 的代数和。由于 $M_i = M_O(\boldsymbol{F}_i)$，所以主矩 $M_O$ 又等于原力系中各力对简化中心 $O$ 的矩 $M_O(\boldsymbol{F}_i)$ 的代数和，即

$$M_O = \sum M_i = \sum M_O(\boldsymbol{F}_i) \tag{2-16}$$

综上所述可得如下结论：**在一般情形下，平面任意力系向作用面内任一点 $O$ 简化，可得一个力和一个力偶。这个力等于该力系的主矢，作用线通过简化中心 $O$；这个力偶的矩等于该力系对于简化中心 $O$ 的主矩**。

由于主矢等于原力系中各力的矢量和，故它与简化中心的选择无关。

由于主矩等于原力系中各力对简化中心的矩的代数和，而当取不同的点为简化中心时，各力对简化中心的矩将随之改变，因此主矩一般与简化中心的选择有关，必须指明简化中心的位置。

下面利用平面任意力系向一点简化的方法，来分析固定端约束的约束力。当物体的一端完全固结(嵌)于另一物体上的约束即为**固定端约束**。

显然，固定端支座对物体的约束力是作用于接触面上的分布力。在平面问题中，这些约束力为一平面任意力系，如图 2-18(a)所示。根据上述平面任意力系的简化理论，将其向作用面内点 $A$ 简化得到一个力 $\boldsymbol{F}_A$ 和一个矩为 $M_A$ 的力偶，如图 2-18(b)所示。一般情况下，这个力的大小和方向均是未知的，可用两个正交分力来代替。因此，在平面问题中，固定端 $A$ 处的约束力可简化为两个正交约束力 $F_{Ax}$、$F_{Ay}$ 和一个矩为 $M_A$ 的约束力偶，如图 2-18(c) 所示。其中，约束力 $F_{Ax}$、$F_{Ay}$ 代表了固定端对物体沿水平方向、铅垂方向移动的限制作用，矩为 $M_A$ 的约束力偶则代表了固定端对物体在平面内转动的限制作用。注意，后者正是固定端支座与固定铰支座的区别所在。

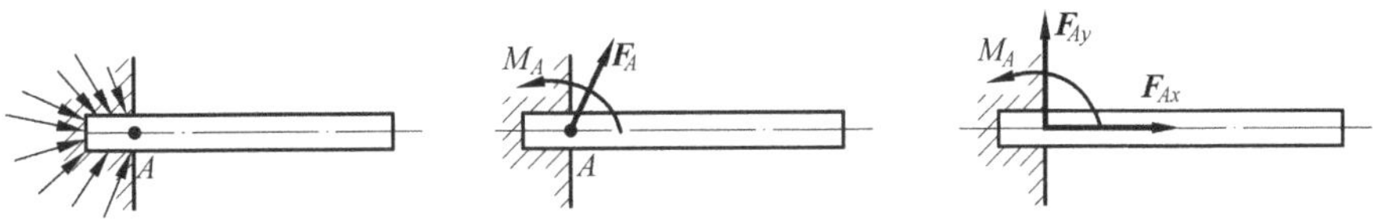


(a)　(b)　(c)

图 2-18

### 3. 平面一般力系简化结果的讨论

平面一般力系向平面内一点的简化结果，一般可得到一个力和一个力偶，可能会出现四种情况，而其最终结果为三种可能的情况(合力偶、合力、平衡状态)。

(1) 当 $\boldsymbol{F}'_{\mathrm{R}}=\mathbf{0}, M_O\neq 0$ 时，力系与一个力偶等效，即力系可简化为一个合力偶。合力偶的矩等于主矩。此时，主矩与简化中心无关。

(2) 当 $\boldsymbol{F}'_{\mathrm{R}}\neq\mathbf{0}, M_O=0$ 时，力系与一个力等效，即力系可简化为一个合力。合力等于主矢，合力的作用线通过简化中心。

(3) 当 $\boldsymbol{F}'_{\mathrm{R}}\neq\mathbf{0}, M_O\neq 0$ 时，根据力的平移定理逆过程，可将 $\boldsymbol{F}'_{\mathrm{R}}$ 和 $M_O$ 进一步合成为一个合力 $\boldsymbol{F}_{\mathrm{R}}$，如图 2-19 所示。合力 $\boldsymbol{F}_{\mathrm{R}}$ 的作用线到简化中心 $O$ 点的距离为

$$d=\left|\frac{M_O}{F'_{\mathrm{R}}}\right| \tag{2-17}$$

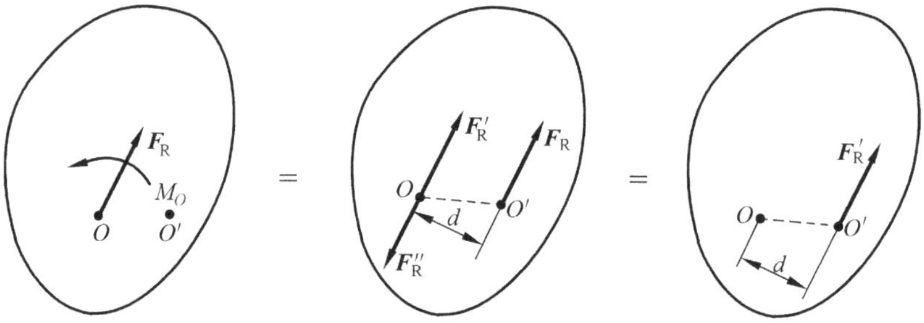


图 2-19

(4) 当 $\boldsymbol{F}'_{\mathrm{R}}=\mathbf{0}, M_O=0$ 时，力系处于平衡状态。

**【例 2-8】** 如图 2-20 所示，水平梁 $AB$ 受均布载荷的作用，其载荷集度(单位长度上的载荷)为 $q$，梁长为 $l$。试求均布载荷的合力的大小及其作用线的位置。

**解**：这是平面同向平行力系的合成问题。显然合力 $\boldsymbol{F}_q$ 的方向与均布载荷的方向相同，大小等于均布载荷集度 $q$ 与分布长度 $l$ 的乘积，即 $F_q=ql$。

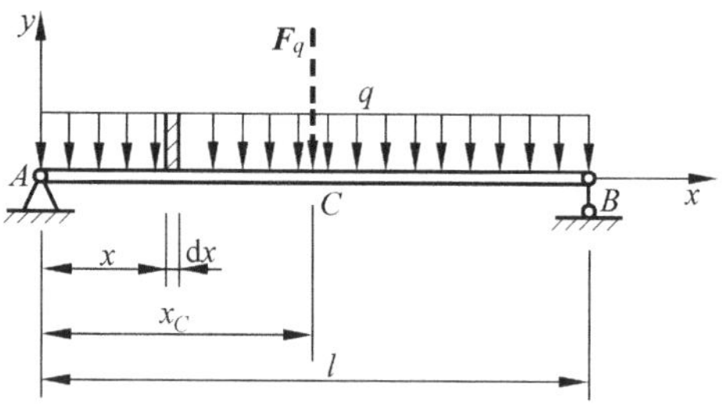


图 2-20

现在确定合力 $\boldsymbol{F}_q$ 的作用线位置：取梁的 $A$ 端为坐标原点，建立图示坐标轴。在 $x$ 处取微段 $\mathrm{d}x$，则均布载荷在 $\mathrm{d}x$ 上的合力

$$\mathrm{d}F_q=q\,\mathrm{d}x$$

此微力对点 $A$ 的矩为

$$M_A(\mathrm{d}\boldsymbol{F}_q)=xq\,\mathrm{d}x$$

对上式积分，得所有均布载荷对点 $A$ 的矩的代数和

$$\sum M_A(\mathrm{d}\boldsymbol{F}_q)=\int_0^l xq\,\mathrm{d}x=\frac{ql^2}{2}$$

设点 $A$ 至合力 $\boldsymbol{F}_q$ 的作用线的距离为 $x_C$，根据合力矩定理，有

$$M_A(\boldsymbol{F}_q)=F_q x_C=qlx_C=\sum M_A(\mathrm{d}\boldsymbol{F}_q)=\frac{ql^2}{2}$$

从而解得

$$x_C=\frac{l}{2}$$

**【例 2-9】** 试求图 2-21 所示线性分布载荷的合力及其作用线的位置。

**解**：建立图示坐标系，离左端点 $O$ 为 $x$ 处的集度为

$$q(x)=\frac{q_0}{l}x$$

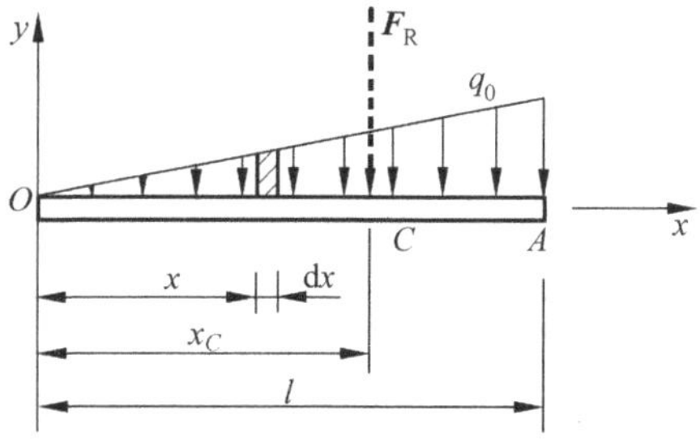


图　2-21

作用于微段 $\mathrm{d}x$ 上的力为 $\mathrm{d}F=q(x)\mathrm{d}x$。合力 $\boldsymbol{F}_R$ 的大小可由积分得到，即

$$F_R=\int_l \mathrm{d}F=\int_0^l q(x)\mathrm{d}x=\int_0^l \frac{q_0}{l}x\,\mathrm{d}x=\frac{q_0 l}{2}$$

应用合力矩定理，有

$$M_O(\boldsymbol{F}_R)=F_R x_C=\int_0^l x\,\mathrm{d}F=\int_0^l x\cdot\frac{q_0}{l}x\,\mathrm{d}x=\frac{q_0 l^2}{3}$$

故合力 $\boldsymbol{F}_R$ 的作用线离 $O$ 点距离为

$$x_C=\frac{q_0 l^2}{3F_R}=\frac{q_0 l^2}{\frac{3}{2}q_0 l}=\frac{2l}{3}$$

合力 $\boldsymbol{F}_R$ 的方向与分布载荷的方向相同。

表示分布载荷分布情况的图形称为载荷图。上面两个例题的计算结果表明：当分布载荷垂直于被作用杆件时，分布载荷合力 $\boldsymbol{F}_q$ 的方向与分布载荷的方向相同；大小等于分布载荷曲线下几何图形的面积；作用线通过分布载荷曲线下几何图形的形心。

在求解平衡问题时，线分布载荷可以用其合力来替换。

# 2-4　平面任意力系和平行力系的平衡方程

### 1. 平面任意力系的平衡方程

1）平面任意力系平衡方程的基本形式

由 2-3 节可知，平面任意力系平衡的必要且充分的条件是：力系的主矢和对于任一点的主矩都等于零，即

$$\left.\begin{aligned}\boldsymbol{F}'_R&=\boldsymbol{0}\\ M_O&=0\end{aligned}\right\}\qquad(2\text{-}18)$$

将式(2-14)和式(2-16)代入上式，得

$$\left.\begin{aligned}\sum F_x&=0\\\sum F_y&=0\\\sum M_O(\boldsymbol{F})&=0\end{aligned}\right\}\tag{2-19}$$

**即平面任意力系平衡的必要且充分的解析条件为：力系中所有力在作用面内任意两个坐标轴上投影的代数和分别等于零，并且所有力对作用面内任意一点的矩的代数和等于零。**式(2-19)称为**平面任意力系的平衡方程**。它是平面任意力系平衡方程的基本形式，包含两个投影方程和一个力矩方程，可以求解三个未知量。在求解具体问题时，由于投影轴和矩心是可以任意选取的，为了使每个方程中尽可能出现较少的未知量，以简化计算，通常将矩心选取在多个未知力作用线的交点上，投影轴尽可能与未知力的作用线垂直。

2）平面任意力系平衡方程的其他形式

（1）二力矩式

$$\left.\begin{aligned}\sum F_x&=0\\\sum M_A(\boldsymbol{F})&=0\\\sum M_B(\boldsymbol{F})&=0\end{aligned}\right\}\tag{2-20}$$

式中，$A$、$B$ 为力系作用面内的任意两点，但其连线不能垂直于 $x$ 轴。

式(2-20)是平面任意力系平衡方程的另一种形式。因为，如果力系对点 $A$ 的主矩等于零，则这个力系只可能有两种情形：或者合成为作用线通过点 $A$ 的一个力，或者平衡。如果力系对另一点 $B$ 的主矩也同时为零，则这个力系或者合成为作用线通过 $A$、$B$ 两点连线的一个力，或者平衡(图 2-22)。如果再满足 $\sum F_{ix}=0$，那么力系如有合力，则此合力必与 $x$ 轴垂直。而式(2-20)的附加条件($A$、$B$ 两点连线不垂直于 $x$ 轴)，则完全排除了力系合成为一个力的可能性，因此，该力系必为平衡力系。

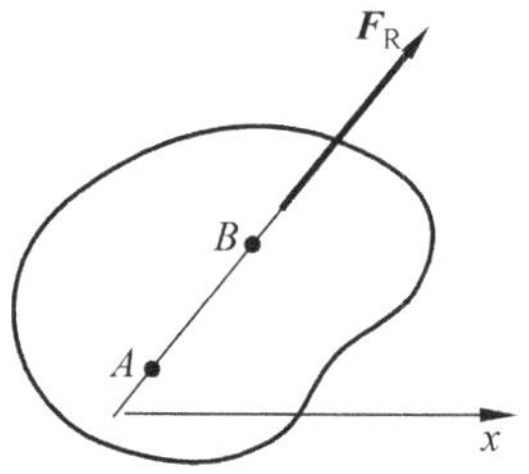

图 2-22

（2）三力矩式

$$\left.\begin{aligned}\sum M_A(\boldsymbol{F})&=0\\\sum M_B(\boldsymbol{F})&=0\\\sum M_C(\boldsymbol{F})&=0\end{aligned}\right\}\tag{2-21}$$

式中，$A$、$B$、$C$ 为力系作用面内的任意三点，但 $A$、$B$、$C$ 三点不共线。

为什么式(2-21)是平面任意力系平衡方程的又一种形式？请读者自行证明。

对于上面介绍的平面任意力系平衡方程的三种形式，在求解平衡问题时，可根据具体情况灵活选用。

需要强调的是，对于平面任意力系，只能列出三个独立的平衡方程，求解三个未知量。任何第四个方程只能是前三个方程的线性组合，而不是独立的。但可以利用第四个方程来校核计算结果。

【例 2-10】 如图 2-23(a)所示,悬臂梁 $AB$ 上作用有矩为 $M$ 的力偶和集度为 $q$ 的均布载荷,在梁的自由端还受一集中力 $\boldsymbol{F}$ 的作用,梁的长度为 $l$。试求固定端 $A$ 的约束力。

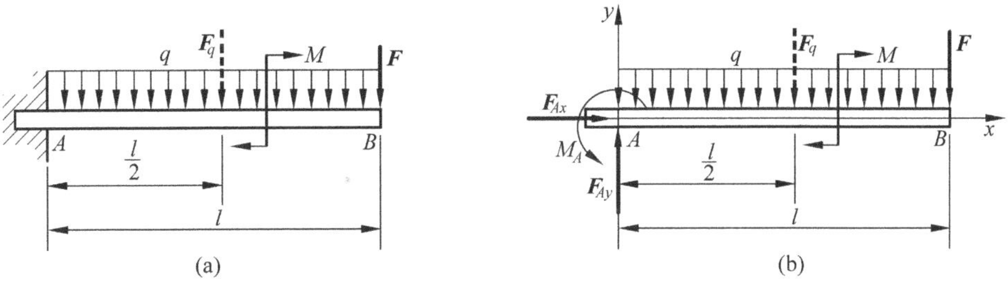


图 2-23

**解**:(1) 选取研究对象。选取悬臂梁 $AB$ 为研究对象。

(2) 画受力图。梁 $AB$ 受到集中力 $\boldsymbol{F}$、均布载荷 $q$、力偶矩 $M$,以及固定端约束力 $\boldsymbol{F}_{Ax}$、$\boldsymbol{F}_{Ay}$ 与 $M_A$ 的作用,其受力图如图 2-23(b)所示,其中均布载荷的合力 $F_q=ql$。这些力构成平面任意力系,其中包含了 $F_{Ax}$、$F_{Ay}$ 与 $M_A$ 三个未知量。

(3) 列平衡方程。选取图示坐标系,并以点 $A$ 为矩心,列平衡方程

$$\sum F_x=0,\quad F_{Ax}=0$$

$$\sum F_y=0,\quad F_{Ay}-ql-F=0$$

$$\sum M_A(\boldsymbol{F})=0,\quad M_A-ql\cdot\frac{l}{2}-Fl-M=0$$

(4) 求解未知量。由上述平衡方程,解得固定端 $A$ 的约束力为

$$F_{Ax}=0,\quad F_{Ay}=ql+F,\quad M_A=\frac{ql^2}{2}+Fl+M$$

所得结果均为正值,说明图中假设的约束力的方向是正确的。

【例 2-11】 一重为 $\boldsymbol{P}$ 的物块悬挂在图 2-24(a)所示构架上。已知 $P=1.8\text{kN}$,$\alpha=45°$。若不计构架与滑轮自重,试求铰支座 $A$ 的约束力以及杆 $BC$ 所受的力。

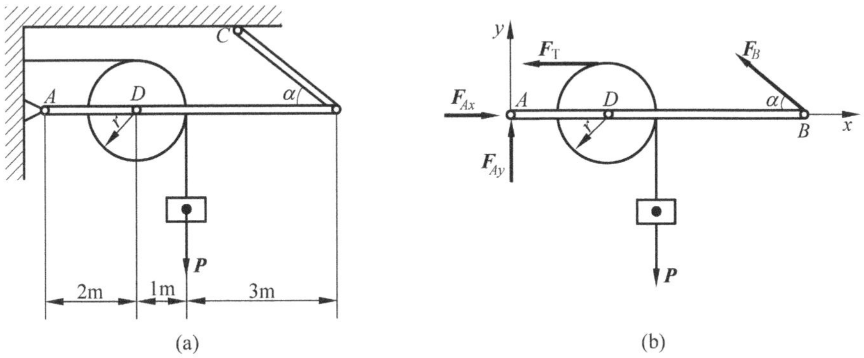


图 2-24

**解**：(1) 选取研究对象。选取滑轮 $D$、杆 $AB$ 与物块组成的刚体系为研究对象。

(2) 画受力图。研究对象的受力图如图 2-24(b)所示，由于杆 $BC$ 为二力杆，故 $B$ 处约束力 $\boldsymbol{F}_B$ 沿杆 $BC$ 方向，其指向按杆 $BC$ 受拉确定；绳索的拉力 $F_T=P=1.8\text{kN}$。

(3) 列平衡方程。选取图示坐标轴，并分别以 $A$、$B$ 为矩心，列平衡方程

$$\sum M_A(\boldsymbol{F})=0,\quad F_B\sin45^\circ\times6-P\times3+F_T\times1=0$$

$$\sum M_B(\boldsymbol{F})=0,\quad -F_{Ay}\times6+P\times3+F_T\times1=0$$

$$\sum F_x=0,\quad F_{Ax}-F_T-F_B\cos45^\circ=0$$

(4) 求解未知量。代入 $P$ 与 $F_T$ 的数值，解上述平衡方程，得

$$F_{Ax}=2.4\text{kN},\quad F_{Ay}=1.2\text{kN},\quad F_B=0.85\text{kN}$$

杆 $BC$ 所受的力与 $F_B$ 是作用力与反作用力的关系，即杆 $BC$ 受到大小为 0.85kN 的拉力。

**【例 2-12】** 横梁 $AB$ 用三根杆支撑，受载荷如图 2-25(a)所示。已知 $F=10\text{kN}$，$M=5\text{kN}\cdot\text{m}$，不计构件自重，试求三杆所受的力。

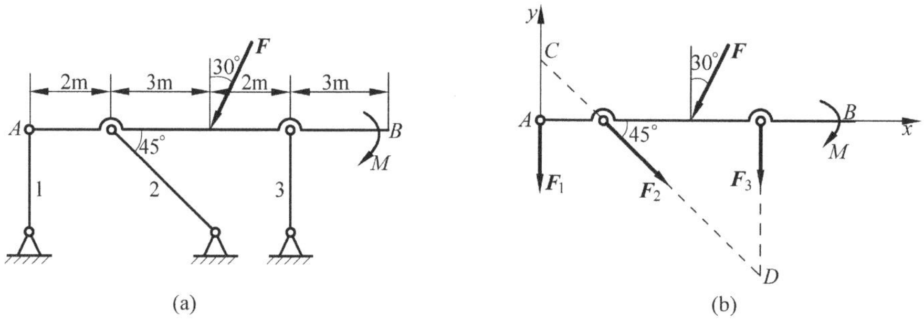


图 2-25

**解**：(1) 选取研究对象。选取横梁 $AB$ 为研究对象。

(2) 画受力图。横梁 $AB$ 的受力图如图 2-25(b)所示，三根杆均为二力杆，它们对梁的约束力沿各杆的轴线，并假设各杆均受拉。

(3) 列平衡方程。选取图示坐标轴，并以 $F_1$ 与 $F_2$ 作用线的交点 $C$ 为矩心，列平衡方程

$$\sum M_C(\boldsymbol{F})=0,\quad -F_3\times7-F\sin30^\circ\times2-F\cos30^\circ\times5-M=0$$

$$\sum F_x=0,\quad F_2\cos45^\circ-F\sin30^\circ=0$$

$$\sum F_y=0,\quad -F_1-F_2\sin45^\circ-F\cos30^\circ-F_3=0$$

(4) 求解未知量。代入 $F$ 与 $M$ 的数值，解上述平衡方程，得三杆所受的力分别为

$$F_1=-5.33\text{kN},\quad F_2=7.07\text{kN},\quad F_3=-8.33\text{kN}$$

结果中 $F_2$ 为正值，说明杆 2 受拉力；$F_1$ 与 $F_3$ 为负值，则说明杆 1、3 受压力。

另外，还可以 $\boldsymbol{F}_2$ 与 $\boldsymbol{F}_3$ 作用线的交点 $D$ 为矩心(图 2-25(b))，利用第四个平衡方程 $\sum M_D(\boldsymbol{F})=0$ 求出 $F_1$，来对上述计算结果进行校核。请读者自行尝试。

**【例 2-13】** 悬臂吊车如图 2-26(a)所示。已知梁 $AB$ 重 $W_1=4\text{kN}$，吊重 $W=20\text{kN}$，梁长 $l=2\text{m}$，重物到铰链 $A$ 的距离 $x=1.5\text{m}$，拉杆 $CD$ 的倾角 $\theta=30°$，试求拉杆 $CD$ 所受的力和支座处的反力。

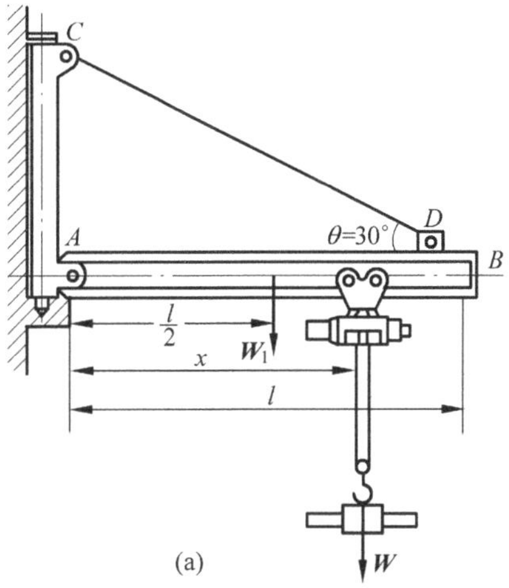


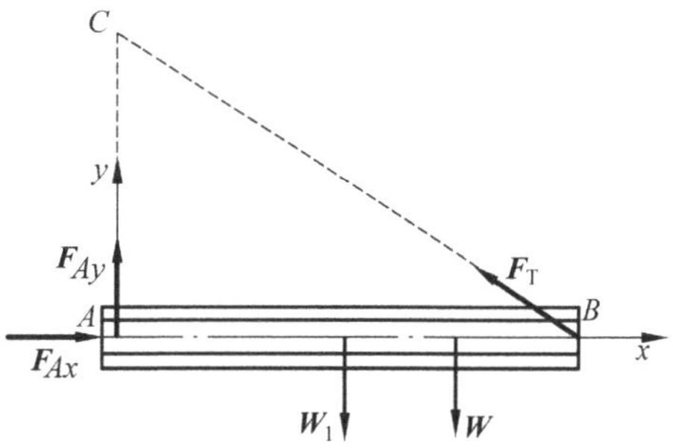


图 2-26

**解**：(1) 取研究对象。因已知力和未知力都作用于梁 $AB$ 上，故取梁 $AB$ 为研究对象。

(2) 画受力图。作用于梁 $AB$ 上的力有：重力 $\boldsymbol{W}_1$、$\boldsymbol{W}$，拉杆 $CD$ 的拉力 $\boldsymbol{F}_\text{T}$ 和支座 $A$ 处的反力 $\boldsymbol{F}_{Ax}$、$\boldsymbol{F}_{Ay}$(指向假定)。这些力组成一个平面一般力系(图 2-26(b))。

(3) 列平衡方程并求解。图中 $A$、$B$、$C$ 三点各为两个未知力的汇交点。比较 $A$、$B$、$C$ 三点，取 $B$ 点为矩心列出力矩方程计算较简单。

$$\sum M_B(\boldsymbol{F})=0,\quad W_1\times\frac{l}{2}+W(l-x)-F_{Ay}l=0$$

得

$$F_{Ay}=7\text{kN}$$

再取 $y$ 轴为投影轴，列出投影方程

$$\sum F_y=0,\quad F_{Ay}-W_1-W+F_\text{T}\sin\theta=0$$

得

$$F_\text{T}=34\text{kN}$$

最后取 $x$ 轴为投影轴，列出投影方程

$$\sum F_x=0,\quad F_{Ax}-F_\text{T}\cos\theta=0$$

得

$$F_{Ax}=F_\text{T}\cos\theta=29.44\text{kN}$$

$F_{Ax}$、$F_{Ay}$ 的计算结果均为正值，说明力的实际方向与假定的方向相同。

(4) 讨论。本题若列出对 $A$、$B$ 两点的力矩方程和在 $x$ 轴上的投影方程，即

$$\sum M_A=0,\quad -W_1\times\frac{l}{2}-Wx+F_\text{T}l\sin\theta=0$$

$$\sum M_B=0,\quad -F_{Ay}l+W_1\times\frac{l}{2}+W(l-x)=0$$

$$\sum F_x=0,\quad F_{Ax}-F_{\mathrm{T}}\cos\theta=0$$

则同样可求解。

本题也可列出对 $A$、$B$、$C$ 三点的三个力矩方程求解，即

$$\sum M_A=0,\quad -W_1\times\frac{l}{2}-Wx+F_{\mathrm{T}}l\sin\theta=0$$

$$\sum M_B=0,\quad -F_{Ay}l+W_1\times\frac{l}{2}+W(l-x)=0$$

$$\sum M_C=0,\quad F_{Ax}l\tan\theta-W_1\times\frac{l}{2}-Wx=0$$

请读者自行完成计算，并比较三种解法的优缺点。

**2. 平面平行力系的平衡方程**

**各力作用线在同一平面内且相互平行的力系称为平面平行力系**。平面平行力系是平面任意力系的特殊情况。当它平衡时，也应满足平面任意力系的平衡方程。若选择 $y$ 轴与力系中各力平行(图 2-27)，则 $\sum F_x=0$ 自然满足，因此平面平行力系独立的平衡方程只有两个，即

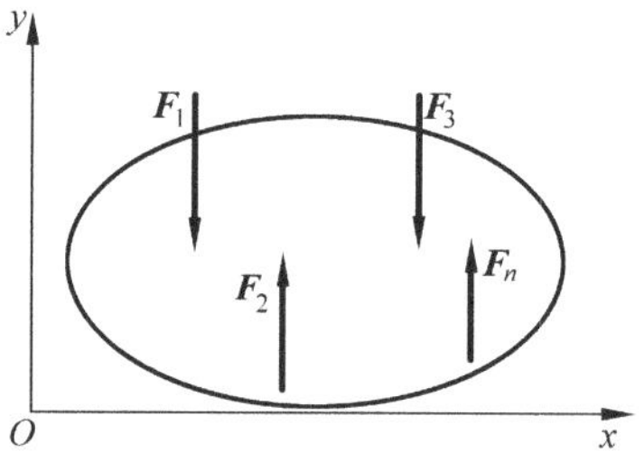


图 2-27

$$\left.\begin{aligned}\sum F_y=0\\ \sum M_O(\boldsymbol{F})=0\end{aligned}\right\}\tag{2-22}$$

平面平行力系的平衡方程也可以表示为二力矩式，即

$$\left.\begin{aligned}\sum M_A(\boldsymbol{F})=0\\ \sum M_B(\boldsymbol{F})=0\end{aligned}\right\}\tag{2-23}$$

式中，$A$、$B$ 为力系作用面内任意两点，但它们的连线不能与各力平行。

**【例 2-14】** 一外伸梁如图 2-28(a)所示，沿全长作用有均布载荷 $q=8\mathrm{kN/m}$，两支座中间作用有一集中力 $F=8\mathrm{kN}$。已知 $a=1\mathrm{m}$，若不计梁自重，试求铰支座 $A$、$B$ 的约束力。

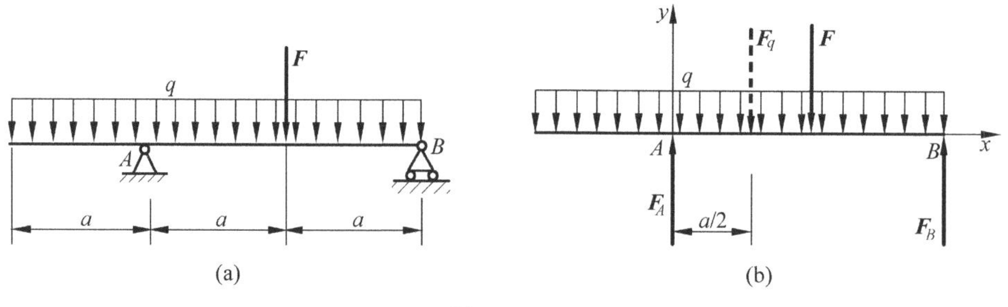


图 2-28

**解**：(1) 选取研究对象。选取外伸梁为研究对象。

(2) 画受力图。外伸梁的受力图如图 2-28(b)所示，其中均布载荷的合力 $F_q=3qa$。由于固定铰支座 $A$ 的水平约束分力显然为零，故受力图中没有画出。于是，作用于梁上的各力组成一平面平行力系。

(3) 列平衡方程。选取图示坐标轴，并以点 $A$ 为矩心，列平衡方程

$$\sum M_A(\boldsymbol{F}_i)=0,\quad F_B\cdot 2a-Fa-3qa\cdot\frac{a}{2}=0$$

$$\sum F_y=0,\quad F_A+F_B-3qa-F=0$$

(4) 求解未知量。代入有关数值，解上述平衡方程，得铰支座 $A$、$B$ 的约束力分别为

$$F_B=10\text{kN},\quad F_A=22\text{kN}$$

**【例 2-15】** 塔式起重机结构简图如图 2-29 所示。已知机架自重为 $\boldsymbol{G}$，其作用线与右轨 $B$ 的间距为 $e$；满载时荷重为 $\boldsymbol{P}$，与右轨 $B$ 的间距为 $l$；平衡块与左轨 $A$ 的间距为 $a$；轨道 $A$、$B$ 的间距为 $b$。要保证起重机在空载和满载时都不翻倒，试问平衡块的重 $\boldsymbol{W}$ 应为多少？

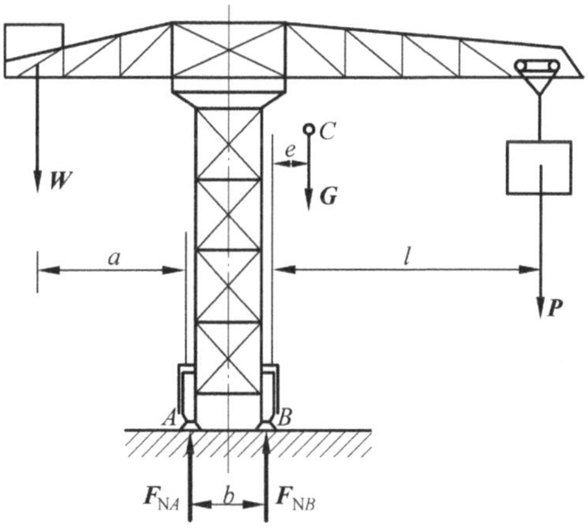


**图　2-29**

**解**：(1) 选取研究对象，画受力图。选取塔式起重机整体为研究对象，其受力图如图 2-29 所示。作用于塔式起重机上各力组成一平面平行力系。

(2) 确定空载时平衡块的重量。当空载时，$P=0$。为使起重机不绕左轨 $A$ 翻倒，必须满足 $F_{NB}\geqslant 0$。以点 $A$ 为矩心，列平衡方程

$$\sum M_A(\boldsymbol{F})=0,\quad F_{NB}b-G(e+b)+Wa=0$$

解得

$$F_{NB}=\frac{1}{b}[G(e+b)-Wa]$$

将上式代入条件 $F_{NB}\geqslant 0$，可得空载时平衡块的重量为

$$W\leqslant\frac{G(e+b)}{a}$$

(3) 确定满载时平衡块的重量。当满载时,为使起重机不绕右轨 $B$ 翻倒,必须满足 $F_{NA} \geqslant 0$。

以点 $B$ 为矩心,列平衡方程

$$\sum M_B(\boldsymbol{F})=0,\quad -F_{NA}b+W(a+b)-Ge-Pl=0$$

解得

$$F_{NA}=-\frac{1}{b}[Ge+Pl-W(a+b)]$$

将上式代入条件 $F_{NA} \geqslant 0$,可得满载时平衡块的重量为

$$W \geqslant \frac{1}{a+b}(Ge+Pl)$$

综合考虑到上述两种情况,平衡块的重量应满足不等式

$$\frac{1}{a+b}(Ge+Pl) \leqslant W \leqslant \frac{G(e+b)}{a}$$

应用平面一般力系的平衡方程求解平衡问题的步骤如下:

(1) 取研究对象。根据问题的已知条件和待求量,选取合适的研究对象。

(2) 画受力图。画出所有作用于研究对象上的外力(包括主动力和约束力)。

(3) 列平衡方程。适当选取投影轴和矩心,列出平衡方程。

(4) 解方程。解平衡方程,求出未知力。

在列平衡方程时,为使计算简单,通常尽可能选取与力系中多数未知力的作用线平行或垂直的投影轴,矩心选在两个未知力的交点上;尽可能多地用力矩方程,并使一个方程只含一个未知数。

## 2-5 物体系统的平衡和静定与超静定问题

上述例题都属于单个物体的平衡问题,而工程结构往往是由多个物体组成的系统,如组合构架、三铰拱等。当物体系统平衡时,系统中的每一个物体都平衡,即整体平衡,局部一定平衡。所谓整体既可以是由许多刚体组成的整个系统,也可以是单个刚体。所谓局部,既可以是组成系统的每一个刚体,或者是其中部分刚体组成的子系统。系统中物体个数越多,相互间的约束越多,未知的约束力也就越多,问题的求解会更复杂。

### 1. 静定与超静定问题

假定系统由 $n$ 个物体组成,每个物体都受平面任意力系作用,则每个物体均可列出三个独立的平衡方程,系统共有 $3n$ 个相互独立的平衡方程。如果作用在物体上的力系是平面汇交力系或平面平行力系等特殊力系,则总的独立平衡方程数目还要相应减少。如果结构中的未知量数目等于独立平衡方程的数目,则所有未知量都能由平衡方程求出,这类问题称为**静定问题**,这样的结构称为**静定结构**。工程实际中的物体,不是刚体而是变形体,为了提高结构的强度和刚度,常常增加多余约束,从而使得结构的未知量数目多于独立平衡方程的数目,仅由平衡方程不能求出全部未知量,这类问题称为**超静定问题**。未知量的数目与独立平衡方程的数目之差称为**超静定次数**,或**静不定度**。

如图 2-30(a)所示的梁，$A$ 处为固定铰链支座，$B$ 处为滚动支座，共有三个未知的约束力，梁受到平面任意力系的作用，能列出三个独立的平衡方程，所以是静定问题。而图 2-30(b)所示的梁，右端增加了一个滚动支座，属于一次超静定问题。

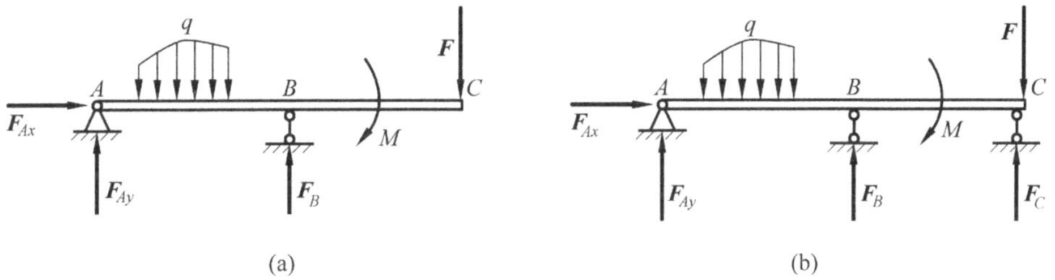


图　2-30

图 2-31(a)所示的三铰拱由左右两部分铰接组成。$A$、$B$ 处为固定铰链，$C$ 处为中间铰链，共有六个未知的约束力(图 2-31(b)、(c))。每部分受力都是平面任意力系，共能列出六个独立平衡方程，属于静定问题。如果把中间铰链 $C$ 去掉，就变成一根弯杆两端用固定铰链支撑，属于一次超静定问题。

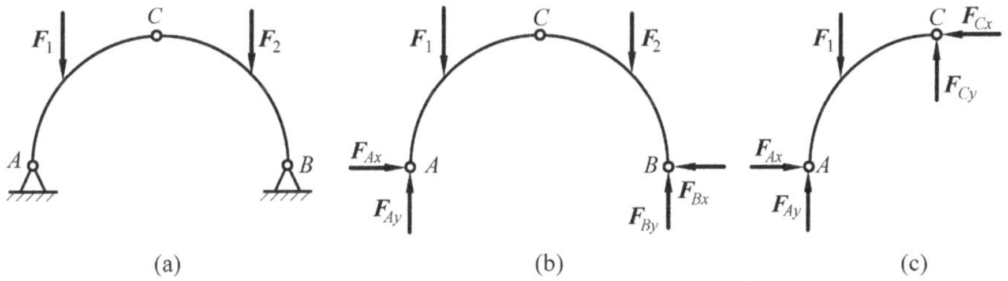


图　2-31

### 2. 物体系统平衡问题求解

超静定问题比静定问题复杂很多，超静定问题求解时，需要考虑相应的变形与力之间的关系，加列某些补充方程才能求解，超出了刚体静力学范畴，将在后续材料力学和结构力学课程中研究，理论力学的静力学中仅讨论静定问题。

求解物体系统平衡问题的两种方法：

(1) 分别选每个物体为研究对象，列出全部的平衡方程，然后求解。这种方法涉及所有的约束力，往往要求联立方程，比较麻烦。

(2) 先选物体系统为研究对象，列出其平衡方程。这些方程不包含内力，未知量较少，解出部分未知量后，再根据题意，选某些物体为研究对象，列出其他平衡方程，直至求出所有待求的未知量。这种方法有时能避开非待求的未知量，减少所用平衡方程的个数，从而简化解题过程，它的本质就是避免求解较多的联立方程，具有一定的优势。

上述两种方法不能绝对化，要视具体问题的特点灵活应用。首选的研究对象上，既要出现待求的未知量，又要包含已知力。同一问题，解法不同，繁简程度就不一样。总的原则是：使每个平衡方程中出现的未知量尽可能少，最好是只含有一个未知量，避免求解联立方程。

下面举例说明物体系统平衡问题的求解。

**【例 2-16】** 图 2-32(a)所示人字形折叠梯放在光滑地面上。重为 $W=800\text{N}$ 的人站在梯子 $AC$ 边的中点 $H$ 处，$C$ 是铰链。已知 $AC=BC=2\text{m}$，$AD=EB=0.5\text{m}$，梯子的自重不计。求地面 $A$、$B$ 两处的约束力和绳子 $DE$ 的拉力。

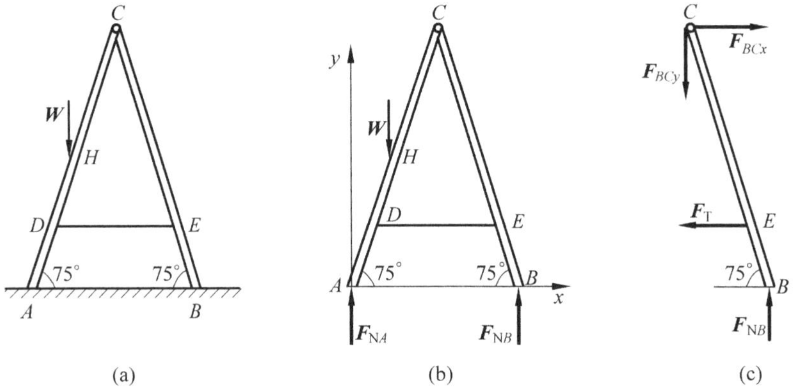


图 2-32

**解**：(1) 研究系统，受力如图 2-32(b)所示，是平面平行力系，能列出两个独立平衡方程。

$$\sum M_A(\boldsymbol{F})=0,\quad -W\cdot\overline{HA}\cos75°+F_{NB}\cdot\overline{AB}=0,\quad 得\ F_{NB}=200\text{N}$$

$$\sum F_y=0,\quad F_{NA}-W+F_{NB}=0,\quad 得\ F_{NA}=600\text{N}$$

(2) 研究右边杆 $BC$（比左边杆 $AC$ 少一个力 $\boldsymbol{W}$，计算方便），受力如图 2-32(c)所示。

$$\sum M_C(\boldsymbol{F})=0,\quad -F_T\cdot\overline{CE}\sin75°+F_{NB}\cdot\frac{1}{2}\overline{AB}=0,\quad 得\ F_T=71.5\text{N}$$

**【例 2-17】** 组合梁由梁 $AB$ 和梁 $BC$ 用中间铰链 $B$ 连接而成，支撑、尺寸与载荷如图 2-33(a)所示。已知 $F=20\text{kN}$，$q=5\text{kN/m}$，$\alpha=45°$。求支座 $A$、$C$ 及中间铰链 $B$ 处的约束力。

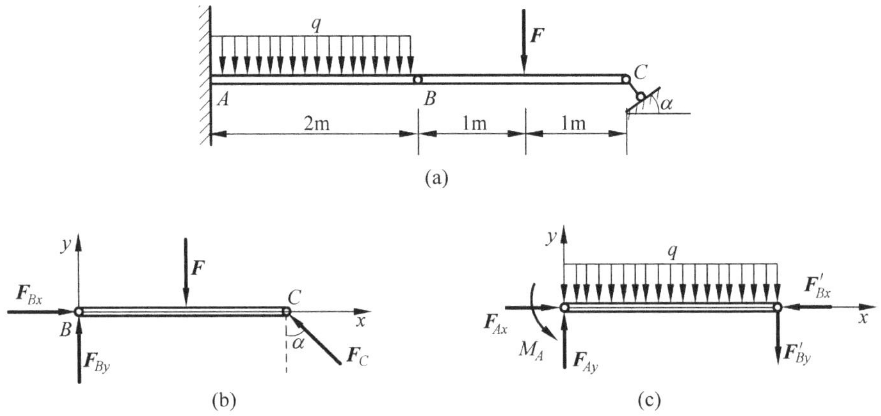


图 2-33

**解**：结构中梁 $AB$ 由于 $A$ 是固定端，本身可以保持静止平衡，称为基本部分。而梁 $BC$ 依赖梁 $AB$ 保持静止平衡，称为附属部分。附属部分包含的未知力较少，一般作为首选研究对象。

(1) 研究梁 $BC$，受力如图 2-33(b)所示，这是一个平面任意力系。

$$\sum M_B(\boldsymbol{F})=0,\quad -F\times 1\text{m}+F_C\cos\alpha\times 2\text{m}=0,\quad 得\ F_C=F/(2\cos\alpha)=14.1\text{kN}$$

$$\sum F_x=0,\quad F_{Bx}-F_C\sin\alpha=0,\quad 得\ F_{Bx}=F_C\sin\alpha=10\text{kN}$$

$$\sum F_y=0,\quad F_{By}-F+F_C\cos\alpha=0,\quad 得\ F_{By}=F-F_C\cos\alpha=10\text{kN}$$

(2) 研究梁 $AB$，受力如图 2-33(c)所示，注意不要漏掉固定端 $A$ 处的约束力偶。

$$\sum M_A(\boldsymbol{F})=0,\quad M_A-(q\times 2)\times 1-F'_{By}\times 2=0,\quad 得\ M_A=2q+2F'_{By}=30\text{kN}\cdot\text{m}$$

$$\sum F_x=0,\quad F_{Ax}-F'_{Bx}=0,\quad 得\ F_{Ax}=F'_{Bx}=F_{Bx}=10\text{kN}$$

$$\sum F_y=0,\quad F_{Ay}-q\times 2-F'_{By}=0,\quad 得\ F_{Ay}=2q+F'_{By}=20\text{kN}$$

**讨论**：如果本题修改为：只要求支座 $A$、$C$ 处约束力，不需要求中间铰链 $B$ 处的约束力。上述方法就显得麻烦。此时，可以首选 $BC$ 为研究对象，只写出一个平衡方程 $\sum M_B(\boldsymbol{F})=0$ 求出 $F_C$；然后再选取整个组合梁作为研究对象，写出三个平衡方程即可求出 $A$ 处三个约束力 $F_{Ax}$、$F_{Ay}$、和 $M_A$，从而避开了求 $B$ 处约束力。

**【例 2-18】** 图 2-34(a)所示三铰拱由左右两部分通过铰链 $C$ 连接而成，$A$、$B$ 为固定铰链支座，三铰拱受载荷 $\boldsymbol{F}_1$、$\boldsymbol{F}_2$ 作用，不计自重。求支座 $A$、$B$ 处的约束力。

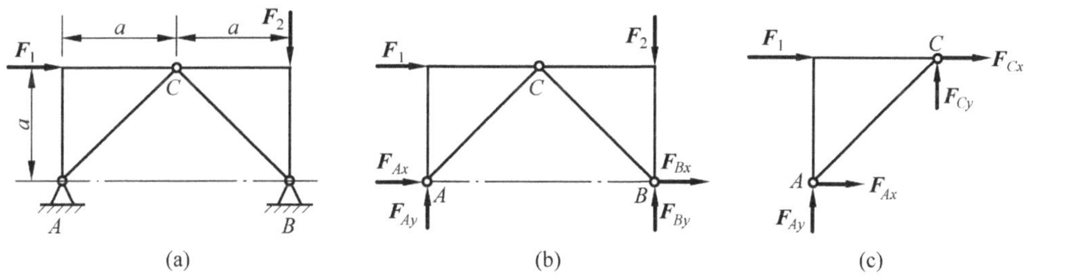


**图　2-34**

**解**：如果直接拆开分别研究左右两部分，每部分都受平面任意力系作用，出现四个未知力(图 2-34(c))。每部分各列三个平衡方程，结构 $A$、$B$、$C$ 处共有六个未知力，这样必然要联立求解六个平衡方程，比较麻烦，不是最好的方法。

(1) 研究整体，受力如图 2-34(b)所示。虽然也是平面任意力系作用，出现四个未知力，但四个未知力中有三个的作用线汇交于一点 $A$ 或 $B$，对点 $A$ 和点 $B$ 列力矩平衡方程，就可以求出其中两个未知力。利用二矩式平衡方程得

$$\sum M_A(\boldsymbol{F})=0,\quad -F_1\cdot a-F_2\cdot 2a+F_{By}\cdot 2a=0,\quad 得\ F_{By}=\frac{F_1}{2}+F_2$$

$$\sum M_B(\boldsymbol{F})=0,\quad -F_1\cdot a-F_{Ay}\cdot 2a=0,\quad 得\ F_{Ay}=-\frac{F_1}{2}$$

$$\sum F_x=0,\quad F_{Ax}+F_1+F_{Bx}=0 \tag{a}$$

式(a)中含有两个未知力 $F_{Ax}$、$F_{Bx}$ 不能求出,必须再增加一个方程。

(2) 研究左(或右)半部分,受力如图 2-34(c)所示。$F_{Ax}$、$F_{Cx}$ 和 $F_{Cy}$ 三个未知力中 $F_{Cx}$ 和 $F_{Cy}$ 为非待求量,不必要求出。所以对点 $C$ 列力矩平衡方程,就可避开二者求出待求量 $F_{Ax}$。

$$\sum M_C(\boldsymbol{F})=0,\quad -F_{Ay}\cdot a+F_{Ax}\cdot a=0,\quad 得\ F_{Ax}=F_{Ay}=-\frac{F_1}{2}$$

将上述结果代入式(a)即可求出

$$F_{Bx}=-\frac{F_1}{2}$$

**思考**:由上面解题过程可以看出,选取研究对象和写平衡方程具有一定技巧,列方程时要有针对性,应使方程中不出现或尽量少出现与待求量无关的未知力,通过恰当地选取矩心往往能实现这一要求,与待求量无关的多余方程不必列出。

**【例 2-19】** 图 2-35(a)所示为曲柄冲床机构简图,$A$、$B$ 处为铰链连接。$OA=r$,$AB=l$。当 $OA$ 在水平位置时,冲压力大小为 $F$,此时机构处于平衡状态。不计摩擦和物体自重。求:(1)作用在轮上的力偶矩 $M$ 的大小;(2)轴承 $O$ 处的约束力;(3)连杆 $AB$ 所受的力;(4)冲头给导槽的侧压力。

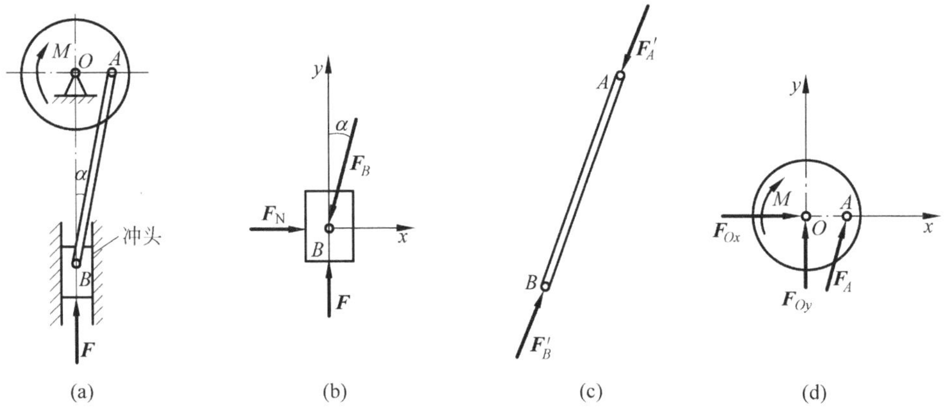


图 2-35

**解**:该机构中有三个物体:冲头 $B$、连杆 $AB$ 及轮子 $O$。其中,连杆 $AB$ 是二力杆,冲头和轮所受力分别为平面汇交力系和平面任意力系,如图 2-35(b)、(c)、(d)所示。已知冲压力 $\boldsymbol{F}$ 作用在冲头上,由力的传递过程可以看出,应先研究冲头,再研究轮子。

(1) 研究冲头,受力如图 2-35(b)所示,这是一个平面汇交力系。

$$\sum F_x=0,\quad F_N-F_B\sin\alpha=0$$

$$\sum F_y=0,\quad F-F_B\cos\alpha=0$$

求出

$$F_B=\frac{F}{\cos\alpha}=\frac{Fl}{\sqrt{l^2-r^2}},\quad F_N=F_B\sin\alpha=\frac{Fr}{\sqrt{l^2-r^2}}$$

(2) 研究轮子,受力如图2-35(d)所示,这是一个平面任意力系。

$$\sum M_O(\boldsymbol{F})=0,\quad -M+F_A\cos\alpha\cdot r=0$$

$$\sum F_x=0,\quad F_{Ox}+F_A\sin\alpha=0$$

$$\sum F_y=0,\quad F_{Oy}+F_A\cos\alpha=0$$

式中,$F_A=F'_A=F'_B=F_B$。由此可求出

$$M=F_A\cos\alpha\cdot r=Fr,\quad F_{Ox}=-F_A\sin\alpha=-\frac{Fr}{\sqrt{l^2-r^2}}\text{(方向向左)}$$

$$F_{Oy}=-F_A\cos\alpha=-F\text{(方向向下)}$$

式中,$F_{Ox}$、$F_{Oy}$ 为负值,说明二者的实际方向与图中假定方向相反。

**思考**:此题也可以先取冲头为研究对象,再取整个系统为研究对象,列平衡方程求解。请读者自行求解,并作比较。

**【例2-20】** 图2-36(a)所示的平面构架由杆 $AB$、$DE$ 及 $DB$ 铰接而成。$A$ 为滚动支座,$E$ 为固定铰链。钢绳一端拴在 $K$ 处,另一端绕过定滑轮Ⅰ和动滑轮Ⅱ后拴在销钉 $B$ 上。各杆及滑轮的自重不计。已知物体重量为 $W$,$DC=CE=AC=CB=2l$,定滑轮半径为 $r_1$,动滑轮半径为 $r_2$,且 $r_1=2r_2=l$,$\theta=45°$。试求支座 $A$、$E$ 处的约束力,铰链 $C$ 处的约束力及杆 $BD$ 所受的力。

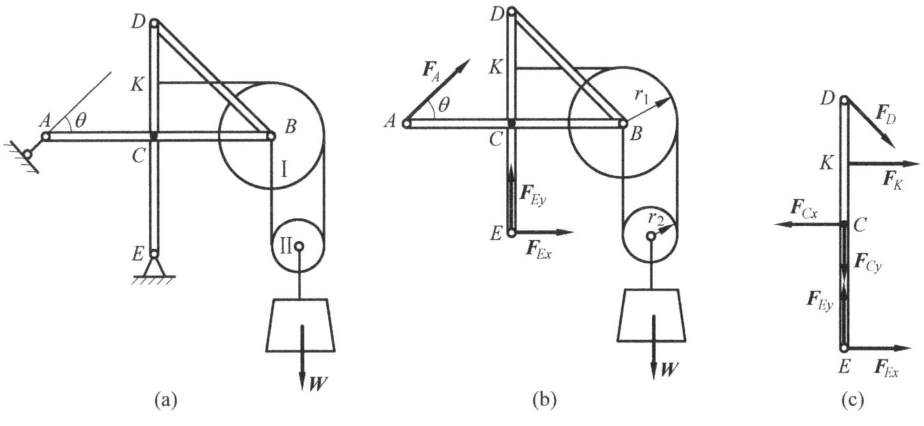


图 2-36

**解**:(1) 求支座 $A$、$E$ 处的约束力。研究整体,受力如图2-36(b)所示。

$$\sum M_E(\boldsymbol{F})=0,\quad -F_A\cdot 2l\cdot\sqrt{2}-W\cdot\frac{5}{2}\cdot l=0$$

$$\sum F_x=0,\quad F_{Ex}+F_A\cos\theta=0$$

$$\sum F_y=0,\quad F_{Ey}+F_A\sin\theta-W=0$$

解得

$$F_A=-\frac{5\sqrt{2}}{8}W,\quad F_{Ex}=\frac{5}{8}W,\quad F_{Ey}=\frac{13}{8}W$$

(2) 求铰链 $C$ 处的约束力及杆 $BD$ 所受的力。杆 $BD$ 是二力杆，要求杆 $BD$ 所受的力，应取包含此力的物体为研究对象。杆 $BD$ 两端分别与杆 $ACB$ 和杆 $DCE$ 连接，而且这两杆的铰接点 $C$ 的约束力也是待求量，所以杆 $ACB$ 和杆 $DCE$ 都可取为研究对象。因为杆 $DCE$ 上受力较少，取它为研究对象更加方便。杆 $DCE$ 的受力图如图 2-36(c)所示。$F_{Ex}$、$F_{Ey}$ 已经求出，$F_K$ 为绕在动滑轮Ⅱ上绳的拉力，等于物体重量 $W$ 的一半。其余三个未知力正是待求量。

$$\sum M_C(\boldsymbol{F})=0,\quad -F_D\cos45^\circ\cdot 2l-F_K\cdot l+F_{Ex}\cdot 2l=0$$

$$\sum F_x=0,\quad F_{Ex}-F_{Cx}+F_K+F_D\cos45^\circ=0$$

$$\sum F_y=0,\quad F_{Ey}-F_{Cy}-F_D\sin45^\circ=0$$

解得

$$F_D=\frac{3\sqrt{2}}{8}W,\quad F_{Cx}=\frac{3}{2}W,\quad F_{Cy}=\frac{5}{4}W$$

**讨论**：本题第二步也可以取杆 $ACB$ 作为研究对象，这时为了避免出现铰链 $B$ 处的约束力，应该选取杆 $ACB$ 和滑轮 $B$ 构成的局部结构作为分析对象。否则，必须分别单独取杆 $ACB$ 和滑轮 $B$ 为研究对象，才能求解。所以今后凡是在结构中出现滑轮的情形，一般都不单独选取滑轮作为研究对象。请读者自行思考求解，并作比较。

通过上述例题分析讨论，可以总结出求解物体系统平衡问题的几点解题经验和技巧：

(1) 如果作用在系统上的未知力不超过三个，或者虽然超过三个，但可求出部分未知力，而且这些未知力为待求量或与待求量有关时，就可以首先以物体系统整体作为研究对象。

(2) 如果不属于上述情形，一般先选取受未知力较少而且包含已知力的单个物体作为研究对象。

(3) 一般情况下，所选研究对象上涉及的未知力数目最好不要超过该研究对象所受力系对应的独立方程数目，如果有超过，则要看能否求出部分未知力。

(4) 列平衡方程时要有针对性，应该使方程中不出现或尽量少出现与待求量无关的未知力，通过恰当地选取矩心或投影轴的方位往往能实现这一要求。另外，与待求量无关的多余平衡方程不必列出。

## 学习方法和要点提示

(1) 平面汇交力系和力偶系是平面力系中最简单、最基本的力系。平面汇交力系的合成与平衡，力对点之矩都是后续力系分析的基础。为了打好基础，应按照题意选取研究对象，取分离体，画受力图，列平衡方程并求解。通过课后习题掌握平面汇交力系及平面力偶系的解题方法。

(2) 分力是力沿着某个坐标轴方向的分量，它是矢量；而力在某轴上的投影则是力在该轴上投射的影子，它是代数量。只有当两个坐标轴正交时，才有分力的模与投影的大小相等，即力在正交坐标轴上的投影大小等于力沿同轴分力的大小。力在坐标轴上的投影是解析法的依据，它度量了沿坐标轴的正向或负向的力对物体的作用效应。

(3) 平面汇交力系的平衡方程 $\sum F_x=0$，$\sum F_y=0$ 是两个相互独立的解析式，用它们只能求解两个未知量。一般选取直角坐标系，有时也可选取两个相交但互不垂直的坐标轴，使方程的求解简便。

(4) 用几何法求解平面汇交力系平衡问题的步骤：

① 根据题意选取适当的平衡物体为研究对象；

② 对研究对象进行受力分析，画受力图；

③ 选择适当的比例尺，将研究对象上的各力依次首尾相连，作出封闭多边形；作图时应从已知力开始，根据矢序规则和封闭特点就可以确定未知力的方位和指向；

④ 按照选定的比例尺量取未知量，或利用三角函数求出未知量。

(5) 用解析法求解平面汇交力系平衡问题的步骤：

① 选择合适的研究对象。选取研究对象的一般原则是：所选取物体上既有已知力又有未知力；先选受力情况较为简单的物体，再选受力情况相对复杂的物体；选取的研究对象上所包含的未知量的数目一般不要超过相应力系的独立平衡方程的数目。

② 画受力图。对所选取的研究对象进行受力分析，画出受力图。受力图是计算的基础，不允许出现任何差错，否则后面的过程和计算就会发生错误。

③ 列平衡方程。选取坐标轴，列平衡方程。在选取坐标轴时，应该使尽可能多的未知力与坐标轴垂直，同时还要便于投影。取两个不同坐标轴时它们可以不垂直，但不能平行。

④ 求未知量。解方程求出未知量。

(6) 研究平面力系的简化和平衡，是理论力学的重点。应熟练地应用平面任意力系的平衡方程求解单个物体的平衡问题，进而熟练地求解物体系统的平衡问题。

(7) 主矢与合力。平面任意力系向一点简化后，一般得到作用在简化中心的一个平面汇交力系和一个平面力偶系。尽管主矢与合力大小相等，方向相同，但主矢只是一个力主矢(不考虑力的作用点)，它不是一个力，更不是整个力系的合力，它与简化中心的位置无关。

(8) 力系的简化结果与最后的合成结果。力系的简化结果一般为一个主矢和一个主矩，但力系最后的合成结果可能是一个合力，或一个合力偶或平衡力系。这是两个有关联但又不同的概念，不能混为一谈。

(9) 平面力系平衡的必要和充分条件是主矢和主矩都等于零。由此可导出平面力系的平衡方程；而平面汇交力系、平面力偶系及平面平行力系都是平面力系的特例。

(10) 物体系统的平衡问题是静力学理论的综合应用，也是静力学解题方法的综合应用。在求解物体系统的平衡问题时应该注意：

① 分析的物体系统由几个物体组成，总共有几个未知量，可建立几个独立平衡方程。当未知量的数目等于独立平衡方程的数目时可以应用静力学的平衡方程求出所有未知量，否则对于超静定问题需要利用材料力学知识进行求解。

② 仔细考虑选取哪些物体作为研究对象(可以是单个物体、物体系统中的一部分或整个系统)，建立哪些平衡方程，以达到求解简便的目的；选取的研究对象一般不止一个，需要分几次进行选取，而且往往有多种不同的方案选取研究对象。应根据已知条件和未知量有针对性地选取研究对象，在研究对象中应尽量少地反映不需要求的未知量。

③ 一般而言，选取研究对象时应考虑以下几个方面：首先是既有已知量又有未知量，其次是按力的传递方向选取，再者就是研究对象平衡方程的数目尽量多于或等于未知量的数目。

④ 有针对性地列出平衡方程。在力系的平衡方程中应尽量少地出现或不出现不需要求的未知量。为此，应恰当地选取投影轴和矩心，例如，使投影轴与不需要求的未知量相垂直，使尽量多的不需要求的未知力作用线通过矩心。

## 思 考 题

**2-1** 力 $\boldsymbol{F}$ 沿 $Ox$，$Oy$ 轴的分力和在两轴上的投影有何区别？试以图 2-37 中两种情况为例进行分析。

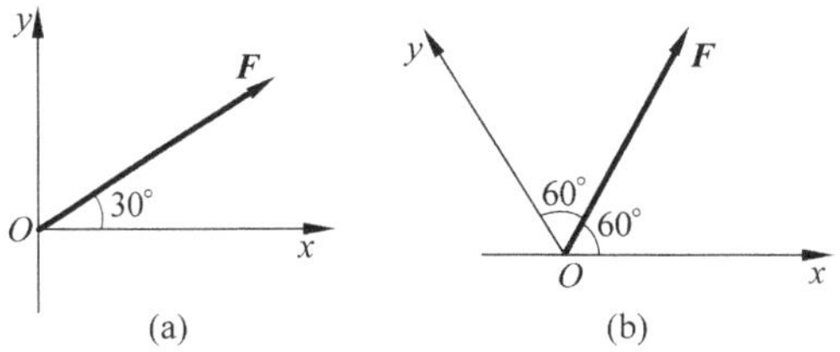


图 2-37

**2-2** 平面汇交力系的平衡方程中，两个投影轴是否一定要相互垂直？为什么？

**2-3** 试分别说明力系的主矢、主矩与合力、合力偶的区别和联系。

**2-4** 力系如图 2-38 所示，且 $F_1=F_2=F_3=F_4$。试问力系向 $A$ 点和 $B$ 点简化的结果分别是什么？两种结果是否等效？

**2-5** 试用力系向已知点简化的方法说明图 2-39 所示的力 $\boldsymbol{F}$ 和力偶($\boldsymbol{F}_1$，$\boldsymbol{F}_2$)对于轮的作用有何不同？在轮轴支撑 $A$ 和 $B$ 处的反力有何不同？设 $F_1=F_2=F/2$，轮的半径为 $r$。

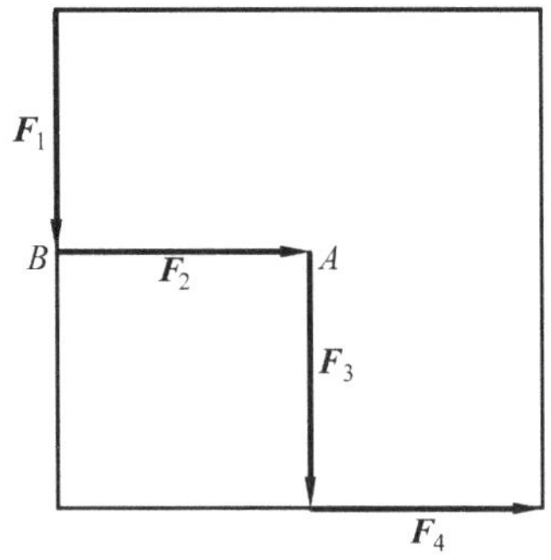


图 2-38

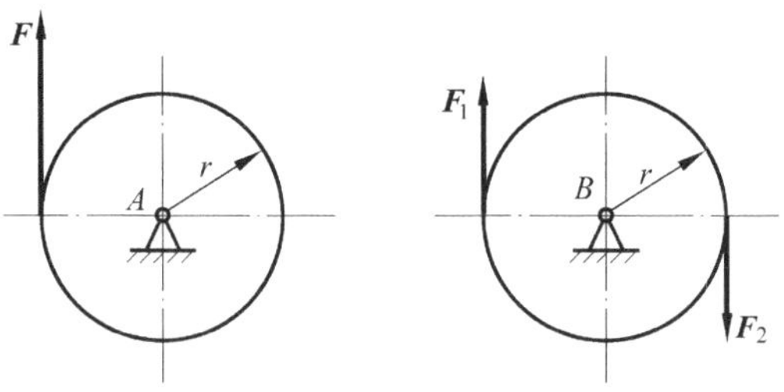


图 2-39

**2-6** 平面汇交力系的平衡方程中，可否取两个力矩方程，或一个力矩方程和一个投影方程？这时，矩心和投影轴的选择有什么限制？

**2-7** 刚体受力如图 2-40 所示，当力系满足方程 $\sum F_y=0$、$\sum M_A=0$、$\sum M_B=0$ 或满足方程 $\sum M_O=0$、$\sum M_A=0$、$\sum M_B=0$ 时，刚体肯定平衡吗？

**2-8**　均质刚体 $AB$ 重 $\boldsymbol{W}$，由不计自重的三根杆支撑在图 2-41 所示位置上平衡，若需求 $A$、$B$ 处所受的约束力，试讨论在列平衡方程时应如何选取投影轴和矩心最好。

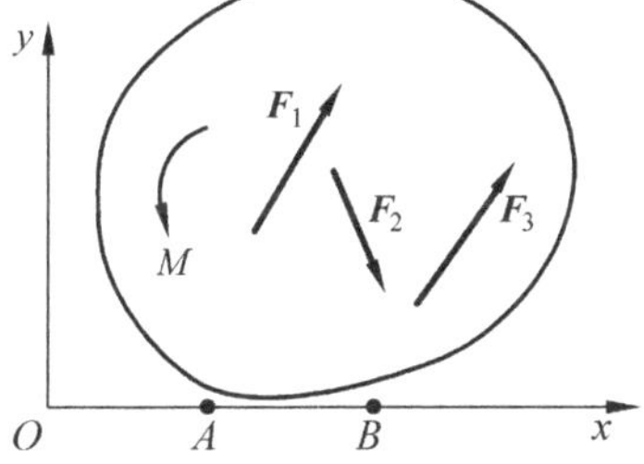


图　2-40

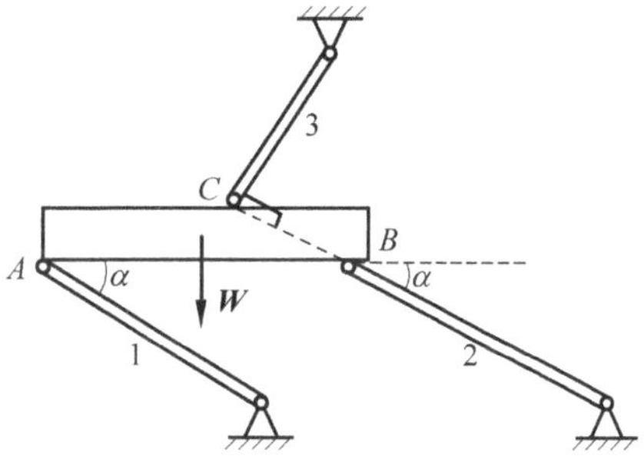


图　2-41

**2-9**　图 2-42 所示各平衡问题是静定的还是超静定的？

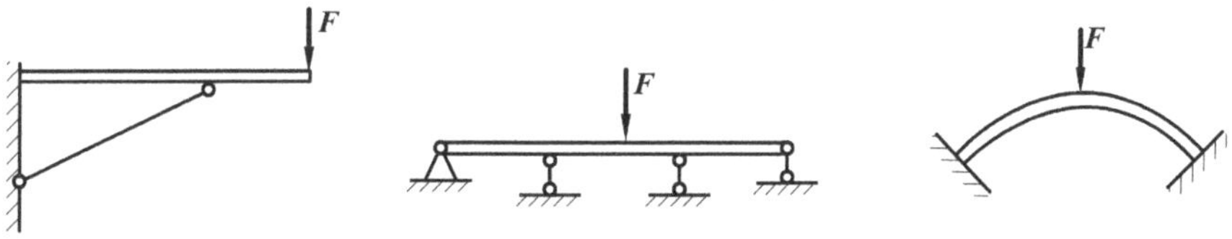


(a)　(b)　(c)

图　2-42

**2-10**　四个平面汇交力系的力多边形如图 2-43 所示，试问哪些是求合力的力多边形？合力是哪一个？哪些是平衡的力多边形？

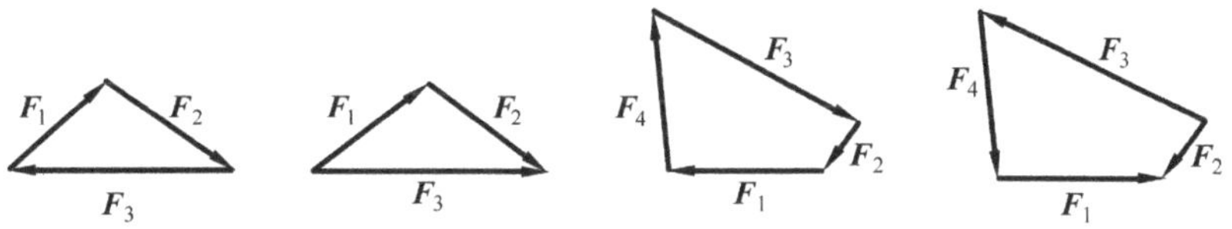


(a)　(b)　(c)　(d)

图　2-43

**2-11**　判断图 2-44 中两个力系能否平衡？它们的三力都汇交于一点，且各力都不等于零，图 2-44(a)中力 $\boldsymbol{F}_1$ 和 $\boldsymbol{F}_2$ 共线。

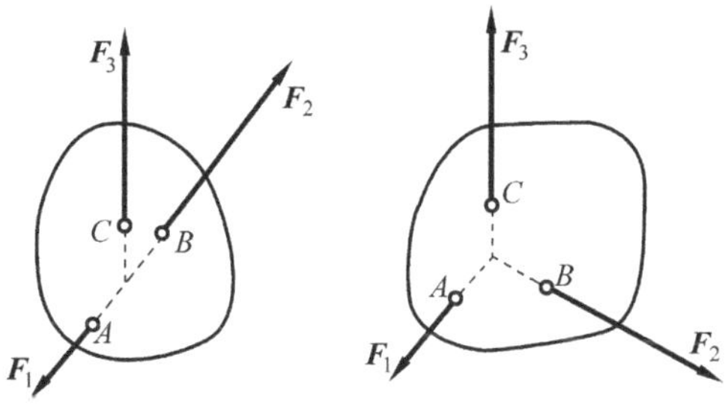


(a)　(b)

图　2-44

**2-12** 图 2-45 所示三种结构，构件自重不计，忽略摩擦，$\theta=60°$。如 $B$ 处都作用有相同水平力 $\boldsymbol{F}$，问铰链 $A$ 处的约束反力是否相同。请作图表示其大小与方向。

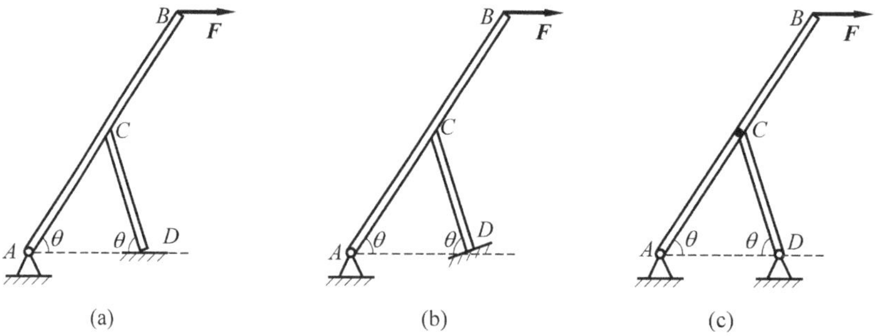


图 2-45

**2-13** 如图 2-46 所示四杆机构，各杆自重不计，若 $m_1=-m_2$，试问此机构能否平衡？为什么？

**2-14** 如图 2-47 所示，物体受 4 个力 $\boldsymbol{F}_1$、$\boldsymbol{F}_2$、$\boldsymbol{F}_3$、$\boldsymbol{F}_4$ 作用，其力多边形自行封闭，问该物体是否平衡？若不平衡，其合成结果是什么？

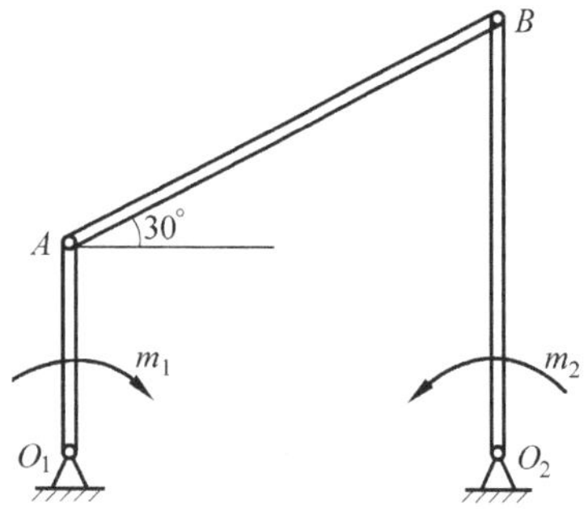


图 2-46

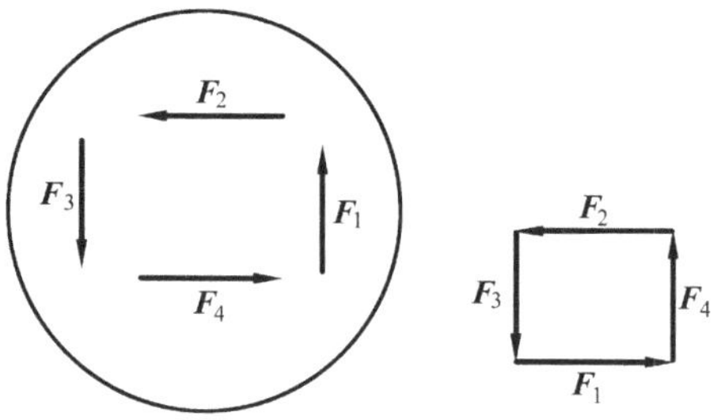


图 2-47

## 习 题

**2-1** 在图 2-48 所示刚架的点 $B$ 作用一水平力 $\boldsymbol{F}$，刚架重量略去不计，试求支座 $A$、$D$ 的约束力。

**2-2** 在图 2-49 所示架构中，已知 $P=10\text{kN}$，若不计各杆自重，试求杆 $BC$ 所受的力以及铰支座 $A$ 的约束力。

**2-3** 在图 2-50 所示架构中三角支架的铰链 $B$ 上，悬挂重物 $P=50\text{kN}$。不计各杆自重，试求杆 $AB$、$BC$ 所受的力。

**2-4** 如图 2-51 所示，用杆 $AB$ 和 $AC$ 铰接后挂起重物 $P$。不计各杆自重，试求杆 $AB$、$AC$ 所受的力。

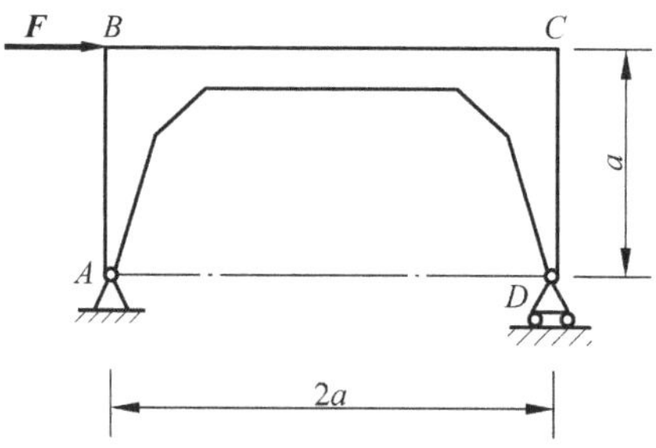


图 2-48

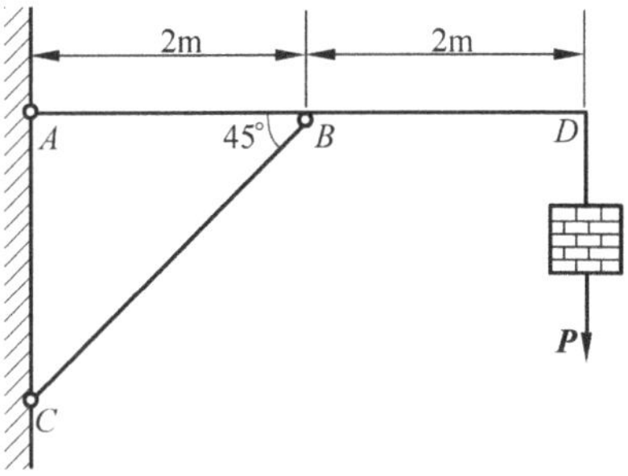


图　2-49

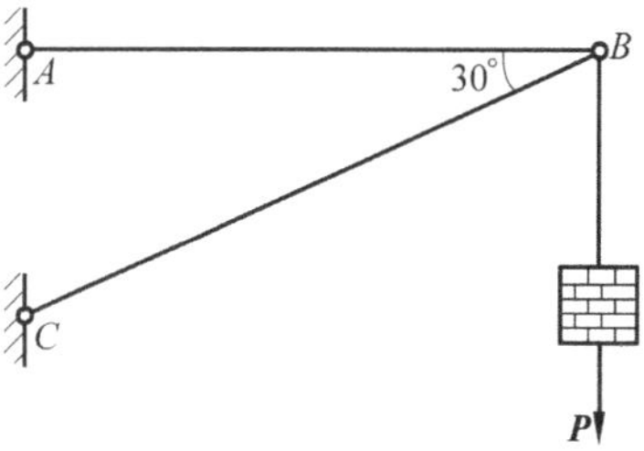


图　2-50

**2-5**　如图 2-52 所示，将两个相同的光滑圆柱放在矩形槽内，两圆柱的半径 $r=20\text{cm}$，重量 $P=600\text{N}$。试求出接触点 $A$、$B$、$C$ 处的约束力。

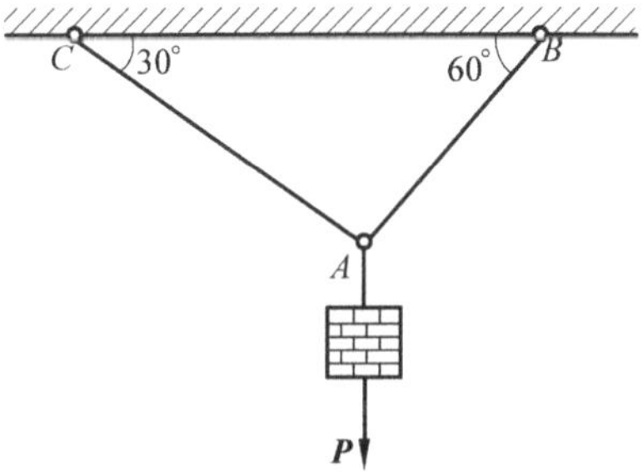


图　2-51

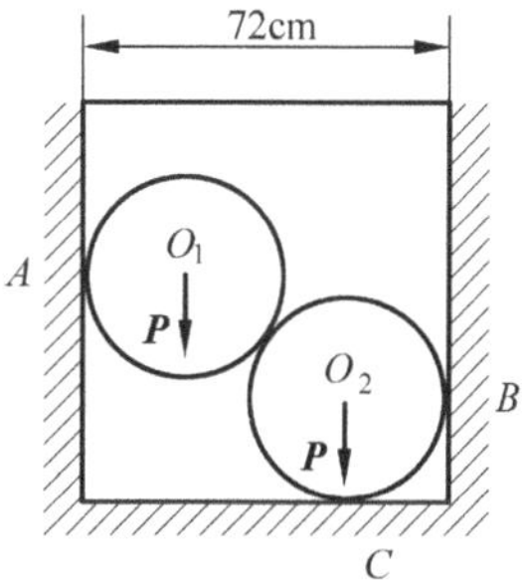


图　2-52

**2-6**　图 2-53 中的均质杆 $AB$ 重为 $\boldsymbol{P}$、长为 $2l$，两端置于相互垂直的光滑斜面上，已知左斜面与水平面成 $\alpha$ 角，试求平衡时杆与水平线所成的角度 $\theta$。

**2-7**　如图 2-54 所示，用一组绳悬挂一重 $P=1\text{kN}$ 的重物，试求各段绳的张力。

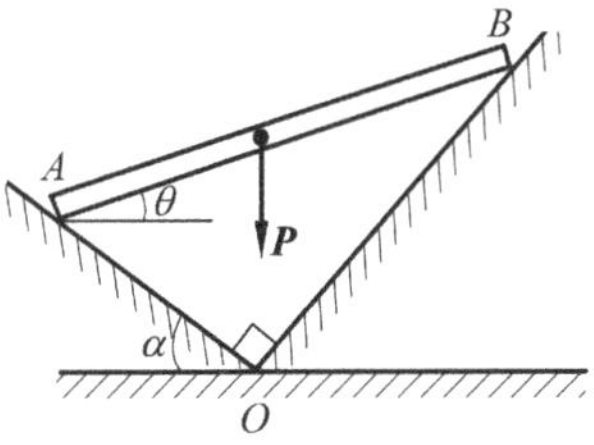


图　2-53

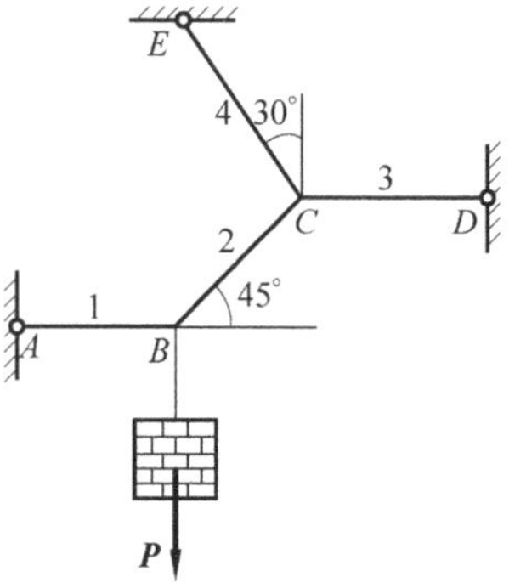


图　2-54

**2-8**　已知梁 $AB$ 上作用一矩为 $M$ 的力偶，梁长 $l$。若不计梁自重，试求图 2-55 中三种情况下，铰链 $A$ 和 $B$ 的约束力。

**2-9**　如图 2-56 所示，三铰刚架的 $AC$ 部分上作用有矩为 $M$ 的力偶。已知左右两部分的直角边成正比，即 $a:b=c:a$。若不计三铰刚架自重，试求铰支座 $A$、$B$ 的约束力。

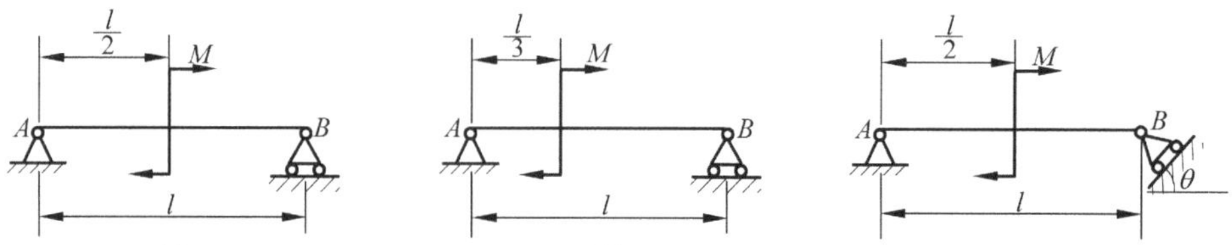


(a) (b) (c)

图 2-55

**2-10** 支架如图 2-57 所示，已知 $CB=0.8\text{cm}$；作用于横杆 $CD$ 上的两个力偶的矩分别为 $M_1=0.2\text{kN}\cdot\text{m}$、$M_2=0.5\text{kN}\cdot\text{m}$。若不计杆件自重，试求铰支座 $A$、$C$ 的约束力。

**2-11** 铰链四连杆机构 $OABO_1$ 在图 2-58 所示位置平衡。已知 $OA=0.4\text{m}$，$O_1B=0.6\text{m}$，作用在曲柄 $OA$ 上的力偶 $M_1=1\text{N}\cdot\text{m}$，不计杆自重。求力偶 $M_2$ 的大小及连杆 $AB$ 所受的力。

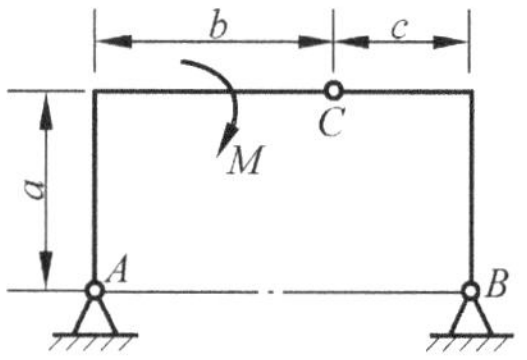


图 2-56

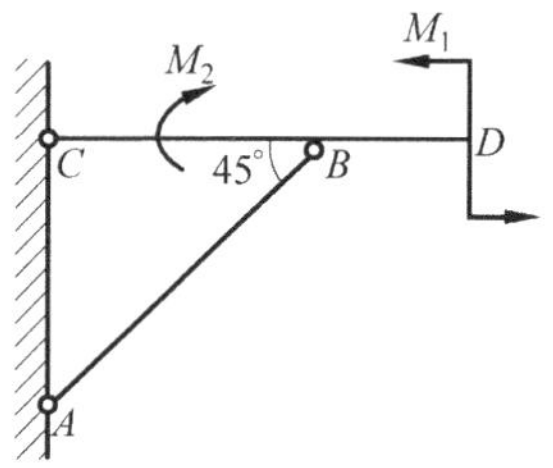


图 2-57

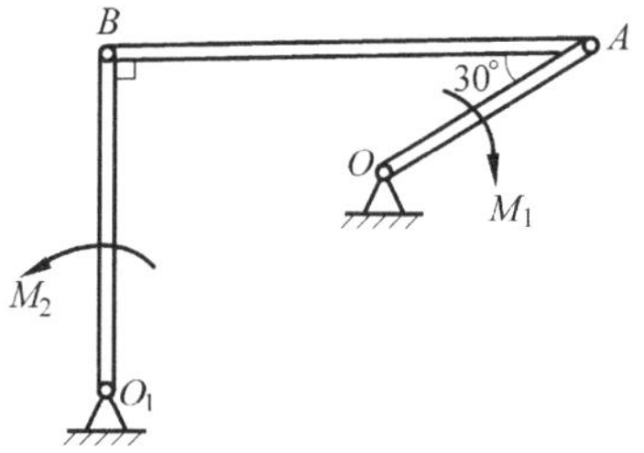


图 2-58

**2-12** 试求图 2-59 中各梁支座的约束力。已知 $F=10\text{kN}$，$q=2\text{kN/m}$，$M=2\text{kN}\cdot\text{m}$。

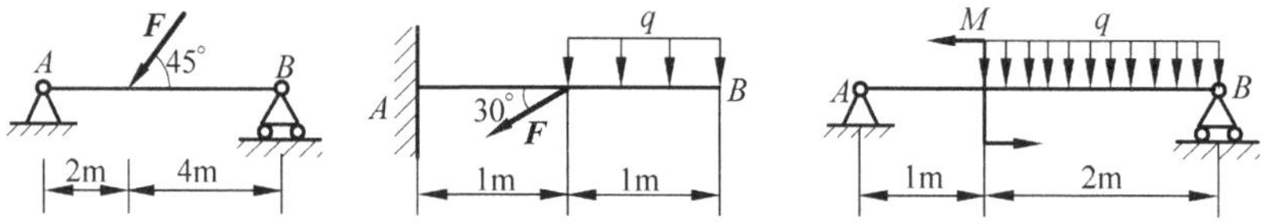


(a) (b) (c)

图 2-59

**2-13** 试求图 2-60 中刚架(即弯杆)支座的约束力。$F$、$M$、$a$ 均已知，且 $M=Fa$。

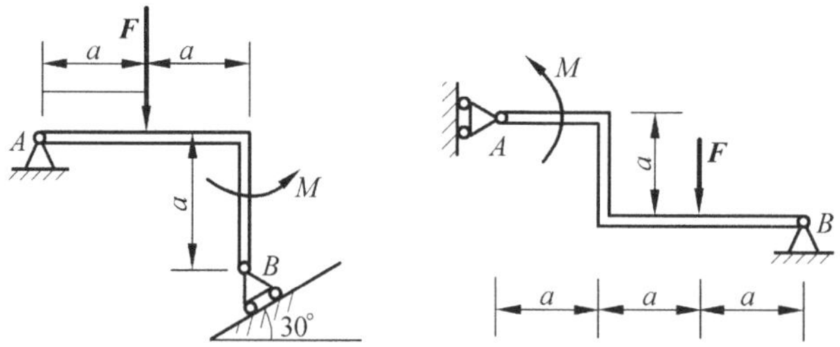


(a) (b)

图 2-60

**2-14**　求图 2-61 所示悬臂梁固定端的约束力。已知 $M=2\text{kN}\cdot\text{m}$，$F=20\text{kN}$，$q=10\text{kN/m}$，$l=1\text{m}$。

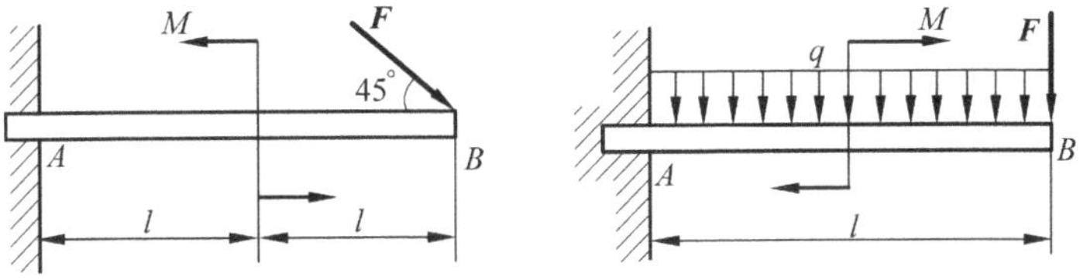

(a)　(b)

图　2-61

**2-15**　在图 2-62 所示刚架中，已知 $q=3\text{kN/m}$，$F=6\sqrt{2}\,\text{kN}$，$M=10\text{kN}\cdot\text{m}$，不计刚架自重。求固定端 $A$ 处的约束力。

**2-16**　如图 2-63 所示，$AB$ 梁自重不计，已知受到的外力为 $F=80\text{kN}$，$M=50\text{kN}\cdot\text{m}$，$q=20\text{kN/m}$，$l=1\text{m}$，$\alpha=30°$。求支座 $A$、$B$ 处的约束力。

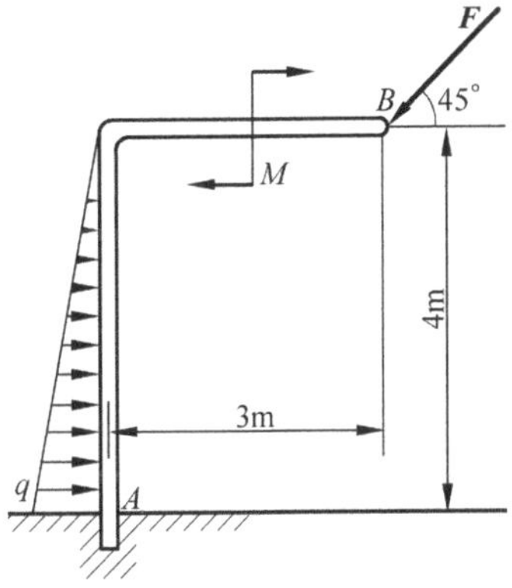

图　2-62

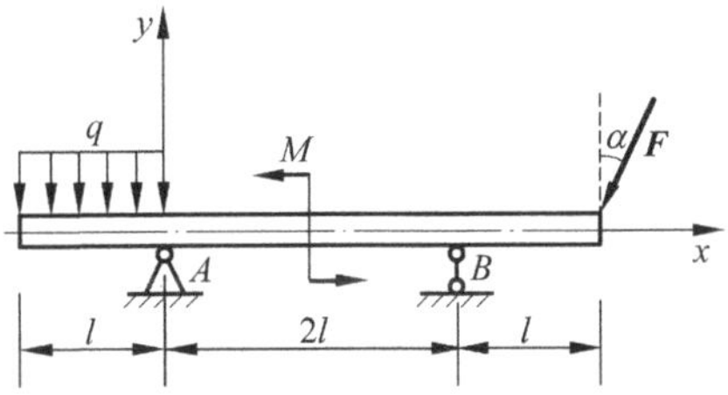

图　2-63

**2-17**　组合结构尺寸及受力如图 2-64 所示，不计杆自重。求支座 $A$、$C$ 处的约束力。

**2-18**　三铰拱尺寸及受力如图 2-65 所示，求支座 $A$、$B$ 处的约束力。

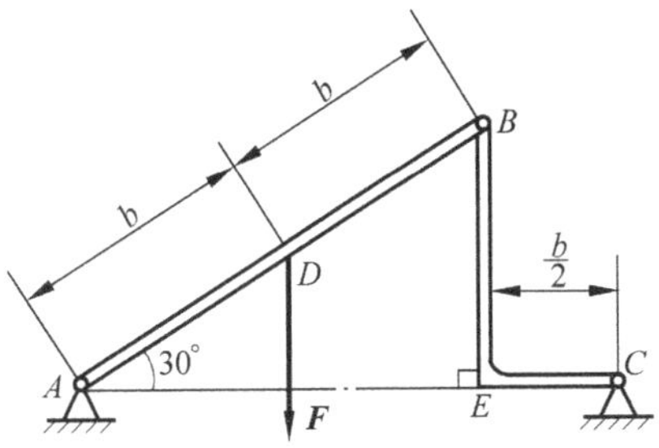

图　2-64

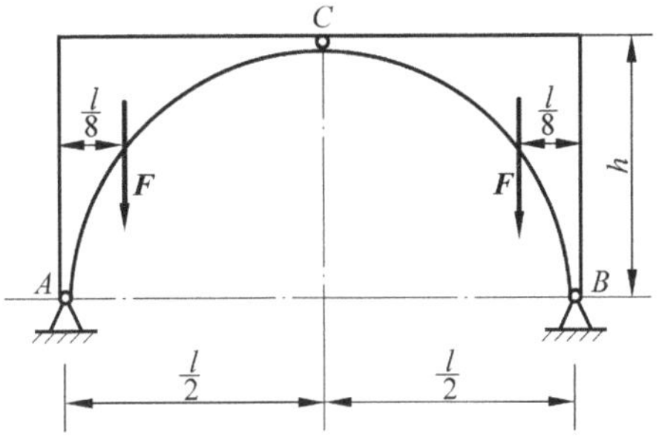

图　2-65

**2-19**　如图 2-66 所示，组合梁通过铰链 $B$ 连接，$M$、$q$ 已知，不计自重。求支座的约束力。

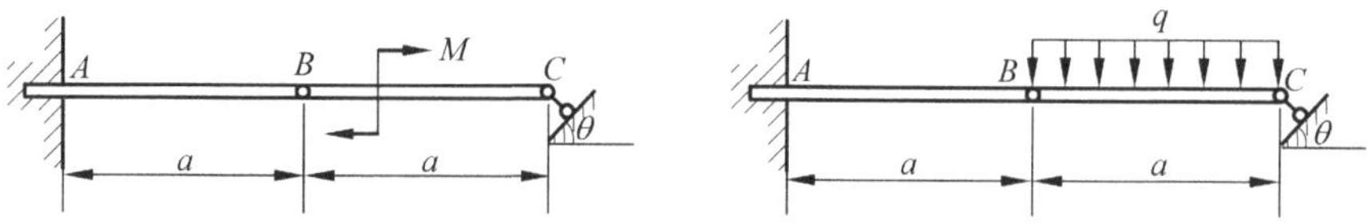


(a) (b)

图 2-66

**2-20** 如图 2-67 所示，组合梁由 $AC$ 和 $CD$ 通过铰链 $C$ 连接。已知 $M=40\text{kN}\cdot\text{m}$，$q=10\text{kN/m}$，不计梁自重。求 $A$、$B$、$D$ 处支座的约束力。

**2-21** 如图 2-68 为一个"4"字形结构，由不计重量的杆 $AB$、$CD$ 和 $AC$ 用光滑铰链连接而成。$B$ 端插入地面，在 $D$ 端作用一铅垂向下的力 $\boldsymbol{F}$。试求：(1)地面对杆的约束力；(2)杆 $AC$ 所受的力；(3)铰链 $E$ 的约束力。

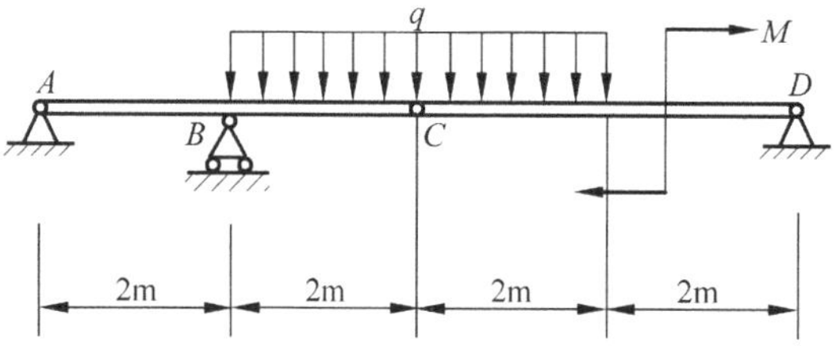


图 2-67

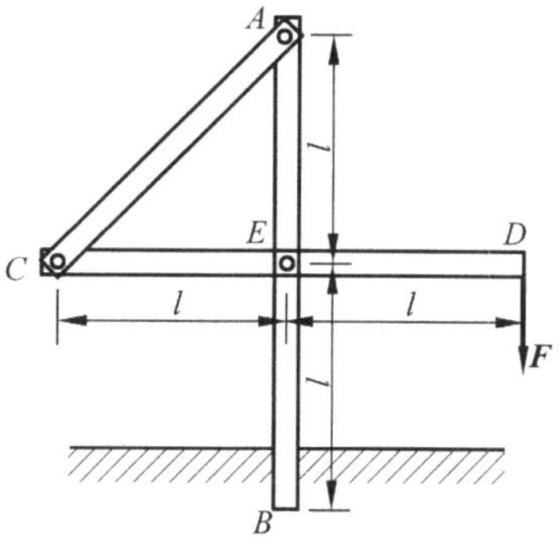


图 2-68

**2-22** 如图 2-69 所示结构由杆 $AB$、$AC$、$DF$ 组成，固定在杆 $DF$ 上的销钉 $E$ 可在杆 $AC$ 的槽中滑动。不计自重，$F$ 和 $a$ 已知。求铰链 $A$、$D$、$B$ 处的约束力。

**2-23** 如图 2-70 所示结构中，物体重 $W=1200\text{N}$，细绳跨过滑轮 $E$ 水平系在墙上，尺寸如图所示，不计杆和滑轮重量。求支撑 $A$、$B$ 处的约束力和杆 $BC$ 的内力。

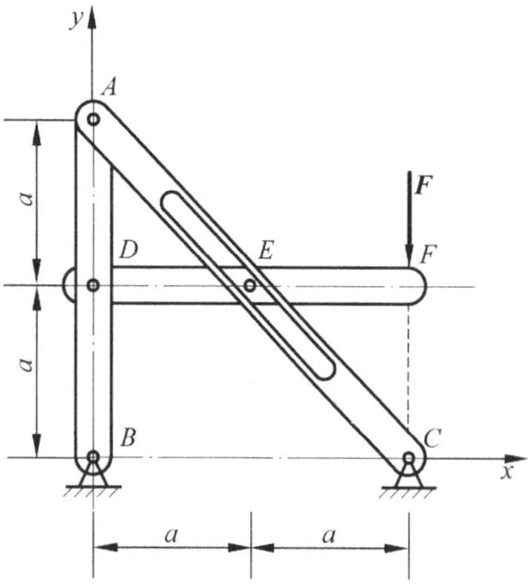


图 2-69

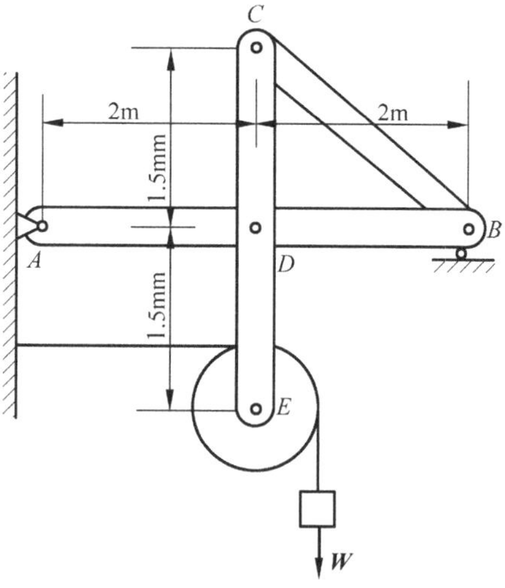


图 2-70

# 第3章

# 空间力系

## 本章提要

**【要求】**

(1) 能熟练计算力在空间直角坐标轴上的投影和力对轴的矩；

(2) 掌握空间力对点之矩和力偶矩矢的性质；

(3) 基本掌握空间任意力系的简化；

(4) 能较熟练地应用平衡条件求解空间力系的平衡问题。

**【重点】**

(1) 力在空间直角坐标轴上的投影和力对轴的矩,掌握力偶的性质；

(2) 空间力系平衡方程的应用；

(3) 各种常见的空间约束及约束反力的表示方法。

**【难点】**

(1) 力在空间直角坐标轴上的投影、力对轴之矩的计算；

(2) 空间任意力系的主矢、主矩简化结果与分析；

(3) 利用空间结构、结构中几何关系的分析与空间立体图的识别对空间任意力系平衡问题的求解。

在工程实际中,经常会遇到物体所受各力的作用线不在同一个平面内,而呈现空间任意分布的情况,将这种力系称为空间任意力系,简称**空间力系**。空间力系是物体所受力系中最一般的情况,平面问题中的各种力系都可以看作空间力系的一种特殊情形。同平面任意力系一样,对于空间力系也将主要解决两个问题:第一个是力系的简化与合成问题;第二个是平衡条件及其应用问题。空间力系的研究和分析方法与平面任意力系的完全相同。与平面力系一样,空间力系也分为空间汇交力系、空间力偶系、空间平行力系和空间任意力系。

## 3-1 空间汇交力系

各力的作用线汇交于一点的空间力系,称为**空间汇交力系**。同平面汇交力系一样,需要在力在坐标轴上投影的基础之上研究力的合成和平衡问题。

### 1. 力在空间直角坐标轴上的投影与分解

1) 力在空间直角坐标轴上的投影

如图 3-1(a)所示,假设力 $\boldsymbol{F}$ 与三个直角坐标轴的夹角分别为 $\alpha$、$\beta$、$\gamma$,则 $\boldsymbol{F}$ 在各坐标轴上的投影可由 $\boldsymbol{F}$ 的大小与该坐标轴的夹角余弦的乘积来计算,即

$$\left.\begin{aligned}F_x&=F\cos\alpha\\F_y&=F\cos\beta\\F_z&=F\cos\gamma\end{aligned}\right\}\tag{3-1}$$

利用式(3-1)计算投影的方法称为**直接投影法**。但在实际问题中,有时很难确定力 $\boldsymbol{F}$ 与三个坐标轴之间的夹角,一般容易知道力 $\boldsymbol{F}$ 与某一个坐标轴的夹角。例如,$\boldsymbol{F}$ 与 $Oz$ 轴的夹角 $\gamma$ 已知,这时可先将力 $\boldsymbol{F}$ 投影到 $xOy$ 平面上,得到 $\boldsymbol{F}$ 在平面上的投影 $\boldsymbol{F}_{xy}$,然后再将 $\boldsymbol{F}_{xy}$ 投影到 $Ox$、$Oy$ 轴上。如图 3-1(b)所示,当已知 $\gamma$ 和 $\varphi$ 角时,力在坐标轴上的投影可按下式计算:

$$\left.\begin{aligned}F_x&=F\sin\gamma\cos\varphi\\F_y&=F\sin\gamma\sin\varphi\\F_z&=F\cos\gamma\end{aligned}\right\}\tag{3-2}$$

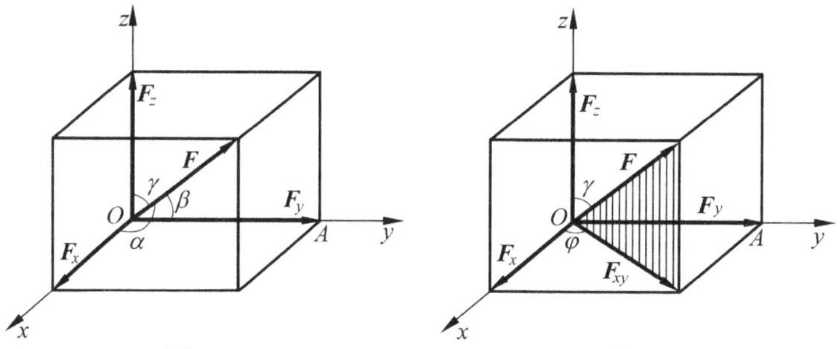


图 3-1

利用式(3-2)计算投影的方法称为二次投影法,也叫作**间接投影法**。需要注意,力在坐标轴上的投影是代数量,而力在一个平面上的投影应是一个矢量,这是因为在平面上的投影不能简单地由坐标轴的正负来确定其方向。

2) 力沿坐标轴的正交分解

假设力 $\boldsymbol{F}$ 在三个坐标轴上的正交分量为 $\boldsymbol{F}_x$、$\boldsymbol{F}_y$、$\boldsymbol{F}_z$,$\boldsymbol{F}$ 在三个坐标轴上的投影为 $F_x$、$F_y$、$F_z$,$\boldsymbol{i}$、$\boldsymbol{j}$、$\boldsymbol{k}$ 分别表示三个坐标轴方向的单位矢量,如图 3-2 所示。则有

$$\boldsymbol{F}=\boldsymbol{F}_x+\boldsymbol{F}_y+\boldsymbol{F}_z=F_x\boldsymbol{i}+F_y\boldsymbol{j}+F_z\boldsymbol{k}\tag{3-3}$$

如果已知力 $\boldsymbol{F}$ 在直角坐标系中的三个投影,则力 $\boldsymbol{F}$ 的大小和方向余弦分别为

$$\left.\begin{aligned}&F=\sqrt{F_x^2+F_y^2+F_z^2}\\&\cos\alpha=\frac{F_x}{F},\cos\beta=\frac{F_y}{F},\cos\gamma=\frac{F_z}{F}\end{aligned}\right\}\tag{3-4}$$

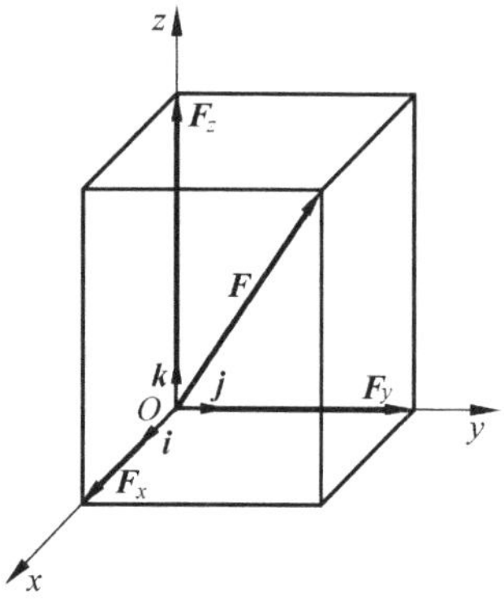


图 3-2

**【例 3-1】** $\boldsymbol{F}_1$、$\boldsymbol{F}_2$、$\boldsymbol{F}_3$、$\boldsymbol{F}_4$ 各力在空间的位置如图 3-3 所示。已知四个力的大小相等,数值为 10kN。求各力在三个坐标轴上的投影。

**解**：(1) $\begin{cases}F_{1x}=F_{1y}=0\\F_{1z}=F_1=10\text{kN}\end{cases}$

(2) $\begin{cases}F_{2x}=F_2=10\text{kN}\\F_{2y}=F_{2z}=0\end{cases}$

(3) $\begin{cases}F_{3x}=-F_3\sin30°=-5\text{kN}\\F_{3y}=F_3\cos30°=8.66\text{kN}\\F_{3z}=0\end{cases}$

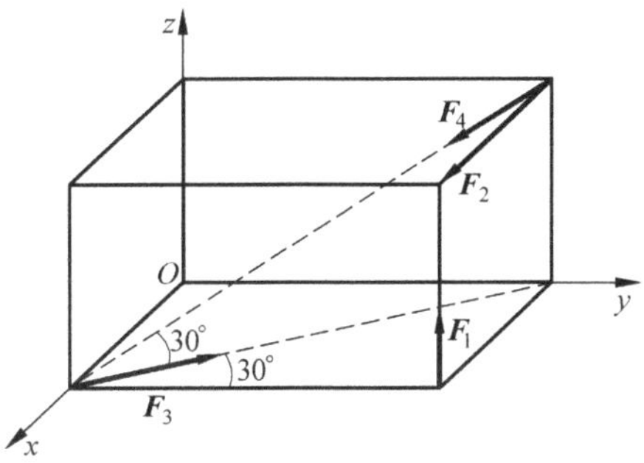


图　3-3

(4) 由于 $\boldsymbol{F}_4$ 与 $x$ 轴和 $y$ 轴的夹角不容易确定，不宜直接按照式(3-1)来求解。这时，应该按照式(3-2)的二次投影法，于是得到

$$\begin{cases}F_{4x}=F_4\cos30°\times\sin30°=4.33\text{kN}\\F_{4y}=-F_4\cos30°\times\cos30°=-7.5\text{kN}\\F_{4z}=-F_4\sin30°=-5\text{kN}\end{cases}$$

**2. 空间汇交力系的合成与平衡**

1) 空间汇交力系的合成

力系中每个力的作用线都汇交于一点的空间力系，称为**空间汇交力系**。由于空间汇交力系的复杂性，对于空间汇交力系的合成一般不采用几何法，只采用解析法。将平面汇交力系的合成法则推广到空间就得到：空间汇交力系的合力等于各分力的矢量和，合力的作用线通过汇交点。合力矢量为

$$\boldsymbol{F}_{\text{R}}=\boldsymbol{F}_1+\boldsymbol{F}_2+\cdots+\boldsymbol{F}_n=\sum\boldsymbol{F}_i \tag{3-5}$$

将式(3-3)代入式(3-5)可得

$$\boldsymbol{F}_{\text{R}}=F_{\text{R}x}\boldsymbol{i}+F_{\text{R}y}\boldsymbol{j}+F_{\text{R}z}\boldsymbol{k}=\left(\sum F_x\right)\boldsymbol{i}+\left(\sum F_y\right)\boldsymbol{j}+\left(\sum F_z\right)\boldsymbol{k} \tag{3-6}$$

式中，$F_{\text{R}x}$、$F_{\text{R}y}$、$F_{\text{R}z}$ 是合力 $\boldsymbol{F}_{\text{R}}$ 在三个坐标轴上的投影，并且

$$F_{\text{R}x}=\sum F_x,\quad F_{\text{R}y}=\sum F_y,\quad F_{\text{R}z}=\sum F_z \tag{3-7}$$

式(3-7)表明：**合力在某一轴上的投影，等于力系中各力在同一轴上的投影的代数和**。这就是**空间的合力投影定理**。

合力的大小和方向余弦分别为

$$\left.\begin{aligned}&F=\sqrt{F_{\text{R}x}^2+F_{\text{R}y}^2+F_{\text{R}z}^2}=\sqrt{\left(\sum F_x\right)^2+\left(\sum F_y\right)^2+\left(\sum F_z\right)^2}\\&\cos\alpha=\frac{\sum F_x}{F_{\text{R}}},\cos\beta=\frac{\sum F_y}{F_{\text{R}}},\cos\gamma=\frac{\sum F_z}{F_{\text{R}}}\end{aligned}\right\} \tag{3-8}$$

2) 空间汇交力系的平衡

一般由于空间汇交力系可以合成为一个合力，因此，空间汇交力系平衡的必要和充分条件是：力系的合力等于零，即

$$\boldsymbol{F}_{\text{R}}=\boldsymbol{F}_1+\boldsymbol{F}_2+\cdots+\boldsymbol{F}_n=\sum\boldsymbol{F}_i=\boldsymbol{0} \tag{3-9}$$

式(3-9)的等价解析式为

$$
\left.\begin{aligned}
F_{Rx} &= \sum F_x = 0 \\
F_{Ry} &= \sum F_y = 0 \\
F_{Rz} &= \sum F_z = 0
\end{aligned}\right\} \tag{3-10}
$$

式(3-10)就是空间汇交力系的平衡方程,即**空间汇交力系平衡的必要和充分条件为:该力系中所有各力在三个坐标轴上的投影的代数和分别等于零。**

应用解析法求解空间汇交力系的平衡问题的步骤,与求解平面汇交力系问题的相同,需列出三个平衡方程,可求解三个未知量。

**【例 3-2】** 挂物架如图 3-4 所示,三根杆子用铰链连接于 $O$ 点。平面 $BOC$ 是水平面,且 $OB=OC$,平面 $OAE$ 是铅垂面,其他角度如图所示。如果 $O$ 点悬挂重物的重量为 $P=1\text{kN}$,不计三根杆子的重量,求三根杆子所受的力。

**解:**(1) 研究对象:挂物架。

(2) 受力分析。因为不计杆子的重量,所以杆子都是二力杆,力系是一个空间汇交力系,可以写出三个独立的平衡方程。其受力图如图 3-4 所示。

(3) 平衡方程。取坐标系 $Oxyz$ 如图 3-4 所示,$Ox$、$Oy$ 轴位于水平面 $BOC$ 内,且 $Ox$ 轴平行于 $BC$,$Oy$ 轴垂直于 $BC$,$Oz$ 轴铅垂向上。

$$\sum F_x = 0, \quad F_B\cos5^\circ - F_C\cos45^\circ = 0$$

$$\sum F_y = 0, \quad -F_B\sin45^\circ - F_C\sin45^\circ - F_A\sin45^\circ = 0$$

$$\sum F_z = 0, \quad -F_A\cos45^\circ - P = 0$$

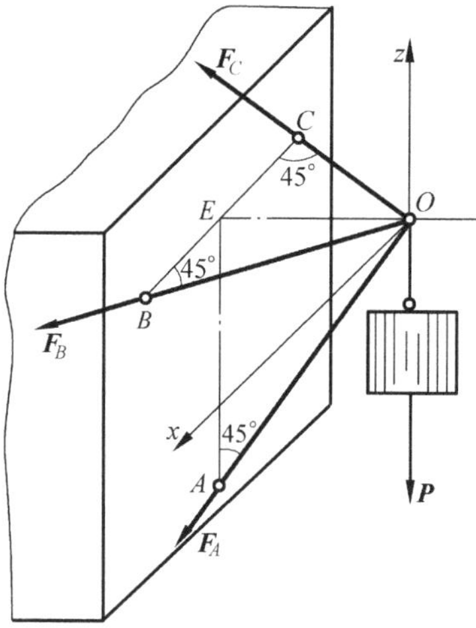


图 3-4

(4) 求解。联立求解上面三个方程得 $F_A=-1.414\text{kN}$,负号表示 $F_A$ 的实际方向与图中所假设方向相反,即 $OA$ 杆实际是受压力作用。$F_B=F_C=0.707\text{kN}$,$F_B$、$F_C$ 实际方向与图中所假设方向相同,即这两个杆实际是受拉力作用。

**讨论:**本题中先求出了 $F_A$ 为负值,因为在平衡方程中力的投影是根据受力图中假设的力的方向计算出来的,所以在把 $F_A$ 数值代入其他方程运算时,要用其代数值代入,不能用其绝对值代入。

# 3-2 力对点的矩与力对轴的矩

在平面力系中,讨论力矩概念时曾指出,力对点的矩是该力使刚体绕矩心转动效应的度量,力对点的矩可用代数量来表示。在空间问题中也会遇到同样的问题,同时为了度量力使刚体绕某轴转动的效应,还将引入力对轴的矩的概念。

## 1. 力对点的矩

1) 力对点的矩的矢量形式

对于平面力系,只需用一代数量即可表示出力对点的矩的全部要素,即大小和转向,这是因为力矩的作用面是一固定平面。但在空间力系中，力系中各力与矩心可能构成方位不同的各个平面。这时，力对点的矩取决于力与矩心所构成的平面的方位、力矩在该平面内的转向及力矩大小三个要素。而用一个代数量是无法将这三个要素表示出来的，这三个要素可以用一个矢量来表示：矢量的模表示力对点的矩的大小，矢量的方位与该力和矩心所在平面的法线方位相同，矢量的指向由力矩的转向按右手螺旋法则确定，这个矢量称为**力对点的矩矢**，简称为**力矩矢**，记作 $\boldsymbol{M}_O(\boldsymbol{F})$，如图 3-5 所示，力矩矢的大小为

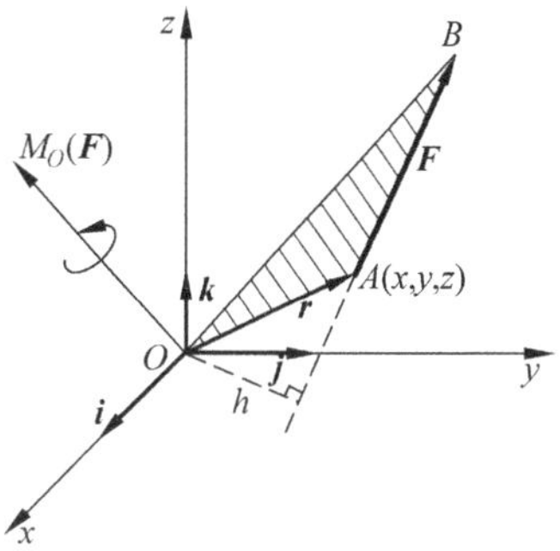


**图　3-5**

$$|\boldsymbol{M}_O(\boldsymbol{F})| = F \cdot h = 2S_{\triangle OAB}$$

式中，$S_{\triangle OAB}$ 是△$OAB$ 的面积。

如果以 $\boldsymbol{r}$ 表示力作用点 $A$ 的矢径，则矢量积 $\boldsymbol{r}\times\boldsymbol{F}$ 的模等于△$OAB$ 面积的 2 倍，其方向与力矩矢 $\boldsymbol{M}_O(\boldsymbol{F})$一致。因此可得

$$\boldsymbol{M}_O(\boldsymbol{F}) = \boldsymbol{r}\times\boldsymbol{F} \tag{3-11}$$

式(3-11)即为力对点的矩的矢量积表达式，力对点的力矩矢等于矩心到该力作用点的矢径与该力的矢量积。

**注意**：由于力矩矢的大小和方向均与矩心的位置有关，故力矩矢的矢端必须在矩心而不可任意移动。所以，力矩矢是一个定位矢量。

2）力对点的矩的解析表达式

如果以矩心 $O$ 为原点建立空间直角坐标系 $Oxyz$，如图 3-5 所示，则矢径 $\boldsymbol{r}$ 和力 $\boldsymbol{F}$ 分别用解析式表示为

$$\boldsymbol{r} = x\boldsymbol{i} + y\boldsymbol{j} + z\boldsymbol{k}, \quad \boldsymbol{F} = F_x\boldsymbol{i} + F_y\boldsymbol{j} + F_z\boldsymbol{k}$$

将上式代入式(3-11)，并采用行列式形式，即得到力矩矢的解析表达式为

$$\boldsymbol{M}_O(\boldsymbol{F}) = \boldsymbol{r}\times\boldsymbol{F} = \begin{vmatrix} \boldsymbol{i} & \boldsymbol{j} & \boldsymbol{k} \\ x & y & z \\ F_x & F_y & F_z \end{vmatrix} \tag{3-12}$$

3）空间合力矩定理

如果空间力系($\boldsymbol{F}_1$、$\boldsymbol{F}_2$、…、$\boldsymbol{F}_n$)可以合成为一个合力 $\boldsymbol{F}_{\mathrm{R}}$，那么就意味着这个力系的作用完全可以用这个合力代替，那么合力使物体绕任一点 $O$ 的转动效应就应该等同于该力系使物体绕点 $O$ 的转动效应，而力的转动效应是由力矩完全度量的，所以有

$$\boldsymbol{M}_O(\boldsymbol{F}_{\mathrm{R}}) = \sum \boldsymbol{M}_O(\boldsymbol{F}_i) \tag{3-13}$$

即力系的合力对任一点的矩等于力系中每一个力对同一点的矩的矢量和，这就是**空间合力矩定理**。

### 2. 力对轴的矩

1）力对轴的矩的定义

工程中，经常遇到刚体绕定轴转动的情形，为了度量力对绕定轴转动刚体的作用效果，

必须分析力对轴的矩。如图 3-6(a)所示,计算作用在斜齿轮上的力 $\boldsymbol{F}$ 对转轴 $z$ 的力矩。现将力 $\boldsymbol{F}$ 分解为平行于 $z$ 轴的分力 $\boldsymbol{F}_z$ 和垂直于 $z$ 轴的分力 $\boldsymbol{F}_{xy}$(此力即为力 $\boldsymbol{F}$ 在垂直于 $z$ 轴的平面 $xOy$ 上的投影)。根据经验可知,分力 $\boldsymbol{F}_z$ 不能使静止的齿轮绕 $z$ 轴转动,所以分力 $\boldsymbol{F}_z$ 对 $z$ 轴的矩为零;只有分力 $\boldsymbol{F}_{xy}$ 才能使静止的齿轮绕 $z$ 轴转动。因此,力 $\boldsymbol{F}$ 对 $z$ 轴的矩就是分力 $\boldsymbol{F}_{xy}$ 对 $z$ 轴的矩,或者说是分力 $\boldsymbol{F}_{xy}$ 对点 $O$ 的矩,如图 3-6(b)所示。

$$M_z(\boldsymbol{F})=M_z(\boldsymbol{F}_{xy})=M_O(\boldsymbol{F}_{xy})=\pm F_{xy}\cdot h=\pm 2S_{\triangle OA_1B_1} \tag{3-14}$$

式中,点 $O$ 是平面 $xOy$ 与 $z$ 轴的交点;$h$ 是点 $O$ 到力 $\boldsymbol{F}_{xy}$ 作用线的距离。

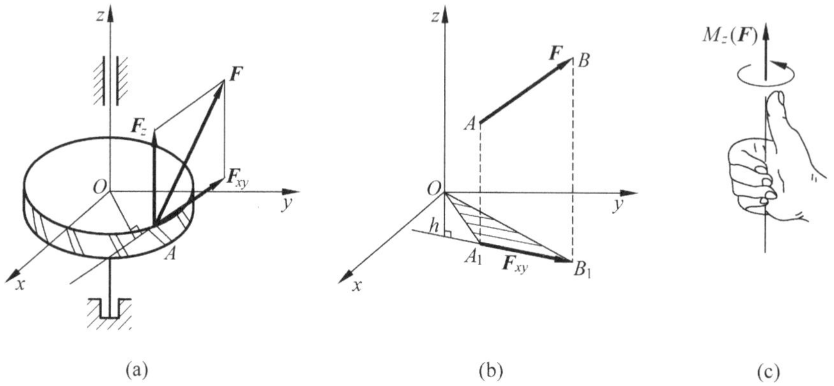


图 3-6

于是,可得力对轴的矩的定义如下:力对轴的矩是度量力使刚体绕该轴转动效果的量。力对轴的矩是一个代数量,其绝对值等于该力在垂直于该轴的平面上的投影 $\boldsymbol{F}_{xy}$ 对于这个平面与该轴交点 $O$ 的矩的大小。其正负号按如下形式确定:从轴正向来看,若力矩使物体绕该轴按逆时针方向转动,则取正号,反之取负号。也可按右手螺旋规则确定其正负号,如图 3-6(c)所示,拇指指向与 $z$ 轴一致为正,反之为负。

力对轴的矩的单位是 N·m 或 kN·m。

注意,当力与某一轴平行或相交时,或者说力与轴在同一平面内时,力对该轴的矩为零。

2) 力对轴的矩的解析表达式

力对轴的矩也可用解析式表示。假设力 $\boldsymbol{F}$ 在三个坐标轴上的投影分别为 $F_x$、$F_y$、$F_z$。力作用点 $A$ 的坐标为 $x$、$y$、$z$,如图 3-7 所示。根据合力矩定理得到

$$\begin{aligned}M_z(\boldsymbol{F})&=M_O(\boldsymbol{F}_{xy})=M_O(\boldsymbol{F}_x)+M_O(\boldsymbol{F}_y)\\&=xF_y-yF_x\end{aligned}$$

同理可得其余两个坐标轴的力矩,将此三式合写为

$$\left.\begin{aligned}M_x(\boldsymbol{F})&=yF_z-zF_y\\M_y(\boldsymbol{F})&=zF_x-xF_z\\M_z(\boldsymbol{F})&=xF_y-yF_x\end{aligned}\right\} \tag{3-15}$$

以上三式就是计算力对轴的矩的解析表达式。

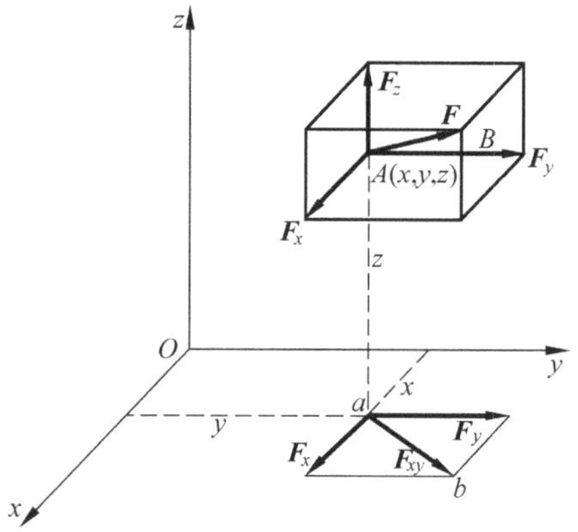


图 3-7

3）力对轴的矩的合力矩定理

根据空间合力矩定理，可以得出力对轴的矩的合力矩定理：

$$M_z(\boldsymbol{F}_R)=\sum M_z(\boldsymbol{F}_i) \tag{3-16}$$

即**力系的合力对任一轴的矩等于力系中每一个力对同一轴的矩的代数和**。

**3. 力对点的矩与力对通过该点的轴的矩之间的关系**

将式(3-12)的行列式展开，并与式(3-15)进行比较，可以看出

$$\left.\begin{aligned}[\boldsymbol{M}_O(\boldsymbol{F})]_x&=M_x(\boldsymbol{F})\\ [\boldsymbol{M}_O(\boldsymbol{F})]_y&=M_y(\boldsymbol{F})\\ [\boldsymbol{M}_O(\boldsymbol{F})]_z&=M_z(\boldsymbol{F})\end{aligned}\right\} \tag{3-17}$$

式(3-17)表明：**力对一点的矩的力矩矢在通过该点的任一轴上的投影等于力对该轴的矩**。它建立了力对点的矩与力对通过该点的轴的矩之间的关系。因为在理论分析时用力对点的力矩矢较简便，而在实际计算中常用力对轴的矩，所以建立它们二者之间的关系是很有必要的。

**【例 3-3】** 已知力 $F=1000\text{N}$，作用位置及几何尺寸如图 3-8 所示，求力对 $z$ 轴的力矩。

**解**：(1) 力在 $x$、$y$ 坐标轴上的投影分别为

$$F_x=1000\times\frac{10}{\sqrt{50^2+30^2+10^2}}=1000\times\frac{1}{\sqrt{35}}=169(\text{N})$$

$$F_y=1000\times\frac{30}{\sqrt{50^2+30^2+10^2}}=1000\times\frac{3}{\sqrt{35}}=507(\text{N})$$

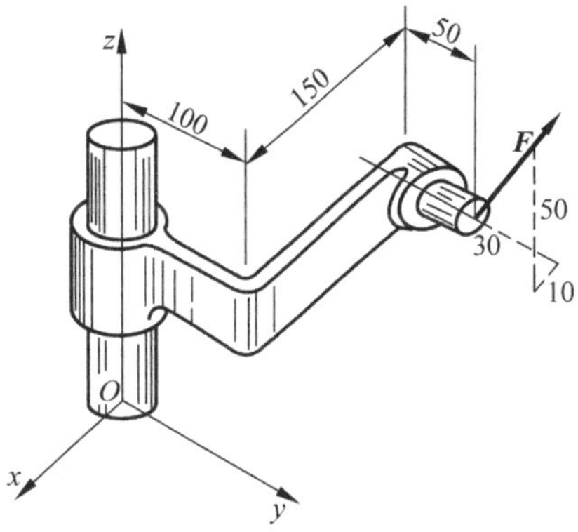


图 3-8

(2) 力的作用点的坐标为

$$x=-150\text{mm},\quad y=150\text{mm}$$

(3) 由式(3-15)得力对 $z$ 轴的矩为

$$M_z(\boldsymbol{F})=xF_y-yF_x=-101.4\text{N}\cdot\text{m}$$

## 3-3 空间力偶系

我们已经知道，力和力偶是两个基本的力学量。在本节中将讨论空间力偶的基本性质以及空间力偶系的合成和平衡问题。

**1. 空间力偶矩矢量**

由平面力偶理论知道，只要不改变力偶矩的大小和力偶的转向，力偶可以在它的作用面

内任意移动；只要保持力偶矩的大小和力偶的转向不变，也可以同时改变力偶中力的大小和力偶臂的长短，却不改变力偶对刚体的作用。实践经验还告诉我们，力偶的作用面也可以平移。例如，用螺钉旋具拧螺钉时，只要力偶矩的大小和力偶的转向保持不变，长螺钉旋具或短螺钉旋具的效果是一样的。即力偶的作用面可以垂直于螺钉旋具的轴线平行移动，而并不影响拧螺钉的效果。由此可知，空间力偶的作用面可以平行移动，而不改变力偶对刚体的作用效果。反之，如果两个力偶的作用面不相互平行（即作用面的法线不相互平行），即使它们的力偶矩大小相等，这两个力偶对物体的作用效果也不同。

如图 3-9 所示的三个力偶，分别作用在三个同样的物块上，力偶矩都等于 200N·m。因为前两个力偶的转向相同，作用面又相互平行，因此这两个力偶对物块的作用效果相同（图 3-9(a)、(b)）。第三个力偶作用在平面Ⅱ上（图 3-9(c)），虽然力偶矩的大小相同，但是它与前两个力偶对物块的作用效果不同，前两者使物块绕平行于 $x$ 轴的轴转动，而后者则使物块绕平行于 $y$ 轴的轴转动。

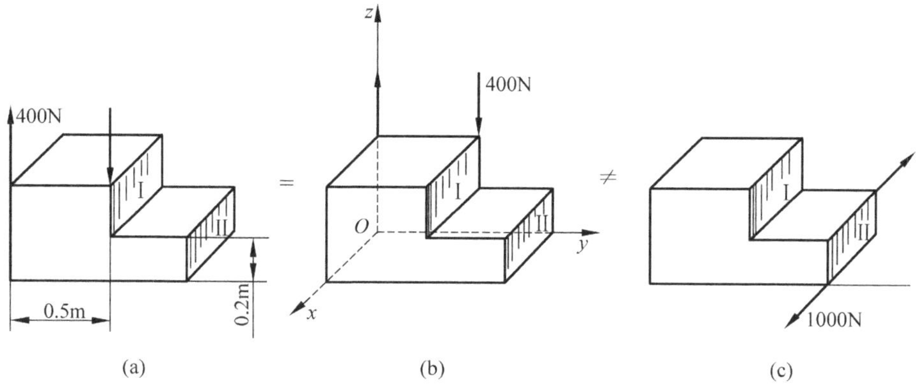


图 3-9

综上所述，空间力偶对刚体的作用除了与力偶矩大小有关外，还与其作用面的方位及力偶的转向有关。

由此可知，空间力偶对刚体的作用效果取决于下列三个要素：

(1) 力偶矩的大小；

(2) 力偶作用面的方位；

(3) 力偶的转向。

空间力偶的这三个要素可以用一个矢量来表示，矢量的长度表示力偶矩的大小，其数值为 $|\boldsymbol{M}|=F\cdot d$（式中，$F$ 是构成力偶的力的大小；$d$ 是力偶的力偶臂）。矢量的方位与力偶作用面的法线方位相同，矢量的指向与力偶转向的关系服从右手螺旋规则。即如力偶的转向为右手螺旋的转动方向，则螺旋前进的方向即为矢量的指向（图 3-10(a)）；或从矢量的末端看去，应看到力偶的转向是逆时针转向（图 3-10(b)）。因此，这样的一个矢量就完全包括了上述三个要素，将这样的一个矢量称为**力偶矩**

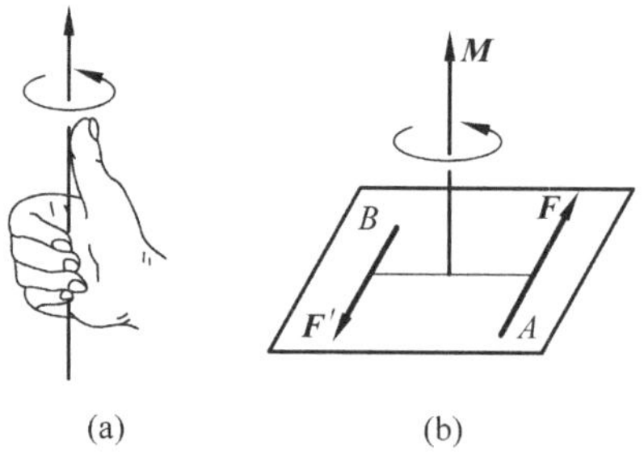


图 3-10

矢,记作 $\boldsymbol{M}$。由此可知,力偶对刚体的作用效果完全由力偶矩矢决定。

**2. 空间力偶的等效条件**

由于力偶可以在同平面内任意移动,并可搬移到平行平面内,而不改变它对刚体的作用效果,所以力偶矩矢可以平行搬移,而无需确定矢量的初端位置,所以力偶矩矢是**自由矢量**。与平面力偶一样,可以证明:力偶对空间任一点的矩矢都等于力偶矩矢,与矩心位置无关。

综上所述,力偶的等效条件可以叙述为:**作用在同一刚体上的两个空间力偶,如果力偶矩矢相等(即:力偶矩大小相等、转向相同,且作用面平行),则它们彼此等效**。这就是**空间力偶的等效定理**。

空间力偶的等效定理表明:空间力偶可以平行移动到与其作用面平行的任何一个平面上而不改变力偶对刚体的作用效果;也可以同时改变力偶中力和力偶臂的大小或将力偶在其作用面内任意移动,只要力偶矩矢的大小、方向不变,其作用效果就不变。所以,力偶矩矢是衡量空间力偶作用效果的唯一量。

**3. 空间力偶系的合成与平衡**

1) 空间力偶系的合成

将空间力偶系中每一个力偶都用力偶矩矢来表示,它们都是自由矢量,所以可将空间力偶系中的各力偶矩矢简化为相交于一点的矢量系,按照矢量合成的几何法则可以知道,这个矢量系最终可以合成为一个合矢量,即合力偶矩矢。所以,空间力偶系可以合成为一个合力偶,合力偶矩矢等于力偶系中所有各力偶矩矢的矢量和,即

$$\boldsymbol{M}=\boldsymbol{M}_1+\boldsymbol{M}_2+\cdots+\boldsymbol{M}_n=\sum \boldsymbol{M}_i \tag{3-18}$$

式(3-18)的投影形式为

$$\left.\begin{aligned}M_x&=M_{1x}+M_{2x}+\cdots+M_{nx}=\sum M_{ix}\\M_y&=M_{1y}+M_{2y}+\cdots+M_{ny}=\sum M_{iy}\\M_z&=M_{1z}+M_{2z}+\cdots+M_{nz}=\sum M_{iz}\end{aligned}\right\} \tag{3-19}$$

即合力偶矩矢在 $x$、$y$、$z$ 轴上的投影等于各分力偶矩矢在相应轴上投影的代数和。

2) 空间力偶系的平衡

由于空间力偶系可以用一个合力偶来代替,因此,空间力偶系平衡的必要和充分条件是:该力偶系的合力偶矩等于零,亦即所有力偶矩矢的矢量和等于零,即

$$\boldsymbol{M}=\sum \boldsymbol{M}_i=\boldsymbol{0} \tag{3-20}$$

将其写成投影形式,则

$$\left.\begin{aligned}M_x&=\sum M_{ix}=0\\M_y&=\sum M_{iy}=0\\M_z&=\sum M_{iz}=0\end{aligned}\right\} \tag{3-21}$$

**即空间力偶系平衡的必要和充分条件为:力偶系中所有各力偶矩矢在三个坐标轴上投影的代数和分别等于零**。式(3-21)称为**空间力偶系的平衡方程**。

通过上述三个独立的平衡方程可求解三个未知量。

## 3-4 空间任意力系的简化

如图 3-11(a)所示，设有一个空间任意力系 $\boldsymbol{F}_1$、$\boldsymbol{F}_2$、…、$\boldsymbol{F}_n$ 分别作用在刚体上 $A_1$、$A_2$、…、$A_n$ 点。在刚体上取任意点 $O$ 为简化中心，根据力的平移定理，把各力分别向 $O$ 点平移，于是得到一个作用在 $O$ 点的空间汇交力系 $\boldsymbol{F}'_1$、$\boldsymbol{F}'_2$、…、$\boldsymbol{F}'_n$ 及空间力偶系 $\boldsymbol{M}_1$、$\boldsymbol{M}_2$、…、$\boldsymbol{M}_n$(图 3-11(b))。

$$\boldsymbol{F}'_i=\boldsymbol{F}_i,\quad \boldsymbol{M}_i=\boldsymbol{M}_O(\boldsymbol{F}_i)\quad (i=1,2,\cdots,n)$$

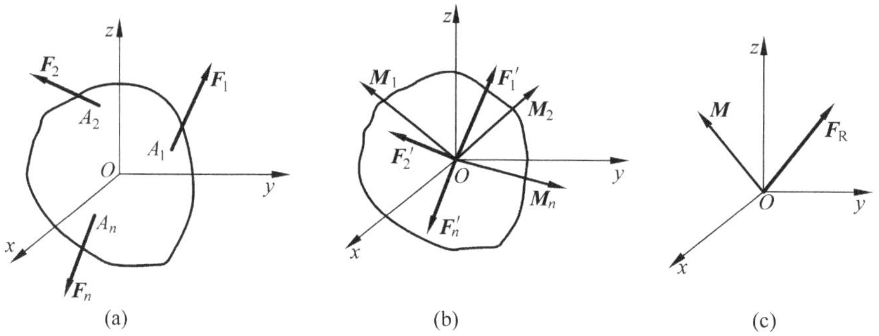


图 3-11

上述空间汇交力系可以进一步合成为作用在 $O$ 点的一个力 $\boldsymbol{F}_R$，即

$$\boldsymbol{F}_R=\sum\boldsymbol{F}'_i=\sum\boldsymbol{F}_i=\boldsymbol{F}'_R \tag{3-22}$$

空间力偶系也可以进一步合成为一个合力偶，其力偶矩为

$$\boldsymbol{M}=\sum\boldsymbol{M}_i=\sum\boldsymbol{M}_O(F_i)=\boldsymbol{M}_O \tag{3-23}$$

力系中各力的矢量和 $\boldsymbol{F}'_R=\sum\boldsymbol{F}_i$ 称为该力系的**主矢**，同平面问题一样，空间任意力系的主矢与简化中心位置无关，是一个纯粹的自由矢量。力系中各力对简化中心 $O$ 点的力矩的矢量和 $\boldsymbol{M}_O=\sum\boldsymbol{M}_O(\boldsymbol{F}_i)$ 称为该力系对简化中心的**主矩**，且与平面问题相同，主矩一般与简化中心的位置有关。所以，说到主矩时一般必须指出是力系对哪一点的主矩。因此，空间任意力系向任意一点简化，可以得到一个力 $\boldsymbol{F}_R$ 和一个力偶 $\boldsymbol{M}$(图 3-11(c))(也可以说成空间任意力系与一个力和一个力偶等效)，该力的作用点在简化中心，大小和方向与该力系的主矢相同，即 $\boldsymbol{F}_R=\boldsymbol{F}'_R$；该力偶的力偶矩为力系对简化中心的主矩，即 $\boldsymbol{M}=\boldsymbol{M}_O$。

在实际计算时，一般采用解析法来进行，即先求出各个矢量在三个正交坐标轴上的投影，然后求出矢量的大小和方向。具体计算公式如下：

$$F'_{Rx}=\sum F_{ix},\quad F'_{Ry}=\sum F_{iy},\quad F'_{Rz}=\sum F_{iz} \tag{3-24}$$

$$F'_R=\sqrt{F'^2_{Rx}+F'^2_{Ry}+F'^2_{Rz}} \tag{3-25}$$

$$\cos(\boldsymbol{F}'_R,\boldsymbol{i})=\frac{F'_{Rx}}{F'_R},\quad \cos(\boldsymbol{F}'_R,\boldsymbol{j})=\frac{F'_{Ry}}{F'_R},\quad \cos(\boldsymbol{F}'_R,\boldsymbol{k})=\frac{F'_{Rz}}{F'_R} \tag{3-26}$$

$$M_{Ox}=\sum M_x(\boldsymbol{F}_i),\quad M_{Oy}=\sum M_y(\boldsymbol{F}_i),\quad M_{Oz}=\sum M_z(\boldsymbol{F}_i) \tag{3-27}$$

$$M_O=\sqrt{M_{Ox}^2+M_{Oy}^2+M_{Oz}^2} \tag{3-28}$$

$$\cos(\boldsymbol{M}_O,\boldsymbol{i})=\frac{M_{Ox}}{M_O},\quad \cos(\boldsymbol{M}_O,\boldsymbol{j})=\frac{M_{Oy}}{M_O},\quad \cos(\boldsymbol{M}_O,\boldsymbol{k})=\frac{M_{Oz}}{M_O} \tag{3-29}$$

几点注意事项：

(1) 由主矢和主矩的定义可以看出，主矢与简化中心位置无关，而主矩一般与简化中心位置有关。同一个空间力系向不同简化中心简化时，所得到的两个力大小相等，方向一致，只是作用点不同；而所得到的两个力偶一般是不相同的，分别等于对各自简化中心的主矩。

(2) $\boldsymbol{F}'_R$ 和 $\boldsymbol{F}_R$ 的意义是不相同的，主矢 $\boldsymbol{F}'_R$ 是一个纯粹的数学概念，只有大小和方向，没有作用点的含义，是一个自由矢量；而 $\boldsymbol{F}_R$ 是一个力，既有大小、方向，还有作用点的含义，是一个定位矢量。$\boldsymbol{F}_R=\boldsymbol{F}'_R$ 只是反映二者的大小相等，方向一致。

(3) $\boldsymbol{M}_O$ 和 $\boldsymbol{M}$ 的意义是不相同的，主矩 $\boldsymbol{M}_O$ 是对简化中心 $O$ 点的力矩，与 $O$ 点的具体位置有关，是一个定位矢量；而 $\boldsymbol{M}$ 是一个力偶，与点的位置无关，是一个自由矢量。$\boldsymbol{M}=\boldsymbol{M}_O$ 只是反映二者的大小相等，方向一致。

$\boldsymbol{F}'_R$ 和 $\boldsymbol{F}_R$、$\boldsymbol{M}_O$ 和 $\boldsymbol{M}$ 的概念很容易混淆，一定要正确理解。两个量相等，并不是说两个量就是一个量。

**【例 3-4】** 如图 3-12 所示边长为 $a$ 的立方体，在其四个角上作用有大小均为 $F$ 的四个力，方向如图所示。求力系向 $O$ 点的简化结果以及简化的最后结果。

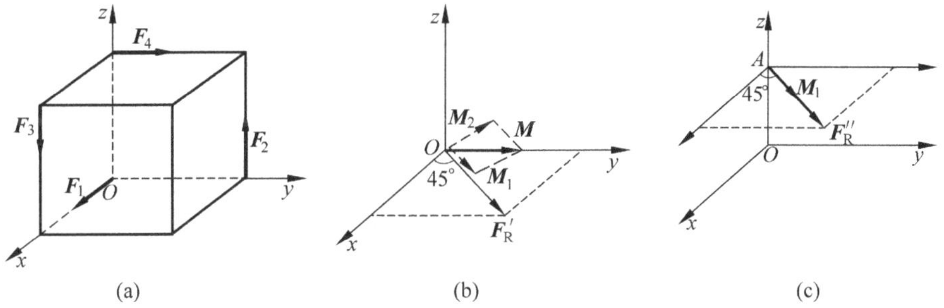


**图　3-12**

**解**：(1) 求力系向 $O$ 点的简化结果。先求出其主矢和主矩的大小及方向，由图 3-12(a) 可知

$$F'_{Rx}=\sum F_x=F_1=F,\quad F'_{Ry}=\sum F_y=F_4=F,\quad F'_{Rz}=\sum F_z=F_2-F_3=0$$

所以由式(3-25)可求出主矢的大小为

$$F'_R=\sqrt{F'^2_{Rx}+F'^2_{Ry}+F'^2_{Rz}}=\sqrt{2}F$$

方向如图 3-12(b)所示，$\boldsymbol{F}'_R$ 在 $xOy$ 平面内，与 $x$ 轴夹角为 45°。

又因为

$$M_{Ox}=\sum M_x(\boldsymbol{F}_i)=F_2\cdot a-F_4\cdot a=0$$

$$M_{Oy}=\sum M_y(\boldsymbol{F}_i)=F_3\cdot a=F\cdot a,\quad M_{Oz}=\sum M_z(\boldsymbol{F}_i)=0$$

则由式(3-28)可得主矩的大小为

$$M_O=\sqrt{M_{Ox}^2+M_{Oy}^2+M_{Oz}^2}=Fa$$

主矩的力偶矩矢 $\boldsymbol{M}_O$ 的方向沿 $y$ 轴正向，如图 3-12(b)所示。所以将原力系向 $O$ 点简化时，可得一个作用线过 $O$ 点的力 $\boldsymbol{F}_\mathrm{R}=\boldsymbol{F}'_\mathrm{R}$ 和一个力偶 $\boldsymbol{M}=\boldsymbol{M}_O$，且该力与力偶矩矢在 $xOy$ 平面内的夹角为 45°。

(2) 求力系简化的最后结果。力系向 $O$ 点简化的结果并不是最后结果，将力偶矩矢 $\boldsymbol{M}$ 沿平行于主矢方向及与垂直于主矢方向分解为两分力偶矩矢 $\boldsymbol{M}_1$ 和 $\boldsymbol{M}_2$，如图 3-12(b)所示。

$$M_1=M_O\cos45^\circ=\frac{\sqrt{2}}{2}Fa,\quad M_2=M_O\sin45^\circ=\frac{\sqrt{2}}{2}Fa$$

分力偶矩矢 $\boldsymbol{M}_2$ 与力 $\boldsymbol{F}_\mathrm{R}$ 合成为一个力，其大小、方向与 $\boldsymbol{F}_\mathrm{R}$ 相同，该力的作用点距 $O$ 点的距离为 $OA=M_2/F'_\mathrm{R}=a/2$。所以，力系简化的最后结果为一力螺旋，且力螺旋的中心轴在水平面内并通过 $A$ 点，如图 3-12(c)所示。

## 3-5 空间任意力系的平衡

### 1. 空间任意力系的平衡条件及平衡方程

3-4 节已经说明了空间任意力系向任意一点简化后，一般情况下等效于作用在简化中心的一个力和一个力偶，这个力的大小和方向与该力系的主矢相同；这个力偶的力偶矩等于该力系对简化中心的主矩。所以**空间任意力系平衡的充分与必要条件为：力系的主矢和对任意点的主矩同时为零**。即

$$\left.\begin{aligned}\boldsymbol{F}'_\mathrm{R}&=\sum\boldsymbol{F}_i=0\\\boldsymbol{M}_O&=\sum\boldsymbol{M}_O(\boldsymbol{F}_i)=0\end{aligned}\right\}\tag{3-30}$$

根据式(3-24)、式(3-25)、式(3-27)和式(3-28)，将式(3-30)表示为解析式得

$$\left.\begin{aligned}&\sum F_x=0,\quad\sum F_y=0,\quad\sum F_z=0\\&\sum M_x(\boldsymbol{F})=0,\quad\sum M_y(\boldsymbol{F})=0,\quad\sum M_z(\boldsymbol{F})=0\end{aligned}\right\}\tag{3-31}$$

于是可知，**空间任意力系平衡的解析条件是：力系中所有各力在三个正交坐标轴上投影的代数和分别等于零，并且各力对于每一个坐标轴力矩的代数和也分别等于零**。式(3-31)称为**空间任意力系的平衡方程**。

**讨论**：空间任意力系有六个独立的平衡方程，可以求解六个未知量。具体应用时，不一定使三个投影轴或矩轴相互垂直，也没有必要使矩轴和投影轴重合，而可以选取合适的轴线为投影轴或矩轴，使每一个平衡方程中所含未知量最少，以简化计算。另外，同平面任意力系的平衡方程一样，还可以将投影方程用适当的力矩方程取代，得到四矩式、五矩式以至六矩式的平衡方程，且各种形式的方程对投影轴和力矩轴均有一定的限制条件，但在应用时只需保证所列出的方程彼此独立即可。

### 2. 几种特殊空间力系的平衡方程

空间任意力系是所有力系中最一般的力系，所有其他形式的力系都可以看作它的特殊

形式。所以，根据空间任意力系的平衡方程，可以导出其他各种力系的平衡方程，下面给出空间汇交力系和平行力系的平衡方程。

1）空间汇交力系的平衡方程

将汇交力系的汇交点取为坐标原点，容易看出对三个坐标轴的矩都恒等于零，所以空间汇交力系的平衡方程为

$$\sum F_x = 0, \quad \sum F_y = 0, \quad \sum F_z = 0$$

这就是前面讲述过的方程(3-10)。

2）空间平行力系的平衡方程

由于平行力系各力的作用线相互平行，假如取坐标 $z$ 轴平行各力。容易看出：$\sum F_x$、$\sum F_y$、$\sum M_z(F)$ 都恒等于零，所以空间平行力系的平衡方程为

$$\sum F_z = 0, \quad \sum M_x(\boldsymbol{F}) = 0, \quad \sum M_y(\boldsymbol{F}) = 0 \tag{3-32}$$

可以看出，空间平行力系有三个独立的平衡方程，可以求解三个未知量。

同理，空间力偶系以及平面任意力系等的平衡方程亦可由此而得，读者可自行分析。

**3. 空间力系平衡方程的应用**

求解空间力系平衡问题的要点归纳如下：

(1) 求解空间力系的平衡问题，其解题步骤与平面力系相同，即先确定研究对象，再进行受力分析，画出受力图，最后列出平衡方程求解。但是，由于力系中各力在空间任意分布，故某些约束的类型及其约束力的画法与平面力系有所不同，每个约束力的未知量可能有 1～6 个。决定每种约束的未知数的基本方法是：每个物体在空间共有六个自由度，观察物体沿 $x$、$y$、$z$ 轴的移动和绕它们的转动等这六种可能的运动中，有哪几种运动被约束所阻碍(或限制)，则必然存在对应的约束力。

(2) 为简化计算，在选择投影轴与力矩轴时，注意使轴与各力的有关角度及尺寸为已知或较易求出，并尽可能使轴与大多数的未知力平行或相交，这样计算各力在坐标轴上的投影或力对轴的矩就较为方便，且使平衡方程中所含未知量较少。同时注意，空间力偶对轴的矩等于力偶矩矢在该轴上的投影。

(3) 根据题目特点，可选用不同形式的平衡方程。所选投影轴不必相互垂直，也不必与矩轴重合。当用力矩方程取代投影方程时，必须附加相应条件以确保方程的独立性。但由于这些附加条件比较复杂，故具体应用时，只要所建立的一组平衡方程能解出全部未知量，则说明这组平衡方程是彼此独立的，已满足了附加条件。

(4) 求解空间力系平衡问题时，有时采用将该力系向三个正交的坐标平面投影的方法，把空间力系的平衡问题转化为平面问题求解。这时必须注意正确确定各力在投影面中投影的大小、方向及作用点的位置。

**【例 3-5】** 三轮车 $O_1O_2O_3$ 静止于水平面上，如图 3-13 所示。已知 $D$ 点是线段 $O_1O_2$ 的中点，$EM \perp O_1O_2$。$O_1O_2=1\text{m}$，$O_3D=1.6\text{m}$，$O_1E=0.4\text{m}$，$EM=0.6\text{m}$。在三轮车上的 $M$ 点放置一个重为 $P=10\text{kN}$ 的货物，求地面作用在三轮车三个轮子 $O_1$、$O_2$、$O_3$ 上的铅直约束力。

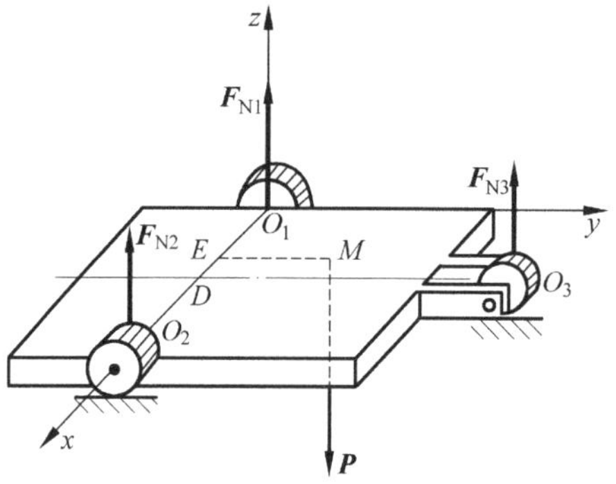


图 3-13

**解**：(1) 研究对象：三轮车。

(2) 受力分析。三轮车共受到四个铅直方向的力作用，这是一个空间平行力系，可以写出三个独立的平衡方程。其受力图如图 3-13 所示。

(3) 列平衡方程。取坐标系 $O_1xyz$ 如图所示，$O_1x$、$O_1y$ 轴位于水平底板面 $O_1O_2O_3$ 上，$O_1z$ 轴铅垂向上。

$$\sum M_x(\boldsymbol{F})=0,\quad F_{N3}\times O_3D-P\times EM=0$$

$$\sum M_y(\boldsymbol{F})=0,\quad P\times O_1E-F_{N2}\times O_1O_2-F_{N3}\times O_1D=0$$

$$\sum F_z=0,\quad F_{N1}+F_{N2}+F_{N3}-P=0$$

分别求解上面三个方程得 $F_{N1}=4.12\text{kN}$，$F_{N2}=2.13\text{kN}$，$F_{N3}=3.75\text{kN}$。

**【例 3-6】** 矩形平板重为 $\boldsymbol{P}$，在 $A$ 点处用球铰链，$B$ 处用滑动支撑连接在墙上，并在 $C$ 处用无重绳子 $CE$ 将平板固定于水平位置上，如图 3-14 所示。已知 $CE$ 与水平面的夹角为 $\alpha$，且 $AD=a$，$AB=b$。求 $A$、$B$ 处的约束力及 $CE$ 所受的力。

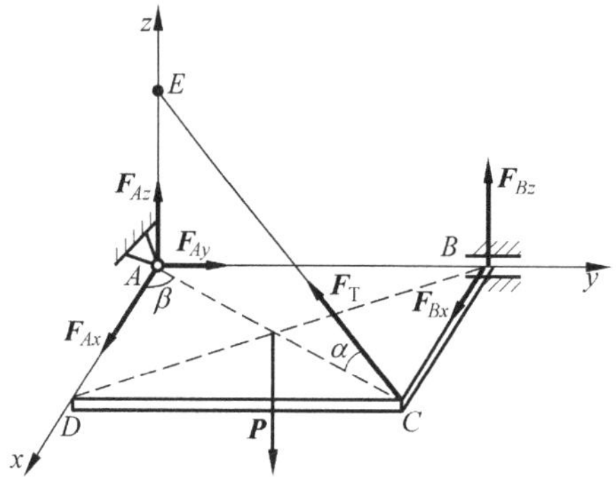


图 3-14

**解**：(1) 研究对象：矩形平板。

(2) 受力分析。平板共受到七个力的作用，其中有六个未知反力，这是一个空间任意力系，可以写出六个独立的平衡方程。其受力图如图 3-14 所示。

(3) 列平衡方程。取坐标系 $Axyz$ 如图所示，注意利用合力矩定理计算力 $\boldsymbol{F}_T$ 对轴的力矩。

$$\sum M_y(\boldsymbol{F})=0,\quad \frac{a}{2}\times P-a\times F_{\mathrm{T}}\sin\alpha=0,\quad F_{\mathrm{T}}=\frac{P}{2\sin\alpha}$$

$$\sum M_x(\boldsymbol{F})=0,\quad b\times F_{Bz}+b\times F_{\mathrm{T}}\sin\alpha-\frac{b}{2}\times P=0,\quad F_{Bz}=0$$

$$\sum M_z(\boldsymbol{F})=0,\quad -b\times F_{Bx}=0,\quad F_{Bx}=0$$

$$\sum F_x=0,\quad F_{Ax}+F_{Bx}-F_{\mathrm{T}}\cos\alpha\cos\beta=0,\quad F_{Ax}=\frac{aP}{2\sqrt{a^2+b^2}}\cot\alpha$$

$$\sum F_y=0,\quad F_{Ay}-F_{\mathrm{T}}\cos\alpha\sin\beta=0,\quad F_{Ay}=\frac{bP}{2\sqrt{a^2+b^2}}\cot\alpha$$

$$\sum F_z=0,\quad F_{Az}+F_{Bz}+F_{\mathrm{T}}\sin\alpha-P=0,\quad F_{Az}=\frac{P}{2}$$

## 学习方法和要点提示

(1)虽然空间力系的解题方法与平面力系基本相似,但由于空间力系中各力作用线在空间呈任意分布,故首先要建立清晰的空间概念,然后才便于进行受力分析和列平衡方程。有时为了理解方便,可将空间力系投影到三个平面上,变成平面力系问题求解。

(2) 力在坐标轴上的投影有两种计算方法:当力与坐标轴的夹角已知时,可用一次投影法,即直接将力向坐标轴投影。除此之外都需要用二次投影法。

(3) 力对轴的矩是度量力使物体绕该轴转动的效应。力对轴的矩一般有三种计算方法:按力矩公式计算法、按力矩定义计算法和按力矩关系计算法(即按力对点的矩和力对轴的矩的关系求力对轴的矩)。力对点的矩矢可用矢径与力矢量的矢积求得,即 $\boldsymbol{M}_O(\boldsymbol{F})=\boldsymbol{r}\times\boldsymbol{F}$。

(4) 在建立空间力系的平衡方程时,由于平衡力系在任意轴上的投影和对任意轴的力矩都必须等于零,因而在选择三个投影轴和力矩轴时,三轴可以不相交,也可以不相互垂直,但三轴不能共面,任意两投影轴也不能平行。投影轴选取的原则是要尽量与尽可能多的未知量垂直;力矩轴选取的原则是要轴与尽可能多的未知力相交或平行;为了求解方便,应减少方程中的未知数以避免解联立方程,一般可先用力矩平衡方程求解,再用投影平衡方程求出其他未知量,有时用多力矩式平衡方程更便于方程求解。

## 思　考　题

**3-1**　已知力 $\boldsymbol{F}$ 的大小和它与 $x$、$y$ 轴的夹角,能否求得它在 $z$ 轴上的投影?

**3-2**　力 $\boldsymbol{F}$ 在什么情况下能分别满足以下条件:

(1) $F_x=0, M_x(\boldsymbol{F})=0$;　(2) $F_x=0, M_y(\boldsymbol{F})=0$;　(3) $F_x\neq0, M_x(\boldsymbol{F})=0$;

(4) $F_x=0, M_x(\boldsymbol{F})\neq0$;　(5) $M_x(\boldsymbol{F})=0, M_y(\boldsymbol{F})=0$。

**3-3**　传动轴用两个止推轴承支持,每个轴承有三个未知力,共六个未知量。而空间任意力系的平衡方程恰好有六个,是否为静定问题?

**3-4**　空间任意力系总可以用两个力来平衡,为什么?

**3-5** 某一空间力系对不共线的三个点的主矩都等于零，问此力系是否一定平衡？

**3-6** 空间任意力系向两个不同点简化，试问下述情况是否可能：(1)主矢相等，主矩也相等；(2)主矢不相等，主矩相等；(3)主矢相等，主矩不相等；(4)主矢、主矩都不相等。

**3-7** 一个空间力系平衡问题可转化为三个平面力系问题，为什么不能求得九个未知量？

**3-8** 位于两相交平面内的两力偶能否等效？能否组成平衡力系？

## 习　题

**3-1** 计算图3-15中$\boldsymbol{F}_1$、$\boldsymbol{F}_2$、$\boldsymbol{F}_3$三个力分别在三个直角坐标轴上的投影。已知$F_1=2\text{kN}$，$F_2=1\text{kN}$，$F_3=3\text{kN}$。

**3-2** 五个空间共点力作用在正方体顶点上，如图3-16所示。已知各力大小分别为$F_1=40\text{kN}$，$F_2=10\text{kN}$，$F_3=30\text{kN}$，$F_4=15\text{kN}$，$F_5=20\text{kN}$，求这五个力的合力。

**3-3** 三根无重杆$AB$、$AC$、$AD$铰接于$A$点，$A$点下悬挂一个重为$W=1\text{kN}$的物体，平面$OBAC$是水平面，如图3-17所示。$AB=AC$，且相互垂直，$B$、$C$、$D$处是铰接，求平衡时各杆所受的力。

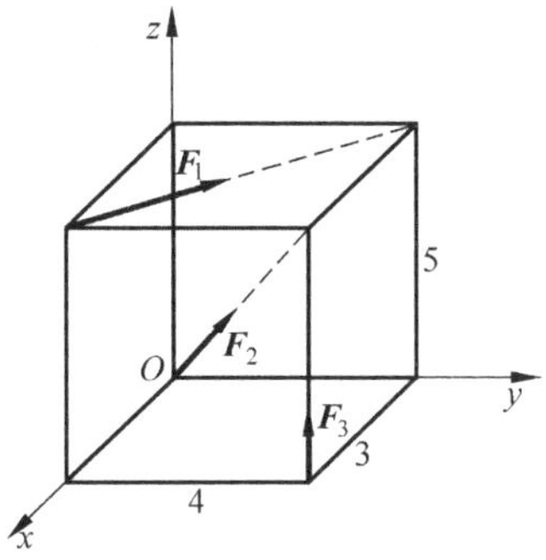


图 3-15

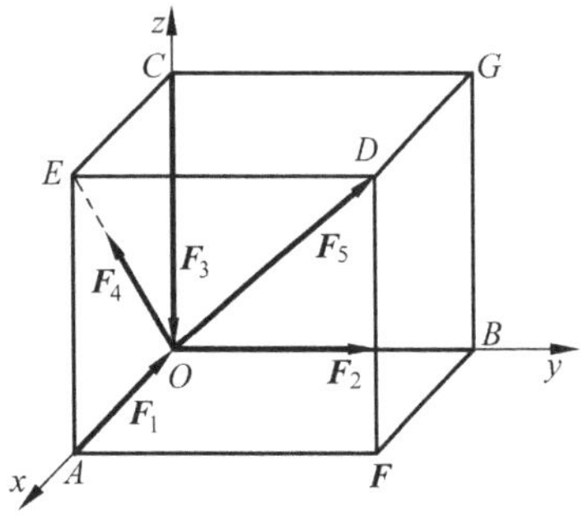


图 3-16

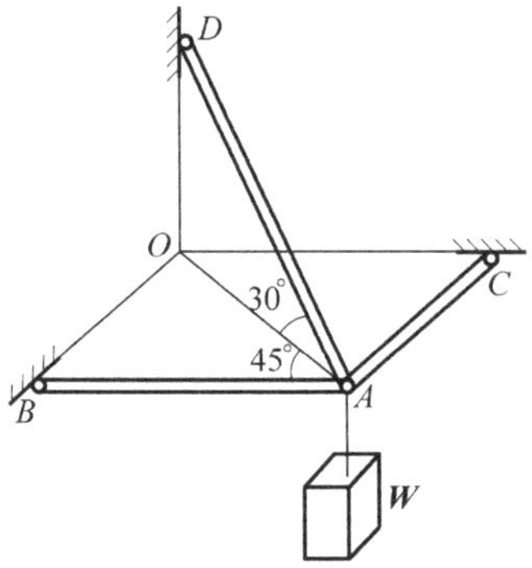


图 3-17

**3-4** 如图3-18所示，空间桁架由杆1～6构成。在节点$A$上作用一个力$\boldsymbol{F}$，此力在矩形平面$ABCD$内，且与铅垂线成45°。$\triangle EAK=\triangle FBM$。等腰$\triangle EAK$、等腰$\triangle FBM$和等腰$\triangle NDB$在顶点$A$、$B$、$D$处均为直角，又$EC=CK=FD=DM$。若$F=10\text{kN}$，求各杆的内力。

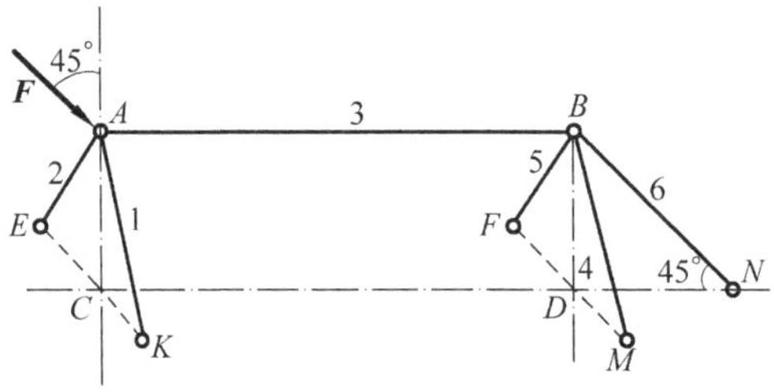


图 3-18

**3-5** 如图 3-19 所示，空间构架由三根直杆组成，在 $D$ 端用光滑球铰链连接，在 $A$、$B$、$C$ 处用光滑球铰链连接在水平地板上。如果挂在 $D$ 端的重物重 $W=10\text{kN}$，求三根杆子所受的力，并说明是受拉还是受压。

**3-6** 如图 3-20 所示，已知正六面体的边长为 $l_1$、$l_2$、$l_3$，沿 $AC$ 作用一个力 $\boldsymbol{F}$，求力 $\boldsymbol{F}$ 对 $O$ 点的力矩矢量解析表达式。

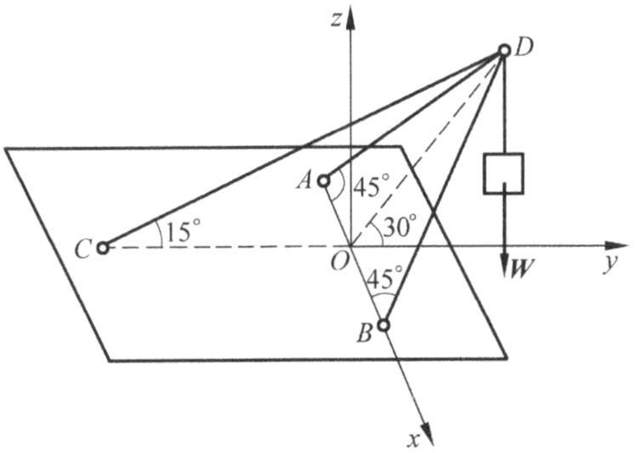


图 3-19

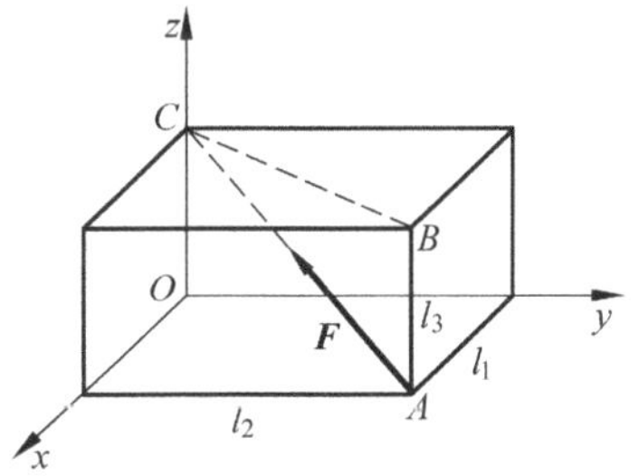


图 3-20

**3-7** 手柄 $ABCE$ 在平面 $xAy$ 内，在 $D$ 处作用一个力 $\boldsymbol{F}$，如图 3-21 所示。力 $\boldsymbol{F}$ 在垂直于 $y$ 轴的平面内，偏离铅直线的角度为 $\alpha$。如果 $CD=a$，杆 $BC$ 平行于 $x$ 轴，杆 $CE$ 平行于 $y$ 轴，$AB$ 和 $BC$ 的长度都等于 $l$。试求力 $\boldsymbol{F}$ 对三个坐标轴的矩。

**3-8** 水平圆盘的半径为 $r$，外缘 $C$ 作用一个力 $\boldsymbol{F}$，$\boldsymbol{F}$ 与圆盘 $C$ 处切线夹角为 60°，其他尺寸如图 3-22 所示。求力 $\boldsymbol{F}$ 对三个直角坐标轴的矩。

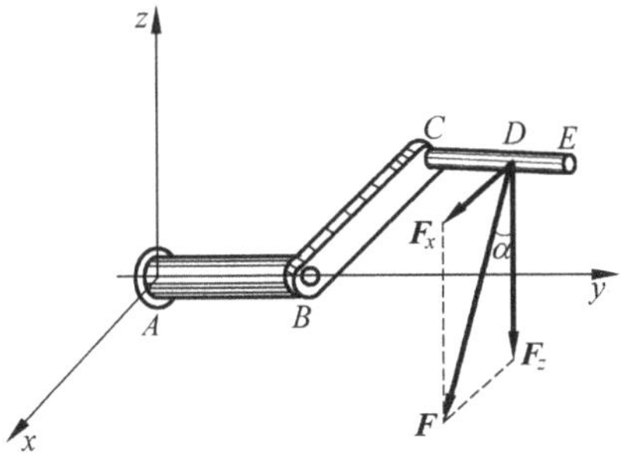


图 3-21

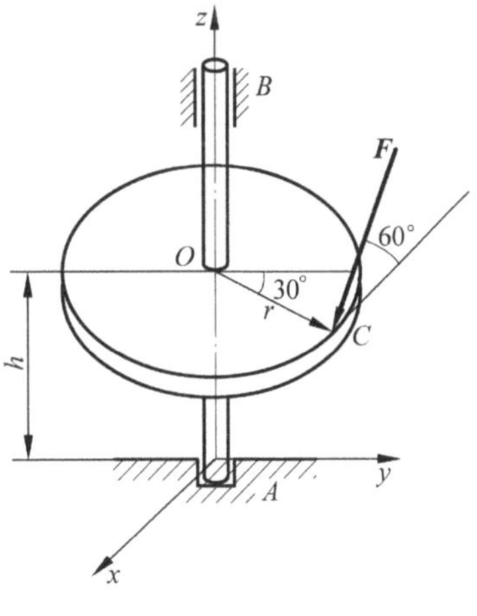


图 3-22

**3-9** 如图 3-23 所示，沿正六面体的三棱边作用着三个力，在平面 $OABC$ 内作用一个力偶。已知 $F_1=20\text{kN}$，$F_2=30\text{kN}$，$F_3=50\text{kN}$，$M=1\text{N}\cdot\text{m}$。求力偶与这三个力合成的结果。

**3-10** 如图 3-24 所示，已知正方体上作用着三个力，$F_1=F_2=F_3=F$。求该力系向 $O$ 点的简化结果。

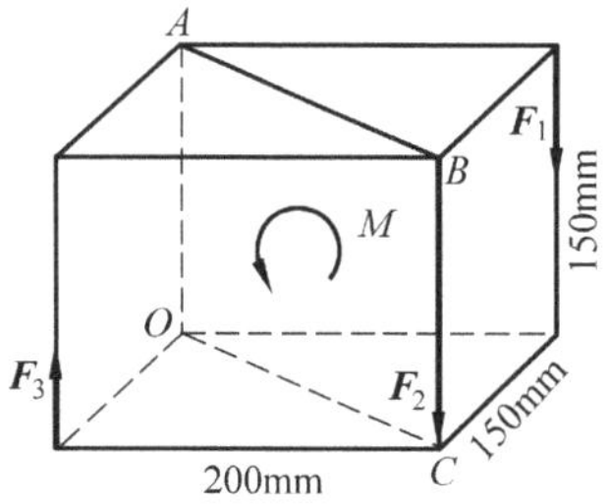


图 3-23

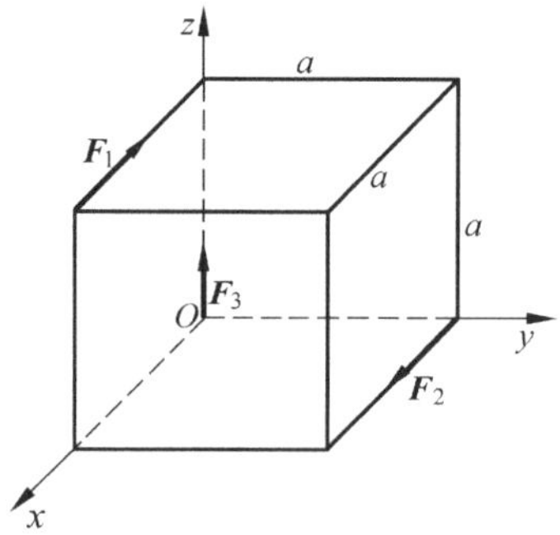


图 3-24

**3-11** 沿长方体的三个不相交且不平行的三个棱上作用有三个大小均为 $F$ 的力，如图 3-25 所示。已知此力系合成结果为一个合力，求三个棱长之间的数量关系。

**3-12** 如图 3-26 所示，平行力系的作用线平行于 $z$ 轴，已知 $F_1=200\text{kN}$，$F_2=100\text{kN}$，$F_3=300\text{kN}$，$F_4=400\text{kN}$，图上每一个方格的边长为 100mm。试求合力的大小和作用线以及与 $xOy$ 平面交点的坐标 $x_C$、$y_C$。

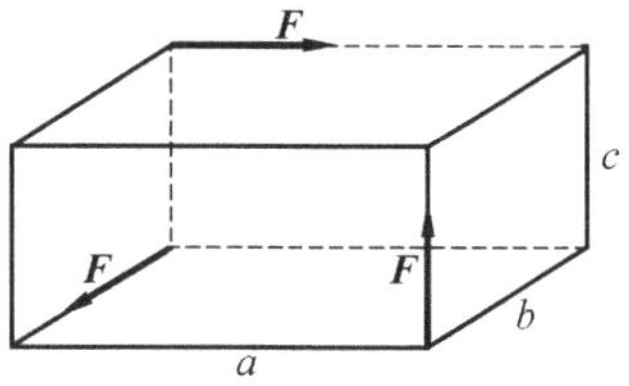


图 3-25

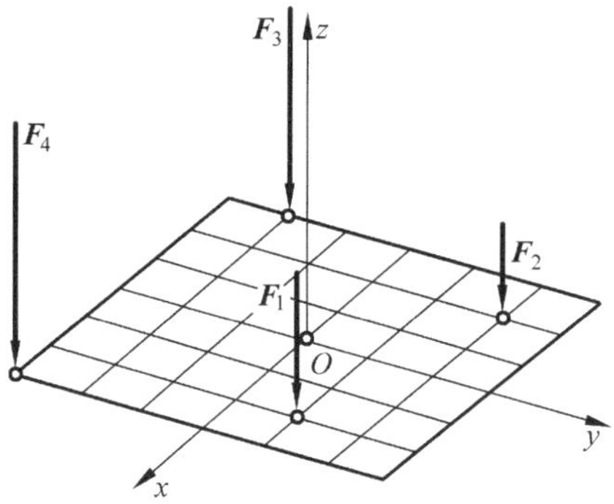


图 3-26

# 第4章 静力学专题

## 本章提要

**【要求】**

(1) 掌握求解平面桁架内力的节点法和截面法;

(2) 熟练地确定滑动摩擦力的大小和方向,对滑动摩擦定律有清晰的理解;

(3) 掌握摩擦角的概念、自锁现象和滚动摩擦定律;

(4) 能熟练地用解析法求解考虑摩擦时物体的平衡问题;

(5) 掌握计算平行力系中心和物体重心位置的方法。

**【重点】**

(1) 平面简单桁架的内力计算;

(2) 静滑动摩擦力和最大静滑动摩擦力、滑动摩擦定律;

(3) 考虑摩擦时求解物体平衡问题的解析法,平衡的临界状态及平衡范围;

(4) 计算物体重心位置的方法。

**【难点】**

静滑动摩擦力的分析和计算,摩擦角的概念及其应用。

## 4-1 平面简单桁架内力计算

桁架是常见的工程结构,在房屋建筑、桥梁、油田的井架、电视塔架、起重机械等结构中都有着广泛的应用。

桁架是由若干杆件彼此在两端连接而成的一种几何形状不变的结构。各杆件位于同一平面内的桁架称为平面桁架,如图4-1所示。桁架中各杆件的连接处称为**节点**。

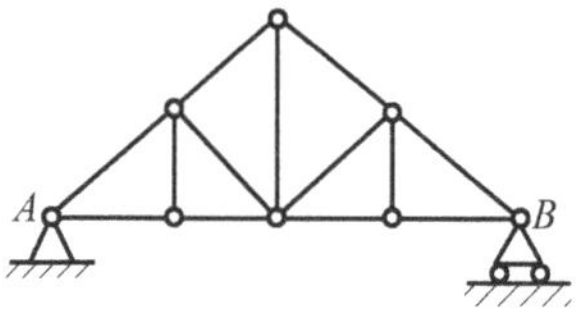

图 4-1

在设计桁架时,需计算在载荷作用下桁架各杆件所受的力。实际工程结构中的桁架比较复杂,各杆件两端的连接通常采用铆接、焊接或螺栓连接,且杆件的中心线也不可能绝对是直线。为了简化计算,在满足精度要求的前提下,工程中常作如下假设:

(1) 各杆件均为直杆;

(2) 节点处为光滑铰链连接;

(3) 桁架所受外力都作用在节点上,且各力的作用线都在桁架平面内;

(4) 各杆自重不计。如果需要考虑杆的自重,应将杆件的重力平均分配到杆件两端的节点上。

根据以上假设可知,**桁架中各杆都是二力杆**,即各杆所受的力一定沿着杆的轴线,不是拉力就是压力。这样的结构可以充分发挥材料的作用,节约材料,减轻结构的重量。

如果从桁架中除去任意一根杆件,则桁架就会活动变形,这种桁架称为**无余杆桁架**,也称**简单桁架**,它必为静定桁架,图 4-2(a)所示的桁架就属于这种桁架。反之,如果除去一根或几根杆件仍不会使桁架活动变形,则这种桁架称为**有余杆桁架**,它必为超静定桁架,如图 4-2(b)所示的桁架即为超静定桁架。从图 4-2(a)可以看出,如果桁架的构成是以一个三角形框架为基础,每增加一个节点就需要增加两根杆子,按照这样的规律构成的桁架就是平面简单桁架。本节只研究平面简单桁架。

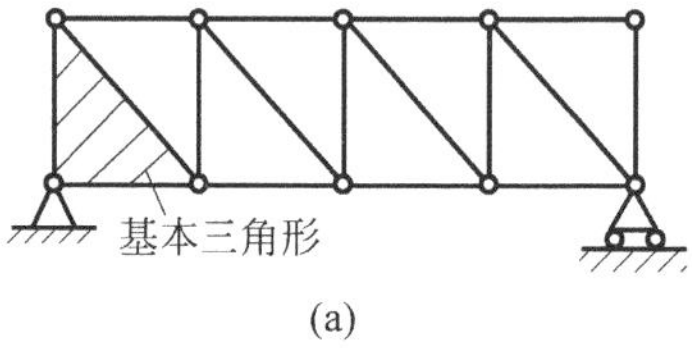

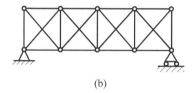

图 4-2

桁架实际上是一种特殊的物体系统,其杆件的内力求解可以利用按照前面所讲的物体系统平衡问题的研究方法。结合桁架的特点,求解桁架杆件内力有两种基本方法:**节点法和截面法**。

**1. 节点法**

由于桁架中各杆都是二力杆,所以每个节点上所受到的力都构成一个平面汇交力系。为了确定桁架中各杆件的内力,可以逐个取各节点为研究对象,由各节点的平衡条件即可求得各杆的内力。这种计算内力的方法称为**节点法**。由于桁架的每个节点所受的力系为平面汇交力系,只有两个独立平衡方程。因此,为了方便计算,应首先选取有已知力作用,且所连杆件中只有两个内力未知的节点为研究对象来分析。为了符号统一,方便理解,一般都假设杆件内力是拉力。另外,很多情况下,在选取节点之前,有必要先取桁架整体为研究对象,计算出桁架支座处的约束力。

**【例 4-1】** 平面桁架如图 4-3(a)所示。外力 $F=20\text{kN}$,$a=4\text{m}$。试求各杆的内力。

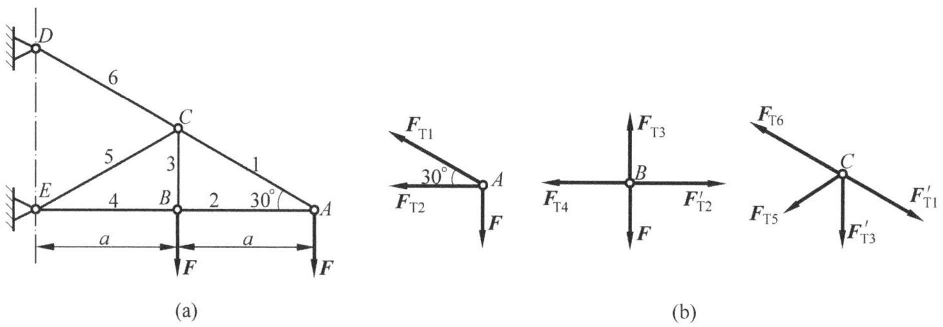


图 4-3

**解**：用节点法求解。根据该桁架的结构和受力特点，可依次研究节点 $A$、$B$、$C$，求各杆内力。假设各杆均受拉，节点 $A$、$B$、$C$ 的受力如图 4-3(b)所示。

(1) 研究节点 $A$，列平衡方程：

$$\sum F_x = 0, \quad -F_{T1}\cos30^\circ - F_{T2} = 0$$

$$\sum F_y = 0, \quad F_{T1}\sin30^\circ - F = 0$$

解得　$F_{T1} = 40\text{kN}, \quad F_{T2} = -34.64\text{kN}$

(2) 研究节点 $B$，列平衡方程 ($F'_{T2} = F_{T2}$)：

$$\sum F_x = 0, \quad F'_{T2} - F_{T4} = 0$$

$$\sum F_y = 0, \quad F_{T3} - F = 0$$

解得　$F_{T3} = 20\text{kN}, \quad F_{T4} = -34.64\text{kN}$

(3) 研究节点 $C$，列平衡方程 ($F'_{T1} = F_{T1}$、$F'_{T3} = F_{T3}$)：

$$\sum F_x = 0, \quad F'_{T1}\cos30^\circ - F_{T6}\cos30^\circ - F_{T5}\cos30^\circ = 0$$

$$\sum F_y = 0, \quad F_{T6}\sin30^\circ - F'_{T3} - F_{T5}\sin30^\circ - F'_{T1}\sin30^\circ = 0$$

解得　$F_{T5} = -20\text{kN}, \quad F_{T6} = 60\text{kN}$

至此，求出桁架中全部杆件的内力如下：

$F_{T1} = 40\text{kN}$ (拉力)，　$F_{T2} = F_{T4} = -34.64\text{kN}$ (压力)

$F_{T3} = 20\text{kN}$ (拉力)，　$F_{T5} = -20\text{kN}$ (压力)，　$F_{T6} = 60\text{kN}$ (拉力)

**2. 截面法**

在很多情况下，只需要计算桁架中某几个杆件所受的内力，此时如果继续利用节点法，则过于繁琐，也无必要。对于这种情况，可以适当地选取一个截面，假想地把桁架截开为两部分，再考虑其中任一部分的平衡，就可求出这些被截杆件的内力。这种计算内力的方法称为**截面法**。因为将桁架一分为二后，每一部分所受力系往往为平面任意力系，有三个独立平衡方程，所以被截的内力未知的杆数一般不能多于三个，且一般截断杆的内力均设为拉力。

**【例 4-2】** 平面桁架如图 4-4(a)所示。试求 1、2、3 杆的内力。

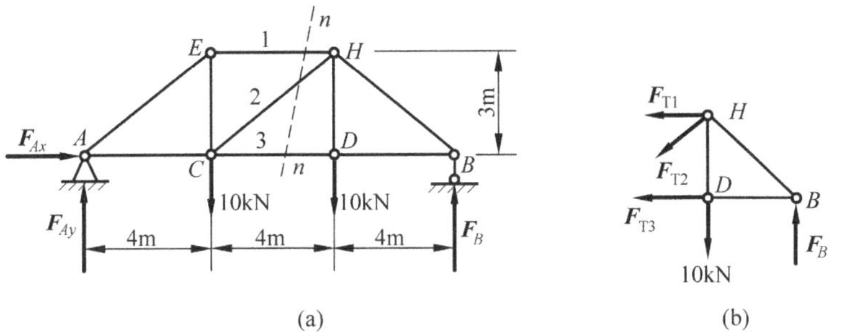


图　4-4

**解**：用截面法求解。

(1) 先研究桁架整体，求支座约束力。列平衡方程：

$$\sum F_x = 0,\quad F_{Ax} = 0$$

$$\sum F_y = 0,\quad F_{Ay} + F_B - 20\text{kN} = 0$$

$$\sum M_A(\boldsymbol{F}) = 0,\quad F_B \times 12\text{m} - 10\text{kN} \times 4\text{m} - 10\text{kN} \times 8\text{m} = 0$$

解得 $F_{Ax} = 0,\quad F_{Ay} = 10\text{kN},\quad F_B = 10\text{kN}$

(2) 用一个假想截面 $n—n$ 将杆 1、2、3 截断，研究右半部分，如图 4-4(b)所示，其中截断杆的内力均设为拉力。列平衡方程：

$$\sum M_C(\boldsymbol{F}) = 0,\quad F_B \times 8\text{m} - 10\text{kN} \times 4\text{m} + F_{T1} \times 3\text{m} = 0$$

$$\sum F_y = 0,\quad F_B - F_{T2} \times 0.6 - 10\text{kN} = 0$$

$$\sum M_H(\boldsymbol{F}) = 0,\quad -F_{T3} \times 3\text{m} + F_B \times 4\text{m} = 0$$

解得 $F_{T1} = -13.3\text{kN}$(压力)，$F_{T2} = 0$，$F_{T3} = 13.3\text{kN}$(拉力)

如选取桁架左半部分为研究对象，可得同样的结果，读者不妨一试。

**讨论**：是否有必要求出 $A$、$B$ 处全部约束力？

**【例 4-3】** 图 4-5(a)所示平面桁架，$F_1 = 20\text{kN}$，$F_2 = 10\text{kN}$。试求 4、5、6、7 杆的内力。

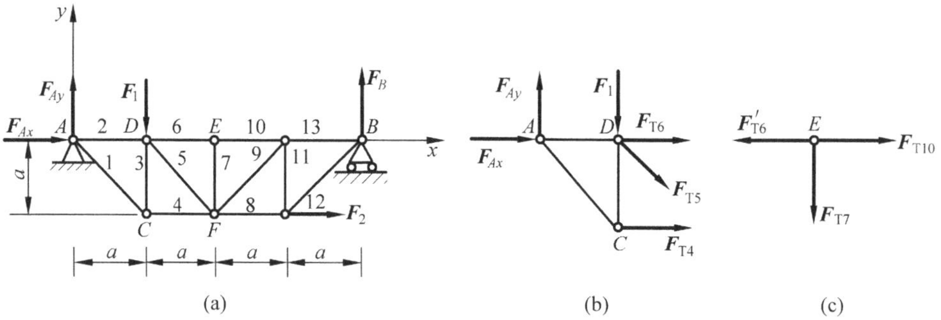


图 4-5

**解**：本题可考虑综合应用截面法和节点法求解。

(1) 先研究桁架整体，求支座约束力。列平衡方程：

$$\sum F_x = 0,\quad F_{Ax} + F_2 = 0$$

$$\sum F_y = 0,\quad F_{Ay} + F_B - F_1 = 0$$

$$\sum M_A(\boldsymbol{F}) = 0,\quad F_B \times 4a - F_1 \times a + F_2 \times a = 0$$

解得 $F_{Ax} = -10\text{kN},\quad F_{Ay} = 17.5\text{kN},\quad F_B = 2.5\text{kN}$

(2) 用一个假想截面将杆 4、5、6 截断，研究左半部分，如图 4-5(b)所示，其中截断杆的内力均设为拉力。列平衡方程：

$$\sum F_y = 0,\quad F_{Ay} - F_{T5}\sin45° - F_1 = 0$$

$$\sum M_D(\boldsymbol{F})=0,\quad -F_{Ay}\times a+F_{T4}\times a=0$$

$$\sum M_F(\boldsymbol{F})=0,\quad -F_{Ay}\times 2a-F_{Ax}\times a-F_{T6}\times a+F_1\times a=0$$

解得 $F_{T4}=17.5\text{kN}$ （拉力），$F_{T5}=-3.45\text{kN}$ （压力），$F_{T6}=-5\text{kN}$ （压力）

如选取桁架的右半部分为研究对象，可得同样的结果。

(3) 研究节点 $E$，并设各杆受拉，则受力如图 4-5(c)所示，列平衡方程：

$$\sum F_y=0,\quad F_{T7}=0$$

由上述分析可以看出，对杆数较多的桁架，将截面法与节点法结合起来是一种方便有效的求解方法。

例 4-2 中的杆 2 和例 4-3 中的杆 7 内力为零，这样的杆称为**零杆**。若能预先判断出桁架中的零杆，使求解过程简化。

当节点只有两个轴力且不在同一直线上，也没有外力作用，则这两个杆都是零杆；当节点只有三个轴力且两根在同一直线上时，则不在相同直线上的杆是零杆。图 4-6 给出了判断零杆的三种情形。

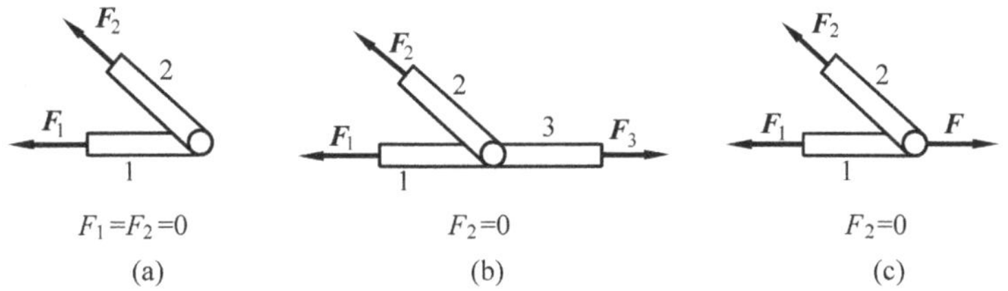


图　4-6

**注意**：在计算桁架内力时，一般都假设杆件受拉，如果计算得出某杆的内力值为负值，则说明该杆实际上是受压的。此时，再取另外一个相邻部分(或节点)研究时，一定要注意，画这根杆的内力时仍将该杆内力按受拉来画，将此杆内力值代入平衡方程计算时，连同负号一并代入计算。

## 4-2　考虑摩擦时物体的平衡问题

在前面两章所涉及的平衡问题中，都假设物体之间的接触是完全光滑的，忽略了摩擦的影响，这其实是在摩擦力较小时所作的一种简化处理。事实上，在工程实际中有很多情况需要考虑摩擦，而且有时摩擦还起着非常重要的作用。例如，带轮与摩擦轮的传动、三爪卡盘夹持工件、车辆的制动等都是利用摩擦来工作的。摩擦也有不利的一面，如机器零部件间的摩擦会白白地消耗能量，加速零部件的磨损。因此，掌握摩擦的基本规律十分必要。

按照接触物体间的相对运动有滑动和滚动两种，摩擦可分为滑动摩擦和滚动摩阻。

本节将介绍有关摩擦的基本概念及含摩擦的平衡问题的分析。

### 1. 滑动摩擦

当两物体的粗糙表面相互接触且有相对滑动或相对滑动趋势时，在接触面上彼此作用着阻碍相对滑动的力，称为**滑动摩擦力**，简称**摩擦力**。有相对滑动时的摩擦力称为**动滑动摩擦力**，简称**动摩擦力**；仅有相对滑动趋势的摩擦力称为**静滑动摩擦力**，简称**静摩擦力**。

1）静滑动摩擦力与静滑动摩擦定律

图4-7所示实验用以研究摩擦力的规律。设一物块放置在粗糙水平面上，该物块在重力 $\boldsymbol{G}$ 和法向约束力 $\boldsymbol{F}_\mathrm{N}$ 的作用下处于静止状态，如图4-7(a)所示。如果在物块上施加一个大小可变化的水平拉力 $\boldsymbol{F}$，$\boldsymbol{F}$ 由零逐渐增大。实验表明，当 $\boldsymbol{F}$ 不超过某一数值时，物块虽有向右滑动的趋势，但仍保持静止状态。根据平衡条件可知，支撑面对物块除作用有法向约束力 $\boldsymbol{F}_\mathrm{N}$ 外，还有一个阻碍物块向右滑动的切向力，此力即静滑动摩擦力，记为 $\boldsymbol{F}_\mathrm{s}$，其方向向左，即与物块相对滑动趋势的方向相反，如图4-7(b)所示，大小可由平衡方程求出：

$$\sum F_x = 0,\quad F - F_\mathrm{s} = 0,\quad F_\mathrm{s} = F$$

可见，当物块保持静止时，静摩擦力 $\boldsymbol{F}_\mathrm{s}$ 随主动力 $\boldsymbol{F}$ 的增大而增大，这是静摩擦力和一般约束力共同的性质。但是，静摩擦力 $\boldsymbol{F}_\mathrm{s}$ 并不随主动力 $\boldsymbol{F}$ 的增大而无限制地增大。当主动力 $\boldsymbol{F}$ 的大小达到一定数值时，物块处于将要滑动而尚未滑动的临界状态，此时静摩擦力达到最大值，称为**最大静摩擦力**，记为 $F_\mathrm{max}$。此后，若 $\boldsymbol{F}$ 继续增大，物块即开始滑动。

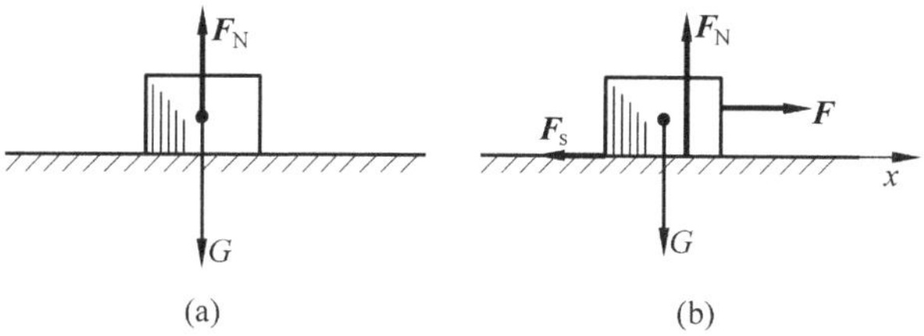


图 4-7

实验研究表明，最大静摩擦力 $F_\mathrm{max}$ 的大小与两物体间的法向约束力 $\boldsymbol{F}_\mathrm{N}$（正压力）的大小成正比，方向与相对滑动趋势的方向相反，即

$$F_\mathrm{max} = f_\mathrm{s} F_\mathrm{N} \tag{4-1}$$

式(4-1)称为**静滑动摩擦库仑定律**，式中，比例常数 $f_\mathrm{s}$ 称为静滑动摩擦因数，简称静摩擦因数。静摩擦因数的大小需由实验测定，它与两接触物体的材料及表面状况（如粗糙度、干湿度、温度等）有关，与接触面积的大小无关。常用材料的静摩擦因数可在工程手册中查到。

综上所述，静摩擦力的大小随主动力的情况而变化，大小由平衡条件确定，其数值介于零到最大值之间，即

$$0 \leqslant F_\mathrm{s} \leqslant F_\mathrm{max} \tag{4-2}$$

2）动滑动摩擦力与动滑动摩擦定律

当主动力 $\boldsymbol{F}$ 超过一定数值时，物块开始向右滑动，这时的摩擦力为**动摩擦力**，记为 $\boldsymbol{F}_\mathrm{d}$。

实验研究表明，动摩擦力 $\boldsymbol{F}_\mathrm{d}$ 的大小也与接触面间的法向约束力 $\boldsymbol{F}_\mathrm{N}$ 的大小成正比，方向与相对滑动的方向相反，即

$$F_\mathrm{d} = f_\mathrm{d} F_\mathrm{N} \tag{4-3}$$

式(4-3)称为**动滑动摩擦库仑定律**，式中，比例常数 $f_\mathrm{d}$ 称为动滑动摩擦因数，简称动摩擦因数。动摩擦因数与两接触物体的材料、表面状况及相对滑动速度有关，可由实验测定。一般情况下，$f_\mathrm{d} < f_\mathrm{s}$。相对速度较小时，$f_\mathrm{d}$ 与 $f_\mathrm{s}$ 可认为近似相等。在机器制造中，常采用

降低接触表面的粗糙度或加入润滑剂等方法，使动摩擦因数降低，以减小摩擦和磨损。

**2. 摩擦角与自锁现象**

当摩擦存在时，支撑面对平衡物体的约束力包含两个分量：法向约束力 $\boldsymbol{F}_N$ 和切向约束力 $\boldsymbol{F}_s$（即静摩擦力）。这两个约束力的合力 $\boldsymbol{F}_{RA}=\boldsymbol{F}_s+\boldsymbol{F}_N$ 称为支撑面的**全约束力**，它的作用线与接触面的公法线的夹角为 $\varphi$，如图 4-8(a)所示。由图示可知

$$\tan\varphi = F_s/F_N$$

当物块处于临界平衡状态时，静摩擦力达到最大值 $F_{smax}$，夹角 $\varphi$ 也达到最大值 $\varphi_f$，如图 4-8(b)所示，夹角 $\varphi_f$ 称为**摩擦角**。设物块与支撑面间沿任何方向的摩擦因数都相同，即摩擦角都相等，则摩擦锥将是一个顶角为 $2\varphi_f$ 的圆锥。摩擦锥是全约束反力 $\boldsymbol{F}_{RA}$ 在三维空间内的作用范围。由图可得

$$\tan\varphi_f=\frac{F_{max}}{F_N}=\frac{f_sF_N}{F_N}=f_s \tag{4-4}$$

即摩擦角的正切等于静摩擦因数。因此，$\varphi_f$ 与 $f_s$ 都是表示材料摩擦性质的物理量。由上述分析可知，物块平衡时静摩擦力 $\boldsymbol{F}_s$ 的大小可在 0 与最大值 $F_{max}$ 之间变化，所以全约束力 $\boldsymbol{F}_{RA}$ 与法线间的夹角 $\varphi$ 也在 0 与 $\varphi_f$ 之间变化，即

$$0\leqslant\varphi\leqslant\varphi_f \tag{4-5}$$

改变主动力在水平面内的方向，则全反力的方向也随之改变。这样，临界平衡时的全反力的作用线将形成一个以接触点为顶点的锥面，称为摩擦锥。若物体与支承面沿各个方向的静摩擦因数都相同，则摩擦锥是一个顶角为 $2\varphi_f$ 的正圆锥体，如图 4-8(c)所示。

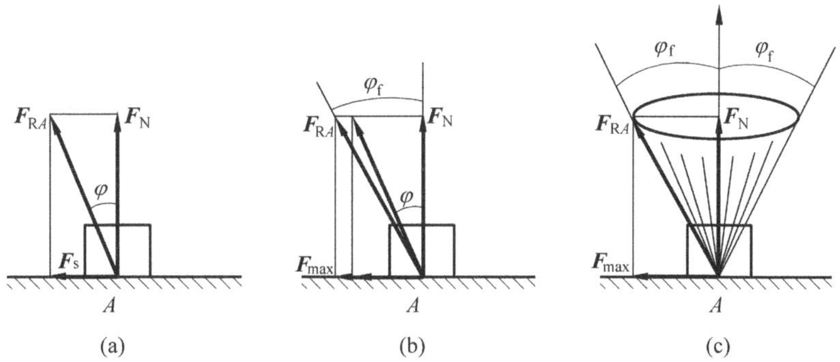

图　4-8

因为静摩擦力不可能超过最大值 $F_{max}$，所以全约束力 $\boldsymbol{F}_{RA}$ 的作用线也不可能超出摩擦角之外，即全约束力 $\boldsymbol{F}_{RA}$ 必在摩擦角之内。由此可知，当作用在物体上的所有主动力的合力 $\boldsymbol{F}_R$ 的作用线落在摩擦角之内时，$\theta\leqslant\varphi_f$，$\theta=\varphi$（图 4-9(a)），无论此合力有多大，总有全约束力与之平衡，即主动力合力 $\boldsymbol{F}_R$ 与全约束力 $\boldsymbol{F}_{RA}$ 必满足二力平衡条件，则物块必保持静止，这种现象称为**自锁现象**。反之，当主动力合力 $\boldsymbol{F}_R$ 的作用线落在摩擦角之外时，$\theta\geqslant\varphi_f$（图 4-9(b)），无论此合力有多小，它与全约束力 $\boldsymbol{F}_{RA}$ 都不能满足二力平衡条件，物块必会运动。

自锁现象在工程实际中有着重要的应用，如千斤顶、压榨机、圆锥销、楔子等工程机械或结构就是利用自锁原理，使它们始终保持在平衡状态下工作。

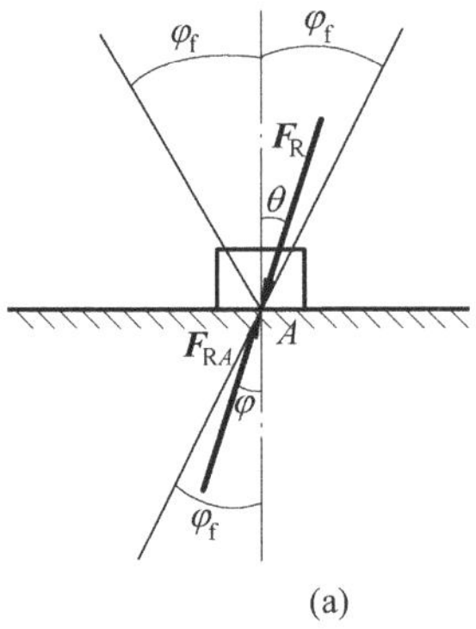

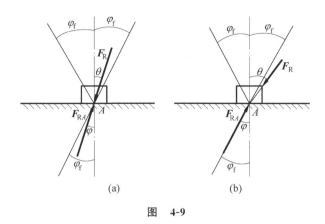

**图 4-9**

**思考**：请读者自行推导物体在斜面上处于临界平衡状态时斜面的倾角，求出斜面的摩擦角就等于斜面倾角，即当斜面的倾角不大于 $\arctan f_s$ 时，放在斜面上的物体会自动保持平衡，不会下滑。

### 3. 考虑摩擦时的平衡问题

考虑摩擦时的平衡问题的解法和不考虑摩擦时基本相同，只是在受力分析和建立平衡方程时需将摩擦力考虑在内。需要注意的是，摩擦力不同于一般的约束力，有其自身的特点，即物体平衡时，$0 \leqslant F_s \leqslant F_{max}$。在临界平衡状态下，$F_s = F_{max} = f_s F_N$，摩擦力的方向属于已知范围，不能随意假定。在一般静平衡状态下，$F_s < F_{max}$，摩擦力的方向可能预先判断不出来，这时摩擦力可按一般的约束力来处理，即方向可先任意假定，大小由平衡方程求出，而实际的方向由计算结果的正负号确定。

考虑摩擦的平衡问题，一般可分为以下三种类型：临界平衡问题；求平衡范围问题；判断物体是否平衡的问题。

下面举例说明这三类含摩擦的平衡问题的求解。

**【例 4-4】** 制动器的构造和主要尺寸如图 4-10(a)所示。制动块与鼓轮表面间的静摩擦因数为 $f$，$c < b/f$，提升的货物的重量为 $\boldsymbol{W}$，不计制动手柄和鼓轮的重量，试求制动鼓轮转动所需力 $\boldsymbol{F}_1$ 的最小值。

**解**：当力 $\boldsymbol{F}_1$ 最小而使重物不下落时，鼓轮处于转动的临界平衡状态，可依次研究鼓轮和制动手柄来求解。

(1) 研究鼓轮，受力如图 4-10(b)所示，$F_T = W$。列平衡方程：

$$\sum M_{O_1}(\boldsymbol{F}) = 0, \quad rF_T - F_s R = 0$$

解得

$$F_s = \frac{r}{R} F_T = \frac{r}{R} W$$

(2) 研究制动手柄，受力如图 4-10(c)所示。列平衡方程：

$$\sum M_O(\boldsymbol{F}) = 0, \quad F_1 a + F'_s c - F'_N b = 0$$

注意到

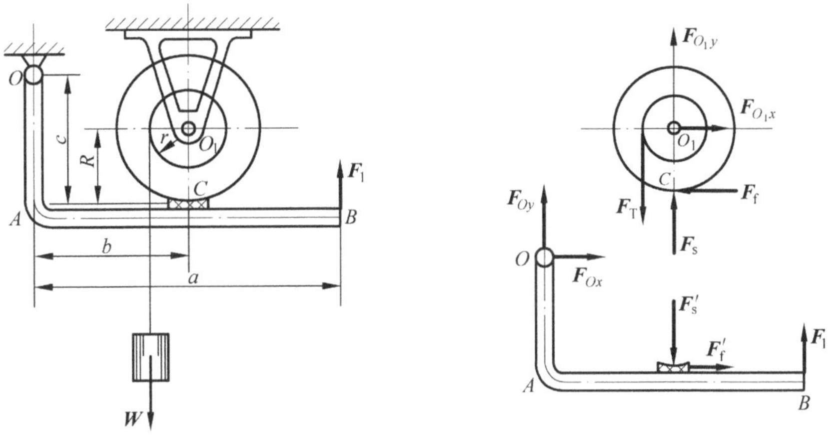


(a)　　　　(b)

图　4-10

$$F'_N = F_N, \quad F'_s = F_s$$

且临界平衡状态时，有

$$F_s = F_{max} = fF_N$$

解得力 $F_1$ 的最小值为

$$F_1 = \frac{rW(b - fc)}{fRa}$$

所以制动鼓轮所需要的力 $F_1$ 应满足

$$F_2 \geqslant \frac{rW(b - fc)}{fRa}$$

**【例 4-5】**　重为 $\boldsymbol{W}$ 的物块放在倾角为 $\alpha$ 的斜面上，如图 4-11(a)所示。已知物块与斜面间的摩擦角为 $\varphi_m$，且 $\alpha > \varphi_m$。求能使物块保持静止时水平推力 $\boldsymbol{F}$ 的大小。

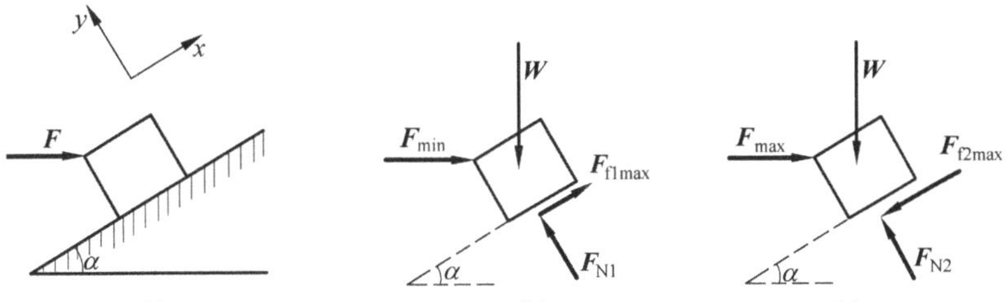


(a)　　　　(b)　　　　(c)

图　4-11

**解**：由题意可知，力 $\boldsymbol{F}$ 的值过小或过大，将使物块沿斜面下滑或上滑，故物块静止时，$\boldsymbol{F}$ 在一定范围内变化，即 $F_{min} \leqslant F \leqslant F_{max}$。

(1) 假定物块处于下滑临界状态，可求得 $\boldsymbol{F}$ 的最小值 $F_{min}$，受力如图 4-11(b)所示。

列平衡方程：

$$\sum F_x = 0, \quad F_{f1max} + F_{min}\cos\alpha - W\sin\alpha = 0$$

$$\sum F_y = 0,\quad F_{N1} - F_{min}\sin\alpha - W\cos\alpha = 0$$

列补充方程：

$$F_{f1max} = fF_{N1} = F_{N1}\tan\varphi_m$$

解得

$$F_{min} = \frac{\tan\alpha - f}{1 + f\tan\alpha} \cdot W = W\tan(\alpha - \varphi_m)$$

(2) 假定物块处于上滑临界状态，可求得 $F$ 的最大值 $F_{max}$，受力如图 4-11(c)所示。

列平衡方程：

$$\sum F_x = 0,\quad -F_{f2max} + F_{max}\cos\alpha - W\sin\alpha = 0$$

$$\sum F_y = 0,\quad F_{N2} - F_{max}\sin\alpha - W\cos\alpha = 0$$

列补充方程：

$$F_{f2max} = fF_{N2} = F_{N2}\tan\varphi_m$$

解得

$$F_{max} = W\tan(\alpha + \varphi_m)$$

所以，要使物块保持静止，$F$ 应满足：

$$F_{min} \leqslant F \leqslant F_{max}$$

即

$$W\tan(\alpha - \varphi_m) \leqslant F \leqslant W\tan(\alpha + \varphi_m)$$

**【例 4-6】** 图 4-12(a)所示的均质木箱重 $P=5\text{kN}$，$h=2a=2\text{m}$，物块与固定面间的静摩擦因数为 $f_s=0.4$。求：(1)当 $D$ 处的拉力 $F=1\text{kN}$ 时，木箱是否平衡？(2)能保持木箱平衡的最大拉力。

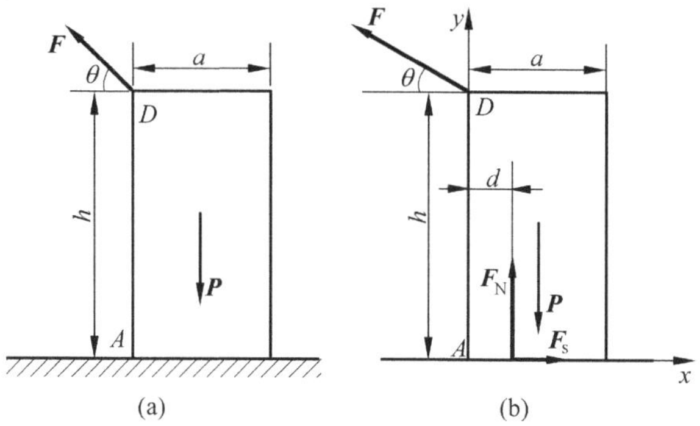


图 4-12

**解**：要保持木箱平衡，必须满足两个条件：一是不发生滑动，即要求静摩擦力不超过最大摩擦力；二是不绕点 $A$ 翻倒，这时法向力 $\boldsymbol{F}_N$ 的作用线应在木箱内，即 $d>0$。

(1) 取木箱为研究对象，设它处于平衡状态，受力如图 4-12(b)所示。列平衡方程：

$$\sum F_x = 0,\quad F_s - F\cos\theta = 0 \tag{a}$$

$$\sum F_y = 0,\quad F_N - P + F\sin\theta = 0 \tag{b}$$

$$\sum M_A = 0,\quad F\cos\theta h - P \cdot \frac{a}{2} + F_N d = 0 \tag{c}$$

解得　$F_s = 866\text{N},\quad F_N = 4500\text{N},\quad d = 0.171\text{m}$

此时木箱与地面间的最大摩擦力为：$F_{max} = f_s F_N = 1800\text{N}$

可见，$F_s < F_{max}$ 木箱不滑动；又由于 $d > 0$，木箱不会翻倒。因此，木箱保持平衡。

(2) 为求保持木箱平衡的最大拉力 $F$，可分别求出木箱将滑倒时的临界拉力 $F_1$ 和木箱将绕点 $A$ 翻倒的临界拉力 $F_2$。取二者较小者就是保持木箱平衡的最大拉力 $F$。

木箱将滑动的条件为

$$F_s = F_{max} = f_s F_N \tag{d}$$

由式(a)、式(b)和式(d)联立解得

$$F_1 = \frac{f_s P}{\cos\theta + f_s \sin\theta} = 1876\text{N}$$

木箱将绕点 $A$ 翻倒的条件是 $d = 0$，代入式(c)，得

$$F_2 = \frac{Pa}{2h\cos\theta} = 1443\text{N}$$

因此，当拉力 $F$ 逐渐增大时，木箱将先翻倒而失去平衡，最大的临界拉力为 $F = 1.443\text{kN}$。

本题如果先求第二问，则第一问就自然可以判断木箱是否能平衡了。

**【例 4-7】** 物块 $A$ 和 $B$ 叠放在水平固定面上，如图 4-13(a)所示。物块 $A$ 重 $W_A = 10\text{N}$，它与物块 $B$ 之间的静摩擦因数 $f_A = 0.21$，动摩擦因数 $f'_A = 0.20$。物块 $B$ 重 $W_B = 20\text{N}$，它与固定面间的静摩擦因数 $f_B = 0.25$，动摩擦因数 $f'_B = 0.24$。设在物块 $A$ 上施加力 $F = 8\text{N}$，试判断物块 $B$ 能否保持静止，并求各处摩擦力。

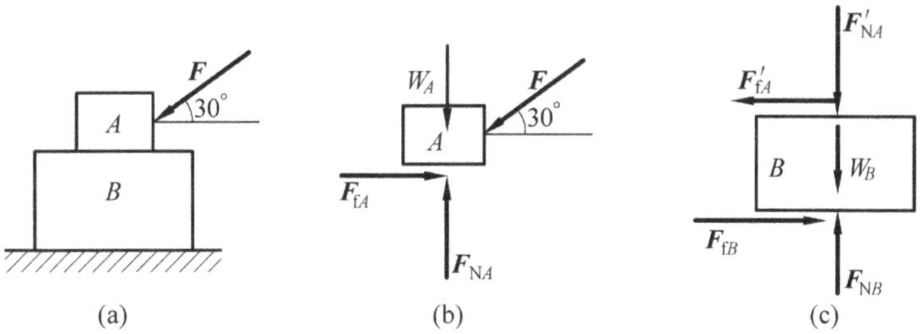


图　4-13

**解**：物块 $A$ 和 $B$ 受力如图 4-13(b)、(c)所示。物体在铅直方向无运动。

(1) 判断运动状态

对于物块 $A$：

$$\sum F_y = 0,\quad F_{NA} - W_A - F\sin 30^\circ = 0$$

求得

$$F_{NA} = W_A + F\sin 30^\circ = 14\text{N}$$

则物块 $A$ 和 $B$ 之间最大静摩擦力为

$$F'_{fA\max}=F_{fA\max}=f_A F_{NA}=0.21\times 14\text{N}=2.94\text{N}$$

对于物块 $B$：

$$\sum F_y=0,\quad F_{NB}-F'_{NA}-W_B=0$$

求得

$$F_{NB}=F'_{NA}+W_B=34\text{N}$$

则物块 $B$ 与水平面间最大静摩擦力为

$$F_{fB\max}=f_B F_{NB}=0.25\times 34\text{N}=8.5\text{N}$$

由于 $F_{fA\max}<F_{fB\max}$，所以物块 $B$ 保持静止。

(2) 求各处摩擦力

对于物块 $B$：

$$\sum F_x=0,\quad F_{fB}-F'_{fA}=0,\quad F_{fB}=F'_{fA}=F_{fA}$$

假定物块 $A$ 也静止，并设此时两物块间摩擦力为 $F_{fAB}$，则

$$\sum F_x=0,\quad F_{fAB}-F\cos 30^\circ=0,\quad F_{fAB}=F\cos 30^\circ=6.93\text{N}$$

因为 $F_{fAB}>F_{fA\max}$，所以物块 $A$ 不可能静止，$A$ 会相对 $B$ 产生滑动。此时两物块间的摩擦力就是动滑动摩擦力，其大小为 $F_{fA}=f'_A F_{NA}=0.20\times 14\text{N}=2.8\text{N}$，方向向右。

水平面对物块 $B$ 的摩擦力为静摩擦力，大小为 $F_{fB}=F'_{fA}=F_{fA}=2.8\text{N}$，方向为水平向右。

#### 4. 滚动摩阻

当物体滚动时，存在什么阻力？它有什么特性？下面通过简单的实例来分析这些问题。

设有一个滚子，重为 $\boldsymbol{W}$，半径为 $r$，放置在粗糙的水平面上，在其中心 $O$ 作用一个水平力 $\boldsymbol{F}$，如图 4-14 所示。当力 $\boldsymbol{F}$ 从零开始逐渐增大但不超过某一值时，滚子将保持静止。分析滚子的受力情况可知，在滚子与水平面接触的 $A$ 点有法向约束力 $\boldsymbol{F}_N$ 作用，它与重力 $\boldsymbol{W}$ 等值反向；另外，还有静滑动摩擦力 $\boldsymbol{F}_f$ 作用，它阻止滚子滑动，与水平力 $\boldsymbol{F}$ 等值反向，但不共线。如果水平面的约束力仅有 $\boldsymbol{F}_N$ 和 $\boldsymbol{F}_f$，则滚子不可能保持静止，因为静滑动摩擦力 $\boldsymbol{F}_f$ 与力 $\boldsymbol{F}$ 组成一个力偶，从理论上讲，不论力 $\boldsymbol{F}$ 有多小，都将使滚子发生滚动。而实际上当力 $\boldsymbol{F}$ 不大时，滚子是静止的。这说明水平面除了提供约束力 $\boldsymbol{F}_N$ 和 $\boldsymbol{F}_f$ 外，还会产生一个阻力偶，与力偶($\boldsymbol{F}$,$\boldsymbol{F}_f$)相平衡，这个阻力偶称为滚动摩阻力偶(简称滚阻力偶)，它的矩为 $M_f=Fr$，转向与滚子的滚动趋势转向相反。

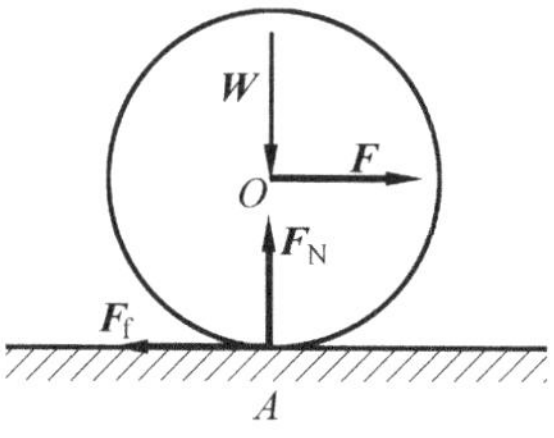

图 4-14

**当两个相互接触的物体有相对滚动趋势或相对滚动时，物体之间会产生对滚动的阻碍**称为**滚动摩阻**，亦称为**滚动摩擦**。实践表明，使滚子滚动比使它滑动省力。所以在工程实际中，为了提高效率，减轻劳动强度，经常利用物体的滚动代替物体的滑动。搬运笨重物体时，在其下面垫上一些圆木或钢管，就是以滚代滑的应用实例。

为什么会产生滚动摩阻力偶呢？这是因为滚子和水平面实际上并不是绝对刚性的，当两者相互压紧时，一般会产生微量的接触变形，有一个接触面存在，它们之间的约束力将不均匀地分布在小接触面上，如图 4-15(a)所示。根据力系简化理论，将此分布力向 $A$ 点简

化,得到一个力 $\boldsymbol{F}_R$ 和一个力偶,该力偶的矩记为 $M_f$,如图 4-15(b)所示。力 $\boldsymbol{F}_R$ 可分解为法向约束力 $\boldsymbol{F}_N$ 和摩擦力 $\boldsymbol{F}_f$,如图 4-15(c)所示,而这个矩为 $M_f$ 的力偶即为滚动摩阻力偶。事实上,在力 $\boldsymbol{F}$ 较小时,滚子没有滚动,正是这个滚动摩阻力偶在起阻碍作用。

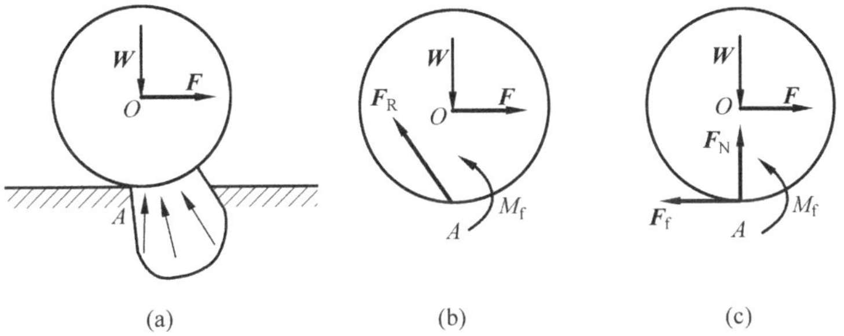


图　4-15

与静滑动摩擦力相似,滚动摩阻力偶矩 $M_f$ 随着主动力 $\boldsymbol{F}$ 的增加而增大,当力 $\boldsymbol{F}$ 增加到某个值时,滚子处于将滚而未滚的临界平衡状态。这时,滚动摩阻力偶矩达到最大值,称为**最大滚动摩阻力偶矩**,用 $M_{max}$ 表示。如果力 $\boldsymbol{F}$ 再增大一点,则滚子就会开始滚动。在滚动过程中,滚动摩阻力偶矩近似等于 $M_{max}$。由此可知,滚动摩阻力偶矩 $M_f$ 的大小介于零与最大值之间,即

$$0 \leqslant M_f \leqslant M_{max} \tag{4-6}$$

实验研究表明:最大滚动摩阻力偶矩 $M_{max}$ 与滚子半径无关,而与法向约束力(或称正压力)成正比。即

$$M_{max} = \delta F_N \tag{4-7}$$

式(4-7)称为**滚动摩阻定律**(或称为滚动摩擦定律),式中,$\delta$ 是比例常数,称为**滚动摩阻系数**,简称**滚阻系数**。由式(4-7)知,滚动摩阻系数具有长度的量纲,其单位一般采用 mm 或 cm。$\delta$ 的值与滚子和支撑面的材料、表面状况等有关,可由实验测定,也可在有关工程手册中查得。

关于滚动摩阻系数 $\delta$ 的物理意义作如下说明。滚子处于静止状态时,它受力如图 4-15(c)所示。根据力的平移定理的逆定理,可将其中的法向约束力 $\boldsymbol{F}_N$ 与滚动摩阻力偶 $M_f$ 合成为一个力 $\boldsymbol{F}'_N$,且 $\boldsymbol{F}'_N = F_N$。力 $\boldsymbol{F}'_N$ 的作用线距 $A$ 点的距离为 $d$,如图 4-16(a)所示,则有

$$d = \frac{M_f}{F'_N} = \frac{M_f}{F_N}$$

当滚子处于即将滚动的临界平衡状态时,$M_f$ 达到最大值 $M_{max}$,如图 4-16(b)所示。相应地,距离 $d$ 也达到最大值 $d_{max}$,且有

$$d_{max} = \frac{M_{max}}{F'_N} = \frac{M_{max}}{F_N}$$

而

$$M_{max} = \delta F_N$$

故可得

$$\delta = d_{max}$$

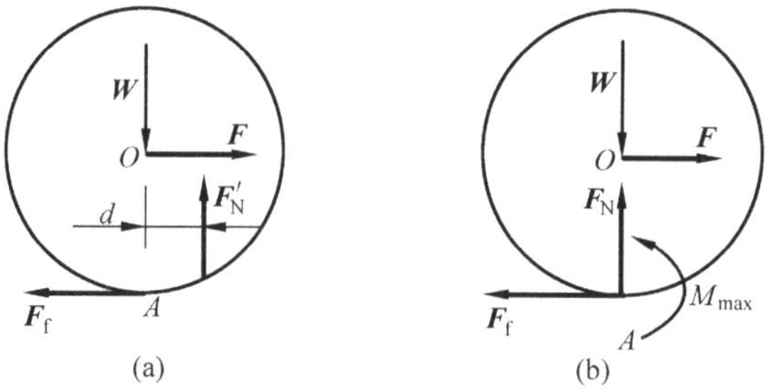


图 4-16

因此，滚动摩阻系数 $\delta$ 可看作是法向约束力 $F_N'$ 偏离 A 点的最大距离。滚动磨阻系数具有长度量纲。

由图 4-15(c)，可以分别计算出使滚子滚动或滑动所需要的水平推力 $\boldsymbol{F}$ 的大小。使滚子滚动所需的最小推力 $\boldsymbol{F}_{滚}$ 满足

$$\sum M_A(\boldsymbol{F}) = M_{max} - F_{滚}\, r = 0$$

故

$$F_{滚} = \frac{M_{max}}{r} = \frac{\delta}{r}F_N = \frac{\delta}{r}W$$

而使滚子滑动所需的最小推力 $F_{滑}$ 满足

$$\sum F_x = F_{滑} - F_{max} = 0$$

故

$$F_{滑} = F_{max} = fF_N = fW$$

由于一般情况下 $\frac{\delta}{r} \ll f$，所以使滚子滚动比使其滑动要省力得多。

需要指出，由于滚动摩阻系数较小，因此，在大多数情况下，滚动摩阻可以忽略不计。

**【例 4-8】** 如图 4-17(a)所示，一个重为 $W=20\text{kN}$ 的均质圆柱，置于倾角为 $\alpha=30°$ 的斜面上，已知圆柱半径 $r=0.5\text{m}$，圆柱与斜面之间的滚动摩阻系数 $\delta=5\text{mm}$，静摩擦因数 $f=0.65$。试求：(1)欲使圆柱沿斜面向上滚动所需施加的力 $\boldsymbol{F}_T$(平行于平面）的最小值以及圆柱与斜面之间的摩擦力；(2)阻止圆柱向下滚动所需的力 $\boldsymbol{F}_T$ 的大小以及圆柱与斜面之间的摩擦力。

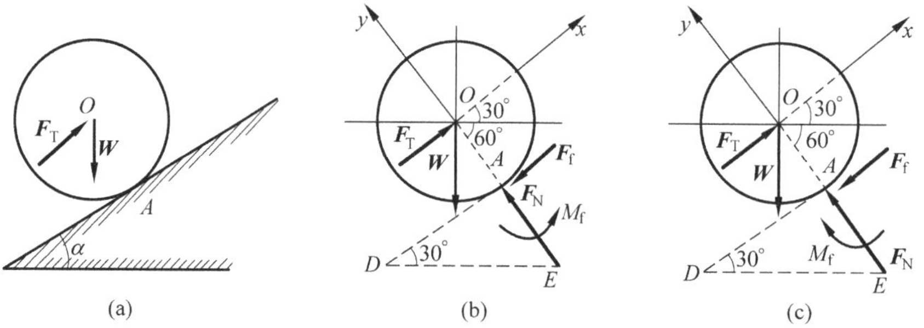


图 4-17

**解**：(1) 取圆柱为研究对象，画受力图，如图 4-17(b)所示。考虑圆柱即将向上滚动的临界状态，即顺时针滚动情形，则滚动摩阻力偶 $M_f$ 为逆时针转向。

列平衡方程：

$$\sum F_x = 0,\quad F_T - W\sin\alpha - F_f = 0 \tag{a}$$

$$\sum F_y = 0,\quad F_N - W\cos\alpha = 0 \tag{b}$$

$$\sum M_A(\boldsymbol{F}) = 0,\quad M_f + W\sin\alpha \cdot r - F_T \cdot r = 0 \tag{c}$$

此时有

$$M_f = \delta F_N \tag{d}$$

联立以上四式解得

$$F_f = 0.173\text{kN}$$

最大静摩擦力为

$$F_{max} = fF_N = fW\cos\alpha = 11.3\text{kN}$$

因 $F_f < F_{max}$，所以圆柱与斜面之间实际摩擦力为 $F_f = 0.173$kN，圆柱滚动而未发生滑动。

由式(a)得

$$F_T = W\sin\alpha + F_f = 10.2\text{kN}$$

使圆柱沿斜面向上滚动所需施加的力 $F_T \geqslant 10.2$kN。

(2) 取圆柱为研究对象，画受力图，如图 4-17(c)所示。考虑圆柱即将向下滚动的临界状态，即逆时针滚动情形，则滚动摩阻力偶 $M_f$ 为顺时针转向。

列平衡方程

$$\sum F_x = 0,\quad F_T - W\sin\alpha - F_f = 0 \tag{a$'$}$$

$$\sum F_y = 0,\quad F_N - W\cos\alpha = 0 \tag{b$'$}$$

$$\sum M_A(\boldsymbol{F}) = 0,\quad -M_f + W\sin\alpha \cdot r - F_T \cdot r = 0 \tag{c$'$}$$

此时有

$$M_f = \delta F_N \tag{d$'$}$$

联立以上四式解得

$$F_f = -0.173\text{kN}$$

因 $|F_f| < F_{max}$，所以圆柱滚动而未发生滑动，负号说明摩擦力 $\boldsymbol{F}_f$ 的实际指向沿斜面向上，大小为 0.173kN。

由式(a′)得

$$F_T = W\sin\alpha + F_f = 9.83\text{kN}$$

阻止圆柱沿斜面向下滚动所需施加的力 $F_T \geqslant 9.83$kN。

## 4-3　平行力系中心与物体重心

在地球附近的物体都受到地球对它的作用力，即物体的重力，重力作用在物体内每一微小部分，是一个分布力系。对于工程中一般的物体，这种分布的重力可足够精确地视为空间平行力系。所谓重力，就是这个空间平行力系的合力。不变形的物体(刚体)在地表面无论怎样放置，其平行分布重力的合力作用线，都通过此物体上(或物体的延伸部分上)一个确定的点，这一点就是物体的重心。

确定物体重心的位置，在工程实际中具有重要的意义。例如，为了使起重机在不同情况下都不致倾覆，必须加上配重使其重心处在恰当的位置；为了保证飞机稳定飞行，其重心必须位于确定的区域内；高速转动的转子的重心如不在其轴线上，将引起振动并使轴承处产生附加动约束力。

求物体重心的问题，实质上是求平行力系合力的问题。

**1. 平行力系中心**

首先考虑两个平行力的合成问题。设在刚体上 $A$、$B$ 两点作用两个同向平行力 $\boldsymbol{F}_1$ 和 $\boldsymbol{F}_2$，如图 4-18(a)所示。将它们合成，得合力矢为

$$\boldsymbol{F}_R = \boldsymbol{F}_1 + \boldsymbol{F}_2$$

显然，合力 $\boldsymbol{F}_R$ 与 $\boldsymbol{F}_1$ 和 $\boldsymbol{F}_2$ 同向且合力大小为 $F_R = F_1 + F_2$。由合力矩定理可确定合力 $\boldsymbol{F}_R$ 的作用线与 $AB$ 连线的交点 $C$：

$$F_2/F_1 = AC/BC$$

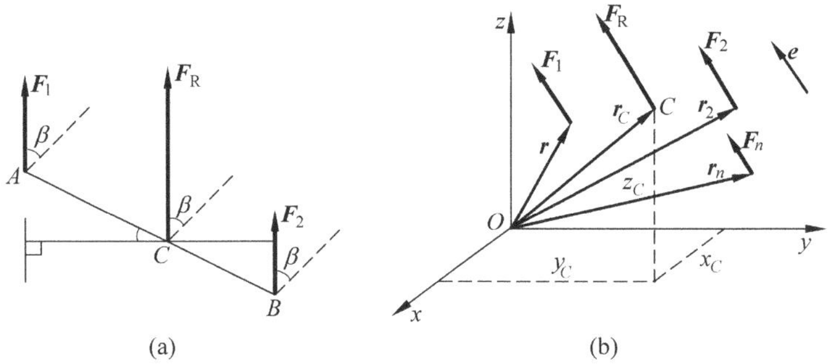


图 4-18

由此可见，两同向平行力可合成为一个力，合力的大小等于这两个力的大小的和，方向与这两个力相同，合力作用点内分两力作用点的连线，内分比与这两个力的大小成反比。

同样分析可知，两反向平行力可合成为一个力，合力的大小等于二者的差，指向与较大者相同，合力作用点外分两力作用点的连线，外分比与这两个力的大小成反比。

如果将两个力绕自身作用点按相同方向转过同一角度 $\beta$，使它们保持相互平行，则合力作用线也转过同一角度 $\beta$，且合力作用线仍通过 $C$ 点。这一确定的点称为这两个平行力的中心。

将上述结论加以推广可知，由任意多个力组成的同向平行力系也可以合成为一个力，合力与各力同向，大小等于各力的大小的和，合力作用线必通过一个确定的点 $C$。若将各力分别绕各自的作用点按相同方向转过相同角度，则合力作用线也将转过同一角度，但总通过 $C$ 点，称该点为平行力系的中心。由此可知，$C$ 点的位置只与各平行力的大小和作用点位置有关，而与各平行力的方向无关。

下面导出平行力系中心的坐标公式。取图 4-18(b)所示的直角坐标系 $Oxyz$，设同向平

行力系 $\boldsymbol{F}_1$、$\boldsymbol{F}_2$、…、$\boldsymbol{F}_n$ 中各力作用点的矢径分别为 $\boldsymbol{r}_1$、$\boldsymbol{r}_2$、…、$\boldsymbol{r}_n$，该平行力系的中心(即合力 $\boldsymbol{F}_R$ 的作用点) $C$ 的矢径为 $\boldsymbol{r}_C$，由合力矩定理得 $\boldsymbol{M}_O(\boldsymbol{F}_R)=\sum\boldsymbol{M}_O(\boldsymbol{F}_i)$

即

$$\boldsymbol{r}_C\times\boldsymbol{F}_R=\sum\boldsymbol{r}_i\times\boldsymbol{F}_i$$

如果用 $\boldsymbol{e}$ 表示沿各力方向的单位矢量，则 $\boldsymbol{F}_1=F_1\boldsymbol{e}$，$\boldsymbol{F}_2=F_2\boldsymbol{e}$，…，$\boldsymbol{F}_n=F_n\boldsymbol{e}$，$\boldsymbol{F}_R=F_R\boldsymbol{e}$，上式可写成

$$\boldsymbol{r}_C\times F_R\boldsymbol{e}=\sum\boldsymbol{r}_i\times F_i\boldsymbol{e}$$

移项得

$$\left(F_R\boldsymbol{r}_C-\sum F_i\boldsymbol{r}_i\right)\times\boldsymbol{e}=\boldsymbol{0}$$

由于对任意方向的单位矢量 $\boldsymbol{e}$，上式均成立，因此有 $F_R\boldsymbol{r}_C=\sum F_i\boldsymbol{r}_i$，即

$$\boldsymbol{r}_C=\frac{\sum F_i\boldsymbol{r}_i}{F_R}=\frac{\sum F_i\boldsymbol{r}_i}{\sum F_i}\tag{4-8}$$

由式(4-8)即可确定平行力系中心 $C$ 的位置。

将式(4-8)投影到各直角坐标轴上，由于 $\boldsymbol{r}_i$ 的三个投影就是力 $\boldsymbol{F}_i$ 作用点的坐标 $x_i$、$y_i$、$z_i$，则平行力系中心 $C$ 的坐标为

$$x_C=\frac{\sum F_ix_i}{\sum F_i},\quad y_C=\frac{\sum F_iy_i}{\sum F_i},\quad z_C=\frac{\sum F_iz_i}{\sum F_i}\tag{4-9}$$

**2. 物体重心**

如前所述，物体所受的重力可以看成铅直的平行力系，而这个平行力系的中心称为物体的重心(图 4-19)。

现讨论重心位置的确定。将物体分割成许多微块，设每一个微块体积为 $\Delta V_i$，坐标为 $x_i$、$y_i$、$z_i$，所受重力为 $\boldsymbol{W}_i$，代入式(4-9)，得物体重心坐标公式为

$$x_C=\frac{\sum W_ix_i}{\sum W_i},\quad y_C=\frac{\sum W_iy_i}{\sum W_i},\quad z_C=\frac{\sum W_iz_i}{\sum W_i}\tag{4-10}$$

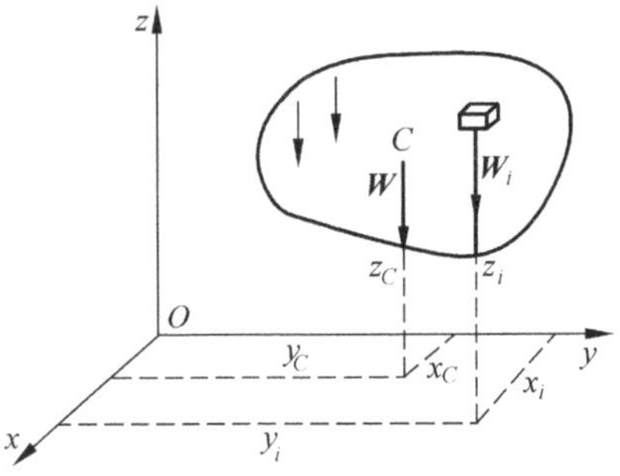


图　4-19

若物体是均质的，则单位体积的重量 $\rho$ 为常量，把 $W_i=\rho\cdot\Delta V_i$ 代入式(4-10)并取极限，得

$$x_C=\frac{\int_V x\,\mathrm{d}V}{V},\quad y_C=\frac{\int_V y\,\mathrm{d}V}{V},\quad z_C=\frac{\int_V z\,\mathrm{d}V}{V}\tag{4-11}$$

式中，$V=\int_V\mathrm{d}V$，为整个物体的体积。

显然，均质物体的重心只取决于物体的形状和尺寸，与重量无关，即均质物体的重心就是几何中心，称之为**形心**。

对于均质薄壳(板)，设厚度为 $\delta$，微元面积为 $\mathrm{d}A$，则微元体积 $\mathrm{d}V=\delta\mathrm{d}A$，代入式(4-11)，

得其重心坐标公式为

$$x_C=\frac{\int_A x\,\mathrm{d}A}{A},\quad y_C=\frac{\int_A y\,\mathrm{d}A}{A},\quad z_C=\frac{\int_A z\,\mathrm{d}A}{A} \tag{4-12}$$

式中，$A=\int_A \mathrm{d}A$，为整个薄壳(板)的面积。

对于均质细线段，可求得其重心坐标公式为

$$x_C=\frac{\int_l x\,\mathrm{d}l}{l},\quad y_C=\frac{\int_l y\,\mathrm{d}l}{l},\quad z_C=\frac{\int_l z\,\mathrm{d}l}{l} \tag{4-13}$$

式中，$l=\int_l \mathrm{d}l$，为整个线段的长度。

需要注意的是，一般情况下，曲线或曲面的重心不在曲线或曲面上。

**3. 确定物体重心的方法**

1) 对称判别法

若均质物体具有对称面、对称轴或对称中心，则其重心必在其对称面、对称轴或对称中心上。如圆球体、椭球体的重心在球心处，矩形的重心在两对角线的交点处。

2) 积分法

对于形状简单的均质物体，重心可由式(4-11)、式(4-12)或式(4-13)积分求得，或者查表可得常见简单形体的重心(形心)坐标。

3) 组合法

工程中有很多物体，形状虽然不规则，但可以把它们看成是由几个简单形状的物体组合而成的，而这些简单形状的物体的重心一般都是已知的，则组合体的重心可由式(4-10)求得。

如果在简单形状物体上切去一部分(例如钻一个孔等)，则这类物体的重心仍可由式(4-10)求得，只是切去部分的面积或体积应取负值。这种方法也称为**负面积(负体积)法**。

4) 实验法

工程中一些外形复杂或质量分布不均的物体很难用公式计算其重心，此时可用实验方法测定重心位置。下面介绍两种常用的实验方法，即悬挂法和称重法。

悬挂法：若需求一个不规则薄板的重心，可用细绳将薄板在任一点 $A$ 悬挂起来，如图 4-20(a)所示。根据二力平衡条件，重心必在过 $A$ 点的铅直线即细绳所在直线上，于是在薄板上画出此直线。然后改变悬挂点，同样画出另一直线，则两直线的交点 $C$ 就是薄板的重心，如图 4-20(b)所示。

称重法：形状复杂，体积庞大的物体可用称重法确定其重心。

下面以汽车为例简述称重法测重心。如图 4-21 所示，首先称量出汽车的重量 $W$，测量出前后轮距 $l$ 和车轮半径 $r$。

设汽车是左右对称的，则重心必在对称面内，只需测定重心 $C$ 距地面的高度 $z_C$ 和后轮的距离 $x_C$。

为了测定 $x_C$，将汽车后轮放在地面上，前轮放在磅秤上，使车身保持水平，如图 4-21(a)

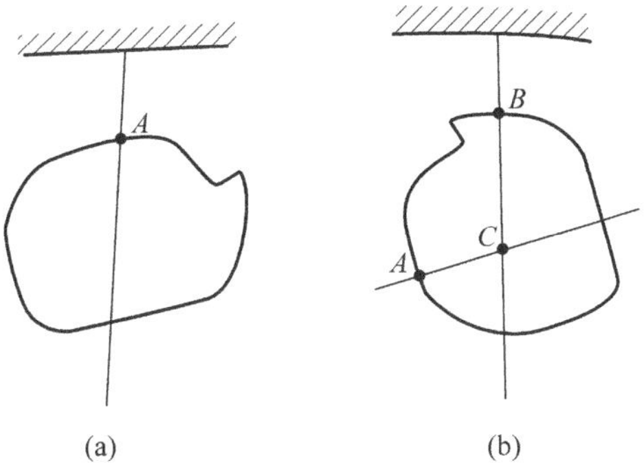


图　4-20

所示。这时磅秤上的读数为 $F_1$。因车身是平衡的，由 $\sum M_A(\boldsymbol{F})=0$ 得

$$W\cdot x_C=F_1\cdot l$$

于是

$$x_C=\frac{F_1}{W}l \tag{a}$$

欲测定 $z_C$，需将车的后轮抬到任意高度 $H$，如图 4-21(b)所示，这时磅秤的读数为 $F_2$。同理得

$$x'_C=\frac{F_2}{W}l' \tag{b}$$

由图中的几何关系知：

$$l'=l\cos\alpha,\quad x'_C=x_C\cos\alpha+h\sin\alpha,\quad \sin\alpha=\frac{H}{l},\quad \cos\alpha=\frac{\sqrt{l^2-H^2}}{l}$$

式中，$h$ 为重心与后轮中心的高度差，则 $h=z_C-r$。

把以上关系式代入式(b)中，经整理后得

$$z_C=r+\frac{F_2-F_1}{W}\cdot\frac{l}{H}\sqrt{l^2-H^2}$$

式中均为已测定的数据。

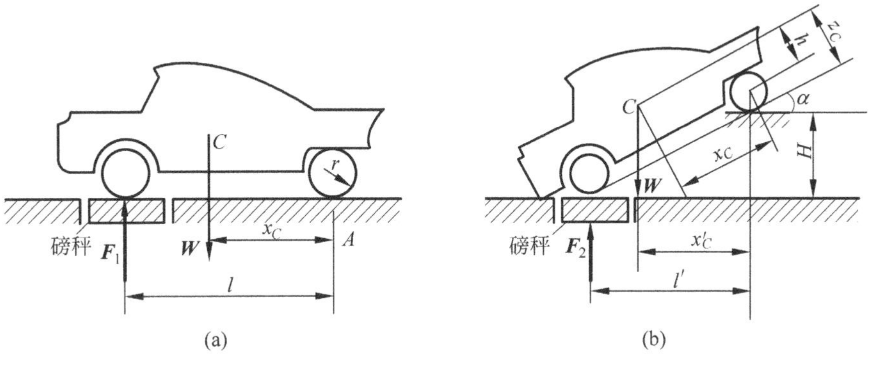


图　4-21

**【例 4-9】** L 形截面的尺寸如图 4-22(a)所示，试求其重心的位置。

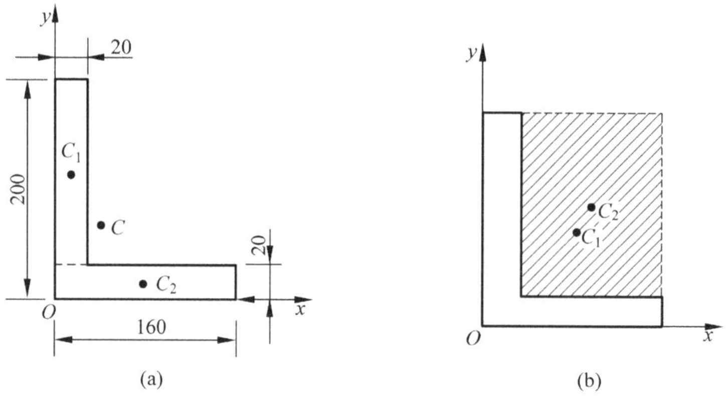


**图 4-22**

**解**：取 $Oxy$ 坐标系如图所示，将该图形分割为两个矩形(如图 4-22(a)中虚线所示)，二者的重心分别为 $C_1(x_1, y_1)$、$C_2(x_2, y_2)$，面积分别为 $A_1$ 和 $A_2$。由图可以求出

$$x_1 = 10\text{mm},\quad y_1 = 110\text{mm},\quad A_1 = 180\text{mm}\times 20\text{mm} = 3600\text{mm}^2$$

$$x_2 = 80\text{mm},\quad y_2 = 10\text{mm},\quad A_1 = 160\text{mm}\times 20\text{mm} = 3200\text{mm}^2$$

将上述数值代入式(4-10)，得 L 形截面的重心坐标为

$$x_C = \frac{\sum A_i x_i}{\sum A_i} = \frac{A_1 x_1 + A_2 x_2}{A_1 + A_2} = 42.9\text{mm}$$

$$y_C = \frac{\sum A_i y_i}{\sum A_i} = \frac{A_1 y_1 + A_2 y_2}{A_1 + A_2} = 62.9\text{mm}$$

本题也可用负面积法求解。将 L 形截面图形看作在大矩形上切去一个小矩形，如图 4-22(b)所示，大、小矩形的重心分别为 $C_1(x_1, y_1)$、$C_2(x_2, y_2)$，面积分别为 $A_1$ 和 $A_2$。由图可以求出

$$x_1 = 80\text{mm},\quad y_1 = 100\text{mm},\quad A_1 = 160\text{mm}\times 200\text{mm} = 32\,000\text{mm}^2$$

$$x_2 = 90\text{mm},\quad y_2 = 110\text{mm},\quad A_1 = -140\text{mm}\times 180\text{mm} = -25\,200\text{mm}^2$$

则 L 形截面的重心坐标为

$$x_C = \frac{\sum A_i x_i}{\sum A_i} = \frac{A_1 x_1 + A_2 x_2}{A_1 + A_2} = 42.9\text{mm}$$

$$y_C = \frac{\sum A_i y_i}{\sum A_i} = \frac{A_1 y_1 + A_2 y_2}{A_1 + A_2} = 62.9\text{mm}$$

两种方法求得的结果完全相同。

**讨论**：上面所得截面图形形心坐标是在图示坐标系下的结果，当选取不同坐标系时，所得结果是不相同的。但形心相对图形的位置是不变的。

# 学习方法和要点提示

本章主要介绍了与工程实际紧密结合的三个有关静力学专题：平面简单桁架的内力计算、考虑摩擦时物体的平衡问题及平行力系中心和物体重心。

(1) 平面桁架是平面力系在工程结构中的具体应用。节点法类同于平面汇交力系方法求解，截面法类同于物体系统的平衡方程求解。具体求解步骤如下：①一般先以整体为研究对象，可以求出桁架的支座反力。②在求解之前最好判别桁架中所有零力杆，以简化过程。③根据题目要求选取节点解析法或截面法求解杆件的内力。如果采用节点法，则从只包含两个未知量的节点着手，逐个选取桁架节点为研究对象，作出节点受力图，利用平面汇交力系的平衡方程，求解各杆的内力；如果采用截面法则适当选取截面，假想将桁架截开，使桁架分成两部分，取其中一部分为研究对象，作出受力图，应用平面任意力学的平衡方程求解，被截断杆件的内力不要超过三个。有时为了求解简捷也可联合应用节点法和截面法。④注意：在计算杆件的内力时总是假定杆件受拉力，即杆件对节点的力指向背离节点；最后可以通过非独立的平衡方程作为校核方程。

(2) 当物体的接触面处于相对静止时，静摩擦力是在一个有限范围内的未知力，即

$$0 \leqslant F_s \leqslant F_{max} = f_s F_N$$

式中，$F_s$ 和 $F_N$ 是彼此独立的未知量，应由力系的平衡方程确定。只有在即将滑动的临界状态下，最大静滑动摩擦力 $F_{max} = f_s F_N$。静摩擦力的方向与两物体接触处的相对滑动趋势的方向相反。

(3) 在画受力图时，只要在接触处出现滑动摩擦力，必须在该处画出相应的法向约束反力。这两个力也可以说是“成对”出现的，初学者容易漏画相应的法向约束反力。当然，在光滑接触处，只有法向约束力，没有相应的摩擦力。

(4) 在判断两物体接触处是否处于相对静止并求摩擦力时，可以首先假设接触处为相对静止，根据力系的平衡方程求出摩擦力的大小和方向。对于简单问题，摩擦力的指向可以预先假定，如果求得某摩擦力为负值，表示该摩擦力的真实指向与原先假定的指向相反。然后，把从力系平衡方程中求得的摩擦力 $F_s$ 与最大静滑动摩擦力 $F_{max}$ 进行比较。若 $F_s < F_{max}$，则两物体的接触处为相对静止；若 $F_s = F_{max}$，则两物体的接触处为即将滑动的临界平衡状态；若 $F_s > F_{max}$，则两物体的接触处已产生相对滑动，滑动的动摩擦力为 $F_s = f_d F_N$，$f_d$ 是动滑动摩擦系数，一般比静滑动摩擦系数要小一些。

(5) 当研究物体处于相对静止的平衡问题时，除了写出力系的平衡方程外，还要写出反映摩擦性质的不等式(如 $F_s \leqslant F_{max}$，$\varphi \leqslant \varphi_f$，$M_f = M_{max}$)，并联立求解。有时为了避免采用不等式，可以先考虑平衡的某些临界情况，采用等式(如 $F_s = F_{max}$，$\varphi = \varphi_f$，$M_f = M_{max}$)进行计算。然后，分析有关参数的变化趋势，把结果改写为不等式或某一容许的平衡范围。

(6) 如果两物体接触处的相对运动或者相对运动趋势已经确定时，则摩擦力的指向可以相应确定。如果两物体接触处的相对运动或者相对运动趋势不能预先确定时，则要根据可能发生的相对运动或相对运动趋势，分别判断摩擦力的方向，并对可能发生的各种情况(如相对滑动趋势、相对滑动、倾倒等)分别进行分析、计算和比较，最后得出正确解答。

(7) 两物体接触处之间相互作用的摩擦力、法向约束反力、全约束反力、滚阻力偶等仍

遵守作用力与反作用力的关系。当研究对象为某一物体系时，系统内物体之间相互作用的上述力（包括摩擦力）也是内力，因而不要画在物体系的受力图上。

（8）在求物体重心时，实际上是求组成物体的各微小部分的重力所组成的平行力系的中心。对于简单形状均质物体的重心，一般可应用积分法进行计算或直接通过查工程手册得到，对于复杂形状均质物体的重心可应用分割法或负面积法求得。当物体具有对称轴或对称面时，只要计算重心在对称轴或对称面上的位置。

## 思 考 题

**4-1** 不经计算，试判断图 4-23 所示桁架中哪些杆是零杆？

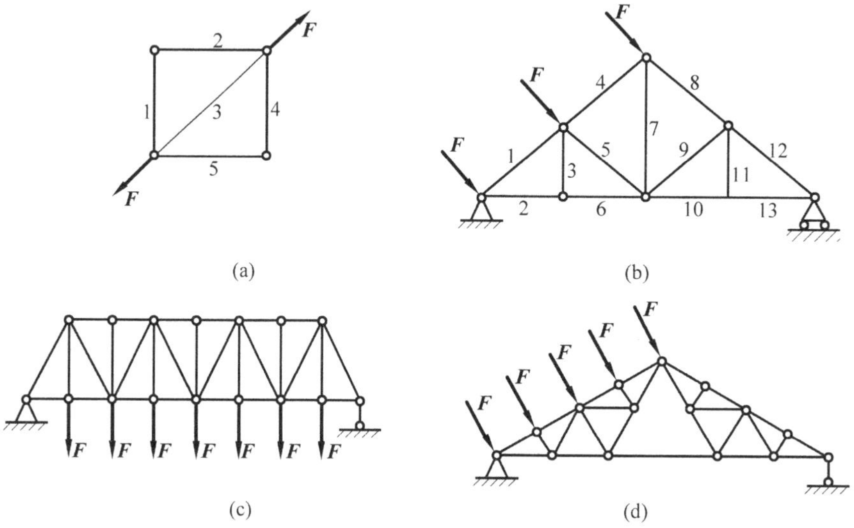


图 4-23

**4-2** 如图 4-24 所示，已知一重为 $P=100\text{N}$ 的物块放在水平面上，其静摩擦因数 $f_s=0.3$。当作用在物块上的水平推力 $F$ 分别为 10N，20N，40N 时，分析这三种情形下，物块是否平衡？摩擦力等于多少？

**4-3** 已知一物块重 $P=100\text{N}$，用水平力 $F=500\text{N}$ 的力压在一铅垂表面上，如图 4-25 所示，其静摩擦因数 $f_s=0.3$，此时物块所受的摩擦力等于多少？

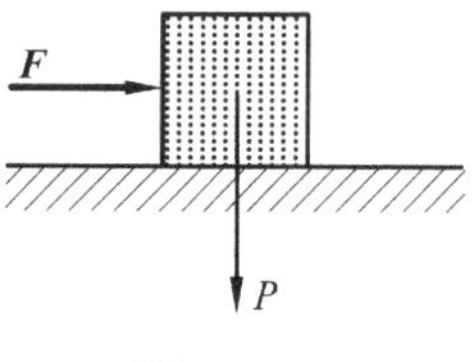


图 4-24

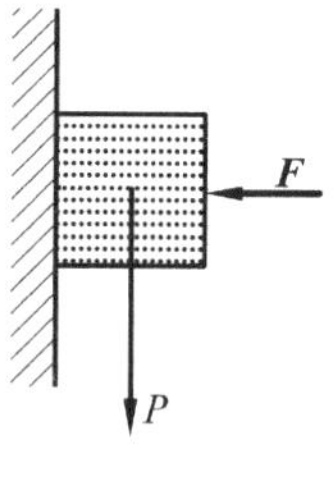


图 4-25

**4-4**　物块重 $\boldsymbol{F}_G$，放置在粗糙的水平面上，接触处的静摩擦因数 $f_s = 0.3$。要使物块沿水平面向右滑动，可施加拉力和推力 $\boldsymbol{F}$（图 4-26），问哪种施力方法省力？

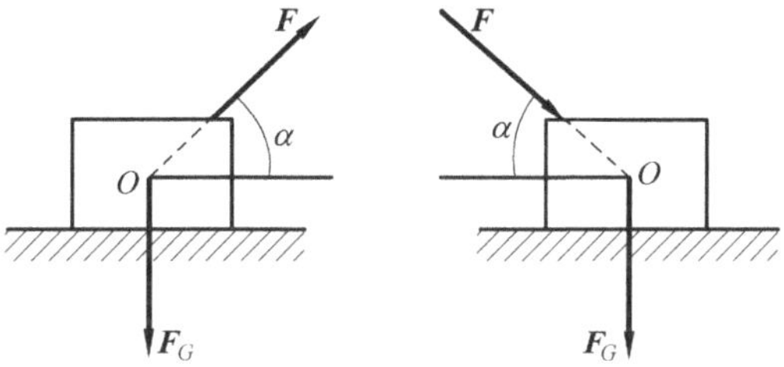


图　4-26

**4-5**　如图 4-27 所示，试比较用同样材料、在相同的粗糙度和相同的胶带压力 $\boldsymbol{F}$ 作用下，平胶带与三角胶带所能传递的最大拉力。

**4-6**　如图 4-28 所示，砂石与胶带间的静摩擦因数 $f_s = 0.5$，问输送带的最大倾角 $\theta$ 为多大？

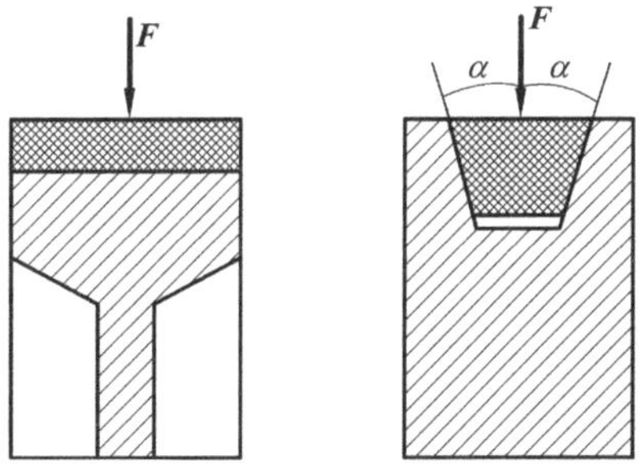


图　4-27

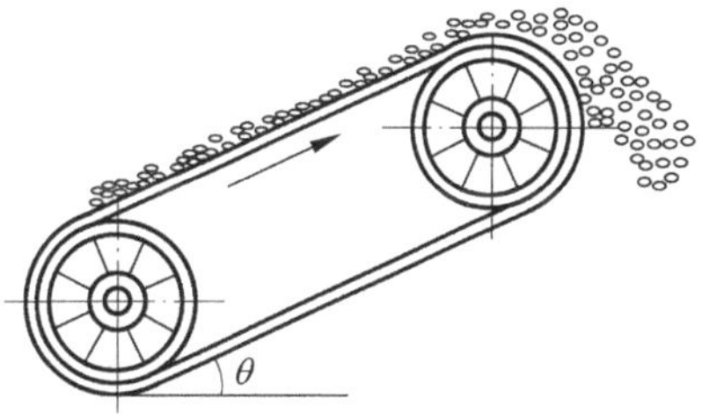


图　4-28

**4-7**　物块重 $\boldsymbol{P}$，一力 $\boldsymbol{F}$ 作用在摩擦角之外，如图 4-29 所示。已知 $\theta = 25°$，摩擦角 $\varphi_f = 20°$，且力 $F = P$。问物块动不动？为什么？

**4-8**　汽车匀速水平行驶时，地面对车轮有滑动摩擦也有滚动摩阻，车轮只滚不滑。汽车前轮受车身施加的一个向前推力 $\boldsymbol{F}_1$ 作用（图 4-30(a)），而后轮受一驱动力偶 $M$，并受车身向后的力 $\boldsymbol{F}_2$ 作用（图 4-30(b)）。试画全前、后轮的受力图。又如何求其滑动摩擦力？是否等于其动摩擦力？是否等于其最大静摩擦力？

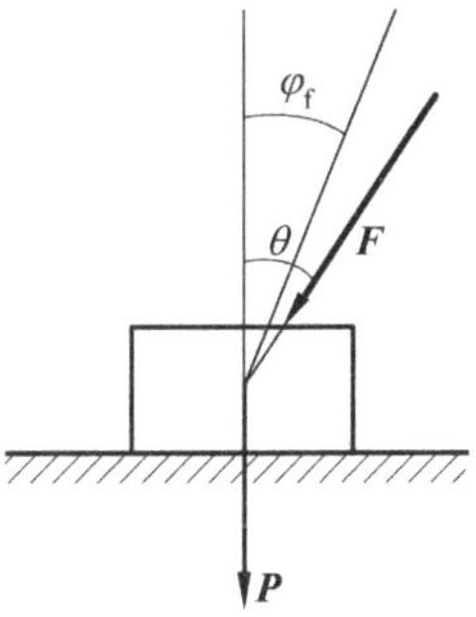


图　4-29

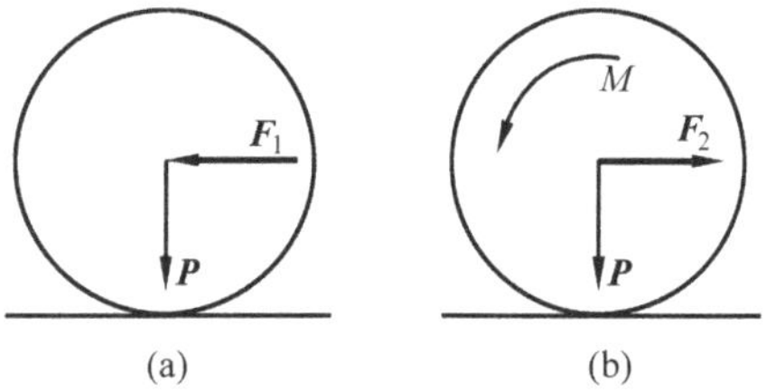


图　4-30

**4-9** 物体的重心位置是否一定在物体内部？为什么？试举例说明。

**4-10** 等截面均质直杆的重心在哪里？如果将直杆三等分折成Z形，杆的重心是否改变？为什么？

**4-11** 什么是物体的重心？什么是物体的质心？什么是物体的形心？它们的位置是否相同？

## 习　　题

**4-1** 平面桁架受力如图4-31所示，求各杆的内力。

**4-2** 用节点法求图4-32所示桁架中1、2杆的内力。

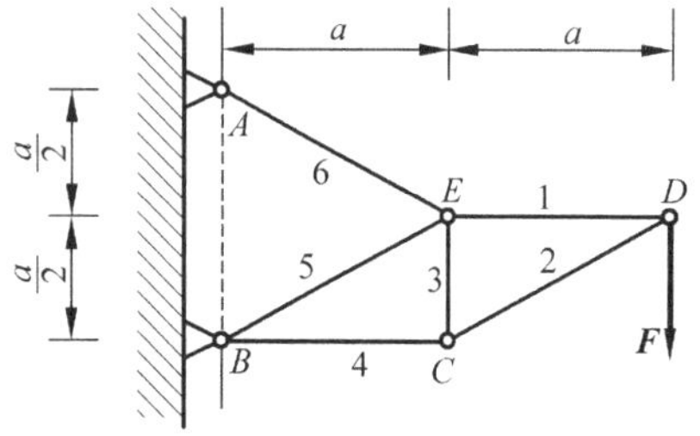


图　4-31

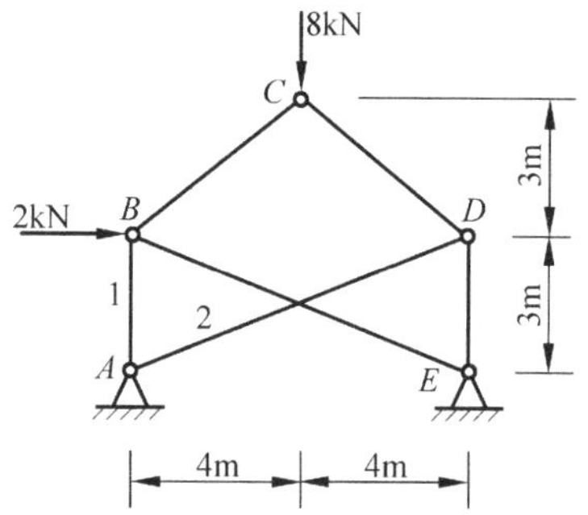


图　4-32

**4-3** 试计算图4-33所示桁架中杆3、4、7、8、9的内力。

**4-4** 平面桁架的支座和截面如图4-34所示，求杆1、2和3的内力。

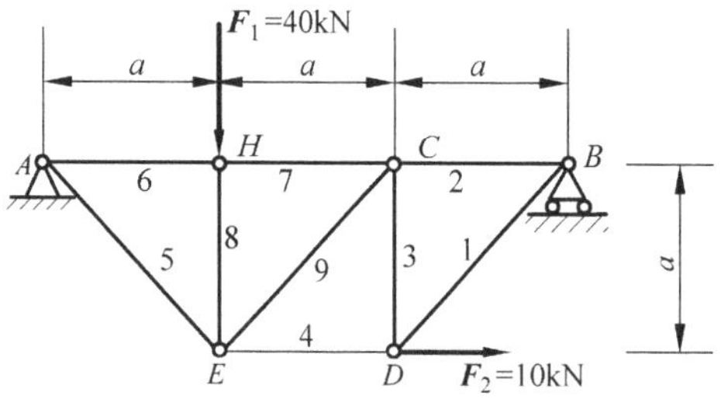


图　4-33

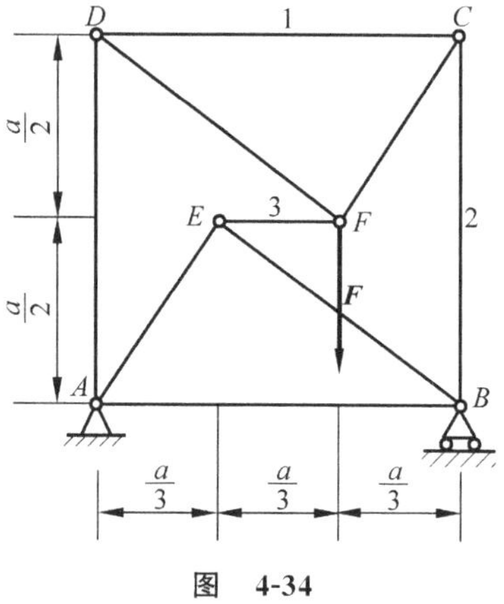


图　4-34

**4-5** 如图4-35所示，重 $\boldsymbol{W}$ 的物体放在倾角为 $\alpha$ 的斜面上，物体与斜面间的摩擦角为 $\varphi_{\mathrm{m}}$。如在物体上作用一个与斜面夹角为 $\theta$ 的力 $\boldsymbol{F}$，求拉动物体时的 $\boldsymbol{F}$ 值。并问当 $\theta$ 为何值时，此力为最小？

**4-6** 如图4-36所示，梯子 $AB$ 重 $\boldsymbol{W}$，上端靠在光滑墙上，下端放在粗糙的地板上，摩擦因数为 $f$。试问当梯子与地面间夹角 $\alpha$ 为何值时，体重 $\boldsymbol{W}_1$ 的人才能爬到梯子的顶点？

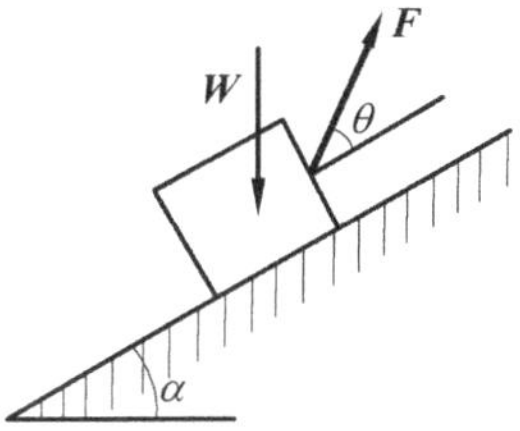

图　4-35

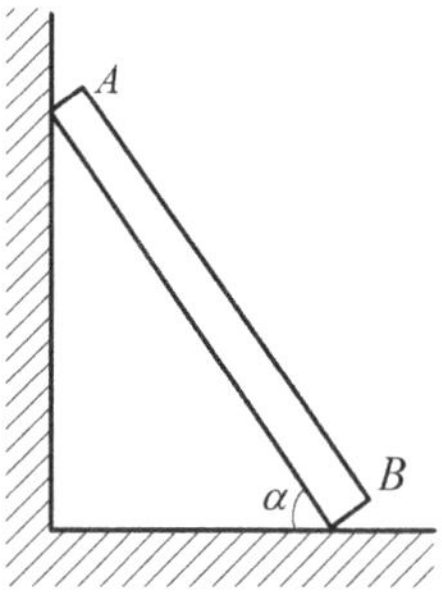

图　4-36

**4-7**　如图 4-37(a)所示，两物体 $A$、$B$ 叠放在水平面上。已知 $A$ 物重 $W_A=500\text{N}$，$B$ 物重 $W_B=200\text{N}$，两物块之间的静摩擦因数为 $f_1=0.25$，$B$ 块和水平面间的静摩擦因数为 $f_2=0.2$。求拉动物块 $B$ 所需的力 $\boldsymbol{F}$ 的最小值。若 $A$ 块被一根绳子拉住(见图(b))，此时力 $\boldsymbol{F}$ 的最小值又是多少？

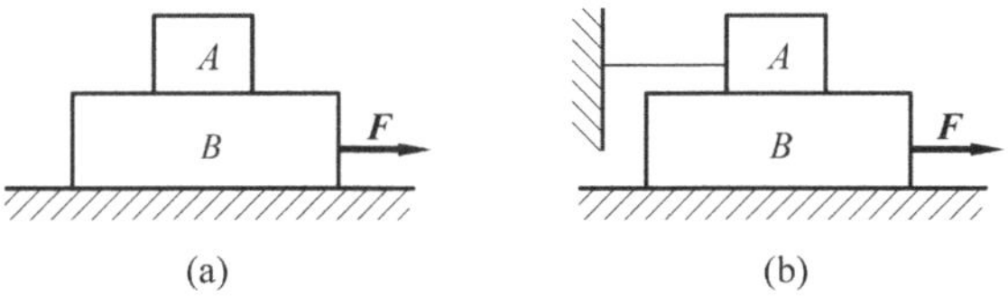

图　4-37

**4-8**　两根相同的均质杆 $AB$ 和 $BC$，在端点 $B$ 用光滑铰链连接，$A$、$C$ 端放在粗糙的水平面上，如图 4-38 所示。当 $ABC$ 成等边三角形时，系统在铅直面内处于临界平衡状态。求杆端与水平面之间的摩擦因数。

**4-9**　水平板放在直角 V 形槽内，如图 4-39 所示。板长 $l$，略去板重，板与两个槽面之间的摩擦角均为 $\varphi_m$。若一个人在板上走动，试分析不使板滑动时人的走动范围。

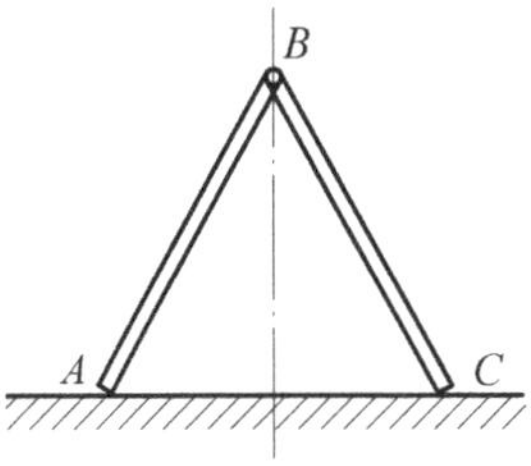

图　4-38

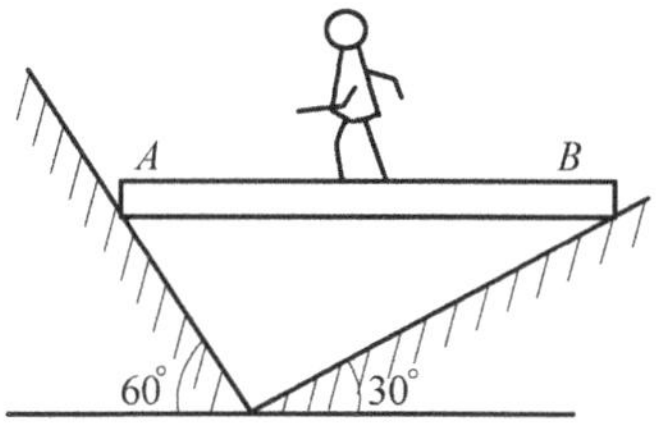

图　4-39

**4-10**　一个半径为 $R$，重为 $\boldsymbol{W}$ 的轮静止在水平面上，如图 4-40 所示。在轮中心有一凸出的轴，其半径为 $r$，并在轴上缠有细绳，此绳跨过光滑的滑轮 $A$，在端部系一重为 $\boldsymbol{W}_1$ 的物体。绳的 $AB$ 部分与铅直线成 $\alpha$ 角。求轮与水平面接触点处的滚动摩阻力偶矩、滑动摩擦力和法向约束力。

**4-11**　如图 4-41 所示，拖车的重量为 $\boldsymbol{W}$，以匀速爬上倾角为 $\alpha$ 的斜坡，车轮的半径为 $r$，拖车与斜面间的滚阻因数为 $\delta$，尺寸 $a$、$b$、$d$ 和 $h$ 如图所示。假设斜面与车轮间的静摩擦足以保证轮子滚动而不滑动，不计车轮重量，试求拖车所需的牵引力 $\boldsymbol{F}_T$。

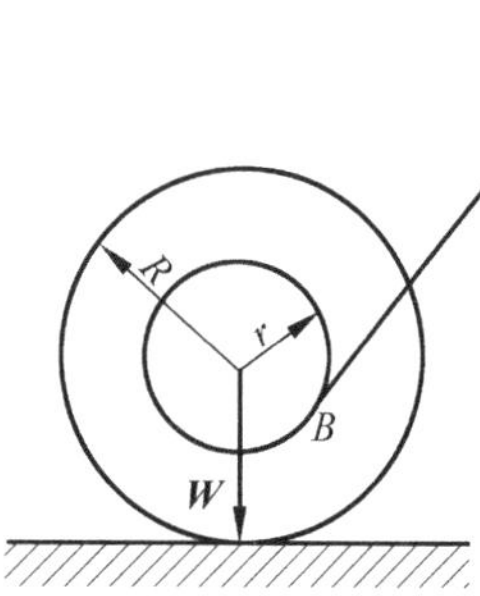

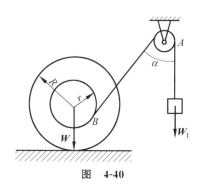

图 4-40

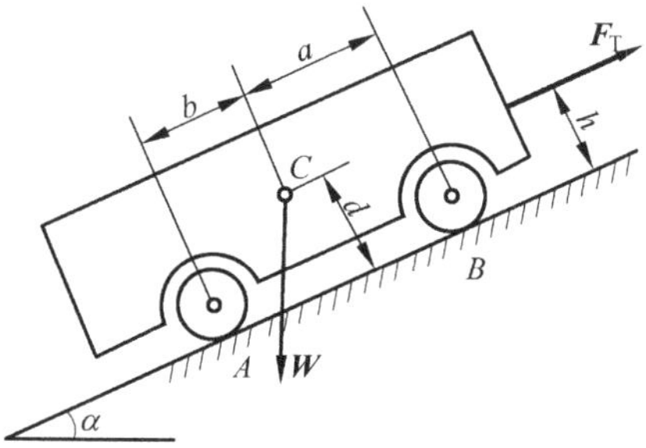


图 4-41

**4-12** 如图 4-42 所示，圆柱重 $W=200\text{N}$，半径 $r=100\text{mm}$，置于斜面上，静摩擦因数 $f=0.3$，滚阻系数 $\delta=1\text{mm}$，设沿斜面方向作用一离斜面 $h=90\text{mm}$ 的力 $\boldsymbol{F}$，试求平衡时 $\boldsymbol{F}$ 的最大值。

**4-13** 工字梁截面尺寸如图 4-43 所示，求截面形心位置。

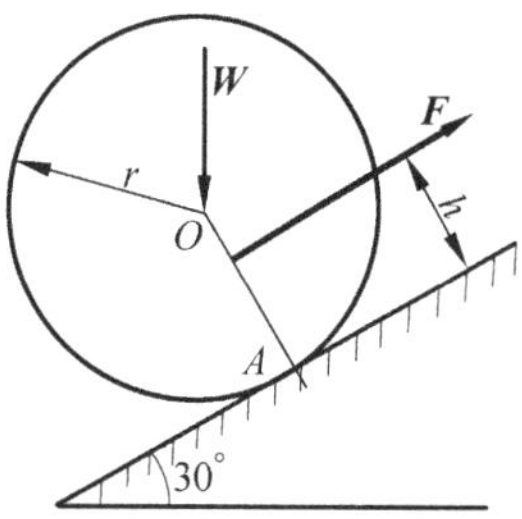


图 4-42

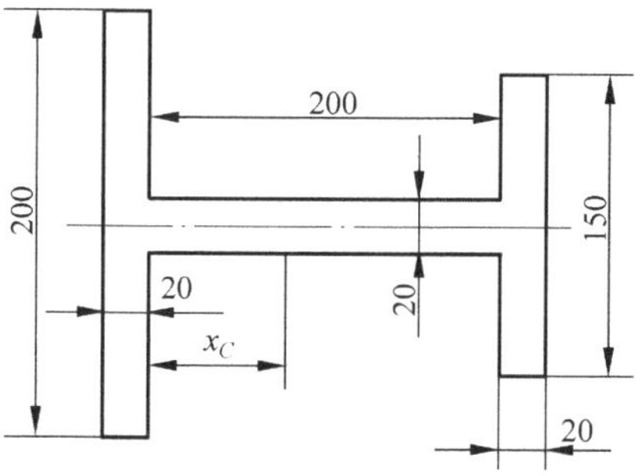


图 4-43

**4-14** 如图 4-44 所示，半径为 $r_1$ 的圆截面，距中心 $\dfrac{r_1}{2}$ 处有一半径为 $r_2$ 的小圆孔。试求此图形形心的位置。

**4-15** 求图 4-45 所示四分之一圆环的重心坐标。不计圆环截面尺寸。

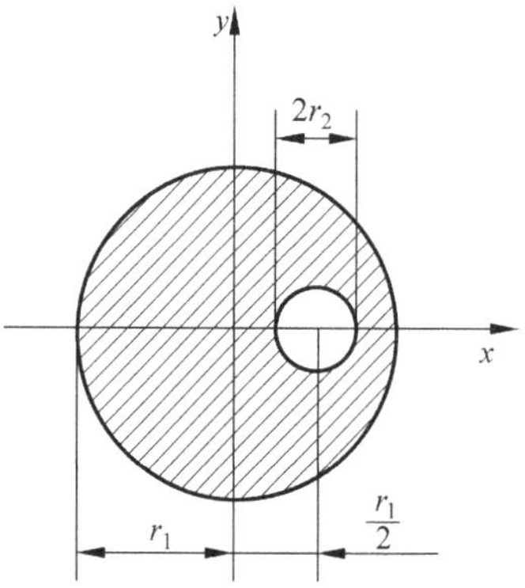


图 4-44

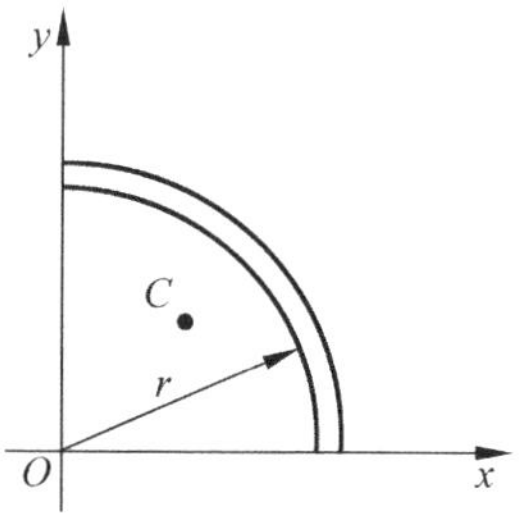


图 4-45

**4-16**　如图 4-46 所示，机床重 25kN，当水平放置时（$\theta=0°$），秤上读数为 17.5kN；当 $\theta=20°$时秤上读数为 15kN。试确定机床重心的位置。

**4-17**　如图 4-47 所示，均质物体由半径为 $r$ 的圆柱体和半径为 $r$ 的半球体组合而成。如果该物体的重心恰好位于半球体的中心点 $C$，求圆柱体的高度 $h$。

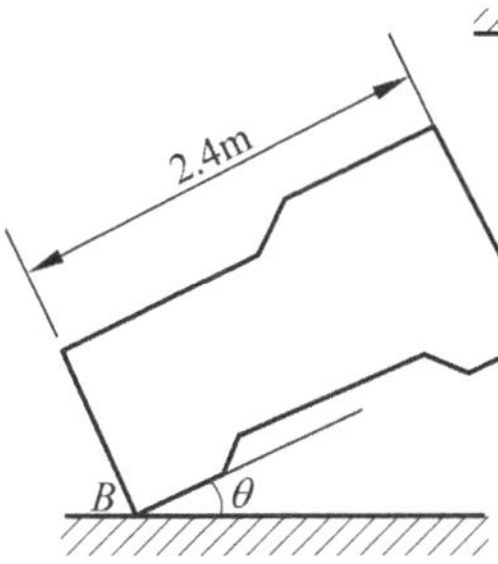


**图　4-46**

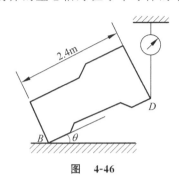

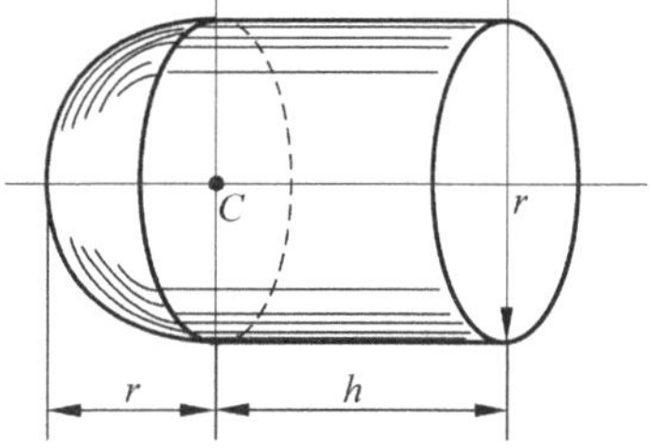


**图　4-47**

# 第二篇　运　动　学

运动学研究物体机械运动的几何性质。

运动学不考虑产生运动的原因，仅从几何的角度来研究物体的运动，描述物体运动过程中的几何量随时间的变化规律。运动学中涉及的主要参量有位置、位移、路程、轨迹、速度和加速度等。

描述一个物体的运动必须选取另一个物体作为**参考体**。与参考体固连的坐标系称为**参考坐标系**，简称**参考系**。参考系是参考体的抽象，不受参考体大小和形状的限制，可以无限延伸，即参考系应理解为与参考体所固连的整个空间。例如，在研究月球运动时，可以选取地球作为参考体，尽管地球本身远离月球但是作为固连在地球上的参考系则可以延伸到包含月球在内的整个宇宙太空。

同一个运动物体，相对于不同的参考系，其运动情况的描述不尽相同。例如，汽车行驶时，相对固连于车身的参考系，乘车人是静止的；相对固连于地面的参考系，乘车人则是运动的。所以在研究问题时，必须指明参考系。

在运动学中，把所考察的物体抽象为动点和刚体两种模型。一个物体究竟应当视为动点还是刚体，主要在于所讨论问题的性质，而不取决于物体本身的大小和形状。一般地说，当所考察物体的大小和形状不影响研究结果时，可将物体抽象为动点来研究，否则就要将物体视为刚体。例如，在研究地球的自转时，应将其视为刚体；而在研究它绕太阳公转的运动规律时，则可将其抽象为动点。

# 第5章

# 点的运动学和刚体的简单运动

## 本章提要

**【要求】**

(1) 能应用矢量法、直角坐标法和自然法确定点的运动；

(2) 能熟练地应用直角坐标法和自然法求点的速度和加速度；

(3) 掌握刚体平移、定轴转动的定义及特征；

(4) 掌握刚体定轴转动时的运动方程、角速度和角加速度；

(5) 能熟练计算定轴转动刚体上任一点的速度和加速度；

(6) 掌握转动系统中各物体之间的速度、加速度、角速度及角加速度的相互关系；

(7) 掌握齿轮和带轮传动的传动比。

**【重点】**

(1) 应用直角坐标法求点的运动方程、速度和加速度；

(2) 应用自然法求点沿已知轨迹的运动方程、速度、切向和法向加速度；

(3) 刚体定轴转动时的运动方程、角速度和角加速度；

(4) 定轴转动刚体上各点的速度和加速度。

**【难点】**

(1) 自然坐标系的正确理解；

(2) 用直角坐标法和自然法综合求解运动机构中点的运动方程、速度和加速度；

(3) 对刚体曲线平移概念的理解及其应用；

(4) 已知加速度函数式及初始条件求运动方程。

## 5-1 确定点运动的矢量法和直角坐标法

### 1. 矢量法

利用矢量描述点的运动的方法称为**矢量法**。

1) 点的运动方程

描述点的位置参量随时间连续变化规律的函数表达式称为点的**运动方程**。

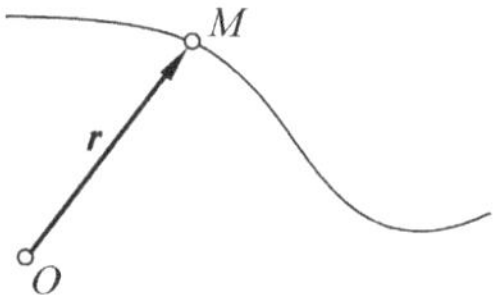


图 5-1

如图 5-1 所示，在参考体中选取一个固定点 $O$ 为原点，自原点 $O$ 向动点 $M$ 作矢量 $\boldsymbol{r}$，称 $\boldsymbol{r}$ 为动点 $M$ 相对于原点 $O$ 的**矢径**。矢径 $\boldsymbol{r}$ 是动点 $M$ 的位置参量，当动点 $M$ 在空间的位置随时间变化时，

矢径 $\boldsymbol{r}$ 亦随之连续变化，是时间 $t$ 的单值连续矢量函数，即有

$$\boldsymbol{r}=\boldsymbol{r}(t) \tag{5-1}$$

给定瞬时 $t$，得相应的矢径 $\boldsymbol{r}$ 即可确定该瞬时动点 $M$ 在空间的位置。式(5-1)称为**矢量形式点的运动方程**。

点在空间运动的路径称为点的**运动轨迹**。显然，在点 $M$ 的运动过程中，矢径 $\boldsymbol{r}$ 的端点在空间所划出的曲线就是点 $M$ 的运动轨迹。

2）点的速度

如图 5-2 所示，假设 $t$ 瞬时动点位于点 $M$，矢径为 $\boldsymbol{r}$；经过时间间隔 $\Delta t$ 后的 $t'$ 瞬时，动点位于点 $M'$，对应矢径为 $\boldsymbol{r}'$。矢径的增量 $\Delta\boldsymbol{r}=\boldsymbol{r}-\boldsymbol{r}'$ 称为动点在 $\Delta t$ 时间内的**位移**。定义

$$\boldsymbol{v}^{*}=\frac{\Delta\boldsymbol{r}}{\Delta t}$$

为动点在 $\Delta t$ 时间内的**平均速度**。

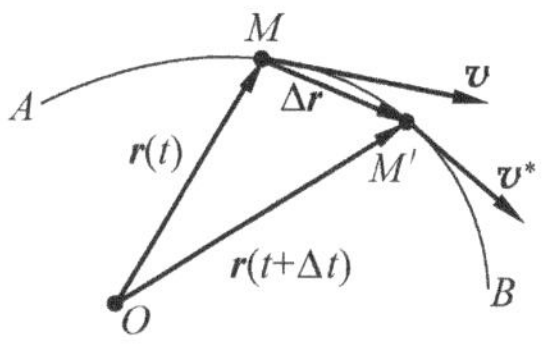

图　5-2

当 $\Delta t\to0$ 时，平均速度 $\boldsymbol{v}^{*}$ 的极限为

$$\boldsymbol{v}=\lim_{\Delta t\to0}\boldsymbol{v}^{*}=\lim_{\Delta t\to0}\frac{\Delta\boldsymbol{r}}{\Delta t}=\frac{\mathrm{d}\boldsymbol{r}}{\mathrm{d}t} \tag{5-2a}$$

$\boldsymbol{v}$ 定义为动点在 $t$ 瞬时的**速度，即点的速度等于矢径对时间的一阶导数**。速度是矢量，方向沿轨迹上点 $M$ 的切线，指向动点前进的方向(图 5-2)。速度的大小为 $|\boldsymbol{v}|$，它表明动点运动的快慢。在国际单位制中，速度的单位为 m/s(米/秒)。

3）点的加速度

定义

$$\boldsymbol{a}=\lim_{\Delta t\to0}\frac{\Delta\boldsymbol{v}}{\Delta t}=\frac{\mathrm{d}\boldsymbol{v}}{\mathrm{d}t}=\frac{\mathrm{d}^2\boldsymbol{r}}{\mathrm{d}t^2} \tag{5-3a}$$

为点的加速度。即**点的加速度等于点的速度矢对时间的一阶导数，也等于矢径对时间的二阶导数**。显然，加速度也是矢量，它反映了点的速度矢相对于时间的变化率。在国际单位制中，加速度的单位为 $\mathrm{m/s^2}$(米/秒$^2$)。

有时为了方便，在字母上方加“·”表示该量对时间的一阶导数；加“··”表示该量对时间的二阶导数。即式(5-2a)、式(5-3a)亦可写为

$$\boldsymbol{v}=\dot{\boldsymbol{r}} \tag{5-2b}$$

$$\boldsymbol{a}=\dot{\boldsymbol{v}}=\ddot{\boldsymbol{r}} \tag{5-3b}$$

### 2. 直角坐标法

利用直角坐标来描述点的运动的方法称为**直角坐标法**。

1）点的运动方程

在参考体上固连一直角坐标系 $Oxyz$，则动点 $M$ 的位置可用三个直角坐标 $x$、$y$、$z$ 来确定，如图 5-3 所示。当 $M$ 点在空间的位置随时间连续变化时，其坐标 $x$、$y$、$z$ 为时间 $t$ 的单值连续函数，即有

$$x=x(t),\quad y=y(t),\quad z=z(t) \tag{5-4}$$

式(5-4)称为**直角坐标形式的点的运动方程**。

从直角坐标形式的点的运动方程中消去时间参数 $t$，可得到点的**轨迹方程**。实际上，式(5-4)亦可直接视为带参数 $t$ 的点的轨迹方程。

2）点的速度

取矢径原点和直角坐标系原点重合(图 5-3)，则矢径 $\boldsymbol{r}$ 可表为

$$\boldsymbol{r}=x\boldsymbol{i}+y\boldsymbol{j}+z\boldsymbol{k} \tag{a}$$

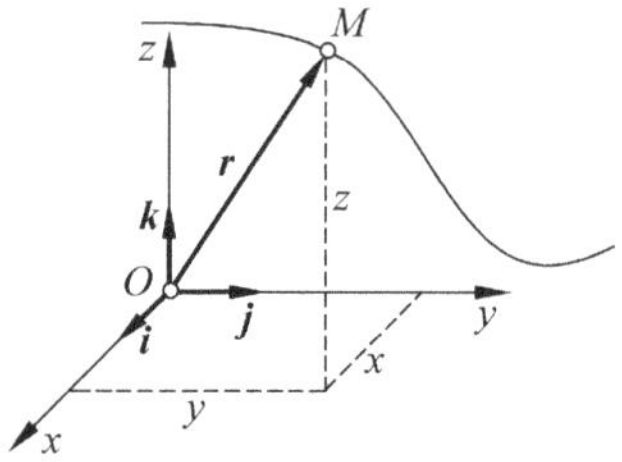


图 5-3

式中，$\boldsymbol{i}$、$\boldsymbol{j}$、$\boldsymbol{k}$ 分别为沿三个坐标轴的单位矢量。

将式(a)对时间 $t$ 求一阶导数，由于 $\boldsymbol{i}$、$\boldsymbol{j}$、$\boldsymbol{k}$ 是大小、方向都保持不变的常矢量，故有

$$\boldsymbol{v}=\frac{\mathrm{d}\boldsymbol{r}}{\mathrm{d}t}=\dot{x}\boldsymbol{i}+\dot{y}\boldsymbol{j}+\dot{z}\boldsymbol{k} \tag{5-5}$$

另一方面，若设动点 $M$ 的速度矢 $\boldsymbol{v}$ 在三个坐标轴上的投影分别为 $v_x$、$v_y$、$v_z$，则有

$$\boldsymbol{v}=v_x\boldsymbol{i}+v_y\boldsymbol{j}+v_z\boldsymbol{k} \tag{5-6}$$

比较上述两式，得到

$$v_x=\dot{x},\quad v_y=\dot{y},\quad v_z=\dot{z} \tag{5-7}$$

即**速度在直角坐标轴上的投影等于动点的对应坐标对时间的一阶导数**。

在求得 $v_x$，$v_y$，$v_z$ 后，速度 $\boldsymbol{v}$ 的大小和方向就可由它的三个投影完全确定，其大小、方向余弦分别为

$$v=\sqrt{v_x^2+v_y^2+v_z^2} \tag{5-8}$$

$$\cos(\boldsymbol{v},\boldsymbol{i})=\frac{v_x}{v},\quad \cos(\boldsymbol{v},\boldsymbol{j})=\frac{v_y}{v},\quad \cos(\boldsymbol{v},\boldsymbol{k})=\frac{v_z}{v} \tag{5-9}$$

3）点的加速度

设动点 $M$ 的加速度矢 $\boldsymbol{a}$ 在直角坐标轴上的投影为 $a_x$、$a_y$、$a_z$，则有

$$\boldsymbol{a}=a_x\boldsymbol{i}+a_y\boldsymbol{j}+a_z\boldsymbol{k} \tag{5-10}$$

由式(5-6)又得

$$\boldsymbol{a}=\frac{\mathrm{d}\boldsymbol{v}}{\mathrm{d}t}=\dot{v}_x\boldsymbol{i}+\dot{v}_y\boldsymbol{j}+\dot{v}_z\boldsymbol{k} \tag{5-11}$$

比较上述两式，即得加速度在直角坐标轴上的投影

$$a_x=\dot{v}_x=\ddot{x},\quad a_x=\dot{v}_y=\ddot{y},\quad a_x=\dot{v}_z=\ddot{z} \tag{5-12}$$

即**加速度在直角坐标轴上的投影等于速度在同一坐标轴上的投影对时间的一阶导数，也等于动点的对应坐标对时间的二阶导数**。

若已知加速度投影为 $a_x$、$a_y$、$a_z$，则加速度的大小和方向余弦分别为

$$a=\sqrt{a_x^2+a_y^2+a_z^2} \tag{5-13}$$

$$\cos(\boldsymbol{a},\boldsymbol{i})=\frac{a_x}{a},\quad \cos(\boldsymbol{a},\boldsymbol{j})=\frac{a_y}{a},\quad \cos(\boldsymbol{a},\boldsymbol{k})=\frac{a_z}{a} \tag{5-14}$$

上述讨论的是最一般的三维空间问题。若动点在已知平面 $Oxy$ 内运动，则只要在上述有关结论中令坐标 $z=0$ 即可。其相应的运动方程、速度方程和加速度方程分别为

$$x=x(t),\quad y=y(t) \tag{5-15}$$

$$v_x=\dot{x}(t),\quad v_y=\dot{y}(t) \tag{5-16}$$

$$a_x=\dot{v}_x=\ddot{x}(t),\quad v_y=\dot{v}_y=\ddot{y}(t) \tag{5-17}$$

**【例 5-1】** 如图 5-4 所示，椭圆规的曲柄 $Oxy$ 可绕定轴 $O$ 转动，其端点 $C$ 与规尺 $AB$ 的中点以铰链连接，规尺的两端分别在互相垂直的滑槽中运动，$P$ 为规尺上的一点。已知 $OC=AC=BC=l$、$PC=d$、$\varphi=\omega t$($\omega$ 为常数)，试求点 $P$ 的运动方程、运动轨迹、速度和加速度。

**解**：取直角坐标系 $Oxy$ 如图 5-4 所示，由几何关系易得，点 $P$ 的运动方程为

$$\left.\begin{aligned} x&=(AC+CP)\cos\varphi=(l+d)\cos\omega t\\ y&=(CB-CP)\sin\varphi=(l-d)\sin\omega t\end{aligned}\right\} \tag{a}$$

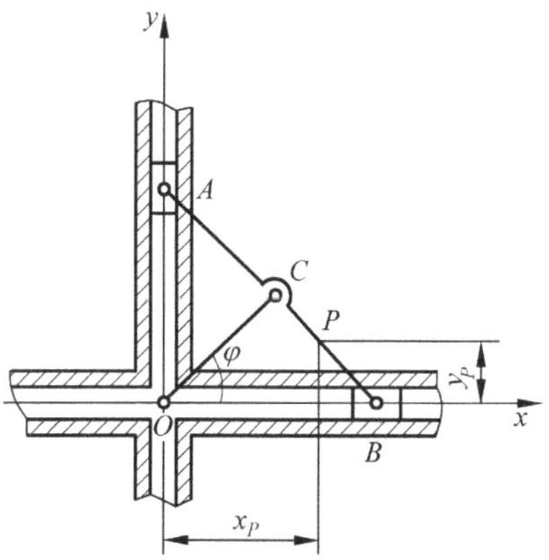


**图　5-4**

从上述运动方程中消去时间参数 $t$，得点 $P$ 的轨迹方程

$$\frac{x^2}{(l+d)^2}+\frac{y^2}{(l-d)^2}=1$$

可见，轨迹是一个长轴半径为 $l+d$、短轴半径为 $l-d$ 的椭圆。

将式(a)对时间 $t$ 求一阶导数，得点 $P$ 的速度在 $x$、$y$ 轴上的投影

$$\left.\begin{aligned} v_x&=\dot{x}=-(l+d)\omega\sin\omega t\\ v_y&=\dot{y}=(l-d)\omega\cos\omega t\end{aligned}\right\} \tag{b}$$

所以，点 $P$ 的速度的大小为

$$v=\sqrt{(v_x)^2+(v_y)^2}=\omega\sqrt{(l+d)^2\sin^2\omega t+(l-d)^2\cos^2\omega t}$$

方向余弦为

$$\cos(\boldsymbol{v},\boldsymbol{i})=\frac{v_x}{v}=-\frac{1}{\sqrt{1+\left(\dfrac{l-d}{l+d}\right)^2\cot^2\omega t}},\quad \cos(\boldsymbol{v},\boldsymbol{j})=\frac{v_y}{v}=-\frac{1}{\sqrt{1+\left(\dfrac{l+d}{l-d}\right)^2\tan^2\omega t}}$$

再将式(b)对时间 $t$ 求一阶导数，得点 $P$ 的加速度在 $x$、$y$ 轴上的投影

$$\left.\begin{aligned} a_x&=\dot{v}_x=\ddot{x}=-(l+d)\omega^2\cos\omega t\\ a_y&=\dot{v}_y=\ddot{y}=-(l-d)\omega^2\sin\omega t\end{aligned}\right\}$$

所以，点 $P$ 的加速度的大小为

$$a=\sqrt{(a_x)^2+(a_y)^2}=\omega^2\sqrt{(l+d)^2\cos^2\omega t+(l-d)^2\sin^2\omega t}$$

方向余弦为

$$\cos(\boldsymbol{a},\boldsymbol{i})=\frac{a_x}{a}=-\frac{1}{\sqrt{1+\left(\dfrac{l-d}{l+d}\right)^2\tan^2\omega t}},\quad \cos(\boldsymbol{a},\boldsymbol{j})=\frac{a_y}{a}=-\frac{1}{\sqrt{1+\left(\dfrac{l+d}{l-d}\right)^2\cot^2\omega t}}$$

**【例 5-2】** 如图 5-5 所示,套管 $A$ 由绕过定滑轮 $B$ 的绳索牵引而沿导轨上升,滑轮中心到导轨的距离为 $l$。当绳索以等速 $\boldsymbol{v}_0$ 下拉时,若不计滑轮尺寸,试求套管 $A$ 的速度和加速度(表示为 $x$ 的函数)。

**解**:套管 $A$ 沿导轨作直线运动,选取图示 $x$ 轴(图 5-5),并令 $AB=s$,由几何关系得

$$x^2=s^2-l^2 \tag{a}$$

将式(a)两边对时间 $t$ 求导,有

$$x\dot{x}=s\dot{s} \tag{b}$$

联立式(a)和式(b),并注意到 $\dot{s}=-v_0$,即得套管 $A$ 的速度为

$$v=\dot{x}=-\frac{v_0\sqrt{l^2+x^2}}{x}$$

将上式再对时间 $t$ 求导,整理即得套管 $A$ 的加速度为

$$a=\dot{v}=-\frac{v_0^2 l^2}{x^3}$$

式中,负号表示套管 $A$ 的速度和加速度的指向与 $x$ 轴的指向相反,即向上。

**【例 5-3】** 如图 5-6 所示,液压减震器的活塞在套筒内作直线往复运动,已知活塞的初速度为 $\boldsymbol{v}_0$;活塞的加速度 $\boldsymbol{a}=-k\boldsymbol{v}$ 已知,其中,比例系数 $k$ 为常数、$\boldsymbol{v}$ 为活塞速度。试求活塞的运动规律。

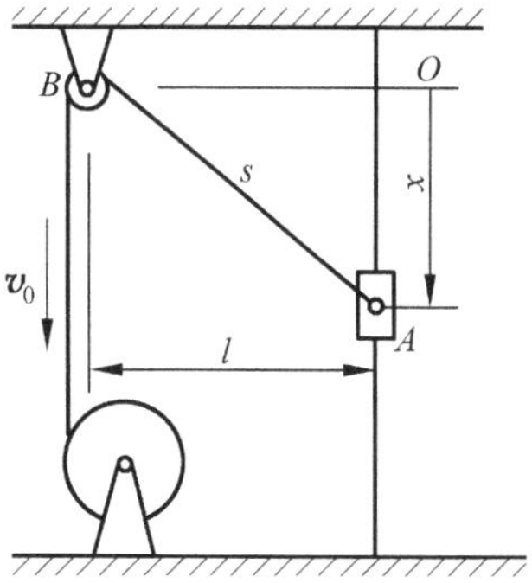

图 5-5

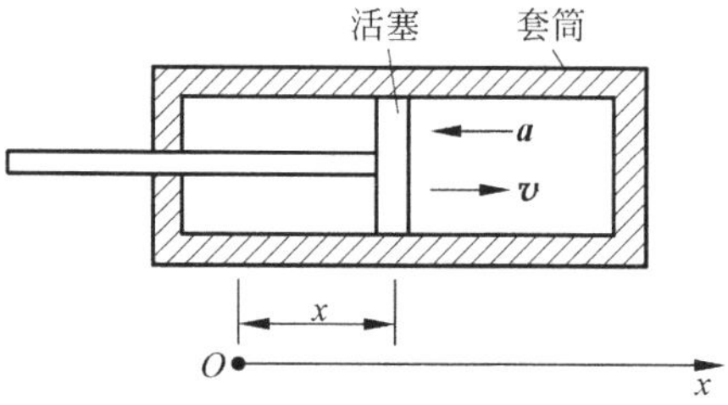

图 5-6

**解**:取图示坐标轴,活塞沿 $x$ 轴方向作直线往复运动。根据题意得

$$a=\frac{\mathrm{d}v}{\mathrm{d}t}=-kv$$

对上式分离变量后积分,即

$$\int_{v_0}^{v}\frac{1}{v}\mathrm{d}v=-k\int_0^t \mathrm{d}t$$

可得

$$\ln\frac{v}{v_0}=-kt$$

由此得活塞速度为

$$v = v_0 e^{-kt}$$

将 $v = \frac{dx}{dt}$ 代入上式，再次分离变量后积分

$$\int_{x_0}^{x} dx = v_0 \int_0^t e^{-kt} dt$$

解得活塞的运动方程为

$$x = x_0 + \frac{v_0}{k}(1 - e^{-kt})$$

式中，$x_0$ 为活塞的初始位置。

## 5-2 自 然 法

当点的运动轨迹已知时，可以利用运动轨迹建立参考系来描述点的运动。这种方法称为**自然法**。

### 1. 点的运动方程

如图 5-7 所示，动点 $M$ 沿已知轨迹运动。在轨迹上取一固定点 $O$ 作为原点，沿轨迹由原点 $O$ 至动点 $M$ 量取弧长 $s$，并规定弧长 $s$ 的正负号，称为**弧坐标**。这样，动点 $M$ 的位置即可用弧坐标 $s$ 来确定。当动点沿轨迹运动时，弧坐标 $s$ 是时间的单值连续函数，即有

$$s = s(t) \tag{5-18}$$

上式称为**弧坐标形式的点的运动方程**。

### 2. 曲率与自然坐标系

1）曲率

点作曲线运动时，运动的变化显然与轨迹曲线的弯曲程度密切相关。曲线的弯曲程度可用曲率来度量。

如图 5-8 所示，在曲线上取极为接近的两点 $M$ 和 $M'$，设其间弧长为 $\Delta s$；分别取过 $M$、$M'$ 点切线的单位矢量 $\boldsymbol{\tau}$、$\boldsymbol{\tau}'$，并过 $M$ 点作 $\boldsymbol{\tau}''$ 平行于 $\boldsymbol{\tau}'$，设 $\boldsymbol{\tau}$ 与 $\boldsymbol{\tau}''$ 的夹角为 $\Delta\varphi$。定义

$$\kappa = \lim_{\Delta t \to 0} \left| \frac{\Delta\varphi}{\Delta s} \right| = \left| \frac{d\varphi}{ds} \right| \tag{5-19a}$$

为曲线在 $M$ 点处的曲率。并定义曲率的倒数

$$\rho = \frac{1}{\kappa} = \frac{ds}{d\varphi} \tag{5-19b}$$

为曲线在 $M$ 点处的曲率半径。

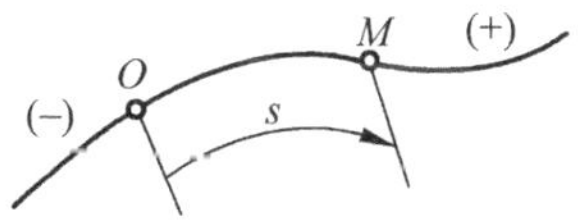


图 5-7

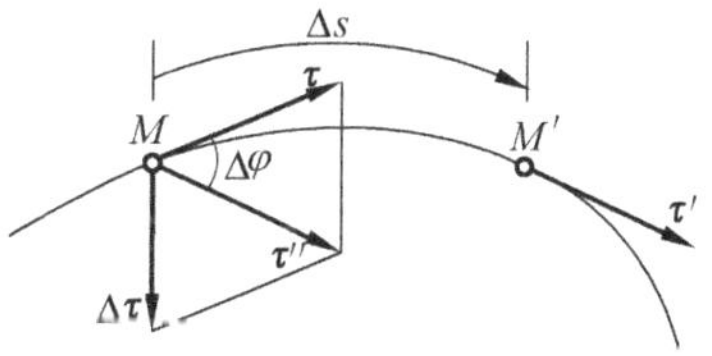


图 5-8

2）自然坐标系

在图 5-8 中，取沿 $M$ 点切线 $\boldsymbol{\tau}$ 的单位矢量为 $\boldsymbol{\tau}$，它指向弧坐标的正向。过点 $M$ 作一包含 $\boldsymbol{\tau}$ 与 $\boldsymbol{\tau}''$ 的平面，当 $M'$ 逐渐靠近 $M$ 时，该平面的极限位置称为曲线在 $M$ 点的**密切面**。如图 5-9 所示，过点 $M$ 作垂直于切线的**法面**，法面与密切面的交线 $MN$ 称为**主法线**，取沿主法线 $MN$ 的单位矢量为 $\boldsymbol{n}$，它指向曲线的凹侧。过点 $M$ 且垂直于切线与主法线的直线 $MB$ 称为**副法线**，取沿副法线的单位矢量为 $\boldsymbol{b}$，其指向由 $\boldsymbol{b}=\boldsymbol{\tau}\times\boldsymbol{n}$ 确定。以点 $M$ 为原点，以切线、主法线、副法线为坐标轴组成的正交坐标系称为曲线在点 $M$ 处的**自然坐标系**。

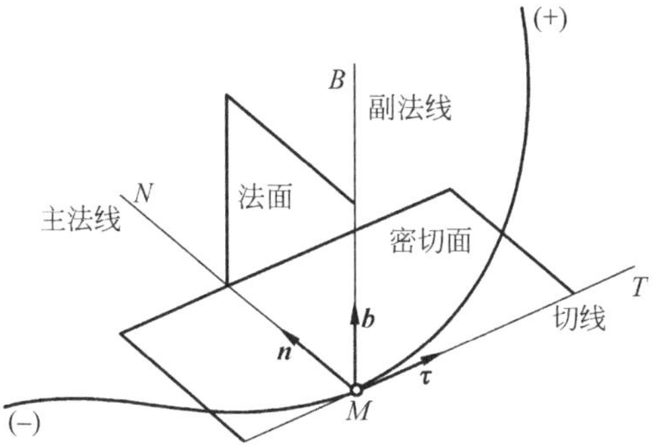


图 5-9

必须指出，随着点 $M$ 在轨迹上运动，$\boldsymbol{\tau}$，$\boldsymbol{n}$，$\boldsymbol{b}$ 的方向也在不断变动，即自然坐标系是沿曲线变动的运动坐标系。

当点 $M$ 作平面曲线运动时，密切面就是曲线所在的平面。

### 3. 速度与加速度

1）点的速度

由式(5-1)，点的速度为

$$\boldsymbol{v}=\frac{\mathrm{d}\boldsymbol{r}}{\mathrm{d}t}=\frac{\mathrm{d}\boldsymbol{r}}{\mathrm{d}s}\frac{\mathrm{d}s}{\mathrm{d}t}=v\frac{\mathrm{d}\boldsymbol{r}}{\mathrm{d}s}$$

式中，

$$\frac{\mathrm{d}\boldsymbol{r}}{\mathrm{d}s}=\lim_{\Delta t\to 0}\frac{\Delta\boldsymbol{r}}{\Delta s}$$

由于任意曲线的弦长与弧长之比的极限是 1，故此极限的模等于 1，方向则与 $\boldsymbol{\tau}$ 一致，即有 $\frac{\mathrm{d}\boldsymbol{r}}{\mathrm{d}s}=\boldsymbol{\tau}$，由此得速度为

$$\boldsymbol{v}=v\boldsymbol{\tau}=\dot{s}\boldsymbol{\tau} \tag{5-20}$$

式中，

$$v=\dot{s} \tag{5-21}$$

是一个代数量，为速度矢 $\boldsymbol{v}$ 在切线上的投影，即**速度的代数值等于弧坐标对时间的一阶导数**。$v$ 为正，则 $\boldsymbol{v}$ 的方向和 $\boldsymbol{\tau}$ 相同；$v$ 为负，则 $\boldsymbol{v}$ 的方向和 $\boldsymbol{\tau}$ 相反。

2）点的加速度

将式(5-20)对时间 $t$ 求导，得动点的加速度

$$\boldsymbol{a}=\dot{v}\boldsymbol{\tau}+v\dot{\boldsymbol{\tau}} \tag{5-22}$$

上式表明，加速度 $\boldsymbol{a}$ 可分为两个分量。第一个分量 $\dot{v}\boldsymbol{\tau}$ 反映了速度大小相对于时间的变化率，记作

$$\boldsymbol{a}_{\mathrm{t}}=a_{\mathrm{t}}\boldsymbol{\tau}=\dot{v}\boldsymbol{\tau}=\ddot{s}\boldsymbol{\tau} \tag{5-23}$$

因其方向沿着轨迹的切线方向，故称为**切向加速度**。其中，

$$a_{\mathrm{t}}=\dot{v}=\ddot{s} \tag{5-24}$$

是一个代数量，为加速度 $\boldsymbol{a}$ 在切线上的投影。当 $\boldsymbol{a}_{\mathrm{t}}$ 与 $\boldsymbol{v}$ 同号时，$\boldsymbol{a}_{\mathrm{t}}$ 与 $\boldsymbol{v}$ 同向，点作加速运动；当 $\boldsymbol{a}_{\mathrm{t}}$ 与 $\boldsymbol{v}$ 异号时，$\boldsymbol{a}_{\mathrm{t}}$ 与 $\boldsymbol{v}$ 反向，点作减速运动。

加速度 $\boldsymbol{a}$ 的第二个分量 $v\dot{\boldsymbol{\tau}}$ 则反映了速度方向相对于时间的变化率，记作

$$\boldsymbol{a}_{\mathrm{n}}=v\dot{\boldsymbol{\tau}}$$

不难证明

$$\dot{\boldsymbol{\tau}}=\frac{\mathrm{d}\boldsymbol{\tau}}{\mathrm{d}t}=\frac{v}{\rho}\boldsymbol{n}$$

式中，$\rho$ 为轨迹对应点处的曲率半径。

联立上述两式，即得

$$\boldsymbol{a}_{\mathrm{n}}=a_{\mathrm{n}}\boldsymbol{n}=\frac{v^2}{\rho}\boldsymbol{n} \tag{5-25}$$

上式表明，$\boldsymbol{a}_{\mathrm{n}}$ 沿主法线方向指向曲率中心，故称为**法向加速度**。其中

$$a_{\mathrm{n}}=\frac{v^2}{\rho} \tag{5-26}$$

恒为正值，为法向加速度的大小，亦可视为加速度 $\boldsymbol{a}$ 在主法线上的投影。

综上所述，在自然法中点的加速度矢为

$$\boldsymbol{a}=\boldsymbol{a}_{\mathrm{t}}+\boldsymbol{a}_{\mathrm{n}}=a_{\mathrm{t}}\boldsymbol{\tau}+a_{\mathrm{n}}\boldsymbol{n}=\frac{\mathrm{d}v}{\mathrm{d}t}\boldsymbol{\tau}+\frac{v^2}{\rho}\boldsymbol{n} \tag{5-27}$$

其大小为

$$a=\sqrt{a_{\mathrm{t}}^2+a_{\mathrm{n}}^2}=\sqrt{\left(\frac{\mathrm{d}v}{\mathrm{d}t}\right)^2+\left(\frac{v^2}{\rho}\right)^2} \tag{5-28}$$

方向用它和主法线所夹锐角的正切(图 5-10)来表示：

$$\tan\theta=\frac{|a_{\mathrm{t}}|}{a_{\mathrm{n}}} \tag{5-29}$$

式(5-27)表明，点作曲线运动时，其加速度永远在密切面内，沿副法线的分量恒为零。

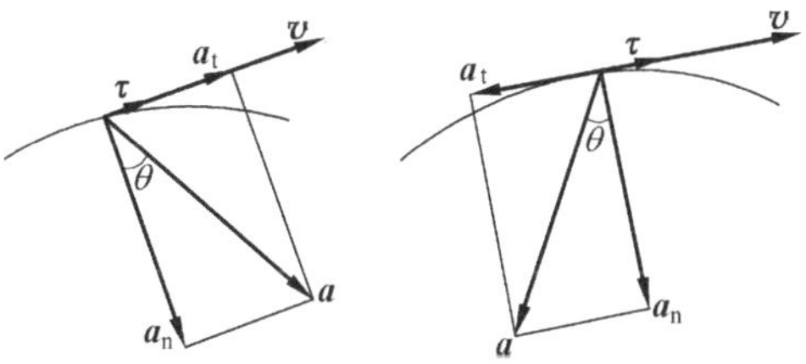


图　5-10

**4. 两种特殊运动**

1) 匀变速曲线运动

点作匀变速曲线运动时，$a_t$ 为常数。故将式(5-24)分离变量后积分，得

$$v=v_0+a_t t \tag{5-30}$$

式中，$v_0$ 为 $t=0$ 时点的速度。

将 $v=\frac{ds}{dt}$ 代入上式，再次分离变量后积分，得

$$s=s_0+v_0 t+\frac{1}{2}a_t t^2 \tag{5-31}$$

式中，$s_0$ 为 $t=0$ 时点的弧坐标。

从上面两个方程中消去时间参数 $t$，又得

$$v^2=v_0^2+2a_t(s-s_0) \tag{5-32}$$

2) 匀速曲线运动

点作匀速曲线运动时，$v$ 为常数，切向加速度 $a_t=0$，由式(5-21)和式(5-28)易得

$$s=s_0+vt \tag{5-33}$$

$$a=a_n=\frac{v^2}{\rho} \tag{5-34}$$

**【例 5-4】** 如图 5-11 所示，动点 $M$ 的轨迹由半径 $R_1=18\text{m}$、$R_2=24\text{m}$ 的 $AO$、$OB$ 两段圆弧组成，取两段圆弧的连接点 $O$ 为原点并规定弧坐标的正向，动点 $M$ 的运动方程为 $s=-t^2+4t+3$（$s$ 以 m 计，$t$ 以 s 计），试求：(1)当 $t=5\text{s}$ 时动点 $M$ 的速度和加速度的大小；(2)由 $t=0$ 至 $t=5\text{s}$ 动点 $M$ 所经过的路程。

**解**：(1) 计算速度和加速度

根据式(5-21)，将运动方程对时间 $t$ 求一阶导数得动点 $M$ 的速度方程为

$$v=\dot{s}=-2t+4 \tag{a}$$

故当 $t=5\text{s}$ 时，动点 $M$ 的速度为

$$v=-6\text{m/s}$$

负号表示速度指向弧坐标负向。

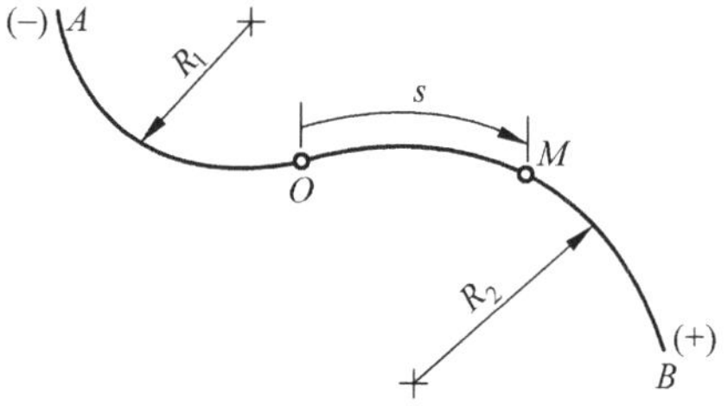

图 5-11

根据式(5-24)，再将速度方程式(a)对时间 $t$ 求一阶导数，得动点 $M$ 的切向加速度为

$$a_t=\dot{v}=-2\text{m/s}^2$$

当 $t=5\text{s}$ 时，弧坐标 $s=-2\text{m}$，即动点 $M$ 位于圆弧 $AO$ 上，故由式(5-26)，得动点 $M$ 的法向加速度为

$$a_n=\frac{v^2}{R_1}=2\text{m/s}^2$$

故当 $t=5\text{s}$ 时，动点 $M$ 的加速度为

$$a=\sqrt{a_t^2+a_n^2}=2\sqrt{2}\,\text{m/s}^2$$

(2) 计算路程

由式(a)可知，当 $t<2\text{s}$ 时，$v>0$，动点 $M$ 向弧坐标正向运动；当 $t=2\text{s}$ 时，$v=0$；当 $t>2\text{s}$ 时，$v<0$，动点 $M$ 向弧坐标负向运动。由此，得到点由 $t=0$ 至 $t=5\text{s}$ 所经过的路程为

$$|\Delta s|=|s(2)-s(0)|+|s(5)-s(2)|=|7-3|\text{ m}+|-2-7|\text{ m}=13\text{m}$$

**注意**：点的弧坐标与点的路程是两个完全不同的概念。前者是瞬时参量，是代数量(可正可负)，确定的是点在某一瞬时的位置；后者是过程参量，是标量(恒为正值)，确定的是点在一段时间内所经过的路程。两者不能混淆。

**【例 5-5】** 曲柄摇杆机构如图 5-12 所示，已知曲柄 $OA$ 长为 $r$，以等角速度 $\omega$ 绕轴 $O$ 转动；摇杆 $O_1B$ 长为 $l$，距离 $O_1O=r$。初始时曲柄 $OA$ 与点 $O_1$ 成一直线，试求摇杆 $O_1B$ 的端点 $B$ 的运动方程、速度和加速度。

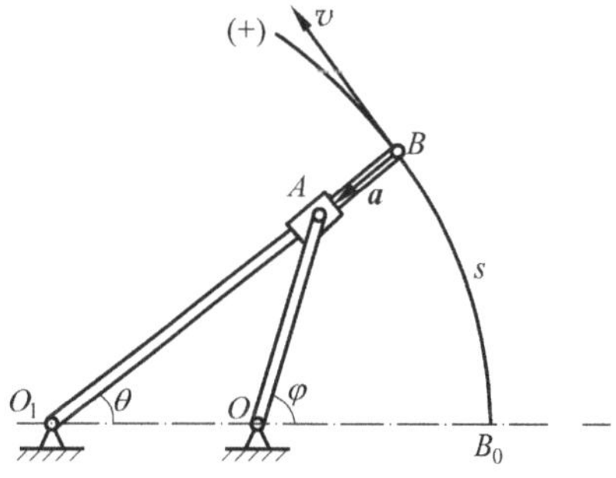


图 5-12

**解**：(1) 建立运动方程

点 $B$ 的轨迹是以 $O_1$ 为圆心、$O_1B$ 为半径的圆弧。采用自然坐标法。

取 $B$ 的初始位置 $B_0$ 为弧坐标原点，由图 5-12 得点 $B$ 的弧坐标为

$$s=O_1B\times\theta=l\theta$$

由于$\triangle OAO_1$ 是等腰三角形，故 $\varphi=2\theta$，且 $\varphi=\omega t$，代入上式，即得点 $B$ 沿已知轨迹的运动方程为

$$s=l\frac{\varphi}{2}=\frac{l}{2}\omega t$$

(2) 求速度和加速度

根据式(5-21)，对上式弧坐标求导，得点 $B$ 的速度为

$$v_B=\dot{s}=\frac{l}{2}\omega$$

方向垂直于 $O_1B$，指向与摇杆的转向一致(图 5-12)。

根据式(5-24)、式(5-26)，得点的切向加速度、法向加速度分别为

$$a_B^{\text{t}}=\ddot{s}=0,\quad a_B^{\text{n}}=\frac{v^2}{l}=\frac{l}{4}\omega^2$$

故点的全加速度大小为

$$a=a_B=a_B^{\text{n}}=\frac{l}{4}\omega^2$$

方向沿 $BO_1$ 指向 $O_1$，如图 5-12 所示。

**【例 5-6】** 如图 5-13 所示，半径为 $r$ 的圆轮沿水平直线轨道无滑动地滚动(简称纯滚动)。设圆轮在铅垂面内运动，且轮心 $C$ 的速度 $\boldsymbol{v}$ 为常量，试求：(1)轮缘上的点 $M$ 与地面接触时的速度和加速度；(2)点 $M$ 运动到最高处时轨迹的曲率半径 $\rho$。

**解**：(1) 建立运动方程

沿轮子滚动的方向建立图示直角坐标系 $Oxy$，取点 $M$ 与坐标原点 $O$ 重合时为运动初始时刻。由于圆轮作纯滚动，所以 $\overset{\frown}{MH}=\overset{\frown}{OH}=vt$，设在任意时刻 $t$ 圆轮的转角为 $\varphi$ (图 5-13)，

则有

$$\varphi = \frac{\overset{\frown}{MH}}{r} = \frac{vt}{r}$$

由几何关系可知，点 $M$ 的坐标为

$$\left.\begin{aligned} x &= OH - CM\sin\varphi \\ y &= CH - CM\cos\varphi \end{aligned}\right\}$$

故得点 $M$ 的运动方程为

$$\left.\begin{aligned} x &= r\varphi - r\sin\varphi = vt - r\sin\left(\frac{vt}{r}\right) \\ y &= r - r\cos\varphi = r - r\cos\left(\frac{vt}{r}\right) \end{aligned}\right\} \quad \text{(a)}$$

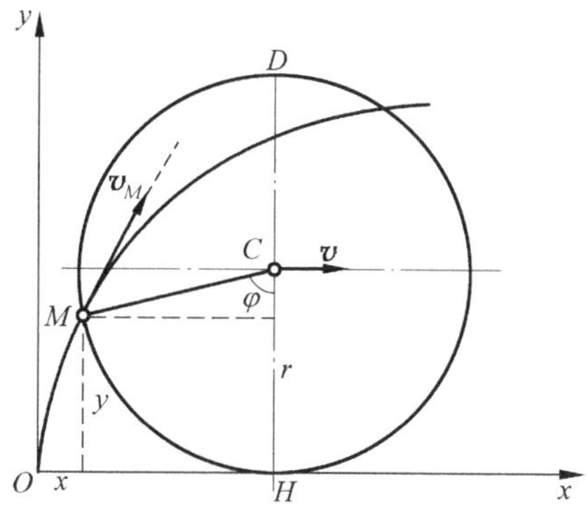

图 5-13

(2) 求点 $M$ 与地面接触时的速度和加速度

点 $M$ 的速度在坐标轴上的投影为

$$\left.\begin{aligned} v_x &= \dot{x} = r\dot{\varphi}(1 - \cos\varphi) \\ v_y &= \dot{y} = r\dot{\varphi}\sin\varphi \end{aligned}\right\} \quad \text{(b)}$$

点 $M$ 的速度大小为

$$v_M = \sqrt{(v_x)^2 + (v_y)^2} = \left|2v\sin\frac{\varphi}{2}\right| \quad \text{(c)}$$

点 $M$ 的加速度在坐标轴上的投影为

$$\left.\begin{aligned} a_x &= r\ddot{\varphi}(1 - \cos\varphi) + r\dot{\varphi}^2\sin\varphi \\ a_y &= r\ddot{\varphi}\sin\varphi + r\dot{\varphi}^2\cos\varphi \end{aligned}\right\} \quad \text{(d)}$$

当 $\varphi = 2n\pi(n = 0, 1, \cdots)$ 时，点 $M$ 与地面接触。由式(c)得此时点 $M$ 的速度为零；由式(d)得此时点 $M$ 的加速度在坐标轴上的投影为

$$a_x = 0, \quad a_y = r\dot{\varphi}^2 = \frac{v^2}{r} \quad \text{(e)}$$

即当点 $M$ 与地面接触时，其加速度的大小为 $\frac{v^2}{r}$，方向垂直于地面指向轮心 $C$。

(3) 求 $M$ 点运动到最高处时轨迹的曲率半径

当 $\varphi = \pi$ 时，$M$ 点运动到最高处。由式(c)、式(d)得，此时 $M$ 点的速度、加速度分别为

$$v_M = 2v, \quad a_x = r\ddot{\varphi}^2, \quad a_y = -r\dot{\varphi}^2 = -\frac{v^2}{r}$$

当点 $M$ 在最高处时，轨迹的切线方向为水平方向，且曲线向下弯曲，所以法向加速度的大小为

$$a_n = |a_y| = \frac{v^2}{r}$$

由式(5-26)即得轨迹的曲率半径为

$$\rho = \frac{v_M^2}{a_n} = 4r$$

点 $C$ 的轨迹是半径为 $l$ 的圆。

**【例 5-7】** 如图 5-14 所示，偏心轮半径为 $R$，绕轴 $O$ 转动，转角 $\varphi=\omega t$（$\omega$ 为常量），偏心距 $OC=e$，偏心轮带动顶杆 $AB$ 沿铅垂直线作往复运动，试求顶杆的运动方程和速度。

**解**：顶杆 $AB$ 作直线平移，其上任意一点的运动代表了顶杆的运动规律。采用直角坐标法，选取图示 $Oy$ 轴，忽略顶杆 $A$ 端小轮尺寸，由几何关系得顶杆（顶杆 $A$ 端）的运动方程为

$$y_A=OA=e\sin\varphi+R\cos\theta$$

由图可知

$$\sin\theta=\frac{e}{R}\cos\varphi$$

所以有

$$y_A=e\sin\omega t+\sqrt{R^2-e^2\cos^2\omega t}$$

将上述运动方程对时间 $t$ 求一阶导数，即得顶杆的速度为

$$v_A=\dot{y}_A=e\omega\cos\omega t+\frac{e^2\omega\sin2\omega t}{2\sqrt{R^2-e^2\cos^2\omega t}}$$

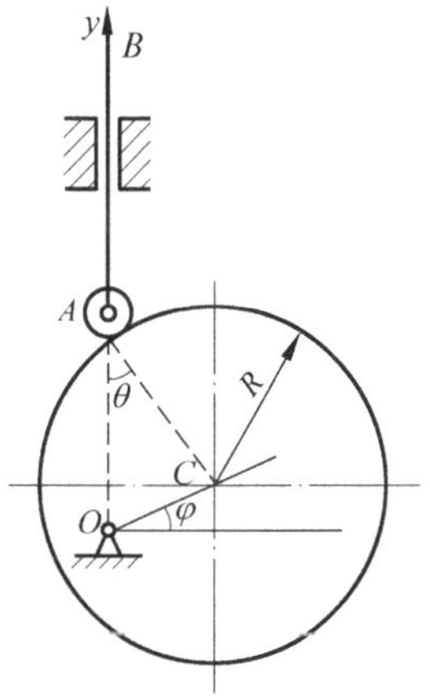

图　5-14

# 5-3　刚体的简单运动

刚体的平面运动分为平行移动、定轴转动和平面一般运动，而刚体的简单运动是指刚体的平行移动和定轴转动。

## 1. 刚体的平行移动

**刚体在运动过程中，其上任两点的连线始终与它的初始位置平行**。这种运动称为**刚体的平行移动**，简称**平移**（**或平动**）。平移刚体在工程中较为常见，例如，在水平直线轨道上行驶的车厢（图 5-15（a））；振动筛的筛体（图 5-15（b））等。刚体平移时，其上各点的轨迹如为直线，则称为**直线平移**；如为曲线，则称为**曲线平移**。上面所述的车厢即作直线平移；而振动筛的筛体则作曲线平移。

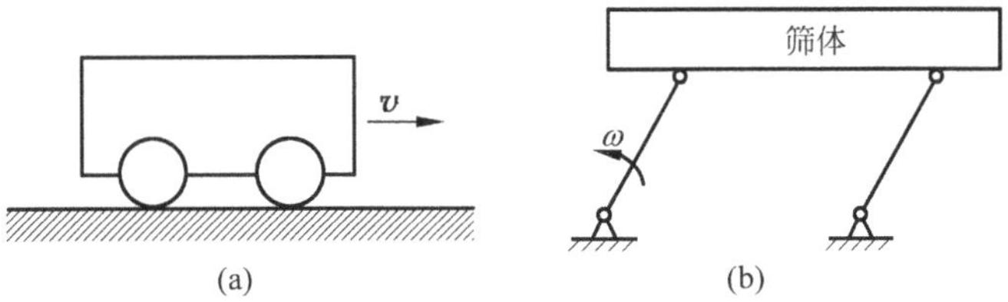

图　5-15

如图 5-16 所示，在平移刚体内任取两点 $A$ 和 $B$，令两点的矢径分别为 $\boldsymbol{r}_A$ 和 $\boldsymbol{r}_B$，并作由 $B$ 点指向 $A$ 点的矢量 $\boldsymbol{r}_{AB}$，显然有

$$\boldsymbol{r}_A=\boldsymbol{r}_B+\boldsymbol{r}_{AB}\tag{a}$$

由平移的定义知，$\boldsymbol{r}_{AB}$ 为常矢量。因此，在运动过程中，$A$、$B$ 两点的轨迹曲线的形状完全相同。

将式(a)两边对时间 $t$ 依次求一阶导数、二阶导数，由于 $\boldsymbol{r}_{AB}$ 为常矢量，即得

$$\boldsymbol{v}_A=\boldsymbol{v}_B,\quad \boldsymbol{a}_A=\boldsymbol{a}_B$$

从而有结论：

(1) **平移刚体上各点的轨迹形状相同。**

(2) **在每一瞬时，平移刚体上各点的速度、加速度均相等。**

可见，对于平移刚体，只要知道其上任一点的运动就知道了整个刚体的运动。所以，研究刚体的平移，可以归结为研究平移刚体内任一点的运动。平移刚体运动学问题也就转化为点的运动学问题。

### 2. 定轴转动

刚体运动时，若其上(或其扩展部分)有一条直线始终保持不动，则称这种运动为**定轴转动**。这条固定的直线称为**转轴**(图 5-17)。定轴上各点的速度和加速度均恒为零，其他各点均围绕定轴上相应点作圆周运动。电动机转子、机床主轴、传动轴等的运动都是定轴转动的例子。

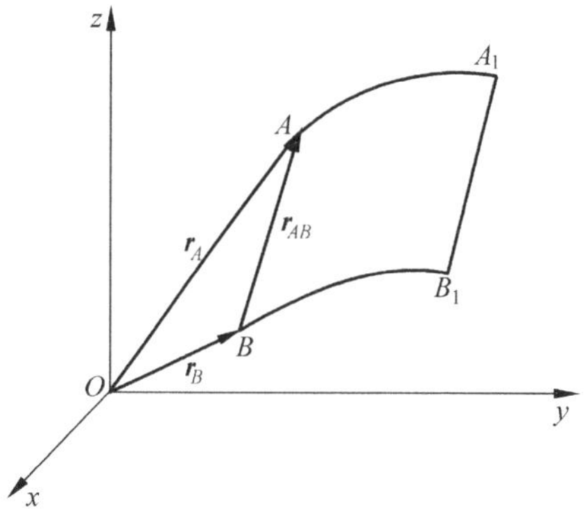


图 5-16

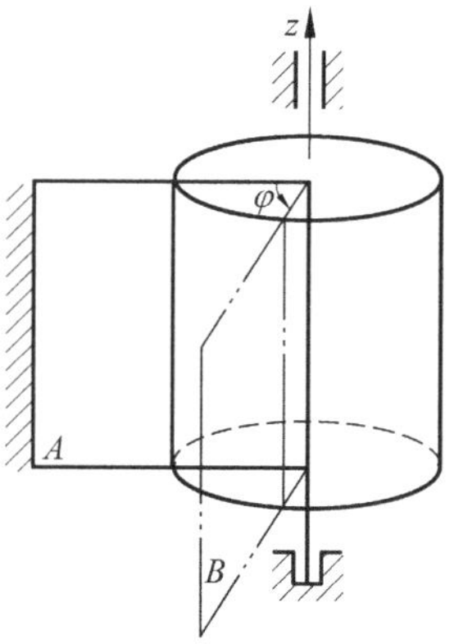


图 5-17

1) 转动方程

设有一刚体绕定轴 $z$ 转动，如图 5-17 所示，为确定刚体在任一瞬时的位置，可通过转轴 $z$ 作两个平面：平面 $A$ 固定不动，称为定平面；平面 $B$ 与刚体固连、随刚体一起转动，称为动平面。

任一瞬时刚体的位置，可以由动平面 $B$ 与定平面 $A$ 之间的夹角 $\varphi$ 确定，称为刚体的转角。转角 $\varphi$ 为代数量，其正、负号规定如下：从转轴的正向向负向看逆时针方向为正；反之为负。当刚体转动时，转角 $\varphi$ 随时间 $t$ 变化，是时间的单值连续函数，即

$$\varphi=\varphi(t) \tag{5-35}$$

这一方程称为刚体的**转动方程**，它描述了刚体转动时任一时刻的位置。

2) 角速度

为度量刚体转动的快慢和转向，引入角速度的概念。设在时间间隔 $\Delta t$ 内，刚体转角的改变量为 $\Delta\varphi$，则刚体的瞬时角速度定义为

$$\omega=\lim_{\Delta t\to 0}\frac{\Delta\varphi}{\Delta t}=\frac{\mathrm{d}\varphi}{\mathrm{d}t}=\dot{\varphi} \tag{5-36}$$

即**刚体的角速度等于转角对时间的一阶导数**。角速度的单位是弧度/秒(rad/s)。

工程中常用转速 $n$（转/分，即 r/min）来表示刚体转动的速度，$\omega$ 与 $n$ 之间的换算关系为

$$\omega=\frac{2n\pi}{60}=\frac{n\pi}{30} \tag{5-37}$$

3）角加速度

为度量角速度变化的快慢和转向，引入角加速度的概念。设在时间间隔 $\Delta t$ 内，转动刚体角速度的变化量是 $\Delta\omega$，则刚体的瞬时角加速度定义为

$$\alpha=\lim_{\Delta t\to 0}\frac{\Delta\omega}{\Delta t}=\frac{\mathrm{d}\omega}{\mathrm{d}t}=\ddot{\varphi} \tag{5-38}$$

即**刚体的角加速度等于角速度对时间的一阶导数，也等于转角对时间的二阶导数**。角加速度 $\alpha$ 的单位为 $\mathrm{rad/s^2}$。

角速度 $\omega$ 与角加速度 $\alpha$ 均为代数量。$\omega$ 与 $\alpha$ 各应以 $\varphi$ 与 $\omega$ 增加的转向为正，反之则为负。当 $\alpha$ 与 $\omega$ 同号时，表示角速度绝对值增大，刚体作加速转动；反之，当 $\alpha$ 与 $\omega$ 异号时，刚体作减速转动。

角速度和角加速度都是描述刚体整体运动的物理量。

4）定轴转动刚体上各点的速度和加速度

刚体绕定轴转动时，除转轴上各点固定不动外，其他各点都在通过该点并垂直于转轴的平面内作圆周运动。因此，宜采用弧坐标法。

设刚体由定平面 $A$ 绕定轴 $O$ 转过一角度 $\varphi$，到达平面 $B$，其上任一点 $P_0$ 运动到了 $P$，刚体的角速度为 $\omega$，角加速度为 $\alpha$，如图 5-18 所示。以固定点 $P_0$ 为弧坐标原点，弧坐标的正向与 $\varphi$ 角正向一致，则点 $P$ 的弧坐标为

$$s=r\varphi \tag{5-39}$$

式中，$r$ 为点 $P$ 到转轴 $O$ 的垂直距离，即转动半径。

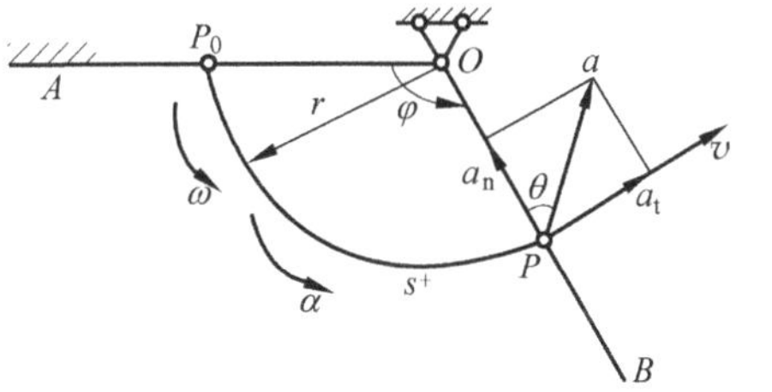


图　5-18

将式(5-39)对 $t$ 求一阶导数，得点 $P$ 的速度为

$$v=\dot{s}=r\dot{\varphi}=r\omega \tag{5-40}$$

即，**转动刚体上任一点的速度，其大小等于该点的转动半径与刚体角速度的乘积，方向沿圆周切线并指向转动一方。**

由此，进一步可得点 $P$ 的切向加速度和法向加速度分别为

$$a_{\mathrm{t}}=\dot{v}=r\dot{\omega}=r\alpha \tag{5-41}$$

$$a_{\mathrm{n}}=\frac{v^2}{\rho}=\frac{(r\omega)^2}{\rho}=r\omega^2 \tag{5-42}$$

即，**转动刚体上任一点切向加速度的大小，等于该点的转动半径与刚体角加速度的乘积，方向垂直转动半径，指向与角加速度的转向一致；法向加速度的大小等于该点的转动半径与刚体角速度平方的乘积，方向沿转动半径并指向转轴。**

于是，点 $P$ 的加速度为

$$a=\sqrt{a_{\mathrm{t}}^2+a_{\mathrm{n}}^2}=r\sqrt{\alpha^2+\omega^4} \tag{5-43}$$

$$\tan\theta=\left|\frac{a_{\mathrm{t}}}{a_{\mathrm{n}}}\right|=\left|\frac{\alpha}{\omega^2}\right| \tag{5-44}$$

式中，$\theta$ 为加速度 $a$ 与半径 $OP$ 之间的夹角，如图 5-18 所示。

综上所述，绕定轴转动的刚体内各点的速度和加速度有如下规律：

(1) 在任意瞬时，转动刚体内各点的速度、切向加速度、法向加速度和全加速度的大小与各点的转动半径成正比；

(2) 在任意瞬时，转动刚体内各点的速度方向与各点的转动半径垂直；

(3) 各点的全加速度的方向与各点转动半径的夹角全部相同。所以，刚体内任一条通过且垂直于轴的直线上各点的速度和加速度呈线性分布，如图 5-19 所示。

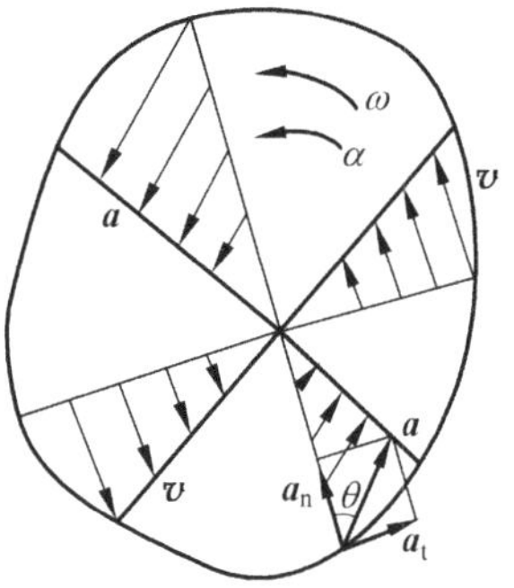

图 5-19

5) 两种特殊转动

(1) 匀变速转动

若角加速度不变，即 $\alpha$ 等于常量，称刚体作**匀变速转动**。匀变速转动又分为匀加速转动（$\omega$ 与 $\alpha$ 同号）和匀减速转动（$\omega$ 与 $\alpha$ 异号）。与点的匀变速运动类似，在匀变速转动情况下有

$$\omega = \omega_0 + \alpha t \tag{5-45}$$

$$\varphi = \varphi_0 + \omega_0 t + \frac{1}{2}\alpha t^2 \tag{5-46}$$

$$\omega^2 - \omega_0^2 = 2\alpha(\varphi - \varphi_0) \tag{5-47}$$

式中，$\omega_0$ 和 $\varphi_0$ 分别为 $t=0$ 时的角速度和转角。

(2) 匀速转动

匀速转动时 $\alpha=0$，$\omega$ 为常量，则有

$$\varphi = \varphi_0 + \omega_0 t \tag{5-48}$$

6) 用矢量表示角速度与角加速度

研究图 5-20 所示绕定轴转动的刚体。图中，$Oxyz$ 为定参考系，轴 $Oz$ 为刚体的转轴。设沿转轴 $Oz$ 的单位矢量为 $\boldsymbol{k}$，则刚体角速度和角加速度可以用矢量分别表示为

$$\boldsymbol{\omega} = \omega \boldsymbol{k}, \quad \boldsymbol{\alpha} = \alpha \boldsymbol{k} \tag{5-49}$$

它们的大小分别为 $\omega$，$\alpha$，方向沿轴 $Oz$，指向按右手螺旋法则确定；对于 $\boldsymbol{\omega}$，右手弯曲的四指表示刚体的转向，拇指指向则表示 $\boldsymbol{\omega}$ 的方向(图 5-20)；对于 $\boldsymbol{\alpha}$，若刚体加速转动，$\boldsymbol{\alpha}$ 与 $\boldsymbol{\omega}$ 同向(图 5-21(a))；减速转动则反向(图 5-21(b))。数学上，刚体定轴转动的角速度矢量 $\boldsymbol{\omega}$、角加速度矢量 $\boldsymbol{\alpha}$ 与作用在刚体上的力矢 $\boldsymbol{F}$ 类似，也是滑动矢量。

图 5-20

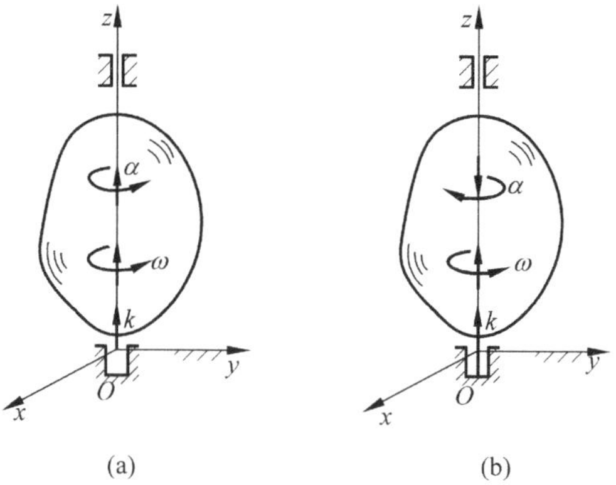

图 5-21

【例 5-8】 长为 $b$、宽为 $a$ 的矩形平板 $ABDE$ 悬挂在两根长度均为 $l$，且相互平行的直杆上，如图 5-22 所示。板与杆之间用铰链 $A$、$B$ 连接，两杆又分别用铰链 $O_1$、$O_2$ 与固定的水平面连接。已知杆 $O_1A$ 的角速度与角加速度分别为 $\omega$ 与 $\alpha$。试求板中心点 $C$ 的运动轨迹、速度和加速度。

**解**：分析杆与板的运动形式：两杆作定轴转动，板作二维曲线平移。因此，板中心点 $C$ 与点 $A$ 的轨迹形状、图示瞬时的速度与加速度均相同。

点 $A$ 的运动轨迹为以点 $O_1$ 为圆心、$l$ 为半径的圆。为此，过点 $C$ 作线段 $CO /\!/ AO_1$，并使 $CO=AO_1=l$，点 $C$ 的轨迹为以点 $O$ 为圆心、$l$ 为半径的圆，而不是以点 $O_1$ 为圆心或以点 $O_2$、$O_3$ 为圆心的圆。

点 $C$ 的速度与加速度大小分别为

$$v_C=v_A=\omega l$$

$$a_C=a_A=\sqrt{(a_A^{\mathrm{t}})^2+(a_A^{\mathrm{n}})^2}$$

$$=\sqrt{(\alpha l)^2+(\omega^2 l)^2}=r\sqrt{\alpha^2+\omega^4}$$

二者的方向分别示于图 5-22 上。

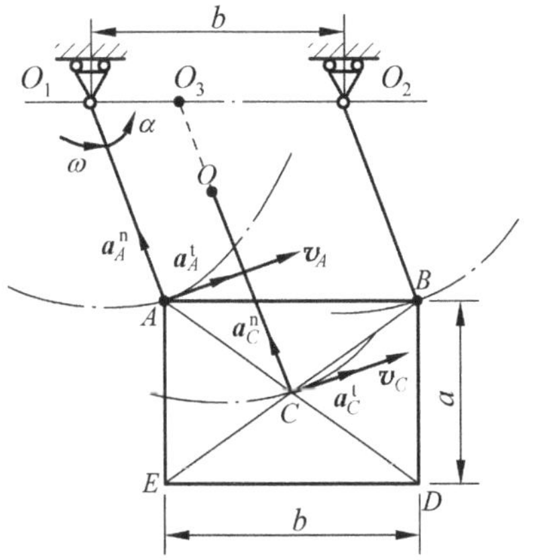


图 5-22

**值得注意的是，虽然平板上各点的运动轨迹为圆，但平板并不作转动，而是作曲线平移。因此，分析时要特别注意刚体运动与刚体上点的运动的区别。**

## 5-4 轮系的传动比

工程中，常利用轮系传动提高或降低机械的转速，最常见的有齿轮系和带轮系。

### 1. 齿轮传动

机械中常用齿轮作为传动部件，例如，为了要将电动机的转动传到机床的主轴，通常用变速箱降低转速，多数变速箱是由齿轮系组成的。

现以一对啮合的圆柱齿轮为例。圆柱齿轮传动分为外啮合(图 5-23)和内啮合(图 5-24)两种。

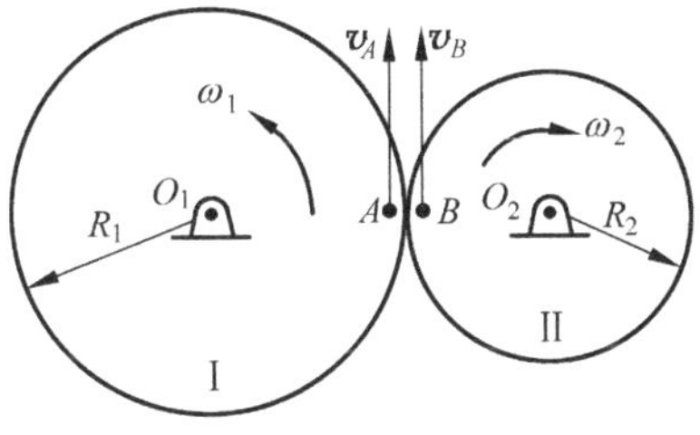


图 5-23

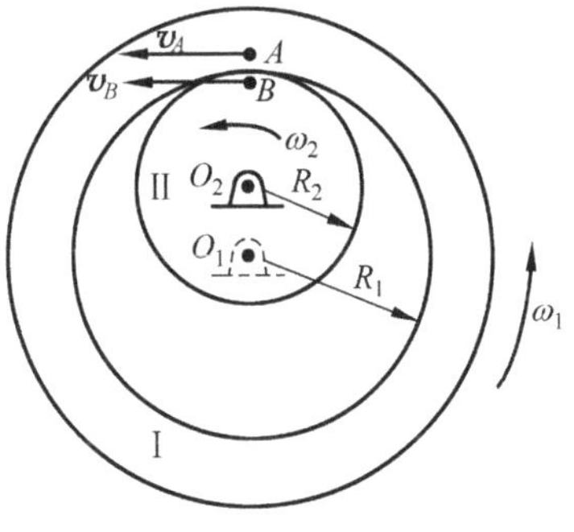


图 5-24

设两个齿轮各绕固定轴 $O_1$ 和 $O_2$ 转动。已知其啮合圆半径分别为 $R_1$ 和 $R_2$，齿数分别为 $z_1$ 和 $z_2$，角速度分别为 $\omega_1$ 和 $\omega_2$。令 $A$ 和 $B$ 分别是两个齿轮啮合圆的接触点，因两圆之间没有相对滑动，故

$$v_B = v_A$$

并且速度方向也相同。但 $v_B = R_2\omega_2$，$v_A = R_1\omega_1$，因此

$$R_2\omega_2 = R_1\omega_1$$

或

$$\frac{\omega_1}{\omega_2} = \frac{R_2}{R_1}$$

由于齿轮在啮合圆上的齿距相等，它们的齿数与半径成正比，故

$$\frac{\omega_1}{\omega_2} = \frac{R_2}{R_1} = \frac{z_2}{z_1} \tag{5-50}$$

由此可知：**处于啮合中的两个定轴齿轮的角速度与两齿轮的齿数成反比**（或与两轮的啮合圆半径成反比）。

设轮Ⅰ是主动轮，轮Ⅱ是从动轮。在机械工程中，常常把主动轮和从动轮的两个角速度的比值称为传动比，用附有角标的符号表示

$$i_{12} = \frac{\omega_1}{\omega_2}$$

由式(5-50)得计算传动比的基本公式为

$$i_{12} = \frac{\omega_1}{\omega_2} = \frac{R_2}{R_1} = \frac{z_2}{z_1} \tag{5-51}$$

式(5-51)定义的传动比是两个角速度大小的比值，与转动方向无关，因此不仅适用于圆柱齿轮传动，也适用于传动轴呈任意角度的圆锥齿轮传动、摩擦轮传动等。

有些场合为了区分轮系中各轮的转向，对各轮都规定统一的转动正向，这时各轮的角速度可取代数值，从而传动比也取代数值：

$$i_{12} = \frac{\omega_1}{\omega_2} = \pm\frac{R_2}{R_1} = \pm\frac{z_2}{z_1}$$

式中，正号表示主动轮与从动轮转向相同（内啮合），如图 5-24 所示；负号表示转向相反（外啮合），如图 5-23 所示。

**2. 带轮传动**

在机床中，常用电动机通过胶带使变速箱的轴转动。如图 5-25 所示的带轮装置中，主动轮和从动轮的半径分别为 $r_1$ 和 $r_2$，角速度分别为 $\omega_1$ 和 $\omega_2$。如不考虑胶带的厚度，并假定胶带与带轮间无相对滑动，则应用绕定轴转动的刚体上各点速度的公式，可得到下列关系式：

$$r_1\omega_1 = r_2\omega_2$$

于是带轮的传动比公式为

$$i_{12} = \frac{\omega_1}{\omega_2} = \frac{r_2}{r_1} \tag{5-52}$$

即：**两轮的角速度与它们的半径成反比。**

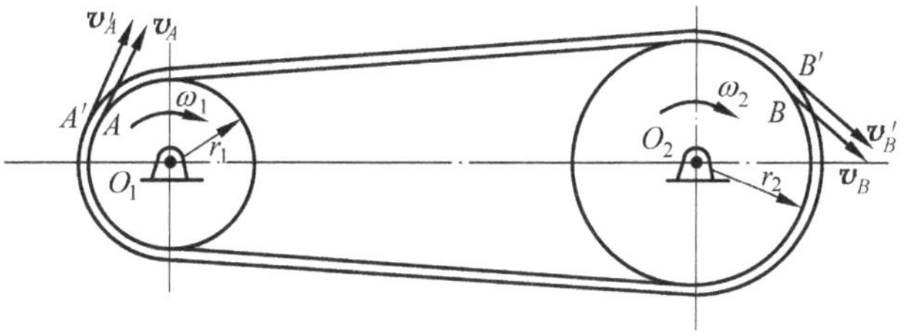


图　5-25

以下用两个实例说明定轴轮系的传动比计算。

**【例 5-9】** 图 5-26 为减速器示意图，轴Ⅰ为主动轴，与电动机相联。已知电动机转速 $n=1450\text{r/min}$，各齿轮的齿数为 $z_1=14$，$z_2=42$，$z_3=20$，$z_4=36$。求减速器的总传动比 $i_{13}$ 及轴Ⅲ的转速。

**解**：本题各齿轮作定轴转动，为定轴轮系的传动问题。

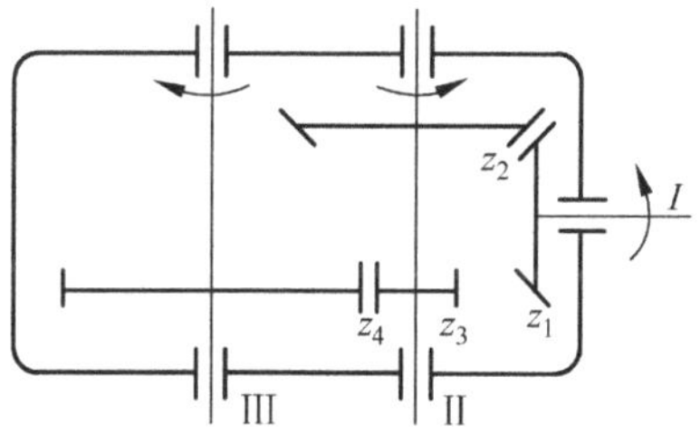


图　5-26

轴Ⅰ与Ⅱ的传动比为

$$i_{12}=\frac{n_1}{n_2}=\frac{z_2}{z_1}$$

轴Ⅱ与Ⅲ的传动比为

$$i_{23}=\frac{n_2}{n_3}=\frac{z_4}{z_3}$$

从轴Ⅰ至轴Ⅲ的总传动比为

$$i_{13}=\frac{n_1}{n_3}=\frac{n_1}{n_2}\times\frac{n_2}{n_3}=\frac{z_2}{z_1}\times\frac{z_4}{z_3}=i_{12}\times i_{23}$$

这就是说，**传动系统的总传动比等于各级传动比的连乘积，它等于轮系中所有从动轮（这里指轮 2 及轮 4）齿数的连乘积与所有主动轮（这里指轮 1 及轮 3）齿数的连乘积之比。**

代入数据得总传动比及轴Ⅲ的转速为

$$i_{13}=\frac{n_1}{n_3}=\frac{z_2}{z_1}\times\frac{z_4}{z_3}=\frac{42}{14}\times\frac{36}{20}=5.4$$

$$n_3=\frac{n_1}{i_{13}}=\frac{1450}{5.4}=268.5\text{r/min}$$

轴Ⅲ的转向如图 5-26 所示。

## 学习方法和要点提示

（1）研究点的运动有三种基本方法，即矢量法、直角坐标法和自然坐标法。当用三种方法描述同一点的运动时，其结果应该是一样的。但应注意根据问题的性质不同分别加以使用。一般矢量法用于理论推导时方便简捷，而在具体问题的计算中通常采用直角坐标法或自然法。若已知点的轨迹，选用自然坐标系；若轨迹未知，可选用直角坐标系。

(2) 直角坐标系和自然坐标系都是三轴相互垂直的坐标系。直角坐标系是固定在参考体上不变的，可用来确定每一瞬时动点的位置；而自然坐标系是随动点一起动的，且是不断改变方向的动坐标系，它不能用来确定动点的位置(在自然法中用沿动点轨迹的弧坐标来确定动点的位置)，但可以用来表达动点的瞬时速度和加速度的方向。

(3) 用直接坐标法可建立动点的运动方程，通过运动方程对时间的一阶和二阶导数可以得到速度和加速度在坐标轴上的投影，然后再确定它们的大小和方向。反之，通过加速度方程的积分也可以得到速度方程和运动方程。自然法中的加速度物理概念要清晰，注意切向加速度、法向加速度的方向与曲率半径值，不能将$\frac{\mathrm{d}v}{\mathrm{d}t}$误认为是动点的全加速度。

(4) 刚体的平移及定轴转动是刚体的基本运动，为今后研究刚体更复杂的平面运动打好基础。

(5) 要善于判断刚体是作平面移动还是定轴转动。刚体平移时其上任意一直线始终平行于它的初始位置，各点轨迹形状相同、速度相同、加速度相同；刚体定轴转动时，则有一固定转动轴，各点作半径不同的圆周运动。

(6) 已知刚体的运动规律，可通过求导运算求刚体的角速度和角加速度；反之，已知刚体的角加速度和初始条件，可以通过积分运算求刚体的角速度和转动方程。

(7) 已知刚体的运动规律、角速度和角加速度，可求解刚体上任一点的速度和加速度；反之，已知刚体上某点的速度或加速度，也可以通过公式求得刚体的角速度和角加速度。

(8) 轮系的传动分为齿轮传动和带轮传动，传动比为 $i_{12}=\omega_1/\omega_2=\pm R_2/R_1=\pm z_2/z_1$。

## 思 考 题

**5-1** $\frac{\mathrm{d}\boldsymbol{v}}{\mathrm{d}t}$和$\frac{\mathrm{d}v}{\mathrm{d}t}$，$\frac{\mathrm{d}\boldsymbol{r}}{\mathrm{d}t}$和$\frac{\mathrm{d}r}{\mathrm{d}t}$是否相同？

**5-2** 点沿曲线运动，图 5-27 所示各点所给出的速度 $\boldsymbol{v}$ 和加速度 $\boldsymbol{a}$ 哪些是可能的？哪些是不可能的？

**5-3** 点 $M$ 沿螺线自外向内运动，如图 5-28 所示。它走过的弧长与时间的一次方成正比，问点的加速度是越来越大，还是越来越小？点 $M$ 越跑越快，还是越跑越慢？

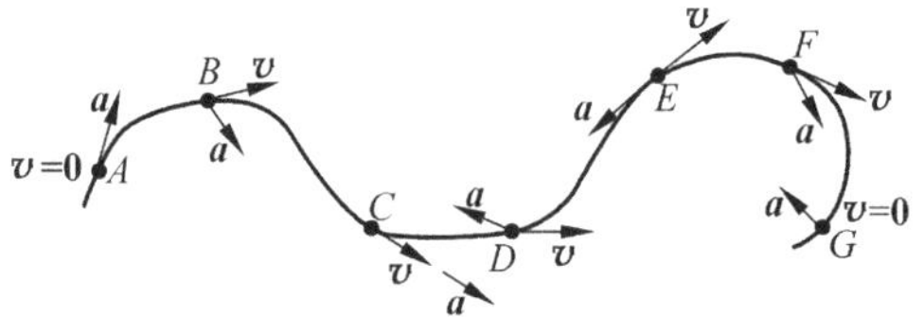

图 5-27

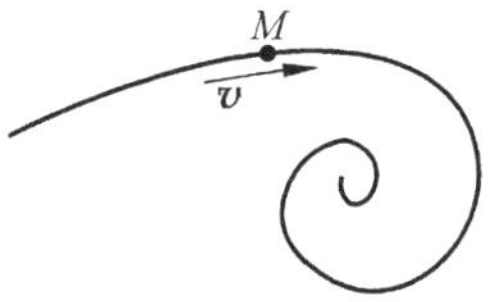

图 5-28

**5-4** 下述各种情况下，动点的全加速度 $\boldsymbol{a}$、切向加速度 $\boldsymbol{a}_\mathrm{t}$ 和法向加速度 $\boldsymbol{a}_\mathrm{n}$，三个矢量之间有何关系？

(1) 点沿曲线作匀速运动。

(2) 点沿曲线运动，在该瞬时其速度为零。

(3) 点沿直线作变速运动。

(4) 点沿曲线作变速运动。

**5-5**　点作曲线运动时，下述说法是否正确：

(1) 若切向加速度为正，则点作加速运动。

(2) 若切向加速度与速度符号相同，则点作加速运动。

(3) 若切向加速度为零，则速度为常矢量。

**5-6**　试判断下列说法是否正确：

(1) 刚体在运动过程中，其上有一条直线始终平行于它的初始位置，则刚体作平移。

(2) 刚体平移时，若刚体上任一点的运动已知，则其他各点的运动随之确定。

(3) 某瞬时平移刚体上各点速度的大小相等，但方向可以不同。

(4) 绕定轴转动的刚体的转轴不能在刚体的外形轮廓之外。

**5-7**　绕定轴转动的刚体上平行于轴线的线段作何种运动？

**5-8**　试问在下列刚体的运动中，哪些是平移？哪些是绕定轴转动？

(1) 在水平直线轨道上行驶的车厢。

(2) 在弯道上行驶的车厢。

(3) 车床上旋转的飞轮。

(4) 在地面上滚动的圆轮。

**5-9**　刚体绕定轴匀速转动时，各点的加速度是否等于零？为什么？

**5-10**　如图 5-29 所示，T 字杆 $ABC$ 的角速度 $\omega$ 与角加速度 $\alpha$ 为已知，试画出 $B$、$C$ 两点的速度、切向加速度和法向加速度的方向。

**5-11**　刚体绕定轴转动，若已知其上任意两点的速度，能否确定转轴的位置？

**5-12**　刚体绕定轴转动时，角加速度为正，表示加速转动；角加速度为负，则表示减速转动。这一表述是否正确？为什么？

**5-13**　绕定轴转动的刚体上哪些点的加速度大小相等？哪些点的加速度方向相同？

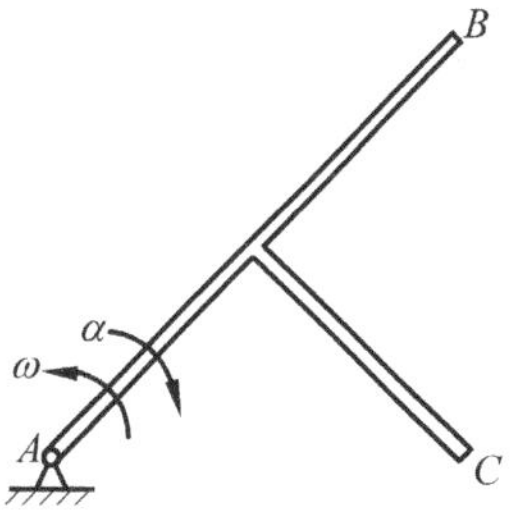

图　5-29

## 习　题

**5-1**　如图 5-30 所示，椭圆规的曲柄 $OA$ 可绕定轴 $O$ 转动，端点 $A$ 以铰链连接于规尺 $BC$ 上；规尺上的点 $B$ 和点 $C$ 可分别沿互相垂直的滑槽运动，已知 $OA=AC=AB=\frac{a}{2}$，$CM=b$，试确定规尺上点 $M$ 的轨迹。

**5-2**　如图 5-31 所示，半圆形凸轮以等速 $v_0=10\text{mm/s}$ 沿水平方向向左运动，带动活塞杆 $AB$ 沿铅直方向运动。当运动开始时，活塞杆 $B$ 端位于凸轮的最高点。已知凸轮半径 $R=80\text{mm}$，试分别求出活塞 $A$ 相对于地面、凸轮的运动方程和速度。

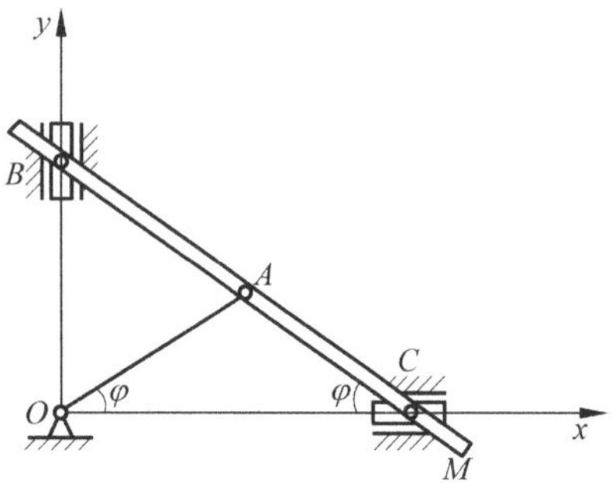


图 5-30

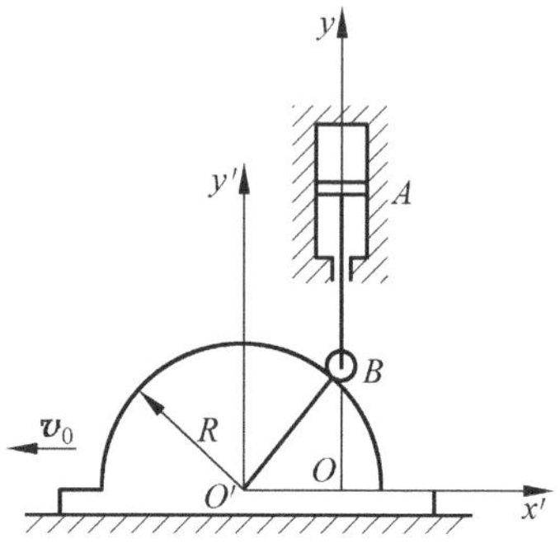


图 5-31

**5-3** 如图 5-32 所示，杆 $AB$ 长 $l=0.2\text{m}$，以等角速度 $\omega=0.5\text{rad/s}$ 绕点 $B$ 转动，初始时，杆 $AB$ 位于铅直位置，与杆 $AB$ 连接的滑块 $B$ 按规律 $x_B=0.2+0.5\sin\omega t$（$x_B$ 以 m 计，$t$ 以 s 计）沿水平直线轨道作简谐运动。试求点 $A$ 的轨迹以及 $t=0$ 时点 $A$ 的速度。

**5-4** 如图 5-33 所示，摇杆滑道机构中的滑销 $M$ 同时在固定的圆弧槽 $BC$ 和摇杆 $OA$ 的滑道中滑动。已知圆弧 $BC$ 的半径为 $R$，摇杆 $OA$ 绕位于圆弧 $BC$ 圆周上的轴 $O$ 以等角速度 $\omega$ 转动。$t=0$ 时，摇杆 $OA$ 在水平位置，试分判用直角坐标法和自然法建立滑销 $M$ 的运动方程，并求速度和加速度。

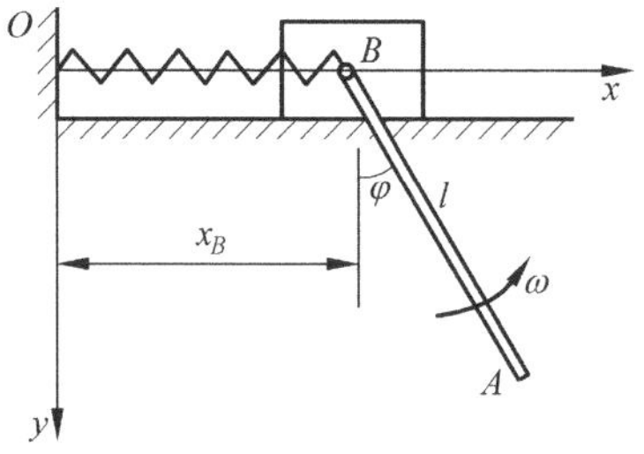


图 5-32

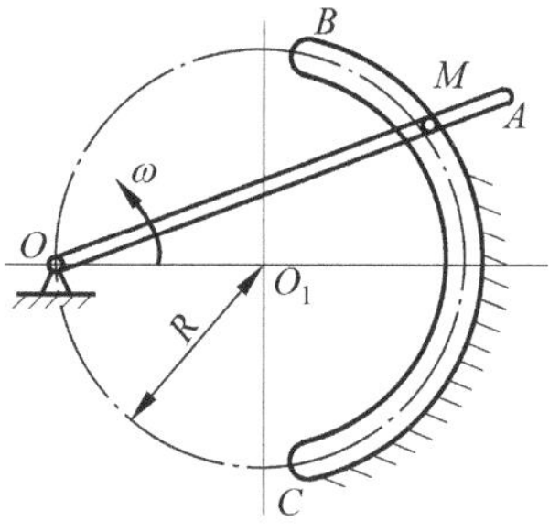


图 5-33

**5-5** 点 $M$ 沿抛物线 $y=0.2x^2$（其中 $x$、$y$ 均以 m 计）运动。若在 $x=5\text{m}$ 处，$v=4\text{m/s}$、$a_t=3\text{m/s}^2$。试求点 $M$ 在该位置时的加速度。

**5-6** 已知动点的直角坐标形式的运动方程为 $x=-t^2-t$，$y=2t$（式中 $x$、$y$ 均以 m 计，$t$ 以 s 计）。试求其轨迹方程和速度、加速度；并求当 $t=1\text{s}$ 时，点的切向加速度、法向加速度和曲率半径。

**5-7** 如图 5-34 所示，小车 $A$ 与 $B$ 以绳索相连，$A$ 车高出 $B$ 车 $h=1.5\text{m}$。已知小车 $A$ 以等速 $v_A=0.4\text{m/s}$ 拉动小车 $B$。开始时，$BC=L_0=4.5\text{m}$。若不计滑轮尺寸，试求 5s 后小车 $B$ 的速度与加速度。

**5-8** 如图 5-35 所示，杆 $AO$ 绕轴 $O$ 转动，其转动方程为 $\varphi=4t^2$（式中，$t$ 以 s 计、$\varphi$ 以 rad 计）；杆 $BC$ 绕轴 $C$ 转动；杆 $AO$ 与杆 $BC$ 平行等长，$AO=BC=0.5\text{m}$。试求当 $t=1\text{s}$ 时，直角折杆 $EABD$ 上端点 $D$ 的速度和加速度。

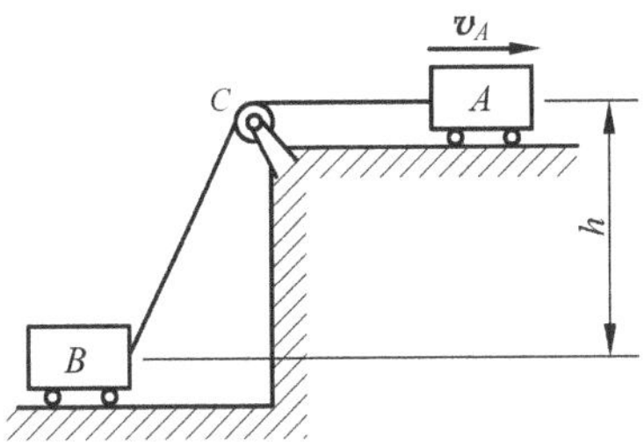


图　5-34

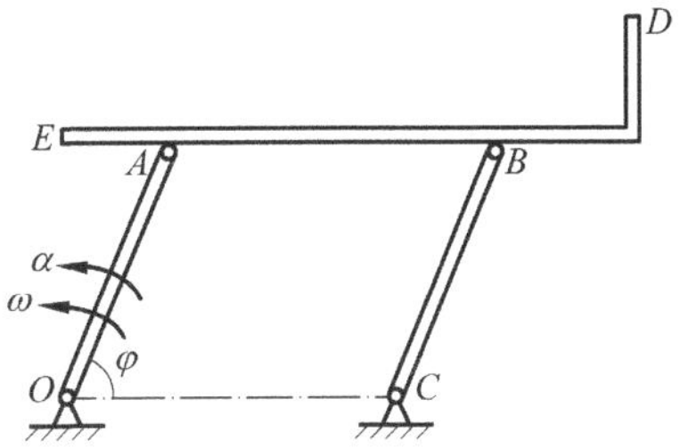


图　5-35

**5-9**　如图 5-36 所示曲柄滑杆机构中，滑杆有一圆弧形滑道，其半径 $R=100\text{m}$，圆心在导杆 $BC$ 上。曲柄长 $AO=100\text{mm}$，以等角速度 $\omega=4\text{rad/s}$ 绕轴 $O$ 转动。设初始时曲柄 $AO$ 水平向右，试求导杆 $BC$ 的运动规律以及当轴柄 $AO$ 与水平线间的夹角 $\varphi=30°$时，导杆 $BC$ 的速度和加速度。

**5-10**　如图 5-37 所示机构中，杆 $AB$ 以等速 $v$ 向上滑动，通过滑块 $A$ 带动摇杆 $CO$ 绕轴 $O$ 转动。开始时 $\varphi=0$，试求当 $\varphi=\frac{\pi}{4}$时，摇杆 $CO$ 的角速度和角加速度。

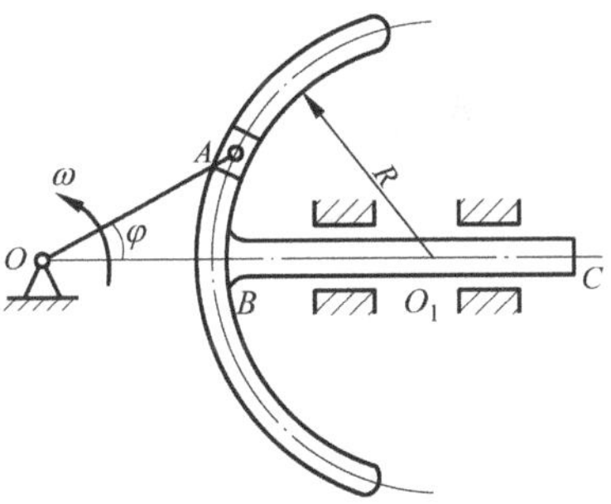


图　5-36

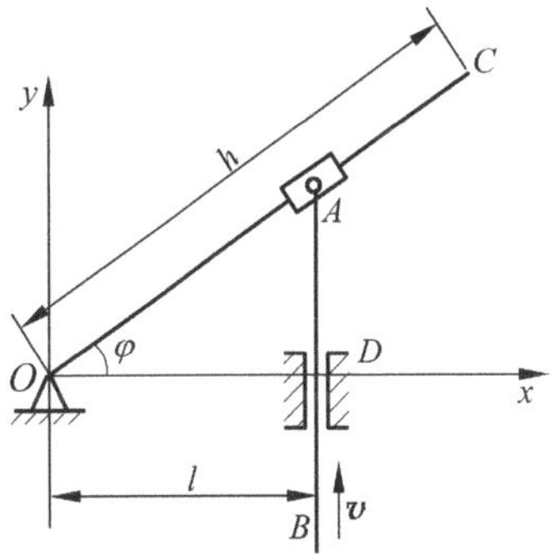


图　5-37

**5-11**　如图 5-38 所示，半径 $r=100\text{mm}$ 的圆盘绕定轴 $O$ 转动。已知在某一瞬时，圆盘边缘上点 $A$ 的速度 $v_A=800\text{mm/s}$；圆盘内点 $B$ 的全加速度 $a_B$ 与其转动半径 $BO$ 成 $\theta$ 角，且 $\tan\theta=0.6$。试求该瞬时圆盘的角加速度。

**5-12**　如图 5-39 所示，机构中齿轮Ⅰ固连于杆 $AC$ 上，齿轮Ⅰ通过曲柄 $BO_2$ 与半径为 $r_2$ 的齿轮Ⅱ啮合，齿轮Ⅱ可绕轴 $O_2$ 转动。已知 $AB=O_1O_2$、$AO_1=BO_2=l$、$\varphi=b\sin\omega t$（$b$、$\omega$ 均为常数），试求当 $t=\frac{\pi}{2\omega}$时，齿轮Ⅱ的角速度和角加速度。

**5-13**　如图 5-40 所示仪表机构中，指针 $CO$ 固连于齿轮Ⅰ上。已知齿轮Ⅰ～Ⅳ的齿数分别为 $z_1=6$、$z_2=24$、$z_3=8$、$z_4=32$，齿轮Ⅴ的半径 $R=4\text{cm}$。如齿条 $AB$ 下移 1cm，试求指针 $CO$ 转过的角度 $\varphi$。

**5-14**　图 5-41 所示为一带式输送机。已知：主动轮Ⅰ的转速 $n_1=1200\text{r/min}$，齿数 $z_1=24$，齿轮Ⅱ的齿数为 $z_2=96$，轮Ⅲ和轮Ⅳ用链条传动，齿数分别为 $z_3=15$ 和 $z_4=45$，齿轮Ⅴ的直径 $D=460\text{mm}$。试求输送带的速度。

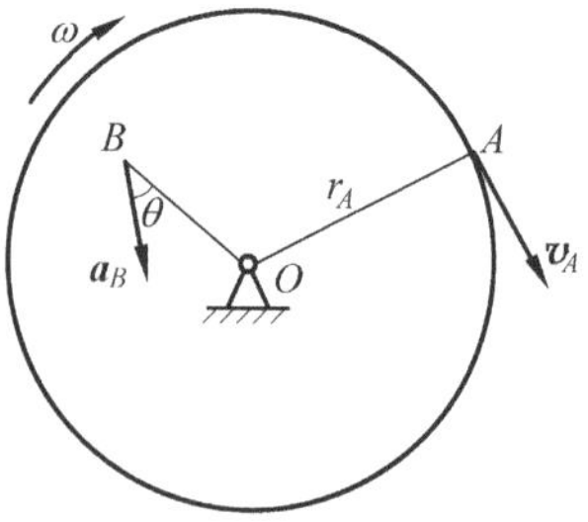


图 5-38

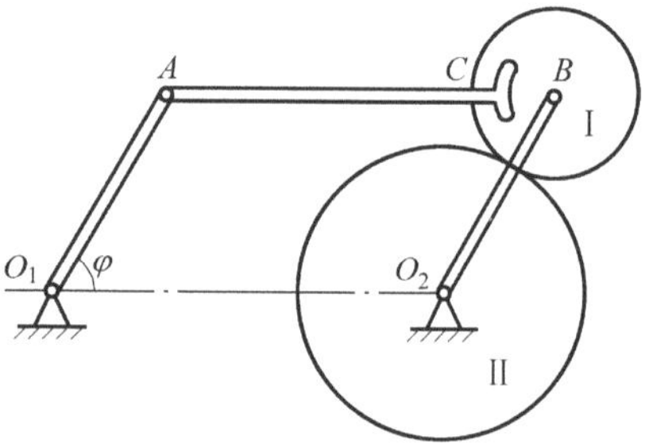


图 5-39

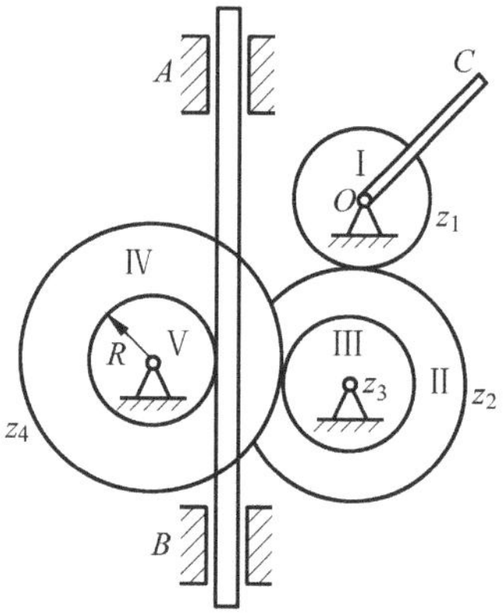


图 5-40

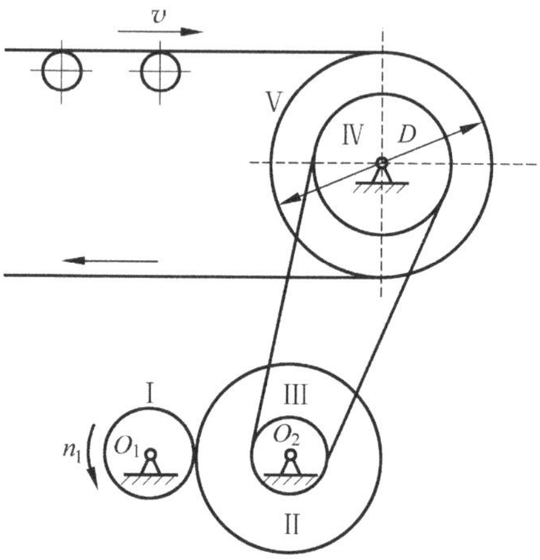


图 5-41

第6章

# 点的合成运动

## 本章提要

**【要求】**

(1) 掌握三种运动、三种速度和三种加速度的定义；

(2) 对具体问题能恰当地选取一个动点、两个参考系以及进行三种运动的分析；

(3) 熟练掌握速度、加速度的分析及计算，特别要掌握牵连速度、牵连加速度和科氏加速度的概念和计算。

**【重点】**

(1) 运动的合成与分解的概念；

(2) 点的速度合成定理及其应用；

(3) 点的加速度合成定理及其应用。

**【难点】**

(1) 动点和动系的合理选择及三种运动状态的分析；

(2) 动点和牵连点的区别；

(3) 牵连速度、牵连加速度和科氏加速度的概念和计算。

同一物体的运动在不同参考系中有着不同的运动特性。例如，采用日心参考系（坐标原点为太阳中心，坐标轴的方向始终指向恒星的参考系）描述行星的运动时，行星的运动轨迹是椭圆；而采用地心参考系（坐标原点为地心，坐标轴方向始终指向恒星的参考系）时，行星的运动轨迹则是较为复杂的曲线。如图6-1(a)所示，车床工作时，如参考系固连于地面，车刀刀尖是直线运动；如参考系固连于旋转的工件上，车刀刀尖则作螺旋线运动。

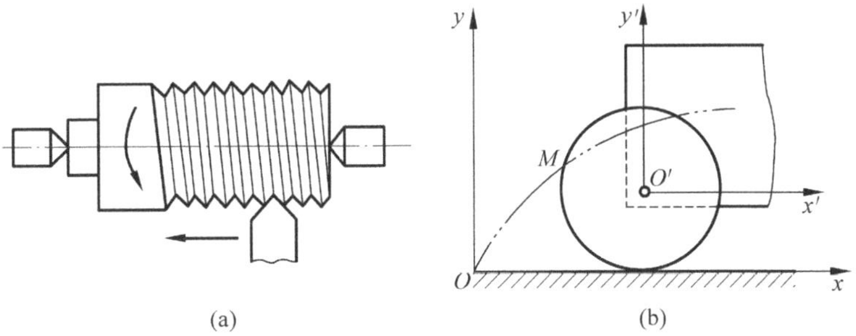


图 6-1

通过对运动的观察还发现，点相对于某一参考系的较为复杂的运动可以看成是由相对于其他参考系的两个较为简单的运动组合而成。如图6-1(b)所示，车轮上$M$点相对于地面参考系的运动轨迹是旋轮线，但也可以把它看成是该点相对于车架的圆周运动和车架相对于地面的平行移动这两个简单运动的合成。

本章主要研究物体相对于不同参考系的运动之间的关系，分析点的速度和加速度合成规律。

## 6-1 绝对运动、相对运动和牵连运动

为了方便起见，今后将所研究的运动的点简称为**动点**；将固连于地球上的参考系称为**定参考系**，简称为**定系**，记作 $Oxy$；将固连于其他相对于定参考系运动的参考系称为**动参考系**，简称为**动系**，记作 $O'x'y'$。例如，在图 6-1(b)中，动点为车轮上的 $M$ 点，定系 $Oxy$ 固连于地面，动系 $O'x'y'$固连于车架上。

在分析点的合成运动问题时，应首先选取一个动点和两个参考系，即定系与动系。在选定动点、定系和动系后，则必须区分下列三种运动。

### 1. 绝对运动

动点相对于定系的运动称为**绝对运动**；动点在定系上留下的轨迹称为**绝对轨迹**；动点相对于定系的速度称为动点的**绝对速度**，用 $\boldsymbol{v}_{\mathrm{a}}$ 表示；动点相对于定系的加速度称为动点的**绝对加速度**，用 $\boldsymbol{a}_{\mathrm{a}}$ 表示。

### 2. 相对运动

动点相对于动系的运动称为**相对运动**；动点在动系上留下的轨迹称为**相对轨迹**；动点相对于动系的速度称为动点的**相对速度**，用 $\boldsymbol{v}_{\mathrm{r}}$ 表示；动点相对于动系的加速度称为动点的**相对加速度**，用 $\boldsymbol{a}_{\mathrm{r}}$ 表示。

### 3. 牵连运动

动系相对于定系的运动称为**牵连运动**。动点运动的每一瞬时，动系上都有一点与动点重合的点称为动点在该瞬时的**牵连点**。牵连点相对于定系的速度称为动点的**牵连速度**，用 $\boldsymbol{v}_{\mathrm{e}}$ 表示；牵连点相对于定系的加速度称为动点的**牵连加速度**，用 $\boldsymbol{a}_{\mathrm{e}}$ 表示。

需要强调指出，动点的绝对运动和相对运动，都是指点的运动，或者是直线运动，或者是曲线运动；而动点的牵连运动则是指动系的运动，属于刚体的运动，或者平移，或者绕定轴转动，或者是其他复杂运动。

例如，在图 6-1(a)中，取车刀刀尖为动点，定系固连于地面，动系固连于旋转的工件上，则动点(车刀刀尖)相对于定系(地面)的运动为绝对运动，绝对轨迹为直线；动点(车刀刀尖)相对于动系(旋转工件)的运动为相对运动，相对轨迹为螺旋线；动系(旋转工件)相对于定系(地面)的运动为牵连运动，牵连运动为绕定轴转动。再如，在图 6-1(b)中，动点 $M$ 相对于定系 $Oxy$(地面)的运动为绝对运动，绝对轨迹为旋轮线；动点 $M$ 相对于动系 $O'x'y'$(车架)的运动为相对运动，相对轨迹为圆；动系 $O'x'y'$(车架)相对于定系 $Oxy$(地面)的运动为牵连运动，牵连运动为直线平移。

**【例 6-1】** 如图 6-2(a)所示，点 $M$ 沿半径为 $r$ 的半圆环 $AO$ 作圆周运动，同时半圆环 $AO$ 又绕定轴 $O$ 转动。试适当选择动点与动系，并确定动点的绝对速度、相对速度和牵连速度的方向。

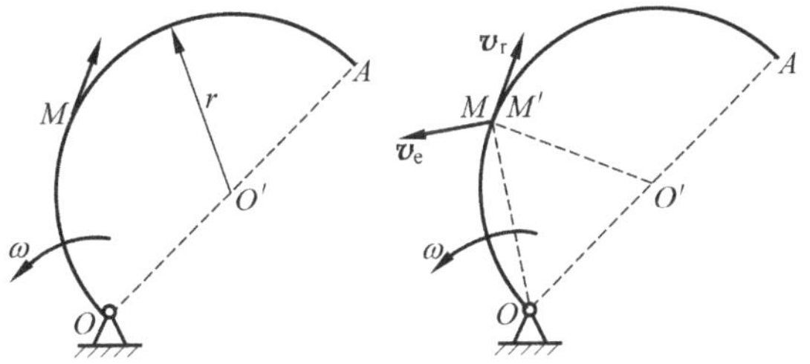


(a)　　(b)

图　6-2

**解**：选取点 $M$ 为动点，动系固连于半圆环 $AO$ 上。

动点的相对运动：沿半圆环的圆周运动，相对速度 $\boldsymbol{v}_r$，方向沿半圆环切线方向(图 6-2(b))。

动点的牵连运动：绕定轴 $O$ 转动，牵连点为该瞬时半圆环上与动点 $M$ 重合的点 $M'$，其速度即为牵连速度 $\boldsymbol{v}_e$，方向垂直于 $M'O$(图 6-2(b))。

动点的绝对运动：曲线运动，轨迹未知，故暂时无法确定绝对速度 $\boldsymbol{v}_a$ 的方向，但如果相对速度 $\boldsymbol{v}_r$ 与牵连速度 $\boldsymbol{v}_e$ 皆已知，即可通过 6-2 节介绍的点的速度合成定理求出绝对速度 $\boldsymbol{v}_a$。

由于定系恒为固连于地面的参考系，故今后可以不再交代。

上述选择动点与动系、分析速度的过程称为**速度分析**，所绘制的速度矢量图称为**速度分析图**。

动点的加速度分析相对比较复杂，将在 6-3 节中专门讨论。

**【例 6-2】** 在图 6-3(a)所示的机构中，滑块 $C$ 上刻有平均半径为 $r$ 的滑槽，顶杆 $AB$ 上的滚轮 $A$ 置于滑槽内。滑块 $C$ 以不变的速度 $\boldsymbol{v}$ 向右平移，带动顶杆 $AB$ 向上平移。试适当选择动点与动系，并绘制速度分析图。

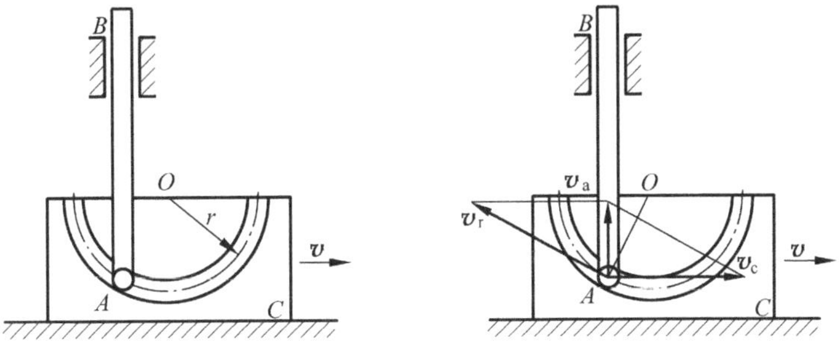


(a)　　(b)

图　6-3

**解**：选取顶杆 $AB$ 上的接触点 $A$ 为动点，动系固连于滑块 $C$ 上。

动点的绝对运动：铅垂方向的直线运动，绝对速度 $\boldsymbol{v}_a$ 竖直向上。

动点的相对运动：沿半圆滑槽的圆周运动，相对速度 $\boldsymbol{v}_r$ 沿圆周切线，即垂直于圆周半径 $AO$。

动点的牵连运动：水平方向的直线平移，牵连速度 $\boldsymbol{v}_e$ 即为滑块 $C$ 的速度 $v$，水平向右。

速度分析图如图 6-3(b)所示。

**【例 6-3】** 凸轮顶杆机构如图 6-4(a)所示，已知凸轮以匀角速度 $\omega$ 绕轴 $O$ 转动，带动平底顶杆 $ABD$ 上下平移。试适当选择动点与动系，并绘制速度分析图。

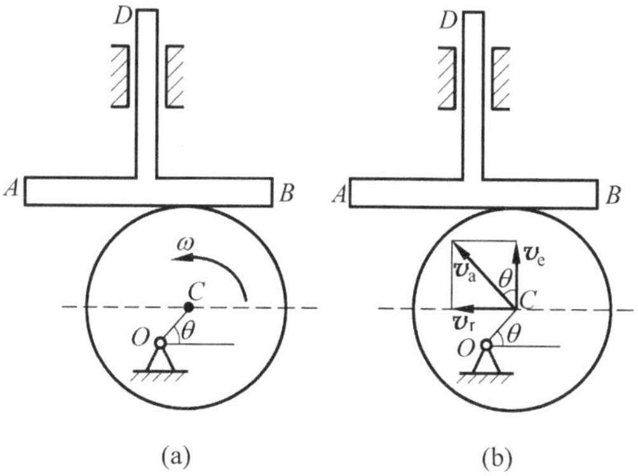


图 6-4

**解**：选取凸轮的轮心 $C$ 为动点，动系固连于平底顶杆上。

动点的绝对运动：圆周运动，绝对速度 $\boldsymbol{v}_a$ 垂直于转动半径 $CO$。

动点的相对运动：在观察相对运动时，可令动系不动，这样凸轮的运动可以看成是沿 $AB$ 的滚动。因此，动点 $C$ 的相对运动为水平直线运动，相对速度 $\boldsymbol{v}_r$ 水平向左。

动点的牵连运动：铅直方向的直线平移，牵连速度 $\boldsymbol{v}_e$ 铅直向上。

速度分析图如图 6-4(b)所示。

由上面的例题可知，研究点的合成运动的关键在于合理地选择动点与动系。**在选择动点与动系时，必须遵循两个基本原则：**

(1) 动点与动系之间应存在相对运动。

(2) 动点的相对轨迹应简单明确。

在实际问题中，**动点与动系的选择一般有下列五种情形：**

(1) 两个物体之间互不关联。此时可选取其中的一个物体为动点，动系固连于另一个物体上。

(2) 一个单独的点在一个运动物体上作相对运动。此时可选取该单独的点为动点，动系固连于运动物体上，例如例 6-1。

(3) 两个相对运动的物体间始终有接触点，而其中一个物体上的接触点恒定不变，该恒定不变的接触点称为常接触点。此时可取常接触点为动点，动系则固连于另一个运动物体上，例如例 6-2。

(4) 两个运动物体间始终有接触点，但两个物体的接触点均在不断变化。此时应遵循上述两个基本原则，对问题进行具体分析后再适当地选取动点与动系，例如例 6-3。

（5）有关联物的多个物体的运动。一般可取关联物为动点，根据需要，动系可能有多个选择。这种情况可见例 6-7。

## 6-2　点的速度合成定理

下面研究动点的相对速度、牵连速度与绝对速度之间的关系。

如图 6-5 所示，在 $t$ 瞬时，动点位于运动曲线 $AB$ 上的 $M$ 点处。经过 $\Delta t$ 时间后，曲线 $AB$ 运动到新位置 $A'B'$，同时，动点沿弧线 $\overset{\frown}{MM'}$ 运动到 $M'$ 处，而 $t$ 瞬时的牵连点 $M_t$，则随 $AB$ 运动至 $M_1$ 处。在时间间隔 $\Delta t$ 内，动点的绝对轨迹为弧线 $\overset{\frown}{MM'}$；动点的相对轨迹为弧线 $\overset{\frown}{M_1M'}$；$t$ 瞬时的牵连点 $M_t$ 的轨迹为弧线 $\overset{\frown}{MM_1}$。矢量 $\overrightarrow{MM'}$、$\overrightarrow{M_1M'}$ 和 $\overrightarrow{MM_1}$ 分别为在时间间隔 $\Delta t$ 内动点的绝对位移、相对位移和牵连点的位移。根据矢量关系有

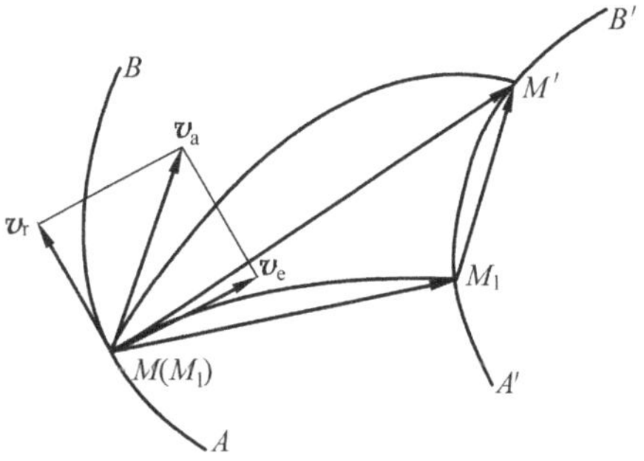

图　6-5

$$\overrightarrow{MM'}=\overrightarrow{MM_1}+\overrightarrow{M_1M'}$$

以 $\Delta t$ 除上述等式的两边，并令 $\Delta t\to 0$ 取极限，即

$$\lim_{\Delta t\to 0}\frac{\overrightarrow{MM'}}{\Delta t}=\lim_{\Delta t\to 0}\frac{\overrightarrow{MM_1}}{\Delta t}+\lim_{\Delta t\to 0}\frac{\overrightarrow{M_1M'}}{\Delta t}$$

式中，第一项为动点在 $t$ 时刻的绝对速度 $\boldsymbol{v}_a$，它沿动点的绝对轨迹 $\overset{\frown}{MM'}$ 在点 $M$ 的切线方向；第二项为牵连速度 $\boldsymbol{v}_e$，它沿弧线 $\overset{\frown}{MM_1}$ 在点 $M$ 的切线方向；第三项为相对速度 $\boldsymbol{v}_r$，因为当 $\Delta t\to 0$ 时，曲线 $A'B'$ 趋近于曲线 $AB$，故它沿曲线 $AB$ 在点 $M$ 的切线方向。于是得

$$\boldsymbol{v}_a=\boldsymbol{v}_e+\boldsymbol{v}_r \tag{6-1}$$

上式表明，**在任一瞬时，动点的绝对速度等于其牵连速度与相对速度的矢量和**。即动点的绝对速度可以由牵连速度与相对速度所构成的平行四边形的对角线来确定。这称为**点的速度合成定理**，其对应的平行四边形称为点的**速度平行四边形**。

应当指出，在式(6-1)中，包含了三种速度的大小和方向共六个要素。一般情况下，必须已知其中四个要素，才能求出剩余的两个要素。

在应用点的速度合成定理解题时，可按以下四个步骤进行：

（1）适当选取动点和动系。

（2）分析绝对、相对和牵连三种运动。

（3）根据点的速度合成定理，作出点的速度平行四边形。

（4）根据速度平行四边形求解未知量。

**【例 6-4】**　图 6-6 为曲柄摇杆机构，滑块 $C$ 可沿杆 $AB$ 滑动。已知 $OA=l=20\text{cm}$，曲柄 $CO$ 的角速度 $\omega_1=2\text{rad/s}$。试求在图示位置时，摇杆 $BA$ 的角速度 $\omega_2$。

**解**：(1) 选择动点与动系

本题属于前述五种情形中的第三种，故选取常接触点(即曲柄 $CO$ 的端点 $C$)为动点；动系固连于摇杆 $BA$ 上。

(2) 运动分析

动点的绝对运动：以 $O$ 为圆心、$CO$ 为半径的圆周运动。

动点的相对运动：沿摇杆 $BA$ 的直线运动。

牵连运动：绕定轴 $A$ 转动。

(3) 动点的速度分析

| | $\boldsymbol{v}_a$ = | $\boldsymbol{v}_e$ + | $\boldsymbol{v}_r$ |
|---|---|---|---|
| 大小： | $\omega_1 l$ | ? | ? |
| 方向： | √ | √ | √ |

其中，有两个要素未知。以 $\boldsymbol{v}_a$ 为对角线作出速度平行四边形，如图 6-6 所示。

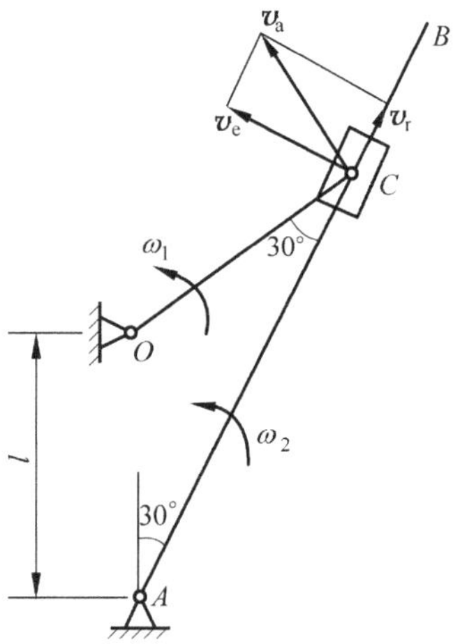


图 6-6

(4) 求解角速度 $\omega_2$

由图 6-6 所示几何关系得

$$v_e = v_a\cos 30^\circ = \frac{\sqrt{3}}{2}\omega_1 l = 20\sqrt{3}\,\text{cm/s}$$

根据牵连速度的定义，又有

$$v_e = \omega_2 \times 2l\cos 30^\circ$$

解得摇杆 $AB$ 的角速度为

$$\omega_2 = 1\text{rad/s}$$

**【例 6-5】** 如图 6-4(a)所示，试求例 6-3 中当 $CO$ 与水平线夹角为 $\theta$ 时，平底顶杆 $ABD$ 的速度。已知凸轮偏心距 $CO=e$。

**解**：(1) 选择动点与动系。选取凸轮的轮心 $C$ 为动点，动系固连于平底顶杆上。

(2) 运动分析

动点的绝对运动：以 $O$ 为圆心、$CO$ 为半径的圆周运动。

动点的相对运动：水平直线运动。

牵连运动：上下直线平移。

(3) 动点的速度分析

| | $\boldsymbol{v}_a$ = | $\boldsymbol{v}_e$ + | $\boldsymbol{v}_r$ |
|---|---|---|---|
| 大小： | $\omega e$ | ? | ? |
| 方向： | √ | √ | √ |

其中，有两个要素未知。平底顶杆 $ABD$ 的速度即为牵连速度 $\boldsymbol{v}_e$。根据点的速度合成定理，以 $\boldsymbol{v}_a$ 为对角线作出速度平行四边形，如图 6-4(b)所示。

(4) 求解顶杆速度。由图示几何关系，得平底顶杆 $ABD$ 的速度为

$$v_e = v_a\cos\theta = \omega e\cos\theta$$

**【例 6-6】** 在图 6-7 所示曲柄滑杆机构中，曲柄长 $AO=r$，以等角速度 $\omega$ 绕定轴 $O$ 转动；滑杆 $CDE$ 上的滑槽 $DE$ 与水平线成 60°夹角。试求当曲柄 $AO$ 与水平线的夹角 $\varphi$ 分别为 0°、30°、60°时，滑杆 $CDE$ 的速度。

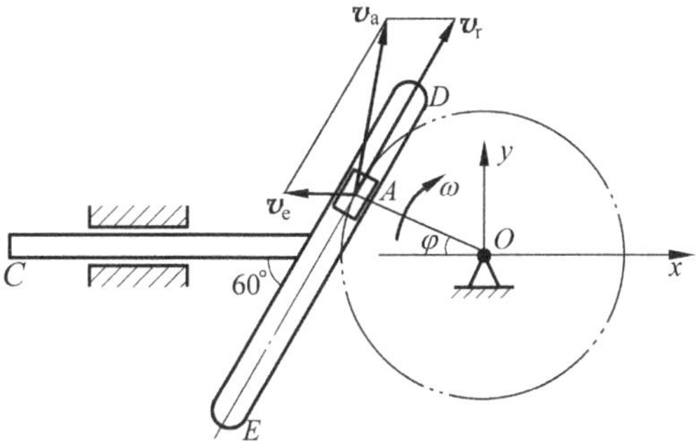


图　6-7

**解**：(1) 选择动点与动系

本题属于前述五种情形中的第三种，故选取常接触点(即曲柄端点 $A$)为动点；动系固连于滑杆 $CDE$ 上。

(2) 运动分析

动点的绝对运动：以 $O$ 为圆心、$AO$ 为半径的圆周运动。

动点的相对运动：沿滑槽 $DE$ 的直线运动。

牵连运动：水平直线平移。

(3) 动点的速度分析

| | $\boldsymbol{v}_a$ | = | $\boldsymbol{v}_e$ | + | $\boldsymbol{v}_r$ |
|---|---|---|---|---|---|
| 大小： | $\omega r$ | | ? | | ? |
| 方向： | √ | | √ | | √ |

其中，有两个要素未知。滑杆 $CDE$ 的速度即为牵连速度。根据点的速度合成定理以 $\boldsymbol{v}_a$ 为对角线作出速度平行四边形，如图 6-7 所示。

(4) 求解滑杆速度

将速度分别向 $x$、$y$ 轴投影，得到

$$\left.\begin{aligned} v_a\sin\varphi &= -v_e + v_r\cos 60^\circ \\ v_a\cos\varphi &= v_r\sin 60^\circ \end{aligned}\right\}$$

由此解得滑杆 $CDE$ 的速度为

$$v_e = \frac{v_a\cos\varphi}{\tan 60^\circ} - v_a\sin\varphi$$

故有

$$\varphi = 0^\circ \text{ 时}，\quad v_e = \frac{\sqrt{3}}{3}r\omega$$

$$\varphi = 30^\circ \text{ 时}，\quad v_e = 0$$

$$\varphi=60^\circ \text{时}, \quad v_e=-\frac{\sqrt{3}}{3}r\omega$$

式中的负号表示此瞬时滑杆 $CDE$ 的速度的方向与图示方向相反。

**【例 6-7】** 如图 6-8(a)所示，绕定轴 $O$ 转动的圆盘 $O$ 与曲柄 $AO$ 上均有一导槽，两导槽间有一活动销子 $M$，圆盘导槽与转轴之间的距离 $b=0.1\text{m}$。设在图示位置时，圆盘与曲柄的角速度分别为 $\omega_1=9\text{rad/s}$ 与 $\omega_2=3\text{rad/s}$。试求此瞬时活动销子 $M$ 的速度。

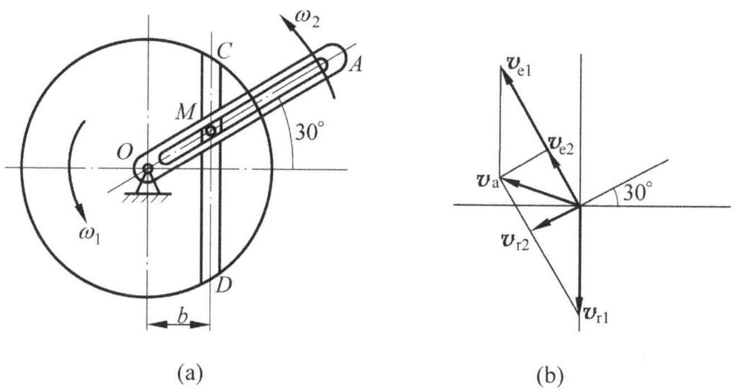


图 6-8

**解**：(1) 选择动点与动系

本题属于前述五种情形中的最后一种，即有关联物的多个物体的运动。可选取关联物活动销子 $M$ 为动点；动系则选取两个，分别固连于圆盘 $O$ 和曲柄 $AO$ 上。

(2) 运动分析

① 当动系固连于圆盘上时：

动点的绝对运动：平面曲线运动。

动点的相对运动：沿圆盘上导槽 $CD$ 的直线运动。

牵连运动：以角速度 $\omega_1$ 绕定轴 $O$ 的转动。

② 当动系固连于曲柄 $AO$ 上时：

动点的绝对运动：平面曲线运动。

动点的相对运动：沿曲柄 $AO$ 上导槽的直线运动。

动点的牵连运动：以角速度 $\omega_2$ 绕定轴 $O$ 的转动。

(3) 动点的速度分析

当动系固连于圆盘上时，有

$$\boldsymbol{v}_{a1}=\boldsymbol{v}_{e1}+\boldsymbol{v}_{r1} \tag{a}$$

当动系固连于曲柄 $AO$ 上时，有

$$\boldsymbol{v}_{a2}=\boldsymbol{v}_{e2}+\boldsymbol{v}_{r2} \tag{b}$$

由于式(a)和式(b)中均含有三个未知的要素，故无法独立求解。但由于同一动点的绝对速度与动系的选择无关，即有 $\boldsymbol{v}_{a1}=\boldsymbol{v}_{a2}$，故联立式(a)、式(b)可得

| | $\boldsymbol{v}_{e1}$ | + | $\boldsymbol{v}_{r1}$ | = | $\boldsymbol{v}_{e2}$ | + | $\boldsymbol{v}_{r2}$ | (c) |
|---|---|---|---|---|---|---|---|---|
| 大小： | $MO\cdot\omega_1$ | | ? | | $MO\cdot\omega_2$ | | ? | |
| 方向： | √ | | √ | | √ | | √ | |

只有两个要素未知。作出速度分析图如图6-8(b)所示。将式(c)两边分别向$\boldsymbol{v}_{e2}$、$\boldsymbol{v}_{r2}$方向投影，依次得到

$$\left.\begin{aligned} v_{e1}-v_{r1}\cos 30^\circ &= v_{e2} \\ v_{r1}\sin 30^\circ &= v_{r2} \end{aligned}\right\}$$

式中，$v_{e1}=MO\cdot\omega_1=1.04\text{m/s}$，$v_{e2}=MO\cdot\omega_2=0.35\text{m/s}$。将它们代入上式解得

$$v_{r1}=\frac{v_{e1}-v_{e2}}{\cos 30^\circ}=0.8\text{m/s},\quad v_{r2}=\frac{1}{2}v_{r1}=0.4\text{m/s}$$

从而得活动销子$M$的速度为

$$v_a=\sqrt{v_{e2}^2+v_{r2}^2}=0.53\text{m/s}$$

## 6-3　点的加速度合成定理

### 1. 牵连运动为平移时点的加速度合成定理

前面所述的点的速度合成定理，对于任何形式的牵连运动都是适用的。但点的加速度合成定理则比较复杂，对于不同形式的牵连运动会有不同的形式。

当牵连运动为平移时，可以证明：**在任一瞬时，动点的绝对加速度等于其牵连加速度和相对加速度的矢量和**，即

$$\boldsymbol{a}_a=\boldsymbol{a}_e+\boldsymbol{a}_r \tag{6-2}$$

这就是**牵连运动为平移时点的加速度合成定理**。

若动点的绝对运动与相对运动为曲线运动、牵连运动为曲线平移，则可将式(6-2)中的各个加速度分别沿其法向和切向分解，即将式(6-2)改写为

$$\boldsymbol{a}_a^n+\boldsymbol{a}_a^t=\boldsymbol{a}_e^n+\boldsymbol{a}_e^t+\boldsymbol{a}_r^n+\boldsymbol{a}_r^t \tag{6-3}$$

以方便计算。

**【例6-8】** 如图6-9(a)所示，半圆形凸轮沿水平面向右作减速运动。已知凸轮半径为$R$，图示瞬时的速度和加速度分别为$\boldsymbol{v}$和$\boldsymbol{a}$。试求此时顶杆$AB$的加速度。

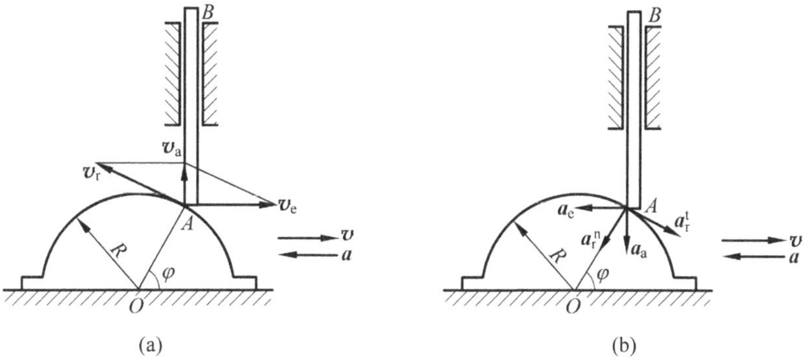


图　6-9

**解**：(1) 选择动点与动系

选取常接触点，顶杆 $AB$ 上的端点 $A$ 为动点，动系固连于凸轮上。

(2) 运动分析

动点的绝对运动：沿铅垂方向的直线运动。

动点的相对运动：沿凸轮轮廓的圆周运动。

牵连运动：凸轮的水平直线平移。

(3) 动点的加速度分析

根据牵连运动为平移时点的加速度合成定理，有

| | | | | | | | | |
|---|---|---|---|---|---|---|---|---|
| | $\boldsymbol{a}_a$ | = | $\boldsymbol{a}_e$ | + | $\boldsymbol{a}_r^n$ | + | $\boldsymbol{a}_r^t$ | (a) |
| 大小： | ? | | $a$ | | $\dfrac{v_r^2}{R}$ | | ? | |
| 方向： | √ | | √ | | √ | | √ | |

由于相对速度 $\boldsymbol{v}_r$ 可由点的速度合成定理求得(见图 6-9(a))，即

$$v_r = \frac{v_e}{\sin\varphi} = \frac{v}{\sin\varphi}$$

这样，只有 $\boldsymbol{a}_a$ 和 $\boldsymbol{a}_r^t$ 的大小两个要素未知。作出加速度分析图如图 6-9(b)所示。

(4) 计算顶杆 $AB$ 的加速度

将式(a)两边向 $AO$ 方向投影，有

$$a_a \sin\varphi = a_e \cos\varphi + a_r^n$$

从而解得动点的绝对加速度为

$$a_a = \frac{a}{\tan\varphi} + \frac{v^2}{R\sin^3\varphi}$$

由于顶杆 $AB$ 作平移，所以动点 $A$ 的绝对加速度 $\boldsymbol{a}_a$ 即为顶杆 $AB$ 的加速度。

**【例 6-9】** 平面机构如图 6-10(a)所示，已知曲柄 $AO$ 长为 $r$，以等角速度 $\omega_0$ 绕定轴 $O$ 转动；铰接在曲柄 $A$ 端的套筒可沿杆 $BC$ 滑动；$BD=CE=l$、$BC=DE$。试求在图示位置，杆 $BD$ 的角速度和角加速度。

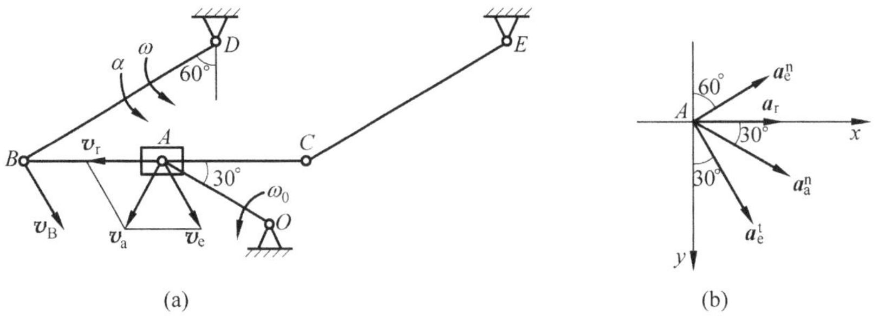


图 6-10

**解**：(1) 选择动点与动系

选取常接触点曲柄 $AO$ 上的端点 $A$ 为动点，动系固连于杆 $BC$ 上。

(2) 运动分析

动点的绝对运动：以点 $O$ 为圆心、$AO$ 为半径的圆周运动。

动点的相对运动：沿杆 $BC$ 的水平直线运动。

牵连运动：杆 $BC$ 的曲线平移。

(3) 动点的速度

根据点的速度合成定理，有

$$\boldsymbol{v}_{a}=\boldsymbol{v}_{e}+\boldsymbol{v}_{r} \tag{a}$$

作出动点的速度平行四边形如图 6-10(a)所示，其中，动点的绝对速度 $v_{a}=\omega_{0}r$。

由图示几何关系，易得牵连速度

$$v_{e}=v_{a}=r\omega_{0}$$

由于杆 $BC$ 作曲线平移，动点的牵连速度 $\boldsymbol{v}_{e}$ 就等于点 $B$ 的速度 $\boldsymbol{v}_{B}$，故得杆 $BD$ 的角速度

$$\omega=\frac{v_{B}}{BD}=\frac{v_{e}}{l}=\frac{r}{l}\omega_{0}$$

(4) 动点的加速度分析

根据牵连运动为平移时点的加速度合成定理，有

$$\boldsymbol{a}_{a}=\boldsymbol{a}_{e}^{n}+\boldsymbol{a}_{e}^{t}+\boldsymbol{a}_{r} \tag{b}$$

作出动点的加速度分析图如图 6-10(b)所示，其中，

$$a_{a}^{n}=r\omega_{0}^{2},\quad a_{a}^{t}=0,\quad a_{e}^{n}=a_{B}^{n}=l\omega^{2}=\frac{r^{2}}{l}\omega_{0}^{2}$$

将式(b)两边向 $y$ 轴投影，有

$$a_{a}^{n}\sin 30^{\circ}=-a_{e}^{n}\cos 60^{\circ}+a_{e}^{t}\cos 30^{\circ} \tag{c}$$

将已知量代入上式，解得

$$a_{e}^{t}=\frac{\sqrt{3}r(l+r)}{3l}\omega_{0}^{2}$$

由于杆 $BC$ 作曲线平移，牵连点的牵连切向加速度 $\boldsymbol{a}_{e}^{t}$ 就等于点 $B$ 的切向加速度 $\boldsymbol{a}_{B}^{t}$，故得杆 $BD$ 的角加速度。

$$\alpha=\frac{a_{B}^{t}}{BD}=\frac{a_{l}^{t}}{l}=\frac{\sqrt{3}r(l+r)}{3l^{2}}\omega_{0}^{2}$$

**2. 牵连运动为转动时点的加速度合成定理**

当牵连运动为转动时，由于牵连运动与相对运动的相互影响，会另外产生附加的加速度，该附加的加速度称为**科里奥利加速度**，简称**科氏加速度**，记作 $\boldsymbol{a}_{C}$。此时，动点的绝对加速度为

$$\boldsymbol{a}_{a}=\boldsymbol{a}_{e}+\boldsymbol{a}_{r}+\boldsymbol{a}_{C} \tag{6-4}$$

即，**在任一瞬时，动点的绝对加速度等于其牵连加速度、相对加速度和科氏加速度的矢量和**。这就是**牵连运动为转动时点的加速度合成定理**。这是一个矢量方程，可以求出 2 个未知要素。

在动点的绝对运动与相对运动为曲线运动的情况下，可将式(6-4)改写为

$$\boldsymbol{a}_{a}^{n}+\boldsymbol{a}_{a}^{t}=\boldsymbol{a}_{e}^{n}+\boldsymbol{a}_{e}^{t}+\boldsymbol{a}_{r}^{n}+\boldsymbol{a}_{r}^{t}+\boldsymbol{a}_{C} \tag{6-5}$$

可以证明(证明过程可参考其他理论力学教材),在普遍情况下,科氏加速度 $\boldsymbol{a}_C$ 等于动系的角速度矢$\boldsymbol{\omega}_e$ 与动点的相对速度矢 $\boldsymbol{v}_r$ 的矢积的两倍,即

$$\boldsymbol{a}_C = 2\boldsymbol{\omega}_e \times \boldsymbol{v}_r \tag{6-6}$$

对于平面问题,动系的角速度矢$\boldsymbol{\omega}_e$ 与动点的相对速度矢 $\boldsymbol{v}_r$ 始终垂直,故根据矢积运算规则可知,科氏加速度的大小为

$$a_C = 2\omega_e v_r \tag{6-7}$$

当 $\omega_e$ 为逆时针转向时,将 $\boldsymbol{v}_r$ 逆时针转动 90°即为科氏加速度的方向;当 $\omega_e$ 为顺时针转向时,将 $\boldsymbol{v}_r$ 顺时针转动 90°即为科氏加速度的方向。

当牵连运动为平移时,动系的角速度矢$\boldsymbol{\omega}_e = \boldsymbol{0}$,故科氏加速度 $\boldsymbol{a}_C = \boldsymbol{0}$,此时式(6-4)、式(6-5)即分别成为式(6-2)、式(6-3)。

**【例 6-10】** 如图 6-11(a)所示,滑杆 $AB$ 以等速 $\boldsymbol{u}$ 向上运动,通过滑块带动摆杆 $DO$ 绕轴 $O$ 转动。已知轴 $O$ 与滑杆 $AB$ 间的水平距离为 $l$,摆杆 $DO$ 的长度为 $b$,且开始时 $\varphi_0 = 0$,试求当 $\varphi = \pi/4$ 时摆杆 $DO$ 端点 $D$ 的速度和加速度。

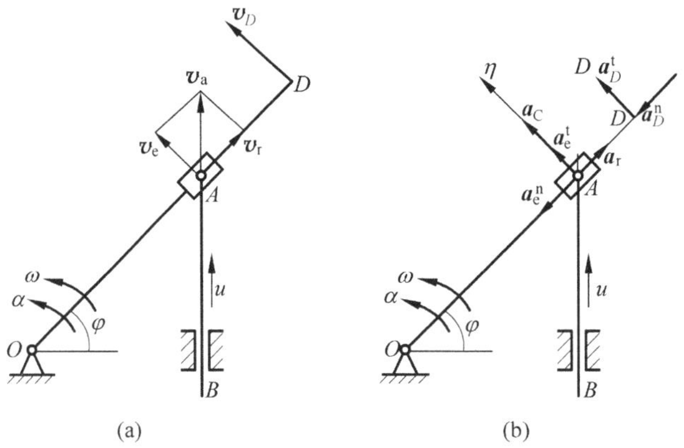


图 6-11

**解**:(1) 选择动点与动系

选取常接触点,滑杆 $AB$ 上的 $A$ 点为动点,动系固连于摆杆 $DO$ 上。

(2) 运动分析

绝对运动:铅垂方向的直线运动。

相对运动:沿摆杆 $DO$ 的直线运动。

牵连运动:绕定轴 $O$ 的转动。

(3) 速度分析

| | $\boldsymbol{v}_a$ | = | $\boldsymbol{v}_e$ | + | $\boldsymbol{v}_r$ |
|---|---|---|---|---|---|
| 大小: | $u$ | | ? | | ? |
| 方向: | √ | | √ | | √ |

只有两个要素未知。根据点的速度合成定理,作出速度平行四边形如图 6-11(a)所示。由几

何关系可得

$$v_e = v_a \cos 45° = \frac{\sqrt{2}}{2} u, \quad v_r = v_a \sin 45° = \frac{\sqrt{2}}{2} u$$

于是，得摆杆 $DO$ 的角速度为

$$\omega = \frac{v_e}{AO} = \frac{\frac{\sqrt{2}}{2} u}{\sqrt{2} l} = \frac{u}{2l}$$

转向为逆时针。

所以，摆杆 $DO$ 端点 $D$ 的速度的大小为

$$v_D = b\omega = \frac{bu}{2l}$$

方向垂直于 $DO$，指向与 $\omega$ 转向一致。

（4）加速度分析

| | $\boldsymbol{a}_a$ | = | $\boldsymbol{a}_e^t$ | + | $\boldsymbol{a}_e^n$ | + | $\boldsymbol{a}_r$ | + | $\boldsymbol{a}_C$ | (a) |
|---|---|---|---|---|---|---|---|---|---|---|
| 大小： | 0 | | ? | | $OA \cdot \omega^2$ | | ? | | $2\omega v_r$ | |
| 方向： | √ | | √ | | √ | | √ | | √ | |

其中，牵连法向加速度为

$$a_e^n = OA \cdot \omega^2 = \sqrt{2} l \times \left(\frac{u}{2l}\right)^2 = \frac{\sqrt{2}}{4} \frac{u^2}{l}$$

科氏加速度为

$$a_C = 2\omega v_r = 2 \times \frac{u}{2l} \times \frac{\sqrt{2}}{2} u = \frac{\sqrt{2}}{2} \frac{u^2}{l}$$

只有两个要素未知。作出动点的加速度分析图如图 6-11(b)所示。

将式(a)两边同时向垂直于 $\boldsymbol{a}_r$ 的 $\eta$ 轴投影，有

$$0 = a_e^t + a_C$$

解得牵连切向加速度为

$$a_e^t = -a_C = -\frac{\sqrt{2}}{2} \frac{u^2}{l}$$

于是得摆杆 $DO$ 的角加速度为

$$\alpha = \frac{a_e^t}{AO} = -\frac{a_C}{\sqrt{2} l} = -\frac{u^2}{2l^2}$$

负号说明其转向与图 6-11 所设转向相反，应为顺时针。

所以，摆杆 $DO$ 端点 $D$ 的加速度为

$$a_D^t = b\alpha = -\frac{bu^2}{2l^2}, \quad a_D^n = b\omega^2 = \frac{bu^2}{4l^2}$$

$$a_D = \sqrt{(a_D^t)^2 + (a_D^n)^2} = \frac{\sqrt{5} bu^2}{4l^2}$$

**【例 6-11】** 如图 6-12(a)所示,凸轮以等角速度 $\omega$ 绕定轴 $O$ 转动,带动顶杆 $AB$ 沿铅直滑槽上下平移,其中 $O$、$A$、$B$ 共线。凸轮上与 $AB$ 杆 $A$ 点的接触点记作 $A'$。在图示瞬时,已知凸轮轮线上 $A'$点的曲率半径为 $\rho$,法线与 $AO$ 夹角为 $\theta$,$AO=l$。试求该瞬时顶杆 $AB$ 的速度和加速度。

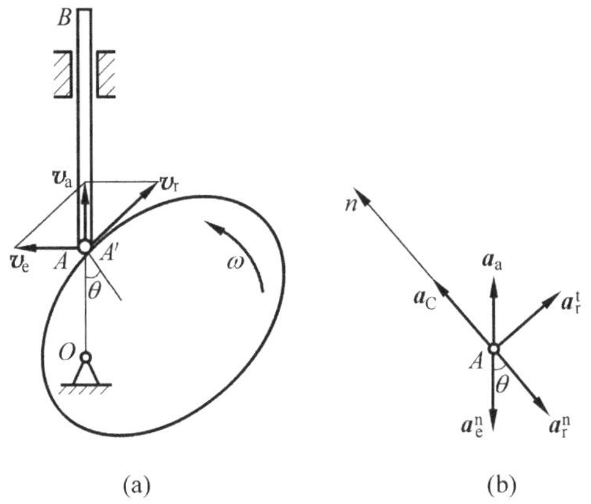


图 6-12

**解**:(1) 选择动点与动系

选取常接触点,顶杆 $AB$ 上的端点 $A$ 为动点,动系固连于凸轮上。

(2) 运动分析

绝对运动:沿铅直方向的直线运动。

相对运动:沿凸轮轮廓线的曲线运动。

牵连运动:绕定轴 $O$ 的转动。

(3) 动点的速度分析

根据点的速度合成定理,有

$$\boldsymbol{v}_a=\boldsymbol{v}_e+\boldsymbol{v}_r \tag{a}$$

作出动点的速度平行四边形如图 6-12(a)所示,其中,动点的牵连速度 $v_e=\omega l$。

由图示几何关系,得动点绝对速度、相对速度分别为

$$v_a=v_e\tan\theta=\omega l\tan\theta,\quad v_r=\frac{v_e}{\cos\theta}=\frac{\omega l}{\cos\theta}$$

由于顶杆 $AB$ 作直线平移,所以,动点的绝对速度即为顶杆 $AB$ 的速度。

(4) 动点的加速度分析

根据牵连运动为转动时点的加速度合成定理,有

$$\boldsymbol{a}_a=\boldsymbol{a}_e^n+\boldsymbol{a}_e^t+\boldsymbol{a}_r^n+\boldsymbol{a}_r^t+\boldsymbol{a}_C \tag{b}$$

作出动点的加速度分析图如图 6-12(b)所示,其中,

$$a_e^n=l\omega^2,\quad a_e^t=0,\quad a_r^n=\frac{v_r^2}{\rho}=\frac{\omega^2l^2}{\rho\cos^2\theta},\quad a_C=2\omega v_r=\frac{2\omega^2 l}{\cos\theta}$$

将式(b)两边同时向垂直于 $\boldsymbol{a}_r^t$ 的 $\eta$ 轴投影,有

$$a_a^n\cos\theta=-a_e^n\cos\theta-a_r^n+a_C$$

将已知量代入上式，解得

$$a_a = -\omega^2 l\left(1 + \frac{1}{\rho\cos^3\theta} - \frac{2}{\cos^2\theta}\right)$$

由于顶杆 $AB$ 作直线平移，所以，动点的绝对加速度 $\boldsymbol{a}_a$ 即为顶杆 $AB$ 的加速度。

**【例 6-12】** 如图 6-13(a)所示，已知杆 $AO$ 以等角速度 $\omega = 2\text{rad/s}$ 绕定轴 $O$ 转动，半径 $r = 2\text{cm}$ 的小轮沿杆 $AO$ 作无滑动的滚动，轮心 $O_1$ 相对于杆 $AO$ 的运动规律为 $b = 4t^2$（式中，$b$ 以 cm 计，$t$ 以 s 计），当 $t = 1\text{s}$ 时，杆 $AO$ 与铅垂线的夹角 $\varphi = 60°$。试求该瞬时轮心 $O_1$ 的绝对速度和绝对加速度。

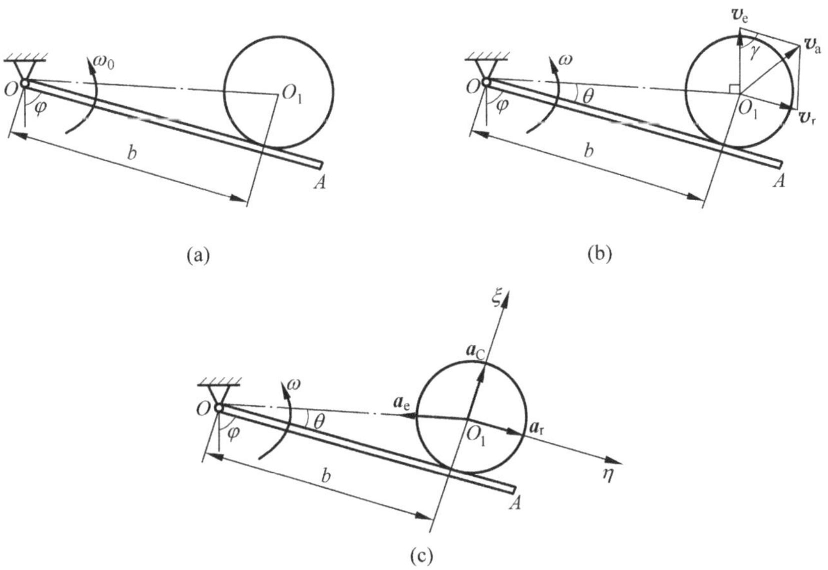


**图　6-13**

**解**：(1) 选择动点和动系

选取轮心 $O_1$ 为动点，动系固连于杆 $AO$ 上。

(2) 运动分析

绝对运动：未知曲线运动。

相对运动：沿 $AO$ 方向的直线运动（相对轨迹为平行于 $AO$ 的直线）。

牵连运动：绕定轴 $O$ 的转动。

(3) 动点的速度分析

根据点的速度合成定理，有

$$\boldsymbol{v}_a = \boldsymbol{v}_e + \boldsymbol{v}_r \tag{a}$$

作出动点 $O_1$ 的速度平行四边形如图 6-13(b)所示，其中，当 $t = 1\text{s}$ 时，牵连速度和相对速度分别为

$$v_e = O_1O \cdot \omega_0 = \sqrt{b^2 + r^2} \cdot \omega_0 = 8.94\text{cm/s}, \quad v_r = \dot{b} = 8\text{cm/s}$$

故由余弦定理得，该瞬时轮心 $O_1$ 的绝对速度为

$$v_a = \sqrt{v_e^2 + v_r^2 - 2v_e v_r\cos\gamma}$$

式中，$\gamma=90°-\theta=90°-\arctan\dfrac{r}{b}=63.4°$。将数据代入上式，求得该瞬时轮心 $O_1$ 的绝对速度为

$$v_a=8.94\text{cm/s}$$

（4）动点的加速度分析

根据牵连运动为转动的加速度合成定理，有

$$\boldsymbol{a}_a=\boldsymbol{a}_e+\boldsymbol{a}_r+\boldsymbol{a}_C \tag{b}$$

作出动点 $O_1$ 的加速度分析图如图 6-13(c)所示，其中，牵连加速度、相对加速度与科氏加速度的大小分别为

$$a_e=a_e^n=O_1O\cdot\omega_0^2=17.9\text{cm/s}^2,\quad a_r=\ddot{b}=8\text{cm/s}^2,\quad a_C=2\omega_0 v_r=32\text{cm/s}^2$$

将式(b)分别向直角坐标轴 $\eta$、$\xi$ 上投影，得

$$a_{a\eta}=a_r-a_e\cos\theta=-8\text{cm/s}^2$$

$$a_{a\xi}=a_C-a_e\sin\theta=24\text{cm/s}^2$$

所以，该瞬时轮心的绝对加速度为

$$a_a=\sqrt{a_{a\eta}^2+a_{a\xi}^2}=25.3\text{cm/s}^2$$

## 学习方法和要点提示

（1）要明确一个动点（研究对象）、两个参考系（定系和动系）以及三种运动（绝对运动、相对运动和牵连运动）。绝对运动和相对运动都是指点的运动，轨迹可能为直线或曲线。牵连运动不是点的运动，而是刚体的运动，是动系相对于定系的运动。特别要注意的是点的牵连速度和牵连加速度是指牵连点的速度和加速度。

（2）动点和动系的选择：必须使动点对动系有相对运动，因此动点与动系不能选在同一刚体上；尽量要使动点的三种运动简单明确，特别是动点的相对轨迹要能够直观判断，以便能方便地确定相对速度的方位及相对加速度的法向分量和切线分量的方位。在一般情况下，动点取连接物体的滑块、销钉，或者在物体运动中始终可作为动点的点。

怎样选择动点和动系才能使相对运动的轨迹简单或直观？主要是根据主动件与从动件的约束特点加以确定。图 6-14 所示为一些机构中常见的约束形式。这些约束的特点是：构件 $AB$ 上至少有一个点 $A$ 被另一构件 $CD$ 所约束，使之只能在构件上或滑道内运动。若将被约束的点作为动点，约束该点的构件作为动系，则相对运动的轨迹就是这一构件的轮廓线或滑道。这样相对运动的轨迹必然简单或直观。

（3）点的速度合成定理中，不论动系作何种运动都成立；绝对速度、相对速度和牵连速度构成速度平行四边形，而绝对速度始终为该平行四边形的对角线。

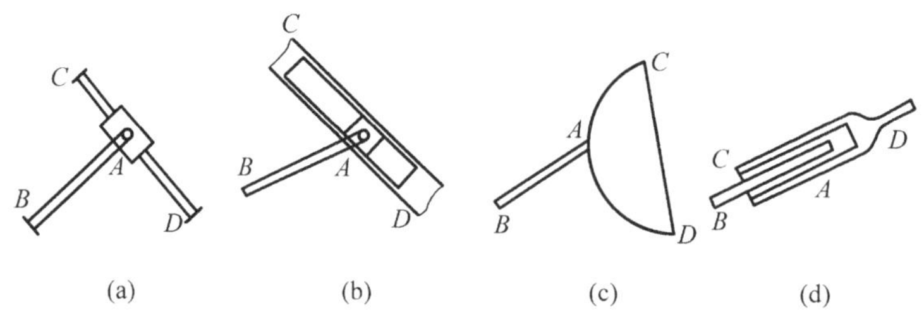


图 6-14

（4）关于科氏加速度产生的原因与求解。科氏加速度是牵连运动为转动时，由相对运动与牵连运动相互影响而产生的。动系的转动改变了相对速度相对于定系的方向；同时，相对运动也改变了牵连运动的大小和方向。注意，科氏加速度 $2\boldsymbol{\omega}_e\times\boldsymbol{v}_r$ 是矢量，矢积的顺序不能改变，其方向用右手法则判断。

（5）加速度矢量的合成。加速度合成关系式是矢量式，若处于同一平面内可求解大小或方向两个未知量。注意：加速度矢量的合成关系式不能认为是加速度矢量的"平衡"关系式。用几何法作加速度矢量多边形时不能误认为是"自行封闭"。当矢量较多时应该采用投影法，它的投影是根据合矢量投影定理写出的，不能认为是加速度的投影"平衡"方程。合矢量投影定理：合矢量在某轴上的投影等于分矢量在该轴上的投影代数和。

（6）求某一加速度时，一般应选择向不需求的未知量的垂线方向投影，这样可避免解联立方程。若要求角速度和角加速度时，不仅要计算大小，还要指明转向。

## 思　考　题

**6-1**　何谓定系？何谓动系？

**6-2**　牵连点和动点有何不同？

**6-3**　牵连运动是指动系相对于定系的运动。因此，是否能说牵连的牵连速度、牵连加速度就是动系的速度、加速度？

**6-4**　在图 6-15 所示运动机构中，动点与动系应如何选择？速度应如何分析？

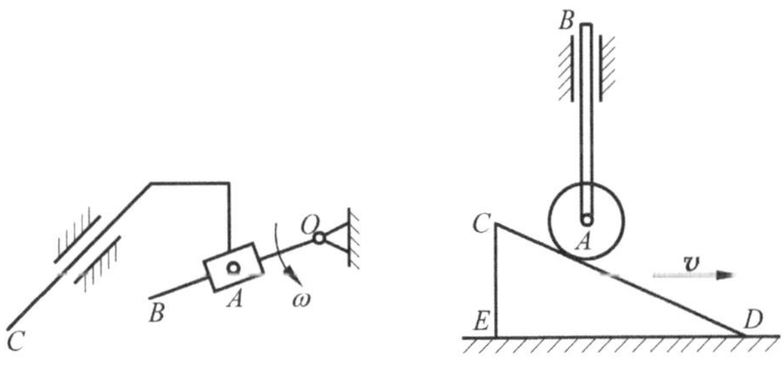


(a)　　(b)

**图　6-15**

**6-5**　图 6-16 所示的速度平行四边形有无错误？如果有错，试改正错误。

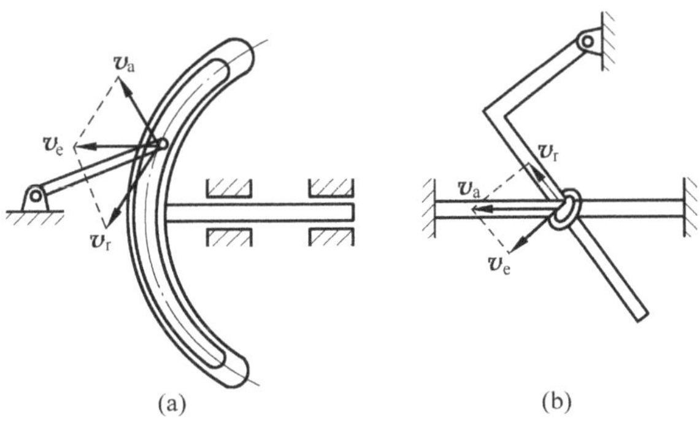


(a)　　(b)

**图　6-16**

**6-6** 图 6-17 中曲柄 $OA$ 以匀角速度转动，(a)，(b)两图中哪一种分析正确？

(1) 以 $OA$ 上的点 $A$ 为动点，以 $BC$ 为动参考体；

(2) 以 $BC$ 上的点 $A$ 为动点，以 $OA$ 为动参考体。

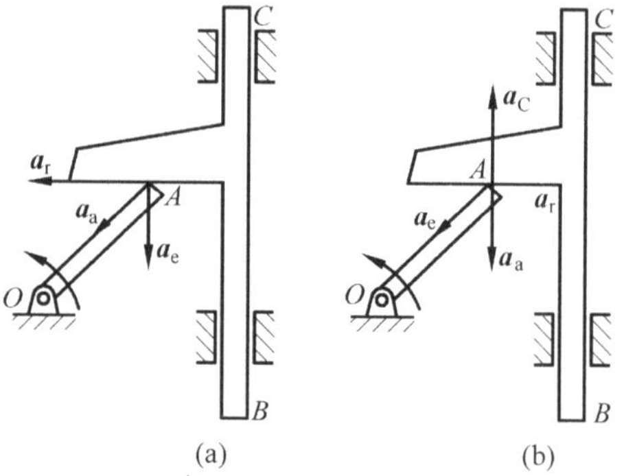


图 6-17

**6-7** 以下计算对不对？错在哪里？

(1) 在图 6-18(a)中取动点为滑块 $A$，动参考系为杆 $OC$，则

$$v_e = \omega \cdot OA, \quad v_a = v_e \cos\varphi$$

(2) 在图 6-18(b)中

$$v_{BC} = v_e = v_a \cos 60°, \quad v_a = \omega r$$

因为，

$$\omega = \text{常量}$$

所以，

$$v_{BC} = \text{常量}, \quad a_{BC} = \frac{\mathrm{d}v_{BC}}{\mathrm{d}t} = 0$$

(3) 在图 6-18(c)中为了求 $a_a$ 的大小，取加速度在 $\eta$ 轴上的投影式：

$$a_a \cos\varphi - a_C = 0$$

所以

$$a_a = \frac{a_C}{\cos\varphi}$$

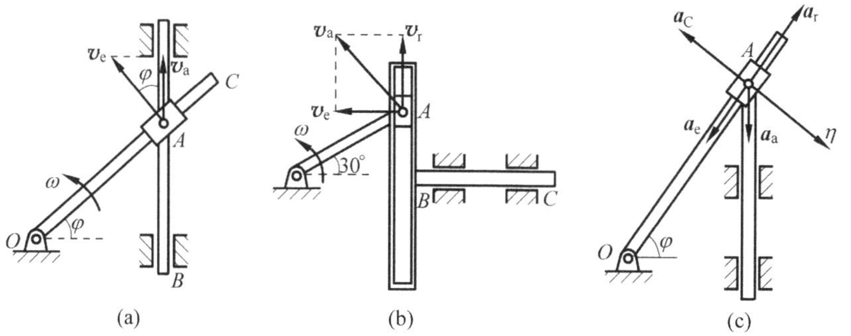


图 6-18

## 习 题

**6-1** 在图 6-19 所示各机构中，试适当选择动点与动系，分析三种运动，并绘制速度分析图。

**6-2** 如图 6-20 所示，汽车以速度 $\boldsymbol{v}_1$ 沿水平直线道路行驶，雨滴以速度 $\boldsymbol{v}_2$ 铅直下落。试求雨滴相对于汽车的速度。

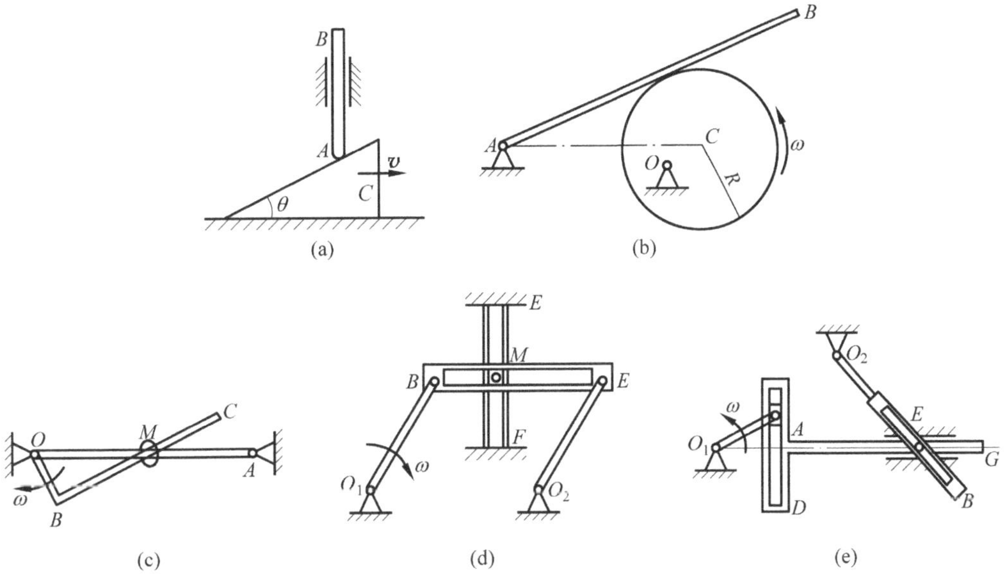


图　6-19

**6-3**　如图 6-21 所示曲柄滑杆机构，T 字形杆的 $BC$ 部分处于水平位置，$DE$ 部分处于铅直位置并放在套筒 $A$ 中。已知曲柄 $AO$ 以等角速度 $\omega=20\text{rad/s}$ 绕定轴 $O$ 转动，$AO=r=10\text{cm}$。试求当曲柄 $AO$ 与水平线的夹角 $\varphi=0°$、$30°$、$60°$、$90°$时，T 字形杆的速度。

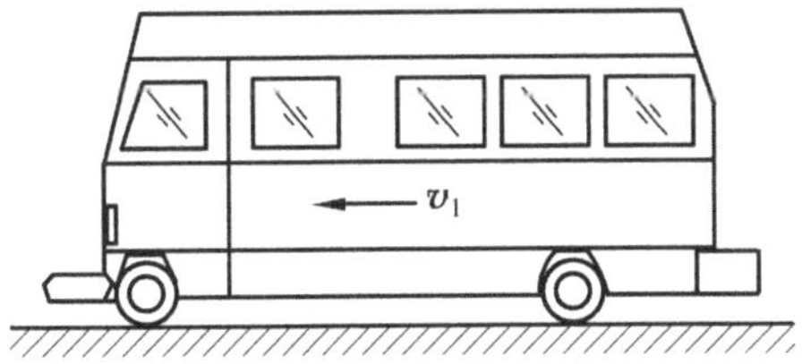


图　6-20

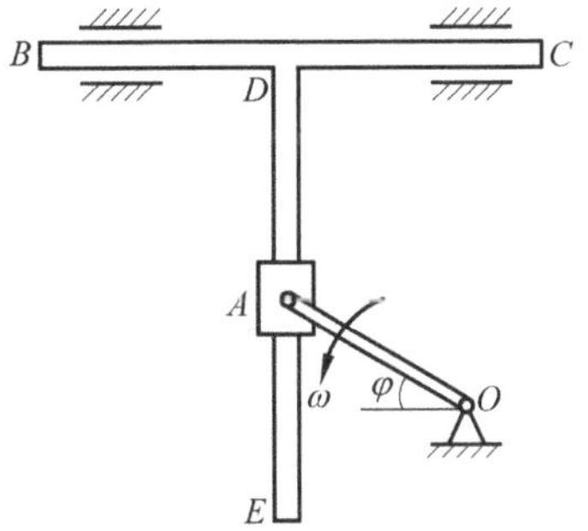


图　6-21

**6-4**　如图 6-22 所示，曲柄 $AO$ 以等角速度 $\omega$ 绕定轴 $O$ 转动，其上套有小环 $M$，而小环 $M$ 又在固定的大圆环上运动，大圆环的半径为 $R$。已知曲柄 $AO$ 与水平线的夹角 $\varphi=\omega t$（$\omega$ 为常数），试求小环 $M$ 的速度和小环 $M$ 相对于曲柄 $AO$ 的速度。

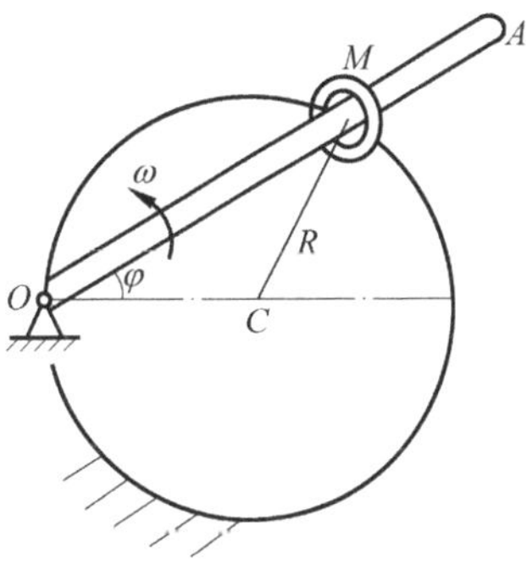


图　6-22

**6-5**　如图 6-23 所示，半径为 $R$、偏心距为 $e$ 的凸轮，以等角速度 $\omega$ 绕定轴 $O$ 转动，并使滑槽内的直杆 $AB$ 上下移动。已知 $A$、$B$、$O$ 在同一铅垂线上，在图示瞬时，轮心 $C$ 与轴 $O$ 在一条水平线上。试求该瞬时杆 $AB$ 的速度。

**6-6**　如图 6-24 所示，直角折杆 $BCD$ 推动长为 $l$ 的直

杆 $AO$ 绕定轴 $O$ 转动。已知折杆 $BCD$ 的速度为 $\boldsymbol{u}$，$BC$ 段长为 $b$。试求杆 $AO$ 的端点 $A$ 的速度（表示为点 $O$ 至折杆的距离 $x$ 的函数）。

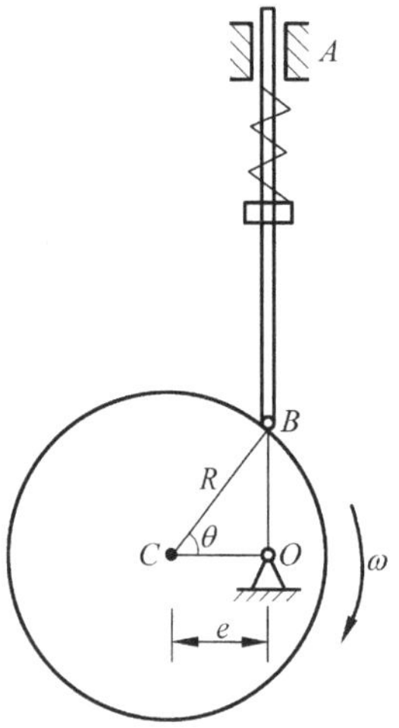


图 6-23

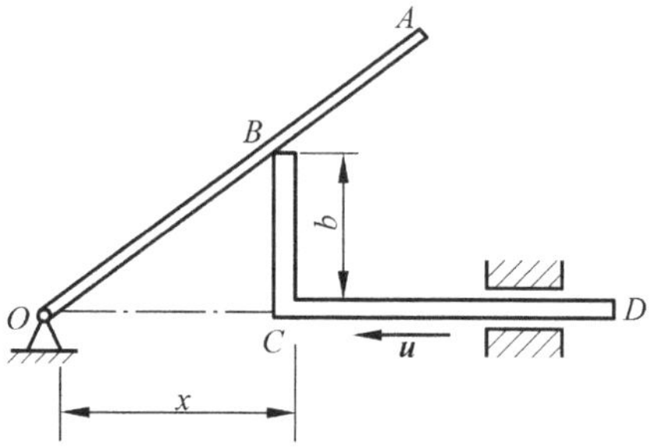


图 6-24

**6-7** 如图 6-25 所示，杆 $BC$ 以等速 $\boldsymbol{v}$ 沿水平导槽运动，通过套筒 $C$ 带动杆 $AO$ 绕定轴 $O$ 转动。试求图示瞬时杆 $AO$ 的角速度。

**6-8** 如图 6-26 所示平面机构中，$AO_1=BO_2=100\text{mm}$，$O_1O_2=AB$，杆 $AO_1$ 以等角速度 $\omega=2\text{rad/s}$ 绕定轴 $O_1$ 转动。杆 $AB$ 上有一套筒 $C$，此套筒又与杆 $CD$ 铰接，杆 $CD$ 可沿铅直滑槽上下移动。试求当 $\varphi=60°$ 时，杆 $CD$ 的速度。

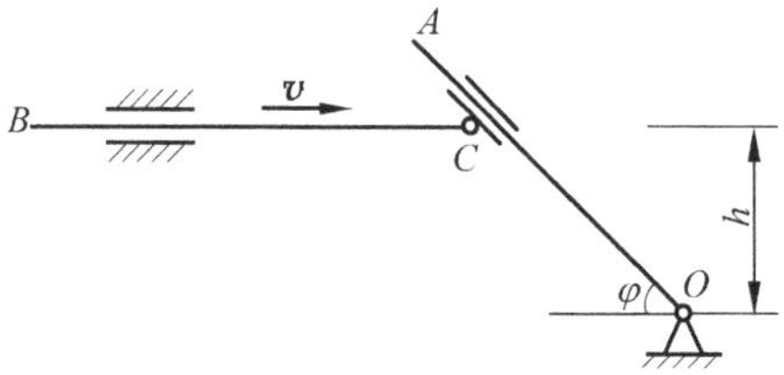


图 6-25

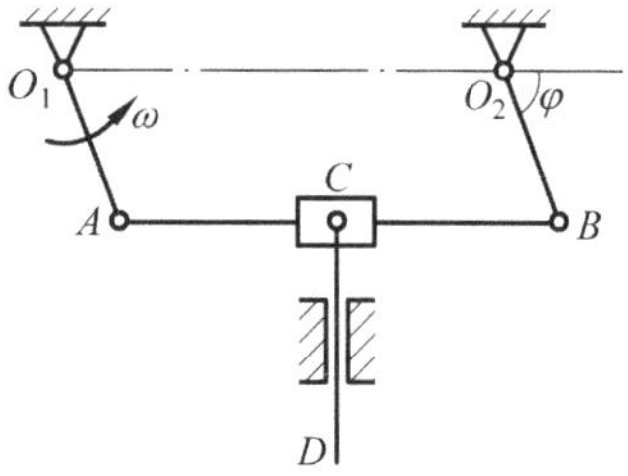


图 6-26

**6-9** 如图 6-27 所示，半径为 $R$ 的圆轮 $D$ 以等角速度 $\omega$ 绕轮缘上的定轴 $O_1$ 转动，杆 $AO$ 绕定轴 $O$ 转动并与圆轮始终接触。试求图示瞬时杆 $AO$ 的角速度。

**6-10** 如图 6-28 所示机构中，转臂 $BAO$ 以等角速度 $\omega$ 绕定轴 $O$ 转动，转臂中有垂直于 $AO$ 的滑道 $BA$，杆 $DE$ 可在滑道中滑动。在图示瞬时，杆 $DE$ 垂直于地面，试求此时杆 $DE$ 的端点 $D$ 的速度。

**6-11** 牛头刨床机构如图 6-29 所示。已知曲柄 $AO_1$ 长 200mm，角速度 $\omega_1=2\text{rad/s}$，试求图示位置滑枕 $CD$ 的速度。

**6-12** 如图 6-30 所示机构中，杆 $ED$ 以等速 $\boldsymbol{v}$ 沿铅直滑道向下运动。在图示瞬时，杆 $CO$ 铅垂，$CO/\!/ED$，$AB=BD=2r$。试求此时杆 $CO$ 的角速度。

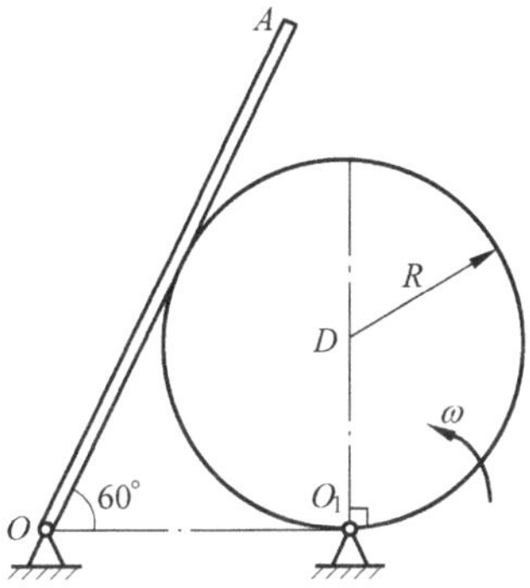


图　6-27

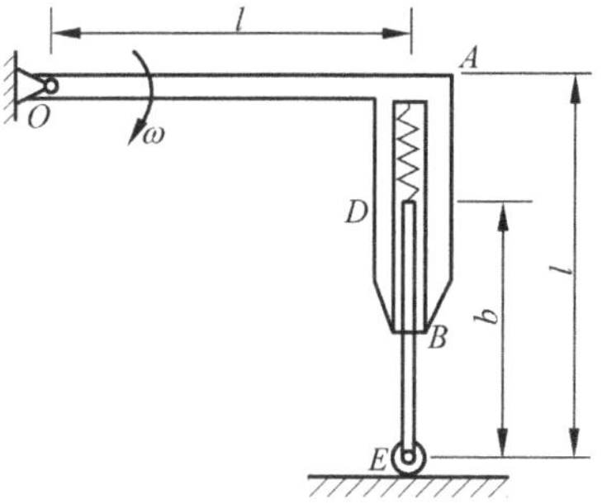


图　6-28

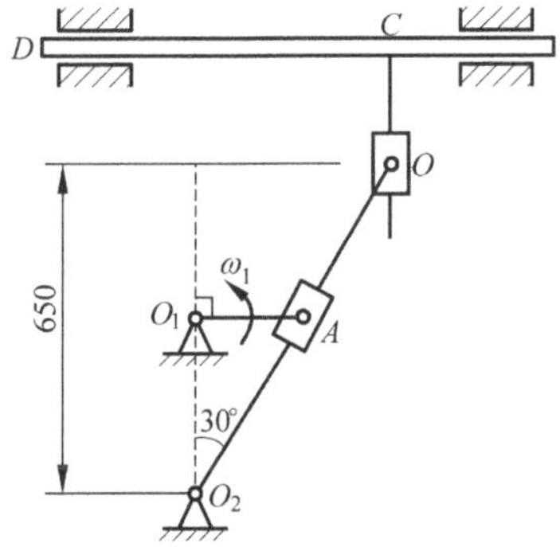


图　6-29

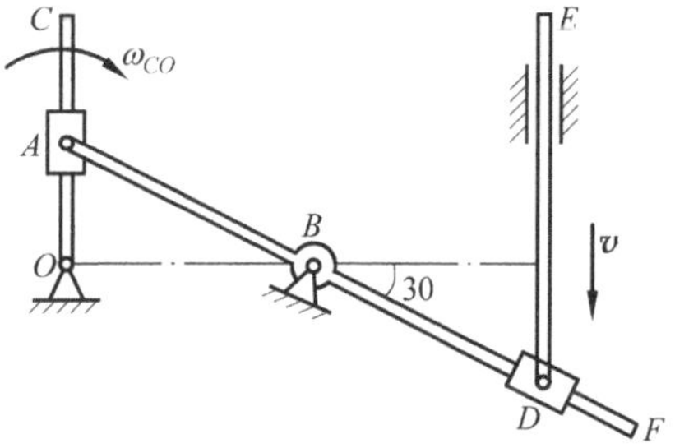


图　6-30

**6-13**　如图 6-31 所示，曲柄 $AO$ 长 0.4m，以等角速度 $\omega=0.5\mathrm{rad/s}$ 绕定轴 $O$ 逆时针转动，推动滑杆 $BCD$ 沿铅直滑槽运动。试求当曲柄 $AO$ 与水平线间的夹角 $\theta=30°$时，滑杆 $BCD$ 的速度和加速度。

**6-14**　如图 6-32 所示，曲柄 $AO$ 以等角速度绕定轴 $O$ 转动，通过滑块 $A$ 带动 T 字形杆 $BCD$ 沿水平滑槽作往复运动，滑块在 T 字形杆的铅直槽内滑动。已知 $AO=r$，曲柄 $AO$ 与水平线间夹角 $\varphi=\omega t$，试求 T 字形杆 $BCD$ 的速度与加速度。

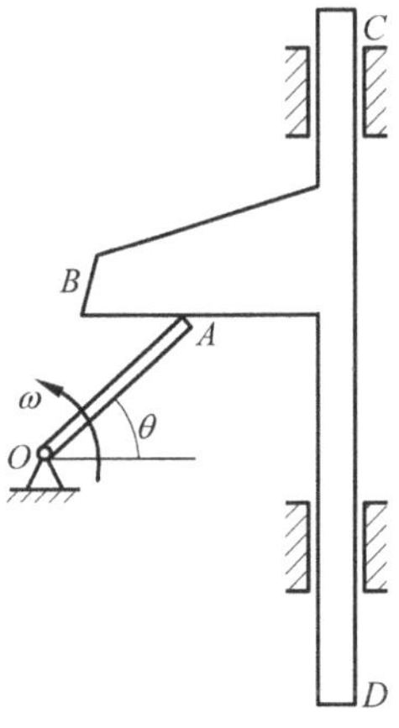


图　6-31

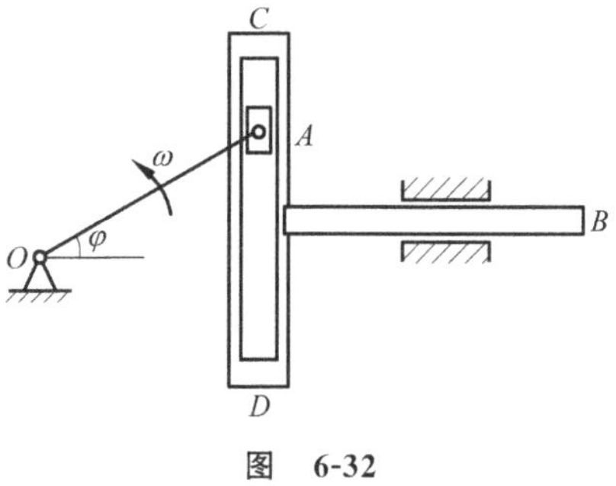


图　6-32

**6-15** 如图 6-33 所示，直角折杆 $BAO$ 绕定轴 $O$ 匀速转动，使套在其上的小环 $M$ 沿固定水平直杆 $OC$ 滑动。已知折杆 $BAO$ 的角速度 $\omega=0.5\text{rad/s}$，$AO=100\text{mm}$，试求当 $\varphi=60°$ 时，小环 $M$ 的速度和加速度。

**6-16** 如图 6-34 所示，小车以等加速度 $a_0=49.2\text{cm/s}^2$ 水平向右运动，车上有一半径 $r=20\text{cm}$ 的圆轮绕轴 $O$ 按规律 $\varphi=t^2$（其中，$\varphi$ 以 rad 计，$t$ 以 s 计）转动。当 $t=1\text{s}$ 时，轮缘上点 $A$ 的位置如图所示，试求此时点 $A$ 的绝对加速度。

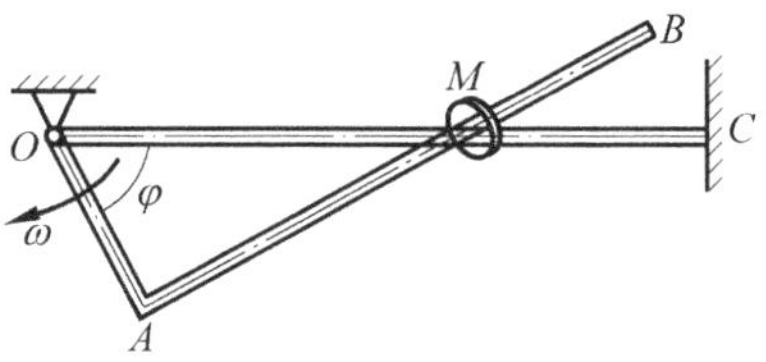


图 6-33

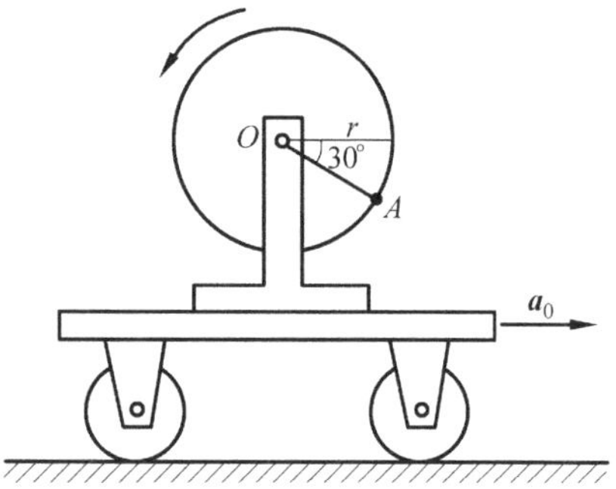


图 6-34

**6-17** 如图 6-35 所示，半径为 $r$ 的圆环以等角速度 $\omega$ 绕定轴 $O$ 转动，一小球 $M$ 以相对速度 $\boldsymbol{v}$ 在圆环内作匀速运动。当小球运动到图示 1、2 位置时，试求其绝对加速度。

**6-18** 如图 6-36 所示，圆盘按规律 $\varphi=1.5t^2$（其中，$\varphi$ 以 rad 计，$t$ 以 s 计）绕定轴 $O$ 转动，盘上动点 $M$ 按规律 $b=1+t^2$（其中，$b$ 以 mm 计，$t$ 以 s 计）沿半径运动。试求当 $t=1\text{s}$ 时，动点 $M$ 的绝对速度与绝对加速度。

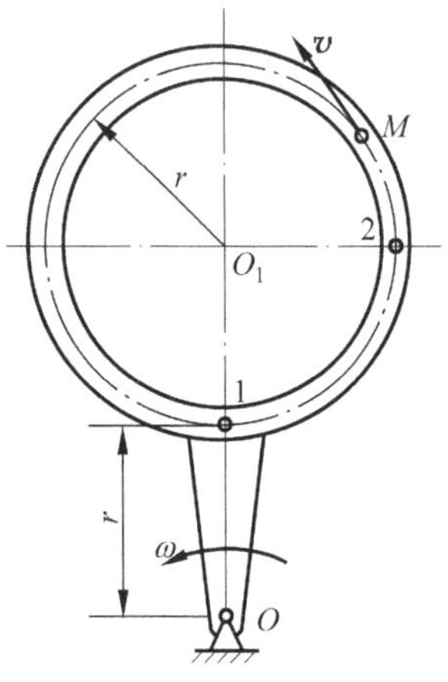


图 6-35

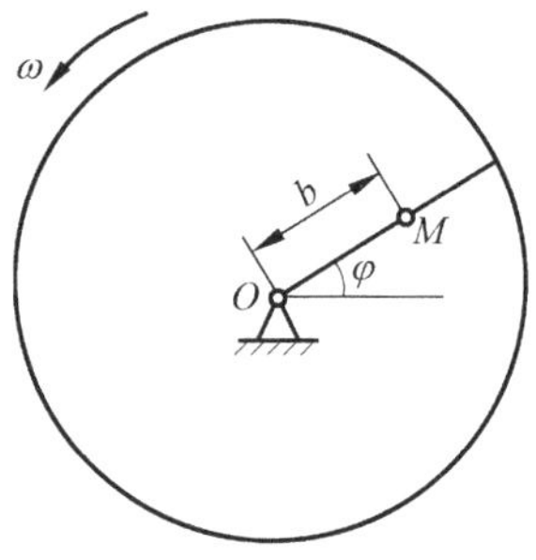


图 6-36

# 第7章 刚体的平面运动

## 本章提要

**【要求】**

(1) 能够判断机构中刚体作何种运动(平动、定轴转动、平面运动),掌握刚体平面运动的特征和平面运动的合成与分解;

(2) 熟练应用基点法、速度投影法和速度瞬心法求平面图形的角速度和其上任一点的速度;

(3) 较熟练地应用基点法求平面图形上任一点的加速度和平面图形的角加速度。

**【重点】**

(1) 用基点法求平面图形上任一点的速度和加速度;

(2) 在速度分析中根据具体情况能灵活选用速度投影法和速度瞬心法。

**【难点】**

(1) 对平面运动分解的理解;

(2) 复杂平面运动机构中点的加速度分析及计算;

(3) 刚体平面运动与点的合成运动综合应用问题的计算。

## 7-1 刚体平面运动的分解

前面讨论的刚体的平动与定轴转动是最常见的简单刚体运动。刚体还有更复杂的运动形式,其中,刚体的平面运动是工程机械中较为常见的一种刚体运动,它可以看作是平动与转动的合成,也可以看作绕不断运动的轴的转动。

### 1. 平面运动的概念和简化

在工程实际中,有很多零件的运动,例如曲柄连杆机构中连杆的运动如图7-1所示,行星齿轮机构中行星轮的运动如图7-2所示,这些刚体的运动既不是平动,也不是定轴转动,但它们有一个共同特点,即**在运动中,刚体上的任意点与某一固定平面之间的距离始终保持不变**,这种运动称为**平面运动**。平面运动的刚体上的各点都在平行于某一固定平面的平面内运动。

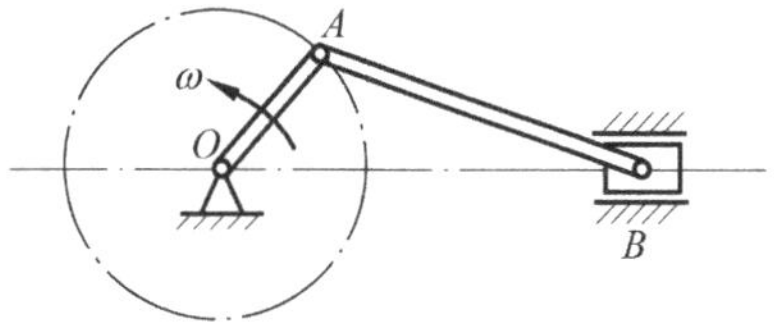


图 7-1

设图7-3(a)为一连杆的简图,用一个平行于固定平面的平面截割连杆,得截面 $S$,它是一个平面图形(图7-3(b))。当连杆运动时,图形内任意一点始终在自身平面内运动。在刚体内任取一条垂直于平面图形 $S$ 的直线，则当刚体作平面运动时，该直线作平动。因此，平面图形上的这一点与直线上各点的运动轨迹、速度和加速度完全相同，该点的运动即可代表该直线上所有点的运动。由此可知，平面图形 $S$ 内各点的运动即代表整个刚体的运动。于是，刚体的平面运动，可简化为平面图形 $S$ 在其自身平面内的运动。因此，今后研究刚体的平面运动，只需研究一个平面图形在其自身平面内的运动即可。

图 7-2

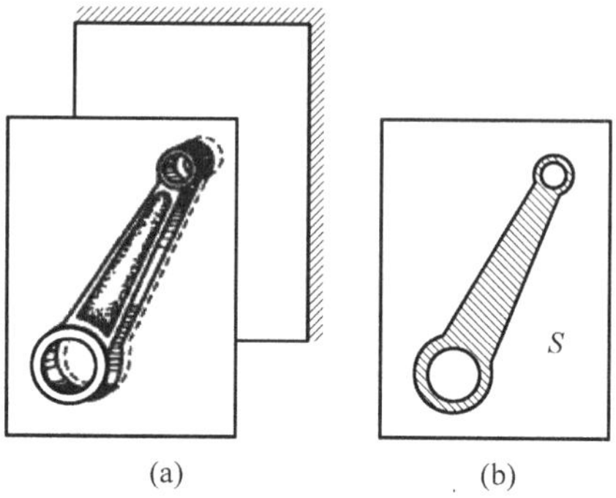


图 7-3

**2. 刚体平面运动方程和分解过程**

如图 7-4 所示，平面图形在其平面上的位置完全可由平面图形内任意线段 $O'M$ 的位置来确定，而要确定此线段在平面内的位置，只需确定线段上任一点 $O'$ 的位置和线段 $O'M$ 与固定坐标轴 $Ox$ 间的夹角 $\varphi$ 即可。显然，当平面图形在自身平面内运动时，$x_{O'}$、$y_{O'}$ 和 $\varphi$ 都是随时间而变的，是时间 $t$ 的单值连续函数，可表示为：

$$\left.\begin{aligned} x_{O'} &= f_1(t) \\ y_{O'} &= f_2(t) \\ \varphi &= f_3(t) \end{aligned}\right\} \tag{7-1}$$

式(7-1)称为刚体平面运动的**运动方程**。刚体的平面运动是随 $O'$ 点的平动与绕 $O'$ 点的转动的合成，或者说，刚体的平面运动可分解为平动与转动。这种描述平面图形运动的方法称为**基点法**，其中，点 $O'$ 称为**基点**，夹角 $\varphi$ 称为**平面图形的转角**。

研究平面运动时，可在平面图形上任取一点 $A$ 作为基点。如图 7-5 所示，设一平面图形 $S$ 在图示平面内作平面运动。在图形 $S$ 上任意取点 $A$ 和 $B$，并作两点的连线 $AB$，则直线 $AB$ 的位置可以代表平面图形的位置。设平面图形 $S$ 在 $\Delta t$ 时间内从位置Ⅰ运动到位置Ⅱ，以直线 $AB$ 及 $A'B'$ 分别表示图形在位置Ⅰ和位置Ⅱ，要把直线 $AB$ 移到位置 $A'B'$ 需分两步完成：第一步是以 $A$ 点为基点，先使直线随着 $A$ 点的运动轨迹平移到位置 $A'B''$，第二步再绕 $A'$ 点转到位置 $A'B'$，其转过的角位移为 $\Delta\varphi_1$。图形 $S$ 的运动情况也可以选 $B$ 点作为基点来分析，即先使直线 $AB$ 随 $B$ 点的运动轨迹平移到 $A''B'$，然后再绕 $B'$ 点转到位置 $A'B'$，其转过的角位移为 $\Delta\varphi_2$。由此可见，平面运动可分解成平动和转动，即平面运动可以看作是随同某基点的平动与绕某基点的转动的合成运动。

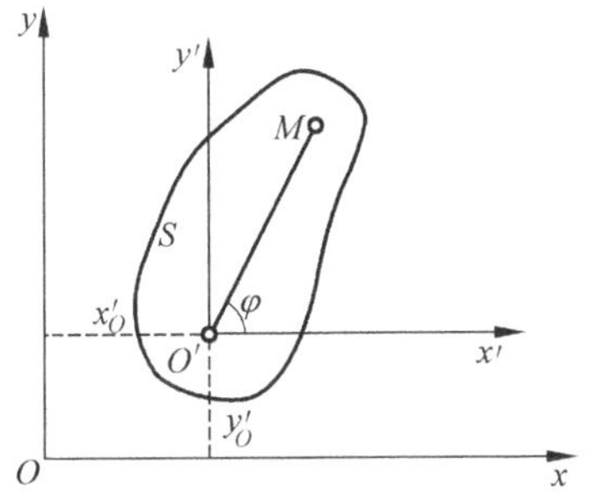


图 7-4

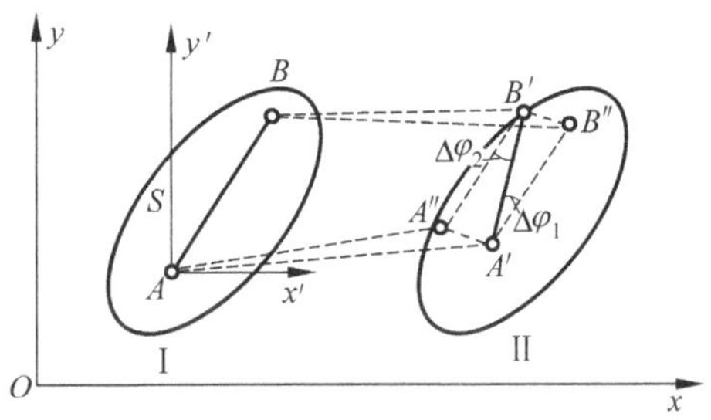


图 7-5

如果在某基点上放一平动的动坐标系 $Ax'y'$，即动坐标系的坐标轴永远保持原来的方位，则在动坐标系中观察到的运动是 $A'B''$ 转到 $A'B'$，即转过 $\Delta\varphi_1$。因此，从复合运动的观点来看，刚体的平面运动可分解为牵连运动为平动(动系作平动)和相对运动为转动的合成运动。

由图 7-5 可知，选择不同的基点 $A$ 和 $B$，则平动的位移 $AA'$ 和 $BB'$ 显然不同，因此，平动的速度及加速度也不相同；但对于绕不同基点转过的角位移 $\Delta\varphi_1$ 和 $\Delta\varphi_2$ 的大小及转向总是相同的。综上所述，平面运动平动部分的运动规律与基点的选择有关，而转动部分的运动规律与基点的选择无关。即**在同一瞬时，图形绕任一基点转动的角速度和角加速度都是相同的**。因此，把平面运动中的角速度和角加速度直接称为平面图形的角速度和角加速度，而无须指明它们是对哪个基点而言的。

虽然基点可以任意选取，但在解决实际问题时，通常是选取运动情况已知的点作为基点。

## 7-2 平面图形上各点的速度分析

分析平面图形上各点的速度可以采用不同的方法，如基点法、速度投影法和速度瞬心法。

### 1. 基点法

若已知某瞬时平面图形上某点 $A$ 的速度 $\boldsymbol{v}_A$ 和图形的角速度 $\omega$。则如何求平面图形上任意点 $B$ 的速度 $\boldsymbol{v}_B$ 呢？

如图 7-6 所示，取 $A$ 点为基点。由前面的分析可知，任何平面图形的平面运动可分解为两个运动，即牵连运动(随同基点 $A$ 的平动)和相对运动(绕基点 $A$ 的转动)。因此，平面图形内任意点 $B$ 的运动也是两个运动的合成，可用速度合成定理来求它的速度，这种方法称为基点法。即

$$\boldsymbol{v}_a = \boldsymbol{v}_e + \boldsymbol{v}_r$$

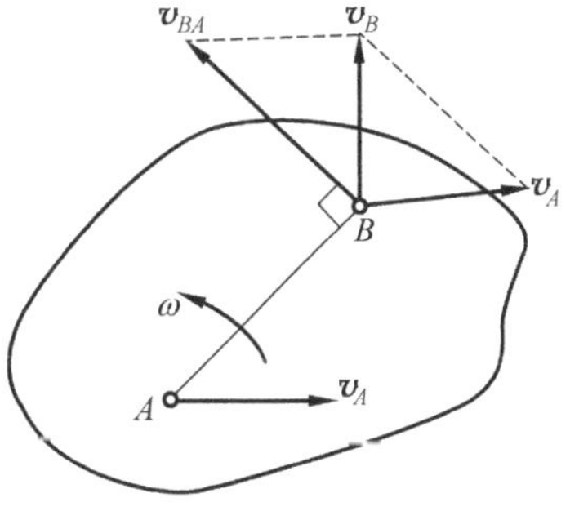


图 7-6

因为牵连运动是随同基点 $A$ 的平动，所以牵连速度

$\boldsymbol{v}_e=\boldsymbol{v}_A$；相对运动为转动，故相对速度$\boldsymbol{v}_r$就是$B$点绕$A$点转动的速度，用$\boldsymbol{v}_{BA}$来表示，即$\boldsymbol{v}_r=\boldsymbol{v}_{BA}$。由此，得$B$点的速度为

$$\boldsymbol{v}_B=\boldsymbol{v}_A+\boldsymbol{v}_{BA} \tag{7-2}$$

式中，相对速度$\boldsymbol{v}_{BA}$的大小为$v_{BA}=AB\cdot\omega$，$\boldsymbol{v}_{BA}$的方向与$AB$垂直，且指向图形转动的方向。

于是得结论：**平面图形内任一点的速度等于基点的速度与该点随图形绕基点转动速度的矢量和**。

式(7-2)中的三种速度，每个速度矢都有大小和方向两个量，一共六个量，只要知道其中任意四个量，即可求另外两个量。在平面图形的运动中，点的相对速度$\boldsymbol{v}_{BA}$的方向总是已知的，它垂直于线段$AB$。因此，只需知道任何其他三个量，便可作出速度平行四边形。

**【例7-1】** 如图7-7所示，椭圆规尺的$A$端以速度$\boldsymbol{v}_A$沿$x$轴的负向运动，$AB=l$。求：$B$端的速度以及规尺$AB$的角速度。

**解**：(1) $AB$作平面运动，因为滑块$A$的速度为已知，故选$A$为基点

(2) $B$点的速度

| | $\boldsymbol{v}_B$ | $=\boldsymbol{v}_A$ | $+\boldsymbol{v}_{BA}$ |
|---|---|---|---|
| 大小： | ? | √ | ? |
| 方向： | √ | √ | √ |

由图中几何关系求得

$$v_B=v_A\cot\varphi,\quad v_{BA}=\frac{v_A}{\sin\varphi}$$

从而得$AB$杆的角速度为

$$\omega_{AB}=\frac{v_{BA}}{l}=\frac{v_A}{l\sin\varphi}$$

**【例7-2】** 如图7-8所示，半径为$R$的车轮沿直线轨道作无滑动的滚动。已知轮轴以匀速$\boldsymbol{v}_O$前进。求轮缘上$A$、$B$、$C$和$D$各点的速度。

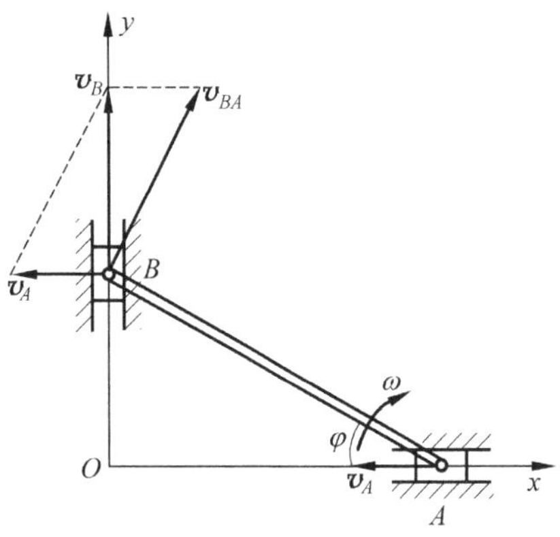


图 7-7

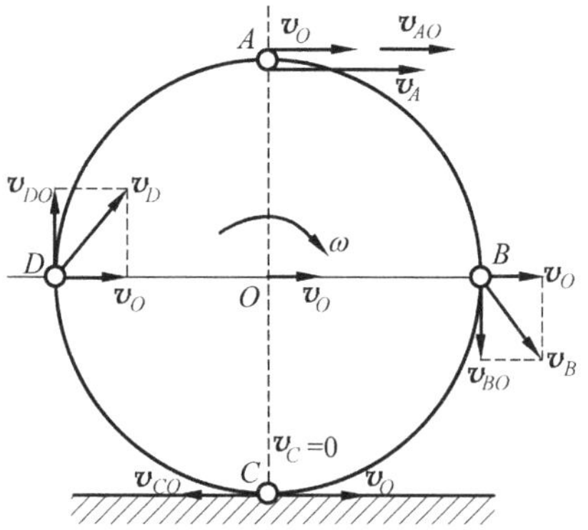


图 7-8

**解**：这是单个刚体的平面运动问题。

因为轮心的速度已知，故选轮心 $O$ 为基点。根据基点法，轮缘上任一点 $M$ 的速度可表示为

$$\boldsymbol{v}_M = \boldsymbol{v}_O + \boldsymbol{v}_{MO}$$

式中，$\boldsymbol{v}_O$ 为已知，$A$、$B$、$C$ 和 $D$ 各点相对于基点 $O$ 的速度是未知量，即车轮的角速度 $\omega$ 是未知的。若能知道车轮上另一点的速度，则可求出其角速度 $\omega$。已知车轮沿水平直线轨道作纯滚动，因此，车轮与地面的接触点 $C$ 的速度为零，即

$$\boldsymbol{v}_C = \boldsymbol{v}_O + \boldsymbol{v}_{CO} = \boldsymbol{0}$$

或

$$\boldsymbol{v}_{CO} = -\boldsymbol{v}_O$$

写成投影式有

$$v_{CO} = v_O = R\omega$$

则

$$\omega = \frac{v_O}{R}$$

由图 7-8 可知，$\omega$ 为顺时针转向。其余各点的速度为

$$v_A = v_O + v_{AO} = v_O + R\omega$$

$$v_B = \sqrt{v_O^2 + v_{BO}^2} = \sqrt{v_O^2 + (R\omega)^2} = \sqrt{2}\, v_O$$

$$v_D = \sqrt{v_O^2 + v_{DO}^2} = \sqrt{v_O^2 + (R\omega)^2} = \sqrt{2}\, v_O$$

各点速度方向如图 7-8 所示。

### 2. 速度投影法

由基点法知

$$\boldsymbol{v}_B = \boldsymbol{v}_A + \boldsymbol{v}_{BA}$$

将此矢量式在 $AB$ 连线上投影，如图 7-6 所示，得

$$(\boldsymbol{v}_B)_{AB} = (\boldsymbol{v}_A)_{AB} + (\boldsymbol{v}_{BA})_{AB}$$

由于 $\boldsymbol{v}_{BA}$ 垂直于 $AB$，所以 $(\boldsymbol{v}_{BA})_{AB} = 0$，因此

$$(\boldsymbol{v}_B)_{AB} = (\boldsymbol{v}_A)_{AB} \tag{7-3}$$

这就是**速度投影定理：平面图形上任意两点的速度在此两点连线上的投影相等**。它反映了刚体上任意两点间距离保持不变的特征。

速度投影定理建立的是任意两点绝对速度之间的关系，它不涉及相对速度，因而不涉及平面图形的角速度，也就不能求平面图形的角速度。应用这个定理求平面图形上某些点的速度，有时非常方便。

**【例 7-3】** 图 7-9 所示的平面机构中，曲柄 $OA$ 长 100mm，以角速度 $\omega = 2\text{rad/s}$ 转动，连杆 $AB$ 带动摇杆 $CD$，并拖动轮 $E$ 沿水平面滚动。已知 $CD = 3CB$，图示位置时 $A$、$B$、$E$ 三点恰在一水平线上，且 $CD \perp ED$，$OA$ 铅垂。求此瞬时点 $E$ 的速度。

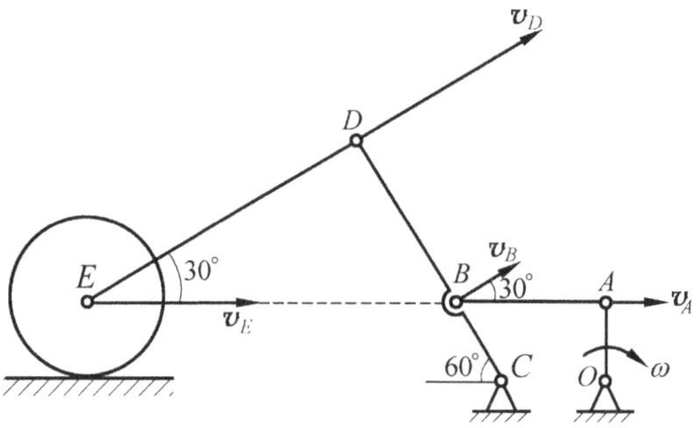


图 7-9

**解**：(1) $AB$ 作平面运动。由速度投影定理，杆 $AB$ 上点 $A$、$B$ 的速度在 $AB$ 连线上投影相等，即

$$(\boldsymbol{v}_B)_{AB}=(\boldsymbol{v}_A)_{AB}$$

即

$$v_B\cos30^\circ=OA\cdot\omega$$

求得

$$v_B=\frac{OA\cdot\omega}{\cos30^\circ}=0.2309\text{m/s}$$

(2) $CD$ 作定轴转动，转动轴为 $C$，则 $D$ 点的速度为

$$v_D=\frac{v_B}{CB}CD=3v_B=0.6927\text{m/s}$$

(3) $DE$ 作平面运动，轮 $E$ 沿水平面滚动，轮心 $E$ 的速度方向为水平，由速度投影定理，$D$、$E$ 两点的速度关系为

$$(\boldsymbol{v}_E)_{DE}=(\boldsymbol{v}_D)_{DE}$$

即

$$v_E\cos30^\circ=v_D$$

求得

$$v_E=\frac{v_D}{\cos30^\circ}=0.8\text{m/s}$$

### 3. 速度瞬心法

利用基点法求平面图形上任意点的速度时，如果选取速度为零的点作为基点，则计算将大大简化。**一般情况下，在每一瞬时，平面图形上都唯一地存在一个速度为零的点。**称为**瞬时速度中心**，简称**速度瞬心**。

为了说明和找到速度瞬心，设有一平面图形 $S$，如图 7-10 所示。取图形上的 $A$ 点为基点，它的速度为 $\boldsymbol{v}_A$，图形的角速度为 $\omega$，转向如图所示。图形上任一点 $M$ 的速度可按下式计算

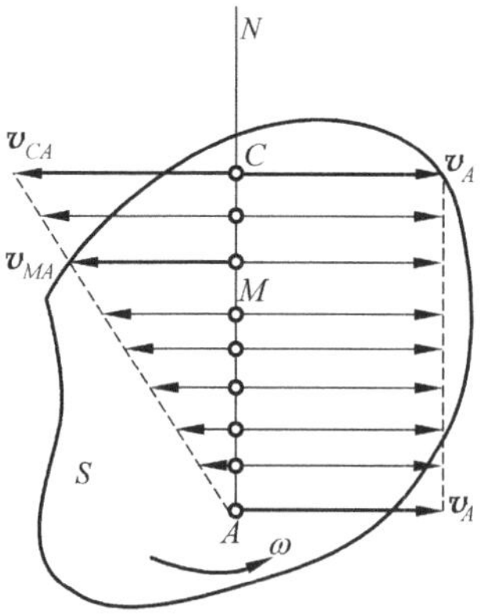


图 7-10

$$\boldsymbol{v}_M = \boldsymbol{v}_A + \boldsymbol{v}_{MA}$$

如果点 $M$ 在垂线 $AN$ 上，由图可知，$\boldsymbol{v}_A$ 和 $\boldsymbol{v}_{MA}$ 在同一直线上，且方向相反，故 $\boldsymbol{v}_M$ 的大小为

$$v_M = v_A - AM \cdot \omega$$

由上式可知，随着点 $M$ 在垂线 $AN$ 上的位置不同，$\boldsymbol{v}_M$ 的大小不同，因此只要角速度 $\omega$ 不等于零，总能找到一点 $C$，这点的瞬时速度等于零。

令

$$v_C = 0 \Rightarrow AC = \frac{v_A}{\omega}$$

则 $C$ 点速度为零，即 $C$ 点为速度瞬心。

下面给出平面图形内各点的速度及其分布。如图 7-11 所示，轮子作纯滚动，如果取速度瞬心 $C$ 为基点，由于基点的速度 $\boldsymbol{v}_C = \boldsymbol{0}$，因此，平面图形上任一点的速度等于该点绕速度瞬心的瞬时转动速度。则车轮上 $A$、$B$、$O$ 点的速度分别为

$$v_A = v_C + v_{AC} = v_{AC} = AC \cdot \omega$$

$$v_B = v_C + v_{BC} = v_{BC} = BC \cdot \omega$$

$$v_O = v_C + v_{OC} = v_{OC} = OC \cdot \omega$$

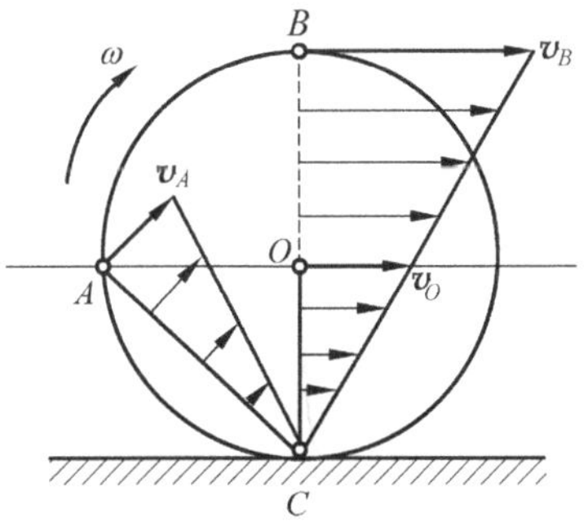

图 7-11

由此可见，**平面图形内任一点的速度等于该点随图形绕速度瞬心转动的速度。图形上各点速度的大小与该点到速度瞬心的距离成正比；速度方向垂直于该点到速度瞬心的连线，指向图形转动的一方。**

刚体作平面运动时，一般情况下在每一瞬时，图形内必有一点为速度瞬心。但是，在不同的瞬时，速度瞬心在图形内的位置是不同的。综上所述，如果已知平面图形在某一瞬时的速度瞬心位置和角速度，则在该瞬时，图形内任一点的速度可以完全确定。因此，如何确定速度瞬心是解题的关键。

确定速度瞬心位置的方法有以下几种。

(1) 已知图形内任意两点 $A$、$B$ 的速度方向如图 7-12 所示，且这两速度互不平行。速度瞬心 $C$ 的位置必在每一点速度的垂线上。因此在图中，通过点 $A$ 作垂直于 $\boldsymbol{v}_A$ 方向的直线 $Aa$；再过点 $B$ 作垂直于 $\boldsymbol{v}_B$ 方向的直线 $Bb$，设两条直线交于点 $C$，则点 $C$ 即为平面图形的速度瞬心。

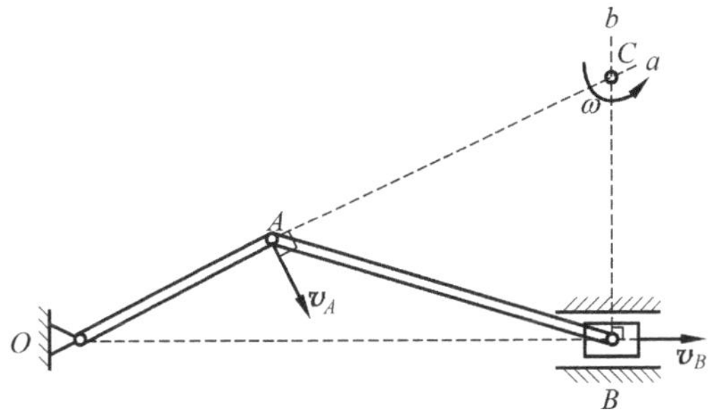

图 7-12

（2）已知某瞬时平面图形上任意两点 $A$、$B$ 的速度方位相互平行，且都垂直于该两点的连线，如图 7-13 所示，则速度瞬心必定在 $AB$ 连线与速度矢 $\boldsymbol{v}_A$ 和 $\boldsymbol{v}_B$ 端点连线的交点 $C$ 上。当 $\boldsymbol{v}_A$ 和 $\boldsymbol{v}_B$ 同向时，且这两个速度大小不等，图形的速度瞬心在 $AB$ 的延长线上，如图 7-13(a)所示；当 $\boldsymbol{v}_A$ 和 $\boldsymbol{v}_B$ 反向时，图形的速度瞬心在 $A$、$B$ 两点之间，如图 7-13(b)所示。

（3）已知某瞬时，平面图形上任意两点 $A$、$B$ 的速度矢相互平行，但不垂直于两点连线（图 7-14(a)），或已知两点速度垂直于两点连线，且两速度大小相等（图 7-14(b)），则可推知图形的速度瞬心在无穷远处。在该瞬时，图形上各点的速度分布如同图形作平动的情形一样，故称为**瞬时平动**。其上各点的瞬时速度彼此相等，角速度为零。但应注意，一般来说，在该瞬时各点的加速度并不相等，且在此瞬时之后，各点的速度也不相等，因此，该情形与前面章节所讲的刚体平动有本质的区别。

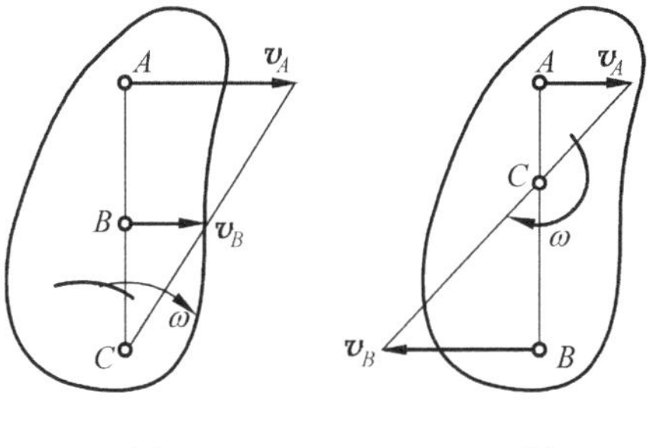


图 7-13

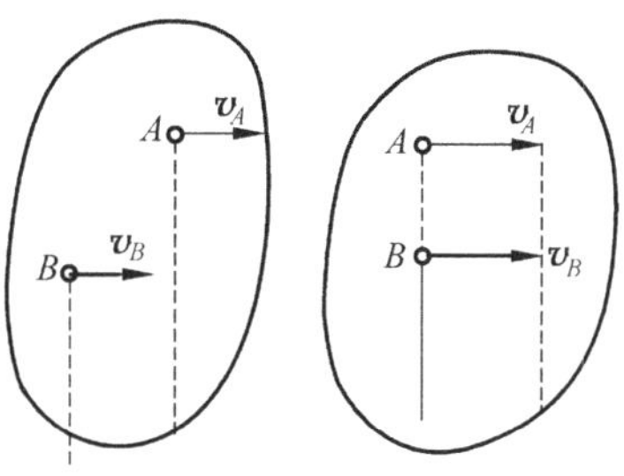


图 7-14

（4）平面图形沿一固定表面作纯滚动，图形与固定平面的接触点 $C$ 就是图形的速度瞬心，如图 7-11 所示。因为在这一瞬时，点 $C$ 相对于固定面的速度为零，所以它的绝对速度等于零。车轮滚动的过程中，轮缘上的各点相继与地面接触而成为车轮在不同时刻的速度瞬心。但当轮作非纯滚动时在接触点有相对滑动，速度瞬心也就不在接触点了。

**【例 7-4】** 用瞬心法解例 7-1。

**解**：已知 $A$，$B$ 两点的速度方向，故分别作 $A$、$B$ 两点速度的垂线，两条直线的交点 $C$ 就是杆 $AB$ 的速度瞬心，如图 7-15 所示。杆 $AB$ 的角速度为

$$\omega=\frac{v_A}{AC}=\frac{v_A}{l\sin\varphi}$$

点 $B$ 的速度为 $v_B=BC\cdot\omega=\dfrac{BC}{AC}v_A=v_A\cot\varphi$。以上结果与例 7-1 求得的结果完全一样。

用瞬心法也可以求图形内任一点的速度。例如杆 $AB$ 中点 $D$ 的速度

$$v_D=DC\cdot\omega=\frac{l}{2}\,\frac{v_A}{l\sin\varphi}=\frac{v_A}{2\sin\varphi}$$

它的方向垂直于 $DC$，且指向图形转动的一方。

用瞬心法解题，其步骤与基点法类似。前两步完全相同，只是第三步要根据已知条件，求出图形的速度瞬心的位置和平面图形转动的角速度，最后求出各点的速度。

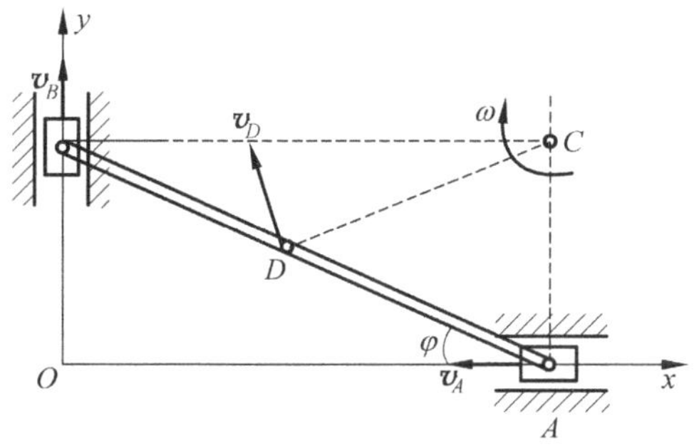


图　7-15

如果研究由几个图形组成的平面机构，则可依次对每一图形按上述步骤进行，直到求出所需的全部未知量为止。应该注意，每一个平面图形有它自己的速度瞬心和角速度，因此，每求出一个瞬心和角速度，应明确标出它是哪一个图形的瞬心和角速度，不要混淆。

**【例 7-5】** 平面机构如图 7-16 所示，曲杆 $AO$ 以加速度 $\omega=2\text{rad/s}$ 绕定轴 $O$ 转动。已知 $AO=DO_1=10\text{cm}$、$BD=30\text{cm}$；在图示位置时，曲柄 $AO$ 处于水平位置，夹角 $\varphi=45°$。试求该瞬时连杆 $AB$、$BD$ 和曲柄 $DO_1$ 的角速度。

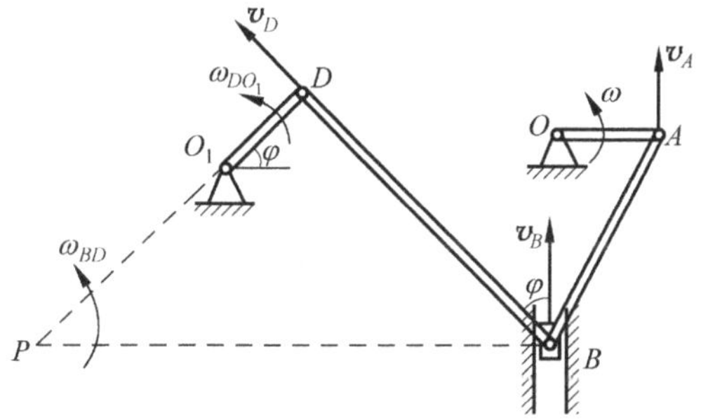


图　7-16

**解**：曲柄 $AO$ 和 $DO_1$ 绕定轴转动，连杆 $AB$ 和 $BD$ 作平面运动。

(1) 研究连杆 $AB$。该瞬时，$A$、$B$ 两点速度 $v_A$、$v_B$ 的方向平行但不垂直于 $AB$ 连线，故连杆 $AB$ 作瞬时平移，其角速度 $\omega_{AB}=0$。

点 $B$ 的速度为

$$v_B=v_A=AO\cdot\omega=10\times 2\text{cm/s}=20\text{cm/s}$$

(2) 研究连杆 $BD$。点 $D$ 的速度 $v_D$ 垂直于 $DO_1$，分别过 $B$、$D$ 两点作 $v_B$、$v_D$ 的垂线，点 $P$ 为连杆 $BD$ 在该瞬时的速度瞬心。于是，连杆 $BD$ 的角速度为

$$\omega_{BD}=\frac{v_B}{BP}=\frac{v_B}{\sqrt{2}BD}=\frac{20}{30\sqrt{2}}\text{rad/s}=0.47\text{rad/s}$$

点 $D$ 的速度为

$$v_D=DP\cdot\omega_{BD}=30\times 0.47\text{cm/s}=14.1\text{cm/s}$$

（3）研究曲柄 $DO_1$。曲柄 $DO_1$ 的角速度为

$$\omega_{DO_1}=\frac{v_D}{DO_1}=\frac{14.1}{10}\text{rad/s}=1.41\text{rad/s}$$

**【例 7-6】** 如图 7-17(a)所示，曲柄 $OA$ 以恒定的角速度 $\omega=2\text{rad/s}$ 绕 $O$ 轴转动，并借助连杆 $AB$ 驱动半径为 $r$ 的轮子在半径为 $R$ 的圆弧槽中作无滑动的滚动。已知，$OA=AB=R=2r=1\text{m}$，在图示瞬时，曲柄 $OA$ 处于铅垂位置，且 $OA\perp AB$。试求该瞬时轮缘上点 $C$ 的速度。

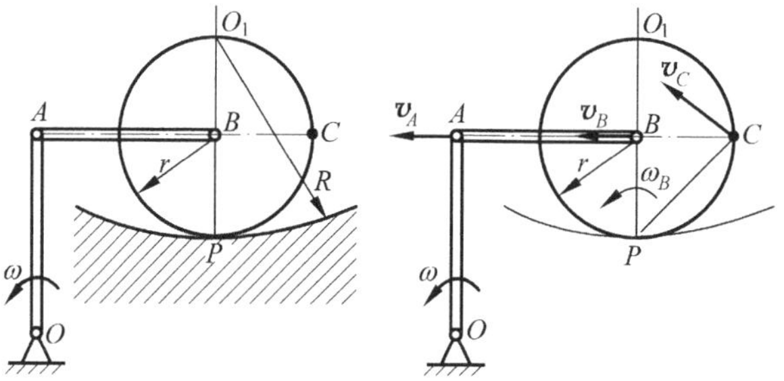


图 7-17

**解**：本例是包括轮子和杆两种结构类型的综合题，轮子和杆 $AB$ 均作平面运动。为了求轮缘上点 $C$ 的速度，不能直接取速度是已知的 $A$ 点为基点，因为点 $A$ 和点 $C$ 不在同一个刚体上。但是，可通过连杆与轮子的接点 $B$ 建立点 $A$ 与点 $C$ 之间的运动关系。

（1）运动分析

杆 $OA$ 作定轴转动，杆 $AB$ 和轮子均作平面运动。

（2）速度分析

由于点 $A$ 和点 $B$ 的速度 $\boldsymbol{v}_A$ 和 $\boldsymbol{v}_B$ 在图示瞬时都沿 $BA$ 方向，故连杆 $AB$ 作瞬时平动，如图 7-17(b)所示，连杆 $AB$ 的端点 $A$ 和 $B$ 在该瞬时速度相等，即

$$v_A=v_B=R\omega=2\text{m/s}$$

且杆 $AB$ 的角速度为

$$\omega_{AB}=0$$

由于轮子沿固定圆弧槽作纯滚动，轮子的速度瞬心在点 $P$。轮子的角速度为

$$\omega_B=\frac{v_B}{BP}=\frac{v_B}{r}=4\text{rad/s}$$

故轮缘上点 $C$ 的速度大小为

$$v_C=PC\cdot\omega_B=\sqrt{2}r\omega_B=4\sqrt{2}r=2.828\text{m/s}$$

方向垂直于 $PC$，并与 $\omega_B$ 的转向一致。

**【例 7-7】** 如图 7-18(a)所示机构，滑块 $A$ 的速度为常数，$v_A=0.2\text{m/s}$，$AB=0.4\text{m}$，求当 $AC=CB$，$\varphi=30°$时，杆 $CD$ 的速度。

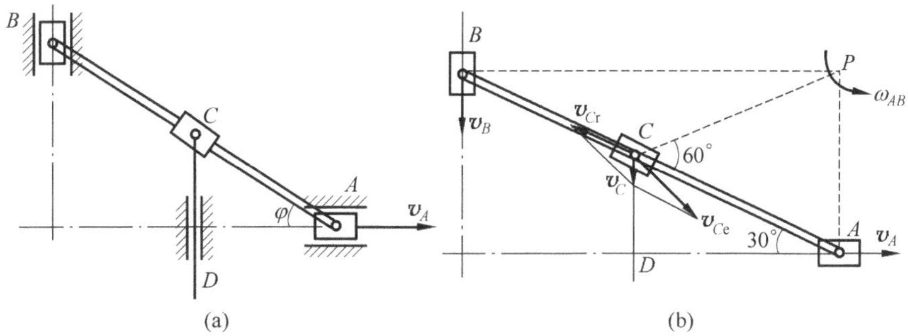


图　7-18

**解**：(1) 运动分析

杆 $AB$ 作平面运动，杆 $CD$ 作平动。选取滑块 $C$ 为动点，动系固连于杆 $AB$ 上，则动点的绝对运动为铅垂直线运动，动点的相对运动是沿杆 $AB$ 的直线运动，牵连运动为杆 $AB$ 的平面运动。

(2) 速度分析与计算

杆 $AB$ 的速度瞬心在点 $P$，如图 7-18(b)所示。由图知，$PA=PC=AC=CB=0.2\text{m}$，故

$$\omega_{AB}=\frac{v_A}{PA}=1\text{rad/s}$$

根据点的速度合成定理，动点 $C$ 的绝对速度为

$$\boldsymbol{v}_C=\boldsymbol{v}_{Ce}+\boldsymbol{v}_{Cr}$$

将上式向垂直于 $\boldsymbol{v}_{Cr}$ 的方向投影，得

$$v_C\cos30°=v_{Ce}\cos60° \tag{a}$$

故杆 $CD$ 的速度为

$$v_{CD}=v_C=\frac{v_{Ce}\cos60°}{\cos30°}=\frac{PC\omega_{AB}}{\sqrt{3}}=0.1155\text{m/s}$$

将式(a)向垂直于 $\boldsymbol{v}_{Ce}$ 的方向投影，得套筒 $C$ 的相对速度为

$$v_{Cr}=v_C=0.1155\text{m/s}$$

综上所述，求平面图形内点的速度时，解题步骤及注意事项如下。

(1) 根据题目的已知条件、要求，综合分析，选择一种最简单的求解方法。

① 基点法是最基本的方法。使用基点法时，一般取运动状态已知或能求出速度的点为基点、要特别注意取某些结合点为基点。要写出矢量式：$\boldsymbol{v}_B=\boldsymbol{v}_A+\boldsymbol{v}_{BA}$，判断是否可解。若可解，须正确作出速度平行四边形，再利用几何关系求出未知量。

② 速度投影法是最为简捷的一种方法，但条件是必须知道平面图形上一点速度的大小和方向，以及所求点的速度方向，一般多用于机构中的连杆。但该方法不能求解平面图形的转动角速度。

③ 当平面图形的速度瞬心容易确定，几何尺寸计算比较简单，或平面图形上要求多个点的速度时，可优先采用速度瞬心法。一般先确定图形的速度瞬心，求出平面图形的角速度，最后求出图形内各所求点的速度。

(2) 若需要再研究另一个作平面运动的刚体,可按上述步骤继续进行。

(3) 当求解刚体平面运动和点的合成运动的综合问题时,首先应分析机构的运动状态和组合形式,判断哪一个机构作平面运动,它与其他运动构件的接触点有无相对运动,然后应用“刚体平面运动”和“点的合成运动”的理论求解。

## 7-3 平面图形上各点的加速度分析

现讨论平面图形内各点的加速度。

如图 7-19 所示,设某瞬时,平面图形某一点 $A$ 的加速度为 $\boldsymbol{a}_A$,图形的角速度为 $\omega$,角加速度为 $\alpha$,求图形内任一点 $B$ 的加速度 $\boldsymbol{a}_B$。取基点为 $A$,建立一随基点 $A$ 平动的坐标系,则牵连运动为平动,相对运动为点 $B$ 绕基点 $A$ 的转动。因此,可用牵连运动为平动时点的加速度合成定理来求解点 $B$ 的加速度。即

$$\boldsymbol{a}_a = \boldsymbol{a}_e + \boldsymbol{a}_r \tag{7-4a}$$

由于牵连运动是随同基点 $A$ 的平动,故牵连加速度 $\boldsymbol{a}_e$ 就等于基点 $A$ 的加速度 $\boldsymbol{a}_A$,即

$$\boldsymbol{a}_e = \boldsymbol{a}_A \tag{7-4b}$$

$B$ 点的相对加速度 $\boldsymbol{a}_r$ 是平面图形绕基点 $A$ 转动的加速度,以 $\boldsymbol{a}_{BA}$ 表示,则

$$\boldsymbol{a}_r = \boldsymbol{a}_{BA} = \boldsymbol{a}_{BA}^t + \boldsymbol{a}_{BA}^n \tag{7-4c}$$

将式(7-4b)、式(7-4c)代入式(7-4a),得

$$\boldsymbol{a}_B = \boldsymbol{a}_A + \boldsymbol{a}_{BA}^t + \boldsymbol{a}_{BA}^n \tag{7-5}$$

即,**平面图形内任一点的加速度等于基点的加速度与该点随图形绕基点转动的切向加速度和法向加速度的矢量和**。这种求加速度的方法称为**基点法**。

式(7-5)为平面内的矢量等式,通常可向两个相交的坐标轴投影,得到两个代数方程,用以求解两个未知量。

**【例 7-8】** 如图 7-20 所示,在外啮合行星齿轮机构中,杆 $O_1O=l$,以匀角速度 $\omega_1$ 绕 $O_1$ 转动。大齿轮Ⅱ固定,行星轮Ⅰ半径为 $r$,在轮Ⅱ上只滚不滑。设 $A$ 和 $B$ 是行星轮缘上的两点,点 $A$ 在 $O_1O$ 的延长线上,而点 $B$ 在垂直于 $O_1O$ 的半径上。求点 $A$ 和点 $B$ 的加速度。

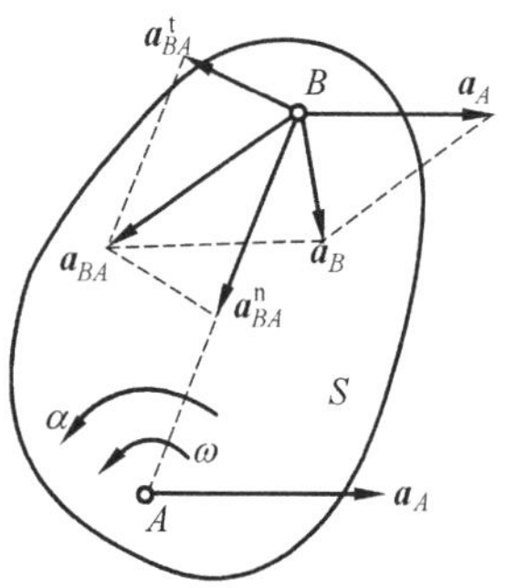

图 7-19

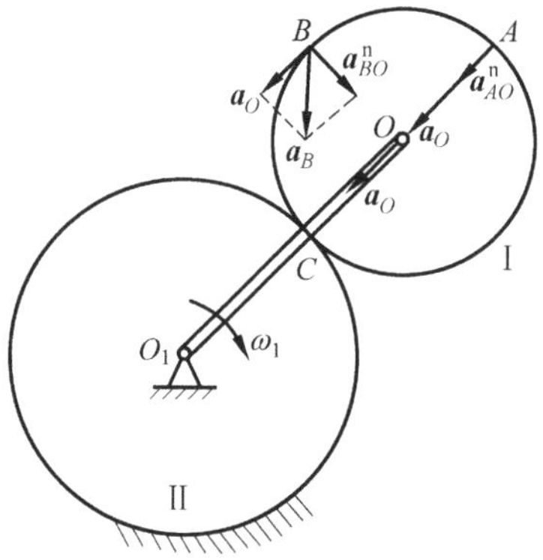

图 7-20

**解**：轮Ⅰ作平面运动，其中心 $O$ 的速度和加速度分别为

$$v_O = l\omega_1, \quad a_O = l\omega_1^2$$

选点 $O$ 为基点，由题意知，轮的瞬心在两轮的接触点 $C$ 上。设轮Ⅰ的角速度为 $\omega$，则

$$\omega = \frac{v_O}{r} = \frac{\omega_1 l}{r}$$

因为 $\omega_1$ 是恒量，所以 $\omega$ 也是恒量，则轮的角加速度为零，则有

$$a_{AO}^{\mathrm{t}} = a_{BO}^{\mathrm{t}} = 0$$

$A$、$B$ 两点相对于基点 $O$ 的法向加速度分别沿半径 $OA$ 和 $OB$，指向中心 $O$，它们的大小为

$$a_{AO}^{\mathrm{n}} = a_{BO}^{\mathrm{n}} = r\omega^2 = \frac{l^2}{r}\omega_1^2$$

由式(7-5)得点 $A$ 的加速度方向沿 $OA$ 指向中心 $O$，大小为

$$a_A = a_O + a_{AO}^{\mathrm{n}} = l\omega_1^2 + \frac{l^2}{r}\omega_1^2 = l\omega_1^2\left(1 + \frac{l}{r}\right)$$

点 $B$ 的加速度大小为

$$a_B = \sqrt{a_O^2 + (a_{BO}^{\mathrm{n}})^2} = \frac{l\sqrt{r^2 + l^2}}{r}\omega_1^2$$

方向由 $a_B$ 与半径 $OB$ 的夹角 $\theta$ 确定，即

$$\theta = \arctan\frac{a_O}{a_{BO}^{\mathrm{n}}} = \arctan\frac{l\omega_1^2}{\frac{l^2}{r}\omega_1^2} = \arctan\frac{r}{l}$$

**【例 7-9】** 如图 7-21 所示，在椭圆规尺机构中，曲柄 $OD$ 以匀角速度 $\omega$ 绕 $O$ 轴转动。$OD = AD = BD = l$。求当 $\varphi = 60°$ 时，尺 $AB$ 的角加速度和点 $A$ 的加速度。

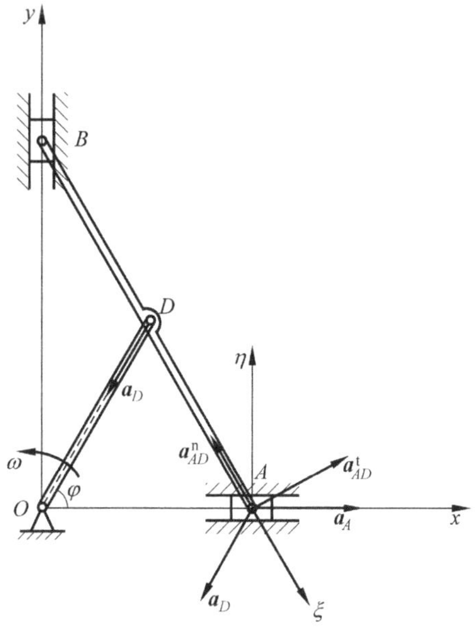


图　7-21

**解**：(1) 首先分析机构各部分的运动。曲柄 $OD$ 绕 $O$ 轴转动，尺 $AB$ 作平面运动，滑块 $A$、$B$ 作直线运动。

(2) 选 $D$ 为基点。$D$ 点的加速度为 $a_D=l\omega^2$，方向沿 $OD$ 指向点 $D$。点 $A$ 的加速度为

$$\boldsymbol{a}_A = \boldsymbol{a}_D + \boldsymbol{a}_{AD}^{\mathrm{t}} + \boldsymbol{a}_{AD}^{\mathrm{n}}$$

| | $\boldsymbol{a}_A$ | $\boldsymbol{a}_D$ | $\boldsymbol{a}_{AD}^{\mathrm{t}}$ | $\boldsymbol{a}_{AD}^{\mathrm{n}}$ |
|---|---|---|---|---|
| 大小： | ? | $l\omega^2$ | ? | $l\omega^2$ |
| 方向： | √ | √ | √ | √ |

分别沿 $\xi$ 轴和 $\eta$ 轴投影

$$a_A\cos\varphi = a_D\cos(\pi-2\varphi) - a_{AD}^{\mathrm{n}}$$

$$0 = -a_D\sin\varphi + a_{AD}^{\mathrm{t}}\cos\varphi + a_{AD}^{\mathrm{n}}\sin\varphi$$

解得

$$a_A=-l\omega^2,\quad a_{AD}^{\mathrm{t}}=0,\quad \alpha_{AB}=\frac{a_{AD}^{\mathrm{t}}}{AD}=0$$

由于 $a_A$ 为负值，故 $\boldsymbol{a}_A$ 的实际方向与原假设方向相反。

**【例 7-10】** 如图 7-22(a)所示，已知 $OA=AB=OB=OO_1=20\mathrm{cm}$，$OA$ 杆以匀角速度 $\omega=2\mathrm{rad/s}$ 转动，滑块 $B$ 与杆 $AB$ 铰接作水平运动，且滑块上的销钉可在摇杆 $O_1C$ 的槽内滑动。设 $O_1C=50\mathrm{cm}$，试求图示位置时 $C$ 点的速度和 $O_1C$ 杆的角加速度。

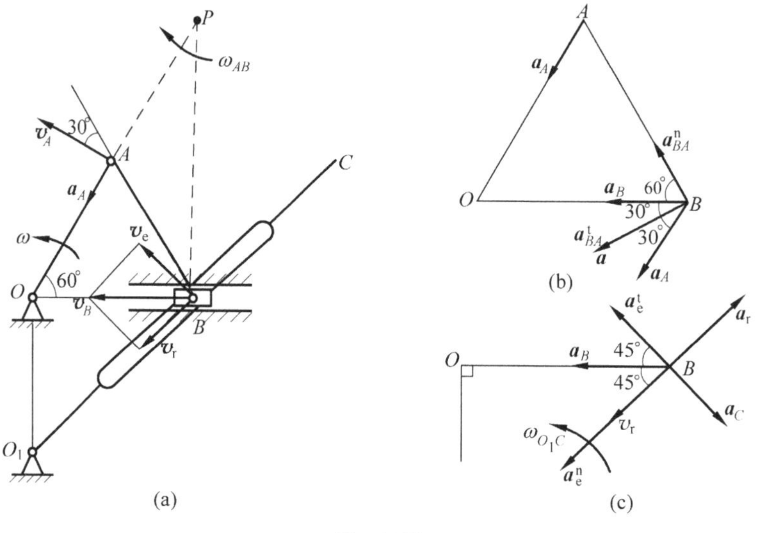


图 7-22

**解**：为求 $C$ 点的速度，必须求出 $O_1C$ 杆的角速度 $\omega_{O_1C}$。若能求出与滑块 $B$ 相重合的 $O_1C$ 杆上的点 $B'$的速度，则 $\omega_{O_1C}$ 可解。同理，若点 $B'$的切向加速度能求出，则 $\alpha_{O_1C}$ 可解。因此，首先求滑块 $B$ 的速度和加速度。点 $A$ 的速度及加速度为

$$v_A=OA\cdot\omega=20\times2=40\mathrm{cm/s}$$

$$a_A=OA\cdot\omega^2=20\times2^2=80\mathrm{cm/s^2}$$

由速度投影定理得

$$v_A\cos30^\circ = v_B\cos60^\circ$$

故

$$v_B = \frac{\cos30^\circ}{\cos60^\circ}v_A = 40\sqrt{3}\,\text{cm/s}$$

$AB$ 杆作平面运动，$AB$ 杆的速度瞬心为 $P$，如图 7-22(a)所示，且 $AB=AP$，故

$$\omega_{AB} = \frac{v_A}{AP} = \frac{40}{20} = 2\text{rad/s}$$

以 $A$ 为基点，研究 $B$ 点的加速度为

| | $\boldsymbol{a}_B$ | $=\boldsymbol{a}_A$ | $+\boldsymbol{a}_{BA}^{\text{t}}$ | $+\boldsymbol{a}_{BA}^{\text{n}}$ |
|---|---|---|---|---|
| 大小： | ? | √ | ? | √ |
| 方向： | √ | √ | √ | √ |

其矢量关系如图 7-22(b)所示，且

$$a_{BA}^{\text{n}} = AB\cdot\omega_{AB}^2 = 20\times2^2 = 80\text{cm/s}^2$$

将各矢量向方向 $AB$ 上投影得

$$a_B\cos60^\circ = a_{BA}^{\text{n}} - a_A\sin30^\circ$$

得

$$a_B = 80\text{cm/s}^2$$

为了求得点 $B'$的速度及加速度，再以 $B$ 点为动点，动系固结在 $O_1C$ 上，研究 $B$ 点的速度和加速度。速度矢量关系为

| | $\boldsymbol{v}_B$ | $=\boldsymbol{v}_{\text{e}}$ | $+\boldsymbol{v}_{\text{r}}$ |
|---|---|---|---|
| 大小： | √ | ? | ? |
| 方向： | √ | √ | √ |

作速度平行四边形如图 7-22(a)所示，则

$$v_{\text{e}} = v_{\text{r}} = v_B\cos45^\circ = 40\sqrt{3}\,\frac{\sqrt{2}}{2} = 20\sqrt{6}\,\text{cm/s}$$

$$\omega_{O_1C} = \frac{v_{\text{e}}}{BO_1} = \frac{20\sqrt{6}}{20\sqrt{2}} = \sqrt{3}\,\text{rad/s}$$

故

$$v_C = O_1C\omega_{O_1C} = 50\sqrt{3}\,\text{cm/s}$$

根据牵连运动为定轴转动的加速度合成定理得

| | $\boldsymbol{a}_B$ | $=\boldsymbol{a}_{\text{e}}^{\text{n}}$ | $+\boldsymbol{a}_{\text{e}}^{\text{t}}$ | $+\boldsymbol{a}_{\text{r}}$ | $+\boldsymbol{a}_C$ |
|---|---|---|---|---|---|
| 大小： | √ | √ | ? | ? | √ |
| 方向： | √ | √ | √ | √ | √ |

加速度矢量关系如图 7-22(c)所示，且

$$a_{\text{e}}^{\text{n}} = O_1B\cdot\omega_{O_1C}^2 = 20\sqrt{2}\times(\sqrt{3})^2 = 60\sqrt{2}\,\text{cm/s}^2$$

$$a_C = 2\omega_{O_1C}v_{\text{r}} = 2\times\sqrt{3}\times20\sqrt{6} = 120\sqrt{2}\,\text{cm/s}^2$$

将各矢量向 $\boldsymbol{a}_{e}^{t}$ 方向投影得

$$a_{B}\cos 45^{\circ}=a_{e}^{t}-a_{C}$$

故

$$a_{e}^{t}=a_{C}+a_{B}\cos 45^{\circ}=120\sqrt{2}+80\frac{\sqrt{2}}{2}=160\sqrt{2}\,\text{cm/s}^{2}$$

$$\alpha_{O_1C}=\frac{a_{e}^{t}}{O_1B}=\frac{160\sqrt{2}}{20\sqrt{2}}=8\text{rad/s}^{2}$$

## *7-4 刚体绕平行轴转动的合成

本节将研究刚体的一类复合运动——转动的合成。在这类复合运动中,刚体一方面绕其上的一个轴转动,而这个轴又绕另一固定轴转动,两轴可以彼此平行或任意交叉。我们主要讨论刚体绕平行轴转动的合成,研究刚体合成运动中的瞬时转轴位置和角速度与两个分转动角速度之间的关系。转动的合成问题在工程机构中会大量遇到。例如,在平面机构分析中的各种行星齿轮机构就是实例。

当刚体同时绕两个平行轴转动时,合成运动是平面运动。现在以图 7-23 所示的直杆与圆轮所组成的系统为例来进行分析。

假设直杆 $O_1O_2$ 以角速度 $\omega_e$ 绕 $O_1$ 轴转动,圆轮 $O_2$ 又以角速度 $\omega_r$ 绕 $O_2$ 轴转动。现在来分析轮 $O_2$ 的绝对运动。轮 $O_2$ 的绝对运动是平面运动,可以按照前面已讲过的方法,以轮心 $O_2$ 为基点,建立一个平动坐标系。那么轮 $O_2$ 的运动便分解为随同基点 $O_2$ 的平动和绕 $O_2$ 的转动,但现在我们将轮 $O_2$ 的运动分解为转动和转动,则更为方便。

把动系 $O_1x'y'$ 固连在直杆 $O_1O_2$ 上,于是牵连运动为绕 $O_1$ 的定轴转动,$\omega_e$ 为牵连角速度。相对运动为轮 $O_2$ 相对直杆 $O_1O_2$ 绕 $O_2$ 轴的转动,$\omega_r$ 为相对角速度。轮 $O_2$ 上任一点 $M$ 的速度为

$$\boldsymbol{v}_M=\boldsymbol{v}_e+\boldsymbol{v}_r$$

式中,牵连速度 $v_e=O_1M\cdot\omega_e$,方向如图 7-23 所示,垂直于直线 $O_1M$。相对运动是以 $O_2$ 为圆心的圆周运动,所以 $v_r=O_2M\cdot\omega_r$,方向垂直于 $O_2M$。可以作出速度平行四边形,如图 7-23 所示。

可以看出,每瞬时,在连线 $O_1O_2$ 上总能找到轮 $O_2$(或其延拓部分)上的一点 $C$,它的牵连速度 $\boldsymbol{v}_e$ 与相对速度 $\boldsymbol{v}_r$ 恰好大小相等、方向相反,$C$ 点的绝对速度为零,如图 7-24 所示。这个点就是轮 $O_2$ 的速度瞬心,而刚体轮 $O_2$ 的合成运动则是绕通过 $C$ 并与轴 $O_1$、轴 $O_2$ 平

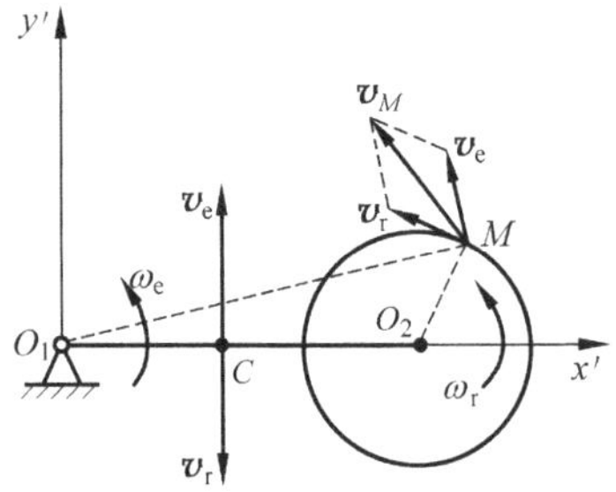

图 7-23

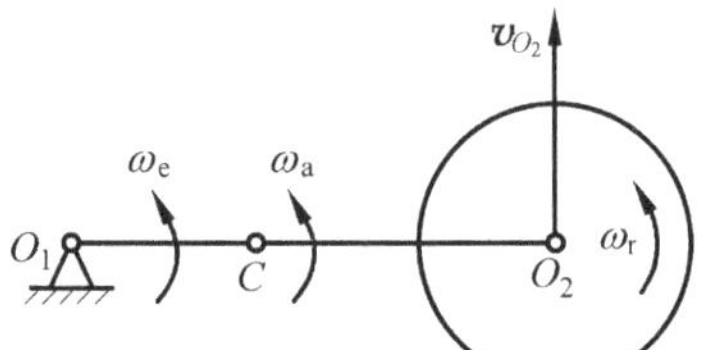

图 7-24

行的瞬时轴的转动。在瞬时轴上各点的速度都等于零。当 $\omega_e$ 与 $\omega_r$ 转向相同时，点 $C$ 在 $O_1$ 与 $O_2$ 两点之间，如图 7-24 所示。当 $\omega_e$ 与 $\omega_r$ 反向时，点 $C$ 在 $O_1$ 与 $O_2$ 两点之外，如图 7-25 所示。

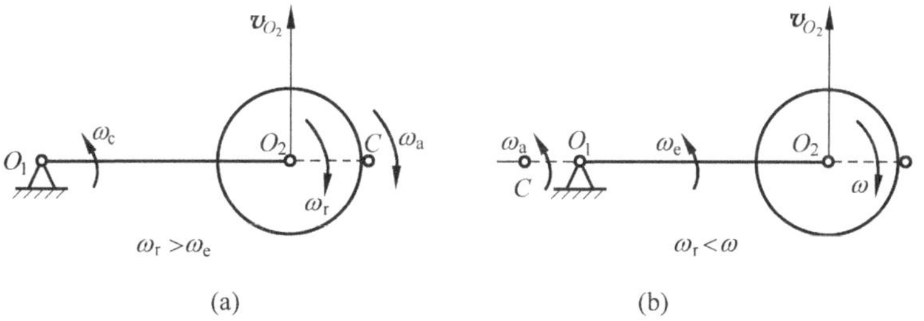


图　7-25

瞬时轴与两轴间的距离分别为 $O_1C$ 和 $O_2C$。因为对于点 $C$，$v_e = v_r$，即

$$\omega_e \cdot O_1C = \omega_r \cdot O_2C \quad 或 \quad \frac{O_1C}{O_2C} = \frac{\omega_r}{\omega_e} \tag{7-6}$$

下面来求轮 $O_2$ 绕瞬时轴转动的角速度 $\omega_a$ 的大小和转向。如图 7-24 或图 7-25 所示，轮 $O_2$ 的轮心 $O_2$ 的速度为

$$v_{O_2} = \omega_e \cdot O_1O_2$$

轮 $O_2$ 绕瞬时轴转动的角速度为

$$\omega_a = \frac{v_{O_2}}{O_2C} = \frac{O_1O_2}{O_2C} \cdot \omega_e$$

(1) 当 $\omega_e$ 与 $\omega_r$ 转向相同时：如图 7-24 所示，$O_1O_2 = O_1C + O_2C$，代入 $\omega_a$ 的表达式并考虑式(7-6)即得

$$\omega_a = \omega_e + \omega_r \tag{7-7}$$

$\omega_a$ 的转向与 $\omega_a$、$\omega_r$ 的转向相同。

由此即得结论：**当刚体同时绕两平行轴同向转动时，刚体的合成运动是绕瞬时轴的转动。绝对角速度等于牵连角速度与相对角速度的和。瞬时轴平行两平行轴且其位置内分两轴间的距离，内分比与两个角速度大小成反比。**

(2) 当 $\omega_e$ 与 $\omega_r$ 转向相反且大小不相等时：如图 7-25 所示，$O_1O_2 = |O_1C - O_2C|$，代入 $\omega_a$ 的表达式并考虑式(7-6)即得

$$\omega_a = |\omega_e - \omega_r| \tag{7-8}$$

$\omega_a$ 的转向与 $\omega_e$、$\omega_r$ 中较大的一个相同。

于是得结论：**当刚体同时绕两平行轴反向转动时，刚体的合成运动为绕瞬时轴的转动。绝对角速度等于牵连角速度与相对角速度的差。它的转向与较大的角速度的转向相同。瞬时轴平行两平行轴且其位置外分两轴间的距离，外分比与两个角速度大小成反比，在较大角速度轴的外侧。**

(3) 如果将各角速度用矢量表示，则以上(1)和(2)中的结论可合起来表示为

$$\boldsymbol{\omega}_a = \boldsymbol{\omega}_e + \boldsymbol{\omega}_r \tag{7-9}$$

瞬时轴转动方向由 $\boldsymbol{\omega}_a$ 矢量确定。这一结论也适用于刚体绕相交轴的转动。

(4) 当 $\omega_e$ 与 $\omega_r$ 反向且大小相等时：如图 7-26 所示，在这种情形下，在整个运动过程中一定有

$$\Delta\varphi_a = \Delta\varphi_r$$

且转向相反。即说明轮上的线段 $O_2A$ 在整个运动过程中始终保持平行。同样，轮 $O_2$ 上任一条直线在运动过程中都始终平行于其初始位置。所以圆轮的合成运动是平动，轮上每一点的速度、加速度都等于轮心 $O_2$ 的速度和加速度。

于是可得结论：**当刚体以同样大小的角速度绕两平行轴反向转动时，刚体的合成运动为平动**。这种运动称为**转动偶**。

**思考**：刚体绕平行轴转动的合成运动是刚体平面运动的一种特殊情形，根据刚体平面运动理论，选 $O_2$ 为基点，圆轮 $O_2$ 的运动可分解为随基点的平动和绕基点的转动。那么，在这种情况下，绕基点 $O_2$ 转动的角速度 $\omega$ 是本节讨论的 $\omega_r$ 还是 $\omega_a$？

**【例 7-11】** 如图 7-27 所示，系杆 $O_1O_2$ 以角速度 $\omega_1$ 绕 $O_1$ 轴转动，半径为 $r_2$ 的行星齿轮活动地套在与系杆一端固结的 $O_2$ 轴上，并与半径为 $r_1$ 的固定齿轮相啮合。求行星齿轮的绝对角速度 $\omega_2$ 以及它相对于系杆的角速度 $\omega_r$。

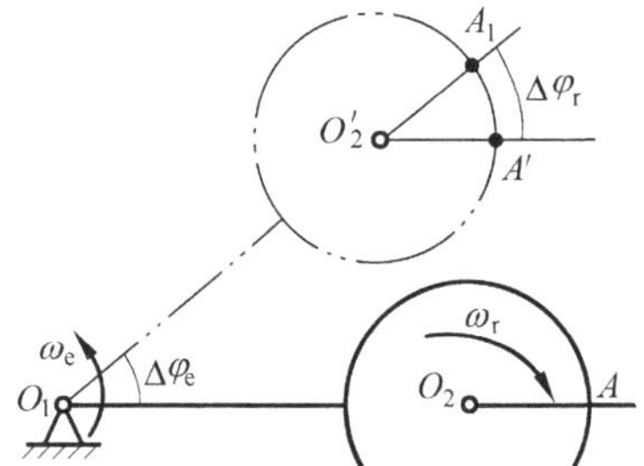


图 7-26

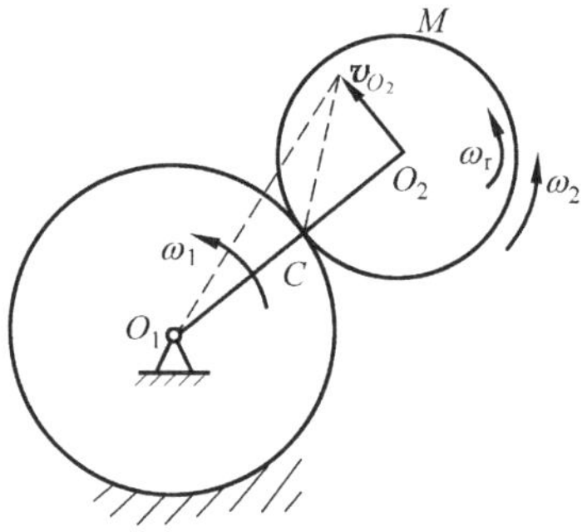


图 7-27

**解 1**：利用刚体平面运动理论来求解。轮 $O_2$ 作平面运动，其速度瞬心在两轮的齿合点 $C$，所以 $v_{O_2} = \omega_2 \cdot r_2$，又因 $O_2$ 又在系杆 $O_1O_2$ 上，所以 $v_{O_2} = \omega_1(r_1 + r_2)$。由此即得

$$\omega_2 \cdot r_2 = \omega_1(r_1 + r_2)$$

所以

$$\omega_2 = (r_1 + r_2)\omega_1 / r_2 = (1 + r_1/r_2)\omega_1$$

又因 $\omega_2$ 与 $\omega_1$ 是同向的，所以

$$\omega_r = \omega_a - \omega_e = \omega_2 - \omega_1 = r_1\omega_1 / r_2$$

**解 2**：因为轮 $O_2$ 的速度瞬心在两轮的啮合点 $C$，所以按照式(7-6)有

$$\frac{r_1}{r_2} = \frac{\omega_r}{\omega_e}$$

所以

$$\omega_r = \frac{r_1\omega_e}{r_2} = \frac{r_1\omega_1}{r_2}$$

从而得

$$\omega_2=\omega_a=\omega_e+\omega_r=(1+r_1/r_2)\omega_1$$

**【例 7-12】** 半径分别为 $r_1$,$r_2$ 及 $r_3$ 的齿轮Ⅰ,Ⅱ及Ⅲ依次互相啮合,如图 7-28 所示。轮Ⅰ固定不动,轮Ⅱ及轮Ⅲ装在曲柄 $O_1O_3$ 上,可分别绕 $O_2$,$O_3$ 轴转动。已知曲柄以角速度 $\omega_1$ 绕 $O_1$ 轴逆时针转动,求齿轮Ⅱ和齿轮Ⅲ相对于曲柄转动的角速度 $\omega_{r2}$,$\omega_{r3}$ 以及绝对角速度 $\omega_{a2}$ 及 $\omega_{a3}$。

**解**:先求齿轮Ⅱ的相对角速度 $\omega_{r2}$ 及绝对角速度 $\omega_{a2}$。

齿轮Ⅱ的运动是随曲柄绕 $O_1$ 轴转动和相对曲柄绕 $O_2$ 轴转动的合成运动。曲柄的角速度为牵连角速度,由于齿轮Ⅱ与齿轮Ⅰ相互啮合,图示瞬时,啮合点 $C$ 的速度为零。且 $C$ 点在 $O_1$,$O_2$ 之间,所以 $\omega_{r2}$ 的转向与 $\omega_1$ 的转向相同,如图 7-28 所示,由式(7-6)及式(7-7),有

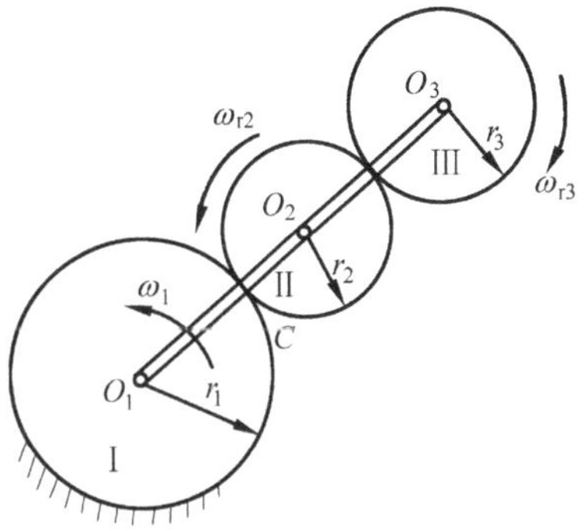


图 7-28

$$\frac{\omega_1}{\omega_{r2}}=\frac{O_2C}{O_1C}=\frac{r_2}{r_1}$$

所以

$$\omega_{r2}=\frac{r_1\omega_1}{r_2}\text{(逆时针)}$$

$$\omega_{a2}=\omega_1+\omega_{r2}=\left(1+\frac{r_1}{r_2}\right)\omega_1\text{(逆时针)}$$

再求轮Ⅲ的相对角速度 $\omega_{r3}$ 和绝对角速度 $\omega_{a3}$。

由于轮Ⅱ和轮Ⅲ相对于曲柄上的 $O_2$,$O_3$ 轴转动,相对角速度分别为 $\omega_{r2}$ 和 $\omega_{r3}$。在动坐标系中,齿轮若满足传动关系,其接触点的相对速度应相同。所以,利用齿轮传动公式,将相对角速度代换绝对角速度即可求出轮Ⅱ和轮Ⅲ的相对角速度之间的关系,即

$$\frac{\omega_{r2}}{\omega_{r3}}=-\frac{r_3}{r_2}$$

所以

$$\omega_{r3}=-\frac{r_2\omega_{r2}}{r_3}=-\frac{r_1\omega_1}{r_3}\text{(顺时针)}$$

式中,负号表示 $\omega_{r3}$ 与 $\omega_1$ 的转向相反。在 $r_2\neq r_1\neq r_3$ 的情况下,轮Ⅲ的运动属于反向转动的合成。由式(7-8)知,轮Ⅲ的绝对角速度为

$$\omega_{a3}=\omega_{r3}-\omega_1=\left(\frac{r_1}{r_3}-1\right)\omega_1$$

最后,讨论一种特殊情形。

若 $r_3=r_1$,则 $\omega_{r3}=\omega_1$,$\omega_{a3}=0$,这表明在 $r_3=r_1$ 的条件下,$\omega_{r3}$ 与 $\omega_1$ 形成一转动偶,此时,齿轮Ⅲ的绝对运动是平移。

本题也可用另一种方法来求解。首先研究三个齿轮相对于曲柄 $O_1O_3$ 的运动,根据传动比公式,各轮的相对速度比为

$$i_{12}=-\frac{\omega_{r1}}{\omega_{r2}}=-\frac{r_2}{r_1},\quad i_{23}=-\frac{\omega_{r2}}{\omega_{r3}}=-\frac{r_3}{r_2}$$

研究齿轮Ⅰ,由式(7-9)可得

$$\omega_{a1}=\omega_e+\omega_r=\omega_1-\omega_{r1}=0$$

解得

$$\omega_{r1}=\omega_1$$

代入传动比公式,齿轮Ⅱ和齿轮Ⅲ相对于曲柄转动的角速度分别为

$$\omega_{r2}=\frac{r_1}{r_2}\omega_1,\quad \omega_{r3}=-\frac{r_2}{r_3}\omega_{r2}=-\frac{r_1}{r_3}\omega_1$$

再利用式(7-6)可求得齿轮Ⅱ和齿轮Ⅲ的绝对角速度分别为

$$\omega_{a2}=\omega_e+\omega_{r2}=\omega_1+\omega_{r2}=\left(1+\frac{r_1}{r_2}\right)\omega_1\text{(逆时针)}$$

$$\omega_{a3}=\omega_e+\omega_{r3}=\omega_1+\omega_{r3}=\left(1-\frac{r_1}{r_3}\right)\omega_1\text{(逆时针)}$$

计算结果与第一种方法的计算结果相同,但利用此方法解决多齿轮问题时相对简便且概念清楚。本题的第二种解法也可以用于求解平行轴转动的角加速度问题。

## 学习方法和要点提示

(1) 刚体的平面运动可以看成是刚体随基点的平动和绕基点的转动的合成,研究刚体平面运动的方法就是将运动进行分解与合成。基点是平面图形上安放平动坐标系的那个点,它是平面运动刚体上与平动坐标系之间唯一的一个连接点。选定基点后,则刚体的平面运动分解也就确定了。

(2) 刚体的运动分解的平动部分与基点的选择有关,即平动的速度和加速度与基点的选择有关;而转动部分与基点的选择无关,在一定时间内平面图形转过的角度与转向对以任何点为基点都一样,因此绕基点转动的角速度和角加速度与基点选择无关。

(3) 在平面机构中各平面运动刚体在不同瞬时一般都具有不同的速度瞬心,不同的角速度和角加速度,应该严格区别不能彼此混淆,切莫用某一平面图形的速度瞬心和加速度求另一平面图形上任一点的速度。注意,速度瞬心的加速度一般都不等于零,因此速度瞬心一般不是加速度瞬心。

(4) 注意,本章所述的速度分析公式和加速度分析公式,都是针对同一个刚体上的两个点之间的关系,务必要正确理解,切莫在不同刚体上的两点之间使用。

(5) 在解题中,对刚体平面运动作运动分析时应着重注意:速度分析中基点法是基本方法,可求得刚体转动的角速度与任一点的速度,但有时运算较复杂;瞬心法是较为常用的方法,但必须是瞬心的位置及瞬心到分析的点的几何尺寸易于求得时,才显方便;速度投影定理用于研究点的速度方向已知,而仅速度大小未知时较为方便,但不能求得刚体的角速度。因此,解题时要灵活应用这三种方法。

(6) 用基点法分析平面图形上点的加速度时,因为点的运动轨迹都有可能是曲线,所以 $A$ 点和 $B$ 点的加速度都有可能存在切向分量和法向分量。基点法加速度公式一般可写为

如下的一般形式：$\boldsymbol{a}_B^{\mathrm{n}}+\boldsymbol{a}_B^{\mathrm{t}}=\boldsymbol{a}_A^{\mathrm{n}}+\boldsymbol{a}_A^{\mathrm{t}}+\boldsymbol{a}_{BA}^{\mathrm{n}}+\boldsymbol{a}_{BA}^{\mathrm{t}}$，其中 $\boldsymbol{a}_B^{\mathrm{n}}$、$\boldsymbol{a}_A^{\mathrm{n}}$、$\boldsymbol{a}_{BA}^{\mathrm{n}}$ 的大小都可以通过速度分析求出，所以公式中只有 $\boldsymbol{a}_B^{\mathrm{t}}$、$\boldsymbol{a}_A^{\mathrm{t}}$、$\boldsymbol{a}_{BA}^{\mathrm{t}}$ 的大小可能为未知量，故只要知道其中的一个量就可以求出其余两个量。

## 思　考　题

**7-1**　“瞬心不在平面运动刚体上，则该刚体无瞬心”，这句话对吗？

**7-2**　有人认为：“瞬心 $C$ 的速度为零，则 $C$ 点的加速度也为零”，对吗？

**7-3**　确定平面运动刚体上各点速度的方法有基点法、速度投影法、速度瞬心法。什么情况下速度投影法较为方便？什么情况下速度瞬心法较为方便？

**7-4**　如图 7-29 所示，车轮沿曲面滚动。已知轮心 $O$ 在某一瞬时的速度 $\boldsymbol{v}_O$ 和加速度 $\boldsymbol{a}_O$。车轮的角加速度是否等于 $\dfrac{a_O\cos\beta}{R}$？速度瞬心 $C$ 点的加速度大小和方向如何确定？

**7-5**　如图 7-30 所示，$O_1A$ 杆的角速度为 $\omega_1$，板 $ABC$ 和杆 $O_1A$ 铰接。问图中 $O_1A$ 和 $AC$ 上各点的速度分布规律对不对？

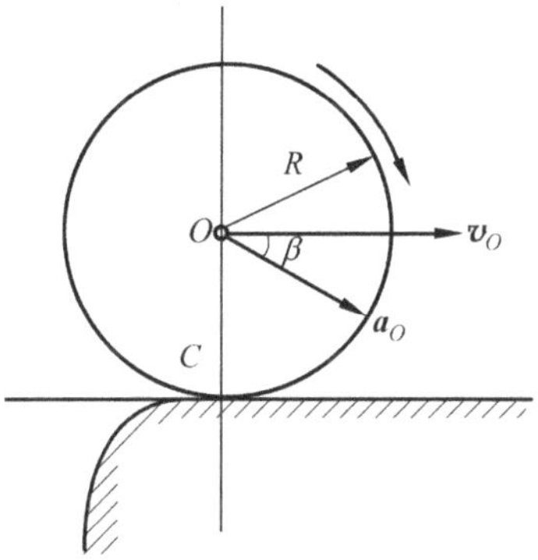

图　7-29

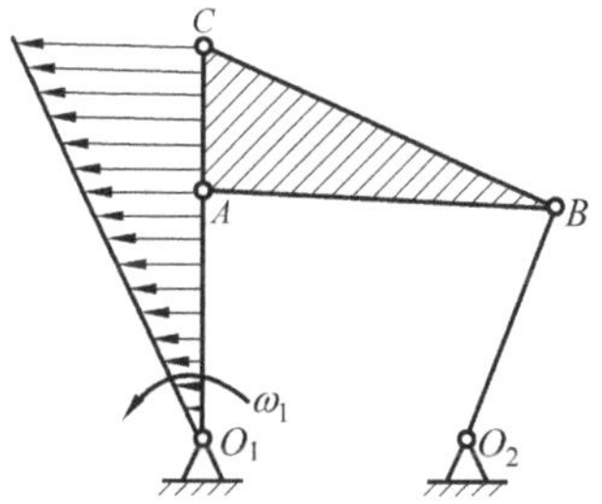

图　7-30

**7-6**　求图 7-31 所示作平面运动的各构件在图示位置时的瞬心，并确定角速度的转向及点 $M$ 的速度方向。

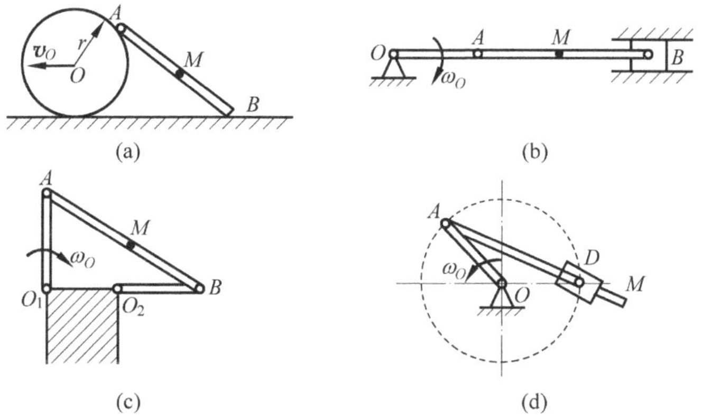

图　7-31

**7-7** 平面图形在其平面内运动，某瞬时其上有两点的加速度矢相同。试判断下述说法是否正确：(1)其上各点速度在该瞬时一定相等；(2)其上各点加速度在该瞬时一定相等。

**7-8** 在图 7-32 所示瞬时，已知杆 $O_1A$ 与 $O_2B$ 平行且相等，问 $\omega_1$ 与 $\omega_2$，$\alpha_1$ 与 $\alpha_2$ 是否相等？

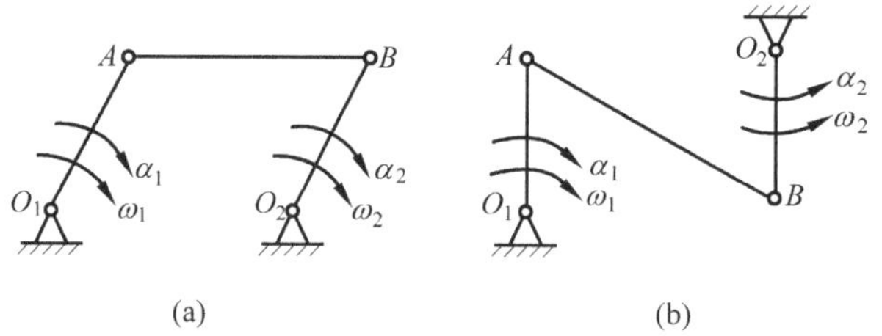


**图 7-32**

**7-9** 试判断图 7-33 中所标示的刚体上各点速度的方向是否可能？

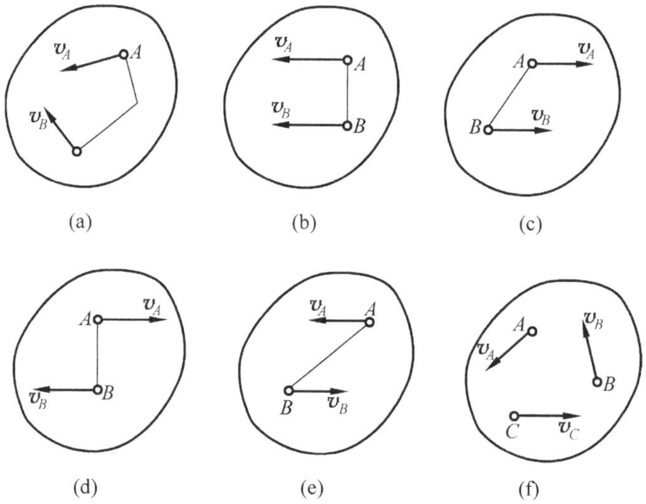


**图 7-33**

## 习 题

**7-1** 平面机构如图 7-34 所示，曲柄 $CO$ 以等角速度 $\omega=2\text{rad/s}$ 绕定轴 $O$ 转动，并带动连杆 $AB$ 上的滑块 $A$ 和滑块 $B$ 分别在铅垂滑道和水平滑道上运动。已知 $AC=BC=CO=12\text{cm}$，初始时 $CO$ 水平向右。试以 $C$ 点为基点，建立连杆 $AB$ 的运动方程，并求当 $\varphi=45°$ 时，滑块 $A$ 的速度。

**7-2** 平面机构如图 7-35 所示。已知 $BA=BD=DE=l=300\text{mm}$；在图示位置时，$BD/\!/AE$，杆 $BA$ 的角速度 $\omega=2\text{rad/s}$，试求此瞬时杆 $D$ 的中点 $C$ 的速度。

**7-3** 在图 7-36 所示的筛动机构中，筛子 $BC$ 的摆动由曲柄连杆机构带动。已知曲柄 $AO$ 长 0.3m，转速 $n=40\text{r/min}$；$EO_1=DO_2$、$ED=O_1O_2$。当筛子运动到图示位置时，$\angle AOB=60°$，试求此时筛子 $BC$ 的速度。

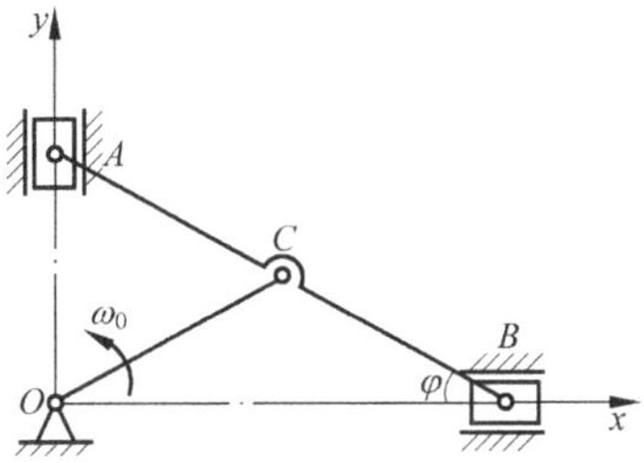


图　7-34

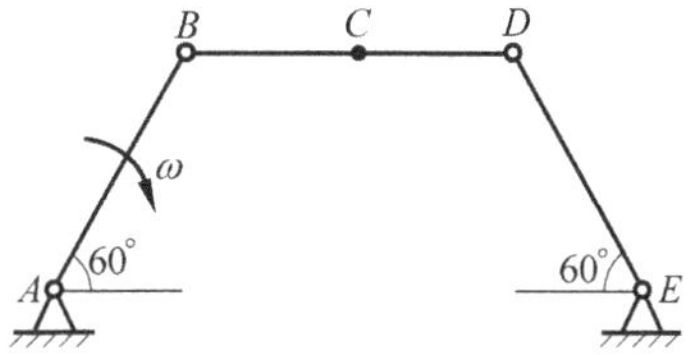


图　7-35

**7-4**　如图 7-37 所示，滚压机构的滚子沿水平路面作无滑动的滚动。已知曲柄 $AO$ 长 15cm，转速 $n=60\text{r/min}$；滚子的半径 $R=15\text{cm}$。在图示位置，曲柄 $AO$ 与水平线的夹角为 60°，$AO\perp AB$，试求此时滚子的角速度和前进的速度。

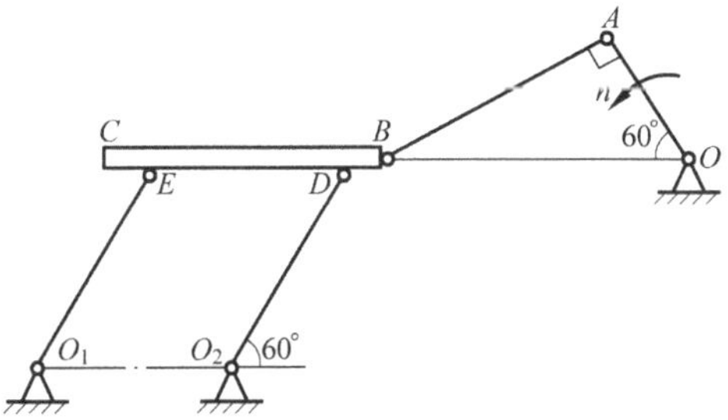


图　7-36

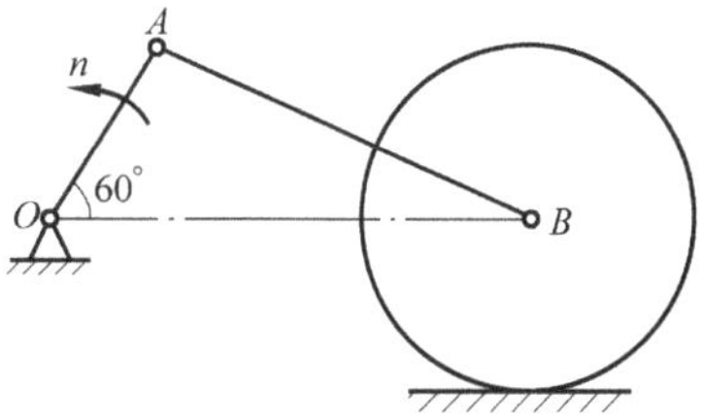


图　7-37

**7-5**　使砂轮高速转动的装置如图 7-38 所示。杆 $O_2O_1$ 绕定轴 $O_1$ 转动，转速为 $n$，$O_2$ 处用铰链连接一半径为 $r_2$ 的活动齿轮 Ⅱ。杆 $O_2O_1$ 转动时，带动轮 Ⅱ 在半径为 $r_3$ 的固定内齿轮 Ⅲ 上滚动，并使半径为 $r_1$ 的轮 Ⅰ 绕定轴 $O_1$ 转动。已知 $r_3/r_1=11$，$n=900\text{r/min}$，试求轮 Ⅰ 的转速。

**7-6**　轻型杠杆式推钢机，曲柄 $OA$ 借连杆 $AB$ 带动摇杆 $O_1B$ 绕 $O_1$ 轴摆动，杆 $EC$ 以铰链与滑块 $C$ 相连，滑块 $C$ 可沿杆 $O_1B$ 滑动；摇杆摆动时带动杆 $EC$ 推动钢材，如图 7-39 所示。已知 $OA=r$，$AB=\sqrt{3}r$，$O_1B=\dfrac{2}{3}l$（$r=0.2\text{m}$，$l=1\text{m}$），$\omega_{OA}=\dfrac{1}{2}\text{rad/s}$，$\alpha_{OA}=0$。在图示位置时，$BC=\dfrac{4}{3}l$。求：(1)滑块 $C$ 的绝对速度和相对于摇杆 $O_1B$ 的速度；(2)滑块 $C$ 的绝对加速度和相对于摇杆 $O_1B$ 的加速度。

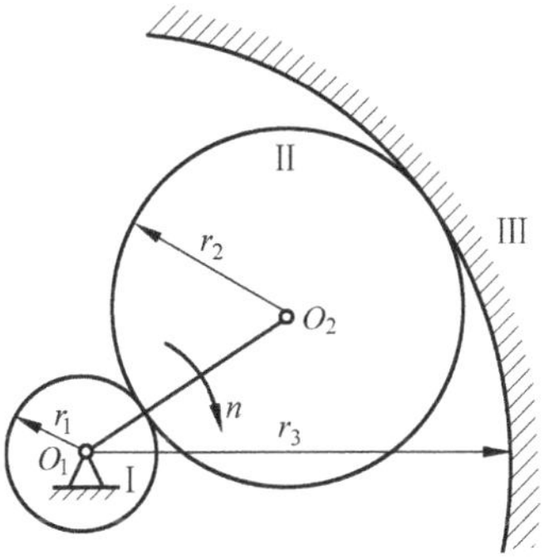


图　7-38

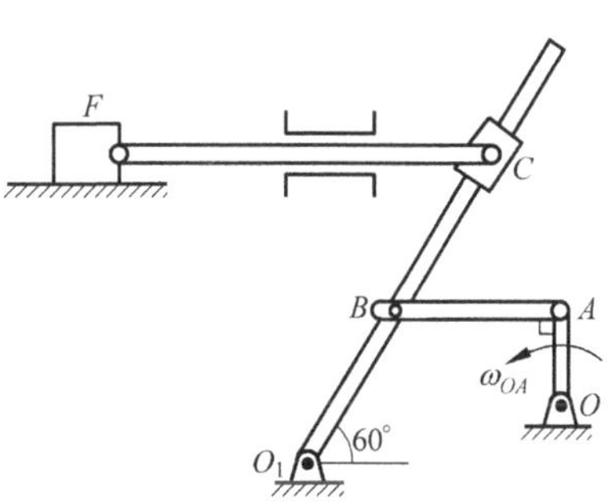


图　7-39

**7-7** 平面机构如图 7-40 所示，在杆 $AB$ 的中点 $C$ 以铰链与杆 $CD$ 连接，而杆 $CD$ 又在 $D$ 端与杆 $DE$ 铰接，杆 $DE$ 可绕定轴 $E$ 转动。已知 $AO=0.25\text{m}$、$DE=1\text{m}$；在图示位置，$O$、$A$、$B$ 成一水平线，$CD\perp DE$，曲柄 $AO$ 的角速度 $\omega=8\text{rad/s}$，试求该瞬时 $DE$ 杆的角速度。

**7-8** 在图 7-41 所示机构中，$OB$ 线水平，当 $B$、$D$ 和 $F$ 在同一铅垂线上时，$ED$ 垂直于 $EF$，$AO$ 处于铅垂位置。已知 $AO=BD=ED=100\text{mm}$，$EF=100\sqrt{3}\text{ mm}$，曲柄 $AO$ 的角速度 $\omega=4\text{rad/s}$。试求该瞬时连杆 $EF$ 的角速度和滑块 $F$ 的速度。

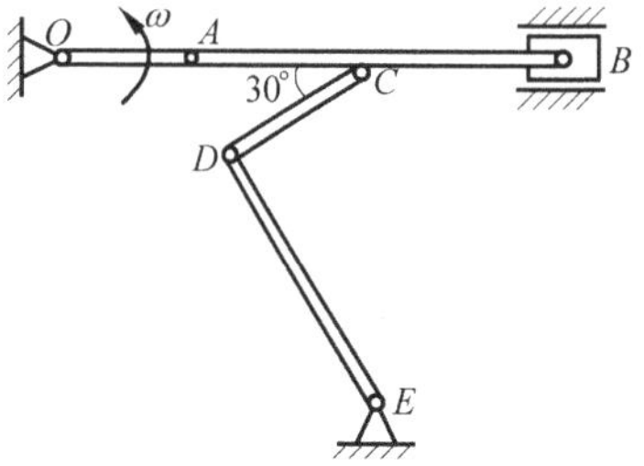

图 7-40

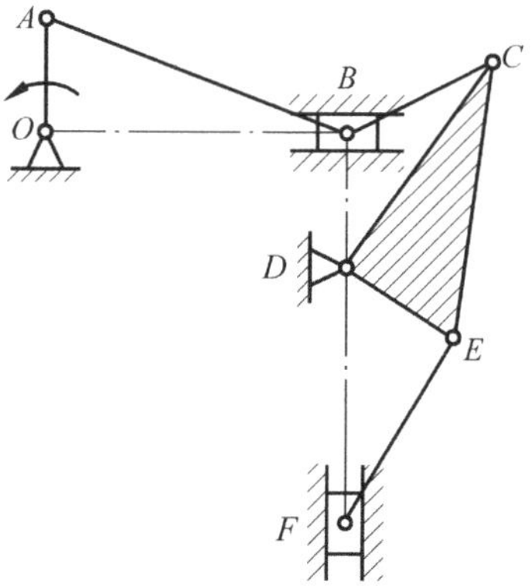

图 7-41

**7-9** 在图 7-42 所示平面机构中，已知曲柄 $AO$ 以等角速度 $\omega$ 转动，$AO=r$，$AB=2r$。试求图示瞬时摇杆 $BC$ 的角速度。

**7-10** 如图 7-43 所示平面机构中，曲柄 $AO$ 以等角速度 $\omega=3\text{rad/s}$ 绕定轴 $O$ 转动，$AC=3\text{m}$，$R=1\text{m}$，轮沿水平直线轨道作纯滚动。在图示位置，$CO$ 铅垂，$\theta=60^\circ$，$AO\perp AC$。试求该瞬时轮缘上点 $B$ 的速度。

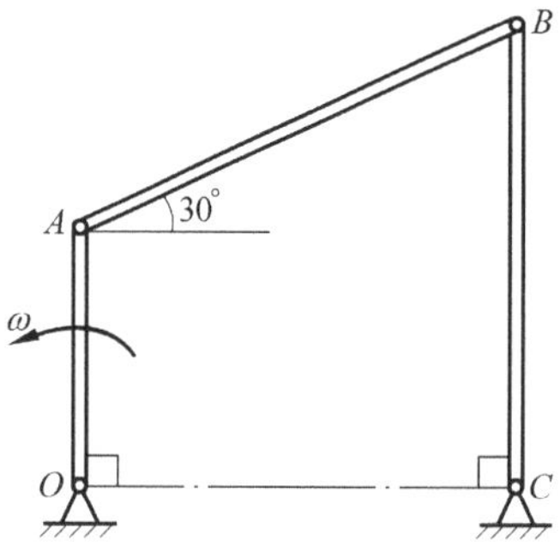

图 7-42

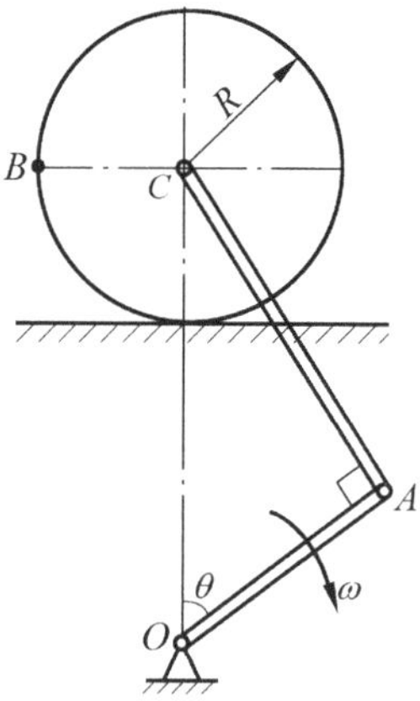

图 7-43

**7-11** 如图 7-44 所示，已知 $BC=5\text{cm}$，$AB=10\text{cm}$，杆 $AB$ 的端点 $A$ 以等速 $v_A=10\text{cm/s}$ 沿水平路面向右运动。在图示瞬时，$\theta=30^\circ$，杆 $BC$ 处于铅垂位置。试求该瞬时点

$B$ 的加速度和杆 $AB$ 的角加速度。

**7-12**　如图 7-45 所示，半径为 $R$ 的圆盘 $A$ 沿水平地面作纯滚动，杆 $AB$ 长为 $l$，杆端 $B$ 沿铅垂墙面滑动。在图示瞬时，已知圆盘的角速度为 $\omega_0$，角加速度为 $\alpha_0$，杆与水平线的夹角为 $\theta$，试求该瞬时杆端 $B$ 的速度和加速度。

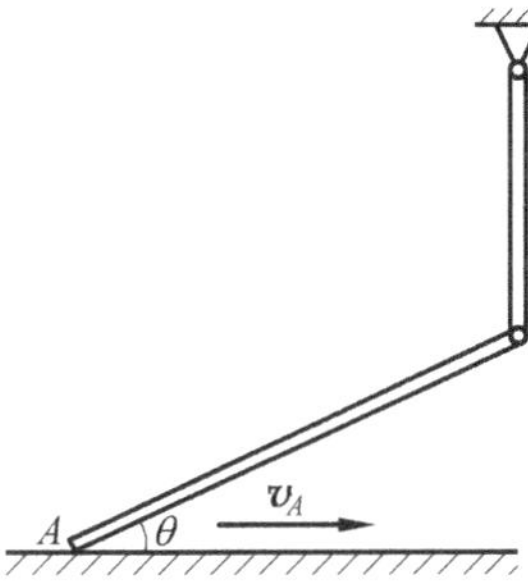


图　7-44

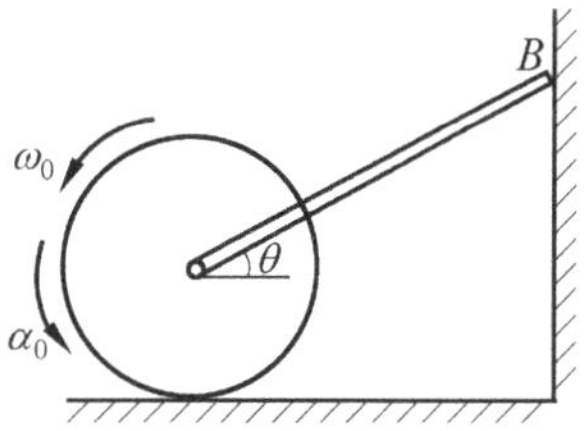


图　7-45

**7-13**　杆 $OC$ 与轮Ⅰ在轮心 $O$ 处铰接并以匀速 $v$ 水平向左平移，如图 7-46 所示。起始时点 $O$ 与点 $A$ 相距 $l$，杆 $AB$ 可绕 $A$ 定轴转动，与轮Ⅰ在点 $D$ 接触，接触处有足够大的摩擦使之不打滑，轮Ⅰ的半径为 $r$。求当 $\theta=30°$ 时，轮Ⅰ的角速度 $\omega_1$ 和杆 $AB$ 的角速度 $\omega$。

**7-14**　在图 7-47 所示平面机构中，杆 $AC$ 在水平导轨中以等速 $v$ 运动，并通过铰链 $A$ 带动杆 $AB$ 沿套筒 $O$ 运动，套筒 $O$ 可绕定轴 $O$ 转动。已知杆 $AC$ 与套筒 $O$ 的距离为 $l$；在图示位置，杆 $AC$ 与杆 $AB$ 的夹角 $\varphi=60°$，试求该瞬时杆 $AB$ 的角速度和角加速度。

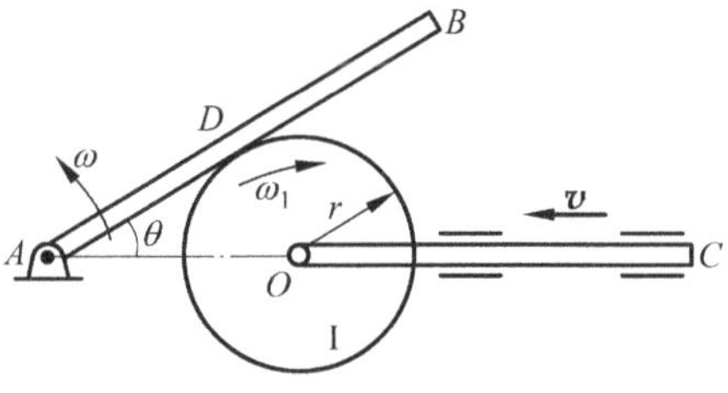


图　7-46

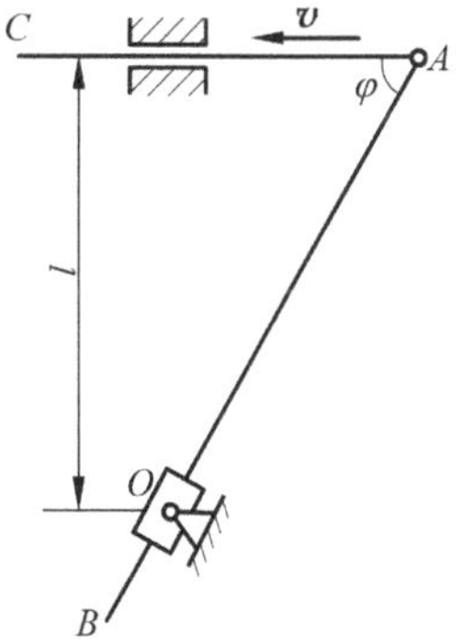


图　7-47

# 第三篇　动　力　学

动力学主要研究运动的变化与引起此变化的各种因素之间的关系。换句话说，动力学主要研究物体的机械运动与作用力之间的关系。

静力学主要研究力系的简化和合成，以及物体在力系作用下的平衡问题，而没有考虑物体受不平衡力系作用时的运动问题。运动学是从几何角度纯粹描述物体的运动，完全不考虑导致运动的原因。动力学将对物体的机械运动进行全面的分析，研究由于力的作用，物体系统的运动如何随着时间而改变，从而建立物体机械运动的普遍规律。

动力学中物体的抽象模型有质点和质点系两种。刚体可以看成是由无数个彼此距离保持不变的质点构成的，也称为不变质点系。动力学可分为质点动力学、质点系动力学、刚体动力学。

动力学是以牛顿定律为基础发展而成的，它的基本内容包括质点动力学基本方程、动力学普遍定理（动量定理、动量矩定理和动能定理）、动力学基本方程（达朗贝尔原理、虚位移原理）以及振动力学专题，它们都可以从质点动力学基本方程（牛顿第二定律）出发导出质点系动力学和刚体动力学的基本定理。动力学是理论力学中最重要也是最难学的部分。

本篇主要包括质点动力学基本方程（第 8 章）、动量定理（第 9 章）、动量矩定理（第 10 章）、动能定理（第 11 章）、达朗贝尔原理（第 12 章）、虚位移原理（第 13 章）、振动基础（第 14 章）。其中第 8～11 章属于动力学基础需要掌握的内容，第 12～13 章为分析力学基础内容，第 14 章介绍单自由度的振动基础知识，可作为选学的扩充动力学专题内容。

# 第8章 质点动力学基本方程

## 本章提要

**【要求】**

(1) 质点动力学基本定律的进一步理解；

(2) 掌握质点运动微分方程，以及质点动力学两类问题的求解方法。

**【重点】**

(1) 质点动力学微分方程的三种描述；

(2) 质点动力学两类问题的求解方法。

**【难点】**

能够根据问题性质灵活地应用不同形式的微分方程，充分利用微积分性质进行求解。

## 8-1 动力学的基本定律

质点动力学的基础是三个基本定律，是牛顿(1642—1727年)在总结前人(特别是伽利略)研究成果的基础上提炼出来的，称为**牛顿三定律**，它们是动力学的基本定律。以牛顿定律为基础的力学，称为**古典力学**(又称**经典力学**)。在古典力学范畴内，认为质量是不变的量，空间和时间是“绝对的”，与物体的运动无关。近代物理已经证明，质量、时间和空间都与物体运动的速度有关，但当物体的运动速度远小于光速时，物体的运动对于质量、时间和空间的影响是微不足道的，对于一般工程中的机械运动问题，应用古典力学都可以得到足够精确的结果。

### 1. 第一定律(惯性定律)

**任何物体，如不受外力作用，将永远保持静止或匀速直线运动状态。**不受外力作用时，物体将保持静止或匀速直线运动状态的属性称为**惯性**。所以第一定律也称为**惯性定律**，而匀速直线运动也称为**惯性运动**。实际上不受外力作用的物体是不存在的，所以，第一定律应该理解为：所受合力为零的物体，将永远保持静止或匀速直线运动状态。

### 2. 第二定律(力与加速度之间关系定律)

**质点受到外力作用时，所产生的加速度的大小与力的大小成正比，而与质点的质量成反比，加速度的方向与力的方向相同。**这一定律可表示为

$$m\boldsymbol{a} = \boldsymbol{F} \tag{8-1}$$

式中，$m$ 为质点的质量；$\boldsymbol{F}$ 指作用在质点上的所有力的合力。

第二定律反映了作用在质点上的力、质点运动状态的改变(用加速度表示)和质点的质量三者之间的关系。由此可见,以相同的力作用在不同的质点上,则质量越大,它的加速度越小,保持原有运动状态的能力越强,即它的惯性越大。所以**质点的质量是它的惯性大小的度量**。

任一物体的质量 $m$ 与它的重量 $\boldsymbol{W}$ 之间存在着如下关系:

$$\boldsymbol{W}=m\boldsymbol{g}$$

式中 $\boldsymbol{g}$ 是重力加速度。显然,质量与重量是两个不同的概念。

**注意**:虽然物体的质量和重量存在着上述关系,但是它们的意义却有本质的区别。在经典力学中,质量作为物体惯性的度量,质量是常量,而重量是物体所受重力的大小,由于地球表面各处的重力加速度的数值略有不同,因此物体的重量在地面各处也有所不同,在工程实际计算中,一般取 $g=9.80\text{m/s}^2$。

**3. 第三定律(作用与反作用定律)**

**两个物体之间相互作用的力(作用力与反作用力)同时存在,同时消失,大小相等,方向相反,沿着同一直线,分别作用在这两个物体上。**

第三定律就是静力学的公理四,它不仅适用于平衡的物体,而且也适用于任何运动的物体。在动力学中,这一定律仍然是分析两个物体相互作用关系的依据。

因为第二定律是对一个质点而言的,而理论力学中涉及的大量问题是关于质点系的。要将根据第二定律建立起来的质点动力学理论推广应用到质点系,就必须利用作用与反作用定律,作用与反作用定律对于研究质点系的动力学问题具有重要意义。

**注意**:质点动力学的三个基本定律是人们在观察天体运动和生产实践中的一般机械运动的基础上总结出来的,并且被实践证明在一定的范围内适用。第一定律为整个力学体系选定了一类特殊的参考系,这就是惯性参考系。有了第一定律作为基础,才能进一步谈及第二定律。我们在讲述运动学时,可以选择任意的参考系,完全取决于求解问题的方便。但是在动力学中,因为要用到牛顿定律,必须严格区分惯性参考系和非惯性参考系。只有对于惯性参考系,牛顿第二定律才成立。对于非惯性参考系,不能简单地直接应用牛顿第二定律,必须考虑非惯性参考系的加速度,求出相对于惯性参考系的绝对加速度,才能应用牛顿第二定律。第三定律只包含了力,不涉及运动,所以第三定律与参考系无关。

## 8-2　质点运动微分方程

牛顿第二定律式(8-1)可以用来直接求解质点的动力学问题,也可以利用它推导出其他各个动力学方程。所以,式(8-1)也称为**质点动力学基本方程**,它反映了质点的运动和所受力之间的关系。在具体应用时,根据不同问题,可以采用不同的微分方程形式。

**1. 矢量形式的运动微分方程**

如图 8-1 所示,假设有一个质点 $M$,质量为 $m$,作用在该质点的所有力的合力为 $\boldsymbol{F}$,相对于惯性直角坐标系 $Oxyz$ 原点 $O$ 的矢径为 $\boldsymbol{r}$。

由运动学知,质点的矢径、速度和加速度之间的关系为

$$\boldsymbol{a}=\frac{\mathrm{d}\boldsymbol{v}}{\mathrm{d}t}=\frac{\mathrm{d}^2\boldsymbol{r}}{\mathrm{d}t^2}$$

于是式(8-1)可以改写为

$$m\frac{\mathrm{d}\boldsymbol{v}}{\mathrm{d}t}=\boldsymbol{F} \quad 或 \quad m\frac{\mathrm{d}^2\boldsymbol{r}}{\mathrm{d}t^2}=\boldsymbol{F} \tag{8-2}$$

这就是**矢量形式的质点运动微分方程**，表达简练，主要用于理论分析和公式推导。在计算实际问题时，需应用它的投影形式。

**2. 直角坐标形式的质点运动微分方程**

设矢径 $\boldsymbol{r}$ 在直角坐标轴上的投影分别为 $x$、$y$、$z$，力 $\boldsymbol{F}$ 在轴上的投影分别为 $F_x$、$F_y$、$F_z$，则方程(8-2)在直角坐标轴上的投影形式为

$$m\frac{\mathrm{d}^2 x}{\mathrm{d}t^2}=F_x,\quad m\frac{\mathrm{d}^2 y}{\mathrm{d}t^2}=F_y,\quad m\frac{\mathrm{d}^2 z}{\mathrm{d}t^2}=F_z \tag{8-3}$$

**3. 自然坐标轴形式的质点运动微分方程**

假设已知质点的运动轨迹曲线，以轨迹曲线在质点所在处的切线$\boldsymbol{\tau}$（指向曲线正方向）、法线 $\boldsymbol{n}$（指向曲率中心）及垂直于$\boldsymbol{\tau}$ 和 $\boldsymbol{n}$ 的副法线 $\boldsymbol{b}$ 为自然坐标轴，如图 8-2 所示。将方程投影到自然坐标轴上得

$$ma_{\mathrm{t}}=F_{\mathrm{t}},\quad ma_{\mathrm{n}}=F_{\mathrm{n}},\quad ma_{\mathrm{b}}=F_{\mathrm{b}}$$

式中，$a_{\mathrm{t}}=\frac{\mathrm{d}^2 s}{\mathrm{d}t^2}$，$a_{\mathrm{n}}=\frac{v^2}{\rho}$，$a_{\mathrm{b}}=0$。

于是上式可写为

$$m\frac{\mathrm{d}^2 s}{\mathrm{d}t^2}=F_{\mathrm{t}},\quad m\frac{v^2}{\rho}=F_{\mathrm{n}},\quad F_{\mathrm{b}}=0 \tag{8-4}$$

这就是**自然坐标轴形式的质点运动微分方程**，一般情况下用于质点运动轨迹已知时比较方便，运动轨迹未知时只能选用直角坐标形式。

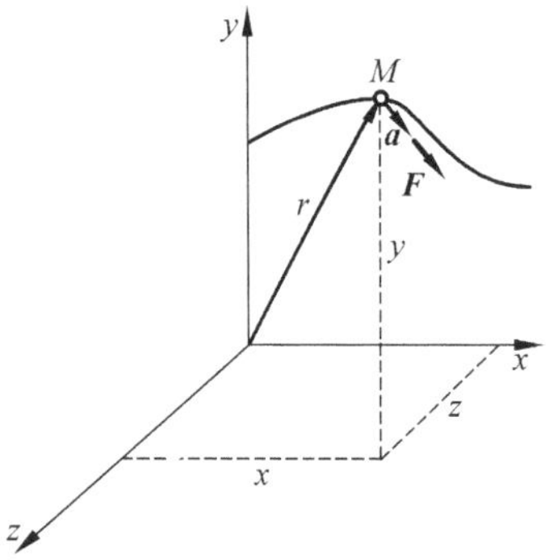


图 8-1

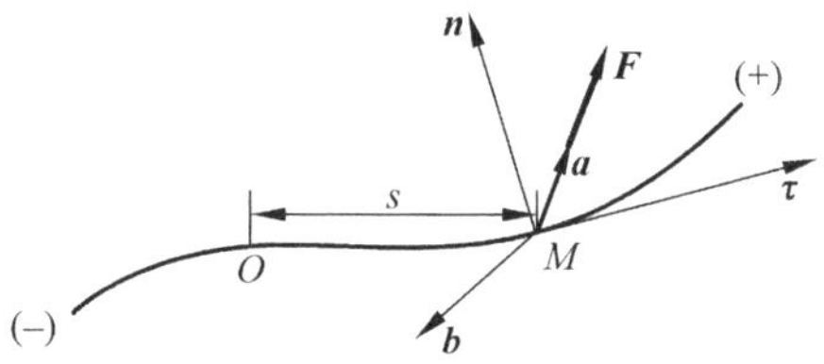


图 8-2

**4. 质点动力学两类基本问题**

质点动力学的问题基本可以分为两类。

**第一类问题**：已知质点的运动规律，求作用在质点上的力。

这类问题容易求解，主要运算是微分运算和代数运算。其主要难点在于如何根据运动几何关系写出运动微分方程，或者根据运动学知识分析速度、加速度函数。

**第二类问题**：已知作用在质点上的力，求质点的运动规律。

这类问题可以归结为积分问题或者是求解运动微分方程，相对来说比较复杂。在一般情况下，作用在质点的力可能是时间、质点的位置坐标、速度的函数。只有当函数关系较简单时，才能求得微分方程的精确解；如果函数关系复杂，求解将非常困难，有时只能满足于求出近似解。此外，求解微分方程时将出现积分常数，这些积分常数，须根据质点运动的初始条件和初始位置坐标来决定，所以对这一类问题，除了作用在质点的力以外，还必须知道质点运动的初始条件，才能完全确定质点的运动。

作用在质点上力的形式直接决定该类问题的难易程度，工程上常见的有下面几种形式。

1）力是常数或者是时间的函数

在工程实际中，经常遇到作用在质点上的力是常数或者是时间的函数的情况，例如，重力、均匀电场力、均匀磁场力等，或者是随时间变化的交变电场力、交变磁场力等。这类积分比较容易，方程两边同乘以 $\mathrm{d}t$，然后积分即可。

2）力是质点位移坐标的函数

工程中，经常遇到作用在质点上的力是质点位移坐标函数的情况，例如万有引力、弹簧力等。为了分离积分变量，这种情况需要做积分变换。因为

$$\ddot{x}=\frac{\mathrm{d}\dot{x}}{\mathrm{d}t}=\frac{\mathrm{d}\dot{x}}{\mathrm{d}x}\cdot\frac{\mathrm{d}x}{\mathrm{d}t}=\dot{x}\,\frac{\mathrm{d}\dot{x}}{\mathrm{d}x}$$

所以 $m\ddot{x}=F(x)$ 可以改写成 $\dot{x}\mathrm{d}\dot{x}=\dfrac{F(x)\mathrm{d}x}{m}$，然后上式两边分别积分即可。

3）力是质点速度的函数

在实际问题中，有时遇到作用在质点上的力是质点速度函数的情况，例如有的阻尼力就是这种情况。对于这类问题的积分，一般采取下述两种变换，使得方程右边的变量成为时间或者质点位移坐标。例如，对于质点动力学方程为 $m\ddot{x}=F(\dot{x})$ 的情况，可以有两种分析方法。

第一种方法：将 $m\ddot{x}=F(\dot{x})$ 变换为$\dfrac{\mathrm{d}\dot{x}}{\mathrm{d}t}=\dfrac{F(\dot{x})}{m}$，$\dfrac{\mathrm{d}\dot{x}}{F(\dot{x})}=\dfrac{\mathrm{d}t}{m}$。

第二种方法：将 $m\ddot{x}=F(\dot{x})$ 变换为 $\ddot{x}=\dfrac{\mathrm{d}\dot{x}}{\mathrm{d}t}=\dfrac{\mathrm{d}\dot{x}}{\mathrm{d}x}\cdot\dfrac{\mathrm{d}x}{\mathrm{d}t}=\dfrac{F(\dot{x})}{m}$，$\dfrac{\dot{x}\mathrm{d}\dot{x}}{F(\dot{x})}=\dfrac{\mathrm{d}x}{m}$，然后上式两边分别积分即可。

到底采用哪种变换，要根据问题给出的运动区间而定。如果运动区间是用时间表示的，那么方程右边积分变量应该变为时间；如果运动区间是用质点位移坐标表示的，那么方程右边积分变量应该变为坐标。

除上面所讲的两类基本问题以外，有时候还会遇到已知质点在某个方向上的运动，同时已知质点在与这个运动方向正交的方向上的作用力，这属于两类基本问题的综合问题，也称为**混合问题**，可分别分析，然后联立求解即可。

**【例 8-1】** 小车载着重物以加速度 $\boldsymbol{a}$ 沿斜坡上行，如图 8-3(a)所示。如果重物不捆扎，也不致掉下，重物与小车接触面处的摩擦因数至少应为多少？已知斜坡的倾角为 $\alpha$，重物的质量为 $m$。

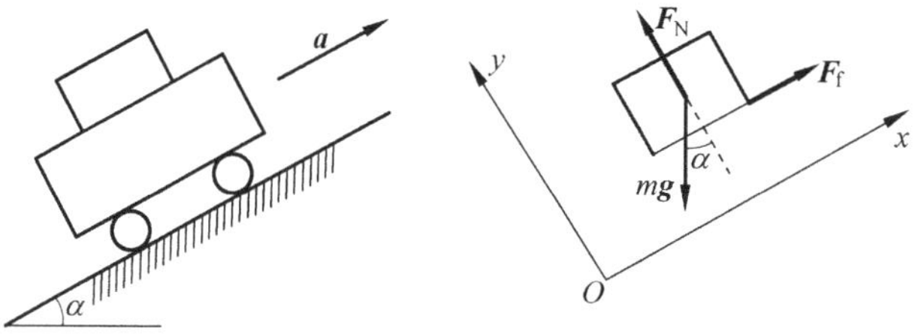


(a) (b)

图 8-3

**解**：已知运动求力，是第一类问题。

(1) 受力分析。重物作平动，可视为质点，它的加速度等于小车的加速度。质点受三个力作用，如图 8-3(b)所示，重力 $m\boldsymbol{g}$ 为已知力，支撑力 $\boldsymbol{F}_N$ 和摩擦力 $\boldsymbol{F}_f$ 的大小都是未知数，方向如图所示。

(2) 建立运动微分方程。直角坐标系如图 8-3(b)所示，质点运动微分方程在坐标轴上的投影为

$$ma_x = F_f - mg\sin\alpha$$

$$ma_y = F_N - mg\cos\alpha$$

因 $a_x = a$，$a_y = 0$，于是得 $F_f = m(a + g\sin\alpha)$，$F_N = mg\cos\alpha$。

(3) 分析讨论。上面求得的摩擦力应小于等于静滑动摩擦力的最大值，才能保证重物不致滑下，即得

$$F_f \leqslant F_{tmax}, \quad F_f = m(a + g\sin\alpha) \leqslant fF_N = mgf\cos\alpha$$

因此，摩擦因数的最小值为 $f_{min} = \left(\dfrac{a}{g} + \sin\alpha\right) \Big/ \cos\alpha$。

如果小车匀速沿斜坡上行，则摩擦因数的最小值为 $f_{min} = \tan\alpha$，比加速上升的要小。

**【例 8-2】** 在地球表面以初速度 $\boldsymbol{v}_0$ 垂直向上发射一个质量为 $m$ 的物体，地球对物体的引力与物体到地心距离的平方成反比，与地球和物体的质量成正比，不计空气阻力与地球自转作用的影响，求该物体在地球引力作用下的运动速度。

**解**：本题为已知力求运动，属于第二类问题。

(1) 受力分析。取物体为研究对象，物体只受地球引力作用，大小为

$$F = G_0 m m_0 / r^2$$

式中，$G_0$ 为万有引力常数；$r$ 为物体到地球中心的距离；$m$ 为物体的质量；$m_0$ 为地球的质量。当物体在地球表面时，$r = R$，$F = mg$，代入上式得 $G_0 m_0 = gR^2$。

于是万有引力公式变为 $F = \dfrac{R^2 mg}{r^2}$。

（2）动力学分析。设以地球的中心为坐标原点，坐标铅直向上，如图 8-4 所示。应用质点运动微分方程的投影形式，有

$$m\frac{\mathrm{d}x^2}{\mathrm{d}t^2}=-\frac{R^2mg}{x^2},\quad m\frac{\mathrm{d}v}{\mathrm{d}x}\cdot\frac{\mathrm{d}x}{\mathrm{d}t}=-\frac{R^2mg}{x^2}$$

经积分运算 $\int_{v_0}^{v}v\mathrm{d}v=\int_{R}^{x}\frac{-gR^2}{x^2}\mathrm{d}x$，得

$$\frac{1}{2}(v^2-v_0^2)=gR^2\left(\frac{1}{x}-\frac{1}{R}\right)$$

即

$$v=\sqrt{v_0^2-2gR+\frac{2gR^2}{x}}$$

可以看出，物体的速度随 $x$ 的增加而减小，当 $v_0<\sqrt{2gR}$ 时，物体达到一定高度时速度将减小为零，之后物体向下降落。当 $v_0>\sqrt{2gR}$ 时，无论 $x$ 多么大，甚至趋于无穷，速度也不会为零，这就出现了向上发射的物体一去不复返的情况。因此 $v_0=\sqrt{2gR}\approx 11.2\mathrm{km/s}$ 就是物体脱离地球引力范围所需要的最小初速度，称为第二宇宙速度。

**【例 8-3】** 有一圆锥摆，如图 8-5 所示。质量 $m=1\mathrm{kg}$ 的小球系于长 $l=30\mathrm{cm}$ 的绳上，绳的另一端则系在固定点 $O$，并与铅直线成 $\alpha=60°$角。如小球在水平面内作匀速圆周运动，求小球的速度 $v$ 与绳的张力 $\boldsymbol{F}_{\mathrm{T}}$ 的大小。

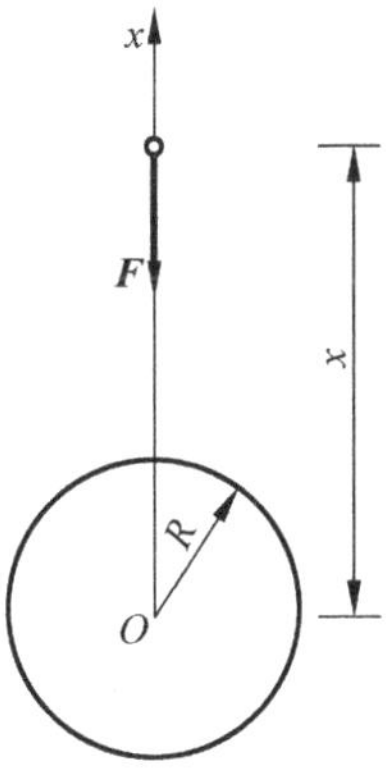

图　8-4

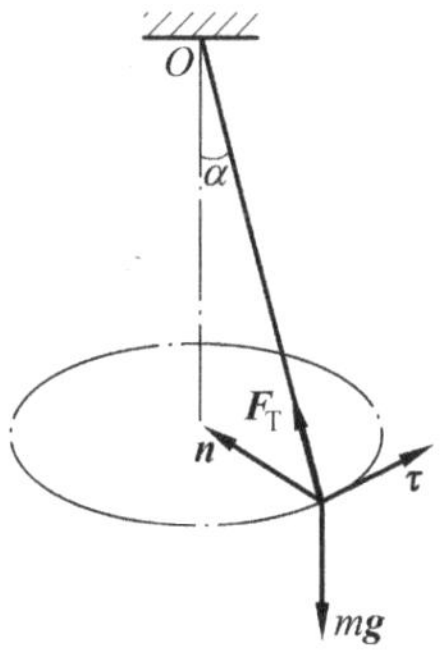

图　8-5

**解：** 本题是质点动力学第一、第二类综合问题。

（1）受力分析。以小球为研究的质点，作用在质点的力有重力 $m\boldsymbol{g}$ 和绳的张力 $\boldsymbol{F}_{\mathrm{T}}$。

（2）动力学分析：选取在自然轴上投影的运动微分方程得

$$m\frac{v^2}{\rho}=F_{\mathrm{T}}\sin\alpha,\quad 0=F_{\mathrm{T}}\cos\alpha-mg$$

因 $\rho=l\sin\alpha$，于是解得

$$F_{\mathrm{T}}=\frac{mg}{\cos\alpha}=19.6\mathrm{N},\quad v=\sqrt{\frac{F_{\mathrm{T}}l\sin^2\alpha}{m}}=2.1\mathrm{m/s}$$

绳的张力与拉力 $\boldsymbol{F}_\mathrm{T}$ 的大小相等。

**【例 8-4】** 如图 8-6 所示套管 $A$ 的质量为 $m$，受绳子牵引沿铅直杆向上滑动。绳子的另一端绕过离杆距离为 $l$ 的滑轮 $B$ 而缠在鼓轮上。当鼓轮转动时，其边缘上各点的速度大小为 $v_0$，求绳子拉力与距离 $x$ 之间的关系。

**解**：已知运动求力，是第一类问题。

(1) 受力分析。取套管 $A$ 为研究对象，$A$ 受重力 $m\boldsymbol{g}$、绳子拉力 $\boldsymbol{F}_\mathrm{T}$ 以及直杆对它的水平约束力 $\boldsymbol{F}_\mathrm{N}$ 作用，如图 8-6 所示。

(2) 运动分析。套管 $A$ 沿着直杆向上作变速直线运动，在任意瞬时 $t$ 有

$$\overline{AB}=\sqrt{l^2+x^2}$$

上式两边对时间 $t$ 求导，得

$$-v_0=\frac{\mathrm{d}\overline{AB}}{\mathrm{d}t}=\frac{x}{\sqrt{l^2+x^2}}\cdot\frac{\mathrm{d}x}{\mathrm{d}t}$$

$$\frac{\mathrm{d}x}{\mathrm{d}t}=-\frac{v_0}{x}\sqrt{l^2+x^2}$$

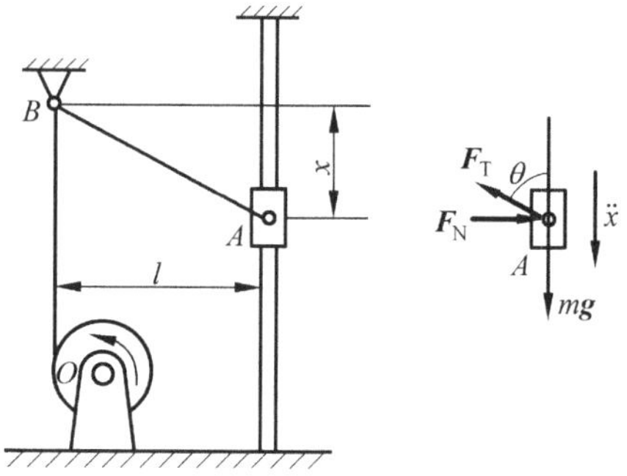


图 8-6

上式再对时间 $t$ 求导，得

$$\frac{\mathrm{d}^2x}{\mathrm{d}t^2}=\frac{-\left(\dfrac{v_0x^2}{\sqrt{l^2+x^2}}-v_0\sqrt{l^2+x^2}\right)\dfrac{\mathrm{d}x}{\mathrm{d}t}}{x^2}=\frac{v_0l^2}{x^2\sqrt{l^2+x^2}}\cdot\frac{\mathrm{d}x}{\mathrm{d}t}=-\frac{v_0^2l^2}{x^3}$$

(3) 动力学分析。将质点动力学基本方程向铅直方向投影得

$$mg-F_\mathrm{T}\cos\theta=m\ddot{x},\quad \cos\theta=\frac{x}{\sqrt{l^2+x^2}}$$

从而得到绳子拉力与距离 $x$ 之间的关系为

$$F_\mathrm{T}=m\left(g+\frac{v_0^2l^2}{x^3}\right)\sqrt{1+\frac{l^2}{x^2}}$$

本题的关键是建立 $x$ 与速度 $v_0$ 之间的联系。

通过上面例题分析，可以总结出**解决质点动力学问题的一般步骤**如下：

(1) 根据题意选取某质点作为研究对象。

(2) 分析质点的受力，分清主动力与约束力。对非自由质点需解除约束，以约束力代替。主动力一般为已知，约束力通常是未知的，但其方向往往可根据约束的性质确定。画出质点的受力图。

(3) 分析质点的运动，画出质点的运动分析图，一般包括广义坐标，加速度、速度在坐标上的分量等。

(4) 建立质点运动微分方程，列方程时要注意力及运动量在坐标轴上投影的正负。

(5) 微分方程的求解及问题的进一步讨论。

# 学习方法和要点提示

(1) 不要认为在中学和大学物理课上已初步学过本章内容，因而麻痹大意。质点动力学的基本定律是质点和质点系(包括刚体)动力学的基础。动力学的很多定理和结论都是在质点动力学基本定律的基础上推导出来的。经验证明，在以后求解动力学复杂问题时出现错误，有些原因就是对本章内容缺乏深入理解和灵活运用。本章的内容将贯穿到整个动力学。

(2) 在质点动力学两类基本问题中，对于第一类问题，可以运用运动分析或微分运算，求得作用在质点上的力。在动力学中的约束反力不仅与主动力有关，还与质点的加速度有关，这是动力学问题与静力学问题的明显区别。对于第二类问题，一般要进行积分运算，应根据力的性质，把加速度灵活地改写成相应形式，便于分离变量进行积分。如果仅已知质点的质量和作用力，还不能决定质点的运动。还应根据已知质点运动的初始条件，确定不定积分的积分常数或定积分的上下限。还有些问题属于混合问题，即已知某些运动和力，求另一些运动和力。

(3) 在普通物理学中，质点受力多为常力，这时质点的加速度也多为常数，学生对匀变速运动的公式应用较多且较熟悉。但是，在理论力学中，力多为变量，因而加速度也多为变量，一般应通过积分求速度或位移等。因此，在求解动力学问题时，千万不要盲目套用匀变速运动的公式，更不要把加速度认为都是常量。

# 思　考　题

**8-1**　三个质量相同的质点，在某瞬时的速度分别如图 8-7 所示，若对它们作用了大小相等、方向相同的力 $\boldsymbol{F}$，问质点的运动情况是否相同？

**8-2**　某人用枪瞄准了空中一悬挂的靶体，如在子弹射出的同时靶体开始自由下落，不计空气阻力，问子弹能否击中靶体？

**8-3**　小车在力 $\boldsymbol{F}$ 作用下沿 $x$ 轴正向运动，其初速度为 $v_0>0$，如力 $\boldsymbol{F}$ 的方向与 $x$ 轴正向一致，大小随时间减小，则小车的速度也是随时间逐渐减小的，对否？

**8-4**　绳子的拉力 $F=2\text{kN}$，物重 $P_1=2\text{kN}$、$P_2=1\text{kN}$，如图 8-8 所示。若滑轮质量不计，问在图 8-8(a)、(b)所示两种情况下，重物 $A$ 的加速度是否相同？两根绳子的张力是否相同？

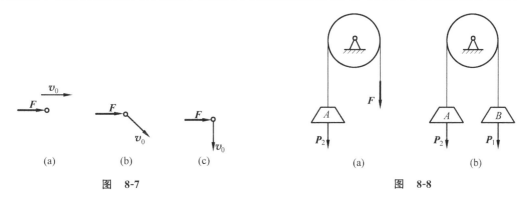

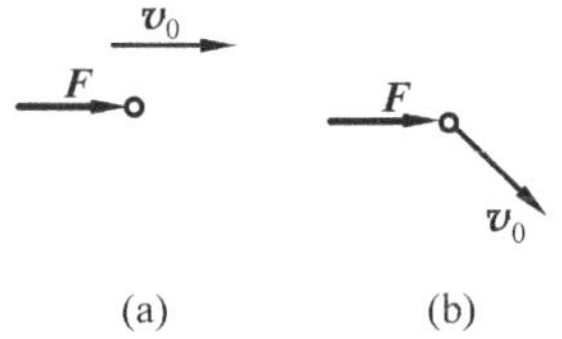

图　8-7

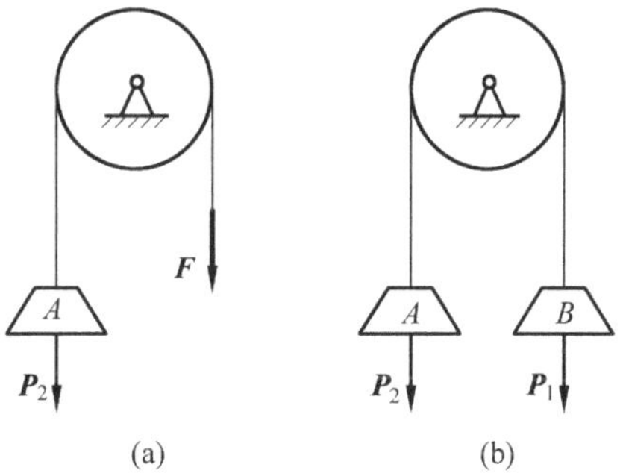

图　8-8

**8-5** 同一地点、同一坐标系内，以相同大小的初速度斜抛两质量不同的小球，若不计空气阻力，则它们落地时速度的大小是否相同？

**8-6** 质点受到的力越大，它运动的速度是否一定也越大？

**8-7** 若不计空气阻力，自由下落的石块与以一定初速度水平抛出的石块相比，哪一个下落的加速度较大？为什么？

# 习　题

**8-1** 一质量为 $m$ 的物体放在匀速转动的水平转台上，它与转轴的距离为 $r$，如图 8-9 所示。设物体与转台表面的静摩擦系数为 $f$，求当物体不因转台旋转而滑出时，水平转台的最大转速。

**8-2** 单摆的摆绳长为 $l$，摆锤质量为 $m$，单摆由偏离铅垂线 30°的位置 $OA$ 无初速度地释放，如图 8-10 所示。当单摆摆到铅垂位置时，绳的中点被木钉 $C$ 挡住，只有下半段继续摆动。求当摆绳升到与铅垂线成 $\varphi$ 角时，摆锤的速度和摆绳的拉力。

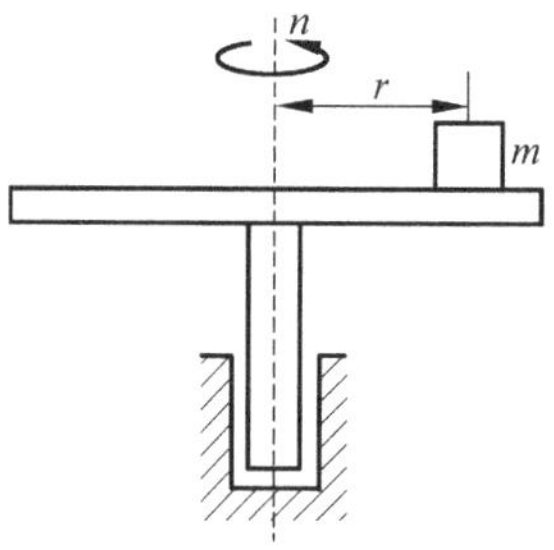


图 8-9

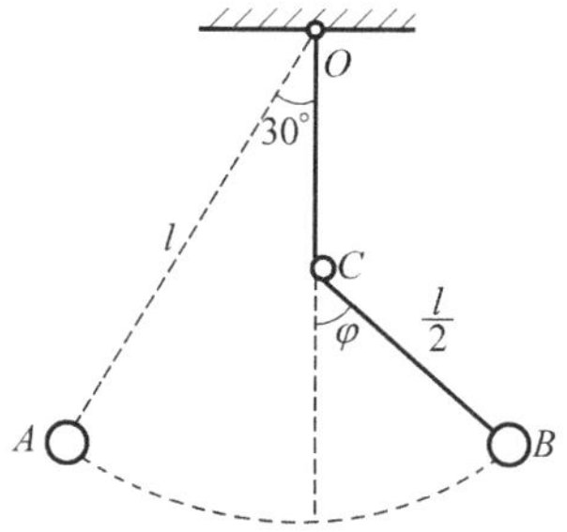


图 8-10

**8-3** 在桥式起重机的小车上用长度为 $l=5\text{m}$ 的钢丝绳悬吊着质量 $m=10\text{t}$ 的重物，如图 8-11 所示。小车以匀速 $v_0=1\text{m/s}$ 向右运动时，钢丝绳保持铅直方向。当小车紧急刹车时，重物因惯性而绕悬挂点 $O$ 摆动。试求刚开始摆动的瞬时，钢丝绳的拉力 $F$ 及最大摆角 $\varphi_{\max}$。

**8-4** 质量为 $m$ 的滑块 $A$，因绳子的牵引力而沿水平轨道滑动，绳子的另一端缠在半径为 $r$ 的鼓轮上，如图 8-12 所示。鼓轮以角速度 $\omega$ 匀速转动，导轨摩擦忽略不计。求绳子拉力 $\boldsymbol{F}$ 的大小与距离 $x$ 之间的关系。

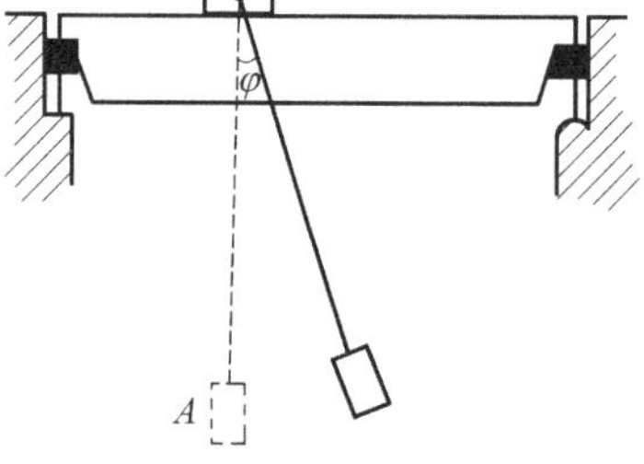


图 8-11

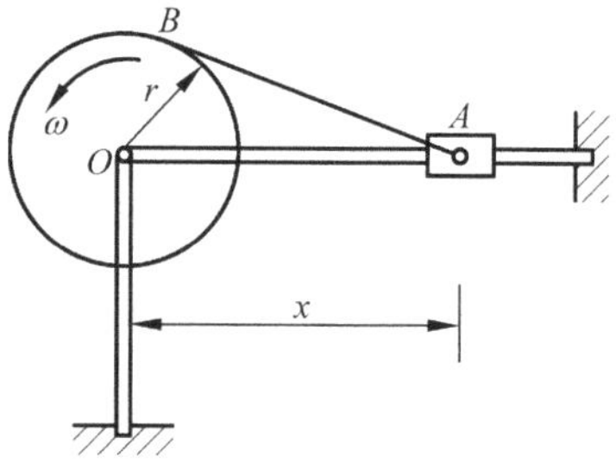


图 8-12

**8-5**　一质量 $m=10\text{kg}$ 的物块，在变力 $F=100(1-t)$ 作用下运动，初速度为 $v_0=0.2\text{m/s}$，运动初始时力的方向与速度方向相同。问经过多长时间后物块速度为零，此前走了多少路程？（$F$ 的单位为 N）

**8-6**　质量为 $m$ 的质点在水平力 $F=F_0\cos\omega t$ 作用下沿水平直线运动，其中 $F_0$、$\omega$ 为已知常数。质点的初速度为 $v_0$，方向与力 $\boldsymbol{F}$ 相同。试求该质点的运动方程。

**8-7**　一重力为 $\boldsymbol{G}$ 的物块 $A$，沿与水平面成 $\theta$ 角的棱柱的斜面下滑，两者间的滑动摩擦因数为 $f$，棱柱沿水平面以加速度 $\boldsymbol{a}$ 向右运动，如图 8-13 所示。试求物块相对于棱柱的加速度和物块对棱柱斜面的压力。

**8-8**　质量 $m_1=1.2\text{t}$ 的卡车装载着 $m_2=1\text{t}$ 的物块，从静止开始匀加速度启动，如图 8-14 所示。物块与车厢地板间的静摩擦因数 $f=0.2$，物块开始时距车尾 $l=2\text{m}$，卡车开动 2s 后物块从车尾滑下。已知行驶时阻力恒为卡车和物块总重力的 0.01 倍，试求卡车启动后 2s 内的平均牵引力。

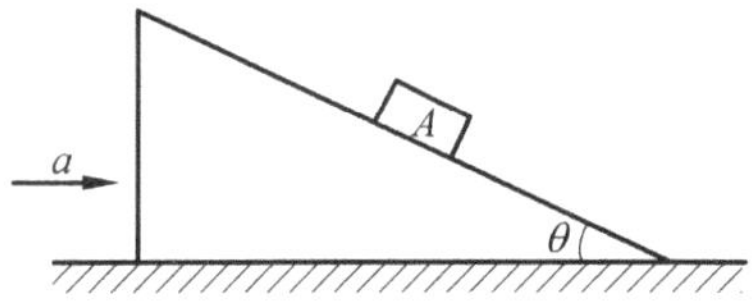

图　8-13

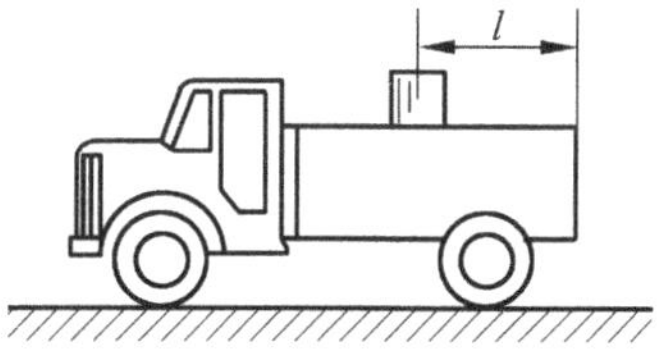

图　8-14

**8-9**　质量为 $m=2\text{kg}$ 的物块与刚度系数 $k=1.25\text{N/mm}$ 的弹簧相连接，物块可沿光滑的水平面作直线运动，如图 8-15 所示。现将物块从平衡位置向右移动 60mm 后无初速地释放。试求物块的运动规律、周期、最大速度和最大加速度。

**8-10**　质量均为 $m$ 的两个物块 $A$、$B$ 由无重直杆光滑铰接，放置于光滑的水平面和铅垂面上，如图 8-16 所示。当 $\theta=60°$时无初速地释放，求此瞬时直杆 $AB$ 所受的力。

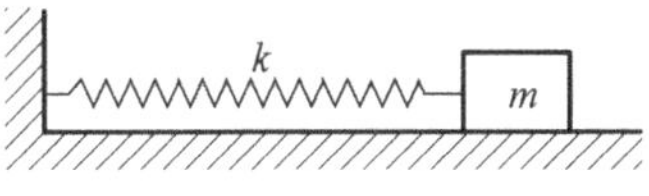

图　8-15

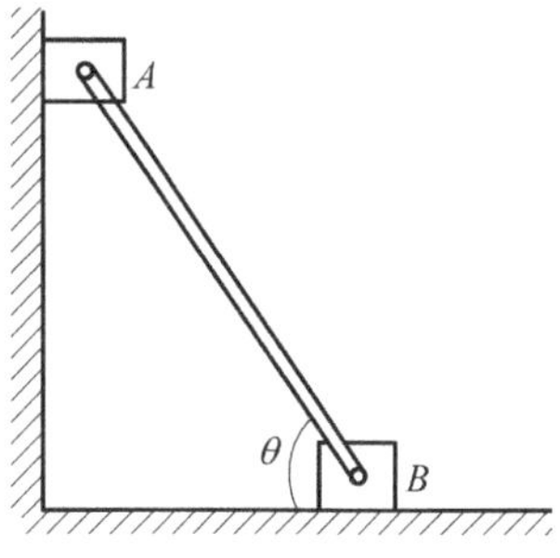

图　8-16

# 第9章 动量定理

## 本章提要

**【要求】**

(1) 正确理解质点及质点系的动量、力的冲量概念；

(2) 能熟练应用动量定理、质心运动定理求解动力学问题；

(3) 应用动量守恒定律和质心运动守恒定律求解动力学问题。

**【重点】**

(1) 熟练计算质点系的动量；

(2) 正确地应用质点系动量定理、质心运动定理求解动力学问题；

(3) 能正确地判断和应用动量守恒定律和质心运动守恒定律求解动力学问题。

**【难点】**

灵活应用质点系动量定理的微分形式和积分形式以求解动力学问题；根据问题要求能充分利用质点系动量守恒定律求解动力学问题。

从理论上讲，研究质点系动力学问题，可以对系统中每一个质点建立运动微分方程，然后联立求解方程。这种方法在数学上有很大困难，在实际工程中既不现实，也不必要。通常人们关心的是质点系整体运动特征。**质点系动量定理**、**动量矩定理**和**动能定理**分别从不同侧面揭示了描述质点系整体运动特征的物理量(动量、动量矩、动能)的变化与描述作用在质点系上的力系的作用效果的物理量(冲量、力矩和功)之间的关系。许多工程实际中的动力学问题，都可以根据这三个定理来解决，一般把这三个定理统称为**动力学普遍定理**。

从形式上看，这些定理都是从质点运动微分方程推导得来的，只不过是应用时避免了许多重复的数学推演。但是，应当指出，有的定理实际上是作为独立的基本定律而存在，有的定理早在牛顿之前就已建立。而且，所有定理中的那些物理量都有深刻的物理意义，了解这些物理意义，对机械运动有更深入的认识。

## 9-1 动量与冲量

### 1. 动量

物体之间往往有机械运动的相互传递，在传递机械运动时产生的相互作用力不仅与物体的速度变化有关，而且与它们的质量有关。例如，枪弹质量虽小，但速度很大，击中目标时，产生很大的冲击力；轮船靠岸时，速度虽小，但质量很大，操纵稍有疏忽，足以将船撞坏。质量相同而速度不同的两辆汽车，速度大的比速度小的更难以制动。这些例子表明，动量作为质量与速度的乘积，能反映机械运动的某些特征，它可以作为机械运动的一种度量。据此，可以用质点的质量与速度的乘积来表征质点的这种运动量。

1）质点的动量

**质点的质量 $m$ 与速度 $v$ 的乘积 $mv$ 称为质点的动量**，记为 $\boldsymbol{p}=m\boldsymbol{v}$。质点的动量是矢量，它的方向与质点速度的方向一致。

在国际单位制中，动量的单位为 kg·m/s。

2）质点系的动量

**质点系内各质点动量的矢量和称为质点系的动量**，即

$$\boldsymbol{p}=\sum_{i=1}^{n} m_i \boldsymbol{v}_i \tag{9-1}$$

式中，质点系有 $n$ 个质点，$m_i$ 为第 $i$ 个质点的质量，$\boldsymbol{v}_i$ 为该质点的速度，质点系的动量是矢量。质点系的动量 $\boldsymbol{p}$ 在 $x$、$y$、$z$ 轴上的投影分别等于

$$p_x=\sum_{i=1}^{n} m_i v_{ix},\quad p_y=\sum_{i=1}^{n} m_i v_{iy},\quad p_z=\sum_{i=1}^{n} m_i v_{iz} \tag{9-2}$$

3）质点系动量与质心速度之间的关系

设质点系中任意一个质点 $i$ 的矢径为 $\boldsymbol{r}_i$，则其速度为 $\boldsymbol{v}_i=\dfrac{\mathrm{d}\boldsymbol{r}_i}{\mathrm{d}t}$，将其代入式(9-1)，如果质量 $m_i$ 不变，则有

$$\boldsymbol{p}=\sum_{i=1}^{n} m_i \boldsymbol{v}_i=\sum_{i=1}^{n} m_i \frac{\mathrm{d}\boldsymbol{r}_i}{\mathrm{d}t}=\frac{\mathrm{d}}{\mathrm{d}t}\sum_{i=1}^{n} m_i \boldsymbol{r}_i$$

令 $m=\sum_{i=1}^{n} m_i$ 为质点系的总质量。与重心坐标相似，定义**质点系质量中心**（简称**质心**）$C$ 的矢径为

$$\boldsymbol{r}_C=\frac{\sum_{i=1}^{n} m_i \boldsymbol{r}_i}{m} \tag{9-3}$$

代入前式，得质点系动量为

$$\boldsymbol{p}=\frac{\mathrm{d}}{\mathrm{d}t}\sum_{i=1}^{n} m_i \boldsymbol{r}_i=\frac{\mathrm{d}}{\mathrm{d}t}(m\boldsymbol{r}_C)=m\boldsymbol{v}_C \tag{9-4}$$

式中，$\boldsymbol{v}_C=\dfrac{\mathrm{d}\boldsymbol{r}_C}{\mathrm{d}t}$为质点系质心 $C$ 的速度。

式(9-4)表明，**质点系的动量等于质心速度与其全部质量的乘积**。该式为计算质点系，特别是为计算刚体的动量提供了简捷方法。

4）刚体系统的动量

刚体是由无限多个质点组成的不变质点系，刚体质心是某一确定点。对于质量均匀分布的规则刚体，质心就是几何中心，用式(9-4)计算刚体的动量是非常方便的。如图 9-1(a)所示，长为 $l$、质量为 $m$ 的均质细杆，在平面内绕 $O$ 点转动，角速度为 $\omega$，细杆质心的速度 $v_C=\omega l/2$，则细杆的动量为 $m\boldsymbol{v}_C$，方向垂直杆与转动方向相同。如图 9-1(b)所示的均质滚轮，质量为 $m$，轮心速度为 $\boldsymbol{v}_C$，则其动量为 $m\boldsymbol{v}_C$。如图 9-1(c)所示，绕质心转动的均质圆

轮，无论有多大的角速度和质量，由于其质心不动，其动量总是零。

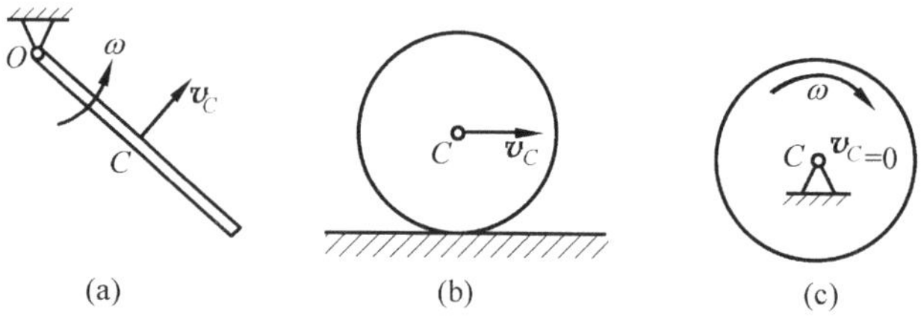


图 9-1

对于由 $n$ 个刚体组成的刚体系统，用 $m_i$ 和 $\boldsymbol{v}_{iC}$ 分别表示第 $i$ 个刚体的质量和质心速度，则刚体系统的动量为

$$\boldsymbol{p}=\sum \boldsymbol{p}_i=\sum m_i \boldsymbol{v}_{iC} \tag{9-5}$$

**即刚体系统的动量，等于该系统中每一个刚体的质量与其质心速度乘积的矢量和，或者说，刚体系统的动量等于每一个刚体动量的矢量和。**

**2. 冲量**

物体在力的作用下引起的运动变化，不仅与力的大小和方向有关，还与力作用时间的长短有关。例如推动车子，用较大的力可以在较短的时间内达到一定的速度，要是用较小的力，但作用时间长一些，也可达到同样的速度。就是说，较大的力作用较短的时间与较小的力作用较长的时间，其总效应相同，这是大家都熟悉的经验。不计空气阻力时，抛射体在自重的作用下不断改变速度的大小和方向，时间越长，速度改变越大，可见重力的总效应随着时间增加而愈加显著。冲量就是表示力的这种时间积累效应的物理量。如果作用力是常量，我们用力与作用时间的乘积来衡量力在这段时间内的积累作用。**冲量是作用在物体上的力在一段时间对物体运动所产生的累积效应。**

**作用力与作用时间的乘积称为常力的冲量。**以 $\boldsymbol{F}$ 表示此常力，作用的时间为 $t$，则此力的冲量为

$$\boldsymbol{I}=\boldsymbol{F}\cdot t \tag{9-6}$$

冲量是矢量，它的方向与常力的方向一致。冲量的单位，在国际单位制中是 N·s。

如果作用力 $\boldsymbol{F}$ 是变量，在微小时间间隔 $\mathrm{d}t$ 内，力 $\boldsymbol{F}$ 的冲量称为**元冲量**，即

$$\mathrm{d}\boldsymbol{I}=\boldsymbol{F}\cdot \mathrm{d}t$$

而变力 $\boldsymbol{F}$ 在作用时间 $t$ 内的冲量是矢量积分

$$\boldsymbol{I}=\int_0^t \boldsymbol{F}\mathrm{d}t \tag{9-7}$$

**如果一个力系存在合力，则合力的冲量等于所有分力冲量的矢量和。**

**【例 9-1】** 如图 9-2 所示均质曲柄 $OA$ 长为 $r$，质量为 $m_1$；滑块 $A$ 的质量为 $m_2$，T 形杆 $BD$ 的质量为 $m_3$，质心在点 $E$，$BE=r$。设曲柄以等角速度 $\omega$ 绕轴 $O$ 转动。求该机构在任一瞬时的动量。

**解**：(1) 思路分析：整个机构的动量可按式(9-5)求出，即等于曲柄、滑块、T 形杆动量

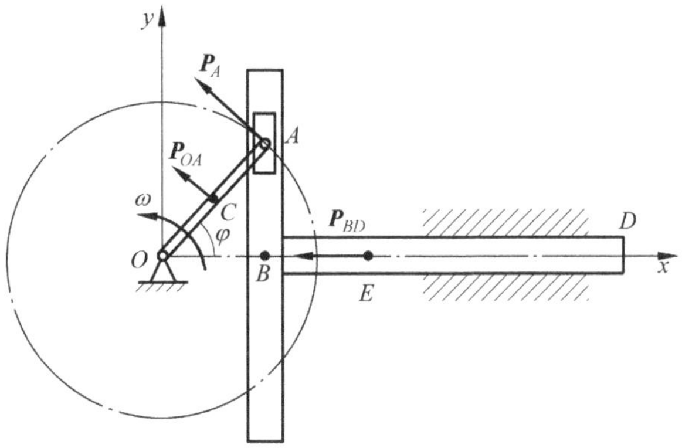


图　9-2

三者的矢量和，即

$$\boldsymbol{p}=\boldsymbol{p}_{OA}+\boldsymbol{p}_A+\boldsymbol{p}_{BD} \tag{a}$$

由此可以看出，系统动量由三部分构成，只要分别求出各部分，然后按矢量求和即可。

(2) 各部分动量计算：$\boldsymbol{p}_{OA}$ 方向与 $\boldsymbol{v}_C$ 相同，垂直于 $OA$，如图所示，其大小为

$$p_{OA}=m_{OA}v_C=\frac{m_1 r\omega}{2} \tag{b}$$

$\boldsymbol{p}_A$ 方向与 $\boldsymbol{v}_A$ 相同，垂直于 $OA$，如图所示，其大小为

$$p_A=m_A v_A=m_2 r\omega \tag{c}$$

根据运动学知识求出 T 形杆 $BD$ 的质心 $E$ 的速度大小为 $v_E=r\omega\sin\omega t$，方向水平向左，所以 $\boldsymbol{p}_{BD}$ 方向与 $\boldsymbol{v}_E$ 相同，如图所示，其大小为

$$p_{BD}=m_{BD}v_E=m_3 r\omega\sin\omega t \tag{d}$$

(3) 系统动量计算：建立如图所示坐标系 $Oxy$，结合式(b)、式(c)、式(d)，将式(a)两边分别向 $x$、$y$ 方向投影得到

$$p_x=\frac{m_1+2(m_2+m_3)}{2}\cdot r\omega\sin\omega t$$

$$p_y=\frac{m_1+2m_2}{2}\cdot r\omega\cos\omega t$$

所以，机构整体的动量为

$$\boldsymbol{p}=p_x\boldsymbol{i}+p_y\boldsymbol{j}=-\left(\frac{1}{2}m_1+m_2+m_3\right)r\omega\sin\omega t\,\boldsymbol{i}+\left(\frac{1}{2}m_1+m_2\right)r\omega\cos\omega t\,\boldsymbol{j}$$

## 9-2　动量定理

### 1. 质点动量定理

设有一个质点 $M$，质量为 $m$，在力 $\boldsymbol{F}$ 的作用下运动，根据牛顿第二定律有

$$m\frac{\mathrm{d}\boldsymbol{v}}{\mathrm{d}t}=\boldsymbol{F}$$

当质量 $m$ 为常量时，上式可以改写成

$$\frac{\mathrm{d}(m\boldsymbol{v})}{\mathrm{d}t}=\boldsymbol{F} \tag{9-8}$$

或

$$\mathrm{d}(m\boldsymbol{v})=\boldsymbol{F}\mathrm{d}t \tag{9-9}$$

式(9-8)表明，**质点的动量对于时间的导数，等于作用在质点上的力**；式(9-9)表明，**质点的动量增量，等于作用在质点上的力的元冲量**。将式(9-8)和式(9-9)称为**质点动量定理的微分形式**。

由式(9-9)，两边对应地积分，时间 $t$ 从 $t_1$ 到 $t_2$，速度 $v$ 从 $v_1$ 到 $v_2$，就得到

$$m\boldsymbol{v}_2-m\boldsymbol{v}_1=\int_{t_1}^{t_2}\boldsymbol{F}\mathrm{d}t=\boldsymbol{I}_{12} \tag{9-10}$$

式(9-10)表明，**质点的动量在一段时间内的增量，等于作用在质点上的力在同一段时间内的冲量**，这就是**质点动量定理的积分形式**。

将式(9-10)投影到固定直角坐标轴上，则得

$$\left.\begin{aligned} mv_{2x}-mv_{1x}&=\int_{t_1}^{t_2}F_x\mathrm{d}t=I_{12x}\\ mv_{2y}-mv_{1y}&=\int_{t_1}^{t_2}F_y\mathrm{d}t=I_{12y}\\ mv_{2z}-mv_{1z}&=\int_{t_1}^{t_2}F_z\mathrm{d}t=I_{12z}\end{aligned}\right\} \tag{9-11}$$

即，**在任一时间段内，质点的动量在任何一个固定轴上投影的增量，等于作用在质点上的力在同一时间段内的冲量在同一轴上的投影**。这就是**投影形式的质点动量定理**。

**2. 质点系动量定理**

对于一个质点系，把所考察的质点系内部各质点之间相互作用的力称为内力，所考察的质点系之外的物体作用在该质点系内部质点的力称为外力。内力与外力的划分是个相对概念，正如静力学画受力图时划分内、外力的概念一样。随着所取的考察对象不同，同一个力可能是内力，也可能是外力。例如，将一列火车作为考察对象，则机车与第一节车厢之间相互的作用力为内力，但如将机车与车厢分作两个质点来考虑，它们之间相互作用的力就成为外力。

内力既然是质点之间相互作用的力，根据反作用定律，这些力必然成对出现，而且每一对都是大小相等、方向相反而且作用线重合。因此，对整个质点系来说，内力系的主矢量以及对任一点的主矩都等于零，或者说，内力系所有各力的矢量和等于零，内力系对任一点或任一轴的矩的和也等于零。

1) 质点系动量定理的微分形式

设有 $n$ 个质点组成的质点系，取其中一质点 $M_i$ 来考察，令质点 $M_i$ 的质量为 $m_i$、速度为 $\boldsymbol{v}_i$，作用在质点 $M_i$ 上的所有力的合力为 $\boldsymbol{F}_i$，用 $\boldsymbol{F}_i^{\mathrm{e}}$ 与 $\boldsymbol{F}_i^{\mathrm{i}}$ 分别表示作用在质点 $M_i$ 上外力的合力与内力的合力，则 $\boldsymbol{F}_i=\boldsymbol{F}_i^{\mathrm{e}}+\boldsymbol{F}_i^{\mathrm{i}}$，代入式(9-8)后，得

$$\frac{\mathrm{d}(m_i\boldsymbol{v}_i)}{\mathrm{d}t}=\boldsymbol{F}_i^{\mathrm{e}}+\boldsymbol{F}_i^{\mathrm{i}}$$

对质点系中每一个质点写出同样的一个方程，共有 $n$ 个方程相加，即得

$$\frac{\mathrm{d}\boldsymbol{p}}{\mathrm{d}t}=\frac{\mathrm{d}}{\mathrm{d}t}\sum m_i\boldsymbol{v}_i=\sum\frac{\mathrm{d}m_i\boldsymbol{v}_i}{\mathrm{d}t}=\sum\boldsymbol{F}_i^{\mathrm{e}}+\sum\boldsymbol{F}_i^{\mathrm{i}}=\sum\boldsymbol{F}_i^{\mathrm{e}}$$

即

$$\frac{\mathrm{d}\boldsymbol{p}}{\mathrm{d}t}=\sum\boldsymbol{F}_i^{\mathrm{e}} \tag{9-12}$$

或

$$\mathrm{d}\boldsymbol{p}=\sum\boldsymbol{F}_i^{\mathrm{e}}\mathrm{d}t=\sum\mathrm{d}\boldsymbol{I}_i^{\mathrm{e}} \tag{9-13}$$

即，**质点系的动量对于时间的导数等于作用于质点系上的外力矢量和；或，质点系动量的增量等于作用于质点系上的外力元冲量的矢量和。这就是质点系动量定理的微分形式。**

任取固定的直角坐标轴 $x$、$y$、$z$，将方程两边投影到各轴上，并注意矢量导数的投影等于矢量投影的导数，于是有

$$\frac{\mathrm{d}p_x}{\mathrm{d}t}=\sum F_{ix}^{\mathrm{e}},\quad \frac{\mathrm{d}p_y}{\mathrm{d}t}=\sum F_{iy}^{\mathrm{e}},\quad \frac{\mathrm{d}p_z}{\mathrm{d}t}=\sum F_{iz}^{\mathrm{e}} \tag{9-14}$$

式(9-14)是**质点系微分形式动量定理的投影形式**，它表明，质点系的动量在任意固定轴上的投影对于时间的导数，等于作用在质点系上的所有外力在同一轴上投影的代数和。

2）质点系动量定理的积分形式

由方程(9-13)两边求对应的积分，动量 $\boldsymbol{p}$ 从 $\boldsymbol{p}_1$ 至 $\boldsymbol{p}_2$，时间 $t$ 从 $t_1$ 到 $t_2$，于是得

$$\boldsymbol{p}_2-\boldsymbol{p}_1=\sum\int_{t_1}^{t_2}\boldsymbol{F}_i^{\mathrm{e}}\mathrm{d}t=\sum\boldsymbol{I}_i^{\mathrm{e}} \tag{9-15}$$

即，**在某一时间段内，质点系动量的改变量等于在同一时间段内作用于质点系上所有外力的冲量的矢量和**。这是**质点系动量定理的积分形式**。

将式(9-15)两边投影到直角坐标轴上，得

$$\left.\begin{aligned}p_{2x}-p_{1x}&=\sum\int_{t_1}^{t_2}F_{ix}^{\mathrm{e}}\,\mathrm{d}t=\sum I_{ix}^{\mathrm{e}}\\ p_{2y}-p_{1y}&=\sum\int_{t_1}^{t_2}F_{iy}^{\mathrm{e}}\,\mathrm{d}t=\sum I_{iy}^{\mathrm{e}}\\ p_{2z}-p_{1z}&=\sum\int_{t_1}^{t_2}F_{iz}^{\mathrm{e}}\,\mathrm{d}t=\sum I_{iz}^{\mathrm{e}}\end{aligned}\right\} \tag{9-16}$$

即，**在某一时间段内，质点系的动量在任意一个固定轴上投影的改变量，等于在同一时间段内作用在质点系上外力的冲量在同一轴上投影的代数和。**

### 3. 质点系动量守恒定律

如果作用在质点系上的外力的矢量和等于零，即 $\sum\boldsymbol{F}_i^{\mathrm{e}}=\boldsymbol{0}$，则

$$\boldsymbol{p}=\sum m_i\boldsymbol{v}_i=\text{常矢量} \tag{9-17}$$

可见，**在运动过程中，如果作用在质点系上的外力的矢量和始终保持为零，则质点系的动量保持为常矢量**。这个结论称为质点系的**动量守恒定律**。由此可知，如果要使质点系动量发生变化，必须有外力作用。又由方程(9-14)可知，如 $\sum F_{ix}^{\mathrm{e}}=0$，则

$$p_x=\sum m_i v_{ix}=\text{常量} \tag{9-18}$$

**即,如果作用在质点系上的外力在某一轴上的投影的代数和始终保持为零,则质点系的动量在该轴上的投影保持为常量。**

为了便于理解,我们可以把式(9-17)称为整体动量守恒,把式(9-18)称为局部动量守恒。质点系动量守恒定律是自然界中最普遍的客观规律之一,在科学技术上应用很广。例如枪炮射击时的反冲,火箭和喷气式飞机的飞行,都可用动量守恒定律加以研究。

**【例 9-2】** 如图 9-3 所示,两个重物的质量分别为 $m_1$ 和 $m_2$,系在两根质量不计的绳子上;两根绳分别缠绕在半径为 $r_1$ 和 $r_2$ 的鼓轮上;鼓轮的质量为 $m_3$,其质心位于转轴 $O$ 处。设 $m_1r_1>m_2r_2$,鼓轮以角加速度 $\alpha$ 绕轴 $O$ 逆时针转动,试求轴承 $O$ 的约束力。

**解**:选取鼓轮和两个重物构成的质点系为研究对象,其受力分析和运动分析如图 9-3 所示。

建立直角坐标系 $Oxy$,质点系动量在 $x$、$y$ 轴上的投影分别为

$$p_x=0,\quad p_y=m_1v_1-m_2v_2$$

根据式(9-12),有

$$\left.\begin{aligned}&F_{Ox}=0\\&m_1\frac{\mathrm{d}v_1}{\mathrm{d}t}-m_2\frac{\mathrm{d}v_2}{\mathrm{d}t}=m_1g+m_2g+m_3g-F_{Oy}\end{aligned}\right\}$$

将 $\frac{\mathrm{d}v_1}{\mathrm{d}t}=a_1=\alpha r_1$、$\frac{\mathrm{d}v_2}{\mathrm{d}t}=a_2=\alpha r_2$ 代入上式,整理即得轮心 $O$ 处的约束力为

$$F_{Ox}=0$$

$$F_{Oy}=m_1g+m_2g+m_3g-m_1\frac{\mathrm{d}v_1}{\mathrm{d}t}+m_2\frac{\mathrm{d}v_2}{\mathrm{d}t}=(m_1+m_2+m_3)g+\alpha(m_2r_2-m_1r_1)$$

**【例 9-3】** 如图 9-4 所示,质量为 $m_1$ 的平台 $AB$ 与地面间的动摩擦因数为 $f$,质量为 $m_2$ 的小车 $D$ 相对于平台的运动规律为 $s=\frac{1}{2}bt^2$($b$ 为常数)。不计绞车质量,试计算平台的加速度。

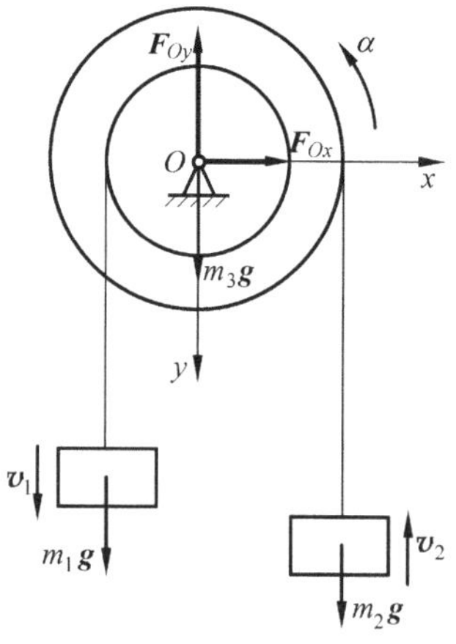


图 9-3

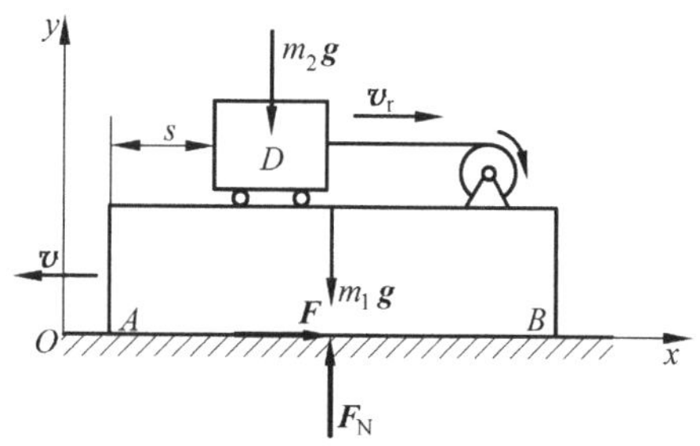


图 9-4

**解**：选取小车 $D$ 和平台 $AB$ 整体为研究对象，系统的受力分析和运动分析如图 9-4 所示。

建立坐标系 $Oxy$，系统动量在 $x$、$y$ 轴上的投影分别为

$$p_x = -m_1 v + m_2(v_r - v), \quad p_y = 0$$

其中，小车相对于平台的速度 $v_r = \dot{s} = bt$。

由式(9-8)，有

$$\left.\begin{aligned} &\frac{\mathrm{d}}{\mathrm{d}t}[-m_1 v + m_2(v_r - v)] = F \\ &0 = F_N - (m_1 + m_2)g \end{aligned}\right\}$$

其中，摩擦力 $F = fF_N$。解得平台的加速度为

$$a = \frac{\mathrm{d}v}{\mathrm{d}t} = \frac{m_2 b - f(m_1 + m_2)g}{m_1 + m_2}$$

**【例 9-4】** 物块 $A$ 放在光滑水平面上，质量为 $m_A$。小球的质量为 $m_B$，以长为 $l$ 的轻杆与物块铰接，如图 9-5 所示。初始时物块和小球都静止，并有初始摆角 $\varphi_0$，然后无初速地释放小球，使小球近似以 $\varphi = \varphi_0 \cos\omega t$ 规律摆动，其中 $\omega$ 为常数，试求物块 $A$ 的运动方程和最大速度。

**解**：以物块、轻杆和小球构成的系统作为研究对象。由于物块在水平面上平移，可简化为一个质点的运动。因此该机构可简化成由两个质点组成的质点系。

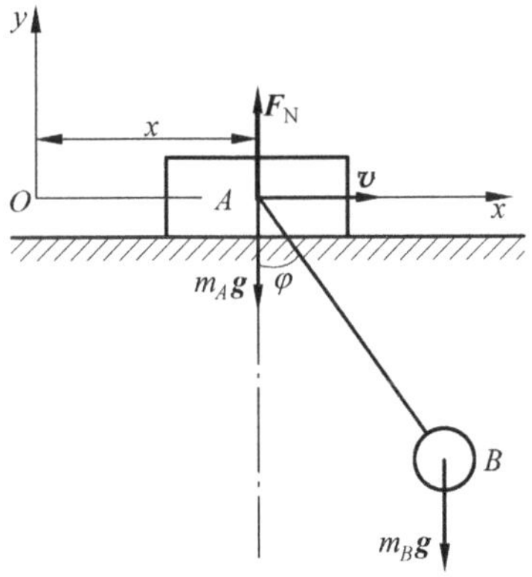


图　9-5

(1) 受力分析。质点系所受外力有滑块的重力 $m_A\boldsymbol{g}$、小球的重力 $m_B\boldsymbol{g}$ 以及水平面对滑块的约束力 $\boldsymbol{F}_N$。

(2) 运动分析。建立坐标轴 $x$，原点在 $t=0$ 时物块 $A$ 的质心处。则 $A$ 的速度为 $v_A = \dot{x}$。

小球 $B$ 水平坐标为 $x_B = x + l\sin\varphi$，小球 $B$ 的速度在 $x$ 轴上投影为

$$v_{Bx} = \dot{x}_B = \dot{x} + l\dot{\varphi}\cos\varphi$$

(3) 动力学分析。由于质点系所受外力都沿铅直方向，故外力系的主矢在水平方向的投影为零，所以 $p_x = \sum m_i v_{ix} =$ 常量，由于初始时系统处于静止，故

$$\sum m_i v_{ix} = 0$$

将 $v_A$、$v_{Bx}$ 代入上式则得到

$$m_A \dot{x} + m_B(\dot{x} + l\dot{\varphi}\cos\varphi) = 0$$

即

$$\frac{\mathrm{d}x}{\mathrm{d}t} - \dot{x} = \frac{-m_B l\cos\varphi}{m_A + m_B} \cdot \dot{\varphi} = -\frac{m_B l\cos\varphi}{m_A + m_B} \cdot \frac{\mathrm{d}\varphi}{\mathrm{d}t}$$

$$\mathrm{d}x = -\frac{m_B l\cos\varphi}{m_A + m_B} \cdot \mathrm{d}\varphi$$

$x$ 由 0 到 $x$，$\varphi$ 由 $\varphi_0$ 到 $\varphi$，积分得到

$$x = \frac{m_B l}{m_A + m_B}(\sin\varphi_0 - \sin\varphi)$$

这就是物块 $A$ 的运动方程，可以看出物块的运动是在水平面上沿直线作往复运动。

由 $x$ 的表达式很容易求出：$v_{A\max} = \dot{x}_{\max} = \dfrac{m_B l\omega\varphi_0}{m_A + m_B}$，此时 $\sin\omega t = \pm 1$，$\varphi = 0$。

**思考**：也可以根据点的速度合成定理，动系与物块 $A$ 固连，小球 $B$ 相对动系作圆周运动，求出 $v_B$，再向 $x$ 轴上投影得到 $v_{Bx}$。请同学们自己考虑。

## 9-3 质心运动定理

### 1. 质心运动定理

质心即为质点系的质量中心，质心位置可以表征质点系中各质点的位置和质量的分布。质心是一个点，其位置与外力无关。根据前面的分析已经知道，质点系的动量等于质心速度与其全部质量的乘积，即

$$\boldsymbol{p} = \sum m_i \boldsymbol{v}_i = m\boldsymbol{v}_C$$

将上式代入质点系动量定理的微分形式(9-12)，得到 $\dfrac{\mathrm{d}(m\boldsymbol{v}_C)}{\mathrm{d}t} = \sum \boldsymbol{F}_i^{\mathrm{e}}$，即

$$m\boldsymbol{a}_C = \sum \boldsymbol{F}_i^{\mathrm{e}} \tag{9-19}$$

式(9-19)表明，**质点系的质量与其质心加速度的乘积等于作用在质点系上所有外力的矢量和**。这就是**质心运动定理**。质心运动定理实质上是质点系动量定理的另一种特殊形式。

可以看出，式(9-19)与动力学基本方程的形式相同，所以质点系质心的运动犹如一个质点的运动，这个质点的质量等于整个质点系的质量，而作用在其上的力等于作用在质点系上所有外力的合矢量。

将式(9-19)投影到固定直角坐标轴 $x$、$y$、$z$ 上，可得

$$\left.\begin{aligned} ma_{Cx} &= m\ddot{x}_C = \sum F_{ix}^{\mathrm{e}} \\ ma_{Cy} &= m\ddot{y}_C = \sum F_{iy}^{\mathrm{e}} \\ ma_{Cz} &= m\ddot{z}_C = \sum F_{iz}^{\mathrm{e}} \end{aligned}\right\} \tag{9-20}$$

式(9-20)是质心运动定理的直角坐标投影形式，也称为直角坐标形式的**质心运动微分方程**。

### 2. 质心运动守恒定律

从式(9-19)可以看出，如果 $\sum \boldsymbol{F}_i^{\mathrm{e}} = \boldsymbol{0}$，则 $\boldsymbol{a}_C = \boldsymbol{0}$，$\boldsymbol{v}_C =$ 常矢量。即，**如果作用于质点系的外力主矢恒等于零，则质点系的质心作匀速直线运动；若初始静止，则质心位置始终保持**

不变。

从式(9-20)可以看出，如果 $\sum F_{ix}^{e}=0$，则 $a_{Cx}=0, v_{Cx}=$常量。即，**如果作用在质点系上的所有外力在某个固定轴上的投影代数和始终等于零，则质点系的质心速度在该轴上的投影保持不变；若初始速度投影等于零，则质心沿该轴的坐标保持不变。**

上述结论称为**质心运动守恒定律**。

根据上面所述质心运动定理可以看出，只有外力才能改变质心的运动，而内力不能改变质心的运动。例如，汽车加速行驶时，气缸中燃气压力以及各传动力都是整个汽车的内力，它们不能改变汽车质心的运动，使汽车获得加速度的外力是地面作用在汽车主动轮上的摩擦力。

质心运动定理建立了质心的运动与质点系所受外力之间的关系，在工程实际中得到广泛应用，可以利用它来解决动力学的两类问题：已知质心运动求作用在质点系上的外力；已知作用在质点系上的外力，求质心的运动。

**【例 9-5】** 如图 9-6(a)所示，质量为 $m_1$ 的滑块 $A$，可以在水平光滑槽中运动，具有刚度系数为 $k$ 的弹簧一端与滑块相连接，另一端固定。杆 $AB$ 长度为 $l$，质量忽略不计，$A$ 端与滑块 $A$ 铰接，$B$ 端装有质量 $m_2$ 的小球，在铅直平面内可绕点 $A$ 旋转，设在力偶 $M$ 作用下转动角速度 $\omega$ 为常数。开始时弹簧处于原长，求滑块 $A$ 的运动微分方程。

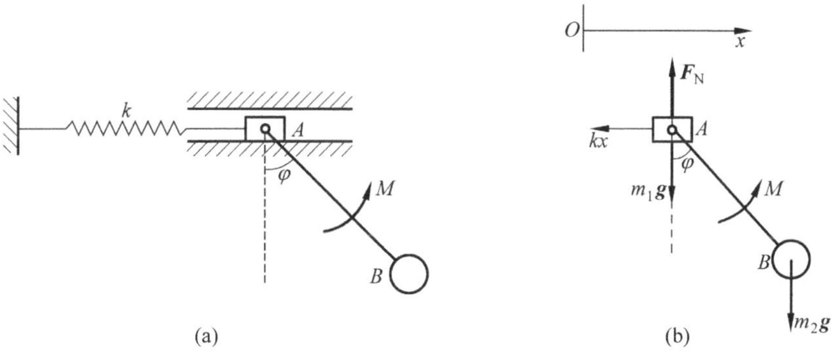


图　9-6

**解**：取滑块 $A$ 和小球 $B$ 组成的系统为研究对象。

(1) 受力分析。系统受力如图 9-6(b)所示。

(2) 运动分析。建立向右坐标系 $x$，原点取在运动开始时滑块 $A$ 的质心上，则在任意时刻系统质心的 $x$ 坐标为

$$x_C=\frac{m_1x+m_2(x+l\sin\omega t)}{m_1+m_2},\quad \ddot{x}_C=\ddot{x}-\frac{m_2l\omega^2\sin\omega t}{m_1+m_2}$$

(3) 动力学分析。根据质心运动微分方程得 $(m_1+m_2)\ddot{x}_C=-kx$，将 $x$ 的具体表达式代入即得到滑块 $A$ 的运动微分方程为

$$\ddot{x}+\frac{k}{m_1+m_2}\cdot x=\frac{m_2l\omega^2\sin\omega t}{m_1+m_2}$$

【例 9-6】 如图 9-7(a)所示，均质杆 $AB$ 长 $l$，直立在光滑的水平面上。求它从铅直位置无初速地倒下时，端点 $A$ 相对如图所示坐标系的轨迹。

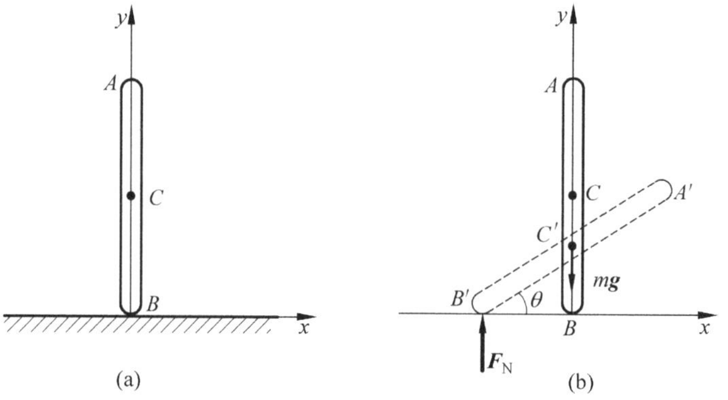


图 9-7

**解**：杆开始时静止，且 $\sum F_x = 0$，所以杆 $AB$ 质心的 $x$ 坐标恒为零，即 $x_C = 0$，$C$ 始终在 $y$ 轴上，如图 9-7(b)所示。设任意时刻杆 $AB$ 与水平 $x$ 轴的夹角为 $\theta$，则点 $A$ 的坐标为

$$x = \frac{l}{2}\cos\theta, \quad y = l\sin\theta$$

消去角度 $\theta$，得点 $A$ 的轨迹方程为

$$4x^2 + y^2 = l^2$$

【例 9-7】 水平面上放置一个质量为 $m_A$ 的均质三棱柱 $A$，在其斜面上又放一个质量为 $m_B$ 的均质三棱柱 $B$。两个三棱柱的横截面均为直角三角形，其尺寸如图 9-8 所示。各处摩擦不计，初始时系统静止。求当三棱柱 $B$ 沿三棱柱 $A$ 滑下接触到水平面时，三棱柱 $A$ 移动的距离。

**解**：根据刚体系统质心位置守恒求解。两三棱柱都是平行移动，系统可简化为由两个质点组成的质点系。因不计摩擦力，故系统水平方向没有外力作用，质点系的质心在水平方向上的速度为常值，而初始时系统静止，所以质心在水平方向上的位置不发生变化。取坐标轴如图所示，三棱柱下滑之前，质心坐标为

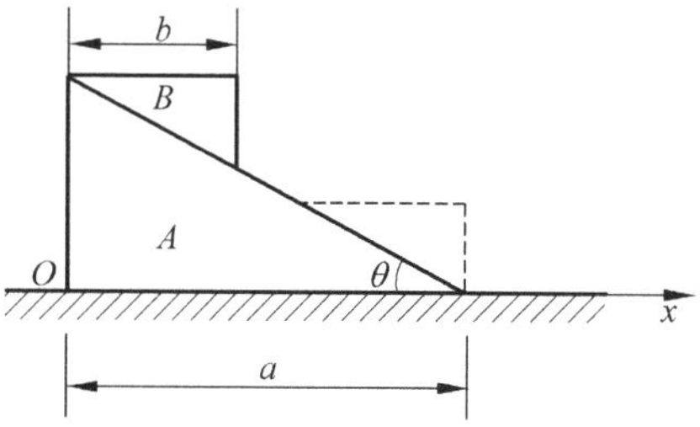


图 9-8

$$x_{C0} = \frac{\frac{a}{3}\cdot m_A + \frac{2b}{3}\cdot m_B}{m_A + m_B}$$

当三棱柱 $B$ 沿三棱柱 $A$ 滑下接触到水平面时，设三棱柱 $A$ 向右移动的距离为 $s$，则此时质心坐标为

$$x_{C1} = \frac{\left(\frac{a}{3} + s\right)\cdot m_A + \left[\frac{2b}{3} + (a - b) + s\right]\cdot m_B}{m_A + m_B}$$

令 $x_{C0}=x_{C1}$，从而解出

$$s=-\frac{(a-b)\cdot m_B}{m_A+m_B}$$

结果为负说明 $s$ 的实际方向与我们假设向右相反，即三棱柱 $A$ 实际向左移动。

**注意**：三棱柱 $A$ 的位移和三棱柱 $B$ 的滑动方式完全无关。因为两个三棱柱之间的作用力是内力，而内力不能改变质点系质心的运动状态。

**【例 9-8】** 电动机外壳用螺栓固定在水平基础上，机壳和定子的质量为 $m_1$，定子的质心与转轴 $O_1$ 重合，转子质量为 $m_2$，由于制造误差，转子的质心 $O_2$ 与转轴 $O_1$ 不重合，偏心距 $O_1O_2=e$，如图 9-9 所示。已知转子以等角速度 $\omega$ 转动。(1)求电动机运行时基础对它的支座反力。(2)如果电动机不用螺栓固定，且假设 $(m_1+m_2)g\geqslant m_2e\omega^2$，不计各处摩擦，求电动机机壳和定子质心运动方程。

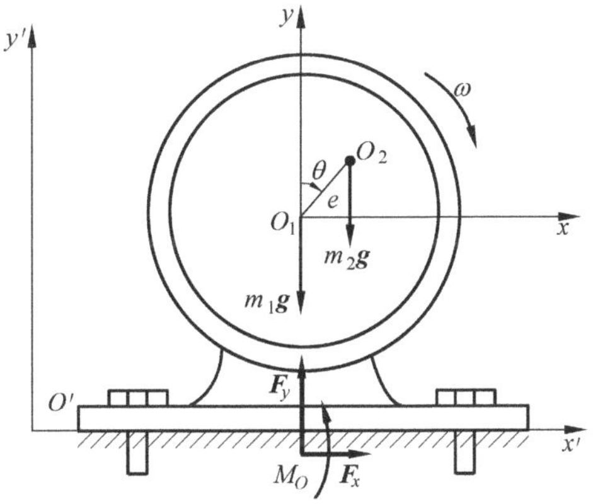


图　9-9

**解**：(1) 第一种情况。

① 受力分析。取电动机外壳与转子组成的系统为研究对象，外力有重力 $m_1\boldsymbol{g}$、$m_2\boldsymbol{g}$ 和螺栓的约束力。现在不考虑约束力在螺栓上的分配问题，则可以用总的约束力 $F_x$、$F_y$ 和约束力偶 $M_O$ 表示。

② 运动分析。选取图示坐标系 $O_1xy$，设定子质心坐标为 $x_1$、$y_1$，转子质心坐标为 $x_2$、$y_2$，系统质心坐标为 $x_C$、$y_C$。设 $t=0$ 时，$O_1O_2$ 铅垂，有 $\theta=\omega t$。则有

$$x_1=y_1=0,\quad x_2=e\sin\omega t,\quad y_2=e\cos\omega t$$

$$x_C=\frac{m_1x_1+m_2x_2}{m_1+m_2}=\frac{m_2e\sin\omega t}{m_1+m_2},\quad y_C=\frac{m_1y_1+m_2y_2}{m_1+m_2}=\frac{m_2e\cos\omega t}{m_1+m_2}$$

③ 动力学分析。将质心坐标代入直角坐标形式的质心运动微分方程(9-8)得到

$$(m_1+m_2)\ddot{x}_C=-m_2e\omega^2\sin\omega t=F_x$$

$$(m_1+m_2)\ddot{y}_C=-m_2e\omega^2\cos\omega t=F_y-(m_1+m_2)g$$

解得

$$F_x=-m_2e\omega^2\sin\omega t$$

$$F_y=(m_1+m_2)g-m_2e\omega^2\cos\omega t$$

应该注意到，约束力偶矩 $M_O$ 不可能由动量定理、质心运动定理等直接求出，只能利用第 10 章的动量矩定理求出。

④ 结果分析讨论。由计算结果可以看出，垂直方向的约束力由两部分组成，其中 $(m_1+m_2)g$ 是电动机处于静平衡状态下的约束力，称为**静约束力**。由于运动因素而产生的 $m_2e\omega^2\cos\omega t$ 称为**附加动约束力**，它与电动机的转动角速度以及转子的偏心距有关，静约束力与附加动约束力的和称为**动约束力**。

水平分力与垂直分力的最大值为

$$F_{x\max}=m_2e\omega^2,\quad F_{y\max}=(m_1+m_2)g+m_2e\omega^2$$

另外，$F_y$ 的最小值为 $F_{y\min}=(m_1+m_2)g-m_2e\omega^2$。当 $e$ 和 $\omega$ 比较大时，$F_y$ 将会出现零值。此时，如果电动机没有用螺杆固定在地面上，将会跳起来脱离地面。

(2) 第二种情况。

如果去掉螺栓，原图上的 $O_1xy$ 坐标系已不再是惯性坐标系了，必须另建立固结于基础上的惯性坐标系 $O'x'y'$ 作为参考坐标系。设 $t=0$ 时，$O_1O_2$ 铅垂，有 $\theta=\omega t$，设 $O_1$ 到 $y'$ 轴的距离为 $a$，则有

$$x_{10}=a,\quad x_{20}=a,\quad x_{C0}=\frac{m_1a+m_2a}{m_1+m_2}$$

设 $t$ 为任意值时，设 $O_1$ 点向右移动的距离为 $s(t)$，则有

$$x'_1=a+s(t),\quad x'_2=a+s(t)+e\sin\omega t$$

$$x'_C=\frac{m_1[a+s(t)]+m_2[a+s(t)+e\sin\omega t]}{m_1+m_2}$$

系统在 $x'$ 方向上所受的外力为零，因此质心在 $x'$ 方向上运动守恒，即 $x'_C=x_{C0}$，所以

$$m_1[a+s(t)]+m_2[a+s(t)+e\sin\omega t]=(m_1+m_2)a$$

解得

$$s(t)=-\frac{m_2e\sin\omega t}{m_1+m_2},\quad x'_1(t)=a-\frac{m_2e\sin\omega t}{m_1+m_2}$$

在 $y'$ 方向上，由假设 $(m_1+m_2)g\geqslant m_2e\omega^2$ 可知，即使电动机没有用螺杆固定在地面上，也不会跳起来脱离地面，所以 $O_1$ 点在 $y'$ 方向上不可能有运动。所以电动机机壳和定子质心只在水平方向运动，运动方程就是 $x'_1(t)$。

通过上面例题分析，可以总结出**应用动量定理（质心运动定理）解题的步骤和要点如下**：

(1) 根据题意，恰当选择与待求量和已知条件有关的质点或质点系为研究对象。

(2) 分析研究对象的受力情况，并根据受力图，判断用动量定理或质心运动定理，还是用相应的守恒定律求解。

(3) 分析研究对象的运动情况，写出相关质点或质心的运动特征量（如坐标、位移、速度、加速度等）。

(4) 根据分析，应用动量定理或质心运动定理建立研究对象的运动特征量和外力之间的关系；如果应用的是守恒定律，则建立研究对象各部分运动之间的关系。

(5) 求解未知量。

# 学习方法和要点提示

(1) 动量是瞬时量,而力的冲量是一个时间间隔的量。在计算质点系某瞬时的动量时,通常是以质点系的质量与质心在该瞬时的绝对速度的乘积来进行计算。在计算力的冲量时,应先确定是计算哪个力在哪个时间间隔的冲量。

(2) 动量定理有微分和积分形式,要理解其物理意义。

(3) 动量守恒定律及其投影形式是动量定理的特殊情况。质点系动量守恒的条件是作用在质点系上的所有外力的矢量和恒等于零;质点系动量投影在某一固定轴上守恒的条件是作用在质点系上所有外力在该轴上投影的代数和恒等于零。只有满足守恒定律中的相应条件,质点系的动量或它在某一固定轴上的投影才保持常数,而这个常数可根据质点系运动的起始条件来确定。要注意:质点系的动量守恒并不等于质点系中各质点的动量守恒。

(4) 从质点系的动量定理可导出质心运动定理,它可以看成是质点系动量定理的另外一种表达形式,建立了质点系的质心运动与作用在质点系上外力之间的关系;质心运动守恒定律及其投影形式是质心运动定理的特殊情况,要正确理解质心运动守恒的含义;要学会正确运用质心运动定理和守恒定律求解质心运动的两类问题;同时,要正确区分质心运动定理与牛顿第二定律的差别。

# 思　考　题

**9-1**　有两相同重力的物体 $A$ 与 $B$,设在同一时间间隔内,使 $A$ 水平移动 $s$,使 $B$ 垂直移动 $s$,问此两物体的重力在此时间间隔内的冲量是否相同?

**9-2**　质点系中质点越多,其动量是否也越大?

**9-3**　有 3 根相同的均质杆悬空放置,质心皆在同一个水平线上。其中,一杆水平,一杆铅直,另一杆倾斜。若同时自由释放此三杆,则三杆的质心的运动规律是否相同?

**9-4**　在地面的上空停着一气球,气球下面吊一软梯,并站着一人,当这人沿着软梯往上爬时,气球是否运动?

**9-5**　求图 9-10 所示各均质物体的动量。设各物体质量均为 $m$。

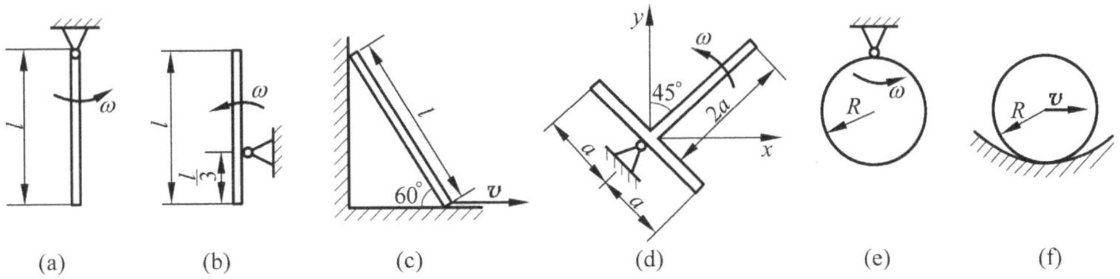


图　9-10

**9-6**　两个相同的均质圆盘放在光滑面上,在两圆盘的不同位置上,各作用一大小和方向相同的水平力 $\boldsymbol{F}$ 和 $\boldsymbol{F}'$,使圆盘由静止开始运动,如图 9-11 所示。试问哪个圆盘的质心运动得快?为什么?

**9-7** 两均质杆 $AC$ 和 $BC$，长度相同，质量分别为 $m_1$ 和 $m_2$，两杆在点 $C$ 由铰链连接，初始时维持在铅垂面内不动，如图 9-12 所示。设地面绝对光滑，两杆被释放后将分开倒向地面。问 $m_1$ 与 $m_2$ 相等或不相等时，$C$ 点的运动轨迹是否相同？

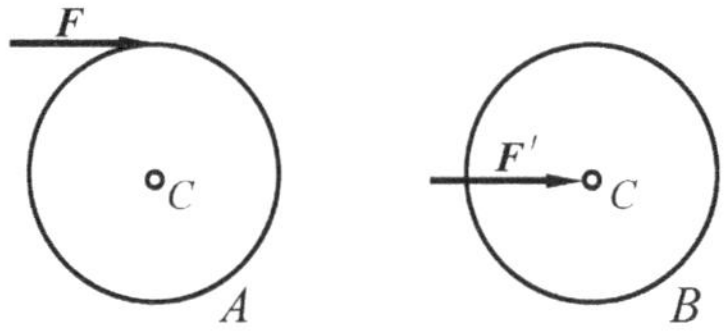


图 9-11

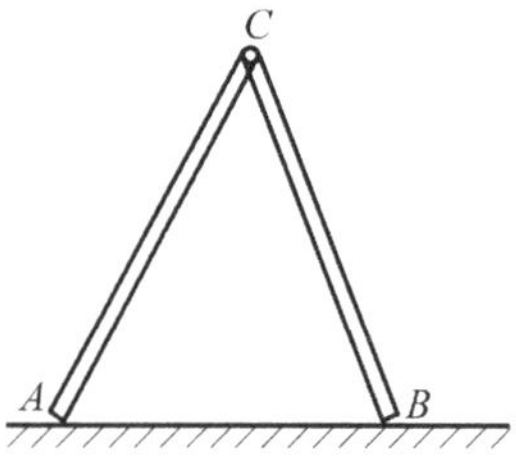


图 9-12

**9-8** 刚体受一力系作用，不论各力作用点如何，此刚体质心的加速度都一样吗？

## 习 题

**9-1** 如图 9-13 所示，质量同为 $m$ 的均质杆 $AO$、$AB$ 的长度分别为 $l_1$、$l_2$；均质滚轮的半径为 $R$、质量也为 $m$。若已知杆 $AO$ 的角速度为 $\omega$，并假设滚轮只滚不滑，试求图示瞬时系统的动量。

**9-2** 汽车以 10m/s 的速度在水平直道上行驶。设车轮在制动后立即停止转动，试问车轮对地面的摩擦因数 $f$ 应为多大方能使汽车在制动 6s 后停止？

**9-3** 小车重 2400N，以速度 0.1m/s 沿光滑水平轨道作匀速直线运动。一重为 500N 的人垂直跳上小车，试求小车和人一起运动时的速度。

**9-4** 机车质量为 $m_1$，以速度 $v_1$ 与静止在平直轨道上的车厢对接，车厢质量为 $m_2$。若不计摩擦，试求对接后列车的速度 $v_2$ 以及机车损失的动量。

**9-5** 如图 9-14 所示，子弹质量为 0.15kg，以速度 $v_1=600$m/s 沿水平线击中圆盘的中心。设圆盘质量为 2kg，静止地放置在光滑水平支座上。如子弹穿出圆盘时的速度 $v_2=300$m/s，试求此时圆盘的速度 $v_3$。

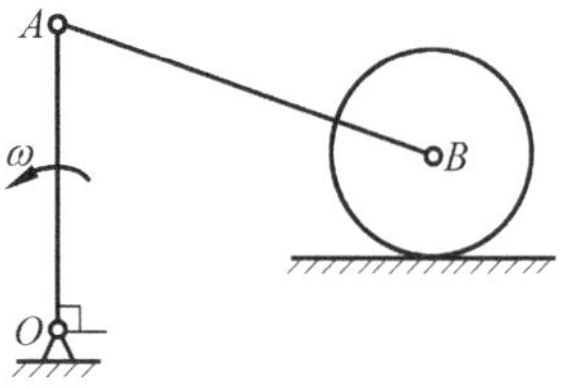


图 9-13

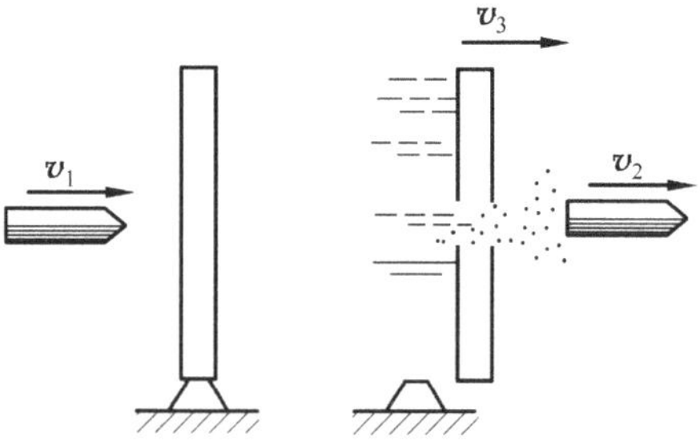


图 9-14

**9-6** 如图 9-15 所示，浮动起重机举起质量 $m=2000$kg 的重物。起重机质量 $m_2=20\,000$kg，吊杆 $AO$ 长 8m。开始时，吊杆与铅直位置成 60°，水的阻力与杆重均略去不计，

当吊杆 $AO$ 转到与铅直位置成 30°时，试求浮动起重机的位移。

**9-7**　如图 9-16 所示机构中，鼓轮的质量为 $m_1$，质心位于转轴 $O$ 上。重物 $A$ 的质量为 $m_2$、重物 $B$ 的质量为 $m_3$。斜面光滑，倾角为 $\theta$。若已知重物 $A$ 的加速度为 $\boldsymbol{a}$，试求轴 $O$ 的约束力。

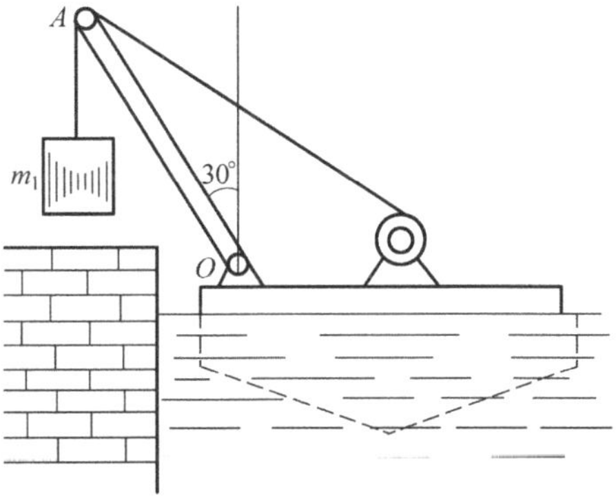


图　9-15

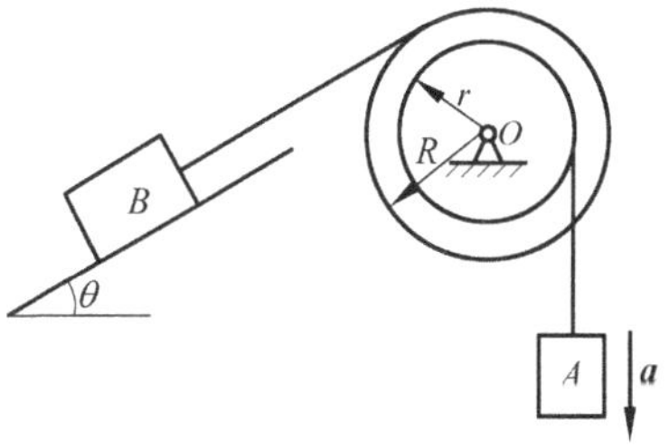


图　9-16

**9-8**　如图 9-17 所示，均质杆 $AO$ 长 $2l$、质量为 $m$，绕通过 $O$ 端的水平轴在铅直面内转动。当转到与水平线成 $\varphi$ 角时，杆 $AO$ 的角速度与角加速度分别为 $\omega$ 与 $\alpha$。试求此时轴 $O$ 的约束力。

**9-9**　如图 9-18 所示，已知均质半圆板的质量 $m$、半径 $R$、角速度 $\omega$、角加速度 $\alpha$、质心位置 $CO=\dfrac{4R}{3\pi}$。试求在图示位置时（$\varphi$ 角为已知），轴 $O$ 的约束力。

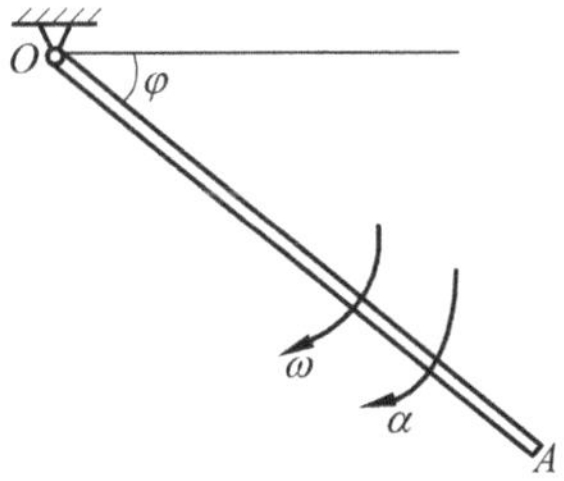


图　9-17

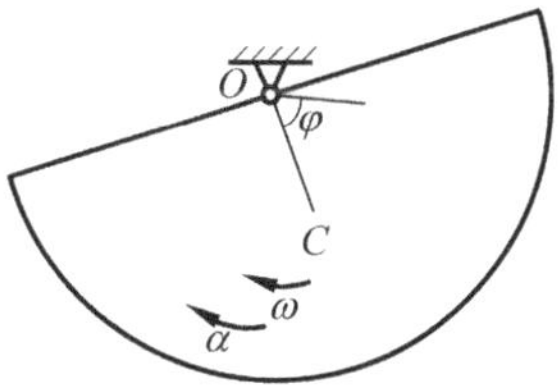


图　9-18

**9-10**　如图 9-19 所示，曲柄连杆滑块机构安装在平台上，平台放置在光滑的基础上。已知 $AO=AB=l$；曲柄 $AO$ 重 $\boldsymbol{P}_1$，以等角速度 $\omega$ 绕定轴 $O$ 转动；连杆 $AB$ 重 $\boldsymbol{P}_2$，平台重 $\boldsymbol{P}_3$，滑块 $B$ 的重量不计。曲柄、连杆和平台均为均质。若 $t=0$ 时，$\varphi=0$，且平台的初速度为零，试求平台的水平运动规律以及基础对平台的约束力。

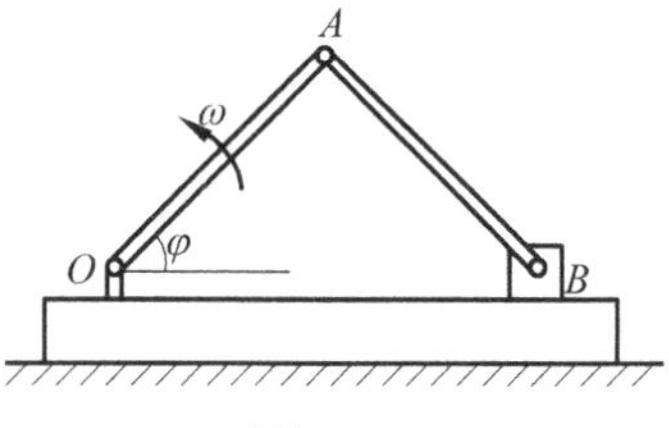


图　9-19

# 第10章 动量矩定理

## 本章提要

【要求】

(1) 正确理解动量矩和转动惯量的概念,熟练计算质点系的动量矩,计算绕定轴转动刚体的转动惯量及平行移轴定理的应用;

(2) 能熟练应用对固定点及质心的动量矩定理、动量矩守恒定理求解动力学问题;

(3) 掌握刚体绕定轴转动微分方程求解动力学问题;

(4) 掌握刚体平面运动微分方程求解动力学问题。

【重点】

(1) 掌握质点系转动惯量和动量矩的计算;

(2) 正确地应用对固定点、固定轴和质心的动量矩定理求解动力学问题;

(3) 能正确地判断和应用动量矩守恒定律;

(4) 掌握定轴转动微分方程和平面运动微分方程及其应用。

【难点】

(1) 理解和区分质点系对固定点的动量矩定理和对质心的动量矩定理;

(2) 刚体平面运动微分方程的应用;

(3) 动量矩守恒定律成立的条件及应用。

在第9章中,研究了外部作用力与动量变化之间的关系,即动量定理。但当刚体在外力的作用下绕某固定点或某固定轴转动时,用动量则无法描述刚体的机械转动状态。例如,一个刚体在外力作用下绕过质心的定轴转动,无论刚体转动快慢,也无论其转动状态如何变化,它的动量恒等于零。因此,动量定理不能表征这种转动规律。对于这种情况,就需要利用动量矩这一概念来描述质点系的运动状态。质点系动量矩的变化与作用在该质点系上的力对该点或该轴的矩有关,动量矩定理建立了这两者之间的关系。通过动量矩定理能够更深入地了解当刚体绕某固定点或某固定轴转动时的机械运动规律。本章将介绍转动惯量、动量矩定理及其应用。

## 10-1 转动惯量

质点系的运动不仅与作用在质点系上的力以及各质点质量的大小有关,还与质点系的质量分布状况有关,质心和转动惯量就是反映质点系质量分布的两个特征量。转动惯量是表征刚体转动惯性大小的一个重要物理量,它反映刚体质量相对于某一轴的分布情况。本节主要介绍转动惯量以及平行轴定理。

### 1. 刚体对轴的转动惯量

如图 10-1 所示，定轴转动刚体绕轴 $z$ 转动，刚体上任一点的质量为 $m_i$，与轴 $z$ 的距离为 $r_i$，**则刚体内所有各点质量 $m_i$ 与 $r_i^2$ 的乘积的和称为刚体对 $z$ 轴的转动惯量**，用符号 $J_z$ 表示，即

$$J_z = \sum_{i=1}^{n} m_i r_i^2 \tag{10-1}$$

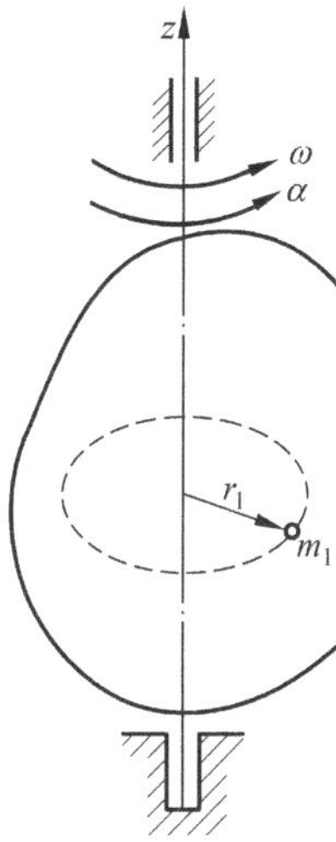


图　10-1

可见，刚体对某一轴的转动惯量不仅与刚体的质量大小有关，而且与质量的分布有关。刚体质点离轴越远，其转动惯量越大；反之则越小。例如，为了使机器运转稳定，常在主轴上安装一个飞轮，飞轮边较厚、中间较薄且有一些空洞，它们在质量相同的条件下具有较大的转动惯量。

从式(10-1)可知，转动惯量总是正标量，在国际单位制中计量单位为 $\mathrm{kg \cdot m^2}$。

对于质量连续分布的刚体，可将式(10-1)中的 $m$ 改为 $\mathrm{d}m$，而求和变为在刚体整个区域内求积分，于是有

$$J_z = \int r^2 \mathrm{d}m \tag{10-2}$$

在工程问题上，计算刚体的转动惯量时，常应用下面的公式：

$$J_z = m\rho_z^2 \tag{10-3}$$

式中，$m$ 为整个刚体的质量；$\rho_z$ 称为刚体对 $z$ 轴的**回转半径**(或**惯性半径**)，它具有长度的量纲。由式(10-3)得

$$\rho_z = \sqrt{\frac{J_z}{m}} \tag{10-4}$$

如果已知回转半径，则可按式(10-3)求出转动惯量；反之，如果已知转动惯量，则可由式(10-4)求出回转半径。

必须注意，回转半径只是在计算刚体的转动惯量时，假想地把刚体的全部质量集中在离轴距离为回转半径的某一圆柱面上，这样在计算刚体对该轴的转动惯量时，就简化为计算这个圆柱面对该轴的转动惯量。根据回转半径的定义可知，回转半径是一个纯几何概念，所有几何形状相同的均质物体，不管是什么材料制作的，它们的回转半径都是相同的。

### 2. 简单形体的转动惯量

具有简单规则几何形状的均质刚体，其转动惯量均可按式(10-2)积分求得。对于形状不规则或质量非均匀分布的刚体，通常用实验方法测定其转动惯量。

1) 均质等截面细直杆

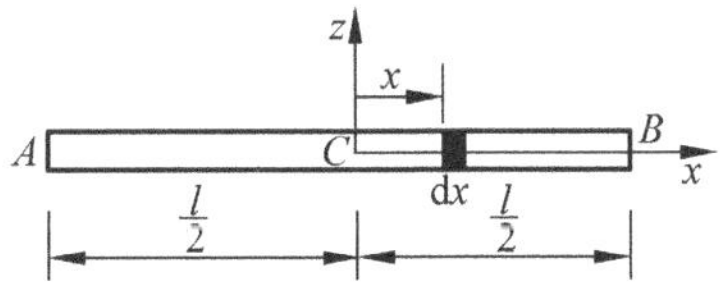


图　10-2

如图 10-2 所示，设均质等截面细直杆长为 $l$，质量为 $m$。求杆对通过杆的质心 $C$ 且与杆垂直的轴 $z$ 的转动惯量。如图 10-2 所示，在 $x$ 处取微元 $\mathrm{d}x$，其质量为 $\mathrm{d}m = m\mathrm{d}x/l$，则由式(10-2)得杆对于 $z$ 轴的转动惯量为

$$J_z=\int_m x^2\mathrm{d}m=\frac{m}{l}\int_{-\frac{l}{2}}^{\frac{l}{2}}x^2\mathrm{d}x=\frac{ml^2}{12} \tag{10-5}$$

2）均质等厚薄圆环

如图 10-3 所示，设均质等厚薄圆环质量为 $m$，半径为 $R$。求圆环对过圆心且垂直于圆环平面的轴 $z$ 的转动惯量。

圆环每个质量为 $m_i$ 的微段到中心轴的距离都等于半径 $R$，所以圆环对于中心轴 $z$ 的转动惯量为

$$J_z=\sum_{i=1}^{n}m_iR^2=R^2\sum_{i=1}^{n}m_i=mR^2 \tag{10-6}$$

3）均质等厚圆板

如图 10-4 所示，设均质等厚圆板（圆盘）质量为 $m$，半径为 $R$。求圆板对过圆心且垂直于圆板平面的轴 $z$ 的转动惯量。

将圆板分为无数同心的薄圆环，任意一个圆环的半径为 $r$，宽度为 $\mathrm{d}r$，则薄圆环的质量为 $\mathrm{d}m=2\pi r\mathrm{d}r\cdot\rho_A$，式中，$\rho_A=\dfrac{m}{\pi R^2}$是均质圆板单位面积的质量。因此圆板对于过其质心 $O$ 且垂直于圆板平面的中心轴的转动惯量为

$$J_z=\int_0^R 2\pi r\rho_A\mathrm{d}r\cdot r^2=2\pi\rho_A\frac{R^4}{4}=\frac{1}{2}mR^2 \tag{10-7}$$

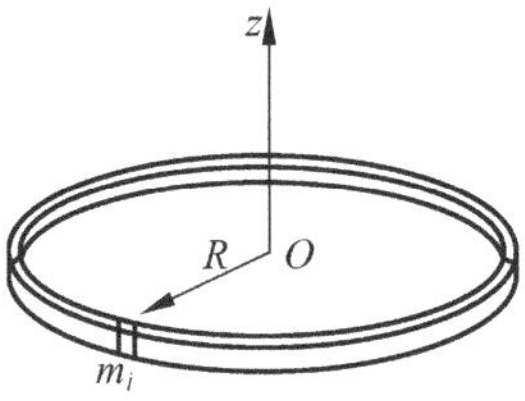


图 10-3

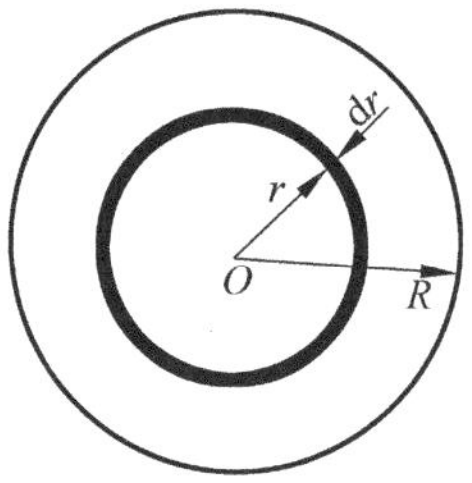


图 10-4

用类似的方法可以计算出各种简单形体的转动惯量，并已制成表格，写入有关的技术手册，这里选取一部分如表 10-1 所示。

**表 10-1 几种简单均质刚体的转动惯量**

| 刚体形状 | 简图 | 转动惯量 | 回转半径 |
|---|---|---|---|
| 细直杆 | 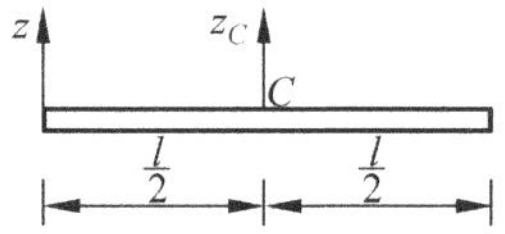 | $J_{zC}=ml^2/12$<br>$J_z=ml^2/3$ | $\rho_{zC}=\dfrac{1}{2\sqrt{3}}l$<br>$\rho_z=\dfrac{1}{\sqrt{3}}l$ |
| 细圆环 | 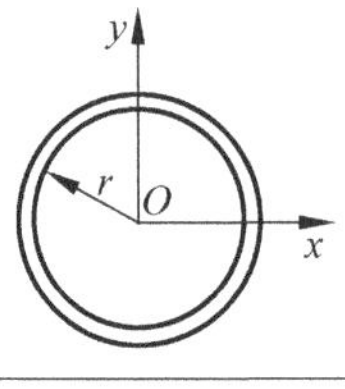 | $J_x=J_y=\dfrac{1}{2}mr^2$<br>$J_z=mr^2$ | $\rho_x=\rho_y=\dfrac{1}{\sqrt{2}}r$<br>$\rho_x=r$ |

续表

| 刚体形状 | 简图 | 转动惯量 | 回转半径 |
|---|---|---|---|
| 圆板 | 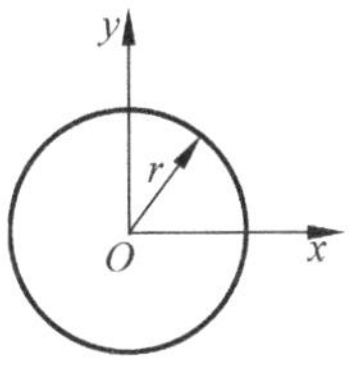 | $J_x=J_y=\frac{1}{4}mr^2$<br>$J_z=\frac{1}{2}mr^2$ | $\rho_x=\rho_y=\frac{1}{2}r$<br>$\rho_z=\frac{1}{\sqrt{2}}r$ |
| 圆柱体 | 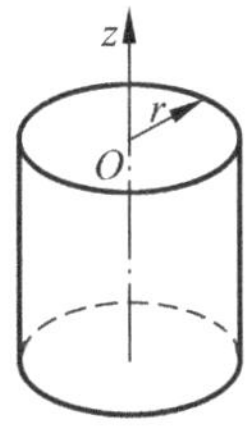 | $J_z=\frac{1}{2}mr^2$ | $\rho_z=\frac{1}{\sqrt{2}}r$ |
| 空心圆柱 | 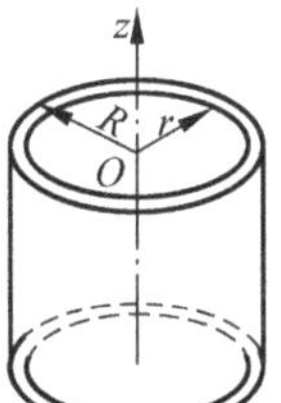 | $J_z=\frac{1}{2}m(R^2+r^2)$ | $\rho_z=\sqrt{\frac{1}{2}(R^2+r^2)}$ |
| 实心球 | 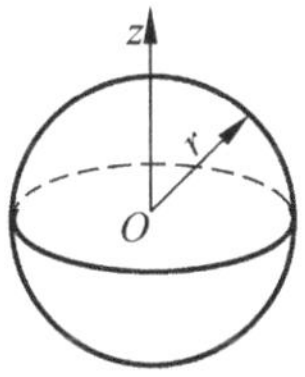 | $J_z=\frac{2}{5}mr^2$ | $\rho_z=\sqrt{\frac{2}{5}}r$ |

**3. 平行轴定理**

根据转动惯量的定义可见，同一刚体对不同轴的转动惯量一般是不同的。转动惯量的平行轴定理给出了刚体对通过质心的轴和与它平行的轴的转动惯量之间的关系。

**转动惯量的平行轴定理：刚体对于任意轴的转动惯量，等于通过质心，并与该轴平行的轴的转动惯量，加上刚体的质量与两轴间距离平方的乘积**，即

$$J_z=J_{zC}+md^2 \tag{10-8}$$

**证明**：如图 10-5 所示，设刚体总的质量为 $m$，轴 $z_C$ 通过质心 $C$，$z$ 与 $z_C$ 平行且相距为 $d$。不失一般性，可令 $y$ 与 $y_C$ 重合，在刚体内任取一个质量为 $m_i$ 的质点 $M_i$，它至 $z_C$ 轴和 $z$ 轴的距离分别为 $r_{iC}$ 和 $r_i$，刚体对于 $z$、$z_C$ 轴的转动惯量分别为

$$J_z=\sum m_i r_i^2=\sum m_i(x_i^2+y_i^2)$$

$$J_{zC}=\sum m_i r_{iC}^2=\sum m_i(x_{iC}^2+y_{iC}^2)$$

因为 $x_i=x_{iC}$，$y_i=y_{iC}+d$，于是得

$$J_z=\sum m_i[x_{iC}^2+(y_{iC}+d)^2]=\sum m_i(x_{iC}^2+y_{iC}^2)+2d\sum m_i y_{iC}+d^2\sum m_i$$

由质心坐标公式知 $y_C=\sum m_i y_{iC}/\sum m_i$，因为坐标系 $Cx_Cy_Cz_C$ 原点取在质心，所以 $y_C=0$，从而 $\sum m_i y_{iC}=0$，又有 $\sum m_i=m$，于是得 $J_z=J_{zC}+md^2$。定理得证。

由平行轴定理可知，**在所有平行轴中，刚体对过质心轴的转动惯量最小**。

利用平行轴定理可以求得质量为 $m$、长度为 $l$ 的均质细杆对轴 $z$ 的转动惯量(图 10-6)。

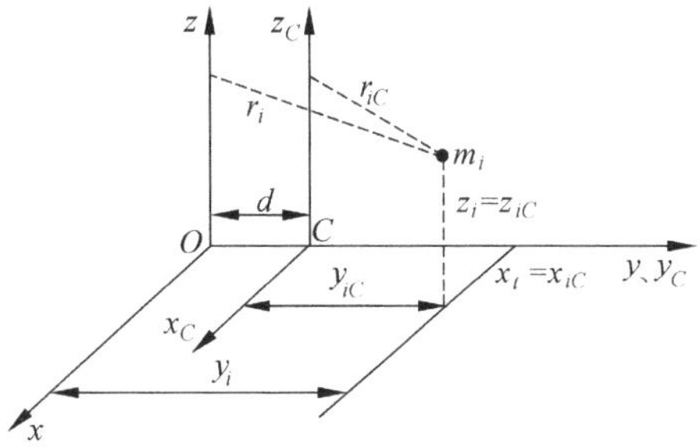


图 10-5

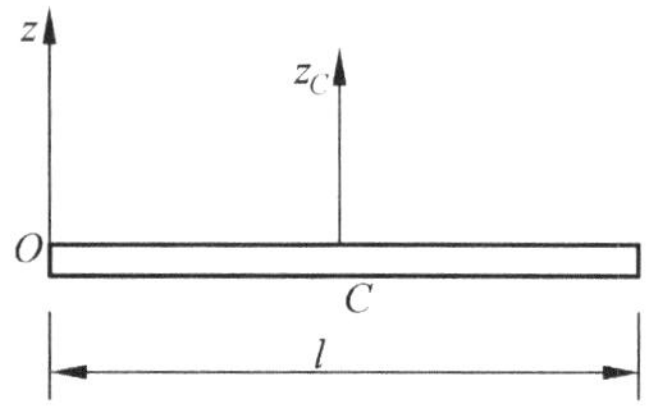


图 10-6

由式(10-5)和式(10-8)可知

$$J_z=J_{zC}+m\cdot\left(\frac{l}{2}\right)^2=\frac{ml^2}{12}+\frac{ml^2}{4}=\frac{ml^2}{3}$$

### 4. 组合形体的转动惯量

根据转动惯量的定义可知，如果一个刚体是由几个简单几何形状的刚体组成时，该刚体对某个轴的转动惯量，就等于其组成部分的每个简单几何形状刚体对同一个轴的转动惯量的和，即整体转动惯量等于各部分转动惯量的和。如果刚体有空心部分，那么计算时把这部分质量取为负值即可。

**【例 10-1】** 均质圆盘与均质杆组成的钟摆如图 10-7 所示。已知圆盘质量 $m_1$，直径 $d$；杆的质量 $m_2$，长 $l$。试求钟摆对悬挂轴 $O$ 的转动惯量 $J_O$。

**解**：钟摆由均质杆和均质盘组成，所以有

$$J_O=J_{O杆}+J_{O盘}$$

其中，$J_{O盘}=J_C+m_1\left(l+\dfrac{d}{2}\right)^2=\dfrac{1}{2}m_1\left(\dfrac{d}{2}\right)^2+m_1\left(l+\dfrac{d}{2}\right)^2$

所以，$J_O=J_{O杆}+J_{O盘}=\dfrac{1}{3}m_2l^2+m_1\left(\dfrac{3}{8}d^2+l^2+ld\right)$

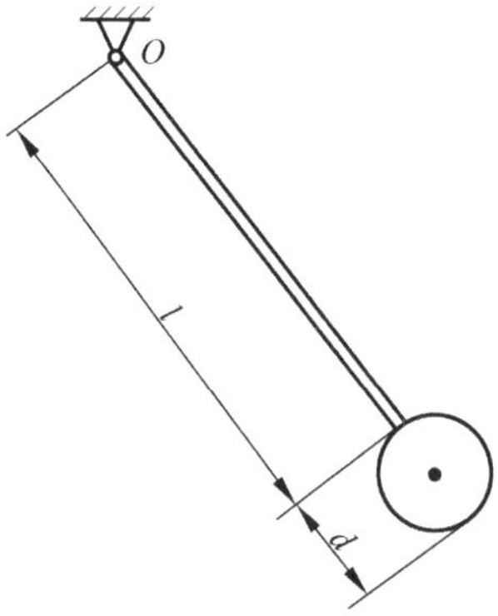


图 10-7

### *5. 惯性积与惯性主轴

在刚体动力学中，除了前面已介绍过的转动惯量之外，还有另一物理量——刚体对通过 $O$ 点的两个相互垂直轴的惯性积，它们定义为

$$\left.\begin{aligned} J_{xy}=J_{yx}=\sum_{i=1}^{n}m_i x_i y_i \\ J_{yz}=J_{zy}=\sum_{i=1}^{n}m_i y_i z_i \\ J_{zx}=J_{xz}=\sum_{i=1}^{n}m_i z_i x_i \end{aligned}\right\} \tag{10-9}$$

式中，$J_{xy}=J_{yx}$，$J_{yz}=J_{zy}$ 及 $J_{zx}=J_{xz}$ 分别称为刚体对 $x$、$y$ 轴，对 $y$、$z$ 轴及对 $z$、$x$ 轴的**惯性积**。

对于质量连续分布的刚体，将 $m$ 改为 $\mathrm{d}m$，则可将式(10-9)由求和改为求积分。如果刚体由几个简单形体组成，可以分别求出各简单形体的惯性积，再相加就得到整个刚体的惯性积。

惯性积的量纲与转动惯量的量纲相同。但是，由式(10-9)知，由于刚体各质点的坐标 $x_i$、$y_i$、$z_i$ 的值可正可负或为零，因此由它们的乘积的和求得的惯性积也可正可负或为零。

对于通过某点的三个坐标轴，如果刚体对某个轴的两个相关惯性积等于零，则该轴称为刚体在该点的**惯性主轴**，刚体对惯性主轴的转动惯量称为**主转动惯量**。应当注意，主轴是对某一点而言的，对于不同的点，主轴的方位一般是不同的。如果某个轴既是刚体的惯性主轴，同时又通过该刚体的质心，则该轴称为刚体的**中心惯性主轴**。可以证明，每个刚体都存在着三个正交的中心惯性主轴。

在一般情况下，求惯性主轴的计算比较烦琐，但是，如果刚体具有对称面或对称轴，则决定主轴的问题可大为简化。设刚体具有一个对称面，则垂直于对称面的轴即为该轴与对称面交点的主轴之一。因为，如以对称面为 $xy$ 面，$z$ 轴垂直于对称面，根据对称面的定义，在 $(x_i, y_i, z_i)$ 处有一质点，则在 $(x_i, y_i, -z_i)$ 处必有一质点与之对应，因此，在 $\sum m_i x_i z_i$ 中，必将成对出现大小相等、符号相反项，故 $J_{xz}=\sum m_i x_i z_i=0$，同理可知，$J_{yz}=0$。所以 $z$ 轴必是主轴之一。同理可证，对称轴必然是轴上任意一点的主轴之一，刚体两个正交对称面的交线一定是它的中心惯性主轴之一。

## 10-2 动 量 矩

### 1. 质点的动量矩

动量和力都是矢量，所以动量矩的概念和力矩的概念完全相似，只要把力矩中的力换成质点的动量就得到质点的动量矩。

如图 10-8 所示，设质点 $M$ 在某瞬时的动量为 $m\boldsymbol{v}$，相对点 $O$ 的位置矢径为 $\boldsymbol{r}$，位置坐标为 $(x, y, z)$。类似于力对点的矩，将得到质点的动量对点 $O$ 的矩，即质点的矢径 $\boldsymbol{r}$ 与其动量 $m\boldsymbol{v}$ 的矢量积，定义为质点对点 $O$ 的动量矩，即

$$\boldsymbol{L}_O=\boldsymbol{M}_O(m\boldsymbol{v})=\boldsymbol{r}\times m\boldsymbol{v} \tag{10-10}$$

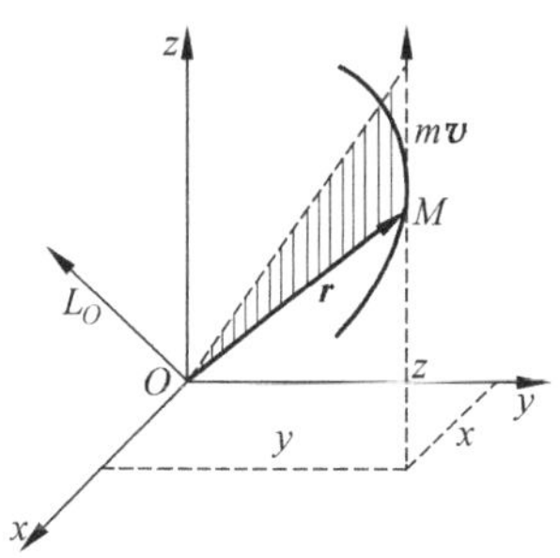


图 10-8

质点对点 $O$ 的动量矩是矢量，其方向垂直于 $\boldsymbol{r}$ 和 $m\boldsymbol{v}$ 矢

量所决定的平面，指向按右手螺旋法则确定。动量矩的单位为 $\mathrm{kg\cdot m^2/s}$。

质点对 $z$ 轴的动量矩就是动量在 $xy$ 平面上投影 $(m\boldsymbol{v})_{xy}$ 对 $z$ 轴的矩，或者说是分量 $m\boldsymbol{v}_{xy}$ 对点 $O$ 的矩。

$$L_z = M_z(m\boldsymbol{v}) = M_O(m\boldsymbol{v}_{xy}) \tag{10-11}$$

式中，点 $O$ 是平面 $xOy$ 与 $z$ 轴的交点。

于是，可得质点对轴的动量矩的定义如下：**质点对轴的动量矩是一个代数量，其绝对值等于动量在垂直于该轴的平面上的投影对于这个平面与该轴交点的矩的大小，其正负号确定方法为：从轴正向来看，绕该轴按逆时针转向转动，取正号，反之则取负号**。亦可用右手螺旋法则确定方向：大拇指与坐标轴正向一致为正，反之为负。

**2. 质点系的动量矩**

**质点系中每个质点对定点 $O$ 的动量矩的矢量和**，称为**质点系对定点 $O$ 的动量矩**，记为

$$\boldsymbol{L}_O = \sum M_O(m_i\boldsymbol{v}_i) = \sum \boldsymbol{r}_i \times m_i\boldsymbol{v}_i \tag{10-12}$$

式中，$m_i$、$\boldsymbol{v}_i$ 和 $\boldsymbol{r}_i$ 分别为质点 $M_i$ 的质量、速度和对点 $O$ 的位置矢径。

**质点系中所有各质点的动量对于某一个定轴的矩的代数和**，称为**质点系对于该轴的动量矩**，即

$$L_x = \sum M_x(m_i\boldsymbol{v}_i) \tag{10-13}$$

质点系对定轴的动量矩是一个代数量。

类似于力对点的矩矢量与力对轴的矩的关系，有

$$\left.\begin{aligned}[\boldsymbol{L}_O]_x &= L_x = \sum M_x(m_i\boldsymbol{v}_i) = \sum[\boldsymbol{r}_i \times m_i\boldsymbol{v}_i]_x \\ [\boldsymbol{L}_O]_y &= L_y = \sum M_y(m_i\boldsymbol{v}_i) = \sum[\boldsymbol{r}_i \times m_i\boldsymbol{v}_i]_y \\ [\boldsymbol{L}_O]_z &= L_z = \sum M_z(m_i\boldsymbol{v}_i) = \sum[\boldsymbol{r}_i \times m_i\boldsymbol{v}_i]_z\end{aligned}\right\} \tag{10-14}$$

即，**质点系对定点 $O$ 的动量矩在过该点的某轴上的投影等于质点系对该轴的动量矩**。

**3. 质点系对固定点动量矩与对质心动量矩的关系**

如图 10-9 所示，$O$ 为任取的固定点，质点系总质量为 $m$，质心 $C$ 相对于点 $O$ 的位置矢径为 $\boldsymbol{r}_C$，质点系中任一质点 $M_i$（质量为 $m_i$）相对于点 $O$ 的位置矢径为 $\boldsymbol{r}_i$，相对于质心 $C$ 的位置矢径为 $\boldsymbol{r}'_i$。

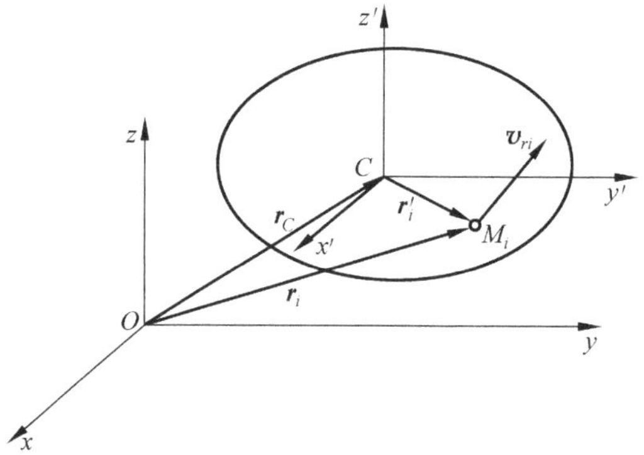


图 10-9

以 $O$ 点为原点，建立惯性坐标系 $Oxyz$，以 $C$ 为原点，建立动坐标系 $Cx'y'z'$随质心平动。质点系随质心 $C$ 的平动与相对于质心 $C$ 的转动合成了质点系的复合运动。设点 $M_i$ 的绝对速度为 $\boldsymbol{v}_i$，相对速度为 $\boldsymbol{v}_{ri}$，牵连速度 $\boldsymbol{v}_{ei}$ 就是质心的速度 $\boldsymbol{v}_C$，由速度合成定理知

$$\boldsymbol{v}_i=\boldsymbol{v}_C+\boldsymbol{v}_{ri}$$

由运动学知识知道 $\boldsymbol{v}_{ri}=\boldsymbol{\omega}\times\boldsymbol{r}'_i$。

质点系对于点 $O$ 的动量矩为

$$\begin{aligned}\boldsymbol{L}_O&=\sum M_O(m_i\boldsymbol{v}_i)=\sum\boldsymbol{r}_i\times m_i\boldsymbol{v}_i=\sum(\boldsymbol{r}_C+\boldsymbol{r}'_i)\times m_i\boldsymbol{v}_i\\&=\sum\boldsymbol{r}_C\times m_i\boldsymbol{v}_i+\sum\boldsymbol{r}'_i\times m_i\boldsymbol{v}_i\end{aligned}$$

上式右端第一项为集中于质心的系统动量对固定点 $O$ 的动量矩：

$$\boldsymbol{r}_C\times m\boldsymbol{v}_C$$

第二项为质点系对质心 $C$ 的绝对动量矩：

$$\boldsymbol{L}_C=\sum\boldsymbol{r}'_i\times m_i\boldsymbol{v}_i=\sum\boldsymbol{r}'_i\times m_i(\boldsymbol{v}_C+\boldsymbol{v}_{ri})=\left(\sum\boldsymbol{r}'_i m_i\right)\times\boldsymbol{v}_C+\sum\boldsymbol{r}'_i\times m_i\boldsymbol{v}_{ri}$$

上式中，$\sum\boldsymbol{r}'_i m_i=0$，$\sum\boldsymbol{r}'_i\times m_i\boldsymbol{v}_{ri}=\boldsymbol{L}_C^{\mathrm{r}}$ 为质点系相对质心 $C$ 的相对动量矩，则上式简化为

$$\boldsymbol{L}_C=\boldsymbol{L}_C^{\mathrm{r}}=\sum\boldsymbol{r}'\times m_i\boldsymbol{v}_{ri}=\sum\boldsymbol{r}'_i\times m_i(\boldsymbol{\omega}\times\boldsymbol{r}'_i)\tag{10-15}$$

可见，计算质点系对质心 $C$ 的动量矩时，用质点系绝对速度 $v_i$ 计算出的对质心 $C$ 的动量矩与用质点系相对质心的相对速度 $v_{ri}$ 计算出的对质心 $C$ 的动量矩，结果相同。即**质点系绝对运动对质心的动量矩与它相对于质心的运动对质心的动量矩相等**。因此

$$\boldsymbol{L}_O=\boldsymbol{r}_C\times m\boldsymbol{v}_C+\boldsymbol{L}_C\tag{10-16}$$

**即质点系对任意固定点 $O$ 的动量矩，等于集中于质心的系统动量对点 $O$ 的动量矩与质点系对质心 $C$ 的动量矩的矢量和。**

**4. 刚体的动量矩**

1) 平动刚体的动量矩

刚体平行移动时，角速度 $\omega=0$，则由式(10-15)知刚体对质心 $C$ 的动量矩为零，那么由式(10-16)得

$$\boldsymbol{L}_O=\boldsymbol{r}_C\times m\boldsymbol{v}_C\tag{10-17a}$$

或

$$L_z=M_z(mv_C)\tag{10-17b}$$

即，**平动刚体对固定点(轴)的动量矩等于刚体质心的动量对该点(轴)的动量矩**。

2) 定轴转动刚体的动量矩

设刚体以角速度 $\omega$ 绕定轴 $z$ 转动，如图 10-10 所示。刚体内任一点 $M_i$ 的质量为 $m_i$，到转轴的距离为 $r_i$，速度为 $v_i$，由式(10-13)知刚体对转轴 $z$ 的动量矩为

$$L_z=\sum M_z(m_i v_i)=\sum m_i v_i r_i=\sum m_i r_i^2\times\omega=J_z\omega\tag{10-18}$$

式中，$\sum m_i r_i^2=J_z$ 是刚体对转轴 $z$ 的转动惯量。即：**定轴转动刚体对转轴的动量矩，等于刚体对转轴的转动惯量与其角速度的乘积**。

3) 平面运动刚体的动量矩

平面运动刚体对固定点的动量矩，等于集中于质心的刚体动量对固定点的动量矩与刚

体对质心的动量矩的矢量和，由式(10-16)表示。

**平面运动刚体对垂直于质量对称平面的固定轴的动量矩，等于刚体随同质心作平动时质心的动量对该轴的动量矩与绕垂直于质量对称平面的质心轴作转动时的动量矩的和。**

$$L_z = M_z(mv_C) + J_C\omega \tag{10-19}$$

4) 刚体系统的动量矩

**刚体系统对某一个固定点(轴)的动量矩等于系统中每一个刚体对同一点(轴)的动量矩的矢量和(代数和)。**

**【例 10-2】** 如图 10-11 所示，已知滑轮 $A$ 的质量、半径、绕质心的转动惯量分别是 $m_1$、$r_1$、$J_1$，滑轮 $B$ 的质量、半径、绕质心的转动惯量分别是 $m_2$、$r_2$、$J_2$，物体 $C$ 的质量为 $m_3$、速度为 $v_3$，且 $r_1=2r_2$。求系统对 $O$ 轴的动量矩。

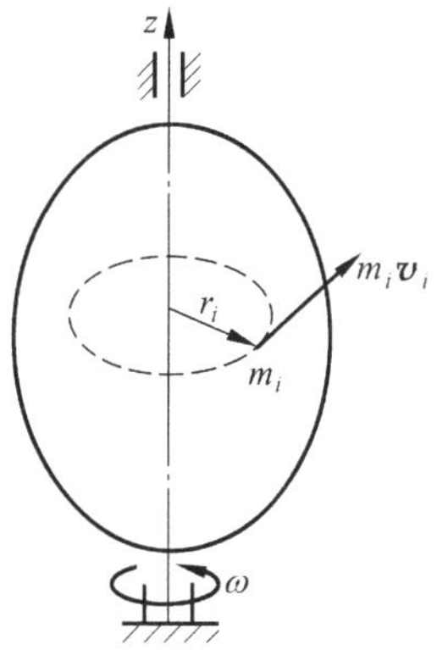


图 10-10

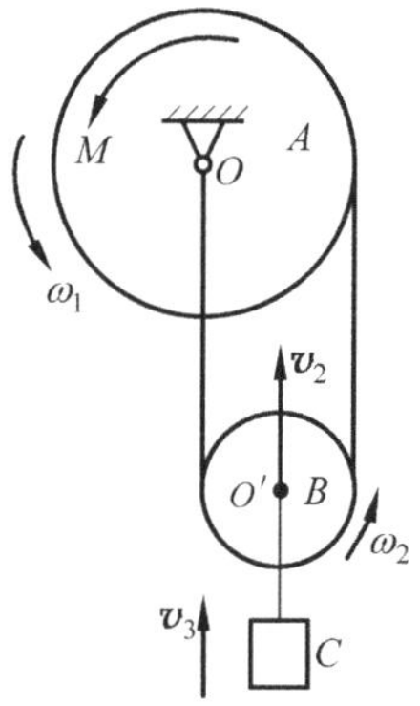


图 10-11

**解**：分析三个物体的运动知：物块 $C$ 作直线运动，滑轮 $A$ 作定轴转动，滑轮 $B$ 作平面运动，则系统对固定点 $O$ 取动量矩为

$$L_O = L_O^A + L_O^B + L_O^C = J_1\omega_1 + (J_2\omega_2 + m_2v_2r_2) + m_3v_3r_2$$

根据运动学分析得

$$v_2 = v_3 = \frac{\omega_1 r_1}{2} = \omega_2 r_2$$

所以，$L_O = [J_1 + J_2 + (m_2+m_3)r_2^2]\dfrac{v_3}{r_2}$，逆时针。

## 10-3 动量矩定理

### 1. 质点的动量矩定理

设质点对固定点 $O$ 的动量矩为 $\boldsymbol{L}_O = M_O(m\boldsymbol{v}) = \boldsymbol{r}\times m\boldsymbol{v}$，作用力 $\boldsymbol{F}$ 对 $O$ 点的力矩为 $M_O(\boldsymbol{F})$。将动量矩对时间求一阶导数得

$$\frac{\mathrm{d}\boldsymbol{L}_O}{\mathrm{d}t} = \frac{\mathrm{d}(\boldsymbol{r}\times m\boldsymbol{v})}{\mathrm{d}t} = \frac{\mathrm{d}\boldsymbol{r}}{\mathrm{d}t}\times m\boldsymbol{v} + \boldsymbol{r}\times\frac{\mathrm{d}(m\boldsymbol{v})}{\mathrm{d}t}$$

因为$\frac{\mathrm{d}\boldsymbol{r}}{\mathrm{d}t}=\boldsymbol{v}$,因此,$\frac{\mathrm{d}\boldsymbol{r}}{\mathrm{d}t}\times m\boldsymbol{v}=\boldsymbol{v}\times m\boldsymbol{v}=\boldsymbol{0}$。

又根据质点动量定理,有$\frac{\mathrm{d}(m\boldsymbol{v})}{\mathrm{d}t}=\boldsymbol{F}$,所以

$$\frac{\mathrm{d}\boldsymbol{L}_O}{\mathrm{d}t}=\boldsymbol{r}\times\boldsymbol{F} \tag{10-20}$$

式(10-20)即为**质点动量矩定理:质点对某一固定点的动量矩对时间的一阶导数,等于作用在质点上的力对同一点的力矩**。

## 2. 质点系的动量矩定理

研究由 $n$ 个质点组成的质点系。设质点系中第 $i$ 个质点 $M_i$ 的质量为 $m_i$,对定点 $O$ 的位置矢径为 $\boldsymbol{r}_i$,动量为 $m_i\boldsymbol{v}_i$,其上作用的力分为外力 $\boldsymbol{F}_i^{\mathrm{e}}$ 和内力 $\boldsymbol{F}_i^{\mathrm{i}}$。根据质点的动量矩定理有

$$\frac{\mathrm{d}M_O(m_i\boldsymbol{v}_i)}{\mathrm{d}t}=M_O(\boldsymbol{F}_i^{\mathrm{e}})+M_O(\boldsymbol{F}_i^{\mathrm{i}})$$

这样的方程共有 $n$ 个,相加后得

$$\sum\frac{\mathrm{d}M_O(m_i\boldsymbol{v}_i)}{\mathrm{d}t}=\sum M_O(\boldsymbol{F}_i^{\mathrm{e}})+\sum M_O(\boldsymbol{F}_i^{\mathrm{i}})$$

注意到内力总是大小相等,方向相反,作用线相同地成对出现,故有 $\sum M_O(\boldsymbol{F}_i^{\mathrm{i}})=0$,且 $\sum\frac{\mathrm{d}M_O(m_i\boldsymbol{v}_i)}{\mathrm{d}t}=\frac{\mathrm{d}}{\mathrm{d}t}\sum M_O(m_i\boldsymbol{v}_i)=\frac{\mathrm{d}\boldsymbol{L}_O}{\mathrm{d}t}$,于是得

$$\frac{\mathrm{d}\boldsymbol{L}_O}{\mathrm{d}t}=\sum M_O(\boldsymbol{F}_i^{\mathrm{e}}) \tag{10-21}$$

即,**质点系对于任一固定点 $O$ 的动量矩对时间的一阶导数,等于作用在质点系的所有外力对同一点的力矩的矢量和**。这就是**质点系动量矩定理**。

将式(10-21)投影到通过 $O$ 点的固定直角坐标轴上,得质点系动量矩定理的投影形式

$$\frac{\mathrm{d}L_x}{\mathrm{d}t}=\sum M_x(\boldsymbol{F}_i^{\mathrm{e}}),\quad \frac{\mathrm{d}L_y}{\mathrm{d}t}=\sum M_y(\boldsymbol{F}_i^{\mathrm{e}}),\quad \frac{\mathrm{d}L_z}{\mathrm{d}t}=\sum M_z(\boldsymbol{F}_i^{\mathrm{e}}) \tag{10-22}$$

即,**质点系对任意一个固定轴的动量矩对时间的一阶导数,等于作用在质点系的所有外力对同一轴的力矩的代数和**。

**注意**:上面所讲的动量矩定理的表达式只适用于对固定点和固定轴,对任意动点和动轴的表达式比较复杂,本书不做介绍。

## 3. 动量矩守恒定律

分析上述动量矩定理,可以得到质点系动量矩的守恒条件。

(1) 如果作用在质点系的所有外力对某固定点 $O$ 的力矩矢量和恒等于零,则质点系对该点的动量矩保持不变。即如果 $\sum M_O(\boldsymbol{F}_i^{\mathrm{e}})=0$,则 $\boldsymbol{L}_O=$常矢量。

(2) 如果作用在质点系的所有外力对某固定轴的力矩代数和恒等于零,则质点系对该轴的动量矩保持不变。即如果 $\sum M_z(\boldsymbol{F}_i^{\mathrm{e}})=0$,则 $L_z=$常量。

上述两个结论称为**质点系动量矩守恒定律**。由此可知质点系的内力不能改变质点系的动量矩,只有作用在质点系的外力才能使质点系的动量矩发生改变。

#### 4. 刚体定轴转动微分方程

刚体定轴转动是工程中常见的一种运动形式,根据质点系动量矩定理可以很方便地得到刚体定轴转动微分方程,该方程建立了刚体的定轴转动运动与作用在刚体上的外力对其转轴的力矩之间的关系。

设刚体在外力系作用下绕定轴 $z$ 转动,转动惯量为 $J_z$,角速度为 $\omega$,角加速度为 $\alpha$,则刚体对轴 $z$ 的动量矩为 $L_z = J_z\omega$。如作用在刚体上的所有外力对轴 $z$ 的力矩的和为 $\sum M_z(\boldsymbol{F}_i^{\mathrm{e}})$,则根据式(10-22)第三式可以得到

$$\frac{\mathrm{d}L_z}{\mathrm{d}t} = J_z\frac{\mathrm{d}\omega}{\mathrm{d}t} = J_z\ddot{\varphi} = J_z\alpha = \sum M_z(\boldsymbol{F}_i^{\mathrm{e}}) \tag{10-23}$$

式(10-23)表明:**定轴转动刚体对转轴的转动惯量与角加速度的乘积,等于作用在该刚体上的所有外力对转轴的力矩的代数和**。这就是**刚体定轴转动微分方程**。

由式(10-23)知,对于不同的刚体,假设作用在它们上的外力系对转轴的矩相同,则刚体对轴的转动惯量越大,$\alpha$ 就越小,其转动状态的变化就越小;反之,刚体对轴的转动惯量越小,$\alpha$ 就越大,其转动状态的变化就越大。因此,刚体的转动惯量是刚体转动惯性的度量,正如质点的质量是质点惯性的度量一样。

#### 5. 相对质心的动量矩定理

前面讨论的动量矩定理,都是相对于惯性系中固定的点或固定的轴而言,对于一般的动点或动轴,动量矩定理具有更复杂的形式。但是,如取质点系的质心(或随同质心平动的坐标系的轴)作矩心(或矩轴),动量矩定理将仍保持其简单形式。

结合式(10-16),根据质点系对于固定点 $O$ 的动量矩定理式(10-21)得

$$\begin{aligned}\frac{\mathrm{d}\boldsymbol{L}_O}{\mathrm{d}t} &= \frac{\mathrm{d}}{\mathrm{d}t}(\boldsymbol{r}_C \times m\boldsymbol{v}_C + \boldsymbol{L}_C) = \frac{\mathrm{d}}{\mathrm{d}t}(\boldsymbol{r}_C \times m\boldsymbol{v}_C) + \frac{\mathrm{d}\boldsymbol{L}_C}{\mathrm{d}t}\\ &= \sum M_O(\boldsymbol{F}_i^{\mathrm{e}}) = \sum \boldsymbol{r}_i \times \boldsymbol{F}_i^{\mathrm{e}} = \sum(\boldsymbol{r}_C + \boldsymbol{r}'_i) \times \boldsymbol{F}_i^{\mathrm{e}} = \sum \boldsymbol{r}_C \times \boldsymbol{F}_i^{\mathrm{e}} + \sum \boldsymbol{r}'_i \times \boldsymbol{F}_i^{\mathrm{e}}\end{aligned}$$

又因为

$$\frac{\mathrm{d}}{\mathrm{d}t}(\boldsymbol{r}_C \times m\boldsymbol{v}_C) = \frac{\mathrm{d}\boldsymbol{r}_C}{\mathrm{d}t} \times m\boldsymbol{v}_C + \boldsymbol{r}_C \times \frac{\mathrm{d}}{\mathrm{d}t}(m\boldsymbol{v}_C) = \boldsymbol{v}_C \times m\boldsymbol{v}_C + \boldsymbol{r}_C \times \frac{\mathrm{d}}{\mathrm{d}t}(m\boldsymbol{v}_C)$$

而

$$\boldsymbol{v}_C \times m\boldsymbol{v}_C = 0, \boldsymbol{r}_C \times \frac{\mathrm{d}}{\mathrm{d}t}(m\boldsymbol{v}_C) = \sum \boldsymbol{r}_C \times \boldsymbol{F}_i^{\mathrm{e}}, \quad \sum \boldsymbol{r}'_i \times \boldsymbol{F}_i^{\mathrm{e}} = \sum M_C(\boldsymbol{F}_i^{\mathrm{e}})$$

所以有

$$\frac{\mathrm{d}\boldsymbol{L}_C}{\mathrm{d}t} = \sum M_C(\boldsymbol{F}_i^{\mathrm{e}}) \tag{10-24}$$

即,**质点系对质心 $C$ 的动量矩对时间的一阶导数,等于作用在质点系上所有外力对质心 $C$ 的力矩的矢量和**。这便是**质点系对于质心的动量矩定理**。与式(10-21)比较可知,它与质点系对定点的动量矩定理在形式上是一样的。

将式(10-24)投影到以质心 $C$ 为原点，随质心平动的直角坐标系 $Cx_Cy_Cz_C$ 上得到

$$\frac{\mathrm{d}L_{Cx_C}}{\mathrm{d}t}=\sum M_{Cx_C}(\boldsymbol{F}_i^{\mathrm{e}}),\quad \frac{\mathrm{d}L_{Cy_C}}{\mathrm{d}t}=\sum M_{Cy_C}(\boldsymbol{F}_i^{\mathrm{e}}),\quad \frac{\mathrm{d}L_{Cz_C}}{\mathrm{d}t}=\sum M_{Cz_C}(\boldsymbol{F}_i^{\mathrm{e}}) \tag{10-25}$$

式中，$L_{Cx_C}$、$L_{Cy_C}$、$L_{Cz_C}$ 分别是质点系对于 $Cx_C$、$Cy_C$、$Cz_C$ 轴的动量矩。式(10-25)表明**质点系对任意通过质心轴的动量矩对时间的导数，等于作用在质点系上所有外力对同轴力矩的代数和**。这就是**质点系对于质心的动量矩定理的投影形式**。

质点系在运动过程中，如果 $\sum M_C(\boldsymbol{F}_i^{\mathrm{e}})=0\left(\text{或}\sum M_{Cx_C}(\boldsymbol{F}_i^{\mathrm{e}})=0\right)$，则质点系对质心 $C$(或通过质心的轴 $Cx_C$)的动量矩守恒。例如，跳水运动员跳水时，在空中运动过程中，如果不计空气阻力，所受的外力只有重力，而重力对质心的矩等于零，质点系对于质心的动量矩守恒。如果他想在空中多旋转几周，他就必须把身体蜷曲起来，使四肢尽量靠近质心，以减小身体对质心的转动惯量，从而使他蹬跳板时所获得的初角速度增大，以达到多旋转几周的目的；而他在入水时，又将身体打开，以减小角速度，从而取得好的入水效果。

对于一般运动的质点系，各质点的运动可分解为随同质心的平动和相对于质心的转动，则应用质心运动定理和相对于质心的动量矩定理，就可建立这两部分运动与外力的关系，从而可以全面地说明外力系对质点系的运动效应，并确定整个系统的运动。

**【例 10-3】** 如图 10-12 所示，卷扬机鼓轮质量为 $m_1$，半径为 $r$，可绕过鼓轮中心 $O$ 的水平轴转动。鼓轮上缠绕一根绳子，绳子的一端悬挂一个质量为 $m_2$ 的重物。鼓轮视为均质圆盘。在鼓轮上作用一个不变力偶矩 $M$，试求重物上升的加速度。

**解**：(1) 选取对象并分析受力。以鼓轮和重物构成的质点系为研究对象，该质点系所受的外力有重力 $m_1\boldsymbol{g}$ 和 $m_2\boldsymbol{g}$、力偶矩 $M$ 及轴承约束力 $\boldsymbol{F}_{Ox}$、$\boldsymbol{F}_{Oy}$。

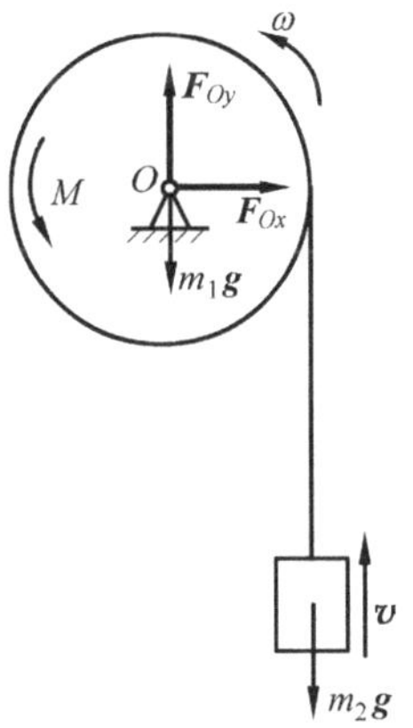

图　10-12

(2) 运动量计算。设重物在任意一个时刻向上的速度为 $\boldsymbol{v}$，由运动学可知，鼓轮具有角速度 $\omega=\dfrac{v}{r}$。质点系的动量及外力对轴 $O$ 的矩分别为

$$L_O=J_O\omega+m_2vr=\frac{1}{2}m_1r^2\cdot\frac{v}{r}+m_2vr=\frac{1}{2}(m_1+2m_2)vr$$

$$\sum M_O(\boldsymbol{F}_i^{\mathrm{e}})=M-m_2g\cdot r$$

(3) 动力学分析。由动量矩定理 $\dfrac{\mathrm{d}L_{O_z}}{\mathrm{d}t}=\sum M_{O_z}(\boldsymbol{F}_i^{\mathrm{e}})$，有

$$\frac{1}{2}(m_1+2m_2)r\cdot\frac{\mathrm{d}v}{\mathrm{d}t}=M-m_2g\cdot r$$

解得重物上升的加速度为

$$a=\frac{\mathrm{d}v}{\mathrm{d}t}=\frac{2(M-m_2gr)}{(m_1+2m_2)r}$$

**思考**：本题也可以将鼓轮和重物分开，分别利用定轴转动微分方程和牛顿第二定律来研究。

【例 10-4】 如图 10-13(a)所示，小球 $A$、$B$ 以细绳相连，质量均为 $m$，其余杆件质量均不计，忽略摩擦。系统绕铅垂轴 $z$ 自由转动，初始时系统的角速度为 $\omega_0$，当细绳拉断后，求各杆与铅垂线成 $\theta$ 角时的角速度 $\omega$(图 10-13(b))。

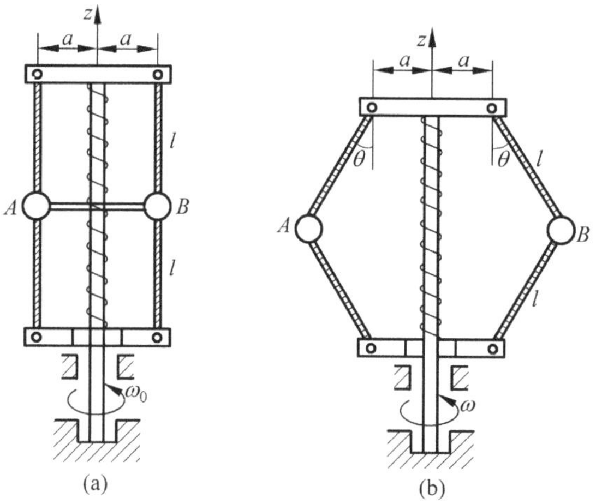


图 10-13

**解**：此系统所受的重力和轴承的约束力对于转轴的矩都等于零，因此系统关于转轴的动量矩守恒。

当 $\theta=0$ 时，动量矩为

$$L_{z_1}=2m(a\omega_0)a=2ma^2\omega_0$$

当 $\theta\neq 0$ 时，动量矩为

$$L_{z_2}=2m(a+l\sin\theta)^2\omega$$

由 $L_{z_1}=L_{z_2}$ 得

$$\omega=\frac{a^2\omega_0}{(a+l\sin\theta)^2}$$

由上式可知，当小球离开转轴越远，即 $\theta$ 越大，则角速度越小。

## 10-4 刚体平面运动微分方程

设如图 10-14 所示的平面图形为通过刚体质心 $C$ 的平面图，作用在刚体上的外力系可简化为在此平面图形上的平面力系 $\boldsymbol{F}_1,\boldsymbol{F}_2,\cdots,\boldsymbol{F}_n$。建立固定坐标系 $Oxy$ 及随质心 $C$ 平动的坐标系 $Cx_Cy_C$，则刚体的运动可分解为随质心 $C$ 的平动和绕质心轴 $z_C$(过质心且垂直于运动平面的轴)的转动。

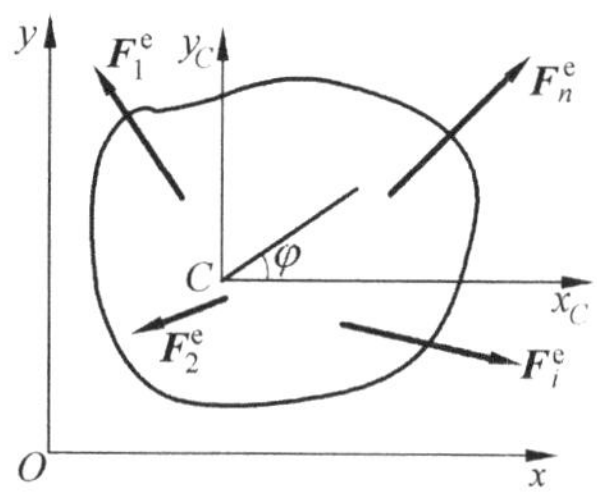


图 10-14

于是由质心运动定理和相对于质心 $C$ 的动量矩定理得

$$\left.\begin{aligned} m\boldsymbol{a}_C &= \sum \boldsymbol{F}_i^{\mathrm{e}} \\ \frac{\mathrm{d}\boldsymbol{L}_C}{\mathrm{d}t} &= \sum M_C(\boldsymbol{F}_i^{\mathrm{e}}) \end{aligned}\right\} \tag{10-26}$$

式中，$m$ 是刚体的质量；$\boldsymbol{a}_C$ 是质心 $C$ 的加速度。将式(10-26)中第一式投影到 $x$、$y$ 轴上，如果刚体绕轴 $z_C$ 转动的角加速度为 $\alpha$，把绕定轴转动刚体的动量矩表达式(10-17)代入式(10-26)中第二式，最后得到

$$\left.\begin{aligned} ma_{Cx} &= m\ddot{x}_C = \sum F_{ix}^{\mathrm{e}} \\ ma_{Cy} &= m\ddot{y}_C = \sum F_{iy}^{\mathrm{e}} \\ J_C\alpha &= J_C\ddot{\varphi} = \sum M_C(F_i^{\mathrm{e}}) \end{aligned}\right\} \tag{10-27}$$

这就是**刚体的平面运动微分方程**。

下面举例说明如何应用刚体的平面运动微分方程求解平面运动刚体的动力学问题。

**【例 10-5】** 如图 10-15 所示，均质杆 $AB$ 质量为 $m$，长度为 $l$，$B$ 端用细绳悬吊，$A$ 端由光滑平面支持。初始时杆与水平面夹角为 45°，处于静止状态。现剪断细绳，求运动初瞬时 $A$ 点的约束力和杆 $AB$ 的角加速度。

**解**：(1) 受力分析。因为支持面是光滑的，所以水平 $x$ 方向上质心运动守恒，即

$$a_{Cx}=0,\quad v_{Cx}=v_{Cx0}=0,\quad x_C=x_{C0},\quad a_C=a_{Cy}$$

(2) 运动学分析。选 $A$ 为基点，分析质心 $C$ 的加速度。设初瞬时杆 $AB$ 的角加速度为 $\alpha$，$A$ 点的加速度为 $a_A$，则有

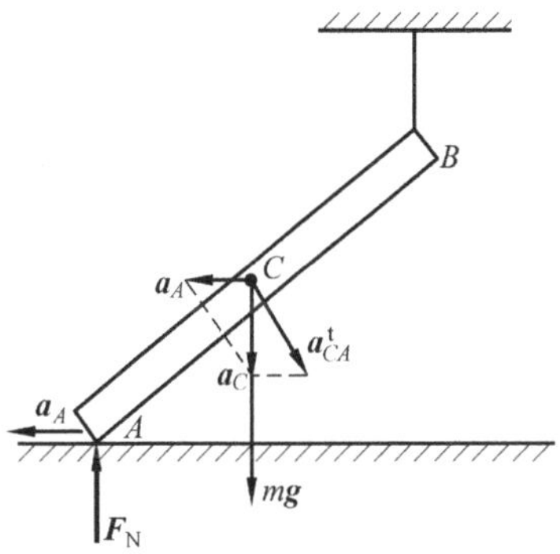

图　10-15

$$a_{CA}^{\mathrm{t}}=\frac{\alpha l}{2},\quad a_{CA}^{\mathrm{n}}=\frac{\omega^2 l}{2}=0$$

将加速度合成公式 $\boldsymbol{a}_C=\boldsymbol{a}_A+\boldsymbol{a}_{CA}^{\mathrm{t}}$ 向铅垂方向投影即可求出

$$a_C=\frac{\sqrt{2}}{4}\cdot\alpha l$$

(3) 动力学分析。根据刚体平面运动微分方程有

$$ma_C=\frac{\sqrt{2}}{4}m\alpha l=mg-F_{\mathrm{N}},$$

$$J_C\alpha=F_{\mathrm{N}}\cdot\frac{l}{2}\cdot\cos45^\circ$$

将 $J_C=\dfrac{ml^2}{12}$ 代入上面两式求出：

$$F_{\mathrm{N}}=\frac{2}{5}mg,\quad \alpha=\frac{6\sqrt{2}}{5l}g。$$

**【例 10-6】** 如图 10-16(a)所示，均质圆柱体 $A$ 和 $B$ 的质量均为 $m$，半径为 $r$，一根绳子缠在绕固定轴 $O$ 转动的圆柱 $A$ 上，绳的另一端绕在圆柱 $B$ 上，摩擦不计。求：(1)圆柱体 $B$ 下落时质心的加速度及圆柱 $A$、$B$ 的角加速度和绳子张力；(2)如果在圆柱体 $A$ 上作用一个逆时针转向，矩为 $M$ 的力偶，问在什么条件下圆柱体 $B$ 的质心加速度将向上。

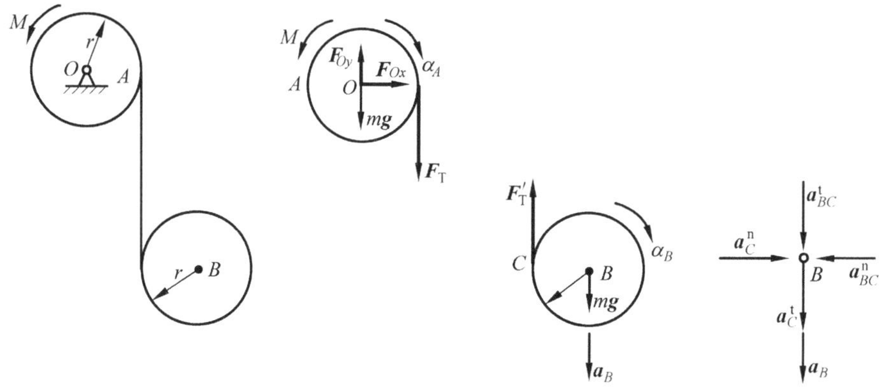


(a) (b) (c) (d)

**图 10-16**

**解**：(1) 分别取轮 $A$ 和 $B$ 为研究对象，受力如图 10-16(b)、(c)所示；轮 $A$ 定轴转动，轮 $B$ 作平面运动。

对轮 $A$ 应用刚体绕定轴转动微分方程得

$$J_A\alpha_A = F_T r \tag{a}$$

对轮 $B$ 应用刚体平面运动微分方程得

$$mg - F'_T = ma_B \tag{b}$$

$$J_B\alpha_B = F'_T r \tag{c}$$

再以轮 $B$ 上的 $C$ 点为基点分析点 $B$ 的加速度，如图 10-16(d)所示

$$\boldsymbol{a}_B = \boldsymbol{a}^n_C + \boldsymbol{a}^t_C + \boldsymbol{a}^n_{BC} + \boldsymbol{a}^t_{BC}$$

将上式向铅垂方向投影，得到

$$a_B = a^t_C + a^t_{BC} = \alpha_A \cdot r + \alpha_B \cdot r \tag{d}$$

联立式(a)～式(d)，注意 $J_A = J_B = \dfrac{1}{2}mr^2$，求出

$$a_B = \frac{4g}{5},\quad \alpha_A = \alpha_B = \frac{2g}{5r},\quad F_T = \frac{mg}{5}$$

(2) 如果在轮 $A$ 上作用逆时针转矩 $M$，则轮 $A$ 将作逆时针转动，对 $A$ 应用刚体绕定轴转动微分方程(注意此时 $\alpha_A$ 逆时针)得

$$J_A\alpha_A = M - F_T r \tag{e}$$

仿照式(d)，以轮 $B$ 上的点 $C$ 为基点，分析点 $B$ 的加速度。根据题意，在临界状态(注意此时 $\alpha_A$ 逆时针)有

$$a_B = a^t_C + a^t_{BC} = -\alpha_A \cdot r + \alpha_B \cdot r = 0 \tag{f}$$

联立式(b)、式(c)、式(e)、式(f)求出 $M=2mgr$。故当转矩 $M>2mgr$ 时，轮 $B$ 的质心将上升。

通过上面各例题的分析可以总结出应用动量矩定理求解动力学问题的一般步骤为：

(1) 根据题意选择合适的研究对象，分析研究对象所受的全部外力，画出受力图。

(2) 分析研究对象的运动情况，根据运动学知识，找出研究对象中各刚体之间或刚体上各相关运动量之间的关系。

(3) 根据研究对象的运动情况，选用合适的动力学方程：动量矩定理、动量矩守恒定理、刚体定轴转动微分方程和刚体平面运动微分方程。

(4) 根据已知条件，求解所建立的动力学方程。

## 学习方法和要点提示

(1) 刚体转动时，物体机械运动的强弱是用动量矩来度量的。动量矩的概念比较抽象，应注意与力矩相比较，逐步加深对动量矩概念的理解。

(2) 质量是质点惯性大小的度量，而转动惯量是刚体绕定轴转动惯性大小的度量，它们都是表示物体惯性的重要物理量。转动惯量只有对刚体才有实用意义，故不宜将转动惯量概念推广到一般的质点系。同一刚体对不同转轴的转动惯量是不同的，所以涉及转动惯量及惯性半径时，必须明确是对哪个轴的。在应用转动惯量平行移轴定理时，公式右端第一项表示通过质心并与计算轴相平行的质心轴的转动惯量，而不是对任一平行轴的。由平行移轴定理知道，对通过质心轴的转动惯量最小。

(3) 质点系对固定点的动量矩，一般不等于质点系质心的动量对该点的矩，即

$$\boldsymbol{L}_O \neq \boldsymbol{r}_C \times m\boldsymbol{v}_C$$

(4) 动量定理建立了质点系动量主矢的变化与外力主矢之间的关系，而质心运动定理则研究质点系质心的运动。但是，仅仅用质心的运动不能完全反映质点系的运动，动量矩定理正是研究质点系转动的问题，它建立了质点系动量矩变化与外力主矩之间的关系。刚体定轴转动微分方程是动量矩定理的特殊情况，刚体平面运动微分方程则是质心运动定理与相对质心的动量矩定理的综合运用。

(5) 应用动量矩定理时，必须取固定点或质心为矩心，对一般的动点，定理的表达式较为复杂。

(6) 动量矩定理一般不采用积分形式，因为矢径与冲量是变量，而冲量矩不易被积分。

(7) 在质点系动量矩定理中不包括质点系的内力，只需考虑作用于质点系的外力。

(8) 质点系对固定点或固定轴的动量矩守恒定律是质点系对固定点或固定轴的动量矩定理的特殊情况。要正确理解守恒条件以及动量矩守恒的含义；要注意尽管质点系的动量矩守恒，但质点系中各质点的动量矩并不一定守恒。

(9) 对于定轴转动的刚体用定轴转动微分方程求解；对平面运动刚体则宜用平面运动微分方程求解，在解题过程中还需列出运动学补充方程辅助求解。求解中注意物体转动惯量计算公式与平行移轴定理的正确运用。

# 思 考 题

**10-1** 转动惯量的大小与哪些因素有关？

**10-2** 如图 10-17 所示细杆对杆端 $z$ 轴的回转半径为 $\rho_z=\dfrac{l}{\sqrt{3}}$，则根据定义，$J_z=m\rho_z^2=\dfrac{1}{3}ml^2$，这表示各部分质量看成集中在离 $z$ 轴距离为 $\rho_z$ 的 $z'$ 处，于是，是否可以认为对 $z'$ 轴的转动惯量为 $J_{z'}=0$。

**10-3** 如图 10-18 所示刚体质量为 $m$，$C$ 为质心，对 $z$ 轴的转动惯量为 $J_z$，则 $J_{z'}=J_z+m(a+b)^2$，这一算式是否正确？如不正确，应如何计算？

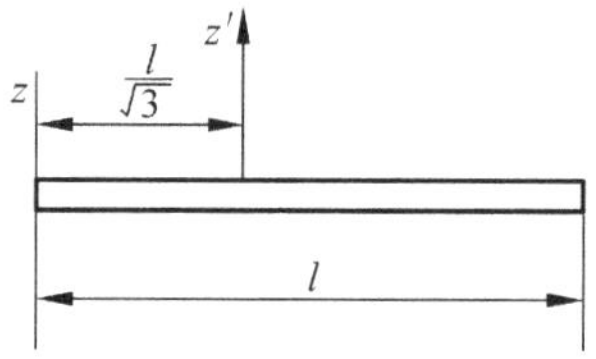

图 10-17

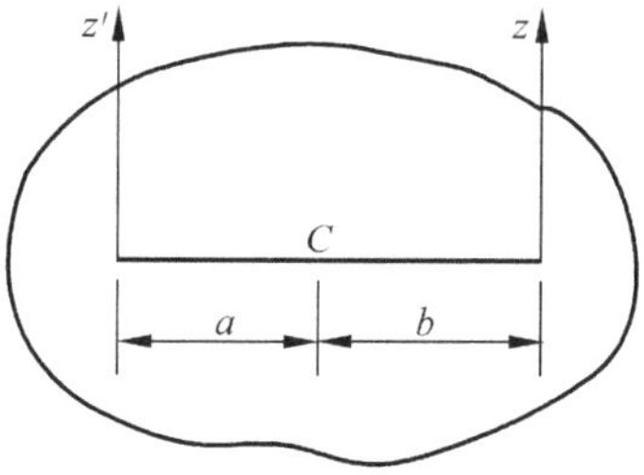

图 10-18

**10-4** 如图 10-19 所示，细杆由钢与木两段组成，两段质量各为 $m_1$、$m_2$，且各为均质的。试判断式：$J_{z_1}=J_{z_2}+(m_1+m_2)(l/2)^2$ 是否成立。

**10-5** 如图 10-20 所示，物块 $A$ 重 $P_A$，$B$ 重 $P_B(P_A>P_B)$，以质量不计的绳子连接并套在半径为 $r$ 的滑轮上，不计轴承摩擦，问：

(1) 如不考虑滑轮的质量，滑轮两边的绳子拉力是否相等？

(2) 如考虑滑轮的质量，滑轮两边的绳子拉力是否相等？

(3) 如考虑滑轮的质量，设滑轮对 $O$ 轴的转动惯量为 $J$，是否可根据定轴转动微分方程建立如下关系式：$J\alpha=P_Ar-P_Br$？为什么？

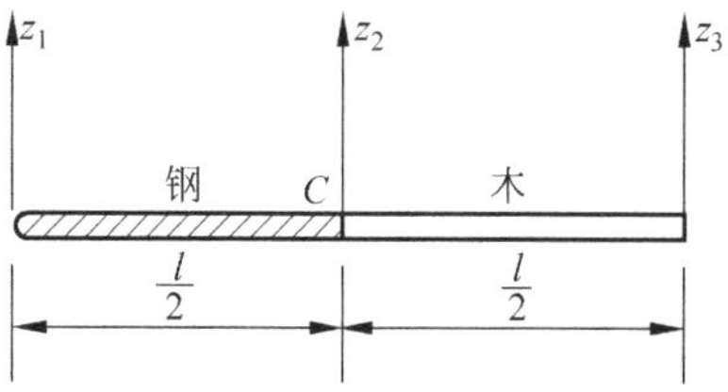

图 10-19

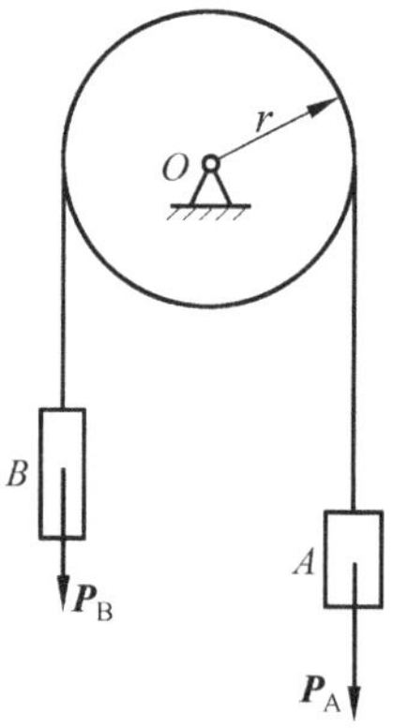

图 10-20

**10-6**　两相同的均质轮各绕以细绳。图 10-21(a)所示绳的末端挂一重为 $\boldsymbol{P}$ 的物块；图 10-20(b)所示绳的末端作用一铅直向下的力 $\boldsymbol{F}$，设 $F=P$，问两滑轮的角加速度是否相同？为什么？

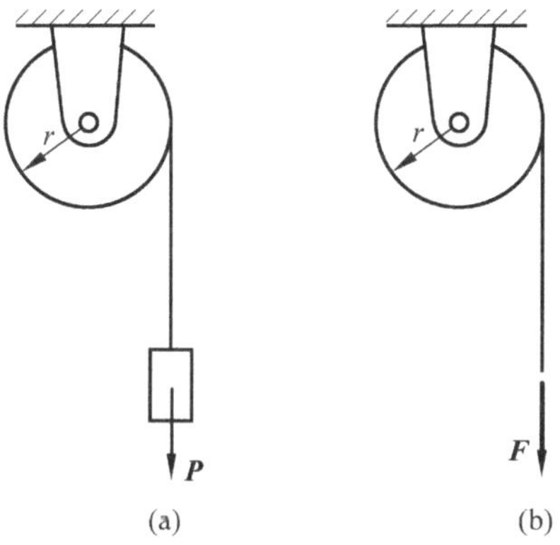


图　10-21

**10-7**　质量为 $m$ 的均质圆盘，平放在光滑水平面上。若受力情况分别如图 10-22 所示，试问圆盘各作什么运动？(图中 $\boldsymbol{F}$ 与 $\boldsymbol{F}'$ 大小相等，方向相反)

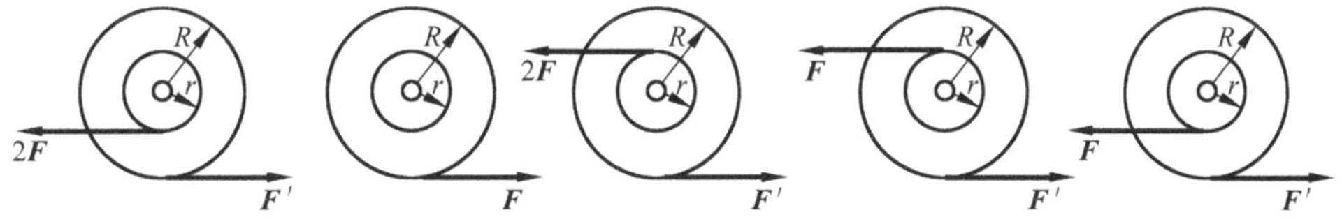


图　10-22

**10-8**　如图 10-23 所示，转子 $A$ 原来以角速度 $\omega_A$ 绕固定轴转动；转子 $B$ 原来静止。现在离合器 $C$ 将转子 $A$、$B$ 突然连接在一起。已知转子 $A$、$B$ 对转轴的转动惯量分别为 $J_A$、$J_B$，为什么两个转子连接在一起后的共同转动角速度变小？

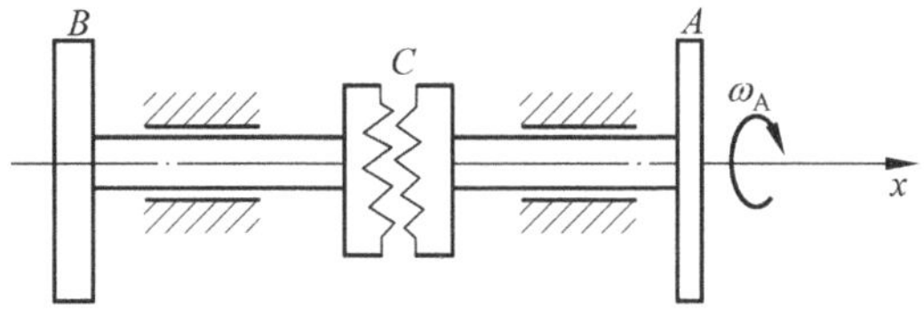


图　10-23

**10-9**　图 10-24 中均质杆 $OA$ 重 $P_1$，长 $l$，圆盘 $A$ 重 $P_2$，半径为 $r$。在图 10-24(a)中，杆与圆盘固接，而在图 10-24(b)中，杆与圆盘在 $A$ 点铰接，在图示瞬时，杆的角速度为 $\omega$。试问：在计算系统对 $O$ 点的动量矩时，这两种情况有什么不同？

**10-10**　一半径为 $R$ 的轮在水平面上只滚动而不滑动。试问在下列两种情况下，轮心的加速度是否相等？接触面的摩擦力是否相同？

(1) 在轮上作用一顺时针转向的力偶，其力偶矩为 $M$；

(2) 在轮心上作用一水平向右的力 $\boldsymbol{F}$,$F=\frac{M}{R}$。

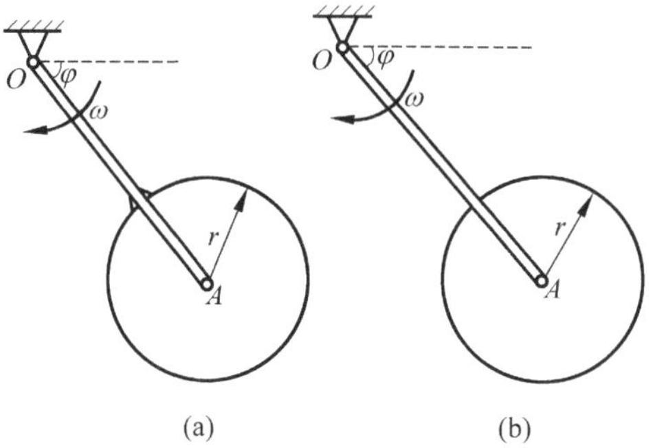


图 10-24

## 习　题

**10-1** 如图 10-25 所示,均质细长杆长为 $l$,质量为 $m$。已知 $J_z=\frac{ml^2}{3}$,求 $J_{z_1}$ 和 $J_{z_2}$

**10-2** 如图 10-26 所示摆由质量为 $m_1$、长为 $4r$ 的均质细杆 $AB$ 和质量为 $m_2$、半径为 $r$ 的均质圆盘组成。试求摆对过 $O$ 点并垂直于摆平面的轴的转动惯量。

**10-3** 如图 10-27 所示,均质 T 形杆由两根长均为 $l$、质量均为 $m$ 的细杆组成,试求它对过 $O$ 点并垂直于其平面的轴 $Oz$ 的转动惯量。

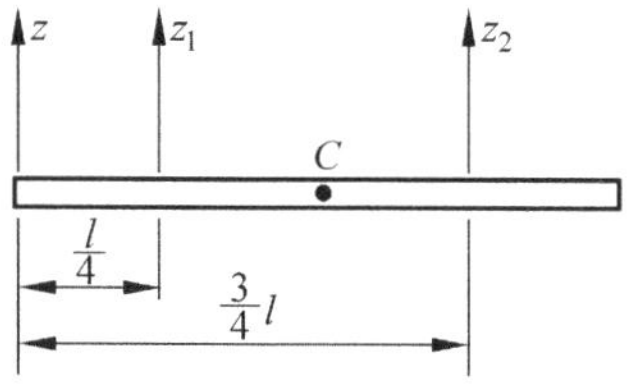


图 10-25

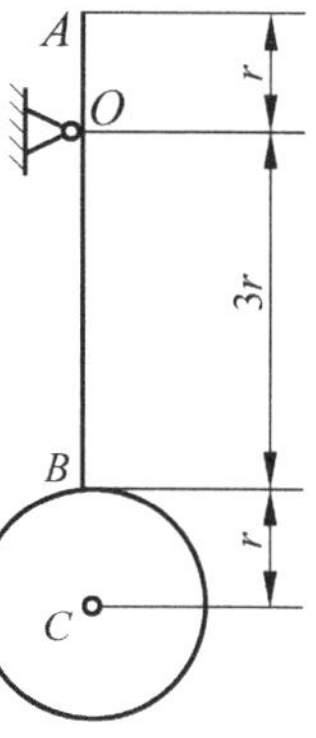


图 10-26

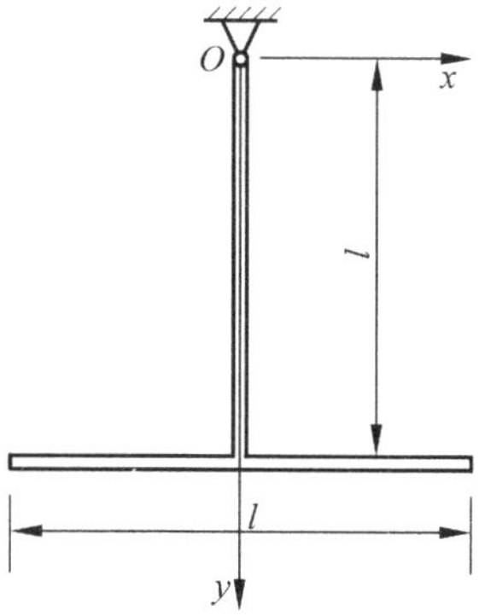


图 10-27

**10-4** 无重杆 $OA$ 长 $l=400\text{m}$,以角速度 $\omega_O=4\text{rad/s}$ 绕 $O$ 轴转动,质量 $m=25\text{kg}$、半径 $R=200\text{mm}$ 的均质圆盘以三种方式相对 $OA$ 杆运动。试求圆盘对 $O$ 轴的动量矩:(1)图 10-28(a)所示圆盘相对 $OA$ 杆没有运动(即圆盘与杆固联);(2)图 10-28(b)所示圆盘相对 $OA$ 杆以逆时针方向 $\omega_r=\omega_O$ 转动;(3)图 10-28(c)所示圆盘相对 $OA$ 杆以顺时针方向 $\omega_r=\omega_O$ 转动。

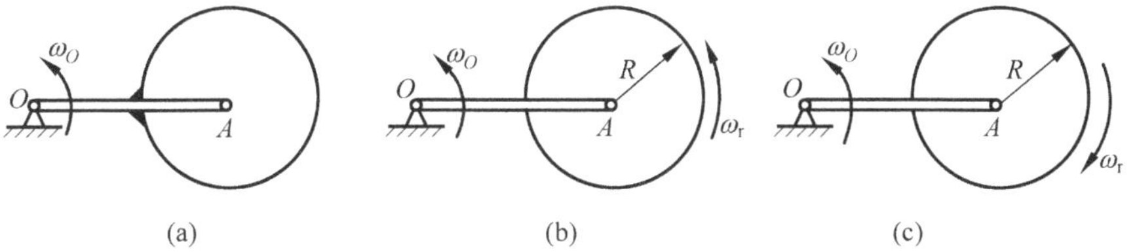


图　10-28

**10-5**　如图 10-29 所示，两个重物 $A$、$B$ 各重 $P_1$、$P_2$，分别系在两条绳上，此两绳又分别围绕在半径为 $r_1$、$r_2$ 的鼓轮上，重物受重力的影响而运动。求鼓轮的角加速度 $\alpha$。鼓轮和绳的质量均略去不计，并满足 $P_1r_1>P_2r_2$ 条件。

**10-6**　如图 10-30 所示，卷扬机的 $B$、$C$ 轮半径分别为 $R$、$r$，对水平转动轴的转动惯量分别为 $J_1$、$J_2$，物体 $A$ 重 $P$。设在轮 $C$ 上作用一常力矩 $M$，试求物体 $A$ 上升的加速度。

**10-7**　如图 10-31 所示，质量为 100kg，半径为 1m 的均质圆盘，以转速 $n=120\text{r/min}$ 绕 $O$ 轴转动。设有一常力 $\boldsymbol{F}$ 作用于闸杆，圆盘经过 10s 后停止转动。已知静摩擦因数 $f_s=0.1$，求力 $\boldsymbol{F}$ 的大小。

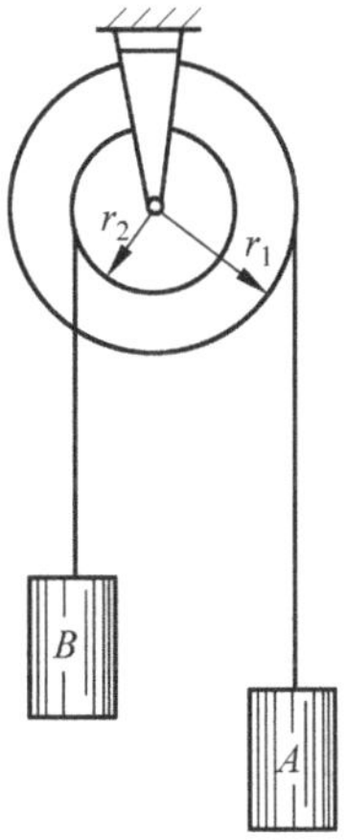


图　10-29

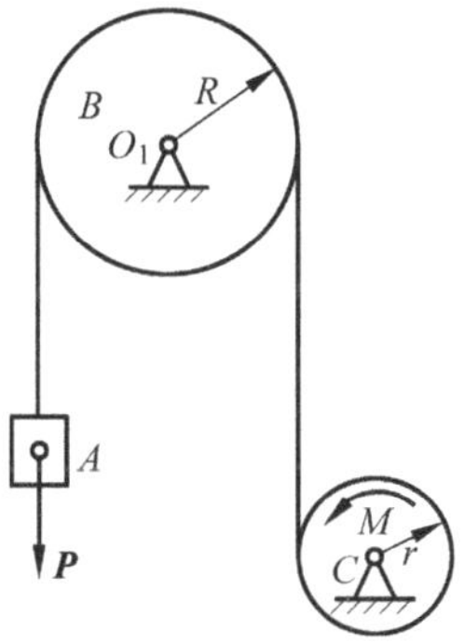


图　10-30

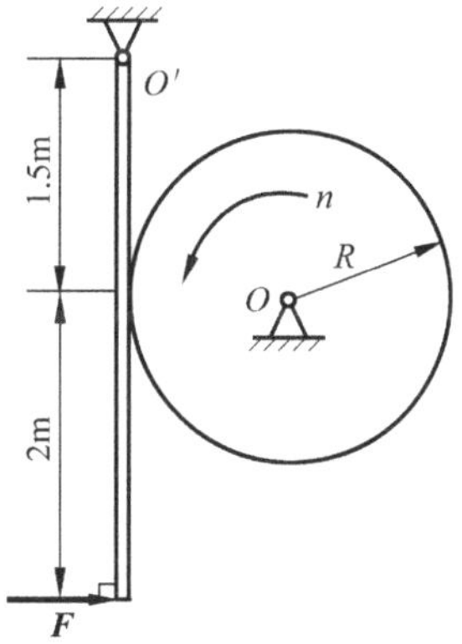


图　10-31

**10-8**　如图 10-32 所示，均质矩形薄片的质量为 $m$，边长为 $l$、$h$，绕铅垂轴 $AB$ 以匀角速度 $\omega_0$ 转动；而薄片的每一部分均受到空气阻力，方向垂直于薄片的平面，大小与面积及速度平方成正比，比例常数为 $k$。试求薄片的角速度减为初角速度的 1/2 时所需的时间。

**10-9**　均质细杆 $OA$、$BC$ 的质量均为 8kg，在 $A$ 点处焊接，$l=0.25\text{m}$。在图 10-33 所示瞬时位置，角速度 $\omega=4\text{rad/s}$。求在该瞬时支座 $O$ 的反力。

**10-10**　均质直杆 $AB$ 质量为 $m$，长为 $l$，在 $A$、$B$ 处分别受到铰链支座、绳索的约束。若绳索突然被切断。求解：(1)在图 10-34 所示瞬时位置时，支座 $A$ 的反力；(2)当杆 $AB$ 转到铅垂位置时，支座 $A$ 的反力。

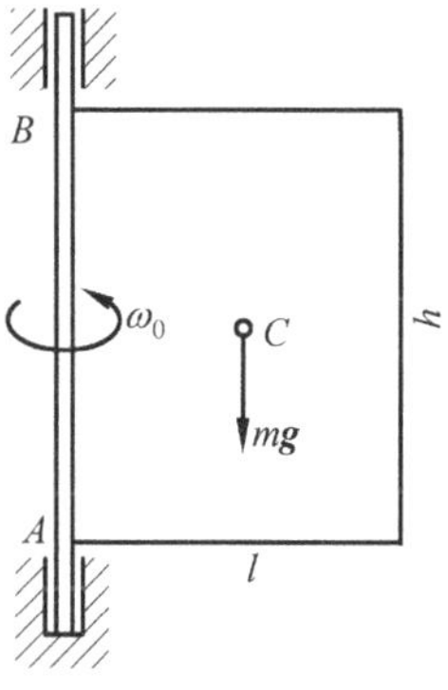


图　10-32

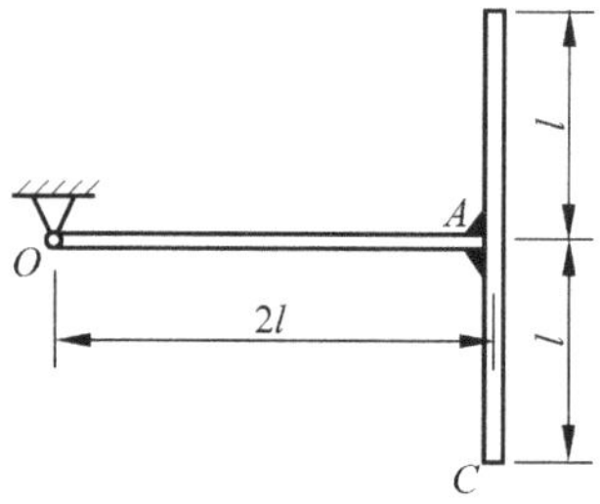


图 10-33

图 10-34

**10-11** 如图 10-35 所示，滑轮质量为 $m$，可视为均质圆盘，轮上绕以细绳，绳的一端固定于 $A$ 点，求滑轮下降时轮心 $C$ 的加速度和绳的拉力。

**10-12** 如图 10-36 所示，均质鼓轮由绕于其上的细绳拉动。已知轴的半径 $r=40\text{mm}$，轮的半径 $R=80\text{mm}$，轮重 $P=9.8\text{N}$，对过轮心垂直于轮中心平面的轴的惯性半径 $\rho=60\text{mm}$，拉力 $F=5\text{N}$，轮与地面的摩擦因数 $f=0.2$。试分别求图 10-36(a)、(b)所示两种情况下圆轮的角加速度及轮心的加速度。

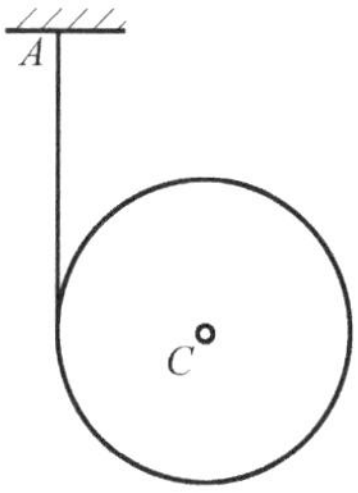


图 10-35

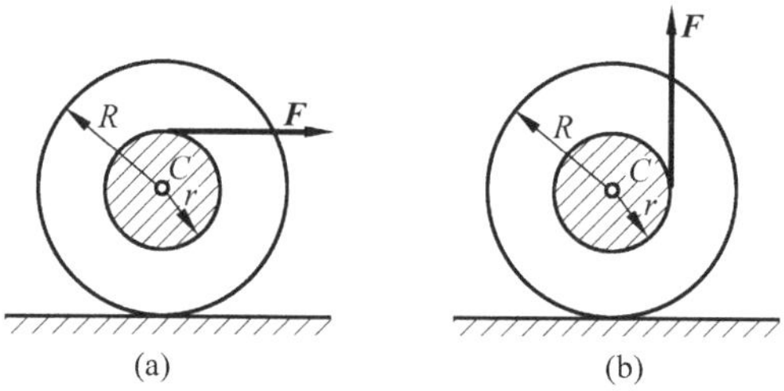


图 10-36

**10-13** 高炉运送矿石用的卷扬机如图 10-37 所示。已知均质鼓轮半径为 $R$，质量为 $m_1$，小车和矿石质量总共为 $m_2$，斜面倾角为 $\theta$，在鼓轮上作用一个力偶矩为 $M$ 的力偶。设绳的重量和各处的摩擦均忽略不计，求小车的加速度。

**10-14** 重物 $A$ 的质量为 $m_1$，系在绳子上，绳子跨过不计质量的固定滑轮 $D$，并绕在鼓轮 $B$ 上，如图 10-38 所示。由于重物 $A$ 下降，带动了鼓轮 $C$ 沿水平轨道纯滚动。设鼓轮半径为 $r$，轮 $C$ 的半径为 $R$，两者固连在一起，总质量为 $m_2$，对于水平轴 $O$ 的回转半径为 $\rho$。求重物 $A$ 的加速度。

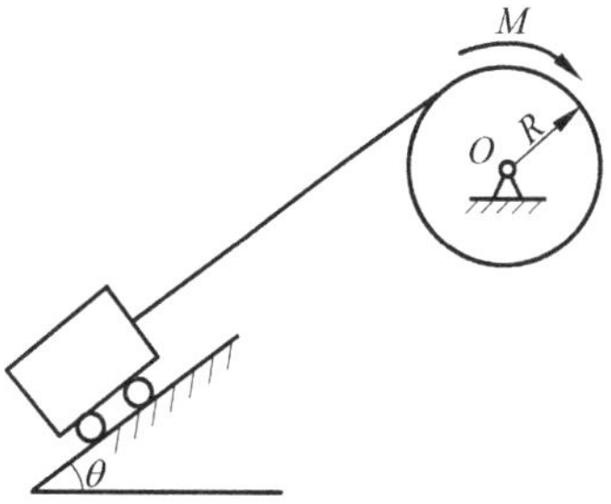


图 10-37

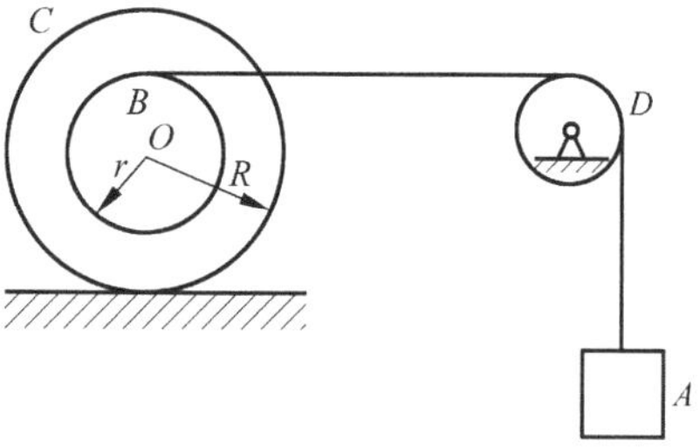


图 10-38

# 第11章

# 动能定理

## 本章提要

**【要求】**

(1) 熟悉计算力的功和质点系的动能；

(2) 能熟练应用动能定理和机械能守恒定律求解动力学问题；

(3) 能够综合运用动力学普遍定理求解较为复杂的动力学问题。

**【重点】**

(1) 力的功和运动刚体的动能；

(2) 质点系动能定理求解动力学问题。

**【难点】**

综合运用动力学普遍定理求解较为复杂的动力学问题。

动量定理与动量矩定理从某一角度揭示了质点系机械运动状态的变化规律，而动能定理则从功与能的角度来研究运动的变化规律。

能量转换与功之间的关系是自然界中各种形式运动的普遍规律，在机械运动中则表现为动能定理。不同于动量和动量矩定理，动能定理是从能量的角度来分析质点和质点系的动力学问题，它给出了动能的变化与功之间的关系，有时用动能定理更为方便和有效。同时，它还可以建立机械运动与其他形式运动之间的联系。

本章将讨论力的功、动能和势能等重要概念，推导动能定理和机械能守恒定律，并将综合运用动量定理、动量矩定理和动能定理分析较复杂的动力学问题。

## 11-1 力的功

功是度量力的作用效应的物理量。质点 $M$ 在大小和方向都不变的力 $\boldsymbol{F}$ 作用下，向右作直线运动。在某段时间内质点的位移 $\boldsymbol{s}=\overrightarrow{M_1M_2}$，如图 11-1 所示。力 $\boldsymbol{F}$ 在这段路程内所累积的作用效应用力的功来度量，以 $W$ 记之，定义为

$$W=\boldsymbol{F}\cdot\boldsymbol{s} \tag{11-1}$$

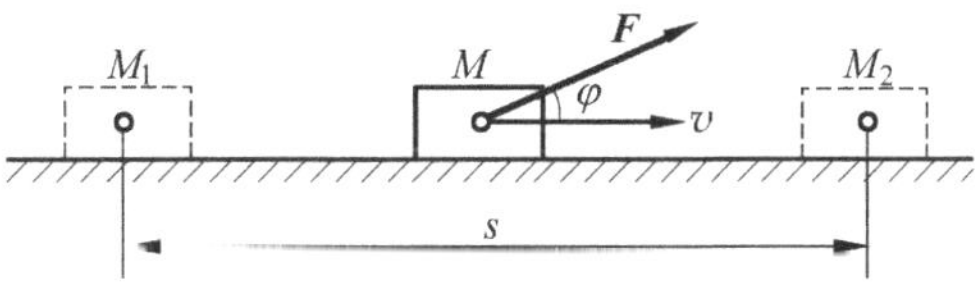


图 11-1

即,**常力在直线路程上所做的功等于力矢与位移矢的数量积**。式(11-1)也可写成

$$W = Fs\cos\varphi \tag{11-2}$$

式中,$\varphi$ 为力 $\boldsymbol{F}$ 与直线位移方向之间的夹角。功是代数量,在国际单位中,功的单位为J(焦耳)。

$$1\mathrm{J} = 1\mathrm{N} \cdot \mathrm{m} = 1\mathrm{kg} \cdot \mathrm{m}^2/\mathrm{s}^2$$

由式(11-2)可知:当 $\varphi<90°$、$\varphi=90°$、$\varphi>90°$时,功分别为正值、零和负值。

在工程实际中,作用于质点上的力可能是常力也可能是变力,质点运动的轨迹可能是直线也可能是曲线,为此有必要找到一种适合于计算质点在任意力作用下沿任意曲线运动时的功的表达式。

质点 $M$ 在变力 $\boldsymbol{F}$ 作用下沿曲线运动,如图 11-2 所示。力 $\boldsymbol{F}$ 在元位移 $\mathrm{d}\boldsymbol{r}$ 上可视为常力,经过的元弧长 $\mathrm{d}s$ 可视为直线,$\mathrm{d}\boldsymbol{r}$ 可视为沿点 $M$ 的切线。在元位移中力做的功称为**元功**,记为 $\delta W$,于是有

$$\delta W = \boldsymbol{F} \cdot \mathrm{d}\boldsymbol{r}$$

即**力的元功等于力矢与元位移的数量积**。力的元功也可写成

$$\delta W = F \cdot \cos\varphi \mathrm{d}s \tag{11-3}$$

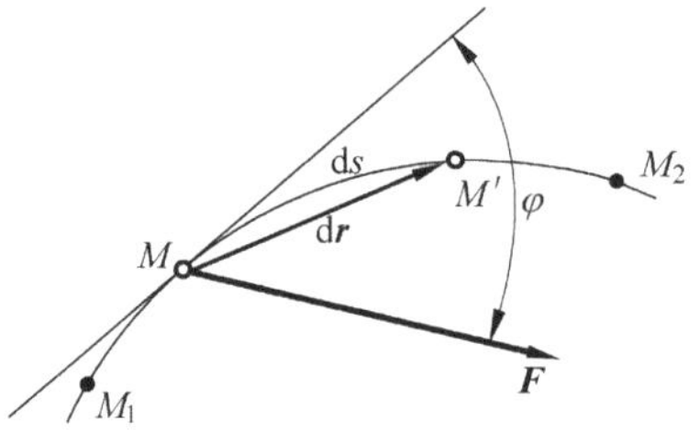


图 11-2

力在全路程上做的功等于元功之和,即

$$W = \int_0^s F \cdot \cos\varphi \mathrm{d}s \tag{11-4}$$

上式也可写成数量积形式

$$W = \int_0^s \boldsymbol{F} \cdot \mathrm{d}\boldsymbol{r} \tag{11-5}$$

在直角坐标系中,$\boldsymbol{i}$,$\boldsymbol{j}$,$\boldsymbol{k}$ 分别为三个坐标轴 $x$,$y$,$z$ 的单位矢量,则

$$\boldsymbol{F} = F_x\boldsymbol{i} + F_y\boldsymbol{j} + F_z\boldsymbol{k}, \quad \mathrm{d}\boldsymbol{r} = \mathrm{d}x\boldsymbol{i} + \mathrm{d}y\boldsymbol{j} + \mathrm{d}z\boldsymbol{k}$$

将上述二式代入式(11-5),可得到作用力从 $M_1$ 到 $M_2$ 的过程中所做的功为

$$W_{12} = \int_{M_1}^{M_2} (F_x\mathrm{d}x + F_y\mathrm{d}y + F_z\mathrm{d}z) \tag{11-6}$$

下面推导几种常见力的功。

### 1. 重力的功

设质量为 $m$ 的质点由 $M_1$ 运动到 $M_2$,如图 11-3 所示。其重力为 $P=m\boldsymbol{g}$,在直角坐标轴上的投影为

$$F_x = 0, \quad F_y = 0, \quad F_z = -mg$$

由式(11-6)可得重力做功为

$$W_{12} = \int_{z_1}^{z_2} -mg\mathrm{d}z = mg(z_1 - z_2) \tag{11-7}$$

可见,重力做功仅与质点运动的开始和末了位置的高度差 $z_1-z_2$ 有关,与质点的运动轨迹无关。

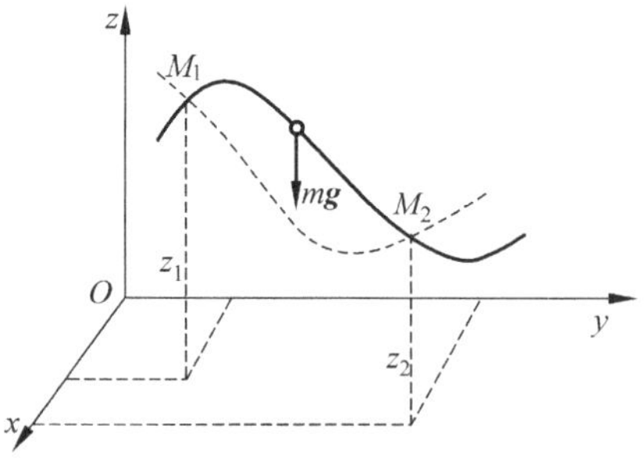


图 11-3

对于质点系,设第 $i$ 个质点的质量为 $m_i$,运动始末的高度差为 $z_{i1}-z_{i2}$,则全部重力做功之和为

$$\sum W_{12} = \sum m_i g(z_{i1} - z_{i2})$$

由质心坐标公式，有

$$mz_C = \sum m_i z_i$$

可得

$$\sum W_{12} = \sum mg(z_{C1} - z_{C2}) \tag{11-8}$$

式中，$m$ 为质点系的质量；$z_{C1} - z_{C2}$ 为质点系运动始末质心的高度差。质心下移，重力做正功；质心上移，重力做负功。质点系重力做功与质心的运动轨迹无关。

### 2. 弹性力的功

有一根刚度系数为 $k$、原长为 $l$ 的弹簧，一端固定，另一端与质点相连接，质点的运动轨迹为曲线 $A_1A_2$，如图 11-4 所示。在弹簧的弹性极限内，弹性力的大小与其变形量成正比，即

$$\boldsymbol{F} = -k(r - l_0)\frac{\boldsymbol{r}}{r}$$

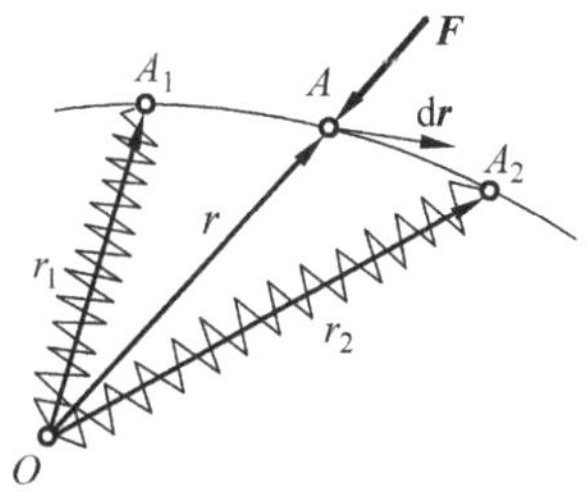


图　11-4

弹性力 $\boldsymbol{F}$ 的元功为

$$\delta W = \boldsymbol{F} \cdot \mathrm{d}\boldsymbol{r} = -k(r - l_0)\left(\frac{\boldsymbol{r} \cdot \mathrm{d}\boldsymbol{r}}{r}\right)$$

因为

$$\boldsymbol{r} \cdot \mathrm{d}\boldsymbol{r} = \frac{1}{2}\mathrm{d}(\boldsymbol{r} \cdot \boldsymbol{r}) = \frac{1}{2}\mathrm{d}\boldsymbol{r}^2 = r\mathrm{d}r = r\mathrm{d}(r - l_0)$$

所以

$$\delta W = -k(r - l_0)\mathrm{d}(r - l_0)$$

将上式代入式(11-5)，得

$$W = \int_{A_1}^{A_2} \delta W = \int_{A_1}^{A_2} \boldsymbol{F} \cdot \mathrm{d}\boldsymbol{r} = -\frac{k}{2}\int_{r_1}^{r_2} \mathrm{d}(r - l_0)^2 = \frac{k}{2}[(r_1 - l_0)^2 - (r_2 - l_0)^2]$$

考虑到 $\delta_1 = r_1 - l_0$ 与 $\delta_2 = r_2 - l_0$ 分别为质点 $A$ 在位置 $A_1$ 与 $A_2$ 时弹簧的变形量，故上式可写成

$$W = \frac{k}{2}(\delta_1^2 - \delta_2^2) \tag{11-9}$$

可见，**弹性力的功等于弹簧初始变形与末尾变形的平方差与弹簧刚度系数乘积的一半。**与运动轨迹无关。

### 3. 定轴转动刚体上作用力的功

如图 11-5 所示刚体绕 $z$ 轴转动，刚体上的 $A$ 点作用一力 $\boldsymbol{F}$，设力 $\boldsymbol{F}$ 与力作用点 $A$ 处的轨迹切线之间的夹角为 $\theta$，则力 $\boldsymbol{F}$ 在切线上的投影为

$$F_t = F\cos\theta$$

刚体定轴转动时，转角 $\varphi$ 与弧长 $s$ 的关系为

$$\mathrm{d}s = R\mathrm{d}\varphi$$

式中，$R$ 为力 $\boldsymbol{F}$ 作用点 $A$ 到轴的垂直距离。力 $\boldsymbol{F}$ 的元功为

$$\delta W = \boldsymbol{F} \cdot \mathrm{d}\boldsymbol{r} = F_t \mathrm{d}s = F_t R \mathrm{d}\varphi$$

因为 $F_t R$ 等于力 $\boldsymbol{F}$ 对转轴 $z$ 的力矩 $M_z$，于是

$$\delta W = M_z \mathrm{d}\varphi \tag{11-10}$$

力 $\boldsymbol{F}$ 在刚体从转角 $\varphi_1$ 到 $\varphi_2$ 转动过程中做的功为

$$W_{12} = \int_{\varphi_1}^{\varphi_2} M_z \mathrm{d}\varphi \tag{11-11}$$

若刚体上作用一个力偶，则力偶所做的功仍可用上式计算，式中，$M_z$ 为力偶对转轴 $z$ 的矩，也等于力偶矩矢 $M$ 在 $z$ 轴上的投影。

当 $M_z$ 为常量时，则式(11-11)变为

$$W_{12} = M_z(\varphi_1 - \varphi_2) = M_z \Delta\varphi \tag{11-12}$$

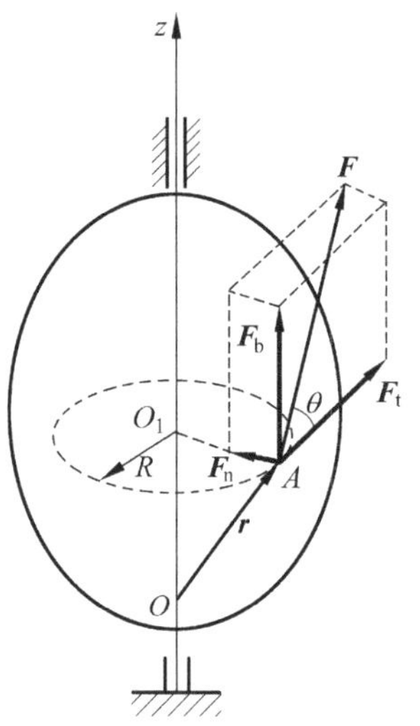


图 11-5

#### 4. 质点系内力的功

质点系的内力总是成对出现的，彼此大小相等、方向相反、作用在同一条直线上。因此，质点系所有内力的矢量和恒等于零。但是，质点系所有内力的功之和却不一定等于零。例如，人从地面上跳起、汽车加速、炸弹爆炸等都是靠内力做功。

现在推导内力做功的表达式。设质点系内有两个质点 $A_1$ 和 $A_2$，彼此间的相互吸引力为 $\boldsymbol{F}_1$ 和 $\boldsymbol{F}_2$，质点的微小位移为 $\mathrm{d}\boldsymbol{r}_1$ 和 $\mathrm{d}\boldsymbol{r}_2$。则内力 $\boldsymbol{F}_1$ 和 $\boldsymbol{F}_2$ 的元功之和为

$$\sum \delta W = \boldsymbol{F}_1 \cdot \mathrm{d}\boldsymbol{r}_1 + \boldsymbol{F}_2 \cdot \mathrm{d}\boldsymbol{r}_2 = \boldsymbol{F}_1 \cdot \mathrm{d}\boldsymbol{r}_1 - \boldsymbol{F}_1 \cdot \mathrm{d}\boldsymbol{r}_2 = \boldsymbol{F}_1 \cdot \mathrm{d}(\boldsymbol{r}_1 - \boldsymbol{r}_2) = \boldsymbol{F}_1 \cdot \mathrm{d}(\overrightarrow{A_2A_1})$$

在 $\mathrm{d}(\overrightarrow{A_2A_1})$ 中包含有方向变化和长度变化，前一变化量垂直于 $\boldsymbol{F}_1$，它与 $\boldsymbol{F}_1$ 的点积为零；后一变化量与 $\boldsymbol{F}_1$ 共线，它与 $\boldsymbol{F}_1$ 的点积为 $-F_1 \cdot \mathrm{d}(A_2A_1)$。所以

$$\sum \delta W = -F_1 \cdot \mathrm{d}(A_2A_1) \tag{11-13}$$

式中，$\mathrm{d}(A_2A_1)$ 代表两质点间的距离 $A_2A_1$ 的变化量。

必须指出，作用于质点系上的力既有外力，又有内力。在有些情况下，内力尽管大小相等而方向相反，但所做功的和并不一定为零。例如，对于两个质点 $M_1$、$M_2$ 组成的质点系，两质点间的相互作用力 $\boldsymbol{F}_{12}$ 与 $\boldsymbol{F}_{21}$ 是一对内力，虽然等值反向、矢量和为零，但当在运动过程中两质点间的距离改变(相互趋近或离开)时，两内力所做功的和显然不等于零。弹性力就是一个例子，当弹簧的长度改变时，弹簧内力的功不为零。再如，机器中轴与轴承之间相互作用的摩擦力对于整个机器是内力，但它们做负功，所做功的和也不为零。

同时，也应注意到，在不少情况下，内力所做功的和是等于零的。例如，刚体的内力、不可伸缩的绳索的内力等。

#### 5. 约束反力的功之和等于零的理想情况

**约束反力做功之和等于零的约束称为理想约束**。在理想约束条件下，质点系动能的改变只与主动力做功有关。下面通过实例加以说明。

(1) 光滑接触面、轴承、销钉和活动铰链支座，如图 11-6 所示。上述约束的约束反力总是和被约束物体的元位移 $\mathrm{d}\boldsymbol{r}$ 垂直，所以这些约束反力的功恒等于零。

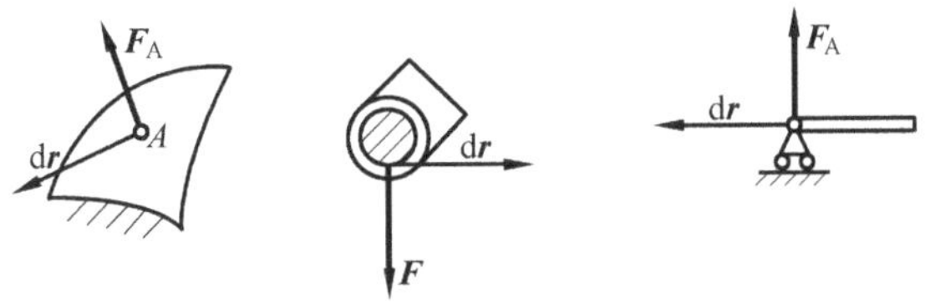


(a)　(b)　(c)

图　11-6

(2) 不可伸长的柔索。由于柔索仅在拉紧时才受力，而任何一段拉直的绳索就承受拉力来说，都和刚杆一样，因而其内力的元功之和等于零。如果柔索绕过某个光滑物体的表面，则因柔索不可伸长，柔索上各点沿物体表面的位移大小相等。与此同时，柔索中各处的拉力大小并不因绕过光滑物体而改变。所以，这段柔索的内力的元功之和仍等于零。

(3) 光滑活动铰链。当由铰链相连的两个物体一起运动时，两点的位移相同，因此这两内力的做功之和为零。

(4) 刚体沿固定支撑面作纯滚动时摩擦力做的功。如图 11-7 所示，刚体沿固定支撑面作纯滚动时，出现的是静滑动摩擦力，其元功为

$$\delta W = \boldsymbol{F}_s \cdot \boldsymbol{v}_C \mathrm{d}t$$

因为 $C$ 是刚体的速度瞬心，所以 $\boldsymbol{v}_C = 0$，即：刚体沿固定支撑面作纯滚动时，滑动摩擦力的功等于零。

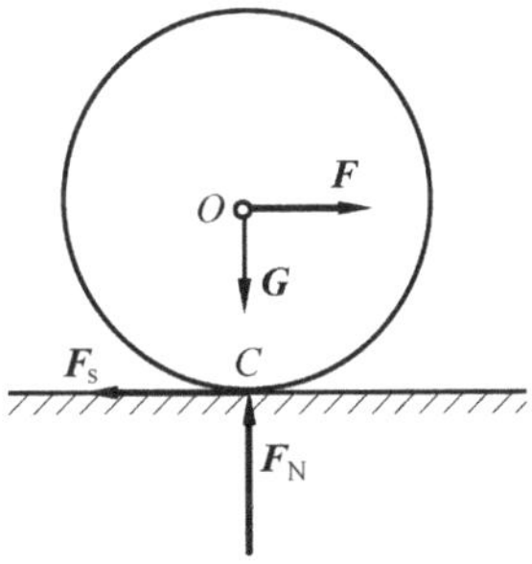


图　11-7

理想约束力可以是质点系的外力，也可以是内力。对于定常的理想约束，例如固定的理想光滑面约束，以及一端固定的柔索或二力杆约束，约束反力始终与被约束质点的位移垂直，因此它们的功的和必等于零。当系统内两个刚体相互接触且接触处理想光滑时，约束反力为系统的内力，且始终与接触点处分属两个刚体的质点间的相对位移垂直，所做功之和也等于零。可以归纳为：**质点系的定常理想约束在运动过程中所做的外力功和内力功之和等于零。**

**【例 11-1】** 如图 11-8(a)所示滑块重 $P=9.8\text{N}$，弹簧刚度系数 $k=0.5\text{N/cm}$，滑块在 $A$ 位置时弹簧对滑块的拉力为 2.5N，滑块在 20N 的绳子拉力作用下沿光滑水平槽从位置 $A$ 运动到位置 $B$，求作用于滑块上所有力的功的和。

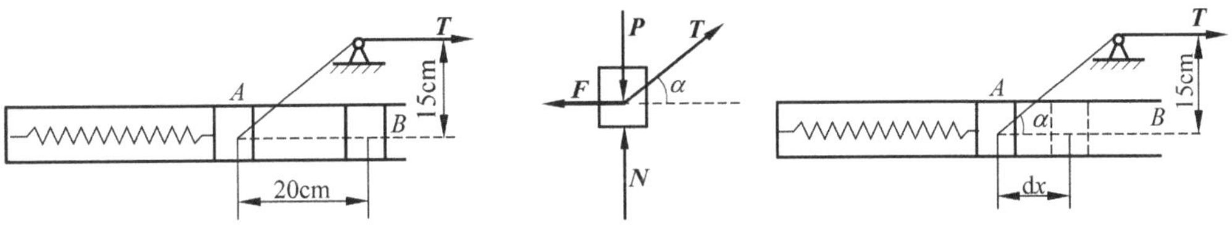


(a)　(b)　(c)

图　11-8

**解**：滑块在任一瞬时受力如图 11-8(b)所示。由于 **P** 与 **N** 始终垂直于滑块位移，因此它们所做的功为零。所以只需计算力 **T** 与力 **F** 的功，先计算力 **T** 的功。

在运动过程中，力 **T** 的大小不变，但方向在变，如图 11-8(c)所示。因此力 **T** 的元功为

$$\delta W_T = T\cos\alpha\, dx$$

$$\cos\alpha = \frac{20-x}{\sqrt{(20-x)^2+15^2}}$$

力 **T** 在整个过程中所做的功为

$$W_T = \int_0^{20} T\cos\alpha\, dx = \int_0^{20} 20\frac{20-x}{\sqrt{(20-x)^2+5^2}} dx = 200\text{N}\cdot\text{cm}$$

再计算力 **F** 的功，由题意

$$\delta_1 = \frac{2.5}{0.5} = 5\text{cm}$$

$$\delta_2 = 5 + 20 = 25\text{cm}$$

因此力 **F** 在整个过程中所做的功为

$$W_F = \frac{1}{2}k(\delta_1^2 - \delta_2^2) = \frac{1}{2}\times 0.5(5^2 - 25^2) = -150\text{N}\cdot\text{cm}$$

因此所有力的功之和为

$$W = W_F + W_T = 200 - 150 = 50\text{N}\cdot\text{cm}$$

## 11-2 质点和质点系的动能

### 1. 质点的动能

动能是物体机械运动强弱的又一种度量。设质点的质量为 $m$，在某一位置时的速度为 $\boldsymbol{v}$，则该质点的动能为

$$T = \frac{1}{2}mv^2 \tag{11-14}$$

动能恒为正值，它是一个与速度方向无关的标量。动能的单位为 N·m(牛·米)，即 J(焦耳)。

动能和动量都是表征物体机械运动的量，都与物体的质量和速度有关，但各有其特点和适用范围。动量为矢量，是以机械运动形式传递运动时的度量；而动能为标量，是机械运动形式转化为其他运动形式(如热、电等)的度量。

### 2. 质点系的动能

质点系内各质点的动能的总和，称为质点系的动能。即

$$T = \sum \frac{1}{2}m_i v_i^2 \tag{11-15}$$

刚体是由无数质点组成的质点系，刚体作不同的运动时，各质点的速度分布不同，故刚体的动能应按照刚体的运动形式来计算。

### 3. 平动刚体的动能

当刚体作平动时，在每一瞬时刚体内各质点的速度都相同，以刚体质心的速度 $\boldsymbol{v}_C$ 为代

表，于是，由式(11-15)可得平动刚体的动能为

$$T=\sum \frac{1}{2}m_i v_i^2=\frac{1}{2}v_C^2\sum m_i=\frac{1}{2}mv_C^2 \tag{11-16}$$

上式表明：**平动刚体的动能等于刚体的质量与其质心速度平方乘积的一半。**

**4. 定轴转动刚体的动能**

设刚体在某瞬时绕固定轴 $z$ 转动的角速度为 $\omega$，则与转动轴 $z$ 相距为 $r_i$、质量为 $m_i$ 的质点的速度为 $v_i=r_i\omega$。于是，由式(11-15)可得定轴转动刚体的动能。

$$T=\sum \frac{1}{2}m_i v_i^2=\sum \frac{1}{2}m_i r_i^2\omega^2=\frac{1}{2}\left(\sum m_i r_i^2\right)\omega^2=\frac{1}{2}J_z\omega^2 \tag{11-17}$$

上式表明：**定轴转动刚体的动能等于刚体对转轴的转动惯量与角速度平方乘积的一半。**

**5. 平面运动刚体的动能**

刚体作平面运动时，任一瞬时的速度分布可看成绕其速度瞬心作瞬时转动，因此，该瞬时的动能可按式(11-17)进行计算。

取刚体质心 $C$ 所在的平面图形如图 11-9 所示，设图形中的点 $P$ 是某瞬时的速度瞬心，$\omega$ 是平面图形转动的角速度，于是，平面运动刚体的动能为

$$T=\frac{1}{2}J_P\omega^2 \tag{11-18}$$

式中，$J_P$ 为刚体对速度瞬心的转动惯量。由于速度瞬心 $P$ 的位置随时间而改变，应用上式进行计算不太方便，故常采用另一种形式。

根据转动惯量的平行移轴公式有

$$J_P=J_C+md^2$$

因为 $v_C=d\omega$，故

$$T=\frac{1}{2}mv_C{}^2+\frac{1}{2}J_C\omega^2 \tag{11-19}$$

上式表明：**平面运动刚体的动能等于刚体随质心平动动能与绕质心转动动能之和。**

**【例 11-2】** 在图 11-10 所示系统中，均质定滑轮 $B$(视为均质圆盘)和均质圆柱体 $C$ 的质量均为 $m_1$，半径均为 $R$，圆柱体 $C$ 沿倾角为 $\theta$ 的斜面作纯滚动，重物 $A$ 的质量为 $m_2$，不计绳的伸长与质量。在图示瞬时，重物 $A$ 的速度为 $\boldsymbol{v}$，试求系统的动能。

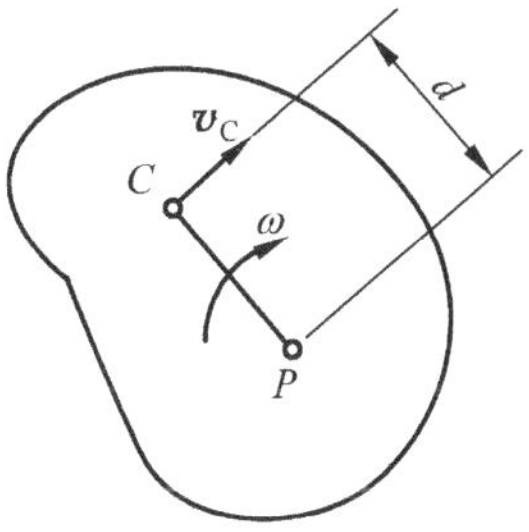


图　11-9

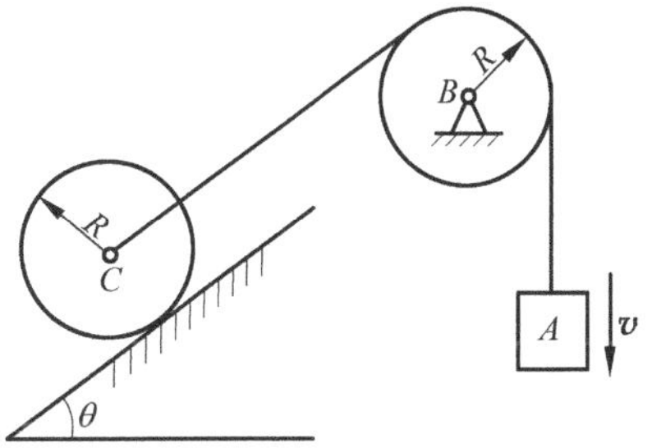


图　11-10

**解**：对系统进行运动分析。$A$ 物体作平动，速度为 $\boldsymbol{v}$。滑轮 $B$ 作定轴转动，角速度为 $\omega_B=v/R$，圆柱体 $C$ 作平面运动，质心 $C$ 的速度为 $v_C=v$，角速度 $\omega_C=v_C/R=v/r$，则由式(11-15)、式(11-17)和式(11-18)分别计算刚体 $A$、$B$、$C$ 的动能。

$$T_A=\frac{1}{2}m_2v^2$$

$$T_B=\frac{1}{2}J_B\omega_B^2=\frac{1}{2}\left(\frac{1}{2}m_1R^2\right)\left(\frac{v}{R}\right)^2=\frac{1}{4}m_1v^2$$

$$T_C=\frac{1}{2}m_1v_C^2+\frac{1}{2}J_C\omega_C^2=\frac{1}{2}m_1v^2+\frac{1}{2}\left(\frac{1}{2}m_1R^2\right)\left(\frac{v}{R}\right)^2=\frac{3}{4}m_1v^2$$

系统的动能为

$$T=T_A+T_B+T_C=\frac{1}{2}m_2v^2+\frac{1}{4}m_1v^2+\frac{3}{4}m_1v^2=\frac{1}{2}(m_2+2m_1)v^2$$

## 11-3 动能定理

### 1. 质点的动能定理

对矢量形式的质点运动微分方程

$$m\frac{\mathrm{d}\boldsymbol{v}}{\mathrm{d}t}=\boldsymbol{F}$$

两边点乘 $\mathrm{d}\boldsymbol{r}$ 得到

$$m\frac{\mathrm{d}\boldsymbol{v}}{\mathrm{d}t}\cdot\mathrm{d}\boldsymbol{r}=\boldsymbol{F}\cdot\mathrm{d}\boldsymbol{r}$$

因 $\boldsymbol{v}=\dfrac{\mathrm{d}\boldsymbol{r}}{\mathrm{d}t}$，$\delta W=\boldsymbol{F}\cdot\mathrm{d}\boldsymbol{r}$，故上式成为

$$m\mathrm{d}\boldsymbol{v}\cdot\boldsymbol{v}=\delta W$$

而

$$\boldsymbol{v}\cdot\mathrm{d}\boldsymbol{v}=\mathrm{d}\left(\frac{1}{2}\boldsymbol{v}\cdot\boldsymbol{v}\right)=\mathrm{d}\left(\frac{1}{2}v^2\right)$$

于是得到

$$\mathrm{d}\left(\frac{1}{2}mv^2\right)=\delta W \tag{11-20}$$

即，**质点动能的增量等于作用于质点上的力的元功**。这称为**质点动能定理的微分形式**。

对上式积分，得到

$$\frac{1}{2}mv_2^2-\frac{1}{2}mv_1^2=W \tag{11-21}$$

即，**在质点运动的某一过程中，质点动能的改变量等于作用于质点上的力所做的功**。这称为**质点动能定理的积分形式**。

### 2. 质点系的动能定理

设质点系由 $n$ 个质点组成，根据质点动能定理的微分形式，对于其中第 $i$ 个质点，有

$$\mathrm{d}\left(\frac{1}{2}m_i v_i^2\right)=\delta W_i$$

式中，$\delta W_i$ 为作用于该质点上的力 $\boldsymbol{F}_i$ 的元功。

对于 $n$ 个质点，就有 $n$ 个上述方程，将它们相加，得

$$\sum \mathrm{d}\left(\frac{1}{2}m_i v_i^2\right)=\mathrm{d}\sum\left(\frac{1}{2}m_i v_i^2\right)=\sum \delta W_i$$

式中，$\sum\left(\frac{1}{2}m_i v_i^2\right)=T$，为质点系的动能，于是，上式可写为

$$\mathrm{d}T=\sum \delta W_i \tag{11-22}$$

即，**质点系动能的增量等于作用于质点系上全部力的元功的和**。这称为**质点系动能定理的微分形式**。

对上式积分，得到

$$T_2-T_1=\sum W_i \tag{11-23}$$

即，**在质点系运动的某一过程中，质点系动能的改变量等于作用于质点系上的全部力所做的功的和**。这称为**质点系动能定理的积分形式**。

必须指出，作用于质点系上的力既有外力，又有内力。在有些情况下，内力尽管大小相等而方向相反，但所做功的和并不一定为零。同时，也应注意到，在不少情况下，内力所做功的和是等于零的。例如，刚体的内力、不可伸缩的绳索的内力等。所以，在运用质点系的动能定理时，要根据具体情况，分析包括内力在内的所有作用力是否做功。

**【例 11-3】** 如图 11-11 所示，质量为 $m$ 的物块，自高度 $h$ 处自由落下，落到下面有弹簧支撑的平板上。设板的质量为 $m_1$，弹簧的刚度系数为 $k$。若不计弹簧质量，试求弹簧的最大压缩量。

**解**：选取物块、平板和弹簧组成的质点系为研究对象。初始时，弹簧在板的重力作用下有一静压缩量

$$\delta_{st}=\frac{m_1 g}{k} \tag{a}$$

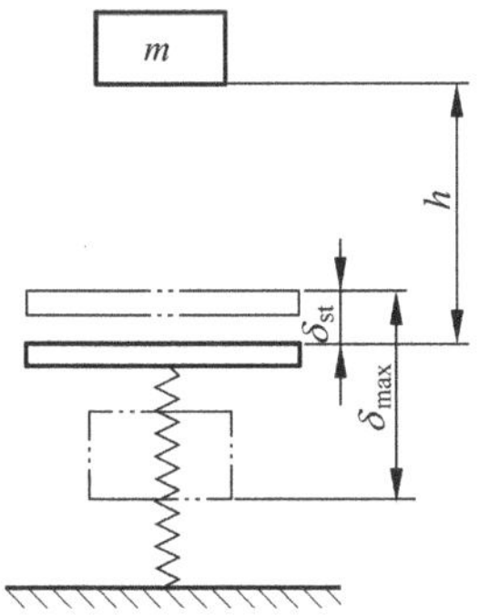


**图　11-11**

设弹簧的最大压缩量为 $\delta_{max}$（图 11-11），在从物块下落初始到弹簧达到最大压缩量的过程中，物块重力做功为

$$W_1=mg(h+\delta_{max}-\delta_{st})$$

平板重力做功为

$$W_2=m_1 g(\delta_{max}-\delta_{st})$$

弹性力做功为

$$W_3=\frac{1}{2}k(\delta_{st}^2-\delta_{max}^2)$$

所以，作用于质点系上的全部力所做功的和为

$$\sum W_i=W_1+W_2+W_3=mg(h+\delta_{max}-\delta_{st})+m_1 g(\delta_{max}-\delta_{st})+\frac{1}{2}k(\delta_{st}^2-\delta_{max}^2)$$

在物块下落初始时刻以及弹簧达到最大压缩量时，系统各部分的速度均为零，故由质点系动能定理的积分形式，有

$$0-0=mg(h+\delta_{max}-\delta_{st})+m_1g(\delta_{max}-\delta_{st})+\frac{1}{2}k(\delta_{st}^2-\delta_{max}^2) \tag{b}$$

将式(a)代入式(b)，整理得

$$\frac{1}{2}k\delta_{max}^2-(m+m_1)g\delta_{max}+\frac{m_1g^2}{2k}(m_1+2m)-mgh=0$$

解上述关于 $\delta_{max}$ 的一元二次方程，得弹簧的最大压缩量为

$$\delta_{max}=\frac{(m+m_1)g+\sqrt{(mg+m_1g)^2-(m_1^2g^2-2kmgh+2m_1mg^2)}}{k}$$

**【例 11-4】** 如图 11-12 所示，均质轮Ⅰ的质量为 $m_1$、半径为 $r_1$，在均质曲柄 $O_1O_2$ 的带动下沿半径为 $r_2$ 的固定轮Ⅱ作纯滚动。曲柄 $O_1O_2$ 的质量为 $m_2$，长 $l=r_1+r_2$。系统处于水平面内，曲柄上作用有一不变的力偶矩 $M$。初始时系统静止。若不计各处摩擦，试求曲柄 $O_1O_2$ 转过 $\varphi$ 角时，曲柄的角速度和角加速度。

**解**：选取曲柄 $O_1O_2$ 和轮Ⅰ组成的质点系为研究对象，质点系的初动能

$$T_1=0$$

曲柄 $O_1O_2$ 绕定轴 $O_2$ 转动，轮Ⅰ作平面运动。设曲柄 $O_1O_2$ 转过 $\varphi$ 角时曲柄 $O_1O_2$ 的角速度为 $\omega$，则轮Ⅰ的质心速度 $v_{O_1}=\omega l$、角速度 $\omega_1=\dfrac{\omega l}{r_1}$。因此，曲柄 $O_1O_2$ 转过 $\varphi$ 角时质点系的动能为

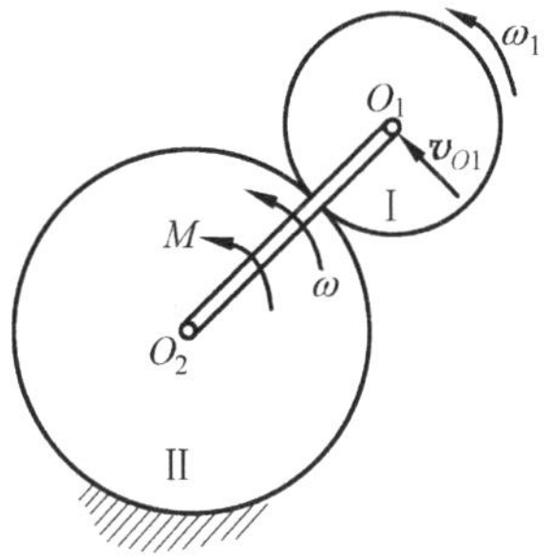

图 11-12

$$T_2=\frac{1}{2}\left(\frac{1}{3}m_2l^2\right)\omega^2+\frac{1}{2}m_1v_{O_1}^2+\frac{1}{2}\left(\frac{1}{2}m_1r_1^2\right)\omega_1^2$$

$$=\frac{1}{2}\left(\frac{m_2}{3}+\frac{3m_1}{2}\right)\omega^2l^2$$

由于系统处于水平面内，重力不做功，只有力偶 $M$ 做功，故由质点系动能定理的积分形式，有

$$\frac{1}{2}\left(\frac{m_2}{3}+\frac{3m_1}{2}\right)\omega^2l^2=M\varphi \tag{a}$$

于是，曲柄的角速度为

$$\omega=\sqrt{\frac{12M\varphi}{(9m_1+2m_2)l^2}}$$

将式(a)两边同时对时间 $t$ 求导，并代入 $\dot{\omega}=\alpha$、$\dot{\varphi}=\omega$，整理即得曲柄的角加速度为

$$\alpha=\frac{6M}{(9m_1+2m_2)l^2}$$

**【例 11-5】** 如图 11-13 所示，均质圆轮 $A$ 和 $B$ 的质量均为 $m$、半径均为 $r$。轮 $A$ 可绕质心轴 $A$ 转动。一根细绳的两端分别绕在轮 $A$ 和轮 $B$ 上，运动初始时，系统静止，两轮的轮心位于同一水平线上。假设轮与绳之间没有相对滑动，且不计轴承摩擦，试求当轮 $B$ 下落 $h$ 时，其质心 $B$ 的速度和加速度，以及轮 $A$ 与轮 $B$ 的角速度和角加速度。

**解**：选取轮 $A$ 和轮 $B$ 组成的质点系为研究对象。运动初始时，质点系的动能 $T_1=0$。

轮 $A$ 绕定轴转动，轮 $B$ 作平面运动。对轮 $A$ 运用绕定轴转动微分方程，对轮 $B$ 运用平面运动微分方程，并结合运动初始条件可知，在系统运动过程中，轮 $A$ 和轮 $B$ 具有相同的角加速度 $\alpha$ 和角速度 $\omega$，参见例 10-6。另研究轮 $B$，由基点法易得 $v_B=2r\omega$。于是，当轮 $B$ 下落 $h$ 时，质点系的动能为

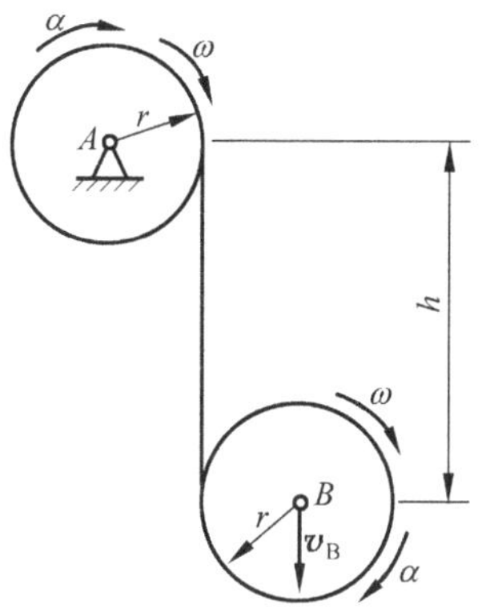

图　11-13

$$T_2=\frac{1}{2}J_A\omega^2+\frac{1}{2}mv_B^2+\frac{1}{2}J_B\omega^2=\frac{1}{2}\left(\frac{1}{2}mr^2\right)\left(\frac{v_B}{2r}\right)^2+\frac{1}{2}mv_B^2+\frac{1}{2}\left(\frac{1}{2}mr^2\right)\left(\frac{v_B}{2r}\right)^2=\frac{5}{8}mv_B^2$$

作用于质点系上的所有力中，显然只有轮 $B$ 的重力做功

$$W=mgh$$

根据质点系动能定理的积分形式，有

$$\frac{5}{8}mv_B^2-0=mgh \tag{a}$$

于是，得轮 $B$ 质心的速度为

$$v_B=\sqrt{\frac{8gh}{5}}$$

将式(a)两边对时间 $t$ 求导，并注意到 $\frac{\mathrm{d}h}{\mathrm{d}t}=v_B$，$\frac{\mathrm{d}v_B}{\mathrm{d}t}=a_B$，整理即得轮 $B$ 质心的加速度为

$$a_B=\frac{4}{5}g$$

轮 $A$ 与轮 $B$ 的角速度为

$$\omega=\frac{v_B}{2r}=\frac{1}{r}\sqrt{\frac{2gh}{5}} \tag{b}$$

将式(b)两边对时间 $t$ 求导，即得轮 $A$ 与轮 $B$ 的角加速度为

$$\alpha=\frac{2}{5}\frac{g}{r}$$

**【例 11-6】**　如图 11-14(a)所示，长为 $l$、质量为 $m$ 的均质杆 $AB$ 静止直立于光滑水平地面上。若杆受微小扰动而自由倒下，试求杆刚刚达到地面时的角速度和地面约束力。

**解**：由于地面光滑，杆沿水平方向不受力，故由质心运动守恒定律可知，在杆倒下过程中，质心 $C$ 将铅直向下运动。同时，杆端 $A$ 贴着地面水平向左运动。杆在一般位置的受力分析与运动分析如图 11-14(b)所示，点 $P$ 为杆的速度瞬心。

设杆质心 $C$ 的速度为 $v_C$，由速度瞬心法，杆的角速度为

$$\omega=\frac{v_C}{CP}=\frac{2v_C}{l\cos\theta} \tag{a}$$

故得杆的动能为

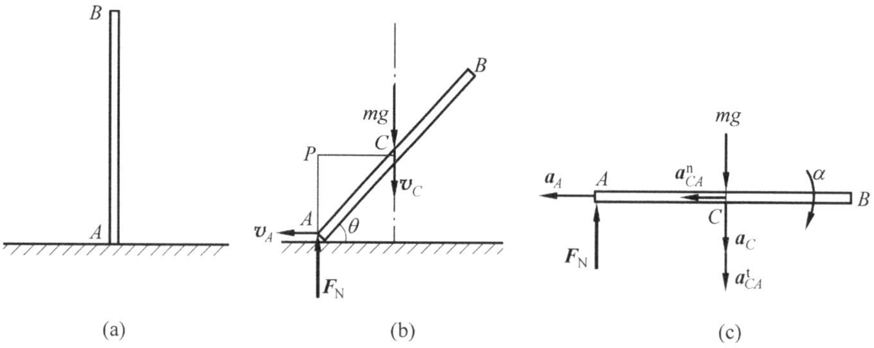


图 11-14

$$T=\frac{1}{2}mv_C^2+\frac{1}{2}J_C\omega^2=\frac{1}{2}mv_C^2+\frac{1}{2}\left(\frac{1}{12}ml^2\right)\left(\frac{2v_C}{l\cos\theta}\right)^2=\frac{1}{2}m\left(1+\frac{1}{3\cos^2\theta}\right)v_C^2$$

杆的初始动能为零，在杆倒下过程中只有重力做功，由动能定理，有

$$\frac{1}{2}m\left(1+\frac{1}{3\cos^2\theta}\right)v_C^2-0=mg\ \frac{l}{2}(1-\sin\theta) \tag{b}$$

当杆刚刚达到地面时 $\theta=0$，将其代入式(a)、式(b)，即得此时杆的角速度为

$$\omega=\sqrt{\frac{3g}{l}}$$

杆刚达到地面时受力和运动分析如图 11-14(c)所示，由刚体平面运动微分方程，有

$$mg-F_N=ma_C \tag{c}$$

$$J_C\alpha=\frac{1}{12}ml^2\alpha=F_N\ \frac{l}{2} \tag{d}$$

另由基点法，质心 $C$ 的加速度为

$$\boldsymbol{a}_C=\boldsymbol{a}_A+\boldsymbol{a}_{CA}^n+\boldsymbol{a}_{CA}^t \tag{e}$$

此时，$\boldsymbol{a}_A$ 沿水平方向，$\boldsymbol{a}_C$ 沿铅垂方向，$a_{CA}^t=\alpha\ \frac{l}{2}$。将式(e)两边向铅垂方向投影，得

$$a_C=a_{CA}^t=\alpha\ \frac{l}{2} \tag{f}$$

联立式(c)、式(d)、式(f)，解得杆刚刚达到地面时的地面约束力为

$$F_N=\frac{1}{4}mg$$

## 11-4 功率方程和机械效率

### 1. 功率

**单位时间内力所做的功称为功率**。功率是力做功快慢程度的度量，它是衡量机械性能的一项重要指标。用 $P$ 表示功率，则

$$P=\frac{\delta W}{\mathrm{d}t}=\boldsymbol{F}\cdot\frac{\mathrm{d}\boldsymbol{r}}{\mathrm{d}t}=\boldsymbol{F}\cdot\boldsymbol{v}=F_t v \tag{11-24}$$

上式表明：**功率等于切向力与力作用点速度的乘积**。例如，用机床加工零件时，切削力越大切削速度越高，则要求机床的功率越大。每台机床、每部机器能够输出的最大功率是一定的。因此用机床加工时，如果切削力较大，必须选择较小的切削速度，使二者的乘积不超过机床能够输出的最大功率。又如汽车上坡时，由于需要较大的驱动力，这时驾驶员一般选用低速挡，以求在发动机功率一定的条件下，产生最大的驱动力。

在国际单位制中，功率的单位为 W(瓦)，1W=1J/s，1000W=1kW。

作用在转动刚体上的力的功率为

$$P=\frac{\delta W}{\mathrm{d}t}=\frac{M\mathrm{d}\varphi}{\mathrm{d}t}=M\omega=\frac{\pi n}{30}M \tag{11-25}$$

式中，$n$ 为每分钟的转数，$M$ 为力矩。

工程中，常给出转动物体的转速 $n$、转矩 $T$ 和功率 $P$(kW)的关系式

$$T(\mathrm{N\cdot m})=9549\times\frac{P(\mathrm{kW})}{n(\mathrm{r/min})} \tag{11-26}$$

**2. 功率方程**

取质点系动能定理的微分形式，两端除以 $\mathrm{d}t$，得

$$\frac{\mathrm{d}T}{\mathrm{d}t}=\sum\frac{\delta W_i}{\mathrm{d}t}=\sum P_i \tag{11-27}$$

上式称为**功率方程**，即，**质点系动能对时间的一阶导数等于作用于质点系的所有力的功率的代数和**。

功率方程常用来研究机器在工作时能量的变化和转化的问题。任何机器都要依靠不断地输入功，才能维持它的正常运行。譬如，用电动机带动机器运行时，设输入功为 $\delta W$(输入)，机器为完成其工作所需消耗的功为 $\delta W$(有用)，还有为克服机械摩擦阻尼等消耗的无用功 $\delta W$(无用)。由动能定理

$$\mathrm{d}T=\delta W(\text{输入})-\delta W(\text{有用})-\delta W(\text{无用})$$

等号两端除以 $\mathrm{d}t$，即

$$\frac{\mathrm{d}T}{\mathrm{d}t}=P_{\text{输入}}-P_{\text{有用}}-P_{\text{无用}} \tag{11-28}$$

式(11-28)表明机器的输入、消耗的功率与动能变化率之间的关系。

当机器在起动过程中要求 $\frac{\mathrm{d}T}{\mathrm{d}t}>0$，即 $P_{\text{输入}}>P_{\text{有用}}+P_{\text{无用}}$；当机器正常运行时，$\frac{\mathrm{d}T}{\mathrm{d}t}=0$，即 $P_{\text{输入}}=P_{\text{有用}}+P_{\text{无用}}$；当机器在制动过程中停止输入功，即 $\frac{\mathrm{d}T}{\mathrm{d}t}<0$，即 $P_{\text{输入}}=0$，机器停止工作时，$P_{\text{有用}}=0$，只有无用功的消耗，即 $\frac{\mathrm{d}T}{\mathrm{d}t}=-P_{\text{无用}}$，$\frac{\mathrm{d}T}{\mathrm{d}t}<0$，直至机器停止。在一般情形下，式(11-28)可写成

$$P_{\text{输入}}=P_{\text{有用}}+P_{\text{无用}}+\frac{\mathrm{d}T}{\mathrm{d}t} \tag{11-29}$$

上式表明，**系统的输入功率等于有用功率、无用功率与系统动能的变化率之和**。

### 3. 机械效率

任何一部机器在工作时都需要从外界输入功率，同时由于一些机械能转化为热能、声能将消耗一部分功率。在工程中，把有效功率(包括克服有用阻力的功率和使系统动能改变的功率)与输入功率的比值称为机器的机械效率，用 $\eta$ 表示，即机械功率

$$\eta=\frac{\text{有效功率}}{\text{输入功率}} \tag{11-30}$$

式中，有效功率 $=P_{\text{有用}}+\frac{\mathrm{d}T}{\mathrm{d}t}$。由上式可知机械效率 $\eta$ 表明机器对输入功率的有效利用程度，它是评价机器质量好坏的指标之一，它与传动方式、制造精度和工作条件有关。一般机械或机械零件传动的效率可在手册或有关说明书中查到。显然，$\eta<1$。

**【例 11-7】** 车床的电动机功率 $P=5.4\text{kW}$。由于传动零件之间的摩擦，损耗功率占输入功率的 30%。如工件的直径 $d=100\text{mm}$，转速 $n=42\text{r/min}$，试问允许的切削力最大值为多少？若工件的转速变为 $n_1=112\text{r/min}$，问允许的切削力最大值为多少？

**解**：由题意知，车床的输入功率为 $P=5.4\text{kW}$，损耗的无用功率 $P_{\text{无用}}=P\times 30\%=1.62\text{kW}$。当工件匀速转动时，有用功率为

$$P_{\text{有用}}=P-P_{\text{无用}}=3.78\text{kW}$$

设切削力为 $\boldsymbol{F}$，切削速度为 $v$，由 $P_{\text{有用}}=Fv=F\times\frac{d}{2}\times\frac{n\pi}{30}$，得

$$F=\frac{60}{\pi dn}P_{\text{有用}}$$

当 $n=42\text{r/min}$ 时，允许的最大切削力为

$$F=\frac{60}{\pi\times 0.1\times 42}\times 3.78=17.19\text{kN}$$

当 $n_1=112\text{r/min}$ 时，允许的最大切削力为

$$F=\frac{60}{\pi\times 0.1\times 112}\times 3.78=6.45\text{kN}$$

由计算结果知，在固定电动机功率下，转速越大，切削力越小。

**【例 11-8】** 图 11-15 中，物块质量为 $m$，用不计质量的细绳跨过滑轮与弹簧相连。弹簧原长为 $l_0$，刚度系数为 $k$，质量不计。滑轮半径为 $R$，转动惯量为 $J$，不计摩擦。试建立系统的运动微分方程。

**解**：如弹簧由自然位置拉长任一长度 $s$，滑轮转过 $\varphi$ 角，物块下降 $s$，显然有 $s=R\varphi$。此时系统的动能为

$$T=\frac{1}{2}m\left(\frac{\mathrm{d}s}{\mathrm{d}t}\right)^2+\frac{1}{2}J\left(\frac{\mathrm{d}\varphi}{\mathrm{d}t}\right)^2=\frac{1}{2}\left(m+\frac{J}{R^2}\right)\left(\frac{\mathrm{d}s}{\mathrm{d}t}\right)^2$$

重物下降速度为 $v=\frac{\mathrm{d}s}{\mathrm{d}t}$，重力功率为 $mg\frac{\mathrm{d}s}{\mathrm{d}t}$；弹性力功率为 $-ks\frac{\mathrm{d}s}{\mathrm{d}t}$。代入功率方程，得

$$\left(m+\frac{J}{R^2}\right)\frac{\mathrm{d}s}{\mathrm{d}t}\frac{\mathrm{d}^2s}{\mathrm{d}t^2}=mg\frac{\mathrm{d}s}{\mathrm{d}t}-ks\frac{\mathrm{d}s}{\mathrm{d}t}$$

由此得到关于坐标 $s$ 的运动微分方程

$$\left(m+\frac{J}{R^2}\right)\frac{\mathrm{d}^2 s}{\mathrm{d}t^2}=mg-ks$$

如果令 $\delta_0$ 为弹簧静伸长，即 $mg=k\delta_0$，以平衡位置为原点，物体下降 $x$ 时弹簧拉长量为 $s=\delta_0+x$，代入上式，整理后得到关于坐标 $x$ 的运动微分方程

$$\left(m+\frac{J}{R^2}\right)\frac{\mathrm{d}^2 x}{\mathrm{d}t^2}+kx=0$$

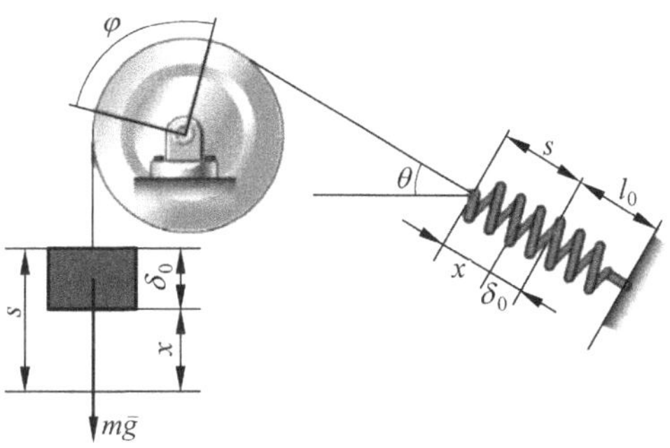

图　11-15

这是系统自由振动微分方程的标准形式。由此可见，弹簧的倾斜角度 $\theta$ 与系统的运动微分方程无关。

## 11-5　势能与机械能守恒定律

### 1. 势力场与有势力

若质点在空间任一位置所受到的力矢量完全取决于该质点的位置，即质点所受力矢量是位置的单值、有界且可微的函数，则这部分空间称为**力场**。例如，地面附近空间为重力场；远离地球的空间为万有引力场。

力场对质点的作用力称为**场力**。

如果质点在某力场中运行时，场力所做的功与质点运动的路径无关，而只取决于质点的起始位置与终了位置，则该力场称为**势力场**。这些力场的场力称为**有势力**。例如重力、万有引力及弹性力都是有势力，而重力场、万有引力场、弹性力场都为势力场。

### 2. 势能

**在势力场中，质点从某一位置 $M$ 运动到任一选定的点 $M_0$，有势力所做功称为质点在 $M$ 点相对于 $M_0$ 的势能**。它是位置坐标的单值连续函数，称为**势能函数**，以 $V(x,y,z)$ 表示为

$$V(x,y,z)=W_{M\to M_0}=\int_M^{M_0}\boldsymbol{F}\cdot\mathrm{d}\boldsymbol{r}=\int_M^{M_0}(F_x\mathrm{d}x+F_y\mathrm{d}y+F_z\mathrm{d}z)=\int_M^{M_0}\mathrm{d}W \tag{11-31}$$

点 $M_0$ 的势能等于零，称为零势能位置。在势力场中，势能的大小是相对于零势能点而言的。零势能点 $M_0$ 可以任意选取，对于不同的零势能点，在势力场中同一位置的势能可有不同的数值。

下面计算常见势力场的势能。

1）重力场中的势能

任选一坐标原点，$z$ 轴铅直向下，以 $z_0$ 表示零势能位置的坐标，则质点于 $z$ 坐标处的势能 $V$ 等于重力 $mg$ 由 $z$ 到 $z_0$ 处所做的功，即

$$V=\int_z^{z_0}-mg\,\mathrm{d}z=mg(z-z_0) \tag{11-32}$$

2）弹性力场的势能

设弹簧的刚度系数为 $k$，零势能点位置的变形量（净伸长）为 $\delta_0$，则变形量为 $\delta$ 处的弹簧势能为

$$V=\frac{k}{2}(\delta^2-\delta_0^2) \tag{11-33}$$

3）万有引力场

设质量为 $m$ 的质点受质量为 $m_0$ 的物体的万有引力作用。若取无穷远处为零势能位，则在距离 $m_0$ 为 $r$ 处的势能为

$$V=-\frac{Gm_0 m}{r} \tag{11-34}$$

式中，$G$ 为引力常数。

**【例 11-9】** 如图 11-16 所示质点系中 $BC$ 杆重 $P_1$，长为 $l$，重物 $D$ 重 $P_2$，弹簧的刚度系数为 $k$，当角 $\theta=0°$时，弹簧具有原长 $3l$。求质点系运动到图示位置时的总势能。

**解**：分别计算该系统在重力场和弹性力场中的势能。重力势能以杆 $BC$ 的水平位置为零势能位，则

$$V_1=-P_1\frac{l}{2}\cos\theta-P_2 l\cos\theta=-\left(\frac{P_1}{2}+P_2\right)l\cos\theta$$

弹性力势能：由于零势能位是任选的，在两个势力场中可以选取不同的零位置，所以选弹簧的原长处为势能的零位置，则

$$V_2=\frac{1}{2}k\delta^2$$

由于 $\theta=0°$时，弹簧原长为 $3l$，所以 $AC=2l$。由$\triangle ABC$ 知

$$\delta=3l-AB=3l-\sqrt{(2l)^2+l^2-2\cdot 2l\cdot l\cos(180°-\theta)}$$
$$=3l-l\sqrt{5+4\cos\theta}$$

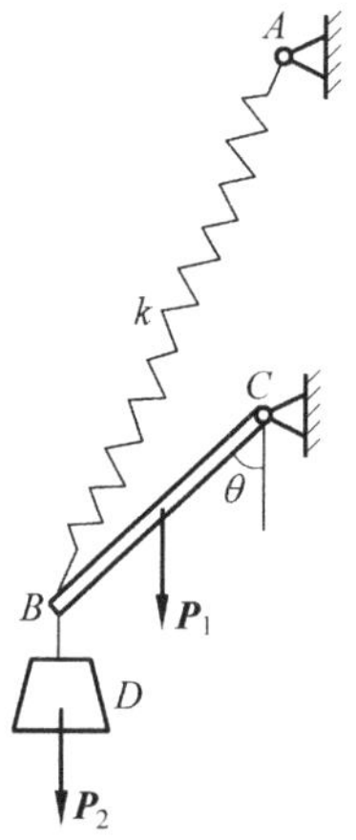

图 11-16

所以

$$V_2=\frac{1}{2}k(3l-l\sqrt{5+4\cos\theta})^2 l^2$$

总势能为

$$V=V_1+V_2=-\left(\frac{P_1}{2}+P_2\right)l\cos\theta+\frac{1}{2}kl^2(3l-l\sqrt{5+4\cos\theta})^2$$

### 3. 机械能守恒定律

质点系在某瞬时的动能和势能的代数和称为**机械能**。若质点系在势力场中运动，设质点系运动过程的初始和终了瞬时的动能分别为 $T_1$ 和 $T_2$，势能分别为 $V_1$ 和 $V_2$。根据质点系动能定理的微分形式，有

$$\mathrm{d}W=\mathrm{d}T=-\mathrm{d}V$$

所以

$$\mathrm{d}T+\mathrm{d}V=0 \quad 或 \quad \mathrm{d}(T+V)=0$$

即

$$T+V=\text{const} \tag{11-35}$$

也可表示为

$$T_1+V_1=T_2+V_2 \tag{11-36}$$

这一结论称为**机械能守恒定律**。可表述为：**质点系在势力场中运动时，动能与势能之和为常量，即机械能守恒。**

机械能守恒定律是普遍应用的能量守恒定律的一个特殊情况。它表明质点系在势力场中运动时，动能与势能可以相互转换，动能的减少（或增加），必然伴随着势能的增加（或减少），而且减少和增加的量相等，总的机械能保持不变，这样的系统称为保守系统，而有势力又称为保守力，势力场又称为保守力场。如果作用在质点系上除有势力外尚有其他力，但这些力在质点系运动的任意路程中都不做功，则机械能守恒定律仍适用，该质点系也称为保守系统。

**【例 11-10】** 如图 11-17(a)所示，质量为 $m$，半径为 $r$ 的圆柱体在一个半径为 $R$ 的大圆槽内作纯滚动，如不计滚动摩阻力偶，求圆柱在平衡位置附近作微小摆动的微分方程。

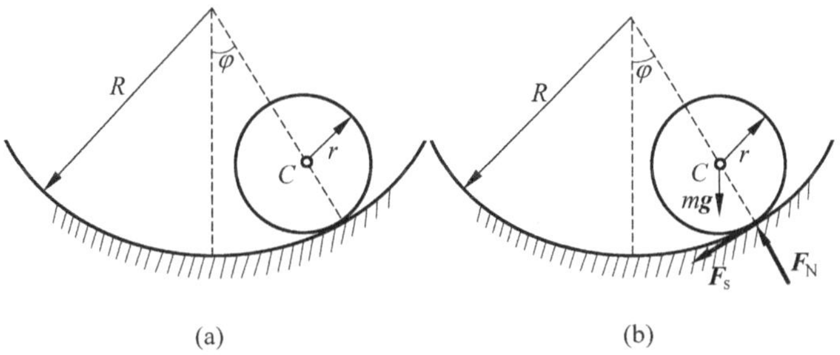


图　11-17

**解**：圆柱体的受力如图 11-17(b)所示，在这些力中，虽然摩擦力 $\boldsymbol{F}_s$ 属于非保守力，但由于 $\boldsymbol{F}_s$ 不做功（$\boldsymbol{F}_N$ 也不做功），仍可考虑运用机械能守恒定律。

取自平衡位置起的任意角度 $\varphi$ 为系统的一般位置。圆柱体作平面运动，其动能为

$$T=\frac{1}{2}mv_C^2+\frac{1}{2}J_C\omega^2=\frac{m}{2}(R-r)^2\dot{\varphi}^2+\frac{1}{2}\,\frac{m}{2}r^2\left(\frac{R-r}{r}\dot{\varphi}\right)^2=\frac{3}{4}m(R-r)^2\dot{\varphi}^2$$

选最低位置处为势能的零位置，任意位置的势能为

$$V=mgz_C=mg(R-r)(1-\cos\varphi)$$

根据机械能守恒定律，有

$$\frac{3}{4}m(R-r)^2\dot{\varphi}^2+mg(R-r)(1-\cos\varphi)=\text{const}$$

两边对时间求导

$$\frac{3}{4}m(R-r)^2\cdot 2\dot{\varphi}\ddot{\varphi}+mg(R-r)\sin\varphi\dot{\varphi}=0$$

整理得

$$\ddot{\varphi}+\frac{2g}{3(R-r)}\sin\varphi=0$$

小摆动时，可令 $\sin\varphi\approx\varphi$，得圆柱在平衡位置附近作微小摆动的微分方程为

$$\ddot{\varphi}+\frac{2g}{3(R-r)}\varphi=0$$

## 11-6 动力学普遍定理的综合运用

动量定理、动量矩定理和动能定理通称为**动力学普遍定理**。这些定理都是从动力学基本方程推导得来的，它们建立了质点或质点系运动的变化与所受力之间的关系。但这些定理都只反映了力和运动之间规律的一个方面，既有共性，也各有其特殊性。例如，动量定理和动量矩定理是矢量形式，因此在它们的关系式中不仅反映了速度大小的变化，也反映了速度方向的变化；而动能定理呈标量形式，只反映了速度大小的变化。在所涉及的力方面，动量定理和动量矩定理涉及所有外力（包括外约束力），却与内力无关；而动能定理则涉及所有做功的力（不论是内力还是外力）。

动力学普遍定理中的各个定理有各自的特点，都有一定的适用范围，见表11-1。因此，在求解动力学问题时，需要根据质点或质点系的运动及受力特点、给定的条件和要求的未知量，适当选择定理，灵活应用。动力学中有的问题只能用某一定理求解，而有的问题则可用不同的定理求解，还有一些较复杂的问题，往往不能单独应用某一定理解决，而需要同时应用几个定理才能求解全部未知量。因此，我们要在熟练掌握各个定理的含义及其应用的基础上，进一步掌握这些定理的综合运用。

表 11-1 动力学普遍定理的主要应用范围

| 定理 | 主要应用 |
|---|---|
| 质点运动微分方程 | (1) 已知物体的运动规律，求作用于物体上的力；<br>(2) 已知作用于物体上的力，求物体的运动变化规律 |
| 动量定理 | (1) 作用力是时间的函数或常力，求解与力、速度、时间三个量有关的动力学问题；<br>(2) 质点系的动量守恒定理 |
| 质心运动定理 | (1) 研究质点系质心的运动和所受外力的关系，特别是已知质心的运动，求质点系所受的约束力；<br>(2) 有关质心坐标守恒的问题；<br>(3) 作为刚体动力学的基础 |
| 动量矩定理 | (1) 求解质点或质点系绕点（或轴）转动时的动力学问题；<br>(2) 应用于动量矩守恒的问题；<br>(3) 作为刚体动力学的基础 |
| 动能定理 | (1) 作用力是常力或距离的函数，求解与力、速度、路程三个量有关的动力学问题；<br>(2) 已知质点系所受的主动力，求质点系的运动 |

下面举例说明动力学普遍定理的综合运用。

**【例 11-11】** 重 $P_1=150\text{N}$ 的均质轮与重 $P_2=60\text{N}$、长 $l=24\text{cm}$ 的均质杆 $AB$ 在 $B$ 处铰接。由图 11-18(a)所示位置（$\varphi=30°$）无初速释放，试求系统通过最低位置时点 $B'$ 的速度及在初瞬时支座 $A$ 的反力。

**解**：$AB$ 杆作定轴转动，选 $\varphi$ 为转动的坐标，并设均质轮相对 $B$ 点的转动坐标为 $\theta$。本题单用动能定理无法求解，还须有其他定理作补充。

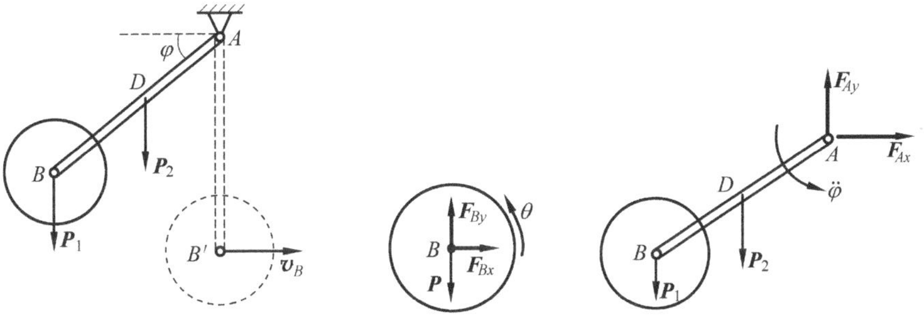


(a)　(b)　(c)

图　11-18

先取 $B$ 轮研究(图 11-18(b))，由对其质心 $B$ 的动量矩定理得

$$J_B\ddot{\theta}=0,\quad 即\ \ddot{\theta}=0,\quad \dot{\theta}=\text{const}$$

又由题给初始条件，$\dot{\theta}_0=0$，得 $\dot{\theta}=0$，$\theta=\text{const}$，故 $B$ 轮作平移。

由此，对系统运用动能定理

$$T_2-T_1=\sum W_i$$

$$\frac{1}{2}J_A\dot{\varphi}^2+\frac{1}{2}\frac{P_1}{g}v_{B'}^2-0=P_2\frac{l}{2}(1-\sin\varphi_0)+P_1l(1-\sin\varphi_0)$$

其中

$$J_A=\frac{1}{3}\frac{P_1}{g}l^2,\quad \dot{\varphi}=\frac{v_{B'}}{l}$$

整理后得

$$v_{B'}=\sqrt{\frac{3(P_2+2P_1)l(1-\sin\varphi_0)}{P_2+3P_1}g}=1.578\text{m/s}$$

要求初瞬时支座 $A$ 处的反力，首先须求出该瞬时的加速度量。因 $B$ 轮作平移，系统对 $A$ 点运用动量矩定理(图 11-18(c))

$$\frac{\mathrm{d}L_A}{\mathrm{d}t}=\sum m_A(F_i^{\mathrm{e}})$$

$$\frac{\mathrm{d}}{\mathrm{d}t}\left[J_A\dot{\varphi}+\frac{P_1}{g}v_Bl\right]=P_2\frac{l}{2}\cos\varphi_0+P_1l\cos\varphi_0$$

式中，$v_B=\dot{\varphi}l$，代入得

$$\ddot{\varphi}=\frac{3(P_2+2P_1)}{2(P_2+3P_1)}\frac{g}{l}\cos\varphi_0=37.443\text{rad/s}$$

求支座 $A$ 处的反力，对系统运用质心运动定理 $\sum m_i\boldsymbol{a}_{Ci}=\boldsymbol{F}_{\mathrm{R}}$，有

$$\frac{P_2}{g}\boldsymbol{a}_D+\frac{P_1}{g}\boldsymbol{a}_B=F_{Ax}\boldsymbol{i}+(F_{Ay}-P_1-P_2)\boldsymbol{j}$$

由于初始角速度为零，所以 $\boldsymbol{a}_D$、$\boldsymbol{a}_B$ 只有切向加速度，垂直于 $AB$ 杆。上式分别向 $x$，$y$ 轴投影

$$\frac{P_2}{g}\frac{l}{2}\ddot{\varphi}\sin\varphi_0+P_2l\ddot{\varphi}\sin\varphi_0=F_{Ax}$$

$$-\left(\frac{P_2}{g}\frac{l}{2}\ddot{\varphi}\cos\varphi_0+P_2 l\ddot{\varphi}\cos\varphi_0\right)=-P_1-P_2+F_{Ay}$$

得

$$F_{Ax}=\left(\frac{P_2}{2}+P_1\right)\frac{l\ddot{\varphi}}{g}\sin\varphi_0=82.53\text{kN}$$

$$F_{Ay}=P_2+P_1-\left(\frac{P_2}{2}+P_1\right)\frac{l\ddot{\varphi}}{g}\cos\varphi_0=67.06\text{kN}$$

**【例 11-12】** 如图 11-19(a)所示，绞车在主动力矩 $M$ 作用下拖动均质圆柱体沿斜面向上运动，设圆柱只滚不滑，半径为 $R$，重为 $\boldsymbol{P}_1$；斜面坡度为 $\theta$；绞盘视为空心圆柱，半径为 $r$，重为 $\boldsymbol{P}_2$；绳索 $AC$ 平行于斜面。求绳索的拉力和圆柱体与斜面间的摩擦力。

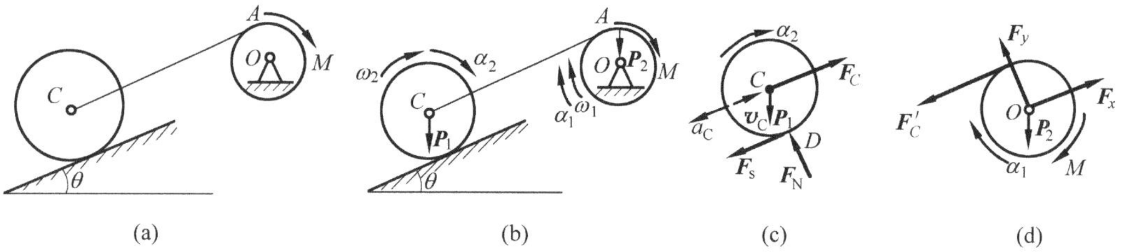


图 11-19

**解**：取整体作为研究对象，受力和运动分析如图 11-19(b)所示，选用动能定理和刚体平面运动微分方程求解。各物体的运动之间具有一定的运动学关系

$$v_C=r\omega_1=R\omega_2,\quad \mathrm{d}s_C=r\mathrm{d}\varphi_1$$

$$\frac{\omega_2}{\omega_1}=\frac{\alpha_2}{\alpha_1}=\frac{r}{R}$$

由动能定理的微分形式，注意到理想约束的约束力均不做功，得

$$\mathrm{d}\left[\frac{1}{2}J_O\omega_1^2+\frac{1}{2}J_C\omega_2^2+\frac{P_1}{2g}v_C^2\right]=M\mathrm{d}\varphi_1-P_1\sin\theta\cdot r\mathrm{d}\varphi_1$$

将 $J_O=\frac{P_2}{g}r^2$ 和 $J_C=\frac{P_1}{2g}R^2$ 代入上式，得

$$\mathrm{d}\left[\left(\frac{P_2}{2g}+\frac{3P_1}{4g}\right)r^2\omega_1^2\right]=M\mathrm{d}\varphi_1-P_1\sin\theta\cdot r\mathrm{d}\varphi_1$$

上式经微分，得

$$\left(\frac{P_2}{2g}+\frac{3P_1}{4g}\right)r^2 2\omega_1\mathrm{d}\omega_1=(M-P_1 r\sin\theta)\mathrm{d}\varphi_1$$

等号两边除以 $\mathrm{d}t$ 后，得

$$\left(\frac{P_2}{g}+\frac{3P_1}{2g}\right)r^2\omega_1\alpha_1=(M-P_1 r\sin\theta)\omega_1$$

于是求得角加速度为

$$\alpha_1=\frac{2g(M-P_1 r\sin\theta)}{r^2(2P_2+3P_1)},\quad \alpha_2=\frac{2g(M-P_1 r\sin\theta)}{rR(2P_2+3P_1)}$$

求斜面的摩擦力 $F_s$ 和绳索的拉力 $F_C$。先取圆柱体 $C$ 为研究对象(图 11-19(c)),由平面运动微分方程得

$$J_C\alpha_2 = F_s R$$

$$F_s = \frac{P_1}{2g}R\alpha_2 = \frac{P_1(M - P_1 r\sin\theta)}{r(2P_2 + 3P_1)}$$

再选绞盘为分析对象(图 11-19(d)),得

$$J_O\alpha_1 = M - F'_C r$$

$$F'_C = \frac{M}{r} - \frac{P_2}{g}r\alpha_1 = \frac{P_1(3M + 2P_2 r\sin\theta)}{r(2P_2 + 3P_1)}$$

也可分析圆柱体 $C$ 通过质心运动定理求出绳索的拉力。

**【例 11-13】** 如图 11-20(a)所示,三角柱体 $ABC$ 质量为 $m_1$,放置于光滑水平面上。质量为 $m_2$ 的均质圆柱体沿斜面 $AB$ 向下滚动而不滑动。若斜面倾角为 $\theta$,求三角柱体的加速度。

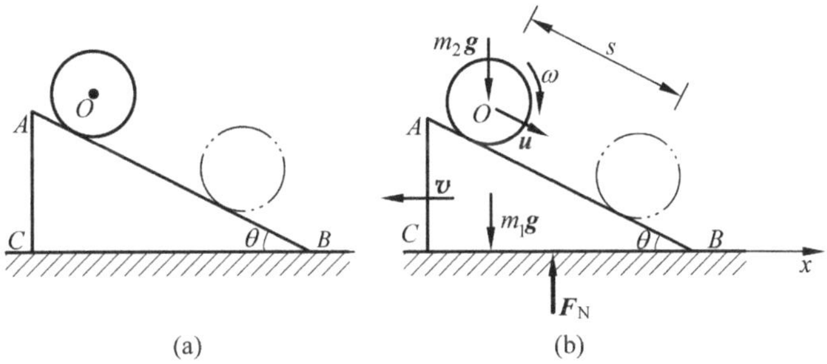


**图　11-20**

**解**:取整体作为研究对象,受力和运动分析如图 11-20(b)所示。

设圆柱体质心 $O$ 相对三角柱的速度为 $u$,三角柱体向左滑动的速度为 $v$,并设系统开始时静止,根据动量守恒定理,有

$$P_x = -m_1 v + m_2(u\cos\theta - v) = 0$$

得

$$u = \frac{m_1 + m_2}{m_2\cos\theta}v \tag{a}$$

初始时刻系统的动能为零

$$T_1 = 0$$

任意时刻的动能

$$T_2 = \frac{1}{2}m_1 v^2 + \frac{1}{2}m_2(v^2 + u^2 - 2uv\cos\theta) + \frac{1}{2}J_O\omega^2$$

将 $J_O = \frac{1}{2}m_2 r^2$,$\omega = \frac{u}{r}$ 代入上式,得

$$T_2 = \frac{1}{2}m_1 v^2 + \frac{1}{2}m_2(v^2 + u^2 - 2uv\cos\theta) + \frac{1}{4}m_2 u^2$$

在运动过程中,作用于系统的力只有重力 $m_2\boldsymbol{g}$ 做功,故

$$W = m_2 g s \sin\theta$$

由动能定理,得

$$\frac{1}{2}m_1 v^2 + \frac{1}{2}m_2(v^2 + u^2 - 2uv\cos\theta) + \frac{1}{4}m_2 u^2 = m_2 g s \sin\theta \tag{b}$$

将式(a)代入式(b),得

$$\frac{m_1 + m_2}{4m_2\cos^2\theta}[3(m_1 + m_2) - 2m_2\cos^2\theta]v^2 = m_2 g s \sin\theta$$

将上式两边对时间 $t$ 求导,并注意到

$$\frac{\mathrm{d}v}{\mathrm{d}t} = a, \quad \frac{\mathrm{d}s}{\mathrm{d}t} = u = \frac{m_1 + m_2}{m_2\cos\theta}v$$

可得三角柱体的加速度为

$$a = \frac{m_2 g \sin 2\theta}{3m_1 + m_2 + 2m_2\sin^2\theta}$$

## 学习方法和要点提示

(1) 要在物理学的基础上,更全面和熟练地计算力的功以及质点系和刚体的动能,能进一步掌握动能定理的特点和应用场合,并能较熟练地综合应用动力学普遍定理求解较复杂的质点系动力学问题。

(2) 动能定理是一个标量方程,只能求解一个未知数。应用动能定理可以求质点系的运动(如位移、速度和加速度等)和做功的力(包括外力和内力)。在涉及包含质点系的质量、速度、力和路程的动力学问题中,往往可用积分形式的动能定理求解上述某一个待求的未知量。如果求得质点系在任意瞬时作直线运动的速度(或转动的角速度),通过它对时间的导数可求得加速度(或角加速度),也可以直接应用微分形式的动能定理直接求得加速度(或角加速度),这样可以避免进行复杂的加速度分析,再通过积分可得速度(或角速度)。

(3) 应用动能定理求解时,通常取整个系统为研究对象,列出的方程中不反映理想约束中所有的未知约束反力,便于求解。但是不能直接应用动能定理求这些约束反力和其他不做功的力,也不能确定速度和加速度的方向。另外,在应用积分形式的动能定理计算动能的变化量时,只要运动过程能实现,就没有必要考虑其具体变化过程,只需计算开始和终了两个瞬时的动能。但是对于不能实现的运动过程,不能不加分析而乱用动能定理,这正是初学者容易犯的错误。由于动能和力的功通常比较容易计算,且不会出现理想约束的约束反力和不做功的力,所以应用动能定理往往可以方便地求出所需的运动和力。

(4) 应用动能定理求解的关键,是正确计算质点系的动能和作用力的功。计算动能的难点是计算具有复杂运动的质点系的动能,其关键是对该质点系进行正确的运动分析,找出有关运动量的关系。计算力的功的难点是计算变力在曲线运动中的功,其关键是正确写出其元功的表达式。

(5) 机械能守恒定律只适用于做功的力都是有势力的情况,它建立了保守系统的动能与势能之间的转化关系,对于非有势力做功的非保守系统不能用机械能守恒定律而应采用动能定理求解。

（6）计算势能时应明确选择相应的零势能点。质点系同时受重力和弹性力作用时，可以选择同一位置（如系统的平衡位置）为两势力场的零势能点，也可以选择两个不同的位置分别为两个势力场的零势能点。不论如何选择，都不会影响最后的计算结果。虽然质点系的势能与零势能点的选择有关，但任意两位置势能之差是常量，与零势能点的选择无关。

（7）关于动力学普遍定理的综合应用。

① 有些动力学问题可用不同的定理求解，这时可以比较它们的繁简而选用某一个定理。对于需要求运动（如速度、加速度等）的动力学问题，有时用几个定理都可以求解，而往往用动能定理比较方便。对于转动问题宜采用动量矩定理或刚体定轴转动微分方程，而对于移动问题宜采用动量定理或质心运动定理。对于平面运动刚体宜采用刚体平面运动微分方程。力是距离的函数时宜采用动能定理，力是时间的函数时宜采用动量定理，力是常量时两个定理都可使用。

② 对于需要求力的动力学问题，几个定理各有局限性。普遍定理中的力有两种分类方法：一种是分为内力和外力；另一种是分为主动力和约束反力。由于内力不改变整个质点系的动量和动量矩，在动量定理和动量矩定理中不出现研究对象中的内力，故在这两个定理中把力分为内力和外力，显然用这两个定理不能直接求出这些内力。因为内力可能要做功，故可用动能定理求出做功的内力和做功的其他力，也可取有关的分离体求内力。另外，主动力和约束反力都有可能是外力或内力。由于在理想约束条件下约束反力不做功或做功之和等于零，用动能定理经常把作用力分为主动力和约束反力并可避免出现这些约束反力，这是应用动能定理的优点，但是不能用这个定理求出这些约束反力，必须另选其他定理求解。如果需求固定支座的约束反力，宜首先采用质心运动定理或动量定理反映出所需求的约束反力，然后可根据题意选用其他定理求解。

③ 在较复杂的动力学问题中，如果同时需求运动和力，或者虽然只求运动，但系统的自由度大于 1 时，往往只用一个定理不能求解而应综合应用动力学普遍定理求解，同时还要利用题中的附加条件（如运动学和静力学的关系）增列补充方程。

④ 经过受力分析后，可判断系统的运动是否属于某种运动守恒问题，如动量守恒、质心运动守恒、动量矩守桓等。若是守恒问题可根据相应的守恒定律直接求得所需的运动（如速度、角速度、位移、转角等）。

## 思　考　题

**11-1**　分析下述论点是否正确：

（1）当轮子在地面作纯滚动时，滑动摩擦力做负功。

（2）不论弹簧是伸长还是缩短，弹性力的功总等于$-\frac{k}{2}\delta^2$。

（3）当质点作曲线运动时，沿切线及法线方向的分力都做功。

（4）质点的动能越大，表示作用于质点上的力所做的功越大。

**11-2**　如图 11-21 所示，楔块 $A$ 向右移动的速度为 $v_1$，质量为 $m$ 的物块 $B$ 沿斜面下滑，相对于楔块的速度为 $v_2$，故物块的动能为$\frac{1}{2}mv_1^2+\frac{1}{2}mv_2^2$。该结论是否正确？

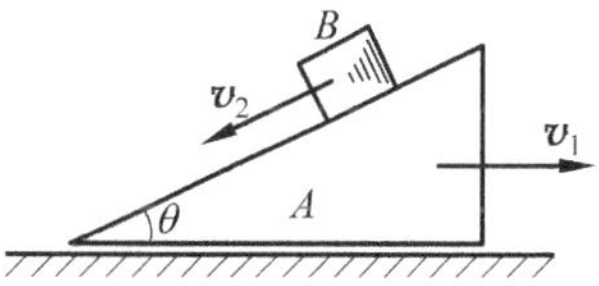


图　11-21

**11-3** 一人站在高塔顶上，以大小相同的初速度 $v_0$ 分别沿水平、铅直向上、铅直向下抛出小球，当这些小球落到地面时，其速度的大小是否相等？（空气阻力不计）

**11-4** 作平面运动的刚体的动能，是否等于刚体随任意基点移动的动能与它绕通过基点且垂直于运动平面的轴转动的动能之和？

**11-5** 如图 11-22 所示，长为 $l$ 的软绳和刚杆下端各悬一小球，分别给予初速 $\boldsymbol{v}_{O1}$、$\boldsymbol{v}_{O2}$，如果要使小球能各自沿虚线所示进行圆周运动，问 $\boldsymbol{v}_{O1}$、$\boldsymbol{v}_{O2}$ 最小应为多少？两者的大小是否相等？为什么？绳、杆的质量不计。

**11-6** 如图 11-23 所示，均质圆盘绕通过圆盘的质心 $O$ 而垂直于圆盘平面的轴转动，若在圆盘平面内作用一矩为 $M$ 的力偶，试问圆盘的动量、动量矩是否守恒？动能是否为常量？为什么？

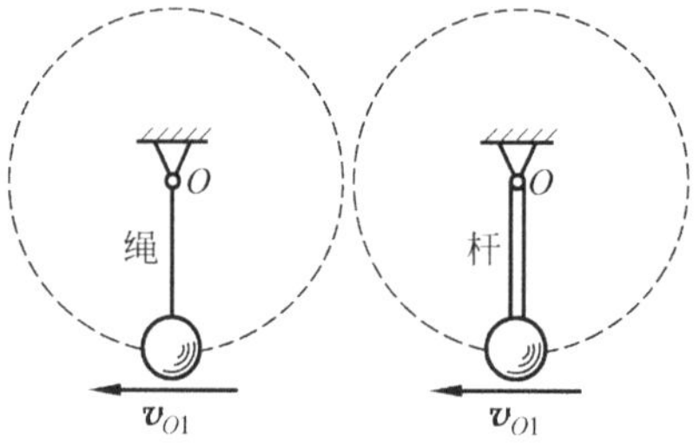


图 11-22

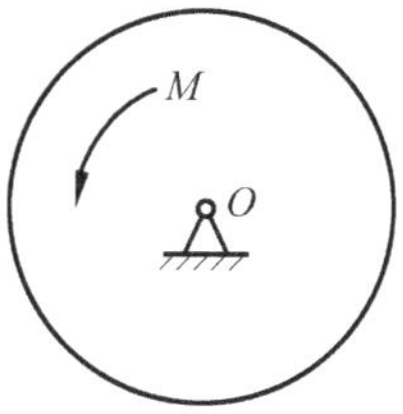


图 11-23

**11-7** 设质点系所受外力的主矢量和主矩都等于零。试问该质点系的动量、动量矩、动能、质心的速度和位置会不会改变？质点系中各质点的速度和位置会不会改变？

**11-8** 运动员起跑时，什么力使运动员的质心加速运动？什么力使运动员的动能增加？产生加速度的力一定做功吗？

## 习　　题

**11-1** 质点在常力 $\boldsymbol{F}=3\boldsymbol{i}+4\boldsymbol{j}+5\boldsymbol{k}$ 作用下运动，其运动方程为 $x=2+t+\frac{3}{4}t^2$、$y=t^2$、$z=t+\frac{5}{4}t^2$（$F$ 以 N 计，$x$、$y$、$z$ 以 m 计，$t$ 以 s 计）。求在 $t=0$ 至 $t=2$s 时间内力 $\boldsymbol{F}$ 所做的功。

**11-2** 一半径 $r=3$m 的圆位于 $Oxy$ 平面内，且圆心与原点 $O$ 重合。质点在力 $\boldsymbol{F}=(2x-y)\boldsymbol{i}+(x+y)\boldsymbol{j}$ 作用下，沿该圆周运动了一周。求力 $\boldsymbol{F}$ 所做的功。力的单位是 N。

**11-3** 如图 11-24 所示，弹簧原长为 $OA$，弹簧刚度系数为 $k$，$O$ 端固定，$A$ 端沿半径为 $R$ 的圆弧运动，求在由 $A$ 到 $B$ 及由 $B$ 到 $D$ 的过程中弹性力所做的功。

**11-4** 如图 11-25 所示，用跨过滑轮的绳子牵引质量为 2kg 的滑块沿倾角为 30°的光滑斜槽运动。设绳子拉力 $F=20$N。计算滑块由位置 $A$ 到位置 $B$ 时，重力与拉力 $\boldsymbol{F}$ 所做的总功。

**11-5** 如图 11-26 所示，自动弹射器的弹簧在未受力时长为 20cm，其刚度系数为 $k=2$N/cm。弹射器水平放置。如弹簧被压缩到 10cm，问质量为 30g 的小球自弹射器中射出的速度 $v$ 为多大？

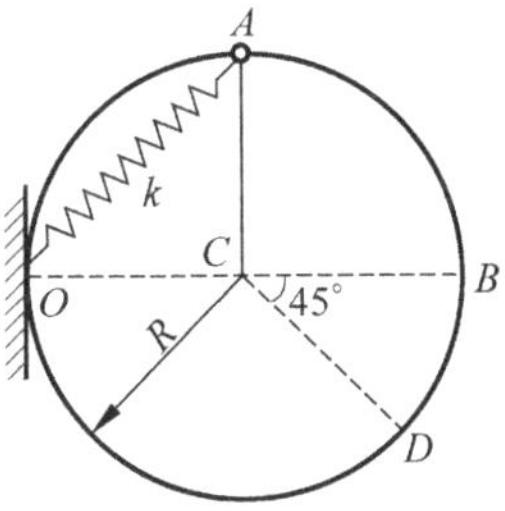


图　11-24

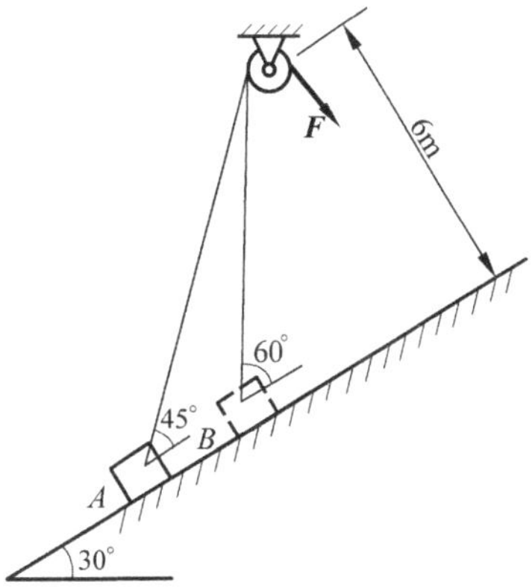


图　11-25

**11-6**　如图 11-27 所示，$AB$ 杆长 80cm，质量为 $2M$，其端点 $B$ 沿与水平面 $\varphi=30°$ 夹角的斜面运动；$OA$ 杆长 40cm，质量为 $M$，当 $AB$ 杆水平时，$OA\perp AB$，杆 $OA$ 的角速度为 $\omega=2\sqrt{3}\,\text{rad/s}$。求此时系统的动能。

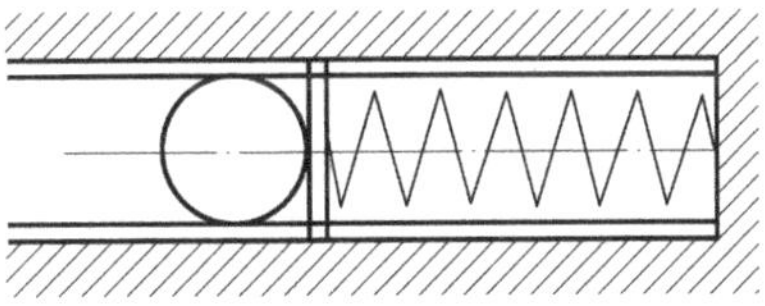

图　11-26

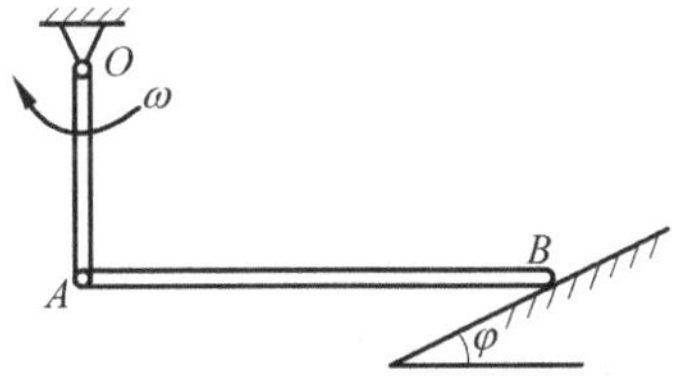


图　11-27

**11-7**　如图 11-28 所示，滑块 $A$ 重 $P_1$，在滑道内滑动，其上铰接一均质直杆 $AB$，杆 $AB$ 长 $l$，重 $P_2$。当 $AB$ 杆与铅垂线的夹角为 $\varphi$ 时，滑块 $A$ 的速度为 $\boldsymbol{v}_A$，杆 $AB$ 的角速度为 $\omega$。求在该瞬时系统的动能。

**11-8**　如图 11-29 所示单摆的摆长为 $l$，摆锤重 $P$，此摆在 $A$ 点从静止向右摆动，此时，绳与铅垂线的夹角为 $\alpha$，当摆动到铅垂位置 $B$ 点时，与刚度系数为 $k$ 的弹簧相碰撞。若忽略绳与弹簧的质量，求弹簧被压缩的最大距离 $\delta$。

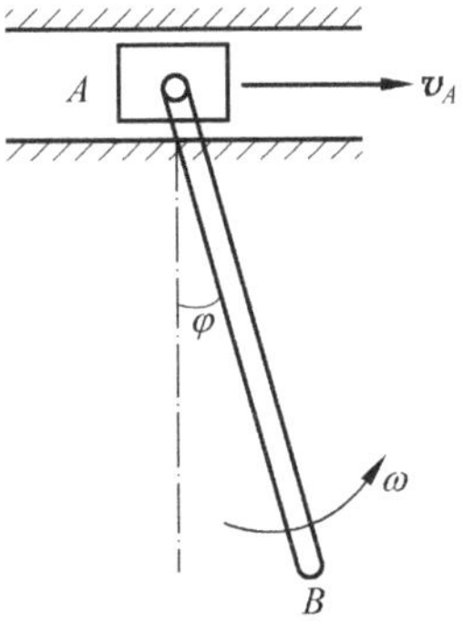


图　11-28

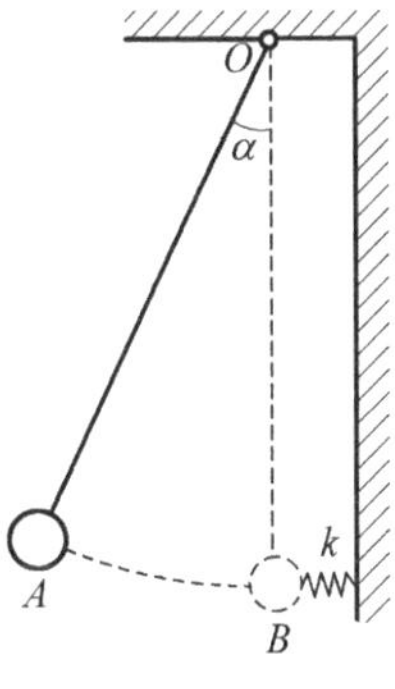


图　11-29

**11-9** 如图 11-30 所示，物体 $M$ 重为 $\boldsymbol{P}$，用线悬于固定点 $O$，线长为 $l$，初始线与铅垂线的夹角为 $\alpha$，物体的初速度等于零。在重物开始运动后，线 $OM$ 碰到铁钉 $O_1$，铁钉的方向与重物运动的平面垂直，其位置由极坐标 $h=OO_1$ 和 $\beta$ 角决定。问 $\alpha$ 角至少应多大，方能使 $OM$ 线碰到铁钉后绕过铁钉？并求线 $OM$ 在碰到铁钉后一瞬时和碰前一瞬时的拉力变化。铁钉的尺寸忽略不计。

**11-10** 如图 11-31 所示，升降机带轮 $C$ 上作用一转矩 $M$；提升重物 $A$ 的重量为 $P_1$；平衡锤 $B$ 的重量为 $P_2$；带轮 $C$ 及 $D$ 的半径为 $r$，重量各为 $P_3$，均为均质圆柱体；带的质量忽略不计。求重物 $A$ 的加速度。

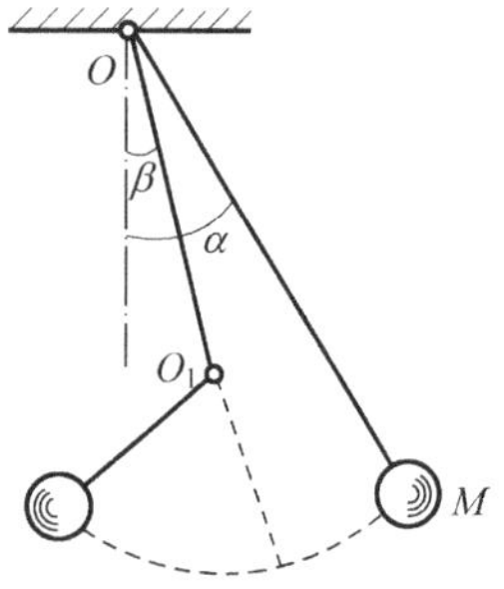


图 11-30

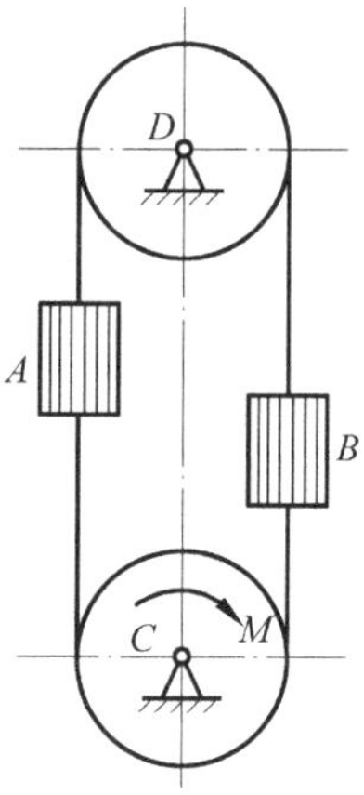


图 11-31

**11-11** 如图 11-32 所示，半径为 $R$ 重为 $P_1$ 的均质圆盘 $A$ 放在水平面上。绳的一端系在圆盘中心 $A$。另一端绕过均质滑轮 $C$ 后挂有重物 $B$。已知滑轮 $C$ 的半径为 $r$，重为 $P_2$；重物 $B$ 重 $P_3$。绳子不可伸长，质量略去不计。圆盘滚而不滑。系统从静止开始。不计滚动摩擦，求重物 $B$ 下落的距离为 $x$ 时，圆盘中心 $A$ 的速度和加速度。

**11-12** 如图 11-33(a)、(b)所示两种支持情况的均质正方形板，边长为 $a$，质量为 $m$，初始时均处于静止状态。若板在 $\theta=45°$ 位置受干扰后，沿顺时针方向倒下，不计摩擦，求当 $OA$ 边处于水平位置时，两正方形板的角速度。

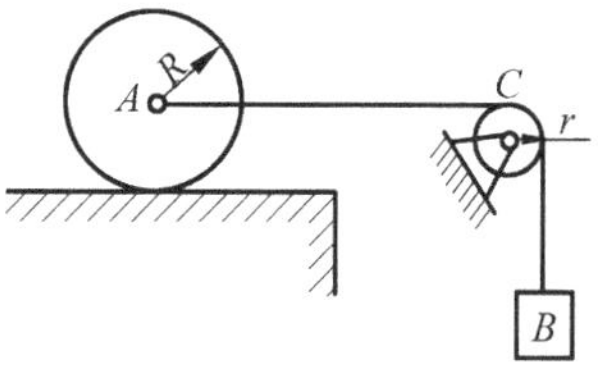


图 11-32

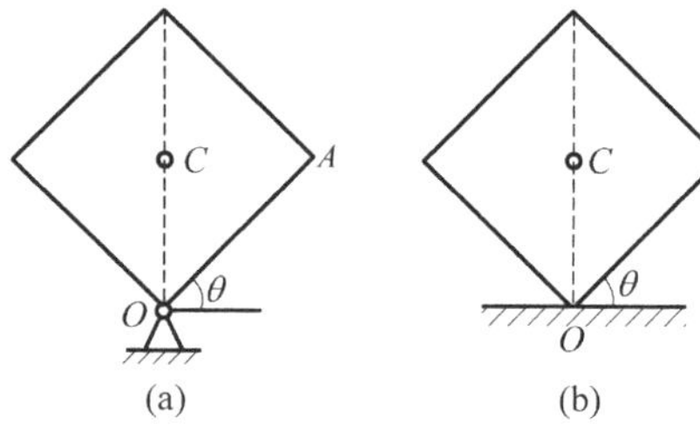


图 11-33

**11-13** 如图 11-34 所示，带传动机的联动机构给予滑轮 $B$ 一不变转矩 $M$，使带传送机由静止开始运动。被提升物体 $A$ 的重量为 $P_1$；滑轮 $B$、$C$ 的半径是 $r$，重量为 $P_2$，且可看成均质圆柱。求物体 $A$ 移动一段距离 $s$ 时的速度。设传送带与水平线所成夹角为 $\varphi$，它的质量可略去不计，带与滑轮间没有滑动。

**11-14**　如图 11-35 所示，均质圆轮的质量为 $m_1$，半径为 $r$；一质量为 $m_2$ 的小铁块固接在离圆心 $e$ 的 $A$ 处。若 $A$ 稍稍偏离最高位置，使圆轮由静止开始滚动。求当 $A$ 运动至最低位置时圆轮滚动的角速度。设圆轮只滚不滑。

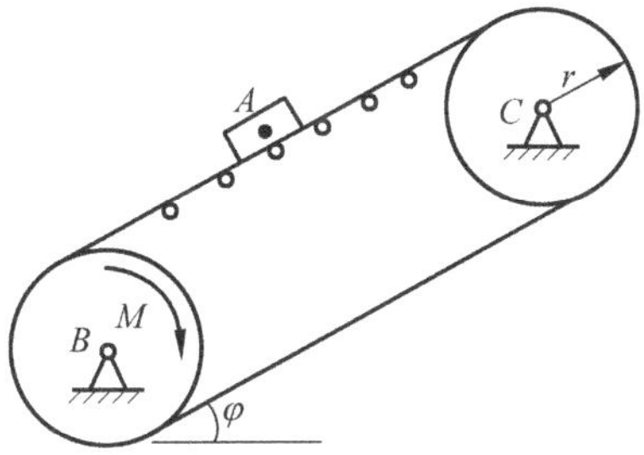


图　11-34

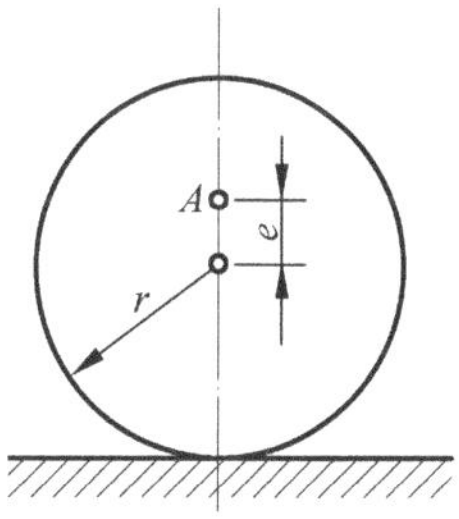


图　11-35

**11-15**　如图 11-36 所示，行星轮机构放在水平面内。已知动齿轮半径为 $r$，重为 $P_1$，可看成为均质圆盘；曲柄 $OA$ 重 $P_2$，可看成为均质杆；定齿轮半径为 $R$。今在曲柄上作用一不变力偶，其力偶矩为 $M$，使此机构由静止开始运动。求曲柄的角速度与其转角 $\varphi$ 的关系。

**11-16**　如图 11-37 所示，重物 $A$ 重 $P_1$，连在一根无重量、不能伸长的绳子上，绳子绕过固定滑轮 $D$ 并绕在鼓轮 $B$ 上。由于重物下降，带动轮 $C$ 沿水平轨道滚动而不滑动。鼓轮 $B$ 的半径为 $r$，轮 $C$ 的半径为 $R$，两者固连在一起，总重量为 $P_2$，对于水平轴 $O$ 的惯性半径为 $\rho$。轮 $D$ 的质量不计。求重物 $A$ 的加速度。

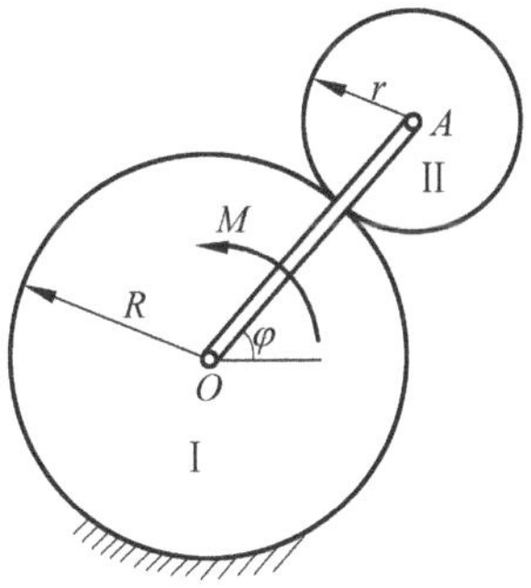


图　11-36

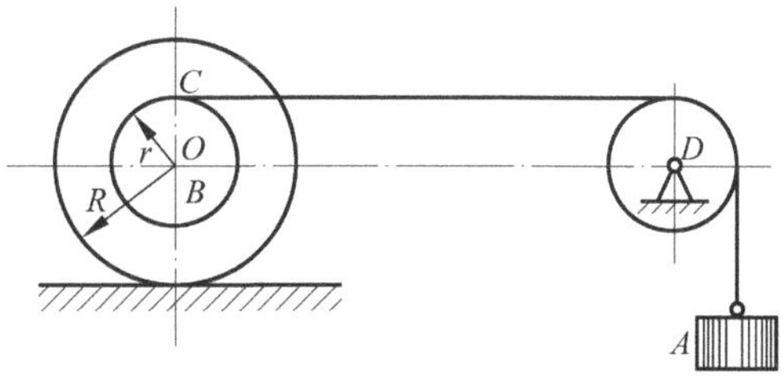


图　11-37

**11-17**　如图 11-38 所示，均质杆 $OA$、$AB$ 各长 $L$，质量均为 $m_1$；均质圆轮的半径为 $r$，质量为 $m_2$。当 $\theta=60°$ 时，系统由静止开始运动，求当 $\theta=30°$ 时轮心的速度。设轮在水平面上只滚不滑。

**11-18**　如图 11-39 所示，椭圆规尺位于水平面内，由曲柄 $OC$ 带动。设曲柄与椭圆规尺都是均质杆，重量分别为 $P$ 与 $2P$，且 $OC=AC=BC=l$，滑块 $A$ 与 $B$ 的重量均为 $P_1$。如作用在曲柄上的常力矩为 $M$，当 $\varphi=0°$ 时，系统静止。不计摩擦，求曲柄 $OC$ 的角速度(表示为角 $\varphi$ 的函数)及角加速度。

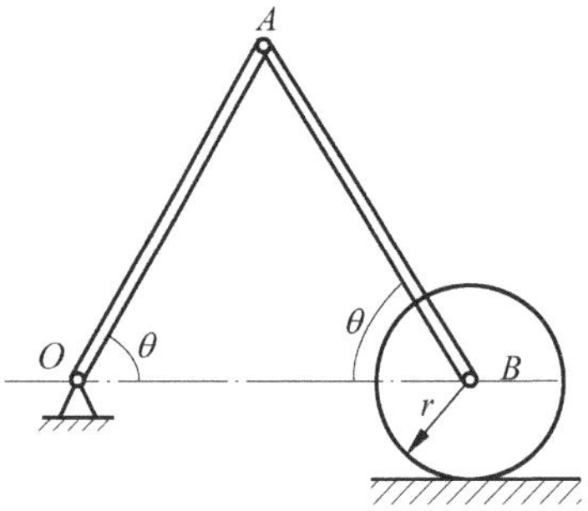


图 11-38

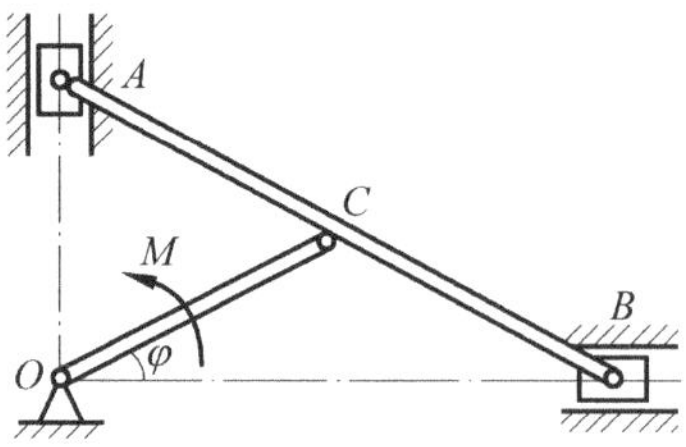


图 11-39

**11-19** 均质杆 $AB$ 的质量 $m=1.5\text{kg}$，长度 $l=0.9\text{m}$，在图 11-40 所示水平位置从静止释放，求当杆 $AB$ 经过铅垂位置时的角速度及支座 $A$ 的反力。

**11-20** 如图 11-41 所示，均质杆 $AB$ 的质量 $m=4\text{kg}$，其两端悬挂在两条平行绳上，杆处在水平位置。设其中一绳突然断了，求此瞬时另一绳的张力 $\boldsymbol{F}$。

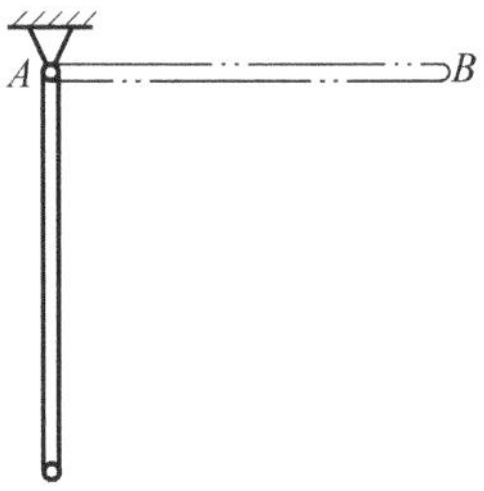


图 11-40

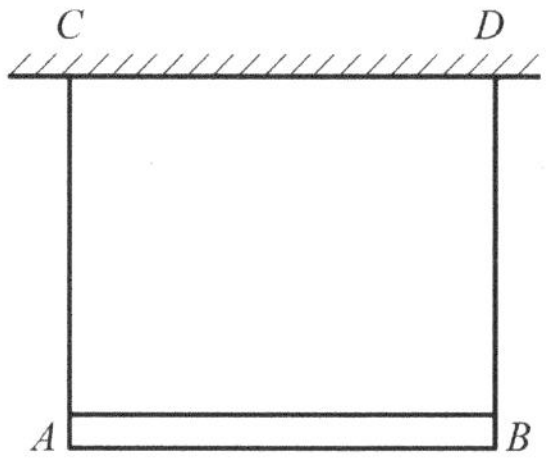


图 11-41

# 第12章 达朗贝尔原理

## 本章提要

**【要求】**

(1) 正确理解惯性力的概念;

(2) 掌握质点系惯性力简化的方法及计算;

(3) 能够熟练应用达朗贝尔原理求解动力学问题。

**【重点】**

(1) 运动刚体惯性力系的简化;

(2) 应用达朗贝尔原理求解动力学问题。

**【难点】**

质点系惯性力系的简化。

通过引入惯性力的概念,建立达朗贝尔原理,从而将静力学中的平衡方法应用于分析和研究动力学问题。这种方法称为"动静法"。"动"代表研究对象是动力学问题,"静"代表研究问题所用的方法是静力学方法。

达朗贝尔原理是在18世纪随着机器动力学问题的发展而提出的,它提供了有别于动力学普遍定理分析和解决动力学问题的一种新的普遍方法,尤其适用于受约束质点系统求解动约束力和动应力等问题。因此,在工程技术中有着广泛应用,并且为"分析力学"奠定了理论基础。

达朗贝尔原理虽然与动力学普遍定理的思路不同,但却获得了与动量定理、动量矩定理形式上等价的动力学方程,并在某些应用领域也是等价的。

## 12-1 惯性力与达朗贝尔原理

### 1. 惯性力

有关惯性力概念的实例是很多的。

例如,在光滑水平直线轨道上推动质量为 $m$ 的小车(图12-1(a)),若人手作用在小车上的水平推力为 $\boldsymbol{F}$(图12-1(b)),小车就将获得水平方向的加速度 $\boldsymbol{a}$,从而改变其运动状态。根据牛顿第二定律,$\boldsymbol{F}=m\boldsymbol{a}$。同时,由于小车具有保持其运动状态不变的惯性,故将给手一个反作用力 $\boldsymbol{F}'$。又如,质量为 $m$ 的小球,受到长度为 $R$ 的绳子约束,以速度 $\boldsymbol{v}$ 在光滑水平面内作匀速圆周运动(图12-2(a)),若绳子作用在小球上的向心力为 $\boldsymbol{F}$(图12-2(b)),则小球将获得向心加速度 $a_n=\dfrac{v^2}{R}$,且 $\boldsymbol{F}=m\boldsymbol{a}_n$。由于小球的惯性,小球将给绳子一个反作用力 $\boldsymbol{F}'$。

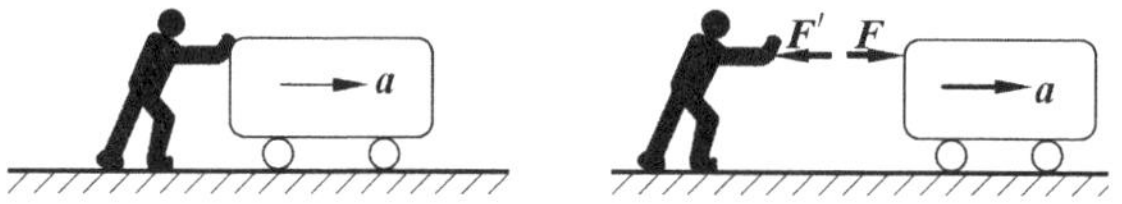


(a)　　(b)

图　12-1

(a)　　(b)

图　12-2

根据牛顿第三定律,有

$$\boldsymbol{F}' = -\boldsymbol{F} = -m\boldsymbol{a}_{\mathrm{n}}$$

式中,力 $\boldsymbol{F}'$称为惯性力。

上述两种情形下,当质点受到力的作用而要改变其运动状态时,由于质点具有保持其原有运动状态不变的惯性,将会出现一种抵抗能力,这种抵抗力就是质点给予施力物体的反作用力 $\boldsymbol{F}'$。这种反作用力称为**达朗贝尔惯性力**(D'alembert inertial force),简称**惯性力**,用 $\boldsymbol{F}_{\mathrm{I}}$ 表示。

将质点惯性力写成一般形式

$$\boldsymbol{F}_{\mathrm{I}} = -m\boldsymbol{a} \tag{12-1}$$

这表明,**质点惯性力的大小等于质点的质量与加速度的乘积,方向与质点加速度方向相反。**

需要特别指出的是,质点的惯性力是质点对改变其运动状态的一种抵抗,它并不作用于质点上,而是作用在使质点改变运动状态的施力物体上,但由于惯性力反映了质点本身的惯性特征,所以其大小、方向又由质点的质量和加速度来度量。上述两例中的惯性力,分别作用在人手和绳子上。

### 2. 质点的达朗贝尔原理

考察惯性参考系 $Oxyz$ 中的非自由质点,设质点 $M$ 的质量为 $m$,加速度为 $\boldsymbol{a}$,质点在主动力 $\boldsymbol{F}$、约束力 $\boldsymbol{F}_{\mathrm{N}}$ 作用下运动,如图 12-3 所示。根据牛顿第二定律,有

$$m\boldsymbol{a} = \boldsymbol{F} + \boldsymbol{F}_{\mathrm{N}}$$

若将上式左端移至右端,则上式可以改写成

$$\boldsymbol{F} + \boldsymbol{F}_{\mathrm{N}} + (-m\boldsymbol{a}) = \boldsymbol{0}$$

上式中的 $-m\boldsymbol{a}$ 即为质点 $M$ 的惯性力。将式(12-1)代入上式,则上式可以写成

$$\boldsymbol{F} + \boldsymbol{F}_{\mathrm{N}} + \boldsymbol{F}_{\mathrm{I}} = \boldsymbol{0} \tag{12-2}$$

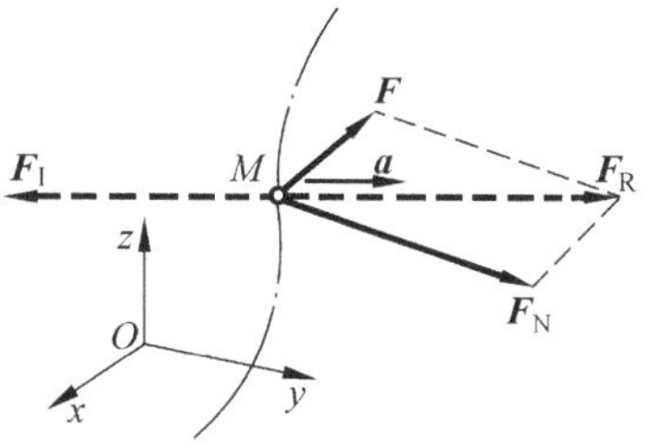


图　12-3

方程(12-2)形式上是一静力平衡方程。这一方程表明,**质点运动的每一瞬时,作用在质点上的主动力、约束力和质点的惯性力组成一平衡力系,此即达朗贝尔原理。**

于是，应用惯性力的概念和达朗贝尔原理，便将质点动力学问题转化为形式上的静力平衡问题。这种方法称为**动静法**。

需要指出的是，实际质点上只受主动力和约束力的作用，惯性力并不作用在质点上，质点也并非处于平衡状态。式(12-2)所表示的只是作用在不同物体上的三个力所满足的矢量关系。

根据达朗贝尔原理的矢量方程(12-2)，在直角坐标系中的投影形式为

$$\left.\begin{aligned} F_x + F_{Nx} + F_{Ix} = 0 \\ F_y + F_{Ny} + F_{Iy} = 0 \\ F_z + F_{Nz} + F_{Iz} = 0 \end{aligned}\right\} \tag{12-3}$$

应用上述方程时，除了要分析主动力、约束力外，还必须分析惯性力，并假想地加在质点上。其余过程与静力学完全相同。

**【例 12-1】** 圆锥摆如图 12-4 所示。其中，质量为 $m$ 的小球 $M$ 系于长度为 $l$ 的细线一端，细线另一端固定于 $O$ 点，并与铅垂线成 $\theta$ 角。小球在垂直于铅垂线的平面内作匀速圆周运动。已知：$m=1\text{kg}$；$l=300\text{mm}$；$\theta=60°$。求：小球的速度和细线所受的拉力 $\boldsymbol{F}_T$。

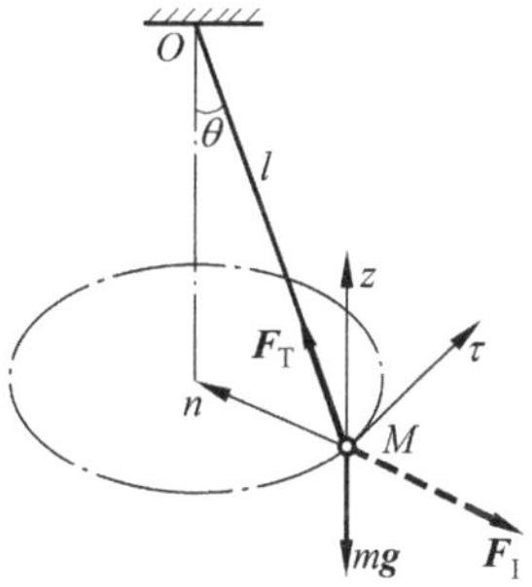

**图　12-4**

**解**：以小球为研究对象。作用在小球上的力有：主动力为小球重力 $m\boldsymbol{g}$；约束力 $\boldsymbol{F}_T$ 为细线对小球的拉力。

由于小球作匀速圆周运动，故小球只有向心的法向加速度 $\boldsymbol{a}_n$；切向加速度 $\boldsymbol{a}_t=\boldsymbol{0}$。

惯性力的大小为

$$F_I = ma_n = m\frac{v^2}{r} = m\frac{v^2}{l\sin\theta} \tag{a}$$

方向与 $\boldsymbol{a}_n$ 相反。

对小球应用动静法，$m\boldsymbol{g}$、$\boldsymbol{F}_T$、$\boldsymbol{F}_I$ 构成平衡力系，即

$$m\boldsymbol{g} + \boldsymbol{F}_T + \boldsymbol{F}_I = \boldsymbol{0}$$

以三力的汇交点(小球)$M$ 为原点，建立 $M\tau nz$ 坐标系如图 12-4 所示。将平衡方程写成投影的形式，则有

$$\left.\begin{aligned} &\sum F_\tau = 0, \quad \text{自然满足} \\ &\sum F_n = 0, \quad F_T\sin\theta - F_I = 0 \\ &\sum F_z = 0, \quad F_T\cos\theta - mg = 0 \end{aligned}\right\}$$

由此解得细线所受拉力为

$$F_T = \frac{mg}{\cos\theta} = \frac{1\times 9.8}{\cos 60°}\text{N} = 19.6\text{N}$$

由 $n$ 方向的平衡方程知惯性力 $F_I = F_T\sin\theta$，再利用式(a)，可求得小球速度 $\boldsymbol{v}$ 的值为

$$v = \sqrt{\frac{F_T l\sin^2\theta}{m}} = \sqrt{\frac{19.6\times 0.3\times \sin^2 60°}{1}} = 2.1\text{m/s}$$

**3. 质点系的达朗贝尔原理**

质点的达朗贝尔原理可以扩展到质点系。

考察由 $n$ 个质点组成的非自由质点系，对每个质点都施加惯性力，则 $n$ 个质点上所受的全部主动力、约束力和假想的惯性力均形成空间一般力系。

对于每个质点，达朗贝尔原理均成立，即认为作用在质点上的主动力、约束力和惯性力组成形式上的平衡力系，则由 $n$ 个质点组成的质点系上的主动力、约束力和惯性力也组成形式上的平衡力系。

根据静力学中力系的平衡条件和平衡方程，平面或空间一般力系平衡时，力系的主矢和对任意一点 $O$ 的主矩必须同时等于零。

为方便起见，将真实力分为内力 $\boldsymbol{F}^{\mathrm{i}}$ 和外力 $\boldsymbol{F}^{\mathrm{e}}$（各自包含主动力和约束力）。于是主矢、主矩同时等于零可以表示为

$$\left.\begin{aligned}\boldsymbol{F}_{\mathrm{R}}=\sum\boldsymbol{F}_i^{\mathrm{e}}+\sum\boldsymbol{F}_i^{\mathrm{i}}+\sum\boldsymbol{F}_{\mathrm{I}i}=\boldsymbol{0}\\ \boldsymbol{M}_O=\sum\boldsymbol{M}_O(F_i^{\mathrm{e}})+\sum\boldsymbol{M}_O(\boldsymbol{F}_i^{\mathrm{i}})+\sum\boldsymbol{M}_O(\boldsymbol{F}_{\mathrm{I}i})=\boldsymbol{0}\end{aligned}\right\}\tag{12-4}$$

注意到质点系中各质点间的内力总是成对出现，且等值、反向，故上式中

$$\sum\boldsymbol{F}_i^{\mathrm{i}}=\boldsymbol{0},\quad \sum\boldsymbol{M}_O(\boldsymbol{F}_i^{\mathrm{i}})=\boldsymbol{0}$$

据此，方程(12-4)变为

$$\left.\begin{aligned}\sum\boldsymbol{F}_i^{\mathrm{e}}+\sum\boldsymbol{F}_{\mathrm{I}i}=\boldsymbol{0}\\ \sum\boldsymbol{M}_O(\boldsymbol{F}_i^{\mathrm{e}})+\sum\boldsymbol{M}_O(\boldsymbol{F}_{\mathrm{I}i})=\boldsymbol{0}\end{aligned}\right\}\tag{12-5}$$

这两个矢量式对于空间问题可以写出六个投影方程，对于平面问题可以写出三个投影方程。

根据上述原理，只要在质点系上施加惯性力，就可以应用平衡方程(12-5)求解动力学问题，这就是质点系的动静法。

**【例 12-2】** 半径为 $r$、质量为 $m$ 的滑轮可绕固定轴 $O$（垂直于图平面）转动。缠绕在滑轮上的绳两端分别悬挂质量为 $m_1$、$m_2$ 的重物 $A$ 和重物 $B$（图 12-5）。若 $m_1>m_2$，并设滑轮的质量均匀地分布在轮缘上，即将滑轮简化为均质圆环。求滑轮的角加速度。

**解**：以重物 $A$、$B$ 以及滑轮组成的质点系作为研究对象，其受力图如图 12-5 所示。其中滑轮的质量分布在周边上，若设滑轮以角速度 $\omega$ 与角加速度 $\alpha$ 转动，则对于质量为 $m_1$ 的质点，其切向惯性力和法向惯性力的大小分别为

$$\left.\begin{aligned}F_{\mathrm{I}i}^{\mathrm{t}}=m_ia_i^{\mathrm{t}}=m_i\alpha r\\ F_{\mathrm{I}i}^{\mathrm{n}}=m_ia_i^{\mathrm{n}}=m_i\omega^2r\end{aligned}\right\}\tag{a}$$

重物的惯性力分别为 $\boldsymbol{F}_{\mathrm{I1}}$ 和 $\boldsymbol{F}_{\mathrm{I2}}$，其大小各为

$$F_{\mathrm{I1}}=m_1a=m_1r\alpha,\quad F_{\mathrm{I2}}=m_2a=m_2r\alpha\tag{b}$$

二者方向均与加速度的方向相反。

应用动静法，作用在系统上的所有主动力、约束力和惯性力组成平衡力系。故所有力对滑轮的转轴之矩的平衡条件为

$$\sum M_O(\boldsymbol{F})=0,\quad (m_1g-F_{\mathrm{I1}}-F_{\mathrm{I2}}-m_2g)r-\sum F_{\mathrm{I}i}^{\mathrm{t}}\cdot r=0\tag{c}$$

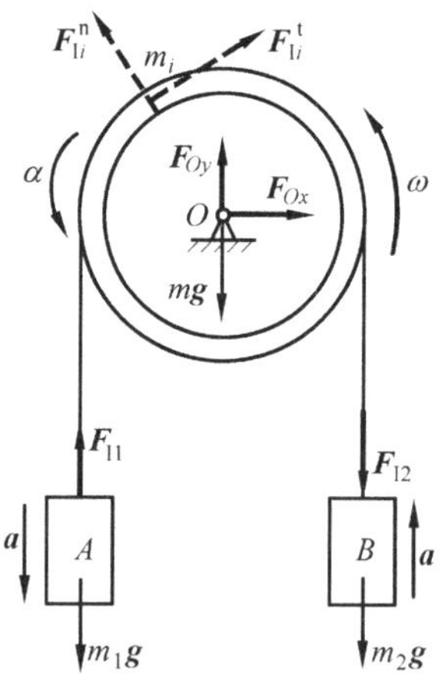


图 12-5

将式(a)、式(b)代入式(c),有

$$(m_1 g - m_1 r\alpha - m_2 r\alpha - m_2 g)r - \sum m_i \alpha r \cdot r = 0$$

因为

$$\sum m_i \alpha r \cdot r = m\alpha r^2$$

从而解得滑轮的角加速度为

$$\alpha = \frac{m_1 - m_2}{m_1 + m_2 + m} \cdot \frac{g}{r}$$

## 12-2　刚体上惯性力系的简化

在运用动静法求解质点系的动力学问题时,需要在每个质点上虚加惯性力,这对刚体来说难以做到,因为刚体是由无数个质点所组成的。为此,需要运用静力学的力系简化与合成理论,对刚体上无数个质点的惯性力构成的惯性力系进行简化与合成,以使动静法能够方便地运用于刚体上。

### 1. 平移刚体上惯性力系的简化

如图 12-6(a)所示,设刚体在外力 $\boldsymbol{F}_i$ 的作用下平移。刚体平移时,其上各点的加速度相同,都等于质心 $C$ 的加速度 $\boldsymbol{a}_C$。因此,各质点的惯性力 $\boldsymbol{F}_{Ii}$ 的方向均与 $\boldsymbol{a}_C$ 的方向相反,它们组成一同向平行力系(图 12-6(a))。显然,该同向平行力系可合成为一个作用线通过质心 $C$ 的合力(图 12-6(b))

$$\boldsymbol{F}_{IR} = -m\boldsymbol{a}_C \tag{12-6}$$

式中,$m$ 为刚体质量。即有结论:**平移刚体上的惯性力系可合成为一个作用线通过质心的合力,该合力的大小等于刚体的质量与质心加速度的乘积,方向与质心加速度的方向相反。**

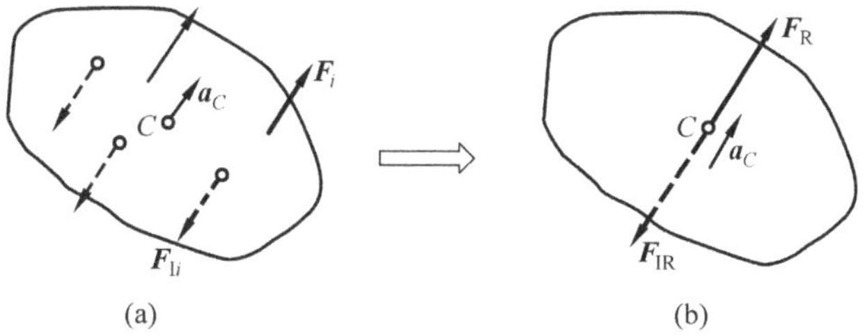


图　12-6

根据上述结论,由动静法以及二力平衡公理易知,刚体平移时,其所受外力合力 $\boldsymbol{F}_R$ 的作用线一定通过刚体质心 $C$(图 12-6(b))。

### 2. 绕定轴转动刚体上惯性力系的简化

假设刚体具有质量对称平面,且绕垂直于该质量对称平面的定轴转动。此时,可先将刚体上的空间惯性力系转化为在质量对称平面内的平面惯性力系,然后再将其向转轴与质量对称平面的交点 $O$ 简化,得到一个主矢 $\boldsymbol{F}_{IR}$ 和一个主矩 $M_{IO}$(图 12-7)。可以证明,该主矢

和主矩分别为

$$\boldsymbol{F}_{\mathrm{IR}}=-m\boldsymbol{a}_C \tag{12-7}$$

$$M_{\mathrm{IO}}=-J_O\alpha \tag{12-8}$$

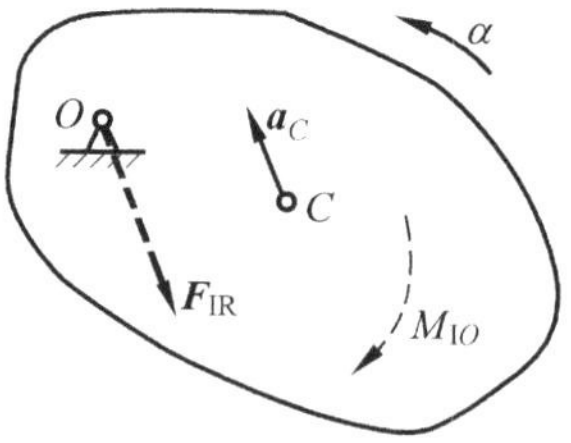


图 12-7

式中，$\boldsymbol{a}_C$ 为刚体质心加速度；$\alpha$ 为刚体角加速度；$m$ 为刚体质量；$J_O$ 为刚体对转轴 $O$ 的转动惯量。即有结论：**具有质量对称平面的刚体绕垂直于质量对称平面的定轴转动时，刚体上惯性力系向转轴简化的结果一般为位于质量对称平面内的一个主矢和一个主矩。其中，主矢的大小等于刚体的质量与质心加速度的乘积，方向与质心加速度方向相反，作用线通过转轴；主矩的大小等于刚体对转轴的转动惯量与角加速度的乘积，转向与角加速度转向相反。**

几种特殊情况：

(1) 转轴不通过质心，刚体作匀速转动。

此时，$\alpha=0$，从而 $M_{\mathrm{IO}}=0$，惯性力系合成为一个作用线通过转轴的合力，其大小 $F_{\mathrm{IR}}=mr_C\omega^2$（式中，$\omega$ 为刚体的角速度，$r_C$ 为质心的转动半径），方向由转轴 $O$ 指向质心 $C$。

(2) 转轴通过质心，刚体作变速转动。

此时，$\boldsymbol{a}_C=\boldsymbol{0}$，从而 $\boldsymbol{F}_{\mathrm{IR}}=\boldsymbol{0}$，惯性力系合成为一个合力偶，其矩的大小 $M_{\mathrm{IO}}=J_O\alpha$，转向与角加速度 $\alpha$ 的转向相反。

(3) 转轴通过质心，刚体作匀速转动。

此时，$\boldsymbol{F}_{\mathrm{IR}}=\boldsymbol{0}$，$M_{\mathrm{IO}}=0$，惯性力系自行平衡，这种情形称为动平衡。

### 3. 平面运动刚体上惯性力系的简化

假设刚体具有质量对称平面，且平行于该平面运动。此时，与刚体绕定轴转动类似，可先将刚体上的空间惯性力系转化为在质量对称平面内的平面惯性力系，然后再将其向质心 $C$ 简化，得到一个主矢 $\boldsymbol{F}_{\mathrm{IR}}$ 和一个主矩 $M_{\mathrm{IC}}$（图 12-8），分别为

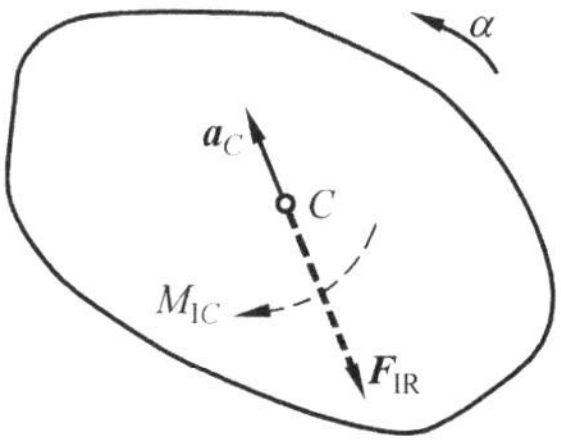


图 12-8

$$\boldsymbol{F}_{\mathrm{IR}}=-m\boldsymbol{a}_C \tag{12-9}$$

$$M_{\mathrm{IC}}=-J_C\alpha \tag{12-10}$$

式中，$\boldsymbol{a}_C$ 为刚体质心加速度；$\alpha$ 为刚体角加速度；$m$ 为刚体质量；$J_C$ 为刚体对垂直于质量对称平面的质心轴 $C$ 的转动惯量。即有结论：**具有质量对称平面的刚体平行于质量对称平面运动时，刚体上惯性力系向质心简化的结果一般为位于质量对称平面内的一个主矢和一个主矩。其中，主矢的大小等于刚体的质量与质心加速度的乘积，方向与质心加速度方向相反，作用线通过质心；主矩的大小等于刚体对垂直于质量对称平面的质心轴的转动惯量与角加速度的乘积，转向与角加速度转向相反。**

**【例 12-3】** 图 12-9(a)所示质量为 $m$、半径为 $R$ 的均质圆盘可绕轴 $O$ 转动。已知 $OB=l$，圆盘初始时静止，试用动静法求撤去 $B$ 处约束的瞬时，质心 $C$ 的加速度和 $O$ 处的约束力。

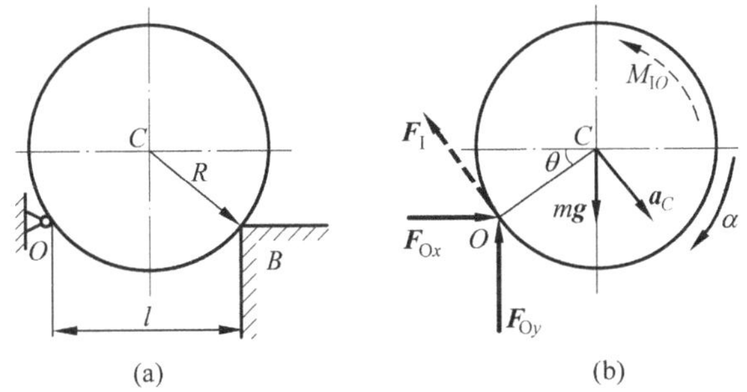


图　12-9

**解**：(1) 运动与受力分析。圆盘在撤去 $B$ 处约束的瞬时，以角加速度 $\alpha$ 绕 $O$ 轴作定轴转动，质心的加速度 $a_C=R\alpha$，这一瞬时圆盘的角速度 $\omega=0$。其受力如图 12-9(b)所示。

按定轴转动刚体惯性力系的简化结果，将惯性力画在图上。此外，圆盘还受到重力 $m\boldsymbol{g}$ 和 $O$ 处约束力 $\boldsymbol{F}_{Ox}$、$\boldsymbol{F}_{Oy}$ 作用。

(2) 确定惯性力。根据式(12-7)和式(12-8)，惯性力和惯性力偶的大小分别为

$$F_I=ma_C$$

$$M_{IC}=J_O\alpha=\left(\frac{1}{2}mR^2+mR^2\right)\frac{a_C}{R}=\frac{3}{2}mRa_C$$

(3) 建立平衡方程，确定质心加速度及 $O$ 处约束力。应用动静法，建立下列平衡方程：

$$\sum M_O(F)=0,\quad M_{IO}-mg\,\frac{l}{2}=0$$

$$\sum F_x=0,\quad F_{Ox}-F_I\sin\theta=0$$

$$\sum F_y=0,\quad F_{Oy}+F_I\cos\theta-mg=0$$

式中，$\sin\theta=\dfrac{\sqrt{4R^2-l^2}}{2R}$，$\cos\theta=\dfrac{l}{2R}$。

由上述方程联立解得

$$a_C=\frac{gl}{3R},\quad F_{Ox}=\frac{mgl}{6R^2}\sqrt{4R^2-l^2},\quad F_{Oy}=mg\left(1-\frac{l^2}{6R^2}\right)$$

若将惯性力系向质心 $C$ 简化，其受力图及惯性力的大小将有何变化？建议读者通过具体分析，比较两种简化方式的利弊。

**【例 12-4】**　均质圆轮质量为 $m$，半径为 $r$。细长杆长 $l=2r$，质量为 $m_A$。杆端 $A$ 点与轮心为光滑铰接，如图 12-10(a)所示。如果在 $A$ 处施加一水平拉力 $\boldsymbol{F}$，使圆轮沿水平面纯滚动。试求：使杆的 $B$ 端刚刚离开地面的力 $\boldsymbol{F}$；以及保证圆盘作纯滚动，轮与地面间的静摩擦因数。

**解**：细杆 $B$ 端刚刚离开地面的瞬时，仍为平行移动，地面 $B$ 处约束力为零，设这时杆的加速度为 $\boldsymbol{a}$。杆承受的力以及惯性力如图 12-10(b)所示，其中

$$F_{IC}=ma$$

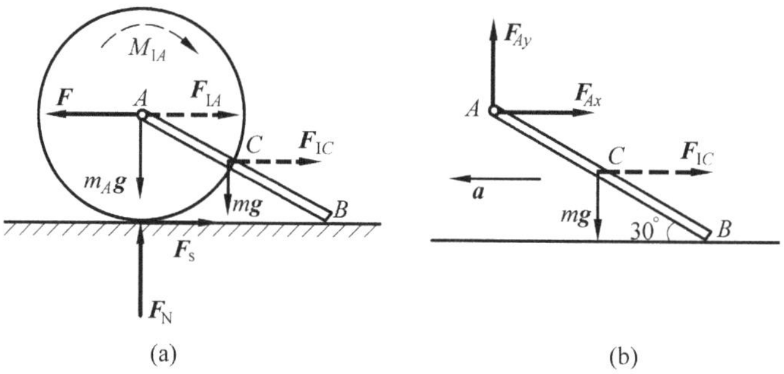


图 12-10

由平衡方程

$$\sum M_A(\boldsymbol{F})=0,\quad F_{IC}r\sin30^\circ-mgr\cos30^\circ=0$$

解出

$$a=\sqrt{3}g$$

以整个系统为研究对象，整个系统承受的力以及惯性力如图 12-10(a)所示，其中

$$F_{IA}=m_A a,\quad M_{IA}=\frac{1}{2}m_A r^2\ \frac{a}{r}$$

根据图 12-10(a)建立平衡方程

$$\sum F_x=0,\quad F-F_{IA}-F_{IC}-F_s=0$$

$$\sum F_y=0,\quad F_N-(m_A+m)g=0$$

再以圆轮为研究对象，由平衡方程

$$\sum M_A(\boldsymbol{F})=0,\quad F_s r-M_{IA}=0$$

解出

$$F=\left(\frac{3m_A}{2}+m\right)\sqrt{3}g$$

$$F_s=\frac{1}{2}m_A a=\frac{\sqrt{3}}{2}m_A g$$

$$F_N=f_s(m_A+m)g$$

据此，轮与地面间保持纯滚的静摩擦因数为

$$f_s\geqslant\frac{F_s}{F_N}=\frac{\sqrt{3}m_A}{2(m_A+m)}$$

**【例 12-5】** 均质滚子质量 $m=20$kg，被水平绳拉着在水平面上作纯滚动。绳子跨过滑轮 $B$ 而在另一端系有质量 $m_1=10$kg 的重物 $A$，如图 12-11(a)所示。求滚子中心 $O$ 的加速度。滑轮和绳的质量都忽略不计。

**解**：设滚子的角加速度为 $\alpha$，方向为顺时针转向。分别取滚子和重物为研究对象，滚子和重物承受的真实的力并加上惯性力如图 12-11(b)、(c)所示。

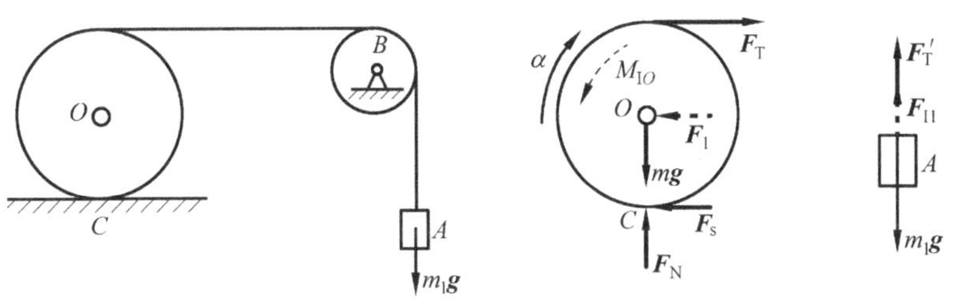


图　12-11

$$F_I = ma_O = mr\alpha,\quad M_{IO} = \frac{1}{2}mr^2\alpha,\quad F_{I1} = m_1 a_A = 2m_1 r\alpha$$

按照达朗贝尔原理列平衡方程：

滚子 $O$ 的平衡方程为

$$\sum M_C(F) = 0,\quad -F_T \times 2r + F_I \times r + M_{IO} = 0 \tag{a}$$

重物 $A$ 的平衡方程为

$$\sum F_y = 0,\quad F'_T + F_{I1} - m_1 g = 0 \tag{b}$$

其中，$F_T = F'_T$，将惯性力的表达式代入式(a)、式(b)，并联立求解，可得

$$\alpha = \frac{4m_1}{3m + 8m_1} \times \frac{g}{r}$$

这样，滚子中心 $O$ 的加速度为

$$a = r\alpha = \frac{4m_1}{3m + 8m_1} g = 2.8\text{m/s}^2$$

通过以上例题的分析，应用动静法解题时，解题步骤大致归纳如下：

(1) 根据待求量，确定研究对象；

(2) 分析作用在研究对象上的外力，画出受力图；

(3) 分析研究对象的运动情况，根据其加速度、角加速度运动形式确定其对应的惯性力、惯性力偶的结果并画在受力图上；

(4) 应用动静法，列出平衡方程，求解未知量。

# 学习方法和要点提示

(1) 达朗贝尔原理将动力学问题在形式上转化为静力学的问题来处理，这对解决动力学问题，特别是在求约束反力时，显得很方便。

(2) 质点系的达朗贝尔原理表达为：质点系在运动的任一瞬时，作用于质点系上所有的主动力、约束反力与假想地加在各质点上的惯性力，在形式上构成一平衡力系，由此，可应用静力学平衡方程来求解质点系的动力学问题。

(3) 惯性力是本章中的一个重要概念。特别要注意质点的惯性力并不是作用在质点上，而是作用在使该质点获得加速度的施力体上，它的大小等于质点的质量与加速度大小的乘积，方向与该质点的加速度的方向相反，即 $\boldsymbol{F}_I=-m\boldsymbol{a}$。

(4) 刚体平移、定轴转动和平面运动是刚体运动中经常遇到的几种情况。因此，对这几种刚体运动，惯性力系的简化结果必须牢记，以便于应用动静法求解刚体动力学问题。特别是定轴转动刚体和平面运动刚体，惯性力主矢加在转轴上和加在质心上要加以区分。

(5) 用动静法求解动力学问题的解题步骤与静力学中求解平衡问题的解题步骤相同，只是在分析物体的受力情况之后，还应分析物体的运动，并根据物体的运动形式，在物体上假想地加上各质点的惯性力(或各质点的惯性力所组成的惯性力系的简化结果)。

(6) 在解题时应注意：①在研究对象的受力图上加上惯性力之后，若所包含的未知量数等于所能建立的独立平衡方程数，则可求出所有这些未知量。这里所说的未知量不仅包括未知力，还包括运动方面的未知量(例如，速度、加速度、角速度、角加速度等)。②在分析运动方面的未知量时，有时需要确定它们之间的运动学关系，运用运动学知识列出补充方程。③如质点的加速度方向或刚体的角加速度转向不能预先确定时，则可先假设它们的指向或转向，然后根据求解结果的正负号判定假设的正确性。

## 思 考 题

**12-1** 设质点在空中运动时，只受重力作用，试确定在下列三种情况下，质点惯性力的大小和方向：(1)质点作自由落体运动；(2)质点垂直上抛；(3)质点沿抛物线运动。

**12-2** 刚体上的惯性力系向任一点简化所得的主矢是否相同？主矩呢？

**12-3** 是否只要运动的质点就有惯性力？

**12-4** 作匀速运动的质点的惯性力一定为零。试问这一表述是否正确？为什么？

**12-5** 一列火车在起动时，哪一节车厢的挂钩受力最大？为什么？

**12-6** 在什么情况下绕定轴转动刚体上的惯性力系为平衡力系？

**12-7** 绕定轴转动刚体上的惯性力系能否向质心简化？若能，其简化结果如何？

**12-8** 如果平面运动刚体上的惯性力系可以合成为一个合力，则该合力的作用线一定通过刚体的质心。试问这一表述是否正确？为什么？

**12-9** 作瞬时平移的刚体，在该瞬时，其上惯性力系向质心简化的主矩一定为零。试问这一表述是否正确？为什么？

## 习 题

**12-1** 如图 12-12 所示，质量 $m=10\text{kg}$ 的物块 $A$ 沿与铅垂面夹角 $\theta=60°$ 的悬臂梁下滑。当物块下滑至距固定端 $O$ 的距离 $l=0.6\text{m}$ 时，其加速度 $a=2\text{m/s}^2$。忽略物块尺寸和梁的自重，试求该瞬时固定端 $O$ 的约束力。

**12-2** 如图 12-13 所示，在半径为 $r$ 的光滑圆柱顶部放置一小物块。设小物块开始静止，受微小扰动后在铅垂面内自圆柱顶部滑下，试求小物块脱离圆柱面时的 $\varphi$ 角。

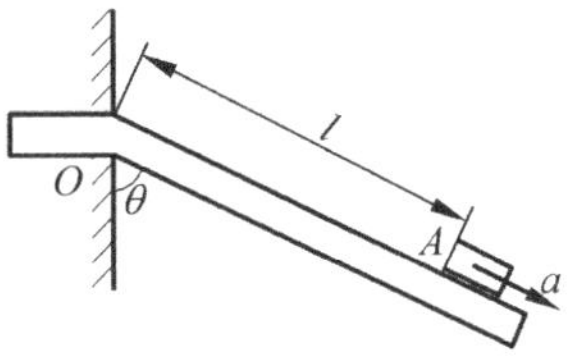


图 12-12

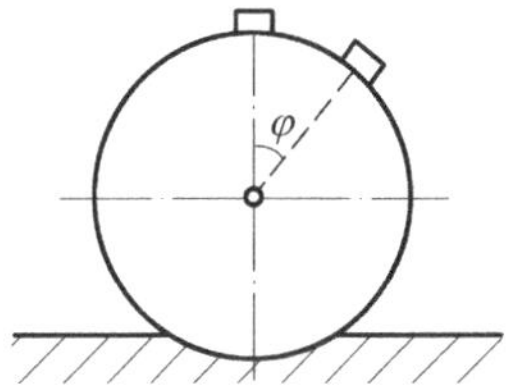


图 12-13

**12-3** 如图 12-14 所示，重量均为 $P$ 的两个物块 $A$ 和 $B$，系在细绳的两端，细绳绕过半径为 $R$、质量可不计的定滑轮，光滑斜面的倾角为 $\theta$。试求物块 $A$ 下降的加速度以及轴承 $O$ 的约束力。

**12-4** 如图 12-15 所示，质量 $m_1=100\text{kg}$ 的均质物块置于平台车上；平台车质量 $m_2=50\text{kg}$，可沿水平路面运动；车和物块一起由质量为 $m_3$ 的重物牵引。若不计平台车与路面间的摩擦力以及滑轮质量，并假设物块与平台车之间的摩擦力足以阻止相对滑动，试求使物块不翻倒的重物质量 $m_3$ 的最大值，以及此时平台车的加速度。

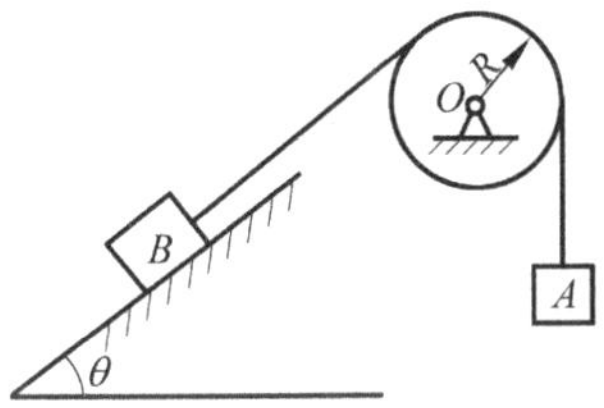


图 12-14

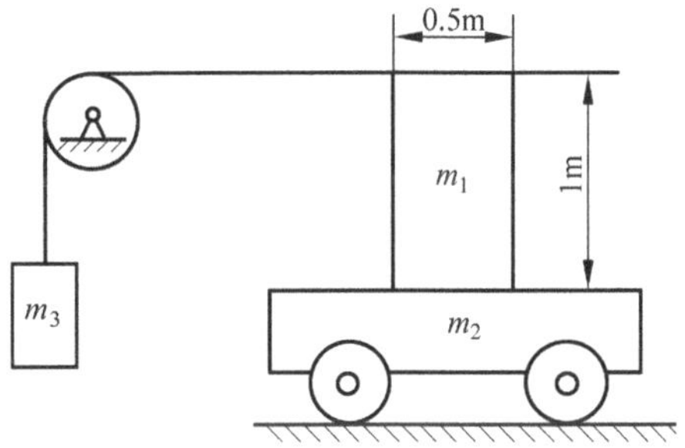


图 12-15

**12-5** 如图 12-16 所示，电动机的外壳用螺栓固定在水平基础上。外壳与定子的总质量为 $m_1$，质心位于转轴中心 $O$ 处。转子质量为 $m_2$，由于制造和安装误差，转子的质心 $C$ 到转轴中心 $O$ 有一偏心距 $e$。若转子匀速转动，角速度为 $\omega$，试用动静法求基础的最大约束力。

**12-6** 如图 12-17 所示，质量为 $m_1$ 的物体 $A$ 下落时，带动质量为 $m_2$、半径为 $R$ 的均质圆盘绕质心轴 $B$ 转动，不计支撑杆 $BC$ 与绳的重力，试求固定端 $C$ 的约束力。

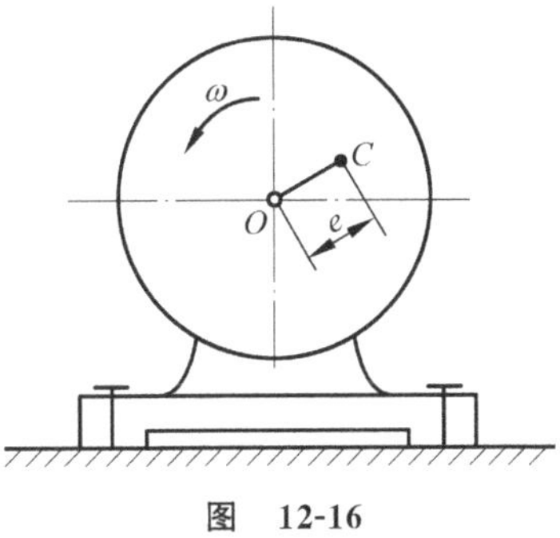


图 12-16

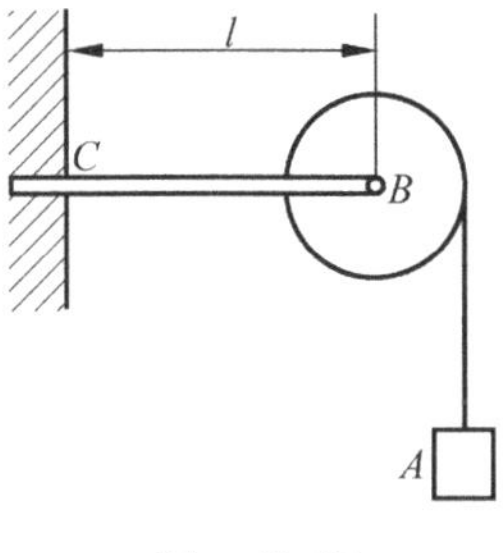


图 12-17

**12-7** 如图 12-18 所示，长为 $l$、质量为 $m$ 的均质杆 $AD$ 用固定铰支座 $B$ 与绳 $AC$ 维持在水平位置。若将绳突然剪断，试求此瞬时杆 $AD$ 的角加速度和固定铰支座 $B$ 的约束力。

**12-8** 如图 12-19 所示，边长 $b=100\text{mm}$ 的正方形均质板重 400N，由三根绳拉住，其中，$AB/\!/DE$。试求当绳 $HG$ 被剪断的瞬时，$AD$ 和 $BE$ 两绳的张力。

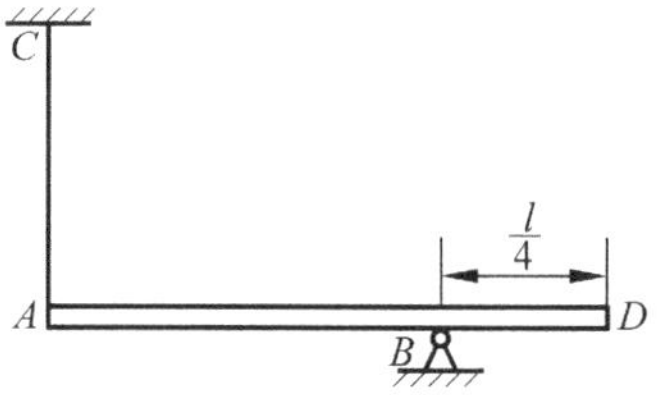

图 12-18

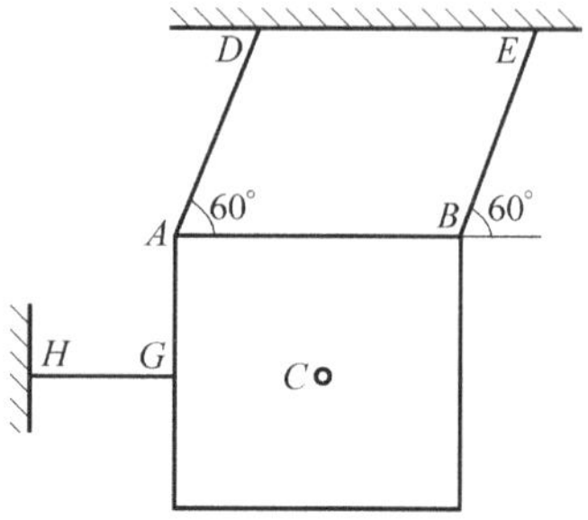

图 12-19

**12-9** 如图 12-20 所示，均质平板质量为 $m$，放在两个质量皆为 $m/2$ 的均质圆柱滚子上，滚子的半径均为 $r$。现在平板上作用一水平拉力 $\boldsymbol{F}$，假设滚子只滚不滑，试求平板的加速度。

**12-10** 在图 12-21 所示曲柄滑槽机构中，均质曲柄 $AO$ 的质量为 $m_1$、长度为 $r$，以等角速度 $\omega$ 绕水平轴 $O$ 转动；滑槽 $BCE$ 的质量为 $m_2$，质心位于 $D$ 点。当曲柄转至图示位置时，$\theta=\omega t$。若不计滑块 $A$ 的质量和各处摩擦，试求轴承 $O$ 的约束力以及作用在曲柄上的转矩 $M$。

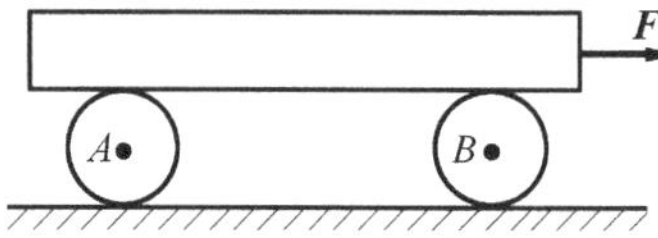

图 12-20

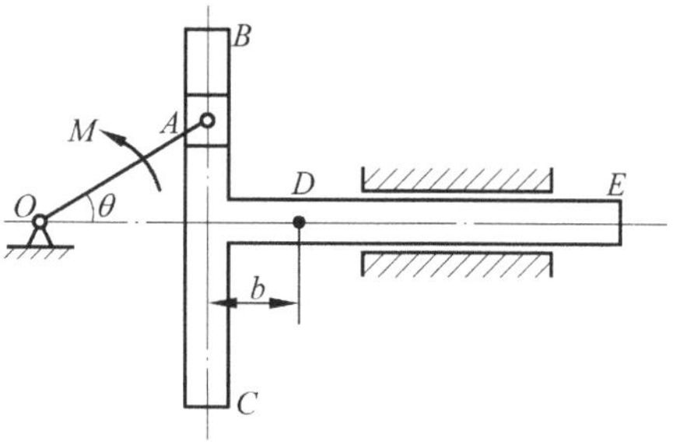

图 12-21

**12-11** 如图 12-22 所示，均质细杆 $AO$ 长为 $l$，质量为 $m$，由水平位置静止释放，在铅垂平面内绕轴 $O$ 转动。试求杆 $AO$ 转过 $\theta$ 角到达 $OA'$ 位置时的角速度、角加速度以及轴 $O$ 的约束力。

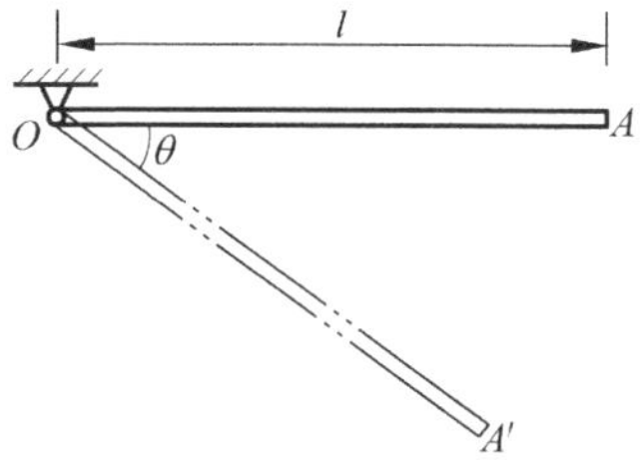

图 12-22

# *第13章 虚位移原理

## 本章提要

**【要求】**

（1）正确理解约束方程、理想约束和虚位移等概念，掌握虚位移的计算；

（2）能较熟练地运用虚位移原理求解物体系的平衡问题。

**【重点】**

理想约束和虚位移的概念，应用虚位移原理求解物体系的平衡问题。

**【难点】**

各虚位移之间的关系。

虚位移原理是应用功的概念分析系统的平衡问题，是研究静力学平衡问题的另一种途径。这种以虚位移原理为基础，用分析的方法求解静力学问题的方法称为分析静力学。

虚位移原理与达朗贝尔原理结合起来组成动力学普遍方程，为求解复杂系统的动力学问题提供了另一种普遍的方法，从而奠定了分析力学的基础。

本章先扩充约束的概念，介绍虚位移与虚功的概念，然后推出虚位移原理，并介绍虚位移原理的工程应用。

## 13-1 虚位移和虚功

本节介绍虚位移和虚功的概念，为此首先介绍约束的分类。

### 1. 约束及其分类

在静力学中，我们把限制研究对象位移的周围物体称为该物体的约束。实际上，约束除限制物体的位移外，还限制物体在空间的运动，因而我们把约束扩充定义为：限制物体在空间的位移和运动的条件称为**约束**，表示这些限制条件的数学方程称为**约束方程**。按照约束对物体限制的不同情况，可将约束按不同性质分类。

1）几何约束和运动约束限制

物体在空间几何位置的约束称为**几何约束**。例如图 13-1 所示单摆，其中质点 $M$ 可绕固定点 $O$ 在平面 $Oxy$ 内摆动，摆长为 $l$。这时，摆杆对质点的限制条件是：质点 $M$ 必须在以点 $O$ 为圆心，以 $r$ 为半径的圆周上运动，其约束方程为

$$x^2+y^2=l^2$$

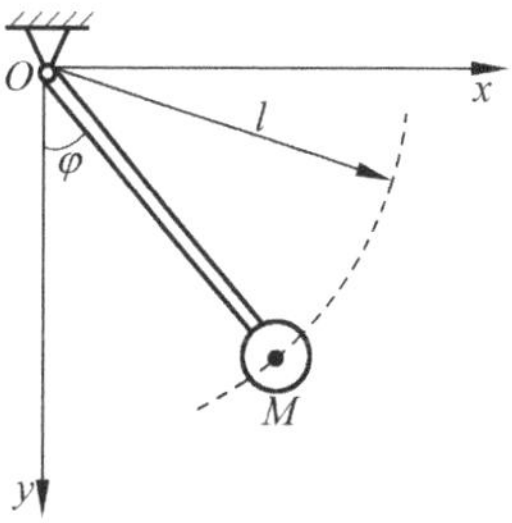

图 13-1

又如质点 $M$ 在图 13-2 所示的固定曲面上运动，则曲面方程

就是质点的约束方程，即

$$f(x,y,z)=0$$

再如，在图 13-3 所示曲柄连杆机构中，连杆 $AB$ 所受约束有：点 $A$ 只能作以点 $O$ 为圆心，以曲柄长度 $r$ 为半径的圆周运动；点 $B$ 与点 $A$ 间距离始终保持杆长 $l$；点 $B$ 始终沿滑道作直线运动。这三个条件以约束方程表示为

$$\left.\begin{array}{l} x_A^2+y_A^2=r^2 \\ (x_A-x_B)^2+(y_A-y_B)^2=l^2 \\ y_B=0 \end{array}\right\}$$

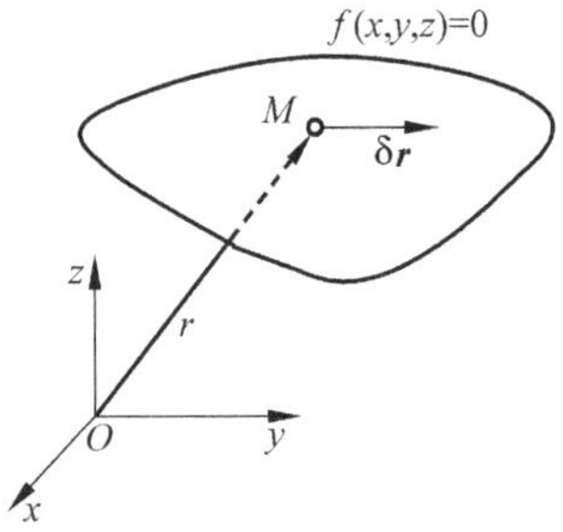


图 13-2

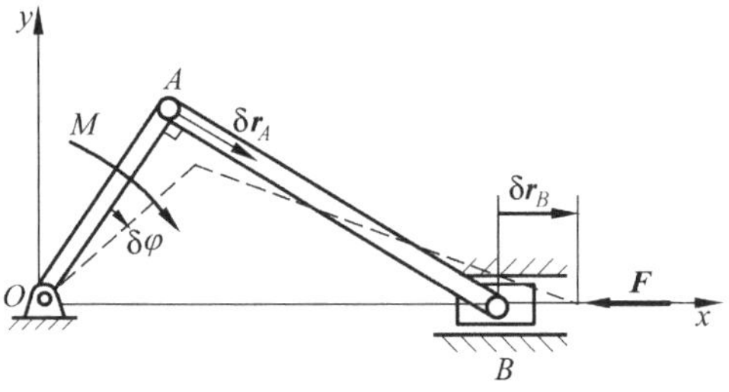


图 13-3

不仅限制物体的几何位置，而且还限制其运动的约束称为**运动约束**。如图 13-4 所示车轮沿直线轨道作纯滚动时，车轮除受到限制轮心 $A$ 始终与地面距离为 $r$ 的几何约束外，还受到只滚不滑的运动学条件，其约束方程为

$$y_A=r,\quad v_A-r\omega=0$$

2）稳定（定常）约束和不稳定（非定常）约束

不随时间变化的约束称为**稳定（定常）约束**；约束条件随时间变化的约束称为**不稳定（非定常）约束**。如前述质点 $M$ 在曲面上的运动和曲柄连杆机构的运动均为稳定约束，其约束方程中不含时间 $t$。如图 13-5 所示单摆中，$M$ 由一根穿过固定圆环 $O$ 的绳子系住，若摆长在开始时为 $l_0$，然后以不变的速度 $v$ 拉住绳的另一端运动，则单摆的约束方程为

$$x^2+y^2=(l_0-vt)^2$$

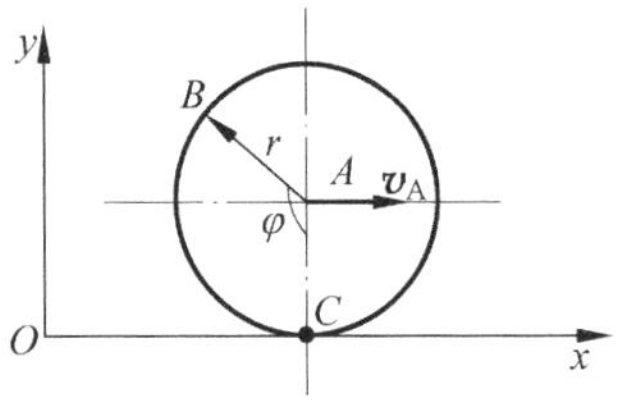


图 13-4

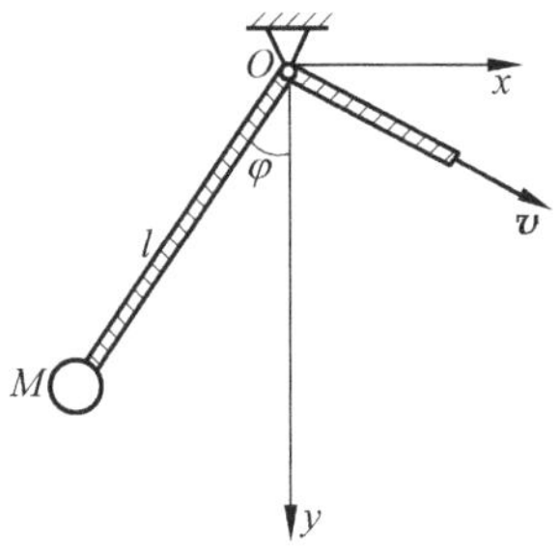


图 13-5

约束方程中显然含时间，即约束条件是随时间变化的，故为不稳定（非定常）约束。

3）单面（非固执）约束和双面（固执）约束

如图 13-1 所示单摆中，摆杆是一刚性杆，它限制质点沿杆伸长方向的位移，又限制质点

沿杆缩短方向的位移，这类约束就是**双面（固执）约束**，双面约束的约束方程是一个等式。若单摆改为用一绳子系住，则绳子不能限制质点沿绳子缩短方向的位移，这类约束称为**单面（非固执）约束**，单面约束的约束方程是不等式。该单摆的约束方程为

$$x^2+y^2 \leqslant l^2$$

4）完整约束和非完整约束

如果约束方程中不含有坐标对时间的导数，或者约束方程中的微分项可以积分为有限形式，这类约束称为**完整约束**；反之，如果约束方程中含有坐标对时间的导数，并且约束方程中的微分项不能积分为有限形式，这类约束称为**非完整约束**。非完整约束方程总是微分方程的形式。本章只讨论完整的双面定常几何约束，其约束方程的一般形式为

$$f_i(x_1,y_1,z_1,x_2,y_2,z_2,\cdots,x_n,y_n,z_n)=0 \quad (i=1,2,\cdots,s)$$

式中，$n$ 为质点系的质点数；$s$ 为约束的方程数。

## 2. 虚位移

设质点 $M$ 在空间运动，某瞬时 $t$ 的位置可用矢径 $\boldsymbol{r}=\boldsymbol{r}(t)$ 表示，经过无限小时间间隔 $\mathrm{d}t$ 后，在满足约束条件下，质点产生无限小的位移 $\mathrm{d}\boldsymbol{r}$，$\mathrm{d}\boldsymbol{r}$ 称为在 $\mathrm{d}t$ 内的真实位移或实位移。

**在约束允许的条件下，某瞬时质点系或其中某个质点可能实现的任何无限小的位移称为虚位移**。虚位移可以是线位移，也可以是角位移，它是一种假想的、虚设的位移。虚位移用符号 $\delta$ 表示，是变分符号，如 $\delta\boldsymbol{r}$、$\delta\varphi$、$\delta x$ 等，以区别于实位移 $\mathrm{d}\boldsymbol{r}$、$\mathrm{d}\varphi$、$\mathrm{d}x$。

应该注意，实位移与虚位移是不同的概念。实位移是质点系在一定时间内真正实现的位移，它除了与约束条件有关外，还与时间、主动力以及运动的初始条件有关；虚位移仅与约束条件有关。在定常约束的条件下，实位移只是所有虚位移中的一个，而虚位移视约束情况，可以有多个，甚至无穷多个。对于非定常约束，某个瞬时的虚位移是将时间固定后，约束所允许的虚位移，而实位移是不能固定时间的，所以这时实位移不一定是虚位移中的一个。

虚位移的计算方法通常有两种：一是几何法，即根据运动学中求刚体内各点速度的方法，建立各点虚位移之间的关系；二是解析法，即对坐标进行变分计算。

变分是自变量不变，由函数本身微小改变而得到的函数的改变量。设有一连续函数 $x=f(t)$，如图 13-6 所示，当自变量 $t$ 有一增量 $\mathrm{d}t$ 时，函数的微小增量称为函数的微分，且

$$\mathrm{d}x=f'(t)\mathrm{d}t$$

现假设自变量 $t$ 不变，由于 $x$ 有一增量 $\delta x=\varepsilon(t)$，则得到一条与 $x$ 无限靠近的新曲线 $x_1$，即

$$x_1=x+\delta x=f(t)+\varepsilon(t)$$

式中，$\varepsilon$ 是一个微小参数。根据变分的定义，$\delta x$ 即为函数的变分。

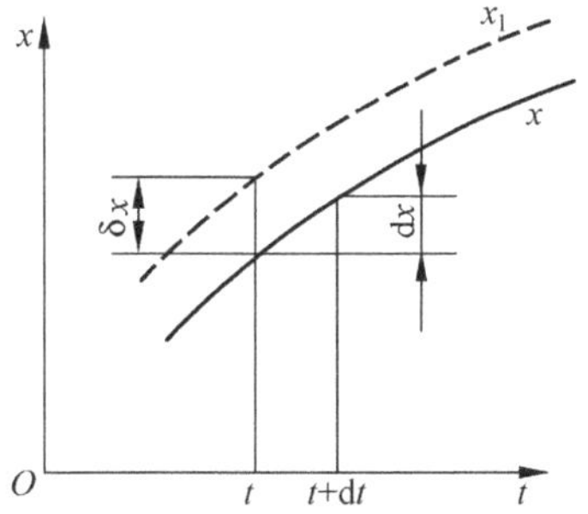


图　13-6

微分和变分有相似之处，但它们是两个不同的概念。微分是由于自变量 $t$ 的增量 $\mathrm{d}t$ 引起函数的增量 $\mathrm{d}x$，而变分与自变量 $t$ 无关，即变分的计算，只需将时间 $t$ 视为常量，只需对函数进行微分运算即可。变分法则与微分法则类似，如：

$$\begin{cases}\delta(f\pm g)=\delta f\pm\delta g\\ \delta(f\cdot g)=g\cdot\delta f+f\cdot\delta g\\ \delta\left(\dfrac{g}{f}\right)=\dfrac{f\cdot\delta g-g\cdot\delta f}{f^2}\\ \delta(F(u(t)))=F'\cdot\delta u(t)\end{cases}$$

**【例 13-1】** 分析如图 13-7 所示机构在图示位置时，点 $C$、$A$ 与 $B$ 的虚位移。已知 $OC=BC=a$，$OA=l$。

**解**：设点 $C$、$A$ 与 $B$ 的虚位移分别为 $\delta\boldsymbol{r}_C$，$\delta\boldsymbol{r}_A$，$\delta\boldsymbol{r}_B$，方向如图所示。以 $\delta\varphi$ 为基本变分，求出它们之间的关系。

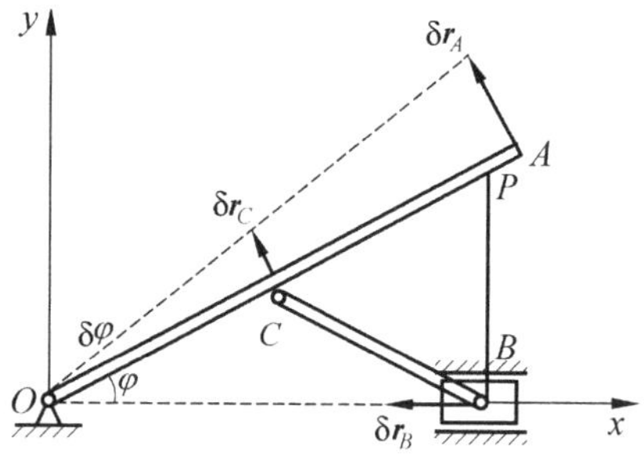


图 13-7

(1) 几何法。

$$\frac{\delta r_C}{\delta r_A}=\frac{a}{l}$$

由杆 $BC$ 的速度瞬心 $P$ 得

$$\frac{\delta r_C}{\delta r_B}=\frac{PC}{PB}=\frac{a}{2a\sin\varphi}=\frac{1}{2\sin\varphi}$$

又

$$\delta r_C=a\delta\varphi,\quad \delta r_A=l\delta\varphi$$

所以，写成虚位移的直角坐标轴上的投影为

$$\delta x_C=-a\sin\varphi\cdot\delta\varphi,\quad \delta y_C=a\cos\varphi\cdot\delta\varphi$$

$$\delta x_A=-l\sin\varphi\cdot\delta\varphi,\quad \delta y_A=l\cos\varphi\cdot\delta\varphi$$

$$\delta x_B=-2a\sin\varphi\cdot\delta\varphi,\quad \delta y_C=0$$

(2) 解析法。取 $OA$ 与 $x$ 轴的夹角 $\varphi$ 为自变量，将 $C$、$A$ 与 $B$ 点的坐标表示成 $\varphi$ 的函数，得

$$x_C=a\cos\varphi,\quad y_C=a\sin\varphi$$

$$x_A=l\cos\varphi,\quad y_A=l\sin\varphi$$

$$x_B=2a\cos\varphi,\quad y_B=0$$

对广义坐标 $\varphi$ 求变分，得各点虚位移在坐标轴上的投影为

$$\delta x_C=-a\sin\varphi\cdot\delta\varphi,\quad \delta y_C=a\cos\varphi\cdot\delta\varphi$$

$$\delta x_A=-l\sin\varphi\cdot\delta\varphi,\quad \delta y_A=l\cos\varphi\cdot\delta\varphi$$

$$\delta x_B=-2a\sin\varphi\cdot\delta\varphi,\quad \delta y_C=0$$

### 3. 虚功

力在虚位移中所做的功称为**虚功**。如图 13-3 所示，按图示的虚位移，力 $\boldsymbol{F}$ 的虚功为 $\delta W=\boldsymbol{F}\cdot\delta\boldsymbol{r}_B$，是负功；力偶 $M$ 的虚功为 $\delta W=M\cdot\delta\varphi$，是正功。虽然此处的虚功与实位移的元功采用同一符号 $\delta W$，但它们本质不同，因为虚位移是假想的，因而虚功也是假想的。机构在静止状态时，任何力都不做实功，但可做虚功。

**4. 理想约束**

如果在质点系的任何虚位移中，所有约束力所做虚功的和等于零，称这种约束为**理想约束**。若以 $\boldsymbol{F}_{Ni}$ 表示作用在某质点 $i$ 上的约束力，$\delta\boldsymbol{r}_i$ 表示该质点的虚位移，$\delta W_{Ni}$ 表示该约束力在虚位移中所做的功，则理想约束的数学表达式为

$$\delta W_N = \sum \delta W_{Ni} = \sum \delta \boldsymbol{F}_{Ni} \cdot \delta \boldsymbol{r}_i = 0$$

在动能定理中已经说明光滑固定面约束、光滑铰链、无重刚杆、不可伸长的柔索、固定端等约束为理想约束，现从虚位移和虚功角度看，这些约束也是理想约束。

## 13-2　虚位移原理及应用

设有一质点系处于静止状态，取质点系中任一质点 $m_i$，如图 13-8 所示，作用在该质点上的主动力的合力为 $\boldsymbol{F}_i$，约束力的合力为 $\boldsymbol{F}_{Ni}$，因为质点系处于平衡状态，因此有

$$\boldsymbol{F}_i + \boldsymbol{F}_{Ni} = \boldsymbol{0}$$

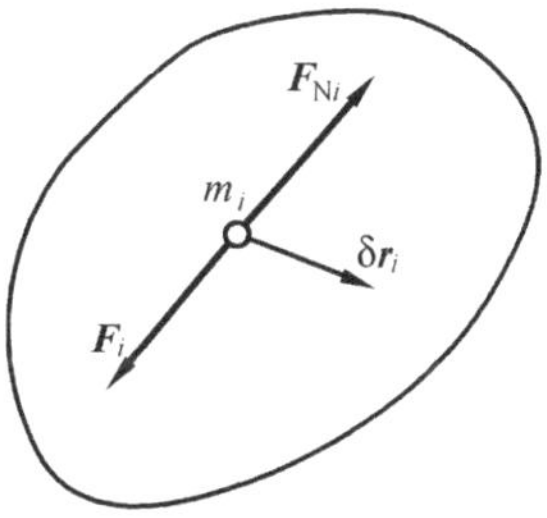

图　13-8

若给质点系以某种虚位移，其中质点 $m_i$ 的虚位移为 $\delta\boldsymbol{r}_i$，则作用在质点 $m_i$ 上的力 $\boldsymbol{F}_i$ 和 $\boldsymbol{F}_{Ni}$ 的虚功之和为

$$\boldsymbol{F}_i \cdot \delta\boldsymbol{r}_i + \boldsymbol{F}_{Ni} \cdot \delta\boldsymbol{r}_i = 0$$

对质点系中所有质点，将这些等式相加，则得

$$\sum \boldsymbol{F}_i \cdot \delta\boldsymbol{r}_i + \sum \boldsymbol{F}_{Ni} \cdot \delta\boldsymbol{r}_i = 0$$

如果质点系具有理想约束，则约束力在虚位移中所做虚功的和为零，即

$$\sum \boldsymbol{F}_{Ni} \cdot \delta\boldsymbol{r}_i = 0$$

则有

$$\sum \boldsymbol{F}_i \cdot \delta\boldsymbol{r}_i = 0$$

用 $\delta W_{Fi}$ 代表作用在质点 $m_i$ 上的主动力的虚功，由于 $\delta W_{Fi} = \boldsymbol{F}_i \cdot \delta\boldsymbol{r}_i$，则上式可以写为

$$\sum \delta W_{Fi} = \sum \boldsymbol{F}_i \cdot \delta\boldsymbol{r}_i = 0 \tag{13-1}$$

可以证明，上式不仅是质点系平衡的必要条件，也是充分条件。

由此可得结论：**对于具有理想约束的质点系，其平衡的必要与充分条件是：作用在质点系的所有主动力在任何虚位移中所做虚功之和等于零。**

上述结论称为**虚位移原理**，又称为**虚功原理**，是 1917 年约翰·伯努利提出的。

式(13-1)也可写成解析表达式，即

$$\sum (F_{xi} \cdot \delta x_i + F_{yi} \cdot \delta y_i + F_{zi} \cdot \delta z_i) = 0 \tag{13-2}$$

式中，$F_{xi}$，$F_{yi}$，$F_{zi}$ 为作用在质点 $m_i$ 上的主动力 $\boldsymbol{F}_i$ 在直角坐标轴上的投影。

式(13-1)和式(13-2)又称为**虚功方程**。由于虚功方程处理静力学问题时只需考虑主动力，而不必考虑约束反力，这就是用虚功方程求解静力学问题简单的原因。

如果约束不是理想约束，而是具有摩擦时，只要把摩擦力当作主动力。在虚功方程中计

入，虚功原理仍然适用。

**【例 13-2】** 如图 13-9 所示椭圆规尺机构，连杆 $AB$ 长为 $l$，滑块 $A$、$B$ 与杆重不计，忽略各处摩擦，机构在图示位置平衡。求主动力 $\boldsymbol{F}_\mathrm{P}$ 与 $\boldsymbol{F}$ 之间的关系。

**解**：研究整个机构，系统为理想约束。

(1) 几何法。使滑块 $A$ 发生虚位移 $\delta\boldsymbol{r}_A$，滑块 $B$ 发生虚位移 $\delta\boldsymbol{r}_B$，则由虚位移原理，得虚功方程

$$\boldsymbol{F}_\mathrm{P}\cdot\delta\boldsymbol{r}_A-\boldsymbol{F}\cdot\delta\boldsymbol{r}_B=0$$

而

$$\delta r_A\cdot\sin\varphi=\delta r_B\cdot\cos\varphi$$

得

$$\delta r_B=\delta r_A\tan\varphi$$

所以

$$(F_\mathrm{P}-F\tan\varphi)\delta r_A=0$$

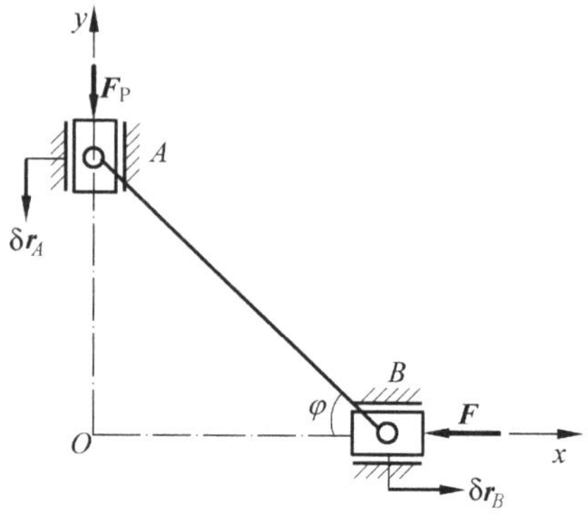

图 13-9

由 $\delta r_A$ 的任意性，得

$$F_\mathrm{P}=F\tan\varphi$$

(2) 解析法。取 $\varphi$ 为自变量，将 $A$、$B$ 坐标表示成 $\varphi$ 的函数

$$x_B=l\cos\varphi,\quad y_A=l\sin\varphi$$

将上式对 $\varphi$ 进行变分得

$$\delta x_B=-l\sin\varphi\cdot\delta\varphi,\quad \delta y_A=l\cos\varphi\cdot\delta\varphi$$

由虚功原理得

$$-F_\mathrm{P}\delta y_A-F\delta x_B=0$$

即

$$(-F_\mathrm{P}\cos\varphi+F\sin\varphi)l\delta\varphi=0$$

由 $\delta\varphi$ 的任意性，得

$$F_\mathrm{P}=F\tan\varphi$$

**【例 13-3】** 求如图 13-10(a)所示由 $AM$、$MN$、$ND$ 无重梁组合的梁支座 $A$ 的约束力。其中，$M$、$N$ 为铰链。

**解**：解除支座 $A$ 的约束，代之以约束反力 $\boldsymbol{F}_A$，将 $\boldsymbol{F}_A$ 视为主动力，如图 13-10(b)所示。假想支座 $A$ 产生虚位移，则在约束允许的条件下，各点虚位移如图 13-10(b)所示，列虚功方程

$$\sum\delta W_{Fi}=0,\quad F_A\delta s_A-F_1\delta s_1+M\delta\varphi+F_2\delta s_2=0$$

由图可看出

$$\delta\varphi=\frac{\delta s_A}{8},\quad \delta s_1=3\delta\varphi=\frac{3}{8}\delta s_A,\quad \delta s_M=11\delta\varphi=\frac{11}{8}\delta s_A$$

$$\delta s_2=\frac{4}{7}\delta s_M=\frac{11}{14}\delta s_A$$

代入虚功方程得

$$F_A = \frac{3}{8}F_1 - \frac{11}{14}F_2 - \frac{1}{8}M$$

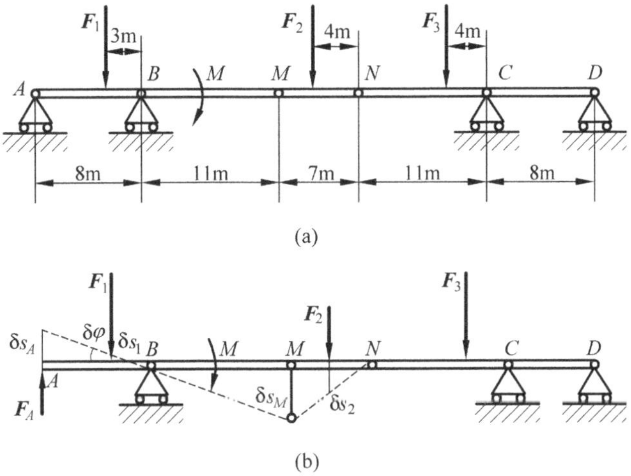


图　13-10

用虚位移原理求解机构的平衡问题时，关键是找出各虚位移之间的关系，一般应用时，可采用下列两种方法建立各虚位移之间的关系。

(1) 设机构某处产生虚位移，作图给出机构各处的虚位移，直接按几何关系，确定各有关虚位移之间的关系。

(2) 建立坐标系，选定一合适的自变量，写出各有关点的坐标，对各坐标进行变分运算，确定各虚位移之间的关系。

用虚位移原理求解结构的平衡问题时，若要求某一约束反力时，首先需解除该支座约束而代以约束反力，把结构变为机构，把约束力变为主动力，这样，在虚功方程中只包含一个未知力，然后用虚位移原理求解。若需求解多个约束力时，因为用虚功方程每次只能求解一个未知量，因此需逐个解除约束，分别求解，这样用虚位移原理求解可能并不比用平衡方程求解来得简单方便。

## 学习方法和要点提示

(1) 虚位移原理是求解质点系问题的普遍定理。它是从虚功的角度来研究质点系的平衡问题，不仅能用来求质点系平衡时主动力之间的关系和平衡位置，而且也能用来求约束反力以及有摩擦存在时质点系的平衡问题。

(2) 虚位移这一概念是本章中学习的重点和难点之一。在学习时应注意：①虚位移和实位移虽然都是约束所容许的位移，但两者是有区别的，实位移是质点系在实际运动中发生的位移，而虚位移仅仅是想象中的质点系可能发生的位移，它不包含完成位移的时间的范围，且不涉及质点系的实际运动，也不涉及力的作用；②实位移无所谓大小的限制，而虚位移则必须是微小的；③在定常约束的情况下质点微小的实位移才成为虚位移中的一个。

(3) 在应用虚位移原理时应注意：①分析所研究的质点系所受的约束情况及自由度数。若约束不是理想约束，则应用虚位移原理时应将做功的约束反力看作主动力并与其他主动力一样计算它在虚位移中所做的功。②当系统处于平衡时，如果要求系统中某一约束反力，则可将该约束解除，用相应的约束力来代替并将它视为主动力，应注意解除约束后系统的自由度将相应增加。③正确找出各主动力的作用点的虚位移之间的关系。

(4) 在求系统中各质点的虚位移之间的关系时可用解析法也可用几何法。在用解析法时，应先将各主动力作用点的直角坐标表示为广义坐标的函数，然后通过变分运算求出各主动力作用点的虚位移在直角坐标轴上的投影。变分的求法与微分的求法类似。在用几何法时，应将各主动力作用点的虚位移在图上表示出来，并可应用运动学中求速度的方法来求各点的虚位移之间的关系。

## 思 考 题

**13-1** 什么是虚位移？它与实位移有何区别？

**13-2** 与列平衡方程求解相比较，用虚位移原理求解的优点与缺点是什么？

**13-3** 对图 13-11 所示各机构，你能用哪些不同方法确定虚位移 $\delta\theta$ 与力 $\boldsymbol{F}$ 作用点 $A$ 的虚位移的关系，并比较各种方法。

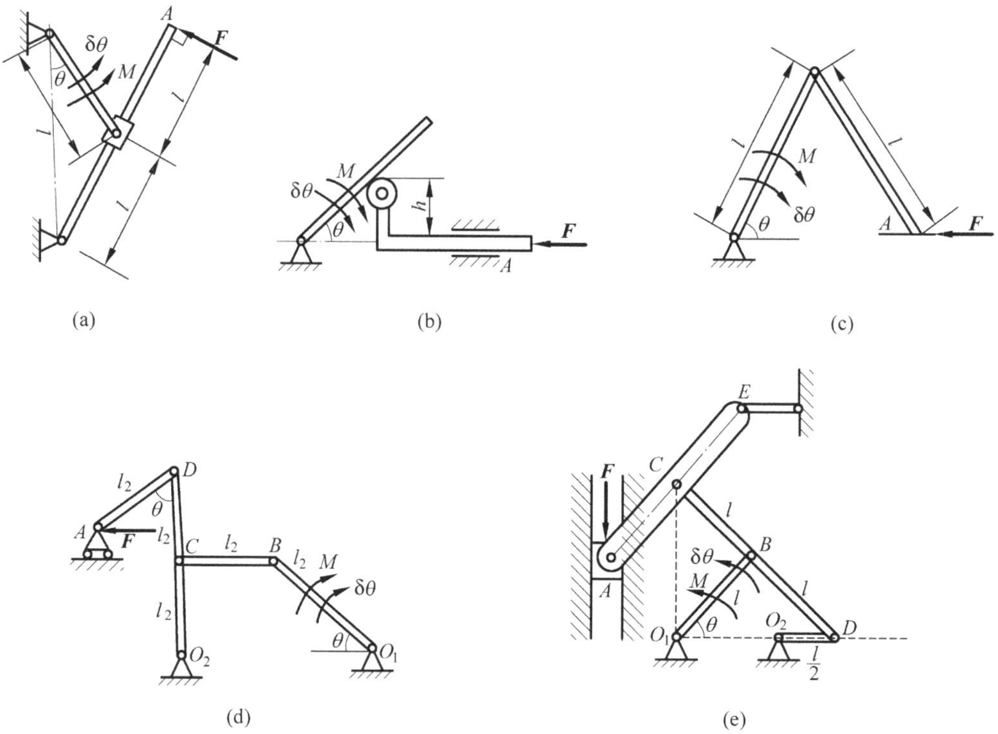


图 13-11

**13-4**　如图 13-12 所示平面平衡系统，若对整体列平衡方程求解时，是否需要考虑弹簧内力？若改用虚位移原理求解，是否要考虑弹簧力的功？

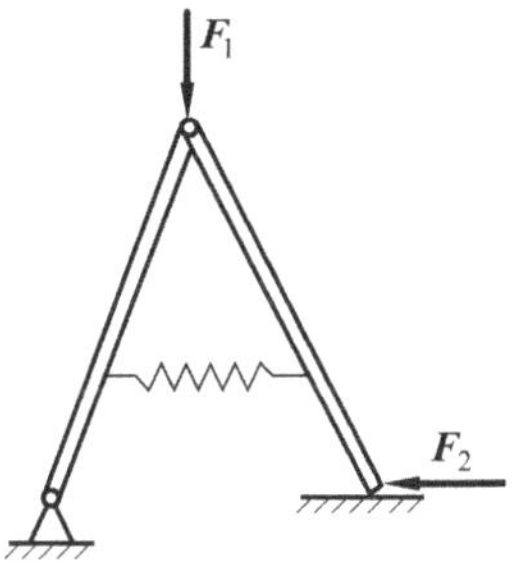


图　13-12

# 习　题

**13-1**　如图 13-13 所示连杆机构中，当曲柄 $OC$ 绕 $O$ 轴摆动时，滑块 $A$ 沿曲柄自由滑动，从而带动 $AB$ 杆在铅垂导槽内移动。已知 $OC=a$，$OK=l$，在 $C$ 点垂直于曲柄作用一力 $\boldsymbol{F}$，而在 $B$ 点沿 $BA$ 作用一力 $\boldsymbol{F}_{\mathrm{P}}$。求机构平衡时力 $F_{\mathrm{P}}$ 和 $F$ 的关系。

**13-2**　如图 13-14 所示机构，在力 $\boldsymbol{F}_1$ 与 $\boldsymbol{F}_2$ 作用下在图示位置平衡。不计各构件自重与各处摩擦，$OD=BD=l_1$，$AD=l_2$。求 $F_1/F_2$ 的值。

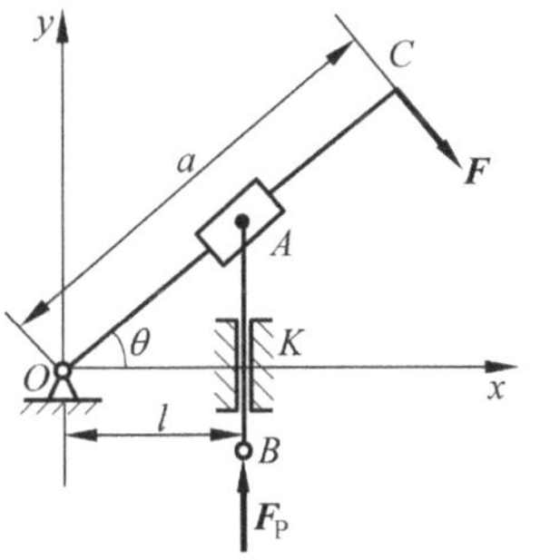


图　13-13

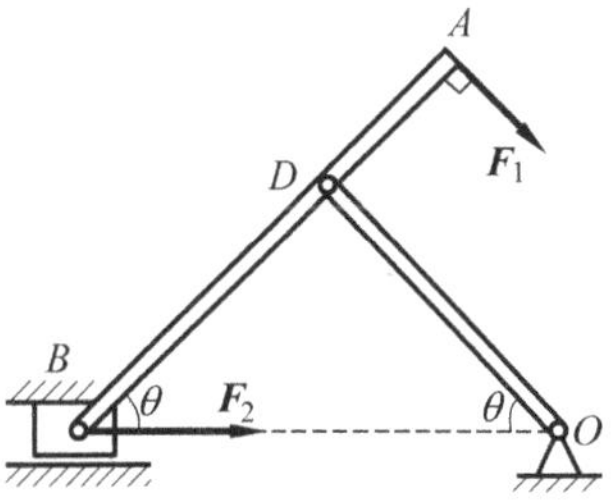


图　13-14

**13-3**　在图 13-15 所示机构中，曲柄 $OA$ 上作用一力偶，其矩为 $M$，另在滑块 $D$ 上作用水平力 $\boldsymbol{F}$。机构尺寸如图 13-15 所示，不计各构件自重与各处摩擦。求当机构平衡时，力 $F$ 与力偶 $M$ 的关系。

**13-4**　如图 13-16 所示机构，滑套 $D$ 套在光滑直杆 $AB$ 上，并带动杆 $CD$ 在铅直滑道上滑动。已知 $\theta=0°$时弹簧等于原长，弹簧刚度系数为 5kN/m。求在图示平衡位置时，所施加的力偶矩 $M$。

**13-5**　用虚位移原理求图 13-17 所示桁架中杆 3 的内力。

**13-6**　组合梁载荷分布如图 13-18 所示，已知跨长 $l=8$cm，$F=4900$N，均布载荷 $q=2450$N/m，力偶矩 $M=4900$N·m。求支座反力。

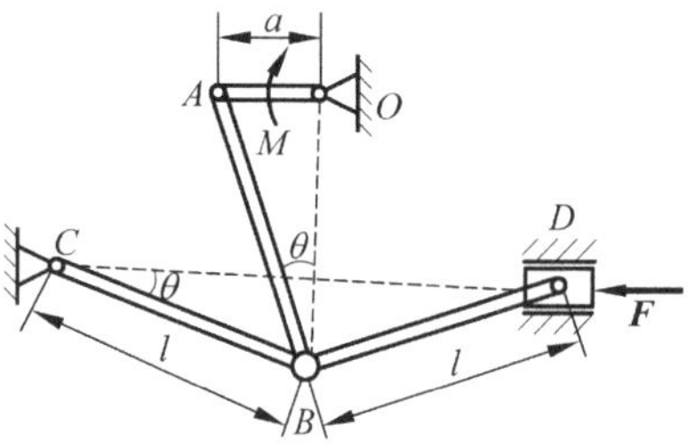


图 13-15

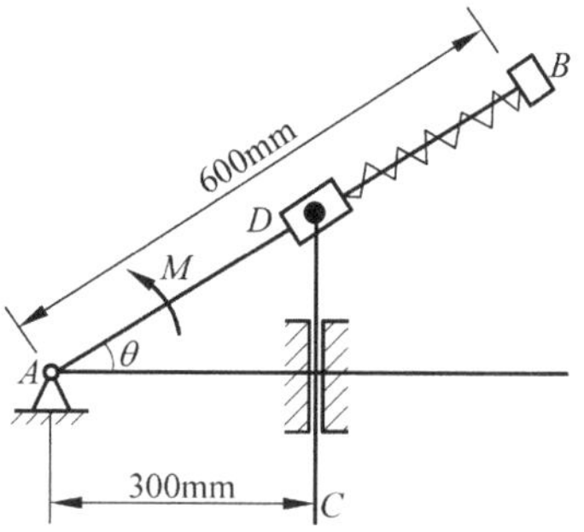


图 13-16

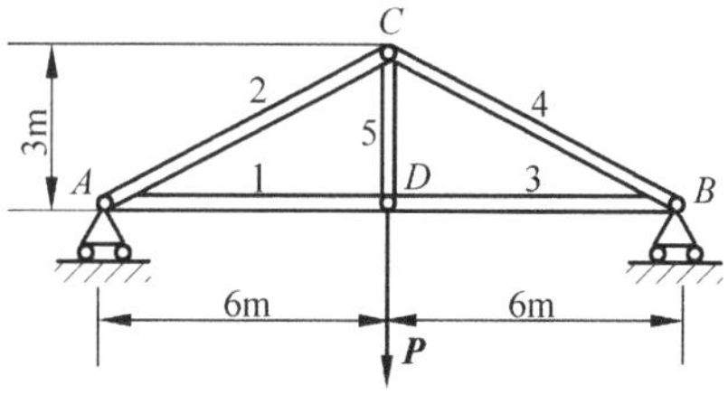


图 13-17

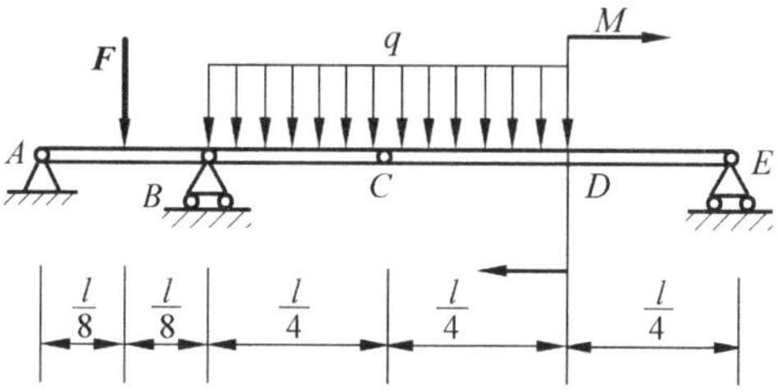


图 13-18

# *第14章 振动基础

## 本章提要

**【要求】**

(1) 正确理解振动的基本概念，理解单自由度系统的振动微分方程，理解振幅、固有频率、周期、相位角、阻尼、共振等各种振动参数的意义；

(2) 能较熟练地求解振动微分方程。

**【重点】**

(1) 熟悉单自由度系统的无阻尼自由振动、有阻尼自由振动、无阻尼强迫振动、有阻尼强迫振动以及共振条件；

(2) 会熟练计算振动系统的固有频率，了解各振动参数的概念。

**【难点】**

建立单自由度系统的振动微分方程，计算固有频率，共振的条件，阻尼对振动的影响。

振动是工程中常见的现象，例如：建筑物、桥梁、车辆、飞行器、机械等具有弹性的质量系统，在受到外部干扰力后都会产生振动。

在许多情况下，振动是有害的。如强烈的风和严重的地震都会使建筑物剧烈振动以致造成破坏。又如汽车和轨道车辆振动会使乘客感到不舒适，机床振动会影响加工精度和工件的表面粗糙度，振动的噪声使人厌倦甚至影响健康。但当人们掌握了振动的规律以后，就可以设法避免或减轻振动所造成的危害，并可利用振动为人类服务。例如，利用振动原理制造的振动机械，可提高劳动生产率；又如钟表的等时性就是应用摆的振动原理。研究机械振动的目的，就是要认识和掌握振动的基本规律，充分利用其有利因素，消除或抑制其不利因素来为人类服务。

## 14-1 单自由度系统的自由振动

实际工程中的振动系统是很复杂的，但很多实际的振动问题可以简化为单自由度系统的问题来研究。例如由电动机和支撑它的梁所组成的系统(图14-1(a))振动时，由于和电动机相比梁的质量很小而弹性较大，故在一定的条件下梁的质量可以略去不计，于是梁在系统中的作用就和一根弹簧相当，而电动机可以看成为一集中质量的振动体，则该系统就简化为如图14-1(b)所示的质量-弹簧系统。

对力学模型中具有刚度系数 $k$ 的弹簧而言，若弹簧的变形保持在弹性范围之内，则弹性力 $\boldsymbol{F}$ 的大小与弹簧的伸长与缩短 $|x|$ 成正比，可以表示为

$$F = k|x| \tag{14-1}$$

这个力称为**恢复力**，恢复力恒指向平衡位置。

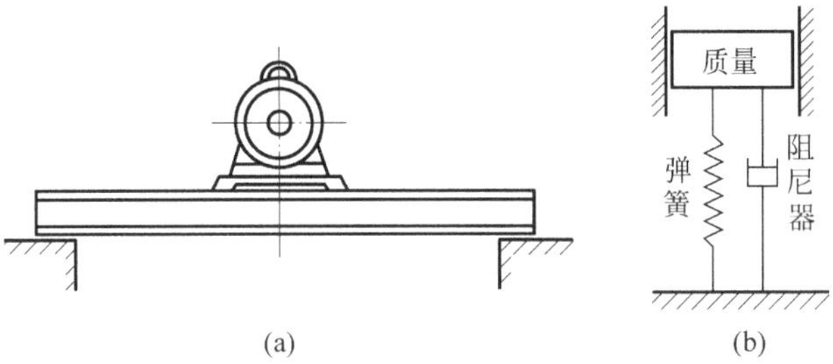


图 14-1

任何振动系统总是不可避免地存在着阻尼，产生始终和振动体的速度方向相反的阻尼力，它将不断地消耗系统的机械能量，使振动逐渐衰减直至最后完全消失。

实际振动系统遇到的阻尼有各种不同的形式，例如黏滞阻尼、干摩擦阻尼和材料的内阻等。本章的力学模型只讨论最简单也是最常见的一种，即黏滞阻尼。当振动体以不大的速度在流体介质(如空气、油类等)中运动时，介质给振动体的阻力的大小近似地与振动体速度的一次方成正比，即

$$F_c = -cv \tag{14-2}$$

式中，$c$ 是黏滞阻尼系数，它取决于振动体的形状、大小和介质的性质，其单位为 N·s/m。黏滞阻尼是线性阻尼。

### 1. 单自由度系统自由振动微分方程及其解

现讨论如图 14-2(a)所示的有最一般阻尼的弹簧-质量系统。设弹簧原长为 $l_0$，刚度系数为 $k$。在重力 $m\boldsymbol{g}$ 的作用下，弹簧的静变形为 $\delta_{st}$，这一位置为静平衡位置。平衡时重力与弹性力相等，有

$$\delta_{st} = \frac{mg}{k} \tag{14-3}$$

为研究方便，取重物的平衡位置 $O$ 为坐标原点，取 $x$ 轴的正向铅直向下，如图 14-2(b)所示，则重物在任意位置 $x$ 处的弹性力 $\boldsymbol{F}_k$ 在 $x$ 轴上的投影为

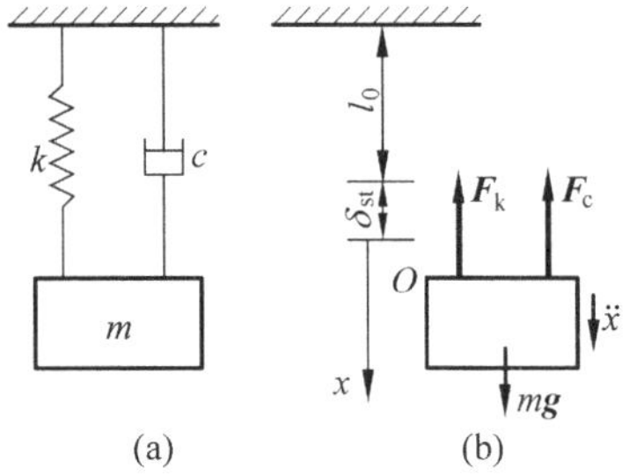


图 14-2

$$F_k = -k(\delta_{st} + x)$$

物体在同一位置 $x$ 处的阻尼力 $\boldsymbol{F}_c$ 在 $x$ 轴上的投影为

$$F_c = -c\dot{x}$$

建立物体的运动微分方程为

$$m\ddot{x} = mg - k(\delta_{st} + x) - c\dot{x}$$

考虑式(14-3)，在方程建立中重力项可与静伸长项互相抵消，则上式为

$$m\ddot{x} = -kx - c\dot{x}$$

或写成

$$\ddot{x}+\frac{c}{m}\dot{x}+\frac{k}{m}x=0 \tag{14-4}$$

令 $2n=\frac{c}{m}$，$\omega_n^2=\frac{k}{m}$。$\omega_n$ 称为系统的**固有频率**（或**自然频率**），它表示振动体在 $2\pi$(s)内振动的次数，单位为 rad/s；$n$ 为阻尼系数，单位为 $s^{-1}$。则式(14-4)可写成标准的单自由度系统有阻尼自由振动微分方程形式

$$\ddot{x}+2n\dot{x}+\omega_n^2x=0 \tag{14-5}$$

上式为一个二阶齐次常系数线性微分方程，其解可设为 $x=e^{rt}$，代入式(14-5)后得特征方程为

$$r^2+2nr+\omega_n^2r=0 \tag{14-6}$$

解特征方程得到的两个根为

$$r_1=-n+\sqrt{n^2-\omega_n^2},\quad r_2=-n-\sqrt{n^2-\omega_n^2} \tag{14-7}$$

因此，方程(14-5)的通解为

$$x=c_1e^{r_1t}+c_2e^{r_2t} \tag{14-8}$$

式中，$c_1$、$c_2$ 为积分常数，由初始条件确定。上述解中，特征根为实数或复数时，运动规律有很大的不同。下面按阻尼大小的不同分三种情形来讨论。

1）大阻尼情况（$n>\omega_n$）

在这种情况下，特征方程的两个根全是实数，而且是负的，于是方程式(14-8)的解为

$$x=e^{-nt}(c_1e^{\sqrt{n^2-\omega_n^2}t}+c_2e^{\sqrt{n^2-\omega_n^2}t}) \tag{14-9}$$

式中，$c_1$、$c_2$ 为两个积分常数，由运动的起始条件来确定。运动图线如图 14-3 所示，这时黏性阻尼大到使振动体离开其平衡位置以后，根本不发生振动而只是缓慢地又回到平衡位置。我们称这种情况为**过阻尼**情况，可见它并不具有振动性质。

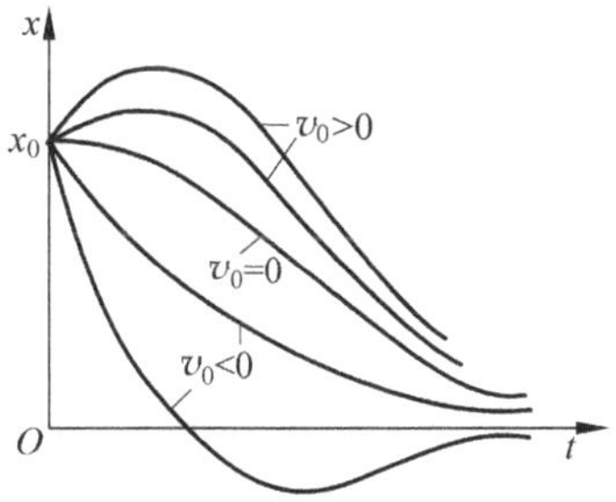

图 14-3

2）临界阻尼情况（$n=\omega_n$）

这时特征方程的根为两个相等的实根，即为 $r_1=r_2=-n$，于是方程(14-8)的解为

$$x=e^{-nt}(c_1+c_2t) \tag{14-10}$$

这时阻尼的值正好是衰减过程中振动与不振动的分界线，称为**临界阻尼**情况。

3）小阻尼情况（$n<\omega_n$）

当阻尼系数 $c<2\sqrt{mk}$，这时阻尼较小，称为小阻尼情况。这时特征方程的两个根为共轭复根

$$r_1=-n+i\sqrt{\omega_n^2-n^2},\quad r_2=-n-i\sqrt{\omega_n^2-n^2}$$

于是方程式(14-8)的解经变换后可写为

$$x=Ae^{-nt}\sin(\omega_dt+\theta) \tag{14-11}$$

式中，$\omega_d=\sqrt{\omega_n^2-n^2}$；$A$ 和 $\theta$ 为两个积分常数。设在初瞬时 $t=0$，物块的坐标为 $x=x_0$，速度为 $\dot{x}=\dot{x}_0$。为求 $A$ 和 $\theta$，现将式(14-11)两端对时间 $t$ 求一阶导数，得物块的速度为

$$\dot{x}=A\mathrm{e}^{-nt}[-n\sin(\omega_{\mathrm{d}}t+\theta)+\omega_{\mathrm{d}}\cos(\omega_{\mathrm{d}}t+\theta)]$$

然后将初始条件代入式(14-11)和上式解得

$$A=\sqrt{x_0^2+\frac{(\dot{x}_0+nx_0)^2}{\omega_{\mathrm{n}}^2-n^2}},\quad \tan\theta=\frac{x_0\sqrt{\omega_{\mathrm{n}}^2-n^2}}{\dot{x}_0+nx_0} \tag{14-12}$$

由式(14-11)画出振动的运动图线如图14-4所示。由图14-4可以看到，$\sin(\omega_{\mathrm{d}}t+\theta)$的值只能在$\pm1$之间变化，故振动体的坐标就只限于$\pm A\mathrm{e}^{-nt}$这两条曲线所包夹的范围以内，这时振动已不再是等幅的了，而是随着时间的增加振动将逐渐衰减，所以式(14-11)所表示的振动称为**衰减振动**。这种阻尼对自由振动的影响表现为以下三个方面。

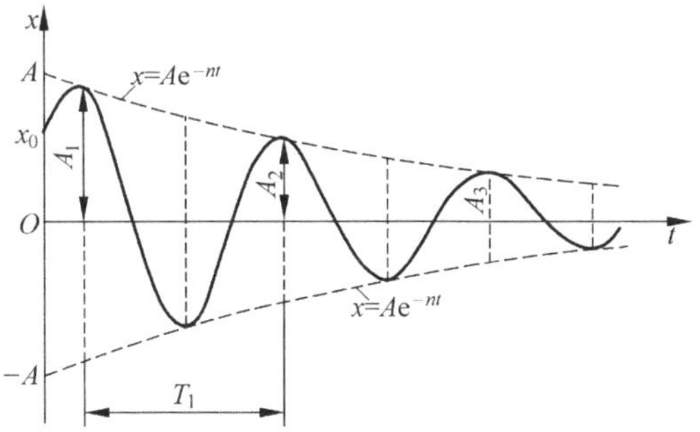


图 14-4

(1) 振动周期变大。严格来说，衰减振动已不是周期运动，但是在运动过程中振动体的坐标却反复地改变着它的符号，所以仍具有振动的性质。由于振动体往复一次所需的时间却还是一定的，仍把这段时间称为周期，它只表示衰减振动的等时性，但运动过程并不周期性地重复，于是衰减振动的周期为

$$T_{\mathrm{d}}=\frac{2\pi}{\omega_{\mathrm{d}}}=\frac{2\pi}{\sqrt{\omega_{\mathrm{n}}^2-n^2}} \tag{14-13}$$

衰减振动的**振动频率** $f_{\mathrm{d}}$ 表示每秒振动的次数，与周期的关系为 $f_{\mathrm{d}}=\frac{1}{T_{\mathrm{d}}}$。

衰减振动的**振动圆频率** $\omega_{\mathrm{d}}$，即在 $2\pi$ 时间内振动的次数为 $\omega_{\mathrm{d}}=2\pi f_{\mathrm{d}}=\sqrt{\omega_{\mathrm{n}}^2-n^2}$。

(2) 振幅按几何级数衰减。设相邻两次振动的振幅分别为 $A_i$ 和 $A_{i+1}$(图14-4)，则相邻两个振幅之比为

$$d=\frac{A_{i+1}}{A_i}=\mathrm{e}^{nT_{\mathrm{d}}} \tag{14-14}$$

$d$ 称为**减幅因数**。对式(14-14)的两边取自然对数得

$$\delta=\ln\frac{A_{i+1}}{A_i}=nT_{\mathrm{d}} \tag{14-15}$$

$\delta$ 称为**对数减幅系数**。它等于 $t_i$ 与 $t_i+T_i$ 两瞬时振幅的对数差，也说明振动衰减的快慢程度。

(3) 相位与初相位。在小阻尼振动中，解具有周期性，并将$(\omega_{\mathrm{d}}t+\theta)$称为**相位**(或相位角)，相位决定了物体在某瞬时 $t$ 的位置，它具有角度的量纲，而 $\theta$ 称为**初相位**，它表示物体

运动的初始位置。

**【例 14-1】** 图 14-5(a)所示振动系统在其平衡位置附近作微幅振动。已知：均质杆 $OA$ 的长为 $L$，质量为 $m$，弹簧的刚度系数为 $k$，阻尼器的阻力系数为 $c$。试求：(1) 临界阻尼系数 $c_c$；(2)衰减振动的周期。

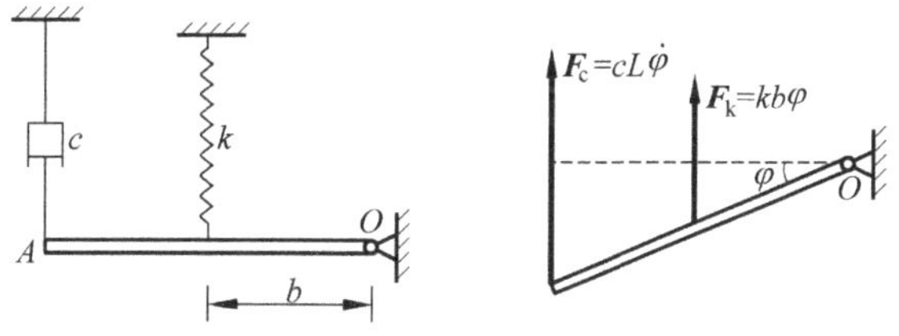


(a) (b)

图 14-5

**解**：(1) 系统可以简化为单自由度振动系统，因为在平衡位置时重力与静伸长为 $\delta_{st}$ 的弹性力对 $O$ 点取矩具有平衡条件：$mgL/2=\delta_{st}kb$，因此建立动量矩方程时重力与静伸长为 $\delta_{st}$ 的弹性力不必再考虑，通过对 $O$ 点的动量矩定理得到系统的运动微分方程为

$$\frac{1}{3}mL^2\ddot{\varphi}=-kb^2\varphi-cL^2\dot{\varphi},\quad 或\quad \ddot{\varphi}+\left(\frac{3c}{m}\right)\dot{\varphi}+\frac{3kb^2}{mL^2}\varphi=0$$

因 $\omega_n^2=\dfrac{3kb^2}{mL^2}$，$2n=\dfrac{3c}{m}$，得临界阻尼系数为

$$c_c=\frac{2}{3}mn_c=\frac{2}{3}m\omega_n=\frac{2b}{3L}\sqrt{3mk}$$

式中，$n_c$ 是临界阻尼系数，这时等于 $\omega_n$。

(2) 衰减振动的周期为

$$T_d=\frac{2\pi}{\sqrt{\omega_n^2-n^2}}=\frac{2\pi}{\sqrt{\dfrac{3kb^2}{mL^2}-\dfrac{9c^2}{4m^2}}}=\frac{4\pi mL}{\sqrt{12kmb^2-9c^2L^2}}$$

**2. 无阻尼自由振动的特例分析及固有频率的能量法**

1) 无阻尼自由振动的特例分析

当振动系统阻尼系数极小时，可将其略去不计，这样就成为无阻尼自由振动的类型。由于 $c$ 为零，即 $n=0$，则振动微分方程的标准形式为

$$\ddot{x}+\omega_n^2x=0 \tag{14-16}$$

其解为

$$x=x_0\cos\omega_nt+v_0\sin\omega_nt=A\sin(\omega_nt+\theta) \tag{14-17}$$

式中，$A=\sqrt{x_0^2+\left(\dfrac{v_0}{\omega_n}\right)^2}$，$\tan\theta=\dfrac{\omega_nx_0}{v_0}$，$x_0$ 和 $v_0$ 为初始位移和速度。

与有阻尼自由振动对比：无阻尼振动的振幅无衰减，是等幅振动；周期缩短，频率增高。将无阻尼时的周期用 $T_n$ 表示，则由式(14-13)知

$$T_n = \frac{2\pi}{\omega_n}$$

可见 $T_n < T_d$，周期缩短。将无阻尼振动的频率记为 $f$，则 $f = \frac{1}{T_n} > T_d$，频率增高，其圆频率即为 $\omega_n$。当阻尼很小时，阻尼对振动的周期与频率影响不大。

**【例 14-2】** 在图 14-6(a)所示振动系统中，已知：小车 $A$ 重 $\boldsymbol{P}$，沿光滑斜面滑下，经距离 $s$ 后与缓冲器相连；弹簧的刚度系数为 $k$，斜面倾角为 $\alpha$。试求小车连接缓冲器后振动的周期与振幅。

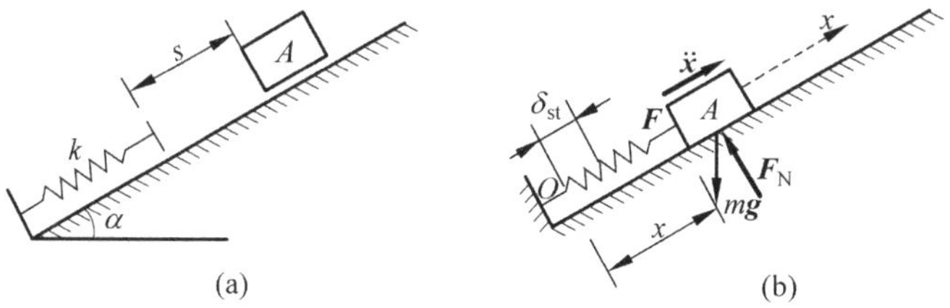


图 14-6

**解**：这是无阻尼的振动系统，受力、运动分析如图 14-6(b)，建立运动微分方程为

$$\ddot{x} + (k/m)x = 0$$

令 $\omega_n = \sqrt{k/m}$，周期 $T_n = 2\pi/\omega_n = 2\pi\sqrt{m/k}$。

因 $x$ 方向的重力为 $mg\sin\alpha$，而弹簧的刚度系数为 $k$，所以初始位移 $x_0 = \frac{mg\sin\alpha}{k}$。由于垂直下落的高度为 $s\sin\alpha$，按动能定理计算，小车 $A$ 与缓冲器相连时(不考虑相连碰撞时的位移过程)，初始速度 $v_0 = \sqrt{2g\sin\alpha}$。代入式(14-12)，得振幅为

$$A = \sqrt{\left(\frac{mg\sin\alpha}{k}\right)^2 + \frac{2mg\sin\alpha}{k}}$$

2) 无阻尼自由振动求固有频率的能量法

在振动问题中，确定系统的固有频率很重要。由前面的讨论知道，如果能建立起振动的微分方程，则系统的固有频率就不难计算。然而对于比较复杂的系统，建立振动微分方程往往比较麻烦。

当振动系统是保守系统时，可利用机械能守恒定律来求其固有频率，这就是所谓的能量法。

图 14-7 为一单自由度无阻尼自由振动系统，其运动规律为 $x = A\sin(\omega_n t + \theta)$。由于作用在系统上的力都是有势力，系统的机械能守恒，即，$T + V = \text{const}$。

取平衡位置 $O$ 为势能的零点，则系统在任一位置时有

$$T = \frac{1}{2}m\dot{x}^2 = \frac{1}{2}m[A\omega_n\cos(\omega_n t + \theta)]^2$$

$$V = -mgx + \frac{k}{2}[(\delta_{st} + x)^2 - \delta_{st}^2] = -mgx + k\delta_{st}x + \frac{k}{2}x^2$$

$$= \frac{1}{2}kx^2 = \frac{1}{2}k[A\sin(\omega_n t + \theta)]^2$$

当系统在平衡位置时，$x=0$，速度 $\dot{x}$ 为最大值，于是得势能为零，动能具有最大值 $T_{max}$。由于速度的最大值 $\dot{x}_{max}=\omega_n A$，则

$$T_{max}=\frac{1}{2}m\omega_n^2A^2$$

当系统在最大偏离位置($q_{max}=A$)时，速度为零，于是得动能为零，则势能具有最大值为

$$V_{max}=\frac{1}{2}kA^2$$

根据机械能守恒定律，系统在任何位置的总机械能保持为常量，故在以上两位置的总机械能应相等，因而有

$$T_{max}=V_{max} \tag{14-18}$$

也即

$$\frac{1}{2}m\omega_n^2A^2=\frac{1}{2}kA^2$$

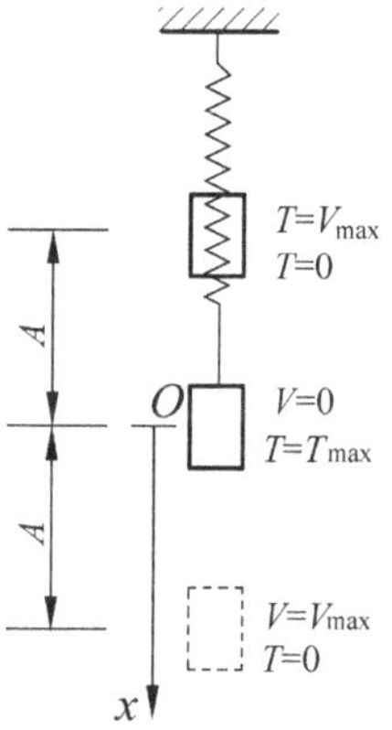


图 14-7

由此得 $\omega_n=\sqrt{\frac{k}{m}}$，这与用建立系统的运动微分方程的方法所求得 $\omega_n$ 相同。

**【例 14-3】** 如图 14-8(a)所示，已知质量为 $m$ 的物块作移动，弹簧的刚度系数为 $k_1$ 和 $k_2$。分别求弹簧并联(图 14-8(a))与串联(图 14-8(b))时弹簧系统沿铅直线振动的固有频率。

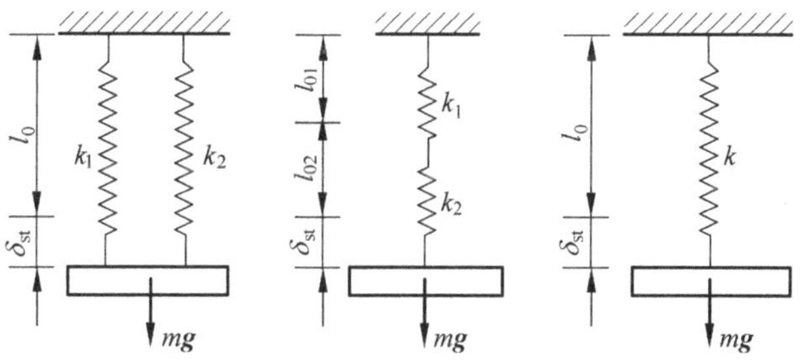


图 14-8

**解**：(1) 并联情况。当物块在平衡位置时，两弹簧的静变形都是 $\delta_{st}$，其弹性力分别为 $k_1\delta_{st}$ 和 $k_2\delta_{st}$。由物块的平衡条件，得

$$mg=(k_1+k_2)\delta_{st}$$

如果用一根刚度系数为 $k$ 的弹簧来代替原来的两根弹簧，使该弹簧的静变形与原来两根弹簧所产生的静变形相等(图 14-8(c))，则

$$mg=k\delta_{st}$$

所以

$$k=k_1+k_2$$

上式表示并联弹簧可以用一个刚度系数 $k=k_1+k_2$ 的“等效弹簧”来代替，$k$ 就是等效刚度系数。这一结果表明并联后总的刚度系数变大了。

(2) 串联情况。当物块在平衡位置时，两根弹簧总的静位移 $\delta_{st}$ 等于每根弹簧的静变形 $\delta_{1st}$ 和 $\delta_{2st}$ 之和，即

$$\delta_{st}=\delta_{1st}+\delta_{2st}$$

因为弹簧是串联的，所以每根弹簧所受的拉力均等于重量 $mg$。于是

$$\delta_{1st}=\frac{mg}{k_1},\quad \delta_{2st}=\frac{mg}{k_2}$$

同样用一根刚度系数为 $k$ 的弹簧来替代原来两根弹簧，使该弹簧的静变形等于 $\delta_{st}$（图 14-8(c)），则 $\delta_{st}=\dfrac{mg}{k}$。因此，$\dfrac{mg}{k}=\dfrac{mg}{k_1}+\dfrac{mg}{k_2}$，即，$\dfrac{1}{k}=\dfrac{1}{k_1}+\dfrac{1}{k_2}$，得

$$k=\frac{k_1k_2}{k_1+k_2}$$

上式表示串联弹簧的等效刚度系数。这一结果表明串联后总的刚度系数变小了。

**【例 14-4】** 如图 14-9 所示，倒置摆由质量为 $m$ 的小球和长 $L$ 的刚杆 $OA$ 组成，铰支于 $O$ 点并用刚度系数为 $k$ 的弹簧支撑在铅垂平面内（图 14-9(a)），摆杆和弹簧的质量不计，试求系统的固有频率以及摆能够在图示平面内维持稳定微幅振动的条件。

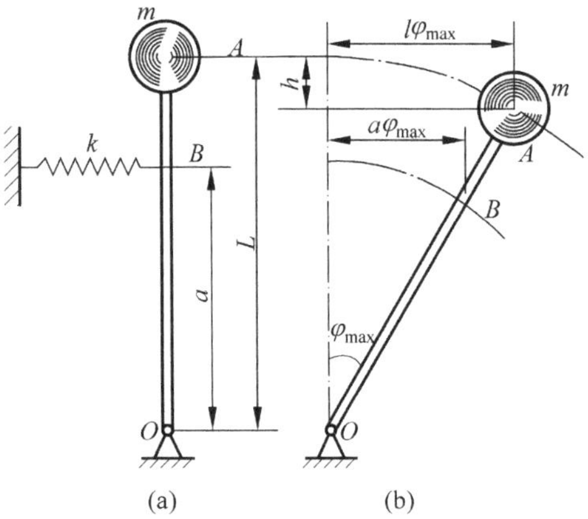


**图 14-9**

**解**：设 $\varphi_{max}$ 为摆的振幅，此时弹簧的伸长近似为 $a\varphi_{max}$，摆球由其平衡位置（最高点）下降的距离为 $h$，如图 14-9(b)所示，有

$$h=L(1-\cos\varphi_{max})\approx\frac{1}{2}L\varphi_{max}^2$$

在此极端位置，系统的最大势能为

$$V_{max}=\frac{1}{2}k(a\varphi_{max})^2-mgh=\frac{1}{2}ka^2\varphi_{max}^2-\frac{1}{2}mgL\varphi_{max}^2$$

而在平衡位置（即铅垂位置），摆的最大角速度为 $\dot{\varphi}_{max}$，则系统的最大动能为

$$T_{max}=\frac{1}{2}J\dot{\varphi}_{max}^2=\frac{1}{2}mL^2\dot{\varphi}_{max}^2$$

由机械能守恒定律，式(14-18)得

$$\frac{1}{2}mL^2\dot{\varphi}_{max}^2=\frac{1}{2}ka^2\varphi_{max}^2-\frac{1}{2}mgL\varphi_{max}^2$$

注意到

$$\dot{\varphi}_{\max}=\omega\varphi_{\max}$$

可解得该系统的固有频率为

$$\omega=\sqrt{\frac{g}{L}\left(\frac{ka^2}{mgL}-1\right)}$$

由上式可知，只有当 $ka^2>mgL$ 时 $\omega$ 才是实数，这就是系统稳定振动的条件。

## 14-2 单自由度系统的强迫振动

前面研究的是单自由度系统对初干扰的响应，即系统的自由振动。自由振动由于阻尼的存在而逐渐衰减，最后完全停止。工程实际中很多机器或机构的振动都是不衰减的持续振动。例如汽轮机、机床等在运转时产生的振动以及高层建筑和桥梁在外界持续不断的干扰力作用下产生的振动，这种振动就称为**强迫振动**（或称**受迫振动**）。外界对系统的持续不断的干扰力的形式各种各样，可以分为周期的干扰力与非周期的干扰力。简谐干扰力是一种比较简单，又是工程中最常见的干扰力，本节只研究简谐干扰力的情况。

简谐干扰力可表示为

$$F=H\sin(\omega t+\varphi)$$

式中，$H$ 为干扰力的力幅，即干扰力的最大值；$\omega$ 为干扰力的圆频率；$\varphi$ 为干扰力的初相位，它们都是定值。

设图 14-10 所示系统中除受弹性力 $\boldsymbol{F}_k$ 和黏滞阻尼力 $\boldsymbol{F}_c$ 作用外，还受到简谐干扰力 $\boldsymbol{F}$ 的作用。

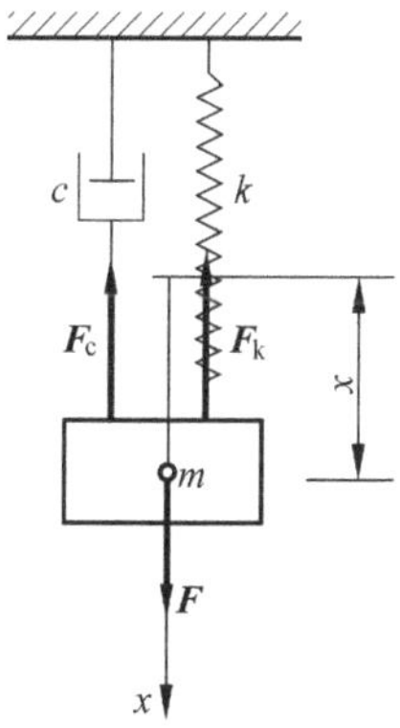


图 14-10

系统的运动微分方程为

$$m\ddot{x}=-kx-c\dot{x}+H\sin(\omega t+\varphi)$$

令 $\omega_n^2=\dfrac{k}{m}$，$2n=\dfrac{c}{m}$，再令 $h=\dfrac{H}{m}$，则上式可化为有阻尼强迫振动的微分方程的标准形式

$$\ddot{x}+2n\dot{x}+\omega_n^2x=h\sin(\omega t+\varphi) \tag{14-19}$$

这是一个二阶常系数线性非齐次微分方程。它的解应由通解和特解两部分组成，即

$$x=x_1+x_2 \tag{14-20}$$

其中，$x_1$ 为对应于方程式(14-19)的齐次方程的通解，当阻尼小时表示为式(14-11)。方程式(14-19)的特解 $x_2$ 的形式为

$$x_2=b\sin(\omega t+\varphi-\varepsilon) \tag{14-21}$$

式中，$b$ 为有阻尼强迫振动的振幅；$\varepsilon$ 为有阻尼的强迫振动的相位落后于干扰力的相位角，这是两个待定常数。将式(14-21)代入方程式(14-19)，可解出两个待定常数

$$b=\frac{h}{\sqrt{(\omega_n^2-\omega^2)^2+4n^2\omega^2}} \tag{14-22}$$

$$\tan\varepsilon=\frac{2n\omega}{\omega_n^2-\omega^2} \tag{14-23}$$

将 $b$ 和 $\varepsilon$ 代入式(14-21)，就得到有阻尼的强迫振动特解 $x_2$。在小阻尼情况下，式(14-19)的全解为

$$x = A\mathrm{e}^{-nt}\sin(\omega_d t + \theta) + b\sin(\omega t + \varphi - \varepsilon) \tag{14-24}$$

由于通解 $x_1$ 只在振动开始后的短暂时间内存在，因此称为**瞬态解**。而特解 $x_2$ 始终存在，故称为**稳态解**。在工程中许多实际振动问题多属稳定状态，所以在这里只讨论稳态强迫振动。

为此，由式(14-22)先讨论振幅表达式

$$b = \frac{b_0}{\sqrt{\left[1-\left(\frac{\omega}{\omega_n}\right)^2\right]^2 + 4\left(\frac{n}{\omega_n}\right)^2\left(\frac{\omega}{\omega_n}\right)^2}} \tag{14-25}$$

式中，$b_0 = \frac{h}{\omega_n^2} = \frac{H}{k}$ 称为静力偏移，它表示系统在干扰力的幅值为 $H$ 的静力作用下的偏移值。

为了使下面的讨论不局限于有关参量的具体数值，引进几个能反映各参量对振动过程产生影响的相对量，使上式变为无量纲的形式，从而使讨论的结果具有普遍的意义。

令 $\beta = \frac{b}{b_0}$ 为振幅比，$\lambda = \frac{\omega}{\omega_n}$ 为频率比，$\xi = \frac{n}{\omega_n}$ 为阻尼比，则由式(14-25)得

$$\beta = \frac{1}{\sqrt{(1-\lambda^2)^2 + 4\xi^2\lambda^2}} \tag{14-26}$$

$\beta$ 通常称为**放大系数**或**动力系数**。现以 $\beta$ 为纵轴，$\lambda$ 为横轴，绘出振幅-频率特征曲线，如图 14-11 所示。分析这些曲线可知：

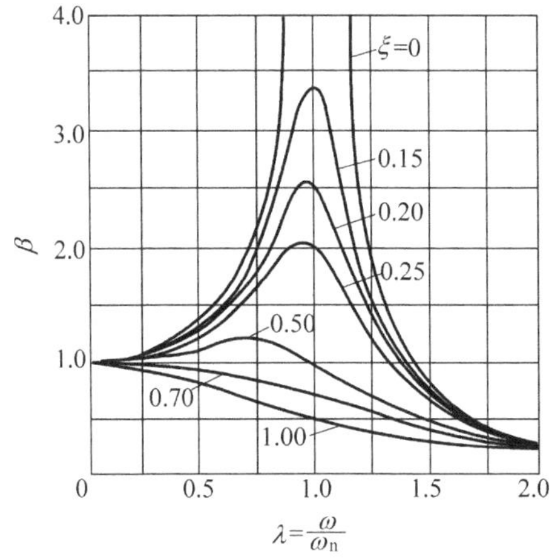


图 14-11

(1) 当 $\lambda \ll 1, \beta \approx 1$ 时(低频段)，各条曲线的动力放大系数都接近于 1，即强迫振动的振幅接近于静力偏移量，其后随着 $\lambda$ 的增加 $\beta$ 也缓慢地增加。

(2) 当 $\lambda \gg 1, \beta \approx 0$ 时(高频段)，各条曲线的动力放大系数都趋近于零；这表明干扰力变化极其迅速时，振动体由于惯性而几乎来不及振动，这个事实很有实际意义。

(3) 当 $\lambda \approx 1$，$\beta$ 有相应的最大值，$\beta$ 达到最大值(即强迫振动的振幅达到峰值)时，系统

振动最强烈，这种现象称为**共振**。在一般情况下，共振是有害的，它将使机器结构产生过大的危险应力，甚至造成破坏，在工程中研究共振是一个很重要的课题。

为求最大值只要对式(14-26)进行极值计算，即由 $\frac{d\beta}{d\lambda}=0$ 可得到振幅取极大值时，所对应的频率 $\omega_{cr}=\omega_n\sqrt{1-2\xi^2}$，称为**共振频率**，此时振幅 $b$ 具有最大值 $b_{max}$。共振频率略小于系统的固有圆频率。相应的共振振幅为

$$b_{max}=\frac{b_0}{2\xi\sqrt{1-\xi^2}}$$

在许多实际问题中，$\xi$ 值都较小，因此，一般都近似地认为在 $b_{max}\approx\frac{b_0}{2\xi}$，即干扰力频率接近于系统的固有频率时发生共振。由图 14-11 中各条曲线可见，阻尼对共振振幅的影响极为显著，阻尼可以减小共振时的振幅。当阻尼比 $\xi>\frac{\sqrt{2}}{2}$ 时，振幅无极值。

当振动系统无阻尼时，$\xi=0$，则 $\omega=\omega_0$（即 $\lambda=1$）时，发生共振，得到振幅 $b$ 为无限大，但这无限大不可能在瞬间获得。所以在共振区原特解（式(14-21)）已失去意义，特解应重新讨论如下

$$x_2=Bt\cos(\omega_n t+\varphi) \tag{14-27}$$

将此式代入式(14-19)中，可得

$$B=-\frac{h}{2\omega_n}$$

因此共振时强迫振动的特解为

$$x_2=-\frac{h}{2\omega_n}t\cos(\omega_n t+\varphi) \tag{14-28}$$

它的振幅值为 $b=\frac{h}{2\omega_n}t$，显然发生共振时，无阻尼强迫振动的振幅随时间的延长无限地增大(图 14-12)。

**【例 14-5】** 如图 14-13 所示，有精密仪器放置在振动平台上，使用时要避免振动的干扰，故在 $A$、$B$ 下边安装 8 个弹簧（每边 4 个并联而成）；$A$、$B$ 两点到重心的距离相等。已知：平台以 $y_1=0.1\sin\pi t$ 的规律振动（$y_1$ 的单位是 cm，$t$ 的单位是 s）。仪器的质量为 800kg，按设计要求仪器容许振动的振幅为 0.01cm。试求每个弹簧应有的刚度系数。

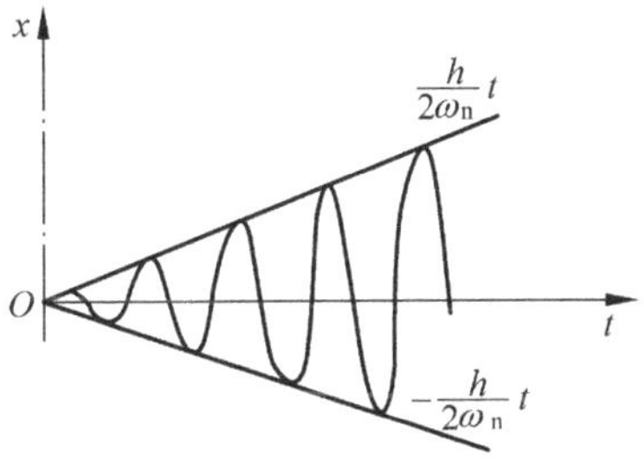


图　14-12

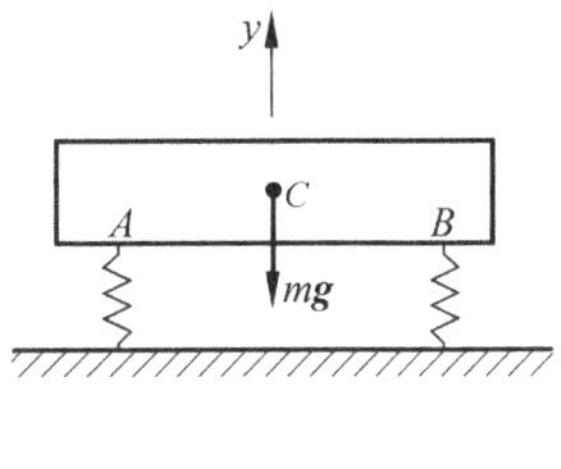


图　14-13

**解**：建立系统的运动微分方程为：

$$m\ddot{y}+k(y-y_1)=0$$

整理标准振动方程为

$$\ddot{y}+\frac{k}{m}y=\frac{k}{m}0.1\sin\pi t$$

令

$$\omega_n^2=\frac{k}{m},\quad h=0.1\frac{k}{m},\quad b=\frac{h}{|\omega_n^2-\pi^2|}\leqslant 0.01$$

由上式可得$\left|1-\frac{\pi^2}{\omega_n^2}\right|\geqslant 10$，说明干扰频率大于固有频率，则有$\omega_n^2\leqslant\frac{\pi^2}{11}$。

可求得：$k\leqslant\frac{m\pi^2}{11}=717.8\text{N/m}$，并联的每个弹簧应有的刚度系数为

$$k_1=\frac{k}{8}=0.897\text{N/cm}$$

**【例 14-6】** 在图 14-14 所示振动系统中，刚杆的质量不计，$B$ 端作用有激振力 $H\sin\omega t$。试求：(1)系统的运动微分方程；(2)系统发生共振时质点 $m$ 的振幅；(3)$\omega$ 等于固有频率 $\omega_n$ 一半时质点 $m$ 的稳态振幅。

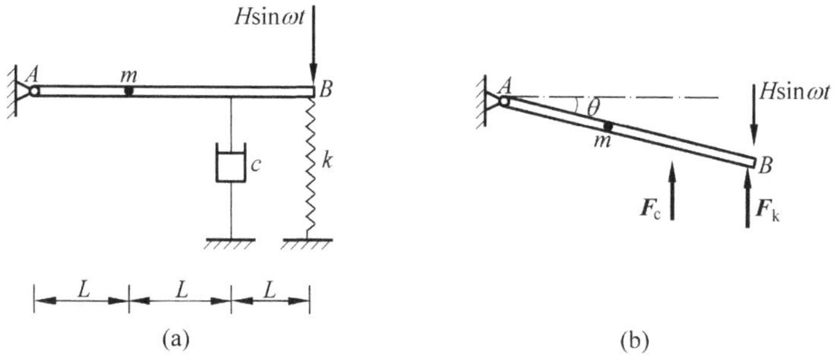


**图 14-14**

**解**：(1) 系统可以简化为单自由度振动系统，设 $AB$ 杆的角位移 $\theta$ 为系统的广义坐标，同样在平衡位置时重力与静伸长的弹簧力对 $O$ 点取矩具有平衡关系，因此建立动量矩方程时重力与静伸长的弹簧力不必再考虑，应用动量矩定理建立系统的运动微分方程得

$$mL^2\ddot{\theta}=H\sin\omega t\times 3L-k(3L)^2\theta-c(2L)^2\dot{\theta}$$

于是可得系统的运动微分方程为

$$\ddot{\theta}+\frac{4c\dot{\theta}}{m}+\frac{9k\theta}{m}=\frac{3H}{mL}\sin\omega t$$

式中，无阻尼固有频率 $\omega_n=3\sqrt{\frac{k}{m}}$；阻尼系数 $n=\frac{2c}{m}$。

(2) 当共振时满足：$\omega=\omega_n$，因 $h=\frac{3H}{mL}$，则由式(14-25)得

$$\theta_{\max}=\frac{h}{2n\omega_n}=\frac{H}{4Lc}\sqrt{\frac{m}{k}}$$

系统发生共振时质点 $m$ 的振幅值为

$$b=L\theta_{\max}=\frac{H}{4c}\sqrt{\frac{m}{k}}$$

(3) 当 $\omega=\frac{1}{2}\omega_n$，即 $\omega=\frac{3}{2}\sqrt{\frac{k}{m}}$，则由式(14-25)知

$$\theta_{\max}=\frac{\frac{h}{\omega_n^2}}{\sqrt{\left[1-\left(\frac{\omega}{\omega_n}\right)^2\right]^2+4\left(\frac{n}{\omega_n}\right)^2\left(\frac{\omega}{\omega_n}\right)^2}}=\frac{4H}{9kL\sqrt{1+\frac{64c^2}{81mk}}}$$

当 $\omega=\frac{1}{2}\omega_n$ 时，系统质点 $m$ 的稳态振幅为

$$b=L\theta_{\max}=\frac{4H}{9k\sqrt{1+\frac{64c^2}{81mk}}}$$

通过以上例题的分析，求解单自由度系统的振动问题的解题步骤大致归纳如下：

(1) 选取某一系统为研究对象，确定其平衡位置，并以该位置为坐标原点建立坐标系。

(2) 分析系统在任意位置时的受力情况，作出受力图，并注意对弹性力、阻尼力和干扰力等的分析和计算。

(3) 根据系统的运动情况，选用适当的方法来建立系统的运动微分方程。例如，选用质点的运动微分方程，刚体绕定轴转动的微分方程，动静法等，来建立系统的运动微分方程。

(4) 根据所建立系统的运动微分方程形式与本章所建立的标准形式的微分方程进行比较，判定系统属于哪一类型的振动，然后运用有关公式求解未知量。

## 学习方法和要点提示

(1) 本章研究了单自由度系统的线性振动问题。它包括自由振动和强迫振动以及阻尼对系统振动的影响。这些内容可用来解决一些单自由度系统的线性振动问题，同时也是研究更复杂振动问题的基础。

(2) 在求解振动问题时，应先明确研究对象，确定其平衡位置，作出坐标系，并分析研究对象在任意位置时的受力情况，作出其受力图，建立研究对象的运动微分方程，以及判定研究对象属于哪一类型的振动，然后运用有关公式求解未知量。应避免未经分析而盲目套用公式。

(3) 在解题中根据题意的振动系统自身状态可分为无阻尼与有阻尼衰减振动。振动系统的受力状态又可分为自由振动与强迫振动。一般可根据具体问题，应用不同的动力学方程建立振动微分方程的标准形式与物块的运动方程，对自由振动可按初始条件通过公式直接求得固有频率和振动周期，对强迫振动可由阻尼系数和系统的固有频率求得阻尼比 $\xi$；由干扰力频率和系统的固有频率可以求得频率比 $\lambda$，然后通过 $\xi$ 和 $\lambda$ 确定动力放大系数、振幅及位相差以及共振的临界条件。

(4) 对于保守系统，若仅需确定系统的固有频率，可用能量法，即根据 $T_{\max}=V_{\max}$ 直接求解计算固有频率。若振动系统有组合弹簧连接时，应按串、并联情况重新组合等效刚度系数。

## 思　考　题

**14-1**　自由振动的固有频率由哪些因素决定？要提高或降低固有频率有什么方法？

**14-2**　一个单自由度的物体系统被两根相同刚度系数的弹簧悬挂，现分别以弹簧串联或弹簧并联两种方式悬挂，请问哪种方法的固有频率高？

**14-3**　临界阻尼系数与什么因素有关？要调整临界阻尼系数有什么办法？

**14-4**　阻尼对强迫振动的振幅有何影响，可采取哪些措施减小强迫振动的振幅？

**14-5**　试述自由振动、衰减振动、强迫振动的区别。

## 习　　题

**14-1**　图 14-15 所示物块的质量均为 $m$，每根弹簧的刚度系数均为 $k$，如各物都作自由振动，问周期各为多少？

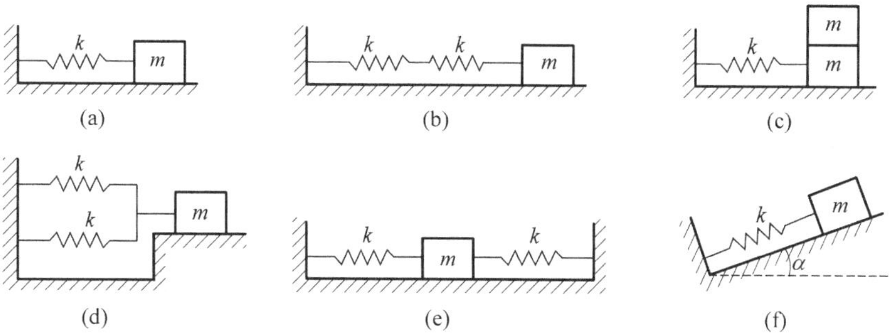


图　14-15

**14-2**　在图 14-16 所示振动系统中，梁 $AB$ 长为 $l$，弹簧的刚度系数为 $k$，在 $B$ 点安装一重力为 $\boldsymbol{P}$ 的电动机。试求电动机微振动的固有圆频率与弹簧位置 $x$ 之间的关系。

**14-3**　如图 14-17 所示，均质直杆长为 $l$，$A$ 端由小滑轮支撑，$B$ 端用长为 $r$ 的绳悬挂。若给 $B$ 端一微小水平位移后无初速释放，试求直杆作微振动的固有圆频率。

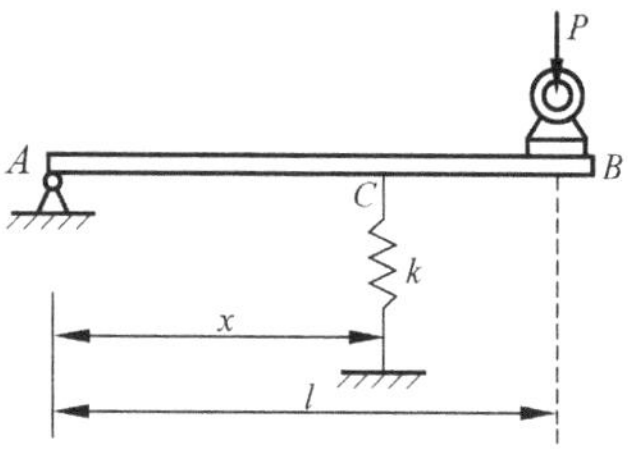


图　14-16

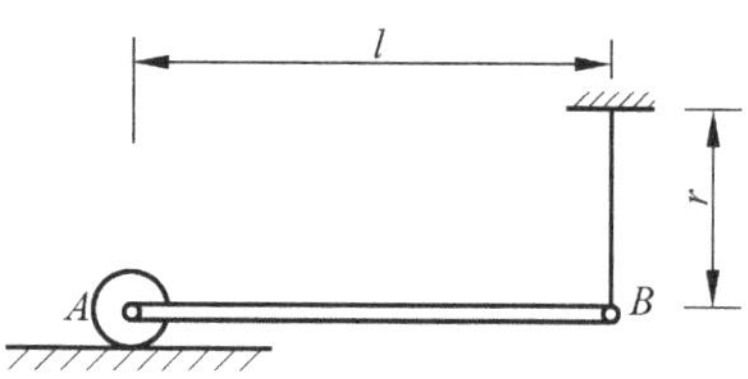


图　14-17

**14-4**　均质杆 $AB$ 长为 $l$，质量为 $m$，在 $D$ 点系着 $\theta=45°$ 的倾斜弹簧，弹簧的刚度系数为 $k$，位置如图 14-18 所示。试求图(a)、(b)两种情况下，杆微幅振动的固有圆频率。

**14-5**　在图 14-19 所示振动系统中，已知：物体的质量 $m=22.7\text{kg}$，两弹簧的刚度系数均为 $k=87.5\text{N/cm}$，阻尼器的阻力系数 $c=3.5\text{N}\cdot\text{s/cm}$，物体初瞬时位于平衡位置，初速度

$v_0=12.7\text{cm/s}$。试求对数减缩率和离开平衡位置的最大距离。

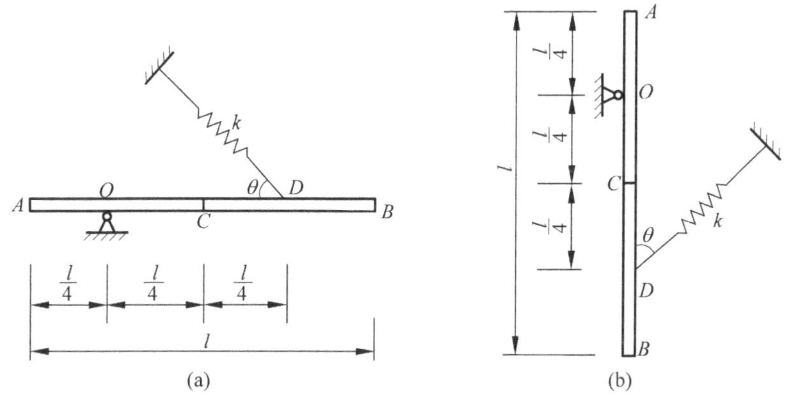


图　14-18

**14-6**　在图 14-20 所示振动系统中，均质滚子质量 $m=10\text{kg}$，半径 $r=0.25\text{m}$，在倾角为 $\theta$ 的斜面上作纯滚动；弹簧的刚度系数 $k=20\text{N/m}$，阻尼器阻力系数 $c=10\text{N}\cdot\text{s/cm}$。试求：(1)无阻尼的固有频率；(2)阻尼比；(3)有阻尼的振动频率；(4)此阻尼系统自由振动的周期。

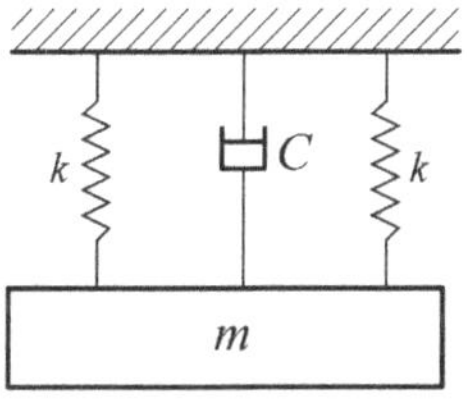


图　14-19

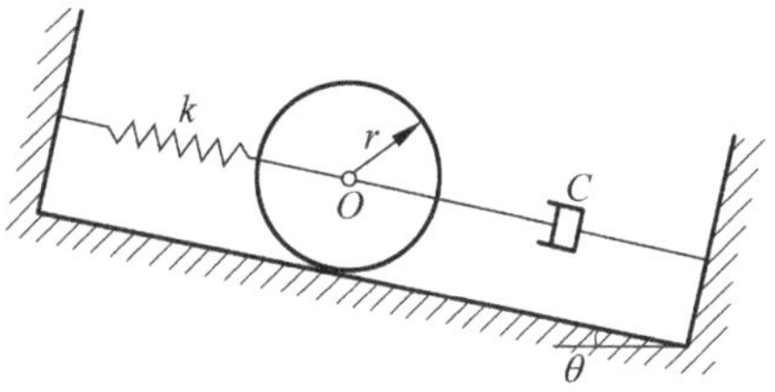


图　14-20

**14-7**　如图 14-21 所示，电动机的 $P_0=2.5\text{kN}$，由四根刚度系数均为 $k=300\text{N/cm}$ 的弹簧支持。由于电动机转子的质量分配不均，相当于在转子上有一个 $P_1=2\text{N}$ 的偏心块，其偏心距 $e=1\text{cm}$，试求：(1)发生共振时的转速；(2)当转速为 1000r/min 时，强迫振动的振幅。

**14-8**　振动系统如图 14-22 所示，已知：曲柄 $OD$ 长 $r=2\text{cm}$，以匀角速 $\omega=7\text{rad/s}$ 转动，物体 $M$ 的 $P=4\text{N}$，弹簧在 0.4N 的力作用下伸长 1cm，试求物体 $M$ 的强迫振动方程。

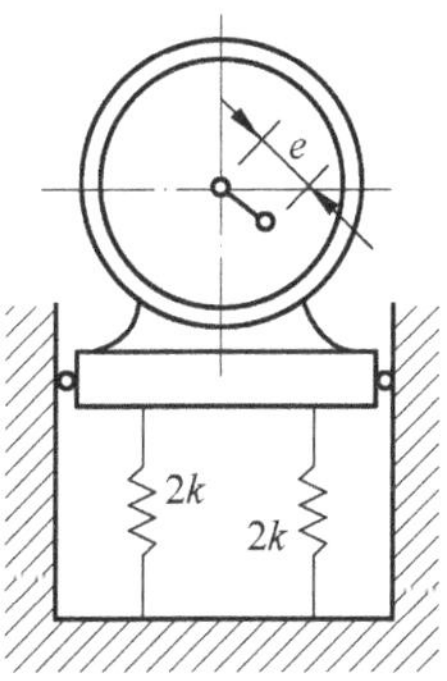


图　14-21

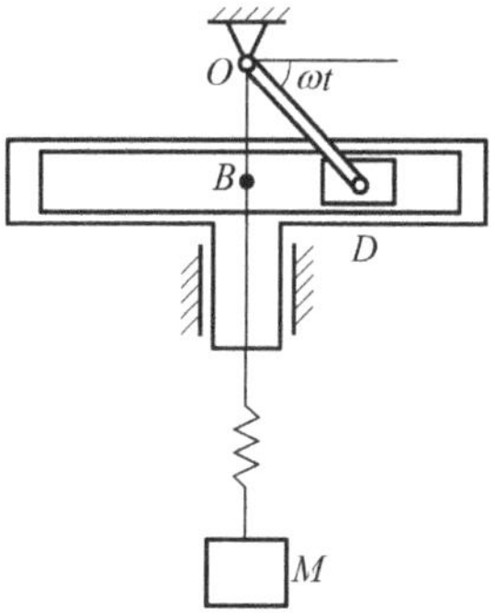


图　14-22

# 习题参考答案

## 第 2 章

2-1 $F_A=1.12F$(由 $C$ 指向 $A$),$F_D=0.5F$(向上)

2-2 $F_{BC}=20\sqrt{2}\,\text{kN}$(压),$F_{Ax}=20\text{kN}(\leftarrow)$,$F_{Ay}=10\text{kN}(\downarrow)$

2-3 $F_{AB}=86.6\text{kN}$(拉),$F_{CB}=100\text{kN}$(压)

2-4 $F_{AB}=0.866P$(拉),$F_{AC}=0.5P$(拉)

2-5 $F_A=800\text{N}$,$F_B=800\text{N}$,$F_C=1200\text{N}$

2-6 $\theta=90°-2\alpha$

2-7 $F_{T1}=1\text{kN}$,$F_{T2}=1.41\text{kN}$,$F_{T3}=1.58\text{kN}$,$F_{T4}=1.15\text{kN}$

2-8 图(a)与图(b):$F_A=F_B=M/l$;图(c):$F_A=F_B=M/(l\cos\theta)$

2-9 $F_A=F_B=\dfrac{M}{\sqrt{a^2+b^2}}$

2-10 $F_A=F_C=0.53\text{kN}$

2-11 $M_2=3\text{N}\cdot\text{m}$,$F_{AB}=5\text{N}$

2-12 图(a)$F_{RAx}=7.07\text{kN}(\rightarrow)$,$F_{RAy}=4.72\text{kN}(\uparrow)$,$F_{RB}=2.36\text{kN}(\uparrow)$

图(b)$F_{RAx}=8.66\text{kN}(\rightarrow)$,$F_{RAy}=7\text{kN}(\uparrow)$,$M_{RA}=8\text{kN}\cdot\text{m}$(逆)

图(c)$F_{RAx}=0$,$F_{RAy}=2\text{kN}(\uparrow)$,$F_{RB}=2\text{kN}(\uparrow)$

2-13 图(a)$F_{RAx}=0$,$F_{RAy}=F(\uparrow)$,$F_{RB}=0$

图(b)$F_{RA}=2F(\rightarrow)$,$F_{RBx}=2F(\leftarrow)$,$F_{RBy}=F(\uparrow)$

2-14 图(a)$F_{RAx}=14.1\text{kN}(\leftarrow)$,$F_{RAy}=14.1\text{kN}(\uparrow)$,$M_{RA}=26.3\text{kN}\cdot\text{m}$(逆)

图(b)$F_{RAx}=0$,$F_{RAy}=30\text{kN}(\uparrow)$,$M_{RA}=27\text{kN}\cdot\text{m}$(逆)

2-15 $F_{RAx}=0$,$F_{RAx}=6\text{kN}$,$M_{RA}=12\text{kN}\cdot\text{m}$

2-16 $F_{RAx}=40\text{N}$,$F_{RAy}=15.4\text{N}$,$F_{RB}=73.9\text{N}$

2-17 $F_{RBx}=F(\leftarrow)$,$F_{RBy}=0$,$F_{RCx}=F(\rightarrow)$,$F_{RCy}=F(\uparrow)$

2-18 $F_{RAx}=\dfrac{Fl}{8h}(\rightarrow)$,$F_{RBx}=\dfrac{Fl}{8h}(\leftarrow)$,$F_{RAy}=F_{RBy}=F(\uparrow)$

2-19 图(a) $F_{RAx}=\dfrac{M}{a}\tan\theta(\rightarrow)$,$F_{RAy}=\dfrac{M}{a}(\downarrow)$,$M_{RA}=M$(顺),$F_{RC}=\dfrac{M}{a\cos\theta}$

图(b) $F_{RAx}=\dfrac{qa}{2}\tan\theta(\rightarrow)$,$F_{RAy}=\dfrac{qa}{2}(\uparrow)$,$M_{RA}=\dfrac{1}{2}qa^2$(顺),$F_{RC}=\dfrac{qa}{2\cos\theta}$

2-20 $F_{RAx}=0$,$F_{RAy}=15\text{kN}(\downarrow)$,$F_{RB}=40\text{kN}(\uparrow)$,$F_{RD}=15\text{kN}(\uparrow)$

2-21 (1) $F_{Bx}=0$,$F_{By}=F$,$M_B=Fl$;(2) $F_{AC}=-\sqrt{2}F$;(3) $F_{Ex}=F$,$F_{Ey}=2F$

2-22 $F_{RAx}=F$,$F_{RAy}=F$,$F_{RDx}=2F$,$F_{RDy}=F$,$F_{RBx}=-F(\leftarrow)$,$F_{RBy}=0$

2-23 $F_{RAx}=1200\text{N}(\rightarrow)$，$F_{RAy}=150\text{N}(\uparrow)$，$F_{RB}=1050\text{N}(\uparrow)$，$F_{RBC}=-1500\text{N}$(压)

## 第 3 章

3-1 $F_{1x}=-1.2\text{kN}$，$F_{1y}=1.6\text{kN}$，$F_{1z}=0$； $F_{2x}=0.424\text{kN}$，$F_{2y}=0.566\text{kN}$，
$F_{2z}=0.707\text{kN}$；$F_{3x}=F_{3y}=0$，$F_{3z}=3\text{kN}$

3-2 $F_{\text{R}}=29.06\text{kN}$，$\langle \boldsymbol{F},\boldsymbol{i}\rangle=128°$，$\langle \boldsymbol{F},\boldsymbol{j}\rangle=42°$，$\langle \boldsymbol{F},\boldsymbol{k}\rangle=106°$

3-3 $F_{RAD}=2\text{kN}$(拉力)，$F_{RAC}=-1.225\text{kN}$(压力)，$F_{RAB}=-1.225\text{kN}$(压力)

3-4 $F_{\text{R1}}=F_{\text{R2}}=-5\text{kN}$(压)，$F_{\text{R3}}=-7.07\text{kN}$(压)，$F_{\text{R4}}=F_{\text{R5}}=5\text{kN}$(拉)，
$F_{\text{R6}}=-10\text{kN}$(压)

3-5 $F_{RA}=F_{RB}=-26.4\text{kN}$(压)，$F_{RC}=33.5\text{kN}$(拉)

3-6 $\boldsymbol{M}_O(\boldsymbol{F})=\dfrac{l_3F}{\sqrt{l_1^2+l_2^2+l_3^2}}(l_2\boldsymbol{i}-l_1\boldsymbol{j})$

3-7 $M_x(\boldsymbol{F})=-F(l+a)\cos\alpha$，$M_y(\boldsymbol{F})=-Fl\cos\alpha$，$M_z(\boldsymbol{F})=-F(l+a)\sin\alpha$

3-8 $M_x(\boldsymbol{F})=\dfrac{F}{4}(h-3r)$，$M_y(\boldsymbol{F})=\dfrac{\sqrt{3}}{4}F(h+r)$，$M_z(\boldsymbol{F})=-\dfrac{1}{2}rF$

3-9 $M=9.88\text{N}\cdot\text{m}$

3-10 力螺旋，$\boldsymbol{F}'_{\text{R}}=F\boldsymbol{k}$，$\boldsymbol{M}_O=-aF\boldsymbol{k}$，中心轴上一点坐标$(a,0,0)$

3-11 $a=b-c$

3-12 合力大小为 1000N，$x_C=50\text{mm}$，$y_C=-140\text{mm}$

## 第 4 章

4-1 $F_{\text{T1}}=-F_{\text{T4}}=2F$，$F_{\text{T2}}=-F_{\text{T6}}=-2.24F$，$F_{\text{T3}}=F$，$F_{\text{T5}}=0$

4-2 $F_{\text{T1}}=-5.25\text{kN}$，$F_{\text{T2}}=5.69\text{kN}$

4-3 $F_{\text{T3}}=-10\text{kN}$，$F_{\text{T4}}=20\text{kN}$，$F_{\text{T7}}=-20\text{kN}$，$F_{\text{T8}}=-40\text{kN}$，$F_{\text{T9}}=14.14\text{kN}$

4-4 $F_{\text{T1}}=-\dfrac{4}{9}F$(压)，$F_{\text{T2}}=-\dfrac{2}{3}F$(压)， $F_{\text{T3}}=0$

4-5 $F=\dfrac{\sin(\alpha+\varphi_{\text{m}})}{\cos(\theta-\varphi_{\text{m}})}W$，当 $\theta=\varphi_{\text{m}}$ 时，$F_{\min}=W\sin(\alpha+\varphi_{\text{m}})$

4-6 $\tan\alpha\geqslant\dfrac{W+2W_1}{2f(W+W_1)}$

4-7 (1) $F=140\text{N}$；(2) $F=265\text{N}$

4-8 $f_A=f_C=\dfrac{\sqrt{3}}{6}$

4-9 距 $A$ 端 $l\sin(60°-\varphi_{\text{m}})\cos(30°+\varphi_{\text{m}})$，距 $B$ 端 $l\sin(30°-\varphi_{\text{m}})\cos(60°+\varphi_{\text{m}})$
或距 $B$ 端 $l\sin(30°+\varphi_{\text{m}})\cos(60°-\varphi_{\text{m}})$，距 $A$ 端 $l\sin(60°+\varphi_{\text{m}})\cos(30°-\varphi_{\text{m}})$

4-10 $M_{\text{f}}=W_1(R\sin\alpha-r)$，$F_{\text{f}}=W_1\sin\alpha$，$F_{\text{N}}=W-W_1\cos\alpha$

4-11 $F_T=\left(\sin\alpha+\dfrac{\delta}{r}\cos\alpha\right)W$

4-12 $F_{max}=113\text{N}$

4-13 $x_C=90\text{mm}, y_C=0\text{mm}$

4-14 $x_C=-\dfrac{r_1 r_2^2}{2(r_1^2-r_2^2)}$

4-15 $x_C=y_C=2r/\pi$

4-16 重心距底边 $h=0.658\text{m}$,沿 $BD$ 距 $B$ 端 $l=1.68\text{m}$

4-17 $h=\dfrac{\sqrt{2}r}{2}$

## 第 5 章

5-1 $\dfrac{x^2}{(a+b)^2}+\dfrac{y^2}{b^2}=1$

5-2 相对地面:$y_A=10\sqrt{64-t^2}\text{mm}, v_A=-\dfrac{10t}{\sqrt{64-t^2}}\text{mm/s}$

相对凸轮:$x'_A=10t\text{mm}, y'_A=10\sqrt{64-t^2}\text{mm}$; $v_{Ax'}=10\text{mm}, v_{Ay'}=-\dfrac{10t}{\sqrt{64-t^2}}\text{mm/s}$

5-3 轨道为椭圆,轨迹方程为$\dfrac{(x_A-0.2)^2}{0.7^2}+\dfrac{y_A^2}{0.2^2}=1$; $v_A=0.35\text{m/s}$

5-4 自然法:$s=2R\omega t, v=2R\omega, a_t=0, a_n=4R\omega^2$

直角坐标法:$x=R+R\cos 2\omega t, y=R\sin 2\omega t$,

$v_x=-2R\omega\sin 2\omega t, v_y=2R\omega\cos 2\omega t, a_x=-4R\omega^2\cos 2\omega t, a_y=-4R\omega^2\sin 2\omega t$

5-5 $a=3.05\text{m/s}^2$

5-6 $y^2-2y-4x=0, v=\sqrt{4t^2-4t+5}, a=2\text{m/s}^2$

$a_t=0.894\text{m/s}^2, a_n=1.79\text{m/s}^2, \rho=2.8\text{m}$

5-7 $v_B=0.5\text{m/s}, a_B=0.045\text{m/s}^2$

5-8 $v=4\text{m/s}, a_t=4\text{m/s}^2, a_n=32\text{m/s}^2$,总加速度 $a=32.25\text{m/s}^2$,与法向加速度夹角 $\tan\theta=0.125$

5-9 $x_{O_1}=0.2\cos 4t(\text{m}), v=-0.4\text{m/s}, a=-2.77\text{m/s}^2$

5-10 $\omega=\dfrac{v}{2l}, \alpha=\dfrac{v^2}{2l^2}$

5-11 $\alpha=38.4\text{rad/s}^2$

5-12 $\omega_2=0, \alpha_2=-\dfrac{bl\omega^2}{r_2}$

5-13 $\varphi=2/\pi\text{rad}$

5-14 $v=2.41\text{m/s}$

# 第 6 章

6-1 略

6-2 $v_r=\sqrt{v_a^2+v_e^2}=\sqrt{v_2^2+v_1^2}$，与垂直方向夹角 $\tan\theta=\dfrac{v_1}{v_2}$

6-3 $\varphi=0°$时，$v=0$；$\varphi=30°$时，$v=100\text{cm/s}$

$\varphi=60°$时，$v=173.2\text{cm/s}$；$\varphi=90°$时，$v=200\text{cm/s}$

6-4 $v_a=2R\omega$，$v_r=2R\omega\sin\omega t$

6-5 $v_{AB}=\omega e$

6-6 $v_A=\dfrac{lbv}{x^2+b^2}$

6-7 $\omega=\dfrac{v}{h}\sin^2\varphi$

6-8 $v_{CD}=0.10\text{m/s}$

6-9 $\omega_{OA}=\dfrac{\omega}{2}$

6-10 $\omega_D=\omega(l-b)$

6-11 $v_{CD}=0.325\text{m/s}$

6-12 $\omega_{CO}=\dfrac{\sqrt{3}}{4r}v$

6-13 $v_C=0.173\text{m/s}$，$a_C=0.05\text{m/s}^2$

6-14 $v_{BC}=r\omega\sin\omega t$，$a_{BC}=r\omega^2\cos\omega t$

6-15 $v_M=173.2\text{mm/s}$，$a_M=350\text{mm/s}^2$

6-16 $a_A=74.6\text{cm/s}^2$

6-17 $a_1=r\omega^2-\dfrac{v^2}{r}-2\omega v$，$a_2=\sqrt{\left(r\omega^2+\dfrac{v^2}{r}+2\omega v\right)^2+4r^2\omega^4}$

6-18 $v_M=6.32\text{cm/s}$，$a_M=24.1\text{cm/s}^2$

# 第 7 章

7-1 $x_C=12\cos 2t$，$y_C=12\sin 2t$，$\varphi=2t$；$v_A=24\sqrt{2}\text{cm/s}$

7-2 $v_C=1.3\text{m/s}$

7-3 $v_{BC}=2.51\text{m/s}$

7-4 $v_B=108.8\text{cm/s}$，$\omega_B=7.25\text{rad/s}$

7-5 $n_{\text{I}}=10\,800\text{r/min}$

7-6 (1) $v_c=0.4\text{m/s}$，$v_r=0.2\text{m/s}$；(2) $a_C=0.159\text{m/s}^2$，$a_r=0.139\text{m/s}^2$

7-7 $\omega_{DE}=0.5\text{rad/s}$

7-8 $\omega_{EF}=1.33\text{rad/s}, v_F=0.46\text{m/s}$

7-9 $\omega_{BC}=\dfrac{\omega}{2}$

7-10 $v_B=14.7\text{cm/s}$

7-11 $a_B=40\sqrt{3}/3\text{cm/s}^2, \alpha_{AB}=4\sqrt{3}/3\text{rad/s}^2$

7-12 $v_B=R\omega_0\cot\theta$, $a_B=R\alpha_0\cot\theta+\dfrac{R^2\omega_0^2}{l\sin^3\theta}$

7-13 $\omega_1=\dfrac{2\sqrt{3}}{3}\dfrac{v}{r}$（顺时针），$\omega=\dfrac{\sqrt{3}}{6}\dfrac{v}{r}$（逆时针）

7-14 $\omega_{AB}=\dfrac{3v}{4l}, \alpha_{AB}=\dfrac{3\sqrt{3}v^2}{8l^2}$

## 第 8 章

8-1 $n_{max}=\dfrac{30}{\pi}\sqrt{\dfrac{fg}{r}}$（$n_{max}$ 以 r/min 计）

8-2 $v=\sqrt{gl(1+\cos\varphi-\sqrt{3})}, F=mg(3\cos\varphi+2-2\sqrt{3})$

8-3 $F=100\text{kN}$；$\varphi_{max}=8.2°$

8-4 $F=\dfrac{m\omega^2r^4x^2}{(x^2-r^2)^{\frac{5}{2}}}$

8-5 $t=2.02\text{s}, s=7.07\text{m}$

8-6 $x=v_0t+F_0\dfrac{1-\cos\omega t}{m\omega^2}$

8-7 $a_r=g(\sin\theta-f\cos\theta)-a(\cos\theta+f\sin\theta), F=G\left(\cos\theta+\dfrac{a}{g}\sin\theta\right)$

8-8 $F=5.731\text{kN}$

8-9 $x=0.06\cos(25t), T=0.2513\text{s}, v_{max}=1.5\text{m/s}, a_{max}=37.5\text{m/s}^2$

8-10 $F=\dfrac{\sqrt{3}}{2}mg$

## 第 9 章

9-1 $p=\dfrac{5}{2}ml_1\omega$

9-2 $f=0.17$

9-3 $v=0.083\text{m/s}$

9-4 $v_2=\dfrac{m_1v_1}{m_1+m_2}, \Delta p=m_2v_2$

9-5 $v_3=22.5\text{m/s}$

9-6 向左移动 0.266m

9-7 $F_{Ox}=m_3\dfrac{R}{r}a\cos\theta+m_3g\cos\theta\sin\theta$

$F_{Oy}=(m_1+m_2+m_3)g-m_3g\cos^2\theta+m_3\dfrac{R}{r}a\sin\theta-m_2a$

9-8 $F_{Ox}=-m(l\omega^2\cos\varphi+l\alpha\sin\varphi)$，$F_{Oy}=mg+m(l\omega^2\sin\varphi-l\alpha\cos\varphi)$

9-9 $F_{Ot}=mg\cos\varphi-m\dfrac{4R}{3\pi}\alpha$，$F_{On}=mg\sin\varphi+m\dfrac{4R}{3\pi}\omega^2$

9-10 $a_A=\dfrac{\sin\theta\cos\theta}{\sin^2\theta+3}g$，$F_N=\dfrac{12m_Bg}{\sin^2\theta+3}$

9-11 $x=\dfrac{(P_1+3P_2)l}{2(P_1+P_2+P_3)}(1-\cos\omega t)$，$F_N=P_1+P_2+P_3\quad\dfrac{\omega^2l(P_1+P_2)}{2g}\sin\omega t$

## 第 10 章

10-1 $J_{z1}=J_{z2}=\dfrac{7}{48}ml^2$

10-2 $J_O=\dfrac{14m_1+99m_2}{6}r^2$

10-3 $J_{Oz}=\dfrac{17}{12}ml^2$

10-4 (1) $L_O=18\text{kg}\cdot\text{m}^2/\text{s}$；(2) $L_O=20\text{kg}\cdot\text{m}^2/\text{s}$；(3) $L_O=16\text{kg}\cdot\text{m}^2/\text{s}$

10-5 $\alpha=\dfrac{g(P_1r_1-P_2r_2)}{P_1r_1^2+P_2r_2^2}$

10-6 $\alpha=\dfrac{(M-Pr)R^2rg}{(J_1r^2+J_2R^2)g+PR^2r^2}$

10-7 $F=269.3\text{N}$

10-8 $t=\dfrac{4m}{3kl^2h\omega_0}$

10-9 $F_O=101.3\text{N}$

10-10 (1) $F_{Ax}=0$，$F_{Ay}=\dfrac{1}{4}mg$；(2) $F_{Ax}=0$，$F_{Ay}=\dfrac{5}{2}mg$

10-11 $a_C=\dfrac{2}{3}g$，$F=\dfrac{1}{3}mg$

10-12 图(a) $\alpha=60\text{rad/s}^2$，$a_C=4.8\text{m/s}^2$；图(b)，$\alpha=34.2\text{rad/s}^2$，$a_C=0.96\text{m/s}^2$

10-13 $a-\dfrac{2(M-m_2gR\sin\theta)}{(2m_2+m_1)R}$

10-14 $a_A=\dfrac{m_1g(R+r)^2}{m_1(R+r)^2+m_2(\rho^2+R^2)}$

# 第 11 章

11-1 $W=61\text{N}\cdot\text{m}$

11-2 $W=18\pi\text{N}\cdot\text{m}$

11-3 $A\to B$：$W=-\frac{k}{2}(2-\sqrt{2})^2R^2$，$B\to D$：$W=\frac{k}{2}[(2-\sqrt{2})^2-(2\cos 22.5°-\sqrt{2})^2]R^2$

11-4 $W=6.2\text{N}\cdot\text{m}$

11-5 $v=8.16\text{m/s}$

11-6 $T=2.4533M(\text{N}\cdot\text{m})$

11-7 $T=\frac{P_1}{2g}v_A^2+\frac{P_2}{2g}\left(v_A^2+\frac{1}{3}l^2\omega^2+l\omega v_A\cos\varphi\right)$

11-8 $\delta=\sqrt{\frac{2Pl(1-\cos\alpha)}{k}}$

11-9 $\alpha=\arccos\left[\frac{h}{l}\left(\frac{3}{2}+\cos\beta\right)-\frac{3}{2}\right]$，拉力增加$\frac{2Ph}{l-h}(\cos\beta-\cos\alpha)$

11-10 $a=\frac{g}{P_1+P_2+P_3}\left(\frac{M}{r}+P_2-P_1\right)$

11-11 $v=\sqrt{\frac{4P_3gx}{3P_1+P_2+2P_3}}$；$a=\frac{2P_3g}{3P_1+P_2+2P_3}$

11-12 图(a)$\omega=\frac{2.47}{\sqrt{a}}\text{rad/s}$；图(b)$\omega=\frac{3.12}{\sqrt{a}}\text{rad/s}$

11-13 $v=\sqrt{\frac{2gs(M-P_1\sin\varphi)}{r(P_1+P_2)}}$

11-14 $\omega=\sqrt{\frac{8m_2eg}{3m_1r^2+2m_2(r-e)^2}}$

11-15 $\omega=\frac{2}{R+r}\sqrt{\frac{3gM\varphi}{2P_2+9P_1}}$

11-16 $a=\frac{P_1(R+r)^2g}{P_2(\rho^2+R^2)+P_1(R+r)^2}$

11-17 $v_B=2.1\sqrt{\frac{m_1gl}{7m_1+9m_2}}$

11-18 $\omega=\sqrt{\frac{2gM\varphi}{(3P+4P_1)l^2}}$；$\alpha=\frac{gM}{(3P+4P_1)l^2}$

11-19 $\omega=5.72\text{rad/s}$，$F_{Ax}=0$，$F_{Ay}=36.75\text{N}$

11-20 $F=9.8\text{N}$

## 第 12 章

12-1 $F_{Ox}=17.32\text{N}, F_{Oy}=88\text{N}, M_O=50.92\text{N}\cdot\text{m}$

12-2 $\varphi=\arccos\dfrac{2}{3}=48°11'$

12-3 $a=\dfrac{g(1-\sin\theta)}{2}, F_{Ox}=\dfrac{P}{2}(1+\sin\theta)\cos\theta, F_{Oy}=\dfrac{P}{2}(1+\sin\theta)^2$

12-4 $m_3=50\text{kg}, a=2.45\text{m/s}^2$

12-5 $F_{x\max}=m_2e\omega^2, F_{y\max}=(m_1+m_2)g+m_2e\omega^2$

12-6 $F_{Cx}=0, F_{Cy}=\dfrac{3m_1m_2+m_2^2}{2m_1+m_2}g, M_C=\dfrac{3m_1m_2+m_2^2}{2m_1+m_2}gl$

12-7 $\alpha=\dfrac{12g}{7l}, F_{Bx}=0, F_{By}=\dfrac{4}{7}mg$

12-8 $F_{AD}=73.2\text{N}, F_{BE}=273.2\text{N}$

12-9 $a=\dfrac{8F}{11m}$

12-10 $F_{Ox}=-r\omega^2\left(m_2+\dfrac{m_1}{2}\right)\cos\omega t, F_{Oy}=m_1\left(g-\dfrac{r\omega^2}{2}\sin\omega t\right)$

$M=\left(\dfrac{m_1g}{2}+m_2r\omega^2\sin\omega t\right)r\cos\omega t$

12-11 $\omega=\sqrt{\dfrac{3g\sin\theta}{l}}, \alpha=\dfrac{3g}{2l}\cos\theta$

$F_{Ox}=\dfrac{9}{8}mg\sin2\theta(\leftarrow), F_{Oy}=mg\left(1+\dfrac{3}{2}\sin^2\theta-\dfrac{3}{4}\cos^2\theta\right)(\uparrow)$

## 第 13 章

13-1 $F=\dfrac{F_Pl}{a\cos^2\varphi}$

13-2 $\dfrac{F_1}{F_2}=\dfrac{2l_1\sin\theta}{l_2+l_1(1-2\sin^2\theta)}$

13-3 $F=\dfrac{M}{a}\cot2\theta$

13-4 $M=450\dfrac{\sin\theta(1-\cos\theta)}{\cos^2\theta}\text{N}\cdot\text{m}$

13-5 $F_3=P$

13-6 $F_A=-2450\text{N}, F_B=14\,700\text{N}, F_E=2450\text{N}$

# 第 14 章

14-1 (a) $T=2\pi/\sqrt{k/m}$；(b) $T=2\pi/\sqrt{k/2m}$；(c) $T=2\pi/\sqrt{k/2m}$；
(d) $T=2\pi/\sqrt{2k/m}$；(e) $T=2\pi/\sqrt{2k/m}$；(f) $T=2\pi/\sqrt{k/m}$

14-2 $\omega_O=\frac{x}{l}\sqrt{\frac{kg}{P}}$

14-3 $\omega_O=\sqrt{\frac{g}{2r}}$

14-4 (a) $\omega_{n1}=\sqrt{\frac{6k}{7m}}$；(b) $\omega_{n2}=\sqrt{\frac{6}{7}\left(\frac{k}{m}+\frac{2g}{l}\right)}$

14-5 $\delta=1.814$，$x_{max}=0.303\text{cm}$

14-6 (1) $f_O=0.184\text{Hz}$；(2) $\xi=0.289$；(3) $f_d=0.176\text{Hz}$；(4) $T_d=5.677\text{s}$

14-7 (1) $n_{cr}=207\text{r/min}$；(2) $B=0.836\times10^{-3}\text{cm}$

14-8 $\ddot{x}+98x=196\sin 7t$（单位 cm）

# 参 考 文 献


[1] 哈尔滨工业大学理论力学教研室. 理论力学[M]. 8 版. 北京：高等教育出版社，2016.
[2] 唐国兴，王永廉. 理论力学[M]. 2 版. 北京：机械工业出版社，2016.
[3] 沈养中，李桐栋. 理论力学[M]. 4 版. 北京：科学出版社，2016.
[4] 范钦珊，王立峰. 理论力学[M]. 北京：机械工业出版社，2017.
[5] 李军强. 理论力学[M]. 北京：科学出版社，2016.
[6] 刘然慧，闵国林，李翠赟. 理论力学[M]. 北京：化学工业出版社，2017.
[7] 张克义，王珍吾. 理论力学[M]. 南京：东南大学出版社，2017.
[8] 贾启芬，刘习军. 理论力学[M]. 4 版. 北京：机械工业出版社，2017.
[9] 韦林，温建明，唐小弟. 理论力学[M]. 北京：中国建筑工业出版社，2011.
[10] 李永强. 理论力学[M]. 北京：高等教育出版社，2018.